UTB

Eine Arbeitsgemeinschaft der Verlage

Böhlau Verlag · Wien · Köln · Weimar
Verlag Barbara Budrich · Opladen · Toronto
facultas.wuv · Wien
Wilhelm Fink · München
A. Francke Verlag · Tübingen und Basel
Haupt Verlag · Bern · Stuttgart · Wien
Julius Klinkhardt Verlagsbuchhandlung · Bad Heilbrunn
Mohr Siebeck · Tübingen
Nomos Verlagsgesellschaft · Baden-Baden
Ernst Reinhardt Verlag · München · Basel
Ferdinand Schöningh · Paderborn · München · Wien · Zürich
Eugen Ulmer Verlag · Stuttgart
UVK Verlagsgesellschaft · Konstanz, mit UVK/Lucius · München
Vandenhoeck & Ruprecht · Göttingen · Bristol
vdf Hochschulverlag AG an der ETH Zürich

Unternehmensführung

Herausgegeben von
Franz Xaver Bea
Steffen Scheurer

Franz Xaver Bea / Jürgen Haas

Strategisches Management

6., vollständig überarbeitete Auflage

UVK Verlagsgesellschaft mbH · Konstanz
mit UVK/Lucius · München

Online-Angebote oder elektronische Ausgaben sind erhältlich unter www.utb-shop.de.

1 Auflage 1995
2. Auflage 1997, ND 1999
3. Auflage 2001, ND 2003 und 2004
4. Auflage 2005, ND 2008
5. Auflage 2009

Bibliografische Information der Deutschen Bibliothek
Die Deutsche Bibliothek verzeichnet diese Publikation in der Deutschen Nationalbibliografie; detaillierte bibliografische Daten sind im Internet über <http://dnb.ddb.de> abrufbar.

Einbandgestaltung: Atelier Reichert, Stuttgart
Einbandmotiv: iStockphoto.com, Sami Suni
Satz: Sabine Hesselmann
Druck und Bindung: fgb · freiburger graphische betriebe, Freiburg

UVK Verlagsgesellschaft mbH
Schützenstraße 24 · 78462 Konstanz
Tel. 07531-9053-0 · Fax 07531-9053-98
www.uvk.de

UTB-Nr. 1458
ISBN 978-3-8252-8498-5

Einführung

1 Zielgruppe

Dieses Buch wendet sich an drei Zielgruppen:

[1] **Studenten**, die sich

- mit den Grundlagen und den vertiefenden Aspekten des Strategischen Managements insgesamt oder
- mit einzelnen Elementen des Strategischen Managements, wie etwa der Portfolio-Analyse oder dem Wissensmanagement, gezielt auseinandersetzen wollen.

[2] **Praktiker**, die eine Aktualisierung ihres Wissenstandes zum Strategischen Management anstreben.

[3] **Forscher**, die durch kritische Reflexion der hier vertretenen Konzeption vom Strategischen Management Impulse für die Weiterentwicklung ihres Forschungsgebietes erhalten können.

2 Aufbau

Die vorliegende Arbeit besteht aus **sieben Teilen**:

- Im ersten Teil wird das Fundament für dieses Buch gelegt. Der Identifikation des **Gegenstandes** des Strategischen Managements folgt eine Beschreibung der Aufgaben des Strategischen Managements. Die **Aufgaben** lassen sich nur dann erledigen, wenn eine Theorie zur Verfügung steht. Diese **Theorie** wird im Rahmen der Strategieforschung erarbeitet. Es werden daher die wichtigsten Ansätze der Strategieforschung dargestellt.
- In den folgenden Teilen 2 bis 7 werden die einzelnen Bausteine der Konzeption des Strategischen Managements beschrieben. Neben einer ausführlichen und fundierten Darstellung der jeweiligen spezifischen Inhalte wird ein besonderes Augenmerk auf ihre Integration in das Gesamtkonzept des Strategischen Managements gerichtet. Folgende **Bausteine** des Strategischen Managements werden beschrieben:
  - Strategische Planung,
  - Strategische Kontrolle,
  - Information,
  - Organisation,

- Unternehmenskultur,
- Strategische Leistungspotenziale.

Der integrative Charakter der Konzeption des Strategischen Managements wird durch die folgende Abbildung zum Ausdruck gebracht. Sie führt als „Logo“ durch das Buch und leitet den jeweiligen Teil ein.

Jeder Teil wird mit einer Zusammenfassung abgeschlossen. Am Ende des Buches findet sich ein kurzer Ausblick auf zukünftige Entwicklungen auf dem Gebiet des Strategischen Managements.

3 Empfehlungen für die Benutzung

Wir haben uns zum Ziel gesetzt, das Spektrum des Strategischen Managements in seiner ganzen Breite zu erschließen und die einzelnen Aspekte und Elemente in eine geschlossene Konzeption einzufügen.

Trotz der Geschlossenheit ist es für den Leser ohne weiteres möglich, einzelne Teile, bspw. die Organisation oder die Unternehmenskultur, separat und isoliert zu bearbeiten. Da zu Beginn jedes Teils seine strategische Bedeutung im Rahmen der Konzeption des Strategischen Managements erläutert wird, kann trotz **Quereinstieg** der Gesamtzusammenhang erfasst werden. Wir empfehlen dem Leser in diesem Fall dennoch, vorab den Abschnitt 2.2 in Teil 1 (S. 16) zu lesen, um sich mit der Fit-Konzeption des Strategischen Managements vertraut zu machen.

Um das Lernen mit diesem Buch interessanter und effizienter zu gestalten, möchten wir dem Leser folgende **Anregungen und Hinweise** geben:

[1] Die einzelnen Teile weisen die folgende **identische Struktur** auf:

- **Einführung** durch
  - ein „Logo“ und einen Kurzausblick,
  - eine Inhaltsübersicht und
  - aktuelle Beispiele aus der Unternehmenspraxis.
- **Hauptteil** mit optischer Hervorhebung von Definitionen und Kernaussagen, weiteren Praxisbeispielen und einer Zusammenfassung.
- **Schluss** mit
  - Fragen zur Wiederholung, die anhand der Abschnittsangaben eine Überprüfung des Wissens ermöglichen,
  - Fragen zur Vertiefung, die dem interessierten Leser weitere Zusammenhänge und offene Probleme erschließen und
  - Literaturempfehlungen, welche die wichtigste Literatur zum intensiven Studium sachlich geordnet umfassen.

[2] **Lernen Sie nicht auswendig**, sondern versuchen Sie zu verstehen. Die Fragen zur Wiederholung und zur Vertiefung sowie die Beispiele aus der Unternehmenspraxis sollen dieses Verstehen unterstützen und erleichtern.

4 Veränderungen gegenüber der 5. Auflage

Die Neuauflage haben wir genutzt, um das Lehrbuch auf den neuesten Stand des Wissens zu bringen. Neben einer Aktualisierung von Zahlen, Fakten und Beispielen aus der Unternehmenspraxis haben wir vor allem aktuelle Diskussionen aufgegriffen und vertieft. Zu nennen sind u.a. folgende Themen: Discounted Cash Flow-Methode, Wissensmanagement, Kennzahlen und Kennzahlensysteme, Projektmanagement, Strategisches Controlling, Strategisches Personalmanagement, Bedeutung der Ethik für die Strategiewahl und Diskussion um die Nachhaltigkeit.

5 Die Verfasser

Das Buch wurde von uns in mehrjähriger Teamarbeit geschrieben. Wenngleich zunächst Schwerpunkte bei der Bearbeitung der einzelnen Teile gesetzt wurden, so ist das Endprodukt letztlich doch ein Gemeinschaftswerk geworden.

Es basiert auf Erfahrung, die in einer langen Reihe von Lehrveranstaltungen mit Studenten und Seminaren mit Praktikern gesammelt worden ist. Wichtige Erkenntnisse lieferte uns auch eine Vielzahl von theoretisch wie empirisch ausgerichteten Diplomarbeiten und Dissertationen, die wir im Laufe der Jahre betreut haben. Schließlich baut dieses Buch auf der inzwischen reichhaltigen Literatur zum

Strategischen Management auf. Insofern ist es notwendig, den Kreis der Verfasser weiter zu ziehen und ihnen allen zu danken.

Herzlichen Dank sprechen wir auch Frau Professorin Dr. Elisabeth Göbel, den Herren Professor Dr. Jochen Schellinger und Professor Dr. Steffen Scheurer für die kritische Durchsicht des Manuskripts aus. Besondere Verdienste hat sich Frau Diplom-Kauffrau Sabine Hesselmann erworben. Sie hat nicht nur den Werdegang des Manuskripts kritisch begleitet, sondern alle schreibtechnischen Arbeiten mit großer Sorgfalt übernommen. Ihr sei besonders gedankt. Schließlich danken wir unserem neuen Lektor, Herrn Dr. Jürgen Schechler, für den hervorragenden Start unserer Zusammenarbeit.

Wir hoffen, dass es uns gelungen ist, ein Buch zu verfassen, das den Anforderungen der einzelnen Zielgruppen entspricht. Für Hinweise und Verbesserungsvorschläge jeglicher Art bedanken wir uns im Voraus.

Franz Xaver Bea (geb. 1937): Früherer Inhaber des Lehrstuhls für Betriebswirtschaftslehre, insbesondere Planung und Organisation, an der Universität Tübingen. Forschungsschwerpunkte: Strategisches Management, Projektmanagement, Organisation.

Adresse: Wirtschaftswissenschaftliche Fakultät der Universität Tübingen, Nauklerstr. 47, 72074 Tübingen, Fax: 07071/68 77 98

e-mail: franz-xaver.bea@uni-tuebingen.de

Jürgen Haas (geb. 1965): Von 1992 bis 1995 Mitarbeiter am Lehrstuhl von Professor Bea, Forschungsschwerpunkt: Management des Wandels von Unternehmungen. Seit 1996 bei der Deutschen Telekom, Aufgabengebiete: Strategieentwicklung und -implementierung, Unternehmensplanung und -reporting, Zielemanagement/Balanced Scorecard.

Adresse: Noldestraße 1, 53340 Meckenheim

e-mail: haas.jo@t-online.de

Inhaltsübersicht

Inhaltsverzeichnis

Teil 1: Grundlagen

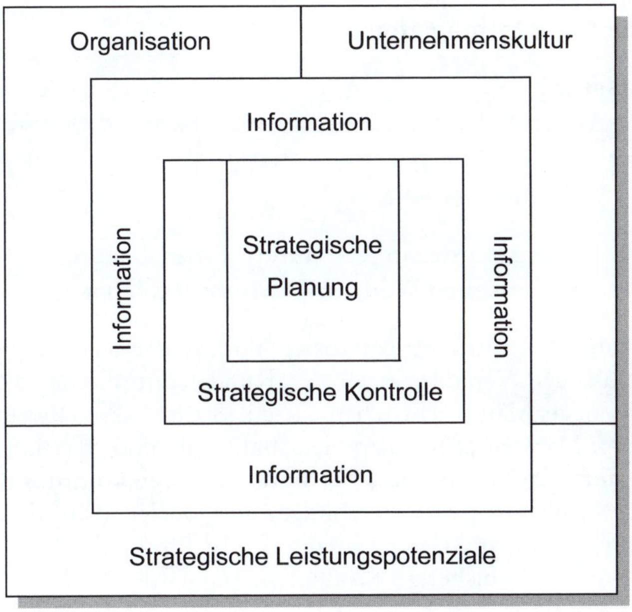

- Die Unternehmensumwelt hat sich in den letzten Jahren rasch und grundlegend verändert. Dieser neuen Wirklichkeit verdankt das Strategische Management seine Existenz.
- Eine passive Reaktion auf Umweltveränderungen führt erfahrungsgemäß nicht zum Erfolg. Eine Erfolg versprechende, aktive Gestaltung der Unternehmung und ihrer Beziehungen zur Umwelt kann nicht ausschließlich intuitiv erfolgen, sondern muss rational vollzogen werden. Dies ist die Aufgabe des Strategischen Managements.
- Der Einsatz des Strategischen Managements bedarf der theoretischen Fundierung. Theoretische Aussagen werden auf der Basis von verschiedenen Ansätzen der Strategieforschung gewonnen.

Teil 1: Grundlagen

1 Gegenstand des Strategischen Managements

2 Aufgaben des Strategischen Managements

3 Ansätze der Strategieforschung

4 Aufgaben künftiger Strategieforschung

5 Zusammenfassung

Beispiele aus der Unternehmenspraxis:

[1] Strategische Herausforderungen durch Liberalisierung, Globalisierung und technologischen Wandel: *Deutsche Telekom*

Die Liberalisierung und Öffnung nationaler Märkte, der technologische Fortschritt und nachhaltige Veränderungen der Kundenanforderungen haben mit hoher Dynamik neue Märkte entstehen lassen. So ist beispielsweise aus den vormals separaten Märkten „Informationstechnologie“ und „Telekommunikation“ eine **integrierte Informations-, Medien- und Telekommunikationsindustrie** hervorgegangen, die sich zunehmend an globalen Anforderungen und Standards orientieren musste. Der Siegeszug des IP-Protokolls, die so genannte IP-Revolution, verändert bisherige Produktionsstandards (Stichwort „All IP“) ebenso, wie sie das Entstehen neuer Märkte und Dienste forciert (Bsp. Voice und Messaging over IP, IP TV).

Der *Deutschen Telekom AG* ist es gelungen, als ehemaliger Monopolist auf dem Heimatmarkt auf den neuen Informations-, Medien- und Kommunikationsmärkten eine bedeutende Position einzunehmen. Anhand wesentlicher Stationen kann gezeigt werden, dass dieser Erfolg neben einer klaren Vision auch ein hohes Maß an strategischer Flexibilität erforderte. Die strategischen Schwerpunkte der *Deutschen Telekom* seit Mitte der 90er Jahre:

- Privatisierung, Restrukturierung, beginnender Kulturwandel und Investition in nationale Infrastruktur
- Wachstum und Internationalisierung
  - Kooperationen und Allianzen (Flexibilität, geringe Bindungsintensität, begrenzter Einfluss), Bsp.: *Global One* (Joint Venture von *Deutsche Telekom, France Telecom, Sprint*)
  - Akquisitionen (strategische Steuerungshoheit bei hoher Bindungsintensität), Bsp.: Übernahme *Debis Systemhaus* und Integration in *T-Systems*, Kauf *Voicestream* und Ausbau zu *T-Mobile US*, Übernahme von bzw. Beteiligung an ehemaligen Incumbents (= Amtsinhabern) und neuen „Attackern“ in Ost- und Westeuropa.

- Divisionalisierung und Konsolidierung
  - Konzentration auf vier Divisionen: Festnetz (*T-Com*), Mobilfunk (*T-Mobile*), Online (*T-Online*) und Systemlösungen (*T-Systems*); Stärkung dezentraler Entscheidungskompetenz
  - Organisches Wachstum durch Innovationen und Effizienzsteigerungen; Entschuldung und Verzicht auf weitere Akquisitionen
  - Verkauf nicht-strategischer Beteiligungen und Geschäfte (z.B. Kabelnetz, Telecash)
- Re-Integration, konsequente Kunden- und Wertorientierung
  - Fokussierung auf Bedürfnisse von Privat- und Geschäftskunden, u.a. für konvergente und integrierte Produkte und Lösungen, führt zu Re-Integration technologie- und produktorientierter Divisionen zu „integrierten Anbietern" auf nationalen Märkten. Beispiel Deutschland: Zunächst Rückkauf *T-Online*, später Integration von Mobilfunk (*T-Mobile*) und Festnetzgeschäft (*T-Home*) zur *Telekom Deutschland GmbH*
  - Gleichzeitig Stärkung funktionaler Kompetenzen wie „Technik/IT" oder „Produkt/Innovation" zur Sicherstellung konzernweiter Konsistenz und Synergien
  - Steigerung der Wettbewerbsfähigkeit durch nachhaltiges Kostenmanagement und Verbesserung der Servicequalität
  - Weiterentwicklung der wertorientierten Steuerung inkl. Portfoliomanagement
  - Nutzung von Wachstumschancen im Kerngeschäft (z.B. Mobile Data, TV) und Entwicklung von neuen Wachstumsfeldern (z.B. Energie, Automotive, Gesundheit)

[2] Strategische Herausforderungen in einem schrumpfenden Markt: Bier

Der Markt für Bier befindet sich in Deutschland - im Gegensatz zum weltweiten Trend – weiterhin in einer Stagnations- bzw. Schrumpfungsphase. Hauptgrund dieser Entwicklung ist eine Veränderung des Verbraucherverhaltens: Der Gesundheitsaspekt tritt hierbei immer mehr in den Vordergrund und überlagert saisonale, konjunkturelle und modebedingte Schwankungen der Trinkgewohnheiten. So ist in Deutschland der Bierverbrauch je Einwohner von 142,7 Liter (1990) im Jahr 2010 auf den historischen Tiefststand von 101,8 Liter gesunken. Inzwischen hat eine leichte Erholung der Nachfrage eingesetzt. Die Nachfrage nach alkoholfreien Getränken und hier insbesondere nach Wasser und Erfrischungsgetränken steigt kontinuierlich an.

Die Brauereien reagieren auf diese Entwicklung mit unterschiedlichen Strategien.

- **Horizontale Diversifikation und Erweiterung der Produktpalette** um nicht-alkoholische Getränke wie Erfrischungsgetränke, Fruchtsäfte, Mineralwasser. Während das hohe Wachstum der Biermischgetränke abgeflacht ist, verzeichnen alkoholfreie Biere nach wie vor gute Wachstumsraten. In diesen Kontext fällt auch die Wiederbelebung der „Fassbrause" durch die *Kölner Gaffelbrauerei*, einer Mischung aus Zitronenlimonade und alkoholfreiem Bier.

- **Internationalisierung und Export:** Viele Bierbrauer versuchen, nationale Umsatzverluste auf internationalen Märkten zu kompensieren. So stieg der Anteil des Exports an der gesamten Produktionsmenge von ca. 8% in 1998 auf über 15 % in 2010; ca. 80 % davon gingen in EU-Länder.
- **Konzentration/ Economies of scale:** Durch den Zusammenschluss von Brauereien und die Übernahme von Brauereien durch internationale Getränkekonzerne werden Größenvorteile in Produktion und Vertrieb genutzt. Die etablierten Marken bleiben dabei in der Regel erhalten. Beispielsweise ist die belgische *InBev* mit über 200 Biermarken und 77.000 Mitarbeitern weltweit der größte Brauereikonzern. So gehören die global brands *Budweiser*, *Stella Artois* und *Beck's* zum Markenportfolio, in Deutschland zudem *Hasseröder*, *Diebels*, die *Gilde*-Gruppe und die *Spaten-Franziskaner-Löwenbräu*-Gruppe. Zur größten deutschen Brauereigruppe, der *Radeberger*-Gruppe, gehören u.a. die Unternehmen *Dortmunder Actien-Brauerei*, *Berliner Kindl Brauerei*, *Radeberger Exportbierbrauerei*, *Krostitzer Brauerei*, *Binding-Brauerei*, *Henninger-Bräu*, *Erbacher Brauhaus*, *Allgäuer Brauhaus*, die *Brauerei Krusovice* (Tschechien) sowie die *Selters Mineralquelle*.

[3] Strategische Ziele und Nachhaltigkeit in einem globalen Markt: *Daimler*

Die *Daimler AG* zählt mit über 270.000 Beschäftigten zu den Giganten unter den global agierenden Automobilunternehmen. Die Strategie von *Daimler* basiert auf folgenden **Dimensionen** (Geschäftsbericht 2011):

- Exzellente Produkte mit hervorragendem Kundenerlebnis
- Führende Marken
- Innovations- und Technologieführerschaft
- Globale Präsenz und Vernetzung
- Herausragende Umsetzung und Nachhaltigkeit
- Hoch motivierte und leistungsstarke Mitarbeiter

Als **Grundwerte** sind seit Jahren definiert: Begeisterung, Disziplin, Wertschätzung und Integrität. Diese Dimensionen und Werte sind in ein Zielsystem eingebettet, welches die Erreichung des obersten Unternehmensziels, nämlich nachhaltiges profitables Wachstum und damit Steigerung des Unternehmenswertes sicherstellen soll.

Daimler hat **vier Wachstumsfelder** definiert: Kerngeschäft stärken, in neuen Märkten wachsen, bei grünen Technologien führend sein und neue Mobilitätsdienstleistungen gestalten. Ergänzend zu den Wachstumszielen in diesen Feldern hat *Daimler* klare Rendite-, EBIT- und Value Added-Ziele für die einzelnen Geschäftsfelder definiert.

Nachhaltigkeit ist ein wesentlicher Bestandteil der Unternehmensstrategie von *Daimler*. *Dieter Zetsche*, Vorsitzender des Vorstands der *Daimler AG*, dazu (Nachhaltigkeitsbericht 2010): „2010 haben wir den Begriff der Nachhaltigkeit auch „offiziell“ in unser strategisches Zielsystem aufgenommen. Damit unterstreichen wir noch einmal klipp und klar: Ökonomische, ökologische und soziale Verantwortung gehören zusammen. Nachhaltigkeit ist der rote Faden unseres unternehmerischen Handelns. Entsprechend systematisch packen wir die damit verbundenen Fragen an.“

So wurden ein konzernweites Management für Nachhaltigkeit implementiert und messbare Zielwerte und Maßnahmen in folgenden Nachhaltigkeitsdimensionen definiert:

- **Ökonomische Nachhaltigkeit:** Profitables Wachstum und langfristiger ökonomischer Erfolg sichern unser Engagement für eine nachhaltige Entwicklung.
- **Ökologische Nachhaltigkeit:** Umweltschutz, Innovation und Sicherheit sind die größten Herausforderungen auf unserem Weg zur Nachhaltigkeit.
- **Soziale und gesellschaftliche Nachhaltigkeit:** Wir verstehen uns als „mitgestaltender Akteur in der Gesellschaft.“

1 Gegenstand des Strategischen Managements

„It is probably safe to say that strategic management is one of the least developed and least mature of all the disciplines in the business school".

Jay B. Barney, Professor am Fisher College of Business der Ohio State University (2007)

Das Strategische Management ist relativ jung. Es hat sich erst in den 80er Jahren in Praxis und Wissenschaft etabliert. Im Jahre 1976 veröffentlichten *Ansoff, Declerck* und *Hayes* ein Buch mit dem Titel „From Strategic Planning to Strategic Management". Diese Publikation könnte als Geburtsstunde des Strategischen Managements gewertet werden. Als Geburtsjahr kommt auch 1980 in Frage, weil in diesem Jahr die Zeitschriften „Strategic Management Journal" und „Journal of Business Strategy" gegründet wurden (vgl. *Göbel* [Forschung] 3). Welche Trends haben die Etablierung des Strategischen Managements als Forschungsgebiet und als Führungskonzeption begünstigt? Es sind

- die Veränderungen der Unternehmensumwelt und
- die mit ihnen verbundenen Anforderungen an die Unternehmen.

Die einleitenden Beispiele demonstrieren diesen Zusammenhang eindrücklich.

1.1 Veränderungen der Unternehmensumwelt

„Früher hatten wir einen Zustand, dann kam die Veränderung, dann ein neuer Zustand. Jetzt ist die Veränderung der Zustand."

Michael Urban, Verleger

Veränderungen der Unternehmensumwelt haben verschiedene Ursachen und erfassen eine Vielzahl von Feldern eines Unternehmens. Abb. 1-1 vermittelt ein Bild von dieser Dynamik im Laufe der Entwicklung von der vorindustriellen Zeit um 1900 bis zur heute aktuellen nachindustriellen Ära. Die Aussagen beziehen sich auf die Verhältnisse in den westlichen Industrieländern. Selbstverständlich sind die Zeiten für die einzelnen Phasen länderspezifisch verschieden.

Produktionsverfahren

Die industrielle Fertigung von Massengütern wurde mit der Einführung des Fließbandes durch *Henry Ford* (1863-1947) in Detroit für das „Modell T" eingeleitet. Weiterentwicklungen stellen die elektronisch gesteuerte Fertigungsanlage und die Roboter-Fertigung dar. Die Produktionsverfahren der 90er Jahre zeichnen sich durch integrierte und flexible Fertigungssysteme und die computerintegrierte Fabrik aus. Deren Einführung wurde durch Fortschritte in der Mikro-Elektronik stark gefördert. Das Zusammenwachsen von Informationsverarbeitung und Telekommunikation schließlich schafft die Voraussetzung für weltweit vernetzte Verbundsysteme in der Produktion.

	Vorindustrielle Zeit um 1900	Industrielle Zeit um 1930	Nachindustrielle Zeit um 2000
Produktions-verfahren	Handwerkliche Produktion	Industrielle Massenproduktion; elektronisch gesteuerte Fertigungsanlagen	Integrierte und flexible Fertigungssysteme; computerintegrierte Fabrik; globale, temporäre Produktionsnetzwerke
Art der Produkte	Individualprodukte	Homogene Massenproduktion	Heterogene und neuartige Produkte; Zunahme der Dienstleistungen; intelligente Produkte
Kaufkraft	Privilegien	Massenkaufkraft	Wohlstand
Geographische Verbreitung	Heimatorientierung	Internationalisierung	Weltorientierung (Globalisierung)
Einfluss der Gesellschaft auf die Unternehmung	Reglementierung	Liberalismus	Wachsende Einflussnahme der Politik und von Interessengruppen

Abb. 1-1: Veränderungen der Unternehmensumwelt

Art der Produkte

Mit der Entwicklung der Massenfertigung im Industriezeitalter war die Herstellung homogener Massenprodukte verbunden. Als typisches Beispiel kann der *VW-Käfer* genannt werden. Heute ist aufgrund des technologischen Fortschritts und eines stärkeren Differenzierungsgrades bei den Nachfragern das Angebot an verfügbaren Produkten sehr variantenreich und stark wandlungsfähig. Der Konsument entwickelt ein Feingefühl für seinen Lebensstil, verbunden mit einer Zunahme des Selbstbewusstseins. Beispielsweise gibt es heute in Deutschland mehr als 250 verschiedene Brotsorten, in Frankreich mehr als 500 Käsesorten. Es findet also eine Verlagerung von der Produktionsorientierung zur Marktorientierung, vom Verkäufermarkt zum Käufermarkt statt. Das gehobene Anspruchsniveau führt auch zu einer wachsenden Nachfrage nach immateriellen Gütern, insbesondere Dienstleistungen in den Bereichen Finanzen, Gesundheit/Fitness, Reisen/Tourismus und zu den sog. intelligenten Produkten, wie bspw. Navigationssystemen, Sicherheitssystemen und Einparkhilfen in Automobilen (vgl. S. 345f.).

Kaufkraft

Die Kaufkraft der Bevölkerung hat heute ein Niveau erreicht, das mit allgemeinem Wohlstand bezeichnet werden kann. Die Sorge um die Existenzsicherung rückt in den Hintergrund, stattdessen findet eine Hinwendung zu Bedürfniskategorien außerhalb des ökonomischen Bereiches statt. Die Entstehung der ökologischen Bewegung ist u.a. auf dieses Phänomen zurückzuführen.

Geographische Verbreitung

Die Zunahme der Internationalisierung bis in die 70er Jahre wird in wachsendem Umfang durch eine Globalisierung abgelöst. Globalisierung heißt, es besteht ein weltweit freier Verkehr für Waren, Dienstleistungen, Kapital und Arbeit. Die Unternehmen verstehen sich als Global Player, und die Nachfrager geben sich weltoffen, d.h. nicht mehr die Herkunft der Produkte steht im Vordergrund, sondern deren Funktionserfüllung. Die Globalisierung der Unternehmen erstreckt sich nicht nur auf die geographische Ausdehnung des Absatzmarktes, sondern auch auf die Beschaffung (Global Sourcing), die Produktion (Wertkettenmanagement), die Kapitalbereitstellung (Listing des Unternehmens an weltbekannten Börsenplätzen) und das Personal (Globale Rekrutierung des Personals).

> Beispiel: *Andreas Renschler*, im Vorstand der *Daimler AG* und verantwortlich für das Geschäftsfeld „Truck Group“, schrieb Mitte der 90er Jahre zur Standortplanung des neuen *Mercedes-Benz*-Werkes in Tuscaloosa/Alabama: «Basis für die Standortplanung waren die Erfahrungen der Kollegen aus der Nutzfahrzeugsparte. Sie haben aufgezeigt, dass heute eine Internationalisierung der Aktivitäten durchaus ohne Qualitätseinbußen realisierbar und damit eine Weiterentwicklung der Philosophie von «Made in Germany» zu «Made by Mercedes-Benz» möglich ist. Grundvoraussetzung für jede dieser Überlegungen zum Thema «going international» ist, dass die Kunden mit dem Stern auch in Zukunft die bestmögliche Qualität an Produkt und Service erwarten können, unabhängig vom Produktionsstandort.» (*Renschler, A.*: Standortplanung für Mercedes-Benz in den USA. In: *Gassert, H.* u.a.: Den Standort richtig wählen, Stuttgart 1995, S. 39)

Einfluss der Gesellschaft auf die Unternehmung

Die Gesellschaft und in ihr bestimmte Interessengruppen nehmen immer mehr Einfluss auf die Unternehmen. Sie betrachten die Wirtschaft und damit die Unternehmen als Teil ihrer selbst. So sind bspw. Störfälle in Chemieunternehmen, Forschungsaktivitäten biologisch und medizinisch ausgerichteter Unternehmen (etwa Gentechnologie), Standortentscheidungen von Automobilunternehmen sowie Bankenkrisen keine ausschließlich unternehmerische Angelegenheit mehr, sondern im selben Maße werden sie auch zum Gegenstand öffentlicher Diskussionen gemacht.

Als aktuelle Beispiele (Februar 2012) seien zwei Protestbewegungen genannt:

- Die *Occupy Wall Street*-Aktion und der deutsche Ableger *Occupy Frankfurt* als Aktionsbündnisse gegen Banken und Börsen.
- *„Stuttgart 21"* als Aktionsbündnis gegen das Stuttgarter Bahnprojekt der *Deutschen Bahn AG*.

Ein weiteres Beispiel: Im Januar 2012 teilte der weltgrößte Chemiekonzern *BASF* mit, er kapituliere vor der anhaltenden Kritik an der Gentechnik in Europa sowie „neuen Formen der Gewalt" und verlege deshalb seine Zentrale für Pflanzenbiotechnologie nach Raleigh im US-Bundesstaat North Carolina.

Eine ganz andere Interessengruppe beteiligt sich in zunehmendem Maße an der Gestaltung der Unternehmenspolitik: Die aktuellen und die potenziellen Kapitaleigner. Mit dem Begriff „Shareholder Value-Orientierung" wird dieser Trend plakativ charakterisiert (vgl. S. 82ff.).

Wir können festhalten:

Dynamik und **Komplexität** von **Umweltveränderungen** haben zugenommen. Die Unternehmen geraten in immer stärkerem Maße in die **Abhängigkeit** von der Umwelt. Daraus erwachsen neue **Anforderungen** an die Unternehmen.

1.2 Anforderungen an die Unternehmen

„Wenn der Wind des Wandels weht, bauen die einen Mauern und die anderen Windmühlen."

Chinesisches Sprichwort

Die Anforderungen an die Unternehmen lassen sich in zwei Kategorien unterteilen:

[1] Anforderungen an die Beziehungen zur Umwelt (Außenorientierung),

[2] Anforderungen an die Binnenstruktur des Unternehmens (Binnenorientierung).

Eine stärkere **Außenorientierung** ist deshalb geboten, weil auf die Dynamik der Umweltveränderungen grundsätzlich und schnell reagiert werden muss. Diese Fähigkeit setzt eine Umweltsensibilität voraus, die ein Unternehmen in die Lage versetzt, Veränderungen in einem Stadium geringer Konkretisierung wahrzunehmen. Offenheit, Marktnähe, Kundenorientierung und Kooperationsfähigkeit sind jene Eigenschaften, die in wachsendem Maße gefragt werden. Problemlösungen schlagen sich u.a. in Früherkennungssystemen, flexiblen Organisationsmodellen, unternehmensübergreifenden Kooperationsmodellen und der Pflege der Investor Relations nieder.

Eine starke Umfeldsensibilität verlangt als Äquivalent eine entsprechende **Binnenorientierung**, die sich auf die Felder der Flexibilität, der Kreativität und der Innovationsfähigkeit und -bereitschaft richtet. Diese Anforderungen an das Fähigkeitsprofil eines Unternehmens sind die Konsequenz eines Mangels an Voraussetzungen für eine rationale Durchdringung künftiger Entwicklungen, also der Planbarkeit der Zukunft. In einer instabilen und unsicheren Umwelt muss Ex ante-Rationalität durch Ex post-Flexibilität und -Kreativität ersetzt werden. Sie verlangen die Entwicklung leistungsstarker Ressourcen, Potenziale und Kompetenzen.

2 Aufgaben des Strategischen Managements

Die Aufgaben des Strategischen Managements bestehen in

- einer erfolgreichen Positionierung des Unternehmens in der Umwelt, speziell im Markt,
- dem Aufbau von Potenzialen und Kompetenzen des Unternehmens.

Die Bewältigung dieser Aufgaben hat einen Wandel in der Managementpraxis ausgelöst. **Vier Entwicklungsphasen** dieses Wandlungsprozesses lassen sich grob unterscheiden (vgl. auch *Ansoff/McDonnell* [Implanting] 3ff.):

Die Phasen

- der Planung,
- der Langfristigen Planung,
- der Strategischen Planung und
- des Strategischen Managements.

Diese Phasen unterscheiden sich als Folge der Veränderung der Umweltsituation und der Unternehmenssituation auch hinsichtlich des Forschungsschwerpunktes, des Forschungsansatzes und der Forschungsergebnisse. Vgl. hierzu Abb. 1-2, S. 14 und 15.

2.1 Von der Planung zum Strategischen Management

1. Phase: Planung (1945-1960)

Die in der Nachkriegszeit beginnende Phase war vorwiegend auf die Planung der **Finanzströme** ausgerichtet. Sie wird daher auch als Phase des „budgeting“ bezeichnet. Ausgehend von der Vorstellung, dass sich wirtschaftliche Aktivitäten grundsätzlich in Geld niederschlagen und sich das Unternehmensgeschehen über Finanzströme lenken lässt, wurde in der **Budgetierung** das Planungshandeln schlechthin gesehen. Das Budget lieferte außerdem eine geeignete Grundlage für die Kontrolle. Kontrolle wurde dabei i.S. einer Ergebniskontrolle (Ermittlung einer Soll-Ist-Abweichung) verstanden.

Im **Leistungsbereich** wandte man sich einzelnen Entscheidungen zu. So entstanden insbesondere Planungsmodelle für die Beschaffung (z.B. Bestellmengenoptimierung), die Produktion (z.B. Optimierung des Produktionsprogramms) und den Absatz (z.B. Optimierung des Marketing Mix). Die Verfahren des **Operations Research** (OR) wurden intensiv gepflegt und weiterentwickelt.

2. Phase: Langfristige Planung (1960 - 1973)

Die Konzeption der langfristigen Planung (engl.: long range planning), die in den 60er Jahren einsetzte, bemühte sich aus dem Bedürfnis einer weitsichtigen Planung heraus um die Gewinnung langfristiger Prognosen. Die **Langfristprognosen** beruhten auf einer Verlängerung des bisherigen Trends weit in die Zukunft hinein. Sie dienten der Aufstellung von Mehrjahres-Budgets.

Zudem wurde versucht, in Erweiterung der OR-Modelle die **gesamte Unternehmung** modellhaft abzubilden, um zu optimalen Management-Entscheidungen zu gelangen. Diskontinuitäten in der Unternehmensumwelt wie der Ölschock des Jahres 1973 stellten jedoch die Tauglichkeit von Extrapolationsverfahren, Gesamtunternehmensmodellen und rein quantitativen Kennzahlensystemen in Frage.

3. Phase: Strategische Planung (1973 - 1980)

Die Ölkrise legte die Frage nahe, ob man solchen Trendbrüchen wehrlos ausgesetzt sei oder ob sie vorhersehbar wären. Es wurde in einer nun einsetzenden Aufbruchstimmung die Vorstellung entwickelt, an die Stelle einer Beschäftigung mit der Vergangenheit und deren Verlängerung in die Zukunft eine systematische **Analyse der zukünftigen Chancen und Risiken** treten zu lassen. Da die Ursprünge von Chancen und Risiken in der Unternehmensumwelt lokalisiert sind, rückte die strategische Planung die **Umweltanalyse** in den Vordergrund der Betrachtung. Aus einem Vergleich von Anforderungen aus der Unternehmensumwelt mit den Fähigkeiten des Unternehmens, auf die Umwelt zu reagieren, resultierten die Vorstellungen von einer Planung des langfristigen Erfolgspotenzials. Sie beruhen auf einer

- Analyse der zukünftigen Chancen und Risiken,
- Analyse der eigenen Stärken und Schwächen,
- Suche nach Zielen,
- Ableitung von Strategien auf der Grundlage von Portfolio-Analysen.

Einen wichtigen Beitrag zur Entwicklung der strategischen Planung hat die **Krisenforschung** geleistet. Unter den Bezeichnungen **„Strategic Issue Management"**, **„Strategic Surprise Management"** und **„Diskontinuitätenmanagement"** wurden Konzepte der raschen Identifikation von Gefahren und einer adäquaten Reaktion auf Bedrohungen entwickelt. Einen Beitrag zur Lösung dieser Aufgaben haben die Entwürfe für Frühwarnsysteme (vgl. S. 300ff.) und das Konzept der Schwachen Signale nach *Ansoff* geliefert (S. 305ff.).

Ebenso wurden wichtige Techniken zur Unterstützung der einzelnen Phasen des strategischen Planungsprozesses entwickelt. Zu nennen sind u.a. das Produktlebenszyklus-Konzept, die Portfolio-Analyse, die Szenario-Analyse und die Erfahrungskurve (vgl. S. 134ff., 143ff., 295ff., 138ff.).

4. Phase: Strategisches Management (1980-...)

In den 80er Jahren setzte die Globalisierung ein und mit ihr die Verstärkung der Position des Nachfragers. Diese Veränderungen in den Beziehungen zwischen der Unternehmung und der Unternehmensumwelt erhöhten die Anforderungen an die Anpassungs- und Innovationsfähigkeit einer Unternehmung und lenkten damit die Aufmerksamkeit auf soziale und gesellschaftliche Aspekte.

Außerdem machte sich als Folge praktischer Erfahrungen mit der Umsetzung und Durchsetzung von Strategien die Erkenntnis breit, dass eine Strategie nur dann erfolgreich sein kann, wenn deren Implementierung von den Mitgliedern des Unternehmens akzeptiert wird. Unter diesem Gesichtspunkt erlangten das Personal, die Organisation, die Unternehmenskultur und die Information (die sog. **soft facts**) eine ganz neuartige, nämlich eine eigenständige strategische Bedeutung. Auch öffneten sich die Grenzen der Unternehmen für Kooperationen und Integrationen. Mit all diesen Entwicklungen untrennbar verbunden war eine Erweiterung des Planungskonzepts zu einem Managementkonzept. Ein Forum der wissenschaftlichen Auseinandersetzung bildeten seit dem Jahre 1980 die Zeitschriften „Strategic Management Journal" und „Journal of Business Strategy" (vgl. S. 39).

In **neuester Zeit** (in Abb. 1-2 ab 2000) gewinnen Schlagworte wie „Wissensgesellschaft", „virtuelle Märkte", „grenzenloses Unternehmen", „virtuelle Organisation", „Selbstorganisation", „die Unternehmung als lernende Organisation", „Nachhaltigkeit" an Bedeutung. Sie skizzieren die Richtung der Umweltveränderungen und der aus ihnen resultierenden Anforderungen an die Unternehmungen. Die Forschungsschwerpunkte der Wissenschaft liegen in der Selbstorganisation, dem Lernen in Unternehmen, dem Wissensmanagement und dem Projektmanagement.

Ein u.a. durch den Klimawandel beförderter Trend macht sich immer mehr bemerkbar: Die Orientierung des strategischen Verhaltens an der **sozialen Verantwortung** („Corporate Social Responsibility"). Die Bereitschaft, Zukunftsverantwortung zu übernehmen und die **Nachhaltigkeit** in das Zielsystem zu integrieren, ist für viele Unternehmen bereits zur Selbstverständlichkeit geworden.

Es fällt auf, dass das integrativ-systemische Denken noch mehr an Bedeutung gewinnt. Damit wird die Grundidee des Strategischen Managements, nämlich der Fit-Gedanke, auf eine neue moderne Grundlage gestellt.

Das Strategische Management verlangt eine Koordination aller Führungssubsysteme. Der **Fit-Gedanke** steht im Mittelpunkt.

Die Bemühungen von Praxis und Forschung, eine immer bessere Abstimmung von Umwelt und Unternehmung zu realisieren, brachten in den letzten Jahren zahlreiche neue, tendenziell ganzheitliche Management-Konzepte hervor (vgl. Abb. 1-2). Gleichzeitig setzte sich aber zunehmend die Erkenntnis durch, dass der gezielten Gestaltung der Unternehmens-Umwelt-Beziehungen i.S. eines rationalen Optimierungsansatzes komplexitätsbedingte Grenzen gesetzt sind.

Phasen	Zeitraum	Umweltsituation	Unternehmens-situation	Forschungs-schwerpunkt	Forschungs-ansatz	Forschungsergebnisse	Forscher/ Autoren
Planung	1945-1960	Wiederaufbau nach dem 2. Weltkrieg → Umwelt: deterministisch, begrenzt linear-dynamisch, einfach	Ressourcen-knappheit, Verkäufermarkt, Angebotsorient-ierung	Finanzplanung und –steuerung, Budgetierung, Optimierung von Entscheidungen	Modell-analyse	Operations Research-Modelle, (Finanz-) Planungsmodelle, Entscheidungs-/ Optimierungsmodelle	Churchman, Ackoff, Arnoff
Langfristige Planung (long-range planning)	1960-1973	Wirtschafts-wachstum → Umwelt: weitgehend deterministisch, linear-dynamisch, begrenzt komplex	Unternehmens-wachstum, neue Märkte, Verkäufermarkt, Angebots-orientierung	Extrapolation bisheriger Entwicklungen, Steuerung und Kontrolle von Unternehmen, Verhaltensaspekte	Modell-analyse, verhaltens-orientierte Forschung	Prognosemodelle, Wachstumsmodelle, mehrjährige Planungs-modelle (z.B. PPBS), Gesamtunternehmens-modelle, Kennzahlensysteme	Ansoff Agthe Gälweiler Wild
Strategische Planung	1973-1980	Ölkrise und Destabilisierung → Umwelt: stochastisch, turbulent-dynamisch, komplex	Wachstums-krisen, Käufermarkt, Nachfrage-orientierung, Diversifikation	Frühwarnung, Erkennung von Chancen und Risiken bzw. von Stärken und Schwächen, Diskontinuitäten-management, Zielforschung, Corporate Identity, DV-Unterstützung des Managements, Bedeutung der Zeit (Time-Management); Controlling	Situativer Ansatz, empirische Forschung	Frühwarnsysteme, Szenario-Analyse, Marktforschung, Strategisches Marketing, Ziel- und Planungsmodelle, Stakeholder- und Shareholderanalyse, Portfolio-Analyse, Erfahrungskurvenkonzept, Lebenszykluskonzept, PIMS, Wertkette, Management-Informationssysteme	Ansoff, Boston Consulting Group, Cyert/March, Henderson, Mintzberg, Porter, Williamson Ulrich, Hahn

Phasen	Zeit-raum	Umweltsituation	Unternehmenssituation	Forschungs-schwerpunkt	Forschungsansatz	Forschungs-ergebnisse	Forscher/ Autoren
Strategisches Management (1)	1980-2000	Wachstumsgrenzen, Globalisierung, Gesellschaftliche Verantwortung, Dienstleistungsgesellschaft → Umwelt: hyper-turbulent, komplex	Internationalisierung, Käufermarkt, Nachfrageorientierung, Differenzierungsstrategien, Reengineering und Kostensenkung, Integration und Kooperation (strategische Allianzen)	Erfolgspotenziale, Kernkompetenzen, Umsetzungsschwäche, Outsourcing, (Unternehmens-) Kultur, Institutionales Lernen, Strategisches Controlling	Marktorientierter Ansatz, Fit-Konzepte, integrativ-systemisches Denken, Human Resource-Ansatz	Integration aller Führungs-subsysteme, Benchmarking, Business Reengineering, Lean Management, Shareholder Value, Desinvestitionsmanagement	Ansoff, Chandler, Hammer/ Champy, Mintzberg, Peters, Porter, Rappaport, Senge, Ohmae, Ouchi, Hinterhuber, Kirsch, Probst, Scholz
Strategisches Management (2)	Ab 2000	Zunehmende Bedeutung globaler Finanzmärkte; globale Wissensgesellschaft: Wissen als Produktionsfaktor Nr. 1, virtuelle Märkte → Umwelt: hyper-turbulent, komplex; Notwendigkeit zur Übernahme von Zukunftsverantwortung durch Unternehmen	Kundenorientierung, weltweite Fusionen, Entstehung von Global Players, von grenzenlosen Unternehmen. Auf der anderen Seite: „Small is beautyful“: Virtuelle, polyzentrische Unternehmensstrukturen; Aufbruch und Zusammenbruch der New Economy (2003); Weltweite Finanzkrise (2009, 2011), Energiewende (2011) in Deutschland	Selbstorganisation, Unternehmenssteuerung und Menschenführung in virtuellen polyzentrischen Unternehmen, Lernen/ Wissensmanagement, Projektmanagement, Nachhaltigkeit, Nachhaltigkeitsmanagement	Fit-Konzepte, systemisches Denken, ressourcenorientierter Ansatz, Konzept der Kernkompetenzen, wissensorientierter Ansatz, evolutionstheoretische Ansätze, institutionenökonomischer Ansatz, Konstruktivismus, Strukturationsansatz	Ganzheitliches Wertmanagement, „objektorientierte“ Steuerungs- und Führungskonzepte, Balanced Scorecard, Entwicklung der Unternehmensethik, Business Eco-Systeme, Blue Ocean Strategy	Nonaka, Polanyi, Grant Kaplan, Norton Horvath, Malik, Probst, Sydow, Willke, Picot, Ulrich, Giddens, Moore

Abb. 1-2: Von der Planung zum Strategischen Management

2.2 Der strategische Fit als Leitgedanke des Strategischen Managements

Die Zeit der Vorstände, die Strategien erfinden und durchsetzen, ist vorbei. Sie verlangt heute vielmehr einen Wandel vom Top-Manager als Entscheider zum Gestalter einer Organisation und Unternehmenskultur für kreative und implementierungsfähige Strategien.

2.2.1 Varianten des strategischen Fit

Die strategische Planung verdankt ihre Existenz der Erkenntnis, dass das Kompetenzprofil einer Unternehmung konsequent auf die Anforderungen aus der Unternehmensumwelt auszurichten ist. Als Erster hat *Ansoff* (1918-2002) in seinem Buch „Corporate Strategy" im Jahre 1965 auf diesen Sachverhalt hingewiesen. Damit war das „concept of fit" i.S. des **System-Umwelt-Fit** geboren.

Bereits im Jahre 1962 formulierte *Alfred Chandler* (geb. 1918) in seinem Buch „Strategy and Structure" die berühmte Hypothese: „Structure follows strategy". Beobachtungen von Organisationsänderungen in Großunternehmungen der USA (*Sears, General Motors, Du Pont* und *Standard Oil*) zwischen 1850 und 1920, also der Entstehungszeit des modernen Kapitalismus, brachten den Historiker *Chandler* zu der Erkenntnis, dass eine Strategieänderung häufig der Auslöser für Reorganisationen ist. Amerikanische Großunternehmungen, die sich zu diversifizierten Multis entwickelten, passten sich nach seiner Feststellung mit ihrer Organisation durch Divisionalisierung an (vgl. S. 391ff.).

Harry Igor Ansoff griff diese Erkenntnis auf und brachte sie in dem programmatischen Titel seines Lehrbuches „Strategic Management" (1979) zum Ausdruck. Dort findet sich der Satz (S. 7): "This book, like Chandler's, is built on the basic hypothesis that environment, external strategic behavior, and the internal 'structure' are interrelated". Aus der Forderung nach einem System-Umwelt-Fit entwickelte sich so der Gedanke eines Fit zwischen den Elementen des Systems „Unternehmen", eines sog. **Intra-System-Fit**. *Ansoff* rückte vor allem die Struktur, die Kultur und das Verhalten in den Vordergrund der Betrachtung. Alle drei stellen nicht nur die Voraussetzungen für die Umsetzung einer Strategie dar, sondern auch jene für die Generierung von Strategien. Starken Einfluss auf *Ansoff* übten *Cyert* und *March* aus, die mit ihrer Arbeit „A Behavioral Theory of the Firm" (1963) die Aufmerksamkeit auf Verhaltensweisen in Unternehmen richteten (vgl. *Cyert/March* [Theory]). *Hax/Majluf* ([Management] 94) sehen die Aufgabe des Strategischen Managements in einer Integration von Planungssystem, Führungskontrollsystem, Kommunikations- und Informationssystem, Motivations- und Belohnungssystem, Organisationsstruktur und Unternehmenskultur.

Der Gedanke des Intra-System-Fit fand in dem viel zitierten **7-S-Modell** von *McKinsey* seinen praxisorientierten Ausdruck. Es verlangt die Abstimmung der in Abb. 1-3 dargestellten sieben Subsysteme, die in ihrer Gesamtheit nach Meinung von *McKinsey* das Strategische Management ausmachen (vgl. *Peters/Waterman* [Excellence] 10).

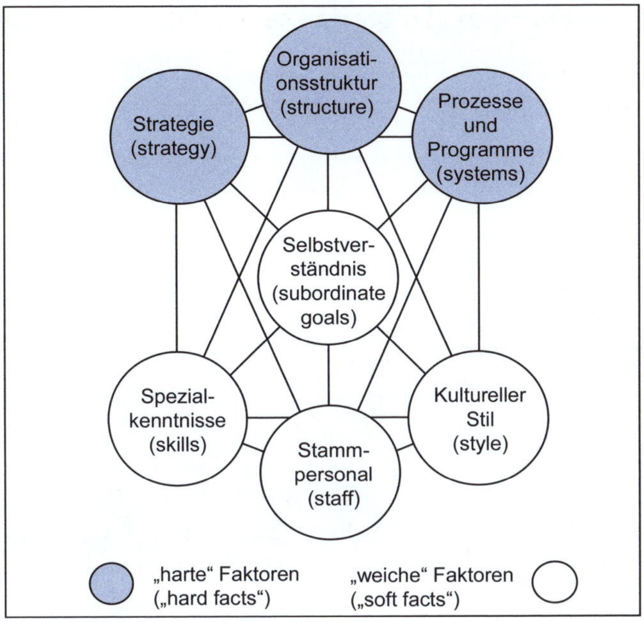

Abb. 1-3: Das 7-S-Modell von *McKinsey*

Die Unterteilung in „harte“ und „weiche“ Faktoren soll zum Ausdruck bringen, dass es Subsysteme gibt, die eher rational-quantitativer Natur sind, und solche, die vorwiegend einen emotional-qualitativen Charakter aufweisen.

In der deutschsprachigen Literatur sind insbesondere *Hahn, Kirsch* und *Hinterhuber* mit umfassenden Ansätzen der strategischen Unternehmensführung hervorgetreten.

Für *Hahn* ([Unternehmungsführung] 28ff.) besteht das Strategische Management aus folgenden Elementen: Unternehmungsphilosophie, Ziele, Strategische Planung, Organisationsplanung, Führungskräftesystemplanung, Implementierung, Kontrolle und Unternehmenskultur.

Kirsch entwickelte eine „konzeptionelle Gesamtsicht der Unternehmenspolitik“ für die Formulierung von Zielen, Grundsätzen und Strategien sowie deren Implementierung. Seiner Sichtweise liegt eine Philosophie der „geplanten Evolution“ zu Grunde (vgl. *Kirsch/Esser/Gabele* [Management], vgl. auch S. 33ff.).

Hinterhuber ([Unternehmungsführung I] 41ff.) unterscheidet sieben Komponenten der strategischen Unternehmensführung: Die unternehmerische Vision, die Unternehmungspolitik, die Formulierung der Strategien, Ziele und Rahmenbedingungen, die Organisation und die Geschäftsprozesse, die Umsetzung und die Unternehmenskultur. Diese sieben Komponenten machen nach ihm die Gesamtkonzeption für die strategische Führung einer Unternehmung aus.

2.2.2 Eigener Ansatz

Wir gehen in diesem Buch vom Fit-Ansatz aus und unterscheiden folgende Teilsysteme (Subsysteme) des Strategischen Managements:

- Strategische Planung,
- Strategische Kontrolle,
- Information,
- Organisation,
- Unternehmenskultur,
- Strategische Leistungspotenziale.

Diese Konzeption folgt dem Wandel in der praktischen Bedeutung der einzelnen Teilsysteme: Während ursprünglich der strategischen Planung die zentrale Aufgabe zugesprochen wurde und sowohl Organisation wie auch Unternehmenskultur als bloße Umsetzungshilfen verstanden wurden, kommt heute **allen Komponenten eine gleichberechtigte und eigenständige strategische Funktion** zu. Anders ausgedrückt: In traditioneller Sicht sind alle Teilsysteme am Effizienzkriterium ausgerichtet. In neuerer Sicht richten sich alle Subsysteme am Effektivitätskriterium aus (zu den Begriffen „Effizienz" und „Effektivität" vgl. S. 74).

Henry Mintzberg (kanadischer Professor, geb. 1939) hat die Relativierung der Strategischen Planung und die Aufwertung der übrigen Subsysteme in seiner Konzeption der geplanten und nicht geplanten, der ungeplanten und realisierten Strategien zum Ausdruck gebracht.

Nach *Mintzberg* [Patterns] sind Strategien nicht immer das Ergebnis eines rationalen Planungsprozesses (deliberate strategy). Es gibt vielmehr häufig sog. emergente Strategien (emergent strategy), also ungeplante Strategien.

Nach *Mintzberg* sind die ungeplanten Strategien als ein Muster in einem Strom von Entscheidungen („as pattern in a stream of decisions") zu begreifen ([Patterns] 935). Nach dem von uns entwickelten Ansatz könnte man auch formulieren: Ungeplante Strategien (emergent strategies) entstehen dann, wenn aus der Organisation und der Unternehmenskultur heraus Vorstellungen entwickelt werden, die vom Planungssystem nicht intendiert waren. Geplante Strategien (intended strategies) werden dann nicht realisiert, wenn die übrigen Subsysteme mit der strategischen Planung nicht harmonieren (z.B. Ressourcenmangel) (vgl. Abb. 1-4).

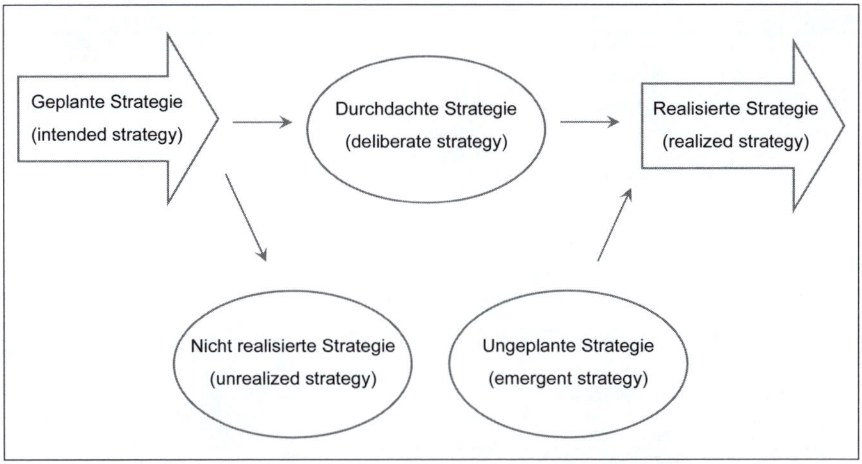

Abb. 1-4: Zusammenhänge zwischen geplanten und realisierten Strategien nach *Mintzberg* (Quelle: *Mintzberg/McHugh* [Strategy])

Die Konzeption, der wir folgen, ist in Abb. 1-5 dargestellt. Sie umfasst **drei Ebenen**, nämlich

- die Koordination innerhalb eines Subsystems (z.B. Intra-Planungs-Fit, wie etwa Abstimmung von strategischen Zielen und Strategiearten),
- die Abstimmung zwischen den einzelnen Subsystemen (etwa zwischen Organisation und Unternehmenskultur) (Intra-System-Fit) sowie
- die Abstimmung zwischen dem System „Unternehmung" und seiner Umwelt (System-Umwelt-Fit).

Im Mittelpunkt des System-Umwelt-Fit stehen die Anforderungen an die Beziehungen zur Umwelt (Außenorientierung). Intra-System-Fit und Intra-Subsystem-Fit sind auf die Anforderungen an die Binnenstruktur des Unternehmens (Binnenorientierung) gerichtet.

Am Beispiel der von *Porter* entwickelten Geschäftsbereichsstrategien „Strategie der Kostenführerschaft" und „Differenzierungsstrategie" (vgl. S. 187ff.) sollen Inhalt und Notwendigkeit des strategischen Fit demonstriert werden. Das Beispiel macht deutlich, dass mit der Formulierung einer Strategie das Problem der strategischen Planung nicht gelöst, sondern erst ausgelöst wird (vgl. Abb. 1-6).

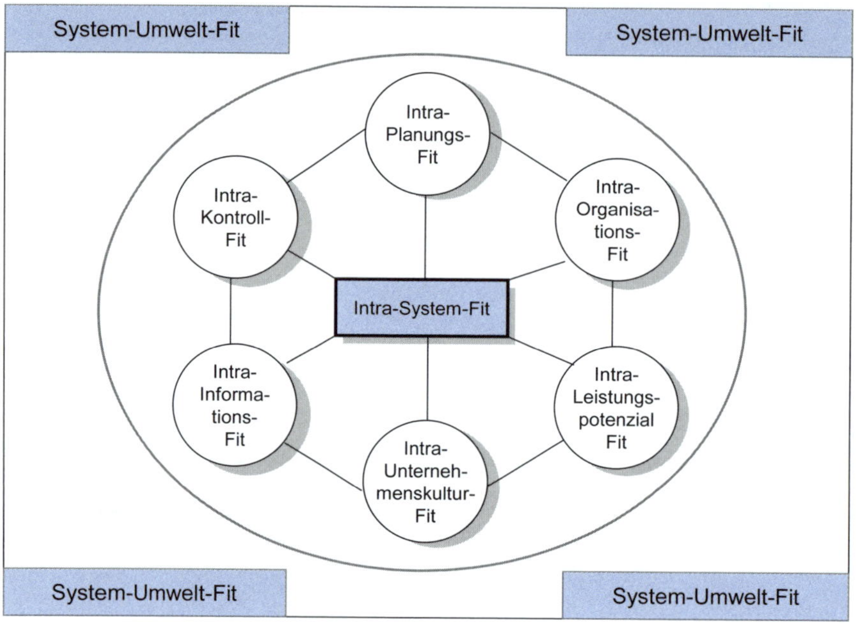

Abb. 1-5: Ansatz des Strategischen Managements

Eine Abrundung des Fit-Ansatzes durch die Einbeziehung staatlicher Institutionen in den Abstimmungsprozess wird in neuester Zeit verstärkt diskutiert: Unternehmen fordern einen **Staat-Unternehmens-Fit**, und zwar verstärkt auf den Feldern der Infrastruktur, der Steuerpolitik und der Arbeitsmarktpolitik. Da Staaten aufgrund der Globalisierung immer stärker in einen Wettbewerb um Standortvorteile geraten, sind sie auch in verstärktem Maße bereit, diesem Fit-Aspekt Rechnung zu tragen. Weil Unternehmen sich immer mehr zu Global Players entwickeln, dürfte die Abstimmung zwischen Unternehmen und wirtschaftlichen Rahmenbedingungen künftig immer mehr an Bedeutung gewinnen.

Die Finanzkrisen der Jahre 2009 und 2011 haben die Bedeutung des Staates für die Existenz und den Erfolg von Unternehmen deutlich vor Augen geführt.

Weiteres Beispiel: In Deutschland sollen nach den Vorstellungen der Bundesregierung bis zum Jahre 2020 eine Million Elektroautos zugelassen sein.

Beispiele für Eingriffe der Gesellschaft/Politik in interne Entscheidungen:
- Demonstrationen im Rahmen von *„Stuttgart 21"*
- Proteste gegen eine Teststrecke der *Daimler AG* auf dem Einsiedel, einer am Waldrand gelegenen Landschaft in der Nähe von Stuttgart
- Kürzung der Subventionierung von Solaranlagen im April 2012

Strategie	Kontrolle	Information	Organisation	Unternehmenskultur	Potenziale
Strategie der Kostenführerschaft = Strategie des Billiganbieters	Fokus auf traditioneller Kontrolle i.S. einer Fremdkontrolle durch zentrale Einheit(en) ⇒ Zentrale Fremdkontrolle; Kostenkontrolle	Betonung des internen Informationsmanagements: z.B. Plankostenrechnung, Target Costing ⇒ Kostenmanagement	Hierarchisch und zentralistisch ausgerichtete Fremdorganisation ⇒ Eher effizienzorientierte Funktionale Organisation	Grundwerte: Innenorientierung, Sparsamkeit, Pünktlichkeit, Zuverlässigkeit, Disziplin ⇒ „Geschlossene Effizienzkultur"	z.B. Beschaffung: Outsourcing / Produktion: Rationalisierung / Absatz: Preis als Erfolgsfaktor / Personal: Quantitative Leistungsorientierung (variable Entlohnung, „Hire and Fire") ⇒ Potenzialeinsatz zur Effizienzsteigerung
Differenzierungsstrategie = Strategie des Qualitätsführers	Fokus auf strategischer Kontrolle i.S. einer dezentralen Eigenkontrolle ⇒ Dezentrale Eigenkontrolle; Qualitätskontrolle; Kontrolle der Entwicklungsfähigkeit des Unternehmens	Betonung des externen Informationsmanagements: z.B. Marktforschung, Trendanalysen ⇒ Marktorientiertes Informationssystem	Dezentral ausgerichtete Selbstorganisation ⇒ Eher marktnahe Divisionale Organisation / Teamorganisation	Grundwerte: Außenorientierung, Innovationsbereitschaft, Lernbereitschaft, Kooperationsbereitschaft, Null-Fehlertoleranz, Qualitätsbewusstsein ⇒ „Offene Qualitätskultur"	z.B. Beschaffung: Zuverlässigkeit der Lieferanten / Produktion: Gruppenfertigung / Absatz: Kommunikation und Qualität als Erfolgsfaktoren / Personal: Qualitatives Leistungsbewusstsein (Qualitätsprämien, Personalbindung und –entwicklung) ⇒ Potenzialeinsatz zur Qualitätsverbesserung

Abb. 1-6: Strategie der Kostenführerschaft und Differenzierungsstrategie im System des Strategischen Managements

Alle Elemente des Strategischen Fit haben eine **eigenständige Bedeutung** und keines der Elemente erfüllt eine bloße Hilfsfunktion. „Eigenständig" ist aber nicht als getrennt von den anderen zu interpretieren, sondern so, dass jedes Element eine wichtige, nicht durch andere Elemente ersetzbare Funktion erfüllt. Die Eigenständigkeit der Elemente zeigt sich gerade darin, dass nur in deren Zusammenführung eine Gesamtheit entsteht.

Bei allen Vorteilen, die sich mit der Anwendung des Strategischen Fit als Leitgedanken des Strategischen Managements ergeben, soll eine **Gefahr** nicht übersehen werden. Mit der umfassenden und ganzheitlichen Perspektive des Ansatzes geht es unweigerlich „um alles". Es besteht daher die Gefahr, dass Überlegungen zu Gemeinplätzen und inhaltsleerer Beliebigkeit führen.

Das **Strategische Management** befasst sich mit der zielorientierten Gestaltung von Unternehmen unter strategischen, d.h. langfristigen, globalen, umweltbezogenen und entwicklungsorientierten Aspekten. Es umfasst die Gestaltung und gegenseitige Abstimmung von Planung, Kontrolle, Information, Organisation, Unternehmenskultur und Strategischen Leistungspotenzialen.

Das Strategische Management stellt sowohl ein spezifisches Betätigungsfeld des Managements als auch eine Teildisziplin im Rahmen der Managementlehre dar.

2.3 Strategisches Controlling

In komplexen Unternehmen mit einer dynamischen Umwelt ist die Unternehmensführung häufig bei der Koordination der einzelnen Führungssubsysteme überfordert. Es ist daher in der Praxis des Managements das Controlling entwickelt worden. Besonders im Rahmen des Strategischen Managements kommt – wie wir mehrfach festgestellt haben – dem Strategischen Fit und damit der Koordination der Führungssubsysteme eine besondere Bedeutung zu. Der Erfolg eines Unternehmens ist nicht auf einen ganz bestimmten Erfolgsfaktor zurückzuführen, sondern auf die permanente Abstimmung von Strategie, Struktur und Umfeldbedingungen.

Die Hauptaufgabe des **Strategischen Controlling** besteht in der Koordination der Teilsysteme der Unternehmensführung. Teilsysteme sind: Planung, Kontrolle, Organisation, Unternehmenskultur und Information.

Was versteht man unter Koordination? Welche Koordinationsinstrumente lassen sich unterscheiden?

Die Bildung der verschiedenen Teilsysteme der Unternehmensführung ist das Ergebnis einer Spezialisierung. Mit der Spezialisierung lässt sich der Gesamtkomplex der Unternehmensführung besser beherrschen. Außerdem können Unterschiede in den Fähigkeiten der Mitarbeiter genutzt werden. Jeder kann genau die Aufgaben übernehmen, zu denen er besonders befähigt ist. Schließlich kommen aufgrund der mit der Spezialisierung verbundenen Steigerung des Wiederholungsgrades von Tätigkeiten die Vorteile von Lerneffekten und damit der Erfahrung zur Geltung. Diese Überlegungen sprechen für einen hohen Grad der Spezialisierung und damit für ein differenziertes Stellengefüge mit eng begrenztem Verantwortungsbereich des Stelleninhabers.

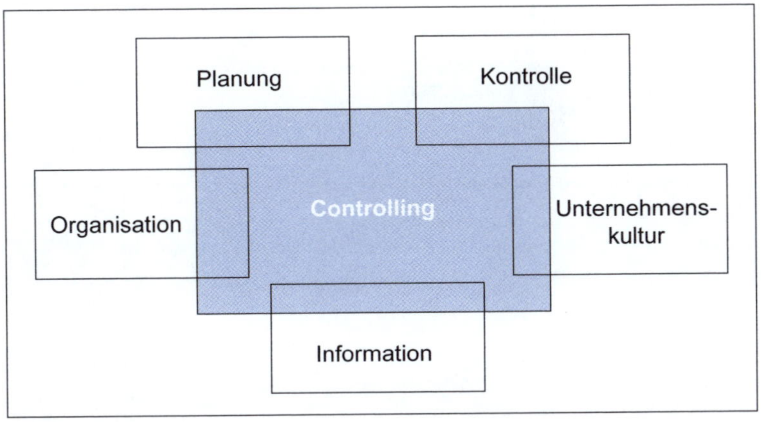

Abb. 1-7: Das strategische Controlling

Es ist allerdings unbestritten, dass ein hoher Grad der Spezialisierung auch eine Reihe von Nachteilen aufweist: Mit der Spezialisierung verbunden ist eine Verengung des Blickfeldes und damit die Abneigung zur Übernahme von Verantwortung. Der Sinn für den Gesamtzusammenhang geht verloren. Eine Mentalität des „Geht mich nichts an, dafür bin ich nicht zuständig" macht sich bemerkbar. Die damit verbundene Schnittstellenproblematik erhöht den Koordinationsaufwand.

Koordination ist die Abstimmung von Einzelaktivitäten zu einer gemeinsamen Aufgabenerfüllung. Der **Controller** hat die Aufgabe, die entsprechenden **Instrumente** zur Wahrnehmung der Koordinationsfunktion bereitzustellen. Sie bestehen u.a. aus den Instrumenten der Strategischen Planung, so z.B. den Kennzahlensystemen und der Portfolio-Analyse, den Instrumenten der Strategischen Kontrolle, so z.B. dem Benchmarking und der Durchführungskontrolle, den Instrumenten der Strategieimplementierung (z.B. Balanced Scorecard).

Dem **Informationsmanagement** kommt im Rahmen des Strategischen Controlling eine besondere Bedeutung zu. Seine Aufgabe besteht darin, die einzelnen Teilsysteme mit Informationen zu versorgen und so die Voraussetzungen für die Koordination zu schaffen. Der Bedarf an Informationen aus der Unternehmensumwelt wird befriedigt durch Prognosen, die Szenario-Analyse, Früherkennungssysteme, das Konzept der Schwachen Signale nach *Ansoff*. Der Bedarf an Informationen aus der Unternehmung wird gedeckt durch verschiedene Verfahren der Kostenrechnung (Target Costing, Prozesskostenrechnung, Lebenszyklusorientierte Kosten- und Erlösrechnung), die Balanced Scorecard und das Wissensmanagement. Diese Instrumente und darüber hinaus in anderem Zusammenhang relevante Techniken werden in diesem Lehrbuch ausführlich beschrieben (vgl. S. 62).

Zum Controlling allgemein und speziell zum Strategischen Controlling siehe *Friedl* [Controlling], *Horváth* [Controlling], *Küpper* [Controlling], *Lorson* [Controlling].

3 Ansätze der Strategieforschung

„Die Theorie ist ein Netz, das wir auswerfen, um die Welt einzufangen. Wir arbeiten daran, um die Maschen dieses Netzes immer enger zu machen."

Karl R. Popper (1902-1994), österreichischer Philosoph

3.1 Die drei Ziele einer Wissenschaft

Die Betriebswirtschaftslehre verdankt ihre Existenz dem Bemühen von Wissenschaftlern, Werkzeuge zu entwickeln, mit deren Hilfe das Wirtschaften in Betrieben unter Beachtung ihrer Beziehungen zur Umwelt systematisch beschrieben, erklärt und gestaltet werden kann. Die Aufgabe der Beschreibung wird auch als **deskriptives Wissenschaftsziel**, jene der Erklärung als **theoretisches Wissenschaftsziel** und die Aufgabe der Gestaltung als **pragmatisches Wissenschaftsziel** bezeichnet. Ein maßgeblicher Einfluss auf den Entwurf der wissenschaftlichen Instrumente geht von der Beschaffenheit jener Probleme aus, die wissenschaftlich zu analysieren und praktisch zu gestalten sind. Die Probleme des Strategischen Managements stellen besondere Anforderungen an die Wissenschaft. Sie sollen im Folgenden diskutiert werden.

Beschreibung

Die Umwelt, in die Unternehmen eingebettet sind, hat in den letzten Jahrzehnten in wachsendem Maße an Übersichtlichkeit, Berechenbarkeit und Stabilität verloren. Aus **Dynamik und Komplexität** der Umwelt erwachsen neue Herausforderungen für die Unternehmen. Sie verlangen nicht nur punktuelle Maßnahmen, etwa auf dem Gebiet des Absatzmarketing oder der Beschaffung, sondern eine Anpassung des Planungssystems, der Organisation, der Informationswirtschaft, der Unternehmenskultur, kurzum der ganzen Unternehmung mit ihren verschiedenen Subsystemen.

Eine Bestandsaufnahme von Herausforderungen der Umwelt und Anforderungen an die Unternehmung ist die erste Aufgabe des Strategischen Managements. Damit im Ergebnis kein Sammelsurium von Daten entsteht, müssen **zweckorientierte Instrumente** der Beschreibung zur Verfügung gestellt werden. Gehen wir von unseren drei Beispielen aus der Unternehmenspraxis aus (S. 2ff.), so sind in diesen Fällen u.a. Techniken der deskriptiven Statistik (z.B. Varianz, arithmetisches Mittel) bereitzustellen, mit deren Hilfe sich die Situation beschreiben lässt.

Erklärung

Gelingt es, die in der Wirklichkeit zu beobachtenden Phänomene zu erklären, werden **Bausteine für eine Theorie** bereitgestellt. Eine Theorie wiederum ist die Voraussetzung für die Problemlösung. Erklärungen geben eine Antwort auf Warum-Fragen. Werden diese gefunden, lassen sich die Ursachen und damit Ansatzpunkte für die Gestaltung identifizieren.

In den Beispielen aus der Unternehmenspraxis (S. 2ff.) ist eine Problemlösung nur dann möglich, wenn eine Nachfragetheorie erarbeitet wird, also ein System von empirisch gehaltvollen Aussagen, die das Verhalten der Nachfrager z.B. gegenüber Preis- oder Qualitätsänderungen, in Abhängigkeit vom Einkommen usw. erklären. Stehen nämlich solche Aussagen zur Verfügung und kann von einer gewissen Verhaltensstabilität der Nachfrager ausgegangen werden, so lässt sich das Verhalten in der Zukunft vorhersagen und die Prognosen lassen sich für die Gestaltung nutzen.

Gestaltung

Das Strategische Management ist letztlich auf die Bewältigung der aus den Herausforderungen der Umwelt resultierenden Anforderungen an die Unternehmung ausgerichtet. Die damit verbundenen Maßnahmen dürfen nicht dem Zufall oder dem Gefühl überlassen bleiben, sondern müssen - soweit möglich - geplant werden. **Die Grundlagen dafür liefert die Theorie.** Steht bspw. eine Nachfragetheorie zur Verfügung, lässt sich das Verhalten der Nachfrager prognostizieren. Die Prognosen wiederum liefern die Grundlage für die Bereitstellung von Maßnahmen im Rahmen des Strategischen Managements. Gehen wir in unseren Beispielen von der theoretisch gesicherten Erkenntnis aus, dass die neuen Produkte den Präferenzen der Nachfrager entgegenkommen, lassen sich daraus Produkt- und Marktstrategien ableiten.

Mit diesem Verständnis von strategischer Gestaltung ist die Vorstellung verbunden, dass Strategien das Ergebnis eines **rationalen Entscheidungsprozesses** sind. Mit dem hier vertretenen Fit-Ansatz wird jedoch zum Ausdruck gebracht, dass die Strategiewahl auch mitbestimmt werden kann von der Organisation, der Unternehmenskultur, der Information und damit eben auch von Bedingungen, die im persönlichen und damit irrationalen Bereich der Entscheidungsträger angesiedelt sind.

In Abb. 1-8 sind die Ziele einer Wissenschaft und ihre jeweiligen Einsatzbereiche im Strategischen Management skizziert. Gegenstand und Aufgaben des Strategischen Managements sind in den beiden vorausgehenden Abschnitten bereits erörtert worden. Nun wenden wir uns der Theorie zu.

Betrachtet man den gegenwärtigen wissenschaftlichen Status des Strategischen Managements, so bietet sich ein verwirrendes Bild von unterschiedlichen Ansätzen und Paradigmen. Statt einer geschlossenen Theorie liegt eine Vielzahl unverbundener Einzelaussagen vor (vgl. *Knyphausen-Aufseß* [Theorie], *Göbel* [Forschung]), die auf der Basis unterschiedlicher Ansätze gewonnen worden sind. Mit diesen Ansätzen werden wir uns im Folgenden beschäftigen.

3.2 Aufgaben und Arten von Ansätzen

Befasst sich ein Wissenschaftler mit einem ihn interessierenden Gegenstand oder Sachverhalt, so geschieht dies immer unter einer ganz bestimmten Sichtweise. Diese Perspektive nimmt Einfluss – bewusst oder unbewusst – auf die Wahl des Erkenntnisobjektes und die Interpretation der Wirklichkeit. Da jede Forschungsaufgabe, so auch die theoretische Fundierung des Strategischen Managements, sehr viel Freiheit zulässt, bleibt es nicht aus, dass eine Vielzahl von **forschungsleitenden Ideen**, also Ansätzen oder Paradigmen, im Hause der Wissenschaft präsent ist. Da jeder Ansatz dazu beiträgt, den Forschungsgegenstand besser zu verstehen, sollte Wissenschaft als „aktive Ideenkonkurrenz – als Konkurrenzpluralismus – organisiert sein" (*Schanz* [Wissenschaftsprogramme] 92). Durchforstet man die Literatur zum Strategischen Management, so begegnet man einer Fülle – um nicht zu sagen einem Dickicht – von Ansätzen. *Mintzberg* ([Schools] 111ff.) etwa unterscheidet bereits im Jahre 1990 „Ten schools of thought". Vgl. dazu auch *Knyphausen-Aufseß* [Theorie], *Bea/Göbel* [Organisation] 55ff.

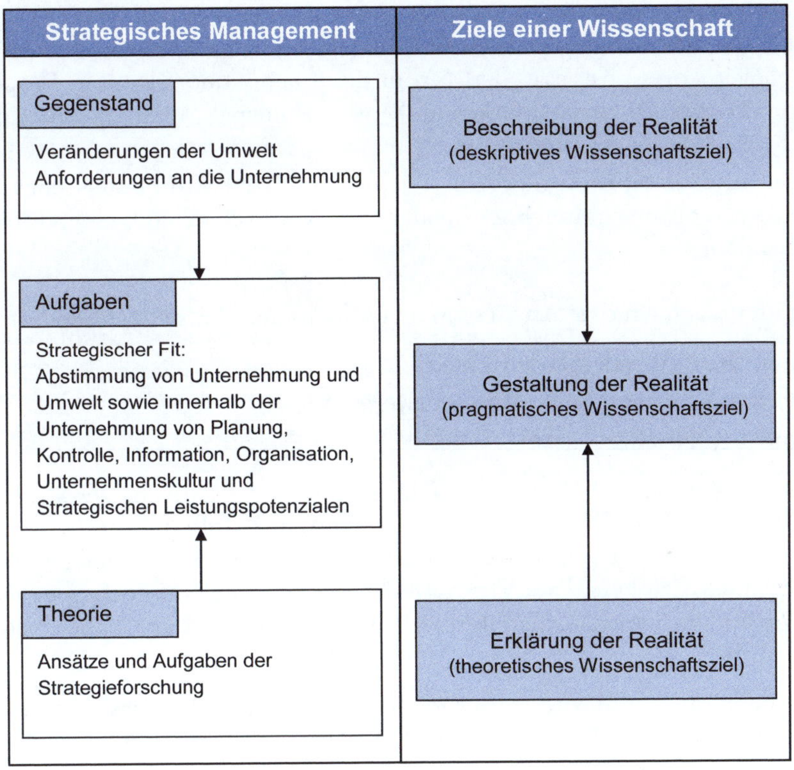

Abb. 1-8: Die drei Ziele einer Wissenschaft

Eine Unterscheidung in inhaltsorientierte und prozessorientierte Ansätze hat sich relativ früh durchgesetzt. Zu nennen sind die Arbeiten von *Chandler* 1962 [Chapters], *Ansoff* 1965 [Strategy] und *Andrews* 1971 [Concept].

[1] Die **inhaltsorientierte** Forschung (strategy content research) konzentriert sich auf den Zusammenhang zwischen der Strategie und dem strategischen Erfolg. Die Performance von Strategien steht also im Mittelpunkt der Analyse. Ansätze der Erklärung des Zusammenhanges zwischen Performance und Strategie sind der Market-based View und der Resource-based View.

[2] Die **prozessorientierte** Perspektive ist auf die Frage gerichtet, wie Strategien zustande kommen und welche Teilprozesse dabei abgewickelt werden. In Abb. 2-6 (S. 66) ist der Planungsprozess nach *Hofer/Schendel* dargestellt. In unserem Lehrbuch gehen wir von folgendem vereinfachten Schema aus: Zielbildung, Umweltanalyse, Unternehmensanalyse, Strategiewahl und Strategieimplementierung.

Welge/Al-Laham ([Management] 25ff.) gehen bei ihrer Systematik der Ansätze von den wissenschaftlichen Disziplinen aus, denen die einzelnen Ansätze verhaftet sind. Sie unterscheiden

- stärker **betriebswirtschaftlich** fundierte, rational-entscheidungsorientierte Perspektiven (zu ihnen zählt u.a. der Prozessansatz von *Ansoff*),
- stärker **volkswirtschaftlich** fundierte ökonomische Perspektiven (zu ihnen zählen u.a. der Ansatz der Industrial Organization nach *Porter*, die Ansätze der Spieltheorie, Ansätze der Neoinstitutionenökonomik (mit Property Rights-Theorie, Transaktionskostentheorie, Principal Agent-Theorie) und der ressourcenorientierte Ansatz),
- stärker **interdisziplinär** fundierte Perspektiven (z.B. wird Strategisches Management von der „Münchner Schule" um *Kirsch* als evolutionärer Prozess verstanden).

Wir stellen im Folgenden **drei Ansätze** in den Mittelpunkt der Betrachtung:

- Marktorientierter Ansatz (Market-based View),
- Ressourcenorientierter Ansatz (Resource-based View),
- Evolutionstheoretischer Ansatz.

Das Gemeinsame dieser drei Ansätze besteht darin, dass die Aufgabe der Strategieforschung in der **Identifikation von strategischen Erfolgsfaktoren** gesehen wird. Anders ausgedrückt: Diese drei Ansätze befassen sich zuallererst mit der Frage, wie sich der Erfolg erklären lässt und demzufolge eine Unternehmung ihren Erfolg im Lichte der Umweltdynamik nachhaltig steigern kann und daher wettbewerbsfähig bleibt.

Der marktorientierte und der ressourcenorientierte Ansatz gehen davon aus, dass der strategische Erfolg das Ergebnis rational planbarer Gestaltungsprozesse ist. Im Gegensatz dazu schließt der evolutionstheoretische Ansatz eine unmittelbar zielorientierte Gestaltbarkeit des strategischen Erfolgs aus („das Unternehmen als Spielball der Umwelt"). Das Management kann demnach den Evolutionsprozess zwar nicht beherrschen, aber doch kanalisieren.

In Abb. 1-9 werden daher gestaltungsorientierte Ansätze und zwei Ausprägungen des evolutionstheoretischen Ansatzes unterschieden, die wir im Folgenden näher betrachten werden.

Gestaltungsorientierte Ansätze	Evolutionstheoretischer Ansatz
Marktorientierter Ansatz (Market-based View of Strategy)	St. Galler Ansatz
Ressourcenorientierter Ansatz (Resource-based View of Strategy)	Die evolutionäre Führungslehre nach *Kirsch*

Abb. 1-9: Arten von Ansätzen der Strategieforschung

3.3 Der marktorientierte Ansatz (Market-based View)

Grundlage des marktorientierten Ansatzes ist das **Structure-Conduct-Performance-Paradigma** nach *Mason/Bain.* Nach ihm werden Wettbewerbsvorteile (also Performance) durch die Branchenstruktur (Industry Structure) und das strategische Verhalten (Conduct) eines Unternehmens erklärt. Diese Betrachtungsweise ist der Industrieökonomik (**Industrial Organization**) entlehnt. Sie beschäftigt sich mit den Beziehungen zwischen der Marktstruktur (Anzahl und Größe der anbietenden und nachfragenden Unternehmen, Grad der Produktdifferenzierung), dem Marktverhalten (Preissetzung, Forschung und Entwicklung, Produktstrategien) und dem Marktergebnis (Profitabilität des Marktes).

Wesentliches Kennzeichen des marktorientierten Ansatzes ist die Betrachtung des Unternehmens aus der Perspektive des Absatzmarktes (**Outside-in-Perspektive**). Erfolgsfaktoren werden aus den Anforderungen des Marktes bzw. der Umwelt abgeleitet. Um auf die Chancen und Bedrohungen aus der Umwelt adäquat reagieren zu können, werden Produkt-Markt-Strategien konzipiert. Der marktorientierte Ansatz ist also durch den synoptischen Planungsprozess geprägt, d.h. der Erfolg gilt als planbar.

Unter den Pionieren des Strategischen Managements ist der bekannteste Vertreter des marktorientierten Ansatzes der Harvard-Professor *Michael Porter* (geb. 1947). Seine Pionierleistung fällt in die beginnenden 80er Jahre. Drei seiner Publikationen sind Klassiker geworden:

- "Competitive Strategy: Techniques for Analyzing Industries and Competitors", New York 1980,
- "Competitive Advantage: Creating and Sustaining Superior Performance", New York 1985, und
- "The Competitive Advantage of Nations", London 1990.

Porter wandte den industrieökonomischen Ansatz an, um den Wettbewerb in einer Branche zu erklären. Er geht davon aus, dass der Erfolg eines Unternehmens von der Branchenattraktivität und der relativen Position des Unternehmens in dieser Branche abhängt. Die Branchenattraktivität wird durch die Intensität folgender **fünf Wettbewerbskräfte** bestimmt: Bedrohung durch neue Anbieter, Verhandlungsstärke der Lieferanten, Verhandlungsstärke der Abnehmer, Bedrohung durch

Ersatzprodukte und Intensität der Rivalität der Wettbewerber innerhalb einer Branche (vgl. S. 105ff.). Je stärker diese Wettbewerbskräfte ausgeprägt sind, umso höher ist die Wettbewerbsintensität und umso geringer sind die Erfolgsaussichten. Durch die sog. generischen Wettbewerbsstrategien (generic strategies) lassen sich nach *Porter* Wettbewerbsvorteile aufbauen. Er unterscheidet zwei **Grundstrategien** zur Befriedigung von Kundenwünschen: Die Strategie der Kostenführerschaft und die Differenzierungsstrategie. Beide Strategien können sich auf die gesamte Branche beziehen oder nur ausgewählte Segmente abdecken (Nischenstrategie). Zur Beschreibung dieser Strategien vgl. S. 187ff.

Die Bedeutung der durch den Markt bestimmten Erfolgsfaktoren wird durch **empirische Untersuchungen** fundiert. Zu nennen sind u.a. der Produktlebenszyklus, die Erfahrungskurve und das PIMS-Programm.

Anlass zur Kritik am Market-based View bietet die reaktive, defensive Grundposition. Ein Ansatz, der die Ermittlung der Branchenattraktivität in den Mittelpunkt der Betrachtung stellt, orientiert sich zwangsläufig an etablierten Branchen. Strategien dagegen, die bisherige Marktgrenzen verschieben oder neue Märkte schaffen, also aktiv in den Wettbewerbsprozess eingreifen und bisherige Trends brechen, werden systematisch vernachlässigt. In einer Zeit der sog. New Economy, welche klassische Branchen (z.B. Automobilindustrie) durch neue Märkte (z.B. E-Business, Biotechnologie) auf den zweiten Platz verweist, sind Wettbewerbsvorteile nicht ausschließlich extern, sondern in unternehmensinternen Ressourcen (z.B. Forschungskapazität) zu suchen. Sie stellt der sog. ressourcenorientierte Ansatz in den Vordergrund (vgl. Abb. 1-10).

3.4 Der ressourcenorientierte Ansatz (Resource-based View)

Mit dem ressourcenorientierten Ansatz findet ein Perspektivenwechsel gegenüber dem eher reaktiven Market-based View statt. Im Vordergrund steht nun die eher aktiv ausgerichtete **Inside-out-Perspektive**. Quelle des dauerhaften Erfolges eines Unternehmens ist nach dem ressourcenorientierten Ansatz die Qualität der Ressourcen. Die Aufgabe der strategischen Unternehmensführung besteht demzufolge darin, den Aufbau und die Weiterentwicklung von Ressourcen zu fördern. Als Begründerin des ressourcenorientierten Ansatzes kann *Edith Penrose* gelten. In dem Werk „The Theory of the Growth of the Firm“, 1959, wird die Unternehmung als ein System produktiver Ressourcen definiert. Ähnlich wie *Schumpeter* (1934) („Prozess der schöpferischen Zerstörung“) sieht *Penrose* die Aufgabe des Unternehmens in der Schaffung von Innovationen. Diese Innovationen werden bei *Penrose* durch neuartige Ressourcen ermöglicht.

Ressourcen bzw. **Potenziale** stellen Speicher spezifischer Stärken dar, die es ermöglichen, die Unternehmung in einer veränderlichen Umwelt erfolgreich zu positionieren und somit den langfristigen Unternehmenserfolg zu sichern.

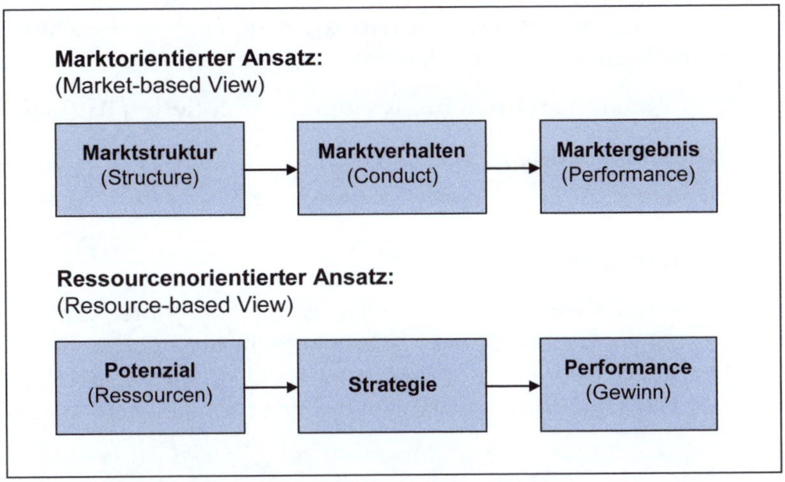

Abb. 1-10: Marktorientierter und ressourcenorientierter Ansatz (vgl. *Corsten* [Wettbewerbsstrategie] 17)

Grant ([Strategy] 139ff.) hat sich ausführlich mit der Klassifikation von Ressourcen (assets) beschäftigt. Er unterscheidet:

- **Tangible** (greifbare) **Ressourcen**. Zu ihnen zählen physische Güterbestände (z.B. Fertigungsanlagen).
- **Intangible** (nicht greifbare) **Ressourcen**. Sie umfassen jene immateriellen Vermögensgegenstände wie Image, Unternehmenskultur, Technologie-Know How, die sich nur schwer quantifizieren lassen.
- **Human-Ressourcen**. Sie repräsentieren das Humankapital des Unternehmens und umfassen das Know How, die Fähigkeiten, die Erfahrung sowie die Motivation der Mitarbeiter.

Neben diesen drei Klassen von Ressourcen kennt *Grant* noch die sog. „Organizational Capabilities". Nach *Grant* sind Ressourcen nämlich nicht von sich aus produktiv, sondern ihr Beitrag zum strategischen Erfolg hängt vom richtigen Einsatz und der geeigneten Kombination dieser Ressourcen, also von der Führung ab.

Teece entwickelt diesen Gedanken weiter: In einer dynamischen Umwelt müssen schwer imitierbare „Dynamic Capabilities" aufgebaut werden. Dabei handelt es sich um Fähigkeiten, die es dem Unternehmen erlauben, sich ständig zu erneuern und sich den veränderten Marktbedürfnissen flexibel anzupassen. Da einzigartige Ressourcen v.a. aus Wissen bestehen, betont *Teece* die wichtige Rolle der Wissensträger und die Bedeutung des konsequenten Managements dieser Wissensträger (*Teece* [Dynamic Capabilities] 224ff.).

Eine Klassifikation, die wir in diesem Lehrbuch verwenden, unterscheidet zwischen **Leistungspotenzialen** und **Führungspotenzialen**. Zu den Leistungspotenzialen zählen Leistungsprozess, Kapital, Personal und Technologie. Die Führungspotenziale bestehen aus Planung, Kontrolle, Information, Organisation und Unternehmenskultur. Die Führungspotenziale, auch soft facts genannt, gewinnen im Rahmen des ressourcenorientierten Ansatzes zunehmend an Bedeutung als Quelle für dauerhafte Wettbewerbsvorteile.

Wir unterscheiden folgende **Varianten des ressourcenorientierten Ansatzes**:

- das Konzept der Kernkompetenzen,
- den wissensorientierten Ansatz (Knowledge-based View).

Das Konzept der Kernkompetenzen

Das Konzept der Kernkompetenzen ist von *Prahalad/Hamel* [Core Competence] entwickelt worden (1990). Im Mittelpunkt steht hier nicht die einzelne Ressource, sondern die Aggregation mehrerer Ressourcen zu spezifischen Fähigkeiten bzw. Kernkompetenzen. Das Unternehmen wird als „center of competence" angesehen.

> Eine **Kernkompetenz** ist ein Bündel von Fähigkeiten, welche (zusammen mit anderen Kernkompetenzen) die Grundlage für die Kernprodukte und die darauf aufbauenden Endprodukte eines Unternehmens darstellen und welche sich durch schwierige Erzeugbarkeit, Imitierbarkeit und Substituierbarkeit auszeichnen.

Zur Verdeutlichung der Bedeutung des Konzepts der Kernkompetenzen ist eine Unterteilung des Wettbewerbs in drei Ebenen sinnvoll: Zum einen die **Ebene der Endprodukte**. Sie wird überlagert von der (zweiten) **Ebene der Kernprodukte**, welche entscheidende Bestandteile des Endprodukts darstellen.

> Ein Beispiel hierfür wäre der Laserdruckermotor als Kernprodukt des Endproduktes „Laserdrucker". Die Wettbewerbsfähigkeit hinsichtlich dieser Kernprodukte ist folglich besonders wichtig, obgleich sie vom Endnachfrager nicht unbedingt registriert wird. So mag es überraschen, dass nicht *Hewlett Packard*, sondern *Canon* beim Kernprodukt Laserdruckermotor einen Marktanteil von 85% innehat und sogar *HP*, vom Endnachfrager als ein den Markt für Laserdrucker (Endprodukt) lange Zeit dominierend angesehenes Unternehmen, beliefert.

Die dritte, grundlegende Wettbewerbsebene stellt schließlich die **Ebene der Kernkompetenzen** dar. Sie spiegelt die Fähigkeiten wider, welche für eine entsprechende Wettbewerbsposition bei den Kernprodukten notwendig sind.

> So mag in unserem Beispiel *Canon* über eine Kernkompetenz in Qualitätssicherung und Innovation verfügen.

Der Wert einer solchen Fähigkeit bemisst sich unter der Prämisse einer Nutzenstiftung für den Kunden danach, wie schwierig sie zu erzeugen, wie schwierig sie durch andere zu imitieren und wie schwierig sie letztlich durch eine andere Fähigkeit substituierbar ist. Nur wenn diese Forderungen in hohem Maße erfüllt sind, kann von einer wirklichen Kernkompetenz gesprochen werden.

Die Identifikation der Kernkompetenzen als Voraussetzung für ein zielgerichtetes und effektives strategisches Handeln sowie deren anschließende Kultivierung und Nutzung werden als entscheidende Fähigkeiten der Zukunft angesehen.

Der wissensorientierte Ansatz (Knowledge-based View)

Diese Ausprägung des ressourcenorientierten Ansatzes ist relativ neu. Wesentliche Vertreter dieses Ansatzes sind die Japaner *Nonaka* (vgl. *Nonaka/Takeuchi* [knowledge-creating], 1995) und *Polanyi* ([Knowledge], 1958) sowie der Amerikaner *Grant* ([knowledge-based theory], 1996). Nach ihnen ist das Wissen in einer dynamischen Umwelt die entscheidende und beständige **Quelle für Wettbewerbsvorteile**. Wissen ist danach jene Ressource, die neben Arbeit, Boden und Kapital den vierten Produktionsfaktor darstellt, ja diese Faktoren in ihrer Bedeutung immer mehr ablöst. Der Grund für die zunehmende Bedeutung der Ressource „Wissen" ist darin begründet, dass Produkte heute ein beträchtliches Maß an Intelligenz enthalten (z.B. Autos, Unternehmensberatung), das durch Wissen erzeugt wird. Wissen lässt sich in Unternehmen generieren, transferieren, speichern und nutzen. Mit diesen Teilprozessen des Wissensprozesses beschäftigt sich das sog. Wissensmanagement. Es ist ab S. 344ff. ausführlich dargestellt.

Kombination von marktorientiertem und ressourcenorientiertem Ansatz

Der marktorientierte Ansatz und der ressourcenorientierte Ansatz stellen letztlich keine Gegensätze dar. Strategische Erfolge lassen sich am Markt nur dann erzielen, wenn die Ressourcen den Anforderungen der Nachfrager entsprechen. Andererseits findet mit einer Fokussierung auf die Ressourcen lediglich eine sachliche und zeitliche Vorverlagerung des Wettbewerbsgedankens statt. Ressourcen stellen nur in Verbindung mit der Aussicht auf die Erzeugung marktfähiger Produkte einen Wert dar.

3.5 Der evolutionstheoretische Ansatz

Beim evolutionstheoretischen Ansatz wird das Unternehmen als ein System verstanden, das aufgrund der **Komplexität** und **Dynamik** von Unternehmen und Umwelt nur begrenzt steuerbar ist („das Unternehmen als Spielball der Umwelt"). Eine plandeterminierte Unternehmensführung ist daher wenig geeignet, Wettbewerbsvorteile einer Unternehmung aufzubauen. An ihre Stelle treten **Versuchs-Irrtums-Prozesse**, die ihrerseits Lernaktivitäten auslösen. Die Analogie zu der von *Charles Darwin* (1809-1892) entwickelten Evolutionstheorie liegt auf der Hand. Nach ihr findet eine natürliche Auslese statt: „Acts by life and death – by the survival of the fittest" (*Darwin* [Species] 245).

Damit Versuchs-Irrtums-Prozesse im Unternehmen möglich sind, muss Starrheit durch Variation überwunden werden (vgl. *Bea/Göbel* [Organisation] 159ff.). Die Aufgabe der strategischen Unternehmensführung besteht dabei darin, **die Entwicklung eines Unternehmens** durch Selbstorganisationsprozesse **zu kanalisieren.** Neben der strategischen Planung müssen daher die strategischen Subsysteme der Information, der Organisation und der Unternehmenskultur als gleichberechtigte Partner im Strategischen Management gelten.

Zwei Forschungsrichtungen im Rahmen des evolutionstheoretischen Ansatzes seien im Folgenden erörtert:

- Der St. Galler Ansatz und
- die evolutionäre Führungslehre nach *Kirsch*.

Der St. Galler Ansatz

Grundlage des St. Galler Ansatzes ist die Systemtheorie nach *Ulrich* und das Konzept der spontanen Ordnung nach *von Hayek*. Eine spontane Ordnung zeichnet sich dadurch aus, dass sie zwar das Ergebnis menschlichen Handelns, aber nicht das Ergebnis menschlichen Entwurfs ist. Die *Ulrich*-Schüler *Malik* und *Probst* haben in ihren Arbeiten „Strategie des Managements komplexer Systeme" (1989) bzw. „Selbst-Organisation" (1987) ihre Konzeption erläutert. Oberstes Ziel der Unternehmensführung ist nach *Malik* die Sicherung der **Überlebensfähigkeit** eines Unternehmens. Er beschäftigt sich besonders intensiv mit der Problematik der Komplexität von Systemen. Zu ihrer Lösung schlägt er die Gewährung von Freiräumen für spontane Ordnungsprozesse vor. Komplexität lässt sich nach ihm also nicht durch plandeterminiertes Handeln bewältigen. Die Mitarbeiter müssen ihre Probleme vielmehr selber lösen. Das Management nimmt dabei lediglich eine Katalysatorfunktion wahr.

Bei *Probst* steht nicht die Überlebensfähigkeit der Unternehmung, sondern deren **Entwicklungsfähigkeit** im Vordergrund. Ebenso wie *Malik* geht *Probst* davon aus, dass soziale Systeme grundsätzlich selbstorganisierende Systeme sind, die sich durch Entwicklungsfähigkeit auszeichnen. Die Funktion der Unternehmensführung besteht darin, diese Selbst-Organisation zu organisieren. Erfolgsfaktoren im Wettbewerbsprozess sind demzufolge die Fähigkeit einer Organisation, sich **selbst zu organisieren** und **zu lernen** (vgl. *Haas* [Entwicklungsfähigkeit]). Die Unternehmen werden als eine lernende Organisation verstanden.

Die evolutionäre Führungslehre nach Kirsch

Nach *Kirsch* [Management] und seinen Schülern entwickeln sich Organisationen prinzipiell in eine offene Zukunft hinein. Wenn Unternehmen über bestimmte Fähigkeiten verfügen, sind sie in der Lage, diesen Entwicklungsprozess besser zu gestalten. Besonders wichtig für ihn sind nicht die sog. Kernkompetenzen, sondern **Metakompetenzen**. Sie umfassen drei sog. Basisfähigkeiten:

- **Handlungsfähigkeit:** Sie besteht dann, wenn die Organisation über ausreichend Ressourcen verfügt, um auf Probleme angemessen zu reagieren.
- **Responsiveness:** Sie äußert sich in der Sensibilität der Organisation gegenüber den Interessen und Bedürfnissen von Betroffenen.
- **Lernfähigkeit:** Sie besteht in der Fähigkeit, Wissen zu erwerben. Dies setzt den Abbau von lernbehindernden Barrieren (z.B. hierarchische Struktur, die den Wissenstransfer behindert) voraus.

Nach *Kirsch* verläuft die Entwicklung einer Organisation nach einer gewissen Logik. Eine Höherentwicklung findet durch einen Wandel der Sinnmodelle statt. Sinnmodelle bringen zum Ausdruck, was als Sinn und Zweck der Unternehmung angesehen wird. So sorgt die Unternehmung beim „Überlebensmodell" für die Erhaltung des Systems, beim „Fortschrittsmodell" für die „Befriedigung der Bedürfnisse und Interessen der vom Handeln der Organisation direkt oder indirekt Betroffenen" (*Kirsch* [Führungslehre] 14).

Der Evolutionsprozess spiegelt sich im Übergang von einem Sinnmodell zum nächsthöheren wider. Das Strategische Management soll als Ausdruck einer evolutionären Führungskonzeption Unternehmen in ihrer Höherentwicklung vorantreiben (geplante Evolution). Letztendliches Ziel ist die Entwicklung zur **fortschrittsfähigen Organisation**. Eine fortschrittsfähige Organisation ist dann erreicht, wenn das höchstmögliche und gegenwärtig vorstellbare Entwicklungsniveau realisiert ist.

Vergleicht man den marktorientierten Ansatz und den ressourcenorientierten Ansatz auf der einen Seite mit dem evolutionstheoretischen Ansatz auf der anderen Seite, so wird deutlich, dass eine plandeterminierte Bestimmung der Erfolgsfaktoren beim evolutionstheoretischen Ansatz nicht zur Verfügung steht. Unternehmensführung findet hier vielmehr dergestalt statt, dass günstige Rahmenbedingungen für die Entwicklung von Fähigkeiten durch das Management geschaffen werden, also ein Entwicklungspfad vorgegeben wird. Eine Nähe zum ressourcenorientierten Ansatz ist insofern festzustellen, als der Kompetenz, nämlich der sog. Metakompetenz, eine wesentliche Funktion bei der Kanalisierung der Entwicklungsfähigkeit eines Unternehmens zugesprochen wird.

4 Aufgaben künftiger Strategieforschung

Die Darstellung und kritische Bewertung der Ansätze der Strategieforschung hat gezeigt, dass ein wissenschaftlicher Standard, der den Namen „Theorie“ verdient, nur unvollkommen erreicht ist. Eine gründliche Bestandsaufnahme von Entwicklung und „state of the art“ der theoretischen Elemente des Strategischen Managements liefert zu *Knyphausen-Aufseß* [Theorie]. Er registriert eine Reihe von Krisenerscheinungen, darunter u.a. die mangelnde Praxisrelevanz und die Widersprüchlichkeit von theoretischen Aussagen.

Sollen die Schwachstellen im theoretischen Fundament des Strategischen Managements überwunden werden, so sind zum einen die Probleme der Forschung zu identifizieren und zum anderen soll die Richtung der Problemlösung sichtbar gemacht werden (vgl. auch *Göbel* [Forschung]). Mit diesen Aufgaben der Strategieforschung werden wir uns im Folgenden beschäftigen.

4.1 Probleme der Forschung

[1] Komplexität des Forschungsgegenstandes

Der Forschungsgegenstand des Strategischen Managements ist sehr komplex und nur wenig eingrenzbar, da er eine **ganzheitliche** und **disziplinübergreifende Perspektive** verlangt. Das Bemühen um empirische Hypothesentests hat daher zu einer unübersehbaren Anzahl von unterschiedlichen Partialanalysen geführt, die kaum vergleichbar und häufig widersprüchlich sind. Der Versuch, den Forschungsgegenstand in seiner gesamten Komplexität in den Griff zu bekommen, überfordert den einzelnen Wissenschaftler, da die erforderliche Anzahl von Untersuchungseinheiten schnell ins Gigantische steigt, wenn die Ergebnisse statistisch signifikant sein sollen und eine Vielzahl von Variablen mit jeweils unterschiedlichen Ausprägungen zu erfassen ist.

[2] Dynamik des Forschungsgegenstandes

Der Forschungsgegenstand entgleitet dem Forscher, da das Objekt der Forschung ständig in der Entwicklung begriffen ist. Die Erfahrung zeigt, dass die Unternehmenspraxis mit immer **neuen Problemen** konfrontiert wird, die auf schnelle Lösungen drängen. Im Gegensatz dazu hinkt die Forschung der Dynamik in der Praxis häufig hinterher.

[3] Methodische Schwierigkeiten

- Fast alle Zusammenhänge sind **wechselseitiger Natur**. Korrelationen können i.d.R. nicht als einseitige Kausalitäten interpretiert werden.
- Eine scharfe **Trennung** von Ursachen, Wirkungen und Symptomen ist schwer durchzuführen.

- Es ist äußerst schwierig, den **Erfolg** einer strategischen Handlung zu ermitteln und zu **messen**. Um Gestaltungsempfehlungen abzuleiten, sollte diese Voraussetzung aber erfüllt sein. Die Probleme liegen insbesondere darin, dass sich zum einen die Wirkungen einer Handlung nicht isolieren lassen und zum anderen der Zeitpunkt der Wirkungen schwer zu identifizieren ist: Strategien wirken langfristig. Wie lange ist aber die Frist?
- Es besteht das Dilemma, dass die intensive Erforschung weniger Untersuchungseinheiten keine generalisierbaren Ergebnisse bringt, andererseits sehr groß angelegte Untersuchungen notwendigerweise Heterogenes zu **fragwürdigen** Durchschnitten verbinden.

[4] Fragwürdigkeit von „Gesetzen"

Die Suche nach „Gesetzen des richtigen Managens" unterstellt einen Determinismus, der das Managen als aktive Gestaltungshandlung paradoxerweise wieder in Frage stellt. Entweder man unterstellt, dass man Gesetze finden kann (z.B. Wirkungen von Erfolgsfaktoren), die dann nur noch den passiven Vollzug erforderlich machen (Management ist dann eigentlich überflüssig), oder man betont das aktive, voluntaristische Moment des Managements, was dann die Suche nach Gesetzen sehr fragwürdig werden lässt. Dieser Konflikt mag erklären, warum in der Praxis gerade die Trendbrecher besonders erfolgreich sind, also jene Manager, die den bisher anerkannten Gesetzmäßigkeiten zuwiderhandeln (**„distinctiveness"** als strategischer Erfolgsfaktor).

[5] Einfluss des Forschers

Weil die Freiheitsgrade der Forschung groß sind, spielen der persönliche und kulturelle Hintergrund des Forschers eine wesentliche Rolle, was häufig nicht erkannt wird. Die Forscher sollten sich ihrer Subjektivität bewusst sein. Besonders bei interkultureller Managementforschung kann eine Verallgemeinerung des persönlichen Erfahrungshintergrundes zu großen Fehlinterpretationen führen.

Auf die Entwicklung von Managementkonzepten haben **Unternehmensberater** einen großen Einfluss. Dies kann dazu beitragen, dass kein großes Interesse am allmählichen Aufbau eines integrierten Gesamtkonzeptes besteht, sondern unter Vermarktungsgesichtspunkten immer wieder neue „Moden" entwickelt werden. Außerdem haben Unternehmensberater sicherlich mehr Interesse daran, dass eine Empfehlung zum schnellen Erfolg führt, als an einer peniblen Begründung für den Zusammenhang zwischen Strategien und Erfolg. Nicht selten entspringen die „Erfolgsrezepte" bekannter Erfolgsautoren einer Mischung von Erzählung und Erfahrungsbericht.

4.2 Empfehlungen für die Forschung

Aus dieser Problemdiagnose lassen sich folgende Empfehlungen für die Forschung ableiten:

[1] Theorie mit mittlerer Reichweite

Ernüchterung und teilweise Ratlosigkeit als Folge der identifizierten Probleme der Forschung (*Mintzberg* nennt eines seiner Bücher „The Rise and Fall of Strategic Planning" 1994) verlangen eine Modifikation der Erwartungshaltung der Theoretiker. Dieser „Rückzug" ist erforderlich, da wegen des Mangels an Prognostizierbarkeit von Veränderungen die Grenzen der rationalen Gestaltung sehr eng gezogen sind. Folgende Konsequenzen für die Forschung lassen sich daraus ziehen:

- Die Theoretiker sollten eher nach den Bedingungen für effiziente Strategien suchen als nach den effizienten Strategien selbst. Daraus ließen sich dann Erkenntnisse gewinnen für die Gestaltung und Lenkung von Unternehmungen in ihrer Umwelt (**Systemrationalität**).
- Die Suche nach generellen Verhaltensregeln ist der Suche nach spezifischen Handlungsanweisungen vorzuziehen (**Handlungsrationalität**).

Verhaltensempfehlungen nutzen das kreative Potenzial der Mitarbeiter. Der Beitrag der „Theorie" kann hier darin bestehen, dass Erfahrungen gesammelt werden, die Aufschluss über die Effizienz von Verhaltensweisen liefern. Man sollte dabei akzeptieren, dass die Verhaltensempfehlungen im Strategischen Management eher **induktiv aus Erfahrungen „kondensiert"** gewonnen als hypothetisch-deduktiv abgeleitet werden.

[2] Kontingenz der Theoriebildung

Die Möglichkeiten zur Theoriebildung sind als „kontingent" anzusehen. Man müsste daher auf einer **Metaebene** erst einmal entscheiden, wo eine Suche nach deterministischen Zusammenhängen sinnvoll ist und wo nicht. So ist bspw. der Zusammenhang zwischen kumulierter Produktionsmenge und Erfahrungsvorteil (im Rahmen des Erfahrungskurvenkonzepts) vermutlich eher determiniert als jener zwischen Marktanteil und Erfolg (im Rahmen des PIMS-Programms). Auf den Erfolg wirkt nämlich ein Ursachenbündel ein, das in seiner Komplexität einzigartig ist und nicht quantifizierbare Größen und voluntaristische Elemente enthält. Gesetze sind dagegen nur da zu finden, wo isolierbare, messbare (quantitative) Größen in einem kaum zu beeinflussenden Ursache-Wirkungs-Verhältnis stehen.

[3] Kombination von Forschungsmethoden

Die Kontingenz der Theoriebildung legt es nahe, verschiedene Forschungsmethoden zu kombinieren. Im einen Fall sind Regressionsanalysen auf der Grundlage von Querschnittsanalysen sinnvoll, im anderen unstrukturierte Interviews, teilnehmende Beobachtung, Rollenspiele oder Fallstudien. Quantitative Studien können z.B. interessante statistische Invarianzen aufdecken, qualitative Studien können helfen, die Ursachen zu verstehen.

[4] Integration von Partialanalysen

Es ist zu empfehlen, die Vielzahl von empirisch ausgerichteten Partialanalysen wie z.B. die PIMS-Studie, das Erfahrungskurvenkonzept oder die Portfolio-Analyse zu

bündeln und zu **integrieren**. Eine wichtige Vorarbeit dabei bestünde darin, die Einzelbeiträge zu ordnen und nach Unterschieden und Gemeinsamkeiten zu suchen. Eine derartige Bestandsaufnahme könnte wertvolle Hinweise auf Forschungsdefizite liefern.

[5] Zusammenhang zwischen Theorie und Planungsmethodik

Der Zusammenhang zwischen Theorie und Planungsmethodik sollte stärker in das Problembewusstsein des Forschers gerückt werden. Je nach Stand der Theorie sind unterschiedliche Anforderungen an die Leistungsfähigkeit einer Planungsmethodik zu stellen. Im Extremfall ist die Lücke, die durch das Fehlen einer Theorie entsteht, durch den Einsatz einer Planungsmethodik auszufüllen. Lassen sich bspw. Krisen theoretisch nicht identifizieren, verbleibt nur die Installation eines wirksamen strategischen Krisenmanagements.

[6] Theoriebildung als Lernprozess

Es sollte klar sein, dass der Prozess der Theoriebildung im Strategischen Management niemals abgeschlossen sein kann, weil der Forschungsgegenstand nicht „still hält", sondern sich verändert und weiterentwickelt. Auch wenn auf einen Erkenntniszuwachs im Laufe der Zeit gehofft werden darf, so bleibt doch jede Erkenntnis vorläufig und erfordert permanentes Weiterlernen. Dabei lernt nicht nur die Praxis von der Theorie, sondern auch die Theorie von der Praxis sowie der eine Forscher vom anderen. Vom einzelnen Theoretiker erfordert dies, die Begrenztheit der eigenen Perspektive zu reflektieren und zugleich offen und verständigungsbereit gegenüber anderen Perspektiven zu werden („Von der Beobachter- zur Teilnehmerperspektive"; *Scherer* [Pluralismus]). *Popper* (1902-1994) drückt dies so aus: „Wir sind fehlbar und neigen zu Fehlern; aber wir können aus unseren Fehlern lernen." ([Objektive Erkenntnis] 19).

Englischsprachige Zeitschriften für Strategieforschung:

- Academy of Management Journal
- Academy of Management Review
- Harvard Business Review
- Journal of Business Strategy
- Long Range Planning
- Strategic Management Journal

Deutschsprachige Zeitschriften:

- Zeitschrift für Planung
- Die Unternehmung

5 Zusammenfassung

Das Strategische Management stellt ein spezifisches Betätigungsfeld des Managements sowie eine Teildisziplin im Rahmen der Managementlehre dar.

Gegenstand des Strategischen Managements sind die aus der Komplexität und Dynamik der Unternehmensumwelt resultierenden Anforderungen an die Unternehmen:

[1] Anforderungen an die Beziehungen zur Umwelt (Außenorientierung),

[2] Anforderungen an die Binnenstruktur des Unternehmens (Binnenorientierung).

Die Aufgaben des Strategischen Managements haben sich in einer Entwicklungsgeschichte von der Phase der Planung in der Nachkriegszeit über die Langfristplanung und die Strategische Planung zum heutigen Verständnis des Strategischen Managements herausgebildet. Das Strategische Management verlangt eine Koordination aller Subsysteme, also von Planung, Kontrolle, Information, Organisation, Unternehmenskultur und strategischen Leistungspotenzialen. Der **Fit-Gedanke** steht im Mittelpunkt.

Für die Koordination der Subsysteme ist das **Strategische Controlling** zuständig. Der Controller hat die Aufgabe, die entsprechenden Instrumente zur Wahrnehmung der Koordinationsfunktion bereitzustellen. Dem Informationsmanagement kommt im Rahmen des Strategischen Controlling eine besondere Bedeutung zu.

Wir unterscheiden **drei Ansätze der Strategieforschung**:

- Den marktorientierten Ansatz (Market-based View),
- den ressourcenorientierten Ansatz (Resource-based View),
- den evolutionstheoretischen Ansatz.

Diese Ansätze dürfen jedoch nicht als Gegensätze verstanden werden, sie ergänzen sich vielmehr.

Der künftigen Strategieforschung bietet sich ein weites Feld bislang ungelöster Fragen einer theoretischen Fundierung des Strategischen Managements.

Probleme der Forschung sind

- Komplexität des Forschungsgegenstandes: Der Versuch, den Gegenstand der Forschung in seiner Gesamtheit in den Griff zu bekommen, überfordert den einzelnen Wissenschaftler.
- Dynamik des Forschungsgegenstandes: Das Objekt der Forschung ist ständig in der Entwicklung begriffen.
- Methodische Schwierigkeiten: Es ist sehr schwierig, den Erfolg einer Strategie zu messen, da sich die Wirkungen einer strategischen Maßnahme kaum

isolieren lassen und der Zeitpunkt der Wirkungen schwer zu identifizieren ist.

- Fragwürdigkeit von „Gesetzen“: Die Suche nach Gesetzen des richtigen Managens unterstellt einen Determinismus, der die Möglichkeit eines aktiven Gestaltens wieder in Frage stellt.
- Einfluss des Forschers: Der personelle und kulturelle Hintergrund des Forschers nimmt häufig unbewusst Einfluss auf die Forschungsergebnisse.

Fragen zur Wiederholung

1. Was versteht man unter dem Gegenstand des Strategischen Managements? (1)
2. Worin besteht der Unterschied zwischen der langfristigen Planung und der strategischen Planung? (2.1)
3. Welche Bedeutung hatte der sog. Ölschock des Jahres 1973 für die Weiterentwicklung der langfristigen Planung zur strategischen Planung? (2.1)
4. Was ist unter dem strategischen Fit zu verstehen? Zwischen welchen Teilsystemen soll ein Fit hergestellt werden? (2.2)
5. Beschreiben Sie den Unterschied zwischen dem Intra-System-Fit und dem System-Umwelt-Fit. (2.2.1)
6. Welche Instrumente muss der Controller bereitstellen, um die Führungssubsysteme zu koordinieren? (2.3)
7. Beschreiben Sie den Unterschied zwischen dem deskriptiven, dem theoretischen und dem pragmatischen Wissenschaftsziel. (3.1)
8. Warum braucht man eine Theorie, wenn man gestalten will? (3.1)
9. Beschreiben Sie den Unterschied zwischen der Outside-in-Perspektive und der Inside-out-Perspektive. (3.3 und 3.4)
10. Worin sieht der ressourcenorientierte Ansatz im Gegensatz zum marktorientierten Ansatz die Wettbewerbsvorteile? (3.3 und 3.4)
11. Beschreiben Sie den Unterschied zwischen tangiblen Ressourcen und intangiblen Ressourcen. (3.4)
12. Nehmen Sie Stellung zu der These: „Der Wettbewerb findet eher auf der Ebene der Kernkompetenzen als auf der Ebene der Endprodukte statt." (3.4)
13. Welche Interpretation der Unternehmung nimmt der evolutionstheoretische Ansatz vor? (3.5)
14. Was ist nach *Kirsch* eine fortschrittsfähige Organisation? (3.5)
15. Warum ist es schwierig, den Erfolg einer Strategie zu messen? (4.1)
16. Warum lassen sich generelle Verhaltensempfehlungen eher vertreten als präzise inhaltliche Strategieempfehlungen? (4.2)

17. Worin besteht der Unterschied zwischen Systemrationalität und Handlungsrationalität? (4.2)

Fragen zur Vertiefung

1. Im Rahmen des Strategischen Managements entstehen immer wieder neue Moden, wie etwa Business Reengineering und Balanced Scorecard. Wie erklären Sie sich dieses Phänomen?

2. Beim 7-S-Modell von *McKinsey* wird zwischen hard facts und soft facts unterschieden. Was versteht man unter diesen Begriffen und welchen Sinn hat diese Unterteilung?

3. Nehmen Sie Stellung zu folgender These: Der Erfolg eines Unternehmens ist nicht auf einen bestimmten Erfolgsfaktor zurückzuführen, sondern auf die permanente Abstimmung von Strategie, Struktur und Umwelt.

4. Stellen Sie den Zusammenhang her zwischen dem sog. Industrieökonomischen Ansatz und dem Market-based View nach *Porter*.

5. Nehmen Sie Stellung zu der These: „Der ressourcenorientierte Ansatz und der marktorientierte Ansatz schließen sich gegenseitig nicht aus, sondern sie ergänzen sich.“

6. Von welchen strategischen Erfolgsfaktoren geht der evolutionstheoretische Ansatz aus?

7. Welcher Zusammenhang besteht zwischen dem ungeplanten organisatorischen Wandel und dem evolutionstheoretischen Ansatz?

8. Was versteht man unter einer Theorie mit geringer Reichweite?

9. Was versteht man unter der Kontingenz der Theoriebildung?

10. Interpretieren Sie den Satz: „Eine Theorie, die alles erklären will, erklärt nichts.“

Literaturempfehlungen

Lehrbücher zum Strategischen Management

Becker, F.G. u. M.J. Fallgatter: Unternehmungsführung. Einführung in das strategische Management. Berlin 2002.

Hax, A.C. u. N.S. Majluf: The Strategic Concept and Process. 2. A., London u.a. 1996.

Hinterhuber, H.H.: Strategische Unternehmungsführung. Bd. I: Strategisches Denken. 7. A. Bd. II: Strategisches Handeln. 7. A., Berlin, New York 2004.

Hungenberg, H.: Strategisches Management in Unternehmen: Ziele, Prozesse, Verfahren. 6. A., Wiesbaden 2011.

Jung, R.H., J. Bruck u. S. Quarg: Allgemeine Managementlehre. 2. A., Berlin 2007.

Müller-Stewens, G. u. C. Lechner: Strategisches Management. 4. A., Stuttgart 2011.

Porter, M.E.: Wettbewerbsstrategie. 10. A., Frankfurt/Main 1999.

Porter, M.E.: Wettbewerbsvorteile. 5. A., Frankfurt/Main 1999.

Welge, M.K. u. A. Al-Laham: Strategisches Management. 5. A., Wiesbaden 2008.

Wissenschaftliche Grundlagen des Strategischen Managements

Göbel, E.: Forschung im strategischen Management. In: Kötzle, A. (Hrsg.): Strategisches Management. Stuttgart 1997, S. 3-25.

Grant, R.M.: Contemporary Strategy Analysis. 4. A., Cambridge 2002.

Grant, R.M. u. M. Nippa: Strategisches Management. 5. A., München u.a. 2006.

Hoskisson, R.E. u.a.: Theory and Research in Strategic Management: Swings of a Pendulum. In: Journal of Management 1999, Vol. 25, H. 3, S. 417-456.

Kirsch, W.: Strategisches Management. München 1997.

Knyphausen-Aufseß, D. zu: Theorie der strategischen Unternehmensführung. State of the Art und neue Perspektiven. Wiesbaden 1995.

Kötzle, A.: Ansätze zur Theorie strategischer Unternehmensentwicklung. In: Kötzle, A. (Hrsg.): Strategisches Management. Stuttgart 1997, S. 27-43.

Ortmann, G. u. J. Sydow (Hrsg.): Strategie und Strukturation. Wiesbaden 2001.

Scheurer, S.: Bausteine einer Theorie der strategischen Steuerung von Unternehmen. Berlin 1997.

Scholz, C.: Strategische Organisation. Multiperspektivität und Virtualität. 2. A., Landsberg/Lech 2000.

Teil 2: Strategische Planung

- Die strategische Planung besteht aus fünf Komponenten: Zielbildung, Umweltanalyse, Unternehmensanalyse, Strategiewahl und Strategieimplementierung.
- Sollen die strategischen Ziele erfüllt werden, sind die Stärken und Schwächen einer Unternehmung mit den Anforderungen aus der Unternehmensumwelt abzustimmen, d.h. es ist ein Fit zwischen Unternehmen und Umwelt herzustellen.
- Die Unternehmung begegnet den Chancen und Risiken aus der Umwelt über die Wahl geeigneter Strategien. Die Konkretisierung dieser Strategien findet über die Implementierung statt.

Teil 2: Strategische Planung

Beispiele aus der Unternehmenspraxis:

[1] Deutsche Post DHL

Die *Deutsche Post DHL*, einstmals hervorgegangen aus der Aufspaltung der *Deutschen Bundespost*, bietet mit ihren vier operativen Unternehmensbereichen Brief, Express, Global Forwarding/Freight und Supply Chain in rund 220 Ländern ein globales Netzwerk standardisierter und maßgeschneiderter Lösungen für Transport, Lagerung und Verarbeitung von Waren und Informationen. Der Konzern sieht sich folgenden langfristigen Trends und **strategischen Herausforderungen** gegenüber (Geschäftsbericht 2010):

- **Globalisierung:** Die Logistikindustrie wird auch in Zukunft stärker wachsen als die jeweiligen Volkswirtschaften. Dies erfordert ein globales Netzwerk und führende Positionen in Luft- und Seefracht ebenso wie bei Brief- und Expressgeschäft oder in der Kontraktlogistik.
- **Outsourcing:** In wirtschaftlich unsicheren Zeiten steigt der Druck auf Unternehmen, ihre Kosten zu senken und Geschäftsprozesse zu straffen. Zudem werden Produktions- und Logistikketten komplexer und internationaler. Dies bietet große Chancen durch die Übernahme kompletter und integrierter Logistikprozesse und –dienstleistungen.
- **Digitalisierung:** Das Internet revolutioniert die Übertragung von Informationen weiter nachhaltig. Im klassischen Briefgeschäft sinken Menge und Umsatz, gleichzeitig steigt der Bedarf bspw. beim physischen Transport von Waren oder der rechtsverbindlichen elektronischen Kommunikation.

- **Klimawandel:** Das weltweit gestiegene Bewusstsein für Umwelt und Klima führt zu höherer Nachfrage nach energiesparenden Transporten und klimaneutralen Produkten.

Die *Deutsche Post DHL* ist diesen Herausforderungen seit Beginn der 90er Jahre durch die **Weiterentwicklung ihrer strategischen Ausrichtung** konsequent begegnet:

- Phase bis 1997: Restrukturierung, Kulturwandel, Konsolidierung (Erreichen der Gewinnzone)
- Phase bis 2002: **Geschäftserweiterung und Internationalisierung** (Zukäufe im Logistik- und Expressbereich, v.a. *Danzas* und *DHL International Limited* sowie Übernahme von, Beteiligung an und Kooperation mit zahlreichen nationalen Dienstleistern wie bspw. *Transoflex*, *Servisco* (POL), *Securicor* (GB), *Ducros* (F) oder *Guipuzcoana Euro Express* (ESP))
- Phase bis 2005: Marktführerschaft Logistik, Synergien und Unternehmenswertsteigerung
  - Vereinheitlichung des Markenauftritts (*DHL*, *Deutsche Post*, *Postbank*) und Harmonisierung der Vertriebsstrukturen
  - Gliederung des Konzerns in 5 Unternehmensbereiche (profit center): Brief, Express, Logistik, Finanzdienstleistungen und Services
  - Umsetzung des konzernweiten „STAR-Programm" zur Integration des Konzerns und Steigerung des Unternehmenswertes
- Phase bis 2011: Weiterer Ausbau der globalen Marktposition, Konzentration auf den Kern „Logistik"
  - Verkauf der *Postbank*, Gliederung des Kerngeschäfts in vier operative Bereiche
  - Weitere Verschlankung des Markenauftritts *Deutsche Post DHL*
  - Wachstum: Das Wachstum der operativen Bereiche soll in jedem Jahr um 1-2 Prozentpunkte über dem jeweiligen Marktwachstum liegen.

Im Jahr 2009 hat der Konzern seine „Strategie 2015" vorgestellt. *Frank Appel*, Vorsitzender des Vorstands der *Deutschen Post AG*, sagt dazu: „Im Rahmen unserer Strategie 2015 verfolgen wir drei Ziele: Wir wollen bevorzugter Anbieter für Kunden werden. Wir wollen für Investmententscheidungen von Anlegern erste Adresse sein und als Arbeitgeber haben wir den Ehrgeiz, überdurchschnittlich viele qualifizierte Mitarbeiter an uns zu binden."

[2] Mannesmann AG

Kohle und Stahl markierten den Anfang der *Mannesmann AG*. Lange Zeit wurde *Mannesmann* nach der üblichen Branchengliederung den Montanunternehmen zugeordnet. Nach Jahrzehnten des Wachstums gehört der Montanbereich seit den 60er Jahren zu den schrumpfenden Märkten. *Mannesmann* hat es jedoch geschafft, sich in mehreren Schritten strategisch neu zu positionieren und sukzessive neue Standbeine in wachsenden Branchen zu schaffen. Mit zahlreichen rechtlich selbständigen Gesellschaften ist der Konzern Ende 1999 in den Branchen Maschinen- und Anlagenbau (Engineering), Automobilzulieferung (Automotive), Telekommunikation (Telecommunications) und Röhren (Tubes) tätig (vier Unternehmensbereiche und elf Geschäftsbereiche):

Mannesmann AG (1999)			
Engineering	**Automotive**	**Telecommunications**	**Tubes**
Dematic	VDO	Mobilfunk (D2)	Mannesmann Röhren-Werke
Rexroth	Sachs	Arcor	
Kraus-Maffei		Eurokom	
		Infostrada	
		Omnitel Pronto Italia	

Die damalige **Strategie** des Unternehmens kann durch folgende Merkmale beschrieben werden:

- **Diversifikation** in wachsende Märkte und neue Technologien sowie **Desinvestition** unrentabler Geschäfte
- Nutzung von **Synergie-Effekten** zwischen den Geschäftsfeldern, d.h. die Felder sind verwandt in dem Sinne, dass ein Know How-Transfer stattfinden kann (Nutzung sog. economies of scope)
- **Kooperation und Akquisition** als Instrumente zur Umsetzung der Diversifikationsstrategie

Die «Business Week» schrieb in ihrer Ausgabe vom 23.11.1998:
«Few German firms have transformed themselves as much with so **little fanfare** as the engineering conglomerate *Mannesmann*. In the past three years, *Mannesmann* has quietly divested 39 businesses with sales of $ 4.2 billion. It has moved aggressively into telecommunications, which now accounts for two-thirds of its profits. Unlike giants such as *Siemens* or *Hoechst*, which have trumpeted their restructuring plans, 'we decided to work without big announcements' says Chief Financial Officer *Klaus Esser*, who will become CEO in May. 'This gives us more flexibility and keeps critics off our backs.'»

Dass erfolgreiche Unternehmensführung allein kein Garant für den Fortbestand eines Unternehmens ist, wurde zu Beginn des Jahres 2000 deutlich: Der komplette Konzern wurde vom Mobilfunkunternehmen ***Vodafone*** übernommen, der den **Takeover** in der Phase des Internet-Hypes mit eigenen Aktien finanzieren konnte. Die aus Sicht von *Vodafone* nicht zum neuen Kerngeschäft gehörenden Aktivitäten wurden sukzessive veräußert (z.B. Automotive an *Siemens* und später an *Continental, Continental* wiederum an *Schaeffler*, Tubes an *Salzgitter* und *Rexroth* an *Bosch*).

[3] Energieversorger (*RWE, E.ON*)

Die deutschen Energieversorgungsunternehmen (EVU) standen in den 90er Jahren vor folgenden großen **strategischen Herausforderungen**:

- Die Stagnation auf den angestammten Versorgungsmärkten einerseits,
- die Suche nach attraktiven Investitionsmöglichkeiten für die noch immer sprudelnden Monopolgewinne andererseits sowie
- der drohende Verlust der Gebietsmonopole

forcieren die strategische Neuorientierung der deutschen EVUs.

Auf der Suche nach einem auch in Zukunft ausgeglichenen Portfolio drängten ***RWE, VEBA, VIAG*** aber auch **regionale und kommunale Versorgungsunternehmen** zunächst in den boomenden Markt der Telekommunikation. Der Eintritt in diesen Markt erforderte jedoch die Überwindung zahlreicher **Markteintrittsbarrieren (MEBs)**. Nicht zuletzt deshalb hatten sich die EVUs unterschiedliche Partner aus der eigenen Branche sowie aus den Bereichen Banken (z.B. *Deutsche Bank, Commerzbank* oder *Sparkassen*) und Telekommunikation (internationale Anbieter wie *British Telecom, AT&T, Cable&Wireless*) gesucht und sich zu mehr oder weniger festen Allianzen zusammengeschlossen.

Hiervon versprach man sich die Bündelung finanzieller Mittel, um in Netz- und Dienstetechnologie investieren zu können (MEB «Finanzen»), den Transfer von Know How (MEB «branchen- und technologiespezifisches Wissen») und die schnelle Erreichung der kritischen Masse (MEB «economies of scale»). Aber auch die Konzentration von Macht zur Ausübung politischen Drucks auf Institutionen (u.a. Regulierungsbehörde für Telekommunikation und Post, Bundeskartellamt, Regulierungsrat der EU), die für die (De-)Regulierung des Telekommunikationsmarktes in Deutschland, Europa und weltweit verantwortlich sind (MEB «Recht/Politik»), dürfte eine Motivation gewesen sein.

Telekommunikationsaktivitäten spielen heute in den Geschäftsportfolios der großen Player *E.ON* und *RWE* keine nennenswerte Rolle mehr. Heute stehen die großen Versorger in einem ganz anderen Spannungsfeld **strategischer Herausforderungen**:

- Versorgungssicherheit, einhergehend mit hohen Investitionsbedarfen in Erzeugung und Transport von Energie
- Klimawandel, verbunden mit dem Atomausstieg sowie der Entwicklung und der wirtschaftlichen Nutzung alternativer Energiequellen
- Zusammenwachsen regionaler Märkte durch zunehmenden internationalen Handel und Bedarf an grenzüberschreitenden Transportkapazitäten

- Politische Einflussnahme (Deregulierung, erneuerbare Energien) und öffentliche Meinungsbildung

RWE verfolgt **zwei strategische Stoßrichtungen**:
a) Fokussierung auf die Kerngeschäftsfelder Energie und Umwelt und
b) wertorientiertes Wachstum.

Die **strategischen Leitlinien** von *RWE* sind (Geschäftsbericht 2010):

- Präsenz auf allen Wertschöpfungsstufen (Produktion, Handel, Betrieb von Netzen, Endkundenvertrieb)
- Klimaschutz im Zentrum der Strategie (Verbesserung der CO_2-Emissionsbilanz, Ausbau erneuerbarer Energien)
- Ausbau der Upstream-Position (Gas- und Ölproduktion)
- Internationale Diversifikation zur Absicherung gegenüber Standortrisiken
- Investitionen in Kraftwerke und Netze

Bei ***E.ON***, dem größten integrierten Energiedienstleister für Strom und Gas in Europa, hat man ebenfalls die **Unternehmensstrategie** neu formuliert. Mit folgenden vier **Schlüsselelementen** soll die Transformation vom primär europäischen Energieversorger zum globalen, spezialisierten Anbieter von Energielösungen gelingen:

- Europa: Fokussierte und synergetische Aufstellung (Nutzung von economies of scale und länderübergreifender Synergien, Transformation des Energiesystems in Richtung zu mehr Effizienz und Klimaschutz)
- Außerhalb Europas: Gezieltes Wachstum (Ausbau von Erzeugungskapazitäten in Nordamerika und Russland sowie zwei zusätzlichen Wachstumsregionen)
- Performance: Effizienz & Effektive Organisation (Realisierung von Kostensenkungen aus dem Programm „PerformtoWin" und weitere Effizienzsteigerungen durch eine neue Leistungskultur, neue Konzernstruktur)
- Investitionen: Weniger Kapital, mehr Wert (Partnermodelle bei Investitionsvorhaben, höhere Rentabilitätsanforderungen bei Wachstumsinvestitionen)

[4] Eco-Systeme von Apple, Google, Facebook und Microsoft

Der Begriff „Eco-System" hat in den vergangenen Jahren Eingang in die Management-Praxis gefunden. Unter einem **Eco-System** versteht man in der Biologie die Gesamtheit der in einem bestimmten Bereich vorkommenden lebenden Organismen und nicht lebenden physischen Komponenten und ihren Interaktionen.

Auf das Strategische Management hat diese Grundkonzeption *James F. Moore* Anfang der 90er Jahre übertragen. *Moore* definiert ein **Business Eco-System** wie folgt: "An economic community supported by a foundation of interacting organizations and individuals - the organisms of the business world. The economic community produces goods and services of value to customers, who are themselves members of the ecosystem. The member organisms also include suppliers, lead producers, competitors, and other stakeholders. Over time, they coevolve their capabilities and roles, and tend to align themselves with the directions set by one or more central companies. Those companies holding leadership roles may change over time, but the function of ecosystem leader is valued by the community because it enables members to move toward shared visions to align their investments, and to find mutually supportive roles." ([Leadership] 26).

Wesentliche **Merkmale** dieser Sichtweise sind: In Beziehung stehende Unternehmen "produzieren" Werte für Kunden, die selbst Teil des Systems sind; das Einnehmen von Schlüsselrollen und damit die Kontrolle von Kunden und/oder anderen Unternehmen des Systems ermöglicht die Gestaltung des Systems und des eigenen Anteils an der Wertschöpfung. Dadurch eröffnen sich Chancen zur Wertsteigerung des eigenen Unternehmens. Das Denken in Eco-Systemen eröffnet somit eine neue Sicht auf Kunden und Wettbewerb. Zur Verdeutlichung wollen wir einen kurzen Blick auf die Eco-Systeme der großen Global Player *Apple*, *Google*, *Facebook* und *Microsoft* werfen:

(a) Das Kerngeschäft von ***Apple*** ist die Herstellung und der Vertrieb von Hardware. Im Zentrum des Eco-Systems von *Apple* steht jedoch *iTunes* (und der *App Store*) als zentraler Content Hub. Ob lokal gespeichert oder in der Cloud, gelingt es *Apple* hierdurch, die Kunden fest in sein Eco-System einzubinden und so bis zu einem gewissen Grad Kontrolle über das Kundenverhalten zu erlangen (zu Marktein- und -austrittsbarrieren vgl. S. 106 und 109 in diesem Teil). Dabei ist *iTunes* offen für Content anderer Unternehmen ebenso wie für sog. usergenerated Content.

Den Durchbruch zu einem globalen Eco-System erlangte *Apple* erst durch die Öffnung von *iTunes* für Betriebssysteme und Geräte anderer Hersteller. So funktioniert das System nicht nur auf *iPod*, *iPhone*, *iPad*, *iMac* und demnächst *iTV*, sondern ebenso auf *Windows* PCs. Neben *iTunes* und den eigenen Endgeräten bilden der Web-Browser *Safari*, die iOS-Betriebssysteme für Rechner und mobile Endgeräte sowie die Entwickler-Community wichtige Elemente zur Festigung der Rolle von *Apple*. Es geht also aus Sicht von *Apple* nicht um den Ausschluss relevanter Player aus dem System, sondern um die Gestaltung des Gesamtsystems in der Weise, dass alle Player eine wichtige und für sich selbst wirtschaftlich attraktive Funktion/Rolle wahrnehmen und dadurch zu einer Festigung der Schlüsselrolle und letztlich zu einer Wertmaximierung von *Apple* beitragen.

Aktuell arbeitet *Apple* am Ausbau der eigenen Position auf dem TV-Sektor sowie gegenüber den Mobilfunknetzbetreibern (Stichwort „eSim") und an der Stärkung der eigenen Position im Bereich Social Media/Social Networking.

(b) Das Geschäftsmodell von ***Google*** ist zweiseitig, ein Business-to-Business-to-Consumer-Modell (B2B2C): *Google* sammelt einerseits User-Informationen im Internet, die es durch die i.d.R. kostenlose Bereitstellung von Internet-Services gewinnt. Den Umsatz erwirtschaftet *Google* jedoch durch die Aufbereitung dieser Informationen für Unternehmen, die damit ihrerseits hochwirksame Werbung schalten können.

Die Kernkompetenz von *Google* besteht also in der Sammlung, Kombination und Interpretation von User-Informationen. Wesentliche Elemente des *Google*-Öko-Systems sind - neben den Internet-Nutzern und der Werbewirtschaft selbst - die Services, welche *Google* den Internet-Nutzern zur Verfügung stellt: allen voran die *Google* Suchmaschine, aber auch der eMail-Dienst *GMail*, das Musikportal *YouTube*, der Web-Browser *Chrome* und *Google Voice*, mit dem *Google* sein Eco-System in den Bereich der Sprachkommunikation ausdehnt. *Android*, das mit über 50% Marktanteil weltweit führende Betriebssystem für mobile Endgeräte, zählt ebenfalls zum *Google*-Eco-System, da es die Tür zur mobilen Internetnutzung und diesem stark wachsenden Werbemarkt öffnet. Da sich Internet-Nutzer immer mehr in sozialen Netzwerken aufhalten, versucht *Google* derzeit mit *Google+* dem Rivalen *Facebook* die weltweit führende Position als Social Network streitig zu machen.

(c) ***Facebook*** seinerseits versucht, seine führende Rolle im Internet auszubauen und zu kapitalisieren (Gang an die Börse 2012). Ziel ist es, sich als die zentrale Plattform im Internet zu positionieren, über die sich alle Internet-Nutzer identifizieren, miteinander kommunizieren und dabei jede Form von Anwendungen oder Service nutzen können, unabhängig von Ort und Endgerät.

(d) Im Zentrum des Eco-Systems von ***Microsoft*** steht klassischerweise das *Windows* Betriebssystem. Die derzeit marktrelevanten Varianten *XP*, *Vista* und *Windows 7* haben zusammen einen Marktanteil von über 90% aller Desktop- und Notebook-Betriebssysteme. Mit dem *Windows Explorer* verfügt *Microsoft* zudem über den mit Abstand am weitesten verbreiteten Web-Browser sowie mit der *Office*-Produktfamilie über die führende Anwender-Software im Bereich der Bürokommunikation. Mit diesen Produkten bindet *Microsoft* weltweit die Nutzer stationärer Hardware an sich und erzielt hohe Gewinne. Zudem konnte sich *Microsoft* mit der *Xbox* im attraktiven Gaming-Markt und somit in den Wohnzimmern seiner Kunden etablieren und neben Software- auch Hardware-Umsätze realisieren. *Microsoft* versucht nun, dieses Eco-System in die mobile Welt und in die Welt der sozialen Netzwerke im Internet auszudehnen.

Jedoch ist *Microsoft* gerade im Bereich der stark wachsenden mobilen Nutzung von Diensten im Netz schwach positioniert. Mit *Windows Mobile* bzw. dem Nachfolger *Windows Phone 7* konnte Microsoft keine nennenswerten Marktanteile gewinnen und spielt hier nur eine untergeordnete Rolle.

Auch scheint *Microsoft* im Kampf mit *Google* und *Facebook* um die führende Position im Internet und den sozialen Netzwerken und damit um die Kundenkontrolle und die Kundeninformationen auf verlorenem Posten. Jedoch versucht *Microsoft* durch die 8,5 Mrd. US$ teure Übernahme von *Skype* und dessen Integration in die gesamte Software-Produktpalette hier Boden gut zu machen.

1 Grundlagen der strategischen Planung

1.1 Begriffe

Das Konzept der strategischen Planung ist relativ neu, sowohl als Gegenstand unternehmenspraktischer Überlegungen wie auch als Objekt wissenschaftlicher Erörterung. Die **Anfänge** sind in den beginnenden 70er Jahren auszumachen, jener Zeit also, in der an der *Harvard Business School* im Rahmen der Managerausbildung der Inhalt der strategischen Planung vermittelt wurde.

Die Umstände der Startphase sind charakteristisch für die strategische Planung. Sie war und ist bis heute ein Produkt aus einem intensiven **Zusammenspiel von Praxis und Wissenschaft**. Es gibt wohl keine Teildisziplin der Betriebswirtschaftslehre, bei der die sachlichen und auch personellen Verflechtungen von Theorie und Praxis so weit fortgeschritten sind wie bei der strategischen Planung.

Daraus ergeben sich Vorteile und Nachteile zugleich. Die **Vorteile** liegen auf der Hand: Die Forschung beschäftigt sich in hohem Maße mit Fragen, die von der Praxis gestellt werden. Aus der Nähe zur Praxis, insbesondere zur Unternehmensberatung, erwachsen aber auch **Nachteile**: Der theoretische Gehalt der strategischen Planung ist teilweise recht dürftig entwickelt. Auch ist eine durchgängige begriffliche Klarheit zu vermissen. Diese Feststellung trifft auch für den Begriff der strategischen Planung zu. Er lässt sich klären, wenn die Aufgabe der strategischen Planung umschrieben ist. Wir verzichten dabei auf eine Erörterung der unterschiedlichen Lehrmeinungen, sondern greifen das heraus, was als gemeinsamer Bestandteil anzusehen ist: Danach besteht die **Aufgabe** der strategischen Planung in der **Sicherung des langfristigen Erfolges** eines Unternehmens. Die Wahrnehmung dieser Aufgabe wiederum setzt eine konsequente und zukunftsbezogene Orientierung der Unternehmung an ihrer Umwelt, den sog. System-Umwelt-Fit, voraus.

Verstehen wir die Planung als einen Prozess, mit dessen Hilfe Zukunftsprobleme erkannt und gelöst werden, lässt sich die strategische Planung folgendermaßen definieren:

Strategische Planung ist ein informationsverarbeitender Prozess zur Abstimmung von Anforderungen der Umwelt mit den Potenzialen des Unternehmens in der Absicht, mit Hilfe von Strategien den langfristigen Erfolg eines Unternehmens zu sichern.

Die zentralen Begriffe der strategischen Planung sind demzufolge:

- Strategie,
- Anforderungen der Umwelt,
- Potenziale des Unternehmens,

- langfristiger Erfolg,
- informationsverarbeitender Prozess,
- Abstimmung von Umwelt und Unternehmen.

[1] Strategie

Der Begriff „Strategie" ist zum Modewort geworden. Seine ursprüngliche Bedeutung geht auf das griechische Wort „strategós" zurück, das so viel wie „Heerführer" bedeutet. Aus dem Militärwesen in die Wirtschaftswissenschaft übertragen wurde der Strategiebegriff von *John von Neumann* und *Oscar Morgenstern*, den Erfindern der sog. **Spieltheorie**. Ihr Buch erschien 1944 unter dem Titel: „Theory of Games and Economic Behavior". Im Rahmen dieser Theorie bedeutet eine Strategie - etwa so wie im Schachspiel - eine Folge voneinander abhängiger Einzelschritte, die auf ein ganz bestimmtes Ziel ausgerichtet ist. Von *Ansoff* [Strategy] wurde dieser Begriff im Jahre 1965 verwendet, um das zu benennen, was wir heute als Strategie bezeichnen:

> **Strategien** sind Maßnahmen zur Sicherung des langfristigen Erfolgs eines Unternehmens.

[2] Anforderungen der Umwelt

Jedes Unternehmen ist von einer spezifischen Umwelt umgeben, die sich in eine Vielzahl von Segmenten, wie etwa den Markt, die Gesellschaft und die Politik zerlegen lässt. Mit ihnen steht es in vielfältigen Beziehungen. Die Unternehmensumwelt bietet Chancen, sie birgt aber auch Gefahren in sich.

[3] Potenziale des Unternehmens

Die Potenziale eines Unternehmens stellen Speicher spezifischer Stärken dar. *Gälweiler* [Unternehmensführung] spricht von Erfolgspotenzialen. Sie können auch als Quellen von Kompetenz im Wettbewerb bezeichnet werden.

[4] Langfristiger Erfolg

Ein Unternehmen ist i.d.R. eine auf Dauer ausgerichtete Institution. Sie verkraftet kurzfristige Verluste, kann aber langfristig nur dann existieren, wenn der Erfolg nachhaltig ist. Die strategische Planung versucht daher ausdrücklich, die Gefahr des kurzfristigen Denkens (day-to-day operations) zu vermeiden und die lange Sicht ins Bewusstsein zu rücken. Dies verlangt eine dauernde Beschäftigung mit der Frage, auf welchen Feldern eine Unternehmung aktiv sein soll.

[5] Informationsverarbeitender Prozess

Chancen und Bedrohungen aus der Umwelt müssen wahrgenommen und bewertet werden. Dies ist die Aufgabe eines Managements externer Informationen. Das Management interner Informationen stellt Informationen über die Stärken und

Schwächen der Unternehmenspotenziale sowie für strategische Entscheidungen zur Verfügung.

[6] Abstimmung von Umwelt und Unternehmen

Die Aufgaben der Abstimmung von Umwelt und Unternehmen erstrecken sich auf drei Bereiche:

- Die Komponenten des strategischen Planungsprozesses,
- die Techniken der strategischen Planung und
- das strategische Planungssystem.

Die Abwicklung der Komponenten des strategischen Planungsprozesses wird durch den Einsatz von Techniken der strategischen Planung erleichtert und verbessert. Sowohl die einzelnen Planungsprozesse als auch der Einsatz der Planungstechniken bedürfen einer Regelung. Dies ist die Aufgabe des strategischen Planungssystems.

Das Charakteristische der strategischen Planung wird deutlich, wenn sie anhand von Merkmalen gegen die **operative Planung** abgegrenzt wird (Abb. 2-1).

		Merkmale von Planungsproblemen						
		Bezugszeitraum (Planungshorizont)	Grad d. Detailiertheit (Erfassung von Einzelheiten)	Ziele	Umweltbezug	Gegenstand	Zuständigkeit	Verhaltensweise
Arten der Planung	strategisch	langfristig	wenig detailliert, global	quantitativ und qualitativ	stark, Außenorientierung	Entwicklung und Erhaltung von Erfolgspotenzialen	Unternehmensleitung (Konzernleitung)	antizipativ (proaktiv)
	operativ	kurzfristig	spezifiziert	quantitativ	gering, Binnenorientierung	Nutzung von Erfolgspotenzialen	Werksleitung	reaktiv

Abb. 2-1: Vergleich von strategischer und operativer Planung

Auf den Begriff der **taktischen Planung** verzichten wir bewusst, da - wie die ohnehin nicht ganz eindeutige Abgrenzung von strategischer und operativer Planung bereits zeigt - die Schnittstellen von strategischer, taktischer und operativer Planung nicht immer transparent gemacht werden können.

1.2 Komponenten des strategischen Planungsprozesses

Wir haben festgestellt, dass sich die strategische Planung in einem **informationsverarbeitenden Prozess** vollzieht. Betrachten wir diesen Prozess im Einzelnen, so lassen sich verschiedene Teilprozesse ausmachen. In Anlehnung an das Phasenschema der Planung (vgl. *Schweitzer* [Planung] 70ff.) unterscheiden wir folgende **Komponenten**:

[1] Zielbildung,

[2] Umweltanalyse,

[3] Unternehmensanalyse,

[4] Strategiewahl,

[5] Strategieimplementierung.

Umweltanalyse und Unternehmensanalyse werden zusammen auch als **strategische Analyse** bezeichnet.

In der Literatur wird - wie bei allen Phasenschemata dieser Art - teilweise anders gegliedert. Zuweilen finden Erweiterungen dieses Schemas (*Gilmore/Brandenburg* [Anatomy] unterscheiden 43 Schritte), teilweise Zusammenfassungen statt, z.T. wird die Reihenfolge anders gewählt. Ein Beispiel: Die Phase der Zielbildung wird bei *Ansoff* ([Strategy] 202) und bei *Hofer/Schendel* (vgl. Abb. 2-6, S. 66) nicht als Teil des strategischen Planungsprozesses angesehen. Anders dagegen verfährt *Hinterhuber* ([Unternehmungsführung 1] 33ff.). Er macht die Zielbildung zur Aufgabe der strategischen Planung.

Gelegentlich wird der strategische Planungsprozess auch um die **strategische Kontrolle** erweitert und mit ihr die Planung abgeschlossen. Diesem Vorgehen liegt ein Kontrollbegriff i.S. eines Soll-Ist-Vergleichs zu Grunde. Da wir die strategische Kontrolle als einen planungsbegleitenden Vorgang interpretieren, wird sie nicht als „Anhängsel der Planung", sondern als eigenständiger Aufgabenbereich gewürdigt (vgl. Teil 3, S. 243ff.).

Die Unterschiede in der Strukturierung des strategischen Planungsprozesses sind letztlich darauf zurückzuführen, dass solche Ablaufmodelle idealtypischen Charakter besitzen. Tatsächlich sind alle Planungsteilprozesse interdependent, also in Form von Vor- und Rückkopplungsprozessen miteinander verknüpft. Man denke nur an die Frage, ob man zunächst Ziele braucht, damit man Probleme überhaupt erkennen kann, oder ob die Ziele sich aus der Problemanalyse ergeben.

In Abb. 2-2 sind die Komponenten des strategischen Planungsprozesses schematisch dargestellt. Dieses Schema liefert die Grundlage für unsere weitere Vorgehensweise. Die Reihenfolge in Abb. 2-2 soll nicht als Norm verstanden werden, der Prozess der strategischen Planung ist vielmehr **multioperational**, **multipersonal** und **multitemporal** und durch **Mehrfachdurchläufe** gekennzeichnet (vgl. dazu die Unterschiede zwischen der synoptischen und der inkrementalen Planung; S. 212ff.). Die gestrichelten Pfeile sollen die **Vor- und Rückkopplungsprozesse** verdeutlichen.

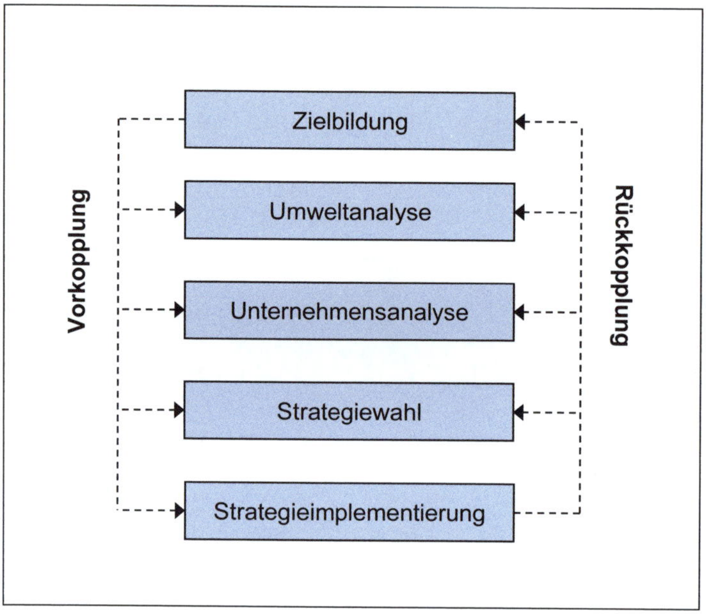

Abb. 2-2: Komponenten des strategischen Planungsprozesses

Da die Informationsbeschaffung und Informationsverarbeitung die Komponenten des strategischen Planungsprozesses begleiten, werden die Aufgaben und Bestandteile des Informationsmanagements in einem gesonderten Teil ausführlich beschrieben (Teil 4: Information, S. 265ff.).

1.3 Techniken der strategischen Planung

1.3.1 Aufgaben

Strategische Planung, so haben wir festgestellt, ist ein informationsverarbeitender Prozess, der sich aus fünf verschiedenen Komponenten zusammensetzt. Die geistigen Vorgänge, die die Abwicklung dieser Komponenten begleiten, können gedanklich in einzelne

- Wahrnehmungsprozesse und
- Denkprozesse

zerlegt werden. Sowohl bei einem Individuum als auch in einer Gruppe sind diese Wahrnehmungs- und Denkprozesse rationalisierbar, d.h. einer Gestaltung zugänglich. Aufgabe einer derartigen Gestaltung ist es u.a., Planungstechniken zur Verfügung zu stellen, welche die genannten Prozesse erleichtern und verbessern.

Instrumentale Funktionen:
- Erleichterung des Planungsprozesses,
- Verbesserung des Planungsprozesses.

Organisatorische Funktionen:
- Arbeitsteilung bei der Durchführung des Planungsprozesses,
- Transparenz des Planungsprozesses,
- Kontrolle des Planungsprozesses.

Abb. 2-3: Funktionen von Planungstechniken

[1] Instrumentale Funktionen

Eine **Erleichterung** des Planungsprozesses ist insofern erforderlich, als die menschliche Kapazität der Informationsbeschaffung und -verarbeitung naturgemäß begrenzt ist. Planungstechniken stellen in diesem Fall so etwas Ähnliches wie externe Speicher zur Vergrößerung der Wahrnehmungs- und Denkkapazität dar.

Eine **Verbesserung** der Planungsprozesse ist durch den Einsatz von Planungstechniken deswegen zu erwarten, weil so die gefühlsbetonte Intuition des Planenden durch „vorgedachte Rationalität“ ergänzt werden kann. Planungstechniken sind nämlich ihrerseits das Produkt eines Denkvorganges. Mit dem Entwurf von Planungstechniken werden gewissermaßen auf Vorrat Denkhilfen bereitgestellt, die je nach Planungsaufgabe in Anspruch genommen werden können. Dabei ist nicht einmal vorausgesetzt, dass der Planende die Funktionsweise einer Planungstechnik versteht. Wichtig ist ausschließlich, dass er die Technik sinnvoll einsetzt.

Allerdings hat die Erfahrung gezeigt, dass Planungstechniken von einem Benutzer i.d.R. dann nicht akzeptiert werden, wenn er die Technik „nicht durchschaut“. Ein weiterer Vorteil des Einsatzes von Planungstechniken besteht darin, dass allein schon während der Handhabung einer Technik neue Einsichten gewonnen werden. Sie entspringen dem Umstand, dass eine Planungstechnik zur Bearbeitung von solchen Problemen zwingt, die bei einer gefühlsmäßigen Planung evtl. übergangen worden wären. So gewährleistet etwa eine Anwendung der Nutzwertanalyse, dass sich der Planende über die Zusammensetzung seines Zielsystems und über die Zielgewichtung gründlich Gedanken macht. Insofern üben Planungstechniken auch eine Checklistenfunktion aus.

[2] Organisatorische Funktionen

Neben diesen instrumentalen Funktionen nehmen Planungstechniken auch organisatorische Funktionen wahr. Die Anwendung einer Planungstechnik ermöglicht nämlich eine Arbeitsteilung im Rahmen der Lösung eines Planungsproblems, eine

Verbesserung der Transparenz des Planungsprozesses und damit eine Kontrolle der Planung.

Die **Arbeitsteilung** verhindert, dass ein bestimmtes Planungsergebnis bewusst oder unbewusst durch „Manipulation" der einzelnen Planungsschritte herbeigeführt wird. So lässt sich bspw. durch die Zuweisung der Kriteriengewichtung im Rahmen der Zielbildung und der Alternativenbewertung an verschiedene Personen vermeiden, dass - bewusst oder unbewusst - die Kriterien in einem Sinne gewählt werden, der zwangsläufig auf eine bestimmte Strategie hinausläuft.

Die **Transparenz** des Planungsprozesses wird deshalb gefördert, weil die einzelnen Schritte i.d.R. zu dokumentieren sind, und schließlich die Anwendung einer Planungstechnik eine schematische Vorgehensweise impliziert, welche die Möglichkeit der Vergleichbarkeit steigert. Ein Vergleich ist nicht nur auf innerbetrieblicher Basis möglich, sondern es können auch zwischenbetriebliche Vergleiche durchgeführt werden. Der Vergleich kann sich auf die Ergebnisse der einzelnen Schritte einer Planungstechnik beziehen, aber auch auf die Erfahrungen bei der Anwendung der Technik.

Mit der Steigerung der Transparenz des Planungsprozesses wird auch die **Voraussetzung für die Kontrolle** der einzelnen Planungsschritte geschaffen.

Mit dem Einsatz von Planungstechniken sind allerdings auch **Gefahren** verbunden. Zu nennen ist u.a. die Gefahr der blinden Anwendung (Technikgläubigkeit) und die damit verbundene Technikabhängigkeit mit der Folge des Verlustes eines intuitiven Moments. Diese Gefahr besteht insbesondere dann, wenn der Einsatz von Planungstechniken durch IT-Systeme unterstützt wird („Computergläubigkeit", vgl. auch S. 358ff.).

Aus der Beschreibung der Aufgaben von Planungstechniken lässt sich deren Begriff ableiten:

> **Planungstechniken** stellen strukturierte und formalisierte Instrumente zur Erleichterung und Verbesserung von Wahrnehmungs- und Denkprozessen dar, die bei der Planung zu bewältigen sind.

In der Literatur werden neben oder statt des Begriffes „Planungstechnik" auch die Begriffe „Planungsmethode", „Planungsinstrument", „Planungsverfahren" und „Planungsmodell" verwendet. Viele Versuche, diese Begriffe sinnvoll voneinander abzugrenzen, sind gescheitert. Wir wollen keinen neuen Versuch unternehmen, sondern nur klarstellen: Im Folgenden verwenden wir den Begriff „Planungstechnik" im oben definierten Sinne. Planungsmodelle stellen nach unserer Terminologie Bestandteile von Planungstechniken dar. Die Begriffe „Planungsinstrument", „Planungsverfahren" und „Planungsmethode" können als Synonyme zum Begriff „Planungstechnik" verstanden, sollen aber im Folgenden der sprachlichen Einfachheit halber vermieden werden. Techniken im Rahmen eines IT-Programms werden i.d.R. als „Tool" bezeichnet.

1.3.2 Arten

Wissenschaft und Praxis haben im Laufe der letzten Jahrzehnte eine Fülle von Planungstechniken entwickelt. Sie dienen nicht nur den verschiedensten Zwecken, sondern sie sind auch methodisch sehr unterschiedlich konzipiert. Einzelne Techniken sind ausgesprochen einfach, andere wiederum sehr komplex, d.h. sie stellen ein Konglomerat von verschiedenen einfacheren Techniken dar. Techniken wie das PIMS-Programm und die Erfahrungskurvenanalyse sind Ergebnisse empirischer Studien, welche Aussagen mit gesetzesähnlichem Charakter enthalten. Sie unterscheiden sich grundsätzlich von einer Technik wie der Wertkettenanalyse, die lediglich einen Formalismus, ein Schema bereitstellt. Es ist also ein schwieriges Unterfangen, in diese Vielfalt eine Ordnung zu bringen.

Wir werden im weiteren Verlauf vom **Anwendungsbezug der Planungstechniken** ausgehen und folgende Unterscheidung treffen:

- Techniken der Zielbildung,
- Techniken der Umweltanalyse,
- Techniken der Unternehmensanalyse,
- Techniken der Strategiewahl,
- Techniken der Strategieimplementierung.

In Abb. 2-4 sind jene Techniken der strategischen Planung genannt, die im Rahmen dieses Lehrbuches erörtert werden. Die jeweiligen Klammerzusätze verweisen auf die entsprechende Stelle der Beschreibung. Die Zuordnung der Techniken zu den einzelnen Planungskomponenten ist nicht überschneidungsfrei, insbesondere dann nicht, wenn es sich um eine komplexe Technik handelt. So kann die PIMS-Studie nicht nur für die Unternehmensanalyse, sondern auch für die Umweltanalyse eingesetzt werden. Die Portfolio-Analyse stellt zwar vorrangig eine Technik der Kombination von Umweltanalyse und Unternehmensanalyse dar, lässt sich aber auch zur Unterstützung der Strategiewahl einsetzen.

1.4 Strategisches Planungssystem

1.4.1 Aufgaben

Planung, so haben wir festgestellt, besteht aus einem Prozess, der sich wiederum in verschiedene Teilprozesse zerlegen lässt. Die Abwicklung dieser Teilprozesse kann durch den Einsatz von Planungstechniken erleichtert und verbessert werden. Die Komponenten des strategischen Planungsprozesses wie auch der Einsatz von Planungstechniken bedürfen einer Regelung, einer Ordnung, einer Gestaltung. Dies sind die Aufgaben des strategischen Planungssystems.

Komponenten des strategischen Planungsprozesses	Techniken der strategischen Planung
Zielbildung	Kennzahlen (2.3 u. III/3.2.3): Erfolgsgrößen, Rentabilitäten, Cash Flow, Wertorientierte Größen (Discounted Cash Flow, Shareholder Value, Economic Value, CFRoI, ROCE)
Umweltanalyse	Eco-Systeme (einleitendes Beispiel S. 50, 92) Marktanalyse (Wettbewerbsanalyse) (3.3.2.3.1) Branchenanalyse nach Porter (3.3.2.3.2) Indikatorenanalyse (3.3.3.1) Stakeholder-Ansatz (3.3.3.2) Chancen-/Risiko-Analyse (3.4) Risikomanagement (3.4) Prognoseverfahren (IV/3.2.2) Szenario-Analyse (IV/3.3.1) Früherkennungssysteme (IV/3.3.2) Konzept der Schwachen Signale (IV/3.4) Wissensmanagement (IV/5)
Unternehmensanalyse	Potenzialanalyse (4.2) Ressourcenanalyse (4.2) Wertkettenanalyse (4.2.1) Stärken-Schwächen-Analyse (4.2) Konkurrentenanalyse (4.2.3) Benchmarking (III/3.2.3) PIMS-Studie (4.5.1) Produktlebenszyklus-Analyse (4.5.2) Erfahrungskurven-Analyse (4.5.3) Preiserfahrungskurven-Analyse (4.5.3) Strategische Kostenanalyse (IV/4.4.1) Target Costing (IV/4.4.2) Prozesskostenrechnung (IV/4.4.3) Lebenszyklusorientierte KER (IV/4.4.4)
Kombination aus Umweltanalyse und Unternehmensanalyse	Portfolio-Analyse (4.6) Lückenanalyse (5.1)
Strategiewahl	Portfolio-Analyse (4.6) Planungsmodelle (5.6.2)
Strategieimplementierung	Budgetierung (6.2.1) Balanced Scorecard (6.2.2) Synoptische und inkrementale Planung (6.3.1) Retrograde, progressive, zirkuläre Planung (6.3.2) Projektmanagement (6.5)

Abb. 2-4: Planungsprozess und Planungstechniken

Ein Planungssystem schafft eine Struktur und einen institutionellen Rahmen für die Planung. Besonders deutlich wird diese Aufgabe beim bekanntesten Planungssystem, dem sog. **Planning Programming Budgeting System** (PPBS), das im amerikanischen Verteidigungsministerium in den 70er Jahren eingeführt wurde. Es enthält detaillierte Anweisungen für den Planungsvollzug.

Ein System besteht aus Elementen und deren Beziehungen zueinander.

Elemente eines Planungssystems sind

- Planungsträger,
- Planungsprozess,
- Planungstechniken,
- Planungsbereiche,
- Ablauforganisation der Planung,
- Planungsrechnung.

Im Folgenden werden diese Elemente beschrieben.

1.4.2 Elemente

1.4.2.1 Planungsträger

Die Frage nach den Planungsträgern, also jenen Personen, die mit der Wahrnehmung der Planung betraut sind, ist untrennbar verbunden mit der **Aufbauorganisation** eines Unternehmens. So ist die Funktionale Organisation dadurch gekennzeichnet, dass die Planungskompetenz in der Unternehmensspitze konzentriert ist. Man spricht in diesem Zusammenhang vom sog. **Kamineffekt**, d.h. die Unternehmensleitung zieht die Entscheidungen an sich und wird deshalb von der Beschäftigung mit Tagesfragen absorbiert. Die Unternehmensleitung wird deshalb häufig von Planungsstäben unterstützt.

Im Gegensatz dazu findet bei der Divisionalen Organisation eine Verlagerung von Planungszuständigkeit in die einzelnen Sparten statt, während in den zentralen Planungsabteilungen lediglich spartenübergreifende Funktionen verbleiben. Hier entsteht dann i.d.R. ein Abstimmungsproblem zwischen zentraler und dezentraler Planungszuständigkeit. Die Dezentralisierung von Planungskompetenz wird bei der Holding noch dadurch verstärkt, dass die einzelnen Holding-Gesellschaften rechtlich selbstständig sind. Die (nicht ganz unproblematische) Aufteilung der Planungszuständigkeit zwischen Obergesellschaft und Tochtergesellschaften wird häufig in Form von Unternehmensverträgen geregelt.

Eine besondere Vorstellung von Kompetenzverteilung liegt der Teamorganisation zu Grunde. Hier sind nicht Einzelpersonen Planungsträger, sondern die Planungskompetenz wird einer Gruppe übertragen (vgl. S. 410ff.). Die hier angesprochene Beziehung zwischen Organisation und Planungskompetenz wird ausführlich in Teil 5 erörtert, der dem Thema „Organisation“ gewidmet ist (S. 369ff.).

Wir gehen im Folgenden davon aus, dass die **Planungsträger auf drei Ebenen** angesiedelt sind:

- Ebene der Unternehmung (corporate level),
- Ebene der Geschäftsbereiche (business level),
- Ebene der Funktionen (functional level).

In Abb. 2-5 ist diese vertikale Gliederung dargestellt. Es wird von drei Geschäftsbereichen (GB) und drei Funktionen (Beschaffung, Fertigung, Absatz) ausgegangen.

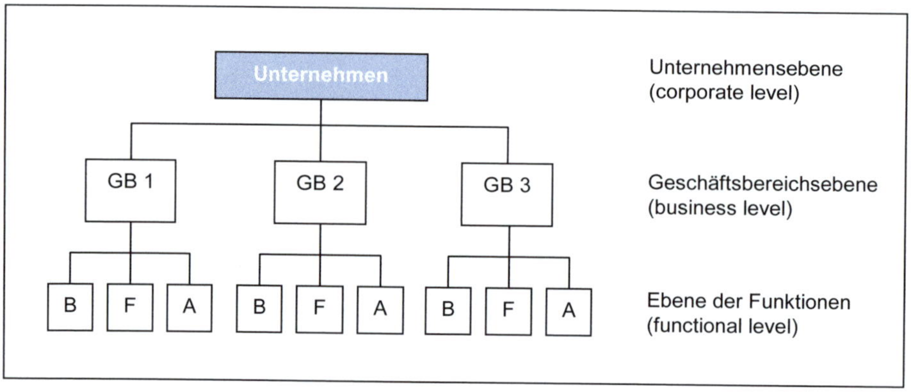

Abb. 2-5: Die drei Ebenen der strategischen Planung

Auf das Beispiel *Siemens* (vgl. S. 397) übertragen, bedeutet dies: Planung findet statt in der Muttergesellschaft *Siemens AG* (Konzern-/Unternehmensebene), innerhalb der ab 2012 gültigen vier Sektoren und ihren Divisionen (Geschäftsbereichsebene) und jeweils in Funktionen wie Beschaffung, Fertigung, Absatz usw. (Ebene der Funktionen).

Auf der Unternehmensebene wird insbesondere entschieden, in welchen Geschäftsbereichen sich eine Unternehmung positionieren will; auf der Ebene der Geschäftsbereiche ist zu planen, wie durch den Einsatz von Wettbewerbsstrategien die von der Unternehmung zugewiesene Position verteidigt oder ausgebaut wird. *Hofer/Schendel* ([Strategy] 15) charakterisieren den Zusammenhang folgendermaßen: "The first, which we shall call **corporate strategy**, addresses the question, 'What set of businesses should we compete in?', while the second, which we shall call **business strategy** addresses the question, 'How should we compete in the XYZ business?'"

Auf der Ebene der Funktionen ist über die Art der Realisierung einer Strategie zu entscheiden. Wir ordnen diesen Aufgabenbereich daher der Planungskomponente der Strategieimplementierung zu. Mit diesem Thema befasst sich Abschnitt 6 (vgl. S. 206ff.).

1.4.2.2 Planungsprozess

Planung, so haben wir festgestellt, ist ein Prozess, der in einzelne Planungsphasen zerlegt werden kann. Die Probleme dieser Zerlegung haben wir bereits beschrieben (vgl. S. 57ff.). Wir sind zu dem Ergebnis gekommen, dass es sinnvoll ist, von folgenden fünf **Planungsphasen** auszugehen:

- Zielbildung,
- Umweltanalyse,
- Unternehmensanalyse,
- Strategiewahl,
- Strategieimplementierung.

Diese fünf Planungsphasen bestehen nun ihrerseits wieder aus einer Vielzahl von Teilprozessen. Abb. 2-6 vermittelt einen Eindruck von der dabei entstehenden Komplexität der Planung. Sie stellt das „Strategieformulierungsmodell" nach *Hofer/Schendel* ([Strategy] 50) dar.

In einem Planungssystem ist zu klären, welche Planungsträger für die Wahrnehmung dieser einzelnen Teilprozesse zuständig sind.

1.4.2.3 Planungstechniken

Die Planungstechniken stehen den einzelnen Planungsträgern bei der Bearbeitung der verschiedenen Planungsphasen zur Verfügung. Es ist nun im Planungssystem festzulegen, ob der Einsatz von Techniken den Planungsträgern freigestellt oder ob er für verbindlich erklärt werden soll. Für eine Verbindlichkeit sprechen die bereits genannten organisatorischen Funktionen von Planungstechniken, nämlich der Arbeitsteilung, der Transparenz des Planungsprozesses und der Kontrollierbarkeit des Planungsprozesses (vgl. S. 58ff.). Auch die instrumentalen Funktionen, d.h. die Erleichterung und Verbesserung des Planungsprozesses, legen den Einsatz von Planungstechniken nahe.

1.4.2.4 Planungsbereiche

Im Rahmen eines Planungssystems ist festzulegen, auf welche Handlungsbereiche sich die Planung in einem Unternehmen zu beziehen hat. Die einzelnen Planungsbereiche können untergliedert werden u.a.:

Nach dem **Planungsträger** in:

- Unternehmensplanung,
- Geschäftsbereichsplanung,
- Funktionsbereichsplanung.

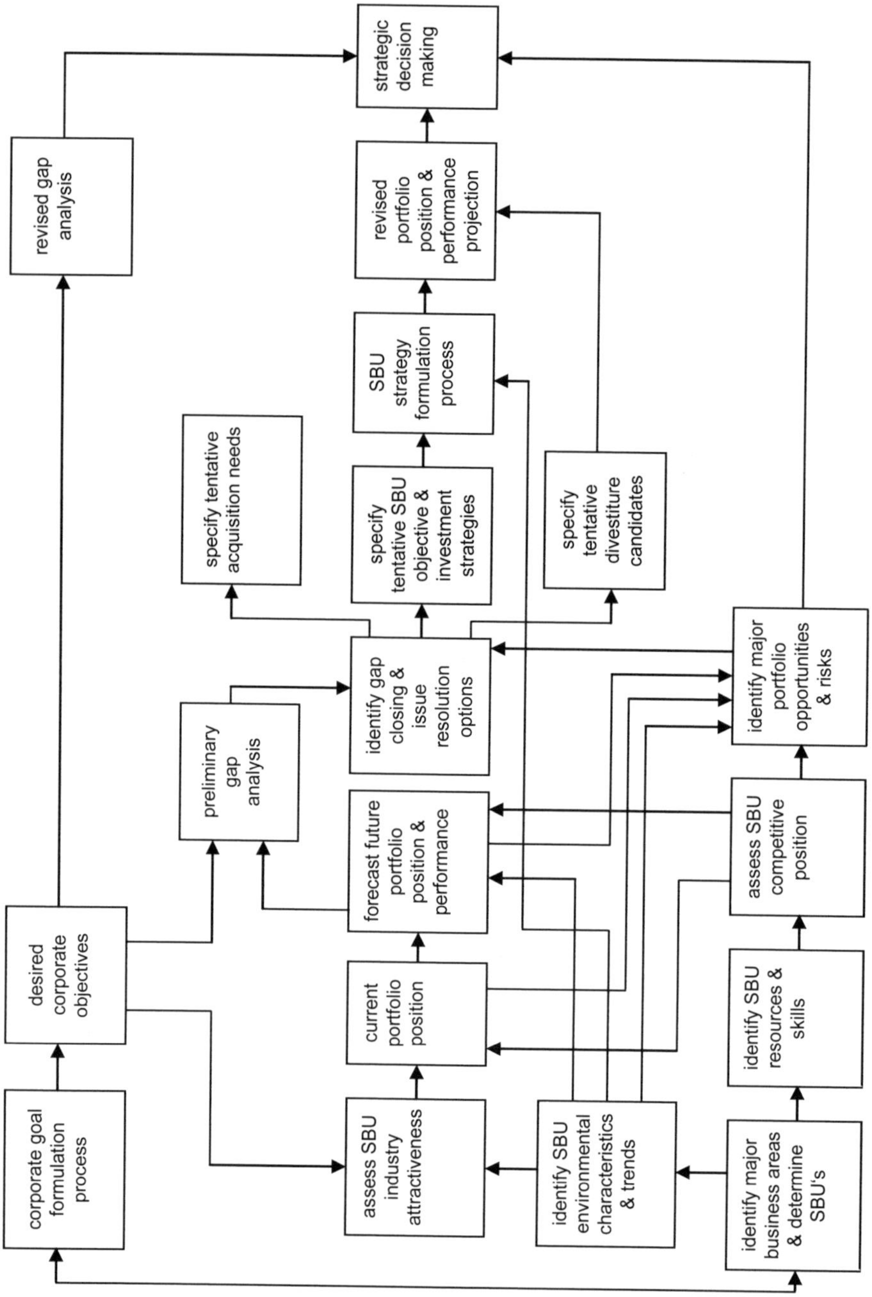

Abb. 2-6: Planungsprozess nach *Hofer/Schendel* ([Strategy] 52), gekürzt und modifiziert

Nach den **Funktionen** in:

- Beschaffungsplanung,
- Fertigungsplanung,
- Absatzplanung,
- Finanzplanung,
- Investitionsplanung,
- Personalplanung.

Die Unterteilung in Planungsbereiche nach dem **Planungsträger** wird bestimmt von der Aufbaustruktur eines Unternehmens und damit der Festlegung von Planungszuständigkeiten. Die Einteilung der Planungsbereiche nach den **Funktionen** hängt von der Reichweite und dem Präzisionsgrad der Planung in einem Unternehmen ab. So ist es denkbar, dass auf die Planung einzelner Bereiche, wie etwa der Personalentwicklung, verzichtet wird. Die Planung kann im Gegensatz dazu auch sehr differenziert vorgenommen werden. So kann im Rahmen der Fertigungsplanung eine Produktionsablaufplanung, eine Kapazitätsplanung, eine Reihenfolgeplanung, eine Terminplanung usw. stattfinden.

1.4.2.5 Ablauforganisation der Planung

Die Ablauforganisation der Planung legt fest, in welcher Reihenfolge die einzelnen Planungsschritte abzuwickeln sind und wie das Koordinationsproblem gelöst werden kann. Beide Aufgaben sind eng miteinander verzahnt.

Zur Lösung des **Reihenfolgeproblems** ist prinzipiell zu klären, ob man dem Leitbild der synoptischen oder jenem der inkrementalen Planung folgt. Die Vor- und Nachteile dieser Leitbilder sind auf S. 212ff. beschrieben. Entscheidet man sich für die synoptische Planung, so ist eine Reihenfolge normativ vorgegeben, die i.d.R. mit der Zielbildung beginnt. Bei der inkrementalen Planung dagegen ist die Reihenfolge offen und Mehrfachdurchläufe sind vorgesehen.

Das **Koordinationsproblem** entsteht dadurch, dass die Planung aus einzelnen Prozessen besteht, die zu unterschiedlichen Zeiten und von verschiedenen Personen wahrgenommen werden. Es ist dafür zu sorgen, dass aus der Vielfalt ein Plan „aus einem Guss“ entsteht. Die Koordinierungsaufgabe lässt sich in eine zeitliche, horizontale und vertikale Komponente zerlegen.

Die **zeitliche Koordination** regelt die terminliche Abstimmung der einzelnen Planungsschritte. Dabei ist zu wählen zwischen den Abstimmungsprinzipien der rollenden und der nichtrollenden Planung sowie der starren und der flexiblen Planung (vgl. *Schweitzer* [Planung] 69ff.).

Die **horizontale Koordination** (bereichsbezogene Koordination) führt die Teilpläne (etwa den Produktionsplan und den Absatzplan) zu einem integrierten Unternehmensgesamtplan zusammen.

Die **vertikale Koordination** (hierarchische Koordination) sorgt für die Abstimmung der Pläne auf den verschiedenen Ebenen der Leitungshierarchie.

Die Implementierung der strategischen Planung muss sich mit diesen Koordinationsproblemen auseinander setzen. Dort ist zu klären, wie die zeitliche Koordination, die horizontale Koordination und die vertikale Koordination gestaltet werden sollen (vgl. S. 214f.).

1.4.2.6 Planungsrechnung

Die Planungsrechnung hat die Aufgabe, Planungsaktivitäten, die sich quantitativ abbilden lassen, in Zahlen zu fassen. Die Planung wird auf diese Weise konkretisiert und damit kontrollierbar gemacht.

Je nach Planungsaktivität lassen sich unterschiedliche Bereiche der Planungsrechnung unterscheiden:

[1] Entscheidungsrechnungen

Sie dienen der Entscheidungsvorbereitung im Rahmen der Planung. Grundlage solcher Entscheidungsrechnungen sind **Entscheidungsmodelle**. Zu nennen sind u.a. Modelle der optimalen Preispolitik (z.B. Cournot´sches Monopolmodell), Modelle der optimalen Programmgestaltung (z.B. Lineare Programmierung) und Verfahren der Investitionsrechnung (z.B. Kapitalwertmethode, Discounted Cash Flow-Methode). Im Rahmen solcher Modelle lässt sich auch das mit der Planung untrennbar verbundene Risiko berücksichtigen (vgl. *Bea* [Entscheidungen] 344ff.).

[2] Dokumentationsrechnungen

Ihre Aufgaben bestehen in der Dokumentation von Planungen in Form von Zahlen. Formen der Dokumentationsrechnung stellen das Budget und der Business Plan dar.

Das **Budget** bildet die kurz- und mittelfristigen Maßnahmen in Form von monetären Plangrößen ab. Den Entscheidungsträgern im Unternehmen steht damit eine verbindliche Orientierung für den Planvollzug zur Verfügung. Das Budget bietet auch eine „ideale Richtschnur" für die Kontrolle (vgl. S. 207f.).

Der **Business Plan** stellt ein schriftliches Unternehmenskonzept in Form von Planzahlen für die nächsten 3 – 5 Jahre dar. Er bildet die Strategie sowie die einzelnen Schritte zur Strategieimplementierung, insbesondere die erforderlichen personellen und finanziellen Ressourcen ab. Diese Dokumentationsrechnung, die v.a. in der Gründungsphase vorgenommen wird, dient der Unternehmensführung zur Konkretisierung der Strategie, den Mitarbeitern zur Information und Motivation, den Kreditgebern und Teilhabern als Grundlage für ihr finanzielles Engagement (vgl. S. 208).

In neuester Zeit wird die **Balanced Scorecard** als Dokumentationsrechnung eingesetzt (vgl. S. 208ff.).

2 Strategische Zielbildung

Drei Beispiele aus der Unternehmenspraxis zeigen zunächst die **Bandbreite strategischer Ziele**, vom qualitativen Leitbild bis zur quantifizierten Zielsetzung:

> **[1] *SAP*: „Leitziel"**
>
> „**Leitziel:** Wir wollen jeden Kunden auf seinem Weg zum Best-run Business unterstützen. …
>
> Im Zentrum unserer Strategie steht die Verantwortung gegenüber unseren Kunden: Ihnen möchten wir einen noch größeren Nutzen bieten und zur Senkung ihrer IT-Kosten beitragen.
>
> Wir wollen für unsere Kunden, Mitarbeiter, Partnernetz, für alle Einflussnehmer und für unsere Aktionäre ein herausragendes Unternehmen sein.
> Was uns anspornt, ist das Streben nach Wachstum und nach einer vertrauensvollen Partnerschaft mit Kunden und Mitbewerbern."
>
> (Geschäftsbericht 2010)

> **[2] *LUFTHANSA*: „Leitlinien"**
>
> **Langfristige Profitabilität:** Das herausragende strategische Leitbild des Konzerns ist die langfristige Wertschaffung bei profitablem Wachstum. Die *Lufthansa* soll hinsichtlich dieser Wertschaffung zur führenden europäischen Netzwerk-Fluggesellschaft ausgebaut werden. Als Messgröße dient die in der wertorientierten Konzernsteuerung definierte Kennzahl Cash Value Added (CVA).
>
> **Fokus auf Kundennutzen:** Der Kunde steht im Zentrum. Wir richten uns an den Kundenbedürfnissen aus und bieten darauf zugeschnittene Produkte an.
>
> **Ausrichtung an Kernkompetenzen:** Wir richten unsere Aktivitäten konsequent an unseren Kernkompetenzen aus. Dazu gehören das Management von Flugnetzen, Partnerschaften und operativen Abläufen am Boden und in der Luft sowie die Bereitstellung und Pflege von Infrastruktur und Produktionsfaktoren.
>
> **Vorsprung durch Systemintegration:** Wir bauen unsere Wettbewerbsfähigkeit gegenüber anderen Standorten, Fluggesellschaften und Allianzen durch eine starke Systemintegration aus. Wir arbeiten mit wesentlichen Partnern, Lieferanten und Infrastruktur-Anbietern eng zusammen, um die Kernprozesse zu integrieren und zu optimieren.
>
> **Attraktives Arbeitsumfeld:** Unsere Mitarbeiter sind ein wesentlicher Erfolgsfaktor. Wir bieten ihnen gute Arbeitsbedingungen, angemessene Weiterentwicklungsmöglichkeiten und eine fördernde und internationale Unternehmenskultur. Dadurch sind wir ein attraktiver Arbeitgeber für qualifizierte, motivierte und dienstleistungsorientierte Mitarbeiter.

Gesellschaftliche Verantwortung: Balance halten ist für uns Verpflichtung. Umweltschutz und nachhaltige Entwicklung sind vorrangige Ziele unserer Unternehmenspolitik. Zudem engagieren wir uns aktiv in sozialen Projekten.

(Investor Relations *Lufthansa*, 2011)

[3] *BASF*: Langfristige, quantifizierte Ziele (Auszug)

- **Ökonomische Ziele** (2020)
  - Steigerung des Umsatzes auf 115 Mrd. € (2011: 73,5 Mrd. €)
  - Steigerung des EBITDA auf 23 Mrd. € (2011: 12 Mrd. €)
  - Steigerung des Ergebnisses je Aktie auf 7,50 € in 2015 (2011: 6,74 €)
- **Umwelt, Sicherheit und Produktverantwortung** (Ziele 2020 ggü. Basisjahr 2002, Auszug)
  - Reduktion der Emission Treibhausgase je Tonne Verkaufsprodukt um 40%
  - Verbesserung der Energieeffizienz bei Produktionsprozessen um 35%
  - Reduktion luftfremder Stoffe in die Luft um 70%
  - Reduzierung Transportunfälle ggü. 2003 um 70%
- **Mitarbeiter und Gesellschaft** (langfristige Ziele, Auszug)
  - Reduzierung der Arbeitsunfälle um 80% (2020 ggü. 2002)
  - Erhöhung der Anteile von Frauen in Führungspositionen, von Internationalität und internationaler Erfahrung der oberen Führungskräfte

(Geschäftsbericht 2011)

2.1 Funktionen der strategischen Zielsetzung

Die Formulierung strategischer Ziele ist eine wichtige – in der Praxis nicht selten missachtete – Aufgabe des Strategischen Managements. Dies wird deutlich, wenn wir die Funktionen der strategischen Zielsetzung untersuchen. Wir unterscheiden (vgl. auch *Kupsch* [Unternehmungsziele] 1ff.) die

- Entscheidungsfunktion,
- Koordinationsfunktion,
- Motivationsfunktion,
- Informationsfunktion,
- Kontrollfunktion,
- Legitimationsfunktion.

[1] Entscheidungsfunktion

Ziele liefern Kriterien für die Bewertung von Alternativen. Insofern ist die Existenz eines aus der strategischen Zielsetzung abgeleiteten Zielsystems eine Voraussetzung für die Auswahl von Strategien.

[2] Koordinationsfunktion

Ziele sind geeignet, Teilaktivitäten zu integrieren und auf eine Bezugsgröße, nämlich das Ziel, auszurichten. Sehr deutlich wird die Relevanz der Koordinationsfunktion bei der Anwendung des Führungsmodells **„Management by Objectives"** (= Führung durch Zielvereinbarung) im Rahmen der Divisionalen Organisation (vgl. S. 391ff.). Hier werden die einzelnen Geschäftsbereiche durch ein gemeinsames Zielsystem koordiniert.

[3] Motivationsfunktion

Ziele stellen Vorgaben dar und sollen daher die Mitarbeiter motivieren, diese Ziele zu erfüllen. Man spricht in diesem Zusammenhang auch von der sog. **Anreizfunktion**. In Verbindung mit der Koordinationsfunktion sollen Ziele eine Identifikation schaffen, ein Wir-Gefühl erzeugen. Ein starker Motivationsschub ist insbesondere dann zu erwarten, wenn es der Unternehmensleitung gelingt, die Mitarbeiter mit der eigenen Vision anzustecken. Einen Beitrag dazu hat die Unternehmenskultur zu liefern (vgl. Teil 6, S. 443ff.).

[4] Informationsfunktion

Ziele informieren sowohl die Mitarbeiter als auch die Unternehmensumwelt über die künftigen Aktivitäten. Sie vermitteln insofern eine Information sowohl an interne als auch an externe Adressaten. Unter den externen Informationsempfängern sind insbesondere die Investoren und Analysten von Bedeutung. Durchschaubare und auch überprüfbare Ziele fördern die Bereitschaft der Kapitalgeber zum Engagement in einem Unternehmen. Die Vermittlung strategischer Ziele ist die Aufgabe der Investor Relations.

[5] Kontrollfunktion

Ziele schaffen die Voraussetzungen für einen Soll-Ist-Vergleich und damit für die Kontrolle des Erfolges (**Performance Measurement**). Ohne Zielsetzung ist Kontrolle gar nicht möglich, weil sonst die Vergleichsgröße fehlt. Dieser Effekt hält Manager nicht selten davon ab, messbare Ziele zu formulieren, um so der Gefahr des Versagens zu entgehen.

[6] Legitimationsfunktion

Ziele dienen immer mehr auch als Rechtfertigung gegenüber Außenstehenden. Das relevante Umfeld der Unternehmung wirkt sich demzufolge auf die Zielbildung aus. So ist es nicht verwunderlich, dass die Ziele „Erhaltung von Arbeitsplätzen" und „Verbesserung der Umweltverträglichkeit von Produkten und Verfahren" gerne genannt werden.

2.2 Zielhierarchie

Wie bereits dargelegt, wird in der Literatur die Einordnung der Zielbildung in den Planungsprozess nicht einheitlich gesehen (vgl. S. 57). Die Antwort auf die Frage, ob die Bildung strategischer Ziele Gegenstand der Planung ist, hängt davon ab, ob strategische Ziele in einem recht vagen Zustand gesehen werden oder bereits operationalisiert sind. Die Entwicklung einer vagen Idee oder das Entstehen einer Vision bedarf im Normalfall keiner Planung. Eine Konkretisierung dieser Idee dagegen, etwa in Form einer Marktanteilsziffer, kann nur das Ergebnis eines Planungsprozesses sein.

Je nach Grad der Präzision und Anwendungsbereich unterscheiden wir verschiedene Zielvorstellungen, die sich idealerweise in einer Zielhierarchie darstellen lassen:

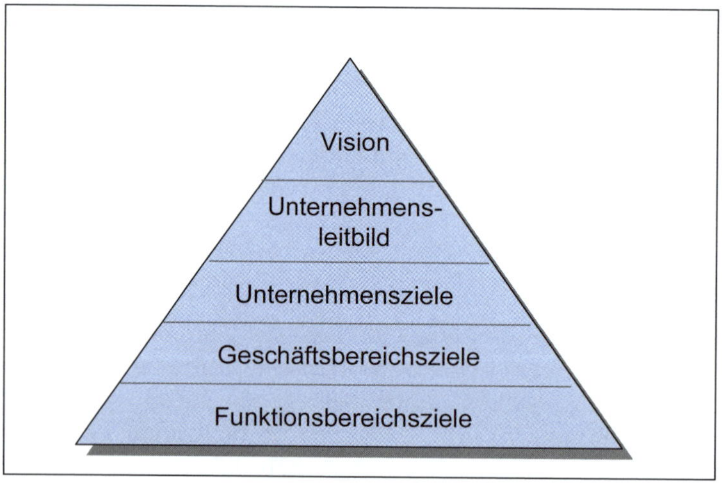

Abb. 2-7: Zielhierarchie im Strategischen Management

[1] Vision

„Phantasie ist wichtiger als Wissen, denn Wissen ist begrenzt.“

Albert Einstein

An der Spitze der Zielhierarchie steht eine allgemein und grundsätzlich gehaltene Vorstellung von der künftigen Rolle des Unternehmens. Sie wird i.d.R. mit recht anspruchsvollen Begriffen belegt. So ist in diesem Zusammenhang häufig von einer Vision oder einer Unternehmensphilosophie die Rede. Im angelsächsischen Sprachraum werden u.a. die Begriffe „vision“, „philosophy“, „mission“ und „charta“ verwendet. Es soll mit all diesen Begriffen zum Ausdruck gebracht werden, dass am Anfang eine Grundposition zu formulieren ist, die eine weit in die Zukunft gerichtete Orientierung markiert, also richtungsweisend ist.

Vier Beispiele zum Thema „Vision“:

Daimler:

Zu Beginn der 90er Jahr formulierte der damalige Chef von *Daimler-Benz*, *Edzard Reuter*, die Vision vom «Integrierten Technologiekonzern». Sein Nachfolger, *Jürgen Schrempp*, sah nach der Konzentration auf die Kernkompetenzen, dem Verkauf unrentabler Geschäfte und der Fusion mit *Chrysler* den *DaimlerChrysler*-Konzern als «globale Nr. 1 auf dem Automobilmarkt».

Unter der Führung von *Dieter Zetsche* fokussiert man heute weniger auf globale Größe und Leadership, sondern stellt vielmehr die „Spitzenleistung“ für die Kunden in den Vordergrund: „Als Pioniere des Automobilbaus wollen wir die Mobilität der Zukunft sicher und nachhaltig gestalten. Im Fokus unseres Handelns stehen die Bedürfnisse unserer Kunden. Wir wollen begeistern mit

- faszinierenden Premiumautomobilen …
- Nutzfahrzeugen, die die Besten in ihrem jeweiligen Wettbewerbsumfeld sind,
- herausragenden Serviceleistungen …
- sowie neuen Mobilitätslösungen, orientiert an den Bedürfnissen unserer Kunden.

Das ist unser **Anspruch**, und dafür stehen wir bei *Daimler*.“

(Geschäftsbericht 2010, ähnlich Geschäftsbericht 2011)

***Siemens* (Geschäftsbericht 2011):**

„Unsere **Vision** lautet: *Siemens* – der Pionier in

- Energieeffizienz,
- industrieller Produktivität,
- bezahlbaren und personalisierten Gesundheitssystemen sowie

- intelligenten Infrastrukturlösungen.

Diese Vision spiegelt sich in unserer Unternehmensstrategie wieder, die uns den Weg zur Verwirklichung unserer Vision weist. … Unsere Strategie umfasst drei strategische Stoßrichtungen:

- den Fokus auf innovationsgetriebene Wachstumsmärkte richten,
- ein starker Partner unserer Kunden vor Ort sein und
- die Kraft von *Siemens* nutzen."

ABB definiert seine **Vision** wie folgt: "*ABB* is a global leader in power and automation technologies that enable utility and industry customers to improve performance while lowering environmental impact. With about 130,000 employees we are close to customers in around 100 countries. With our technology leadership, global presence, application knowledge and local expertise, we offer products, systems, solutions and services that allow our customers to improve their operations – whether they need to increase the reliability of a power grid or raise productivity in a factory." (website *ABB*)

Ebay beschreibt seine Aufgabe – im weitesten Sinne Vision – so: „Our **purpose** is to pioneer new communities around the world built on commerce, sustained by trust and inspired by opportunity." (Annual Report 2010)

Als generelles Ziel der strategischen Planung wird häufig die Effektivität genannt und als Gegensatz zur Effizienz gesehen. **Effektivität** wird durch eine Relation aus aktuellem und erwünschtem Output erfasst. Die **Effizienz** misst dagegen das Verhältnis von aktuellem Output zu aktuellem Input. Insofern kann die Effektivität als Leitlinie für langfristiges Handeln, die Effizienz als Kriterium für die kurzfristige Planung angesehen werden. *Hofer/Schendel* ([Strategy] 2) drücken dies recht anschaulich folgendermaßen aus: Effektivität heißt, die richtigen Dinge tun („to do the right things"), Effizienz heißt, die Dinge richtig tun („to do things right").

[2] Unternehmensleitbild

Eine in der Zielhierarchie tiefer liegende Stufe der Konkretisierung von Visionen stellen sog. **Unternehmensleitbilder** (auch Führungsgrundsätze genannt) dar. Während die Vision sich eher nach außen richtet, sind die Leitbilder an die Mitglieder des Unternehmens adressiert. Derartige Leitbilder sind häufig Orientierungshilfen für das Verhalten der Mitarbeiter den Partnern des Unternehmens gegenüber. Sie werden daher auch als **Verhaltensrichtlinien** (policies) bezeichnet. Sie liefern - i.d.R. schriftlich formulierte - Grundsätze für die Verwirklichung der Vision. In diesem Zusammenhang ist festzustellen, dass solche Verhaltensrichtlinien in den letzten Jahren als Folge eines wachsenden Defizits an Prognostizierbarkeit der Zukunft und damit deren Planbarkeit an Bedeutung gewonnen haben.

Die Leitbilder von *SAP* und *Lufthansa* sind auf S. 69 beschrieben.

Ein weiterer Trend macht sich bemerkbar: Unternehmen sind heute in wachsendem Maße gezwungen und auch bereit, soziale Verantwortung zu übernehmen. Der Grund für **Corporate Social Responsibility (CSR)** dürfte darin liegen, dass sich Verantwortung „lohnt", denn die Öffentlichkeit honoriert und belohnt in zunehmendem Maße soziales Verhalten und sie bestraft „unsoziales Verhalten".

Immer mehr Unternehmen ergreifen strukturelle Maßnahmen, um das Verantwortungsbewusstsein und die Verantwortungsfähigkeit ihrer Mitarbeiter zu unterstützen. Der Aufbau spezieller **Compliance-Strukturen** (to comply = sich fügen, Folge leisten) gehört zumindest in den großen börsennotierten Unternehmen zum Pflichtprogramm der Manager.

Beispiel: Bei *Siemens* waren 2008 weltweit mehr als 600 Personen nur für Compliance-Maßnahmen abgestellt (vgl. *Bea/Göbel* [Organisation] 438ff.).

[3] Unternehmensziele

Visionen und Leitbilder sind bewusst abstrakt und vage gehalten und bedürfen daher einer weiteren Präzision durch die sog. Unternehmensziele (objectives, corporate goals). Sie gelten für das ganze Unternehmen, also je nach Organisationsstruktur für den Konzern, die Holding, das Familienunternehmen.

Beispiele für strategische Unternehmensziele

- Steigerung des RoI im Jahre 2014 um 5%
- Verbesserung der Marktstellung (Marktanteilssteigerung um 10% im Jahre 2014)
- Die heimischen Absatzmärkte sollen durch ausländische Märkte erweitert werden (Markteintritt in Asien).
- Die Marktführerschaft soll verteidigt werden.
- Das Unternehmen soll gesellschaftliche Verantwortung übernehmen.
- Die Unabhängigkeit des Familienunternehmens soll gesichert werden.
- Der Shareholder Value soll gesteigert werden.

[4] Geschäftsbereichsziele

Ein Unternehmen ist i.d.R. in mehrere Geschäftsbereiche untergliedert.

So weist bspw. der *Siemens*-Konzern innerhalb der drei „Sektoren" Industry, Energy, Healthcare wiederum rund ein Duzend Geschäftsbereiche (z.B. Industry Automation, Power Transmission, Clinical Products) aus.

Sollen aus den strategischen Unternehmenszielen Vorgaben für die einzelnen **Geschäftsbereiche** abgeleitet werden, müssen die Ziele weiter zerlegt und operationalisiert, d.h. messbar gemacht und zeitlich abgegrenzt werden. Als Technik zur Unterstützung einer derartigen **deduktiven Zielauflösung** stehen **Kennzahlensysteme** zur Verfügung. Das *Du Pont*-Kennzahlensystem ist bereits im Jahre 1919 von dem amerikanischen Chemie-Konzern *Du Pont* als konsistentes Zielsystem zur Steuerung einer dezentralen Geschäftsbereichsorganisation entwickelt und eingesetzt worden (vgl. Abb. 2-8). Die Unterziele werden durch Zielauflösung abgeleitet (deduziert). Die Umsatzrentabilität und der Kapitalumschlag sind Unterziele des Oberziels „Return on Investment (RoI)". Im Rahmen eines derartigen Kennzahlensystems lassen sich für die Geschäftsbereichsziele (business objectives) konkrete Vorgaben in Form von Umsatzzielen oder Marktanteilen festsetzen.

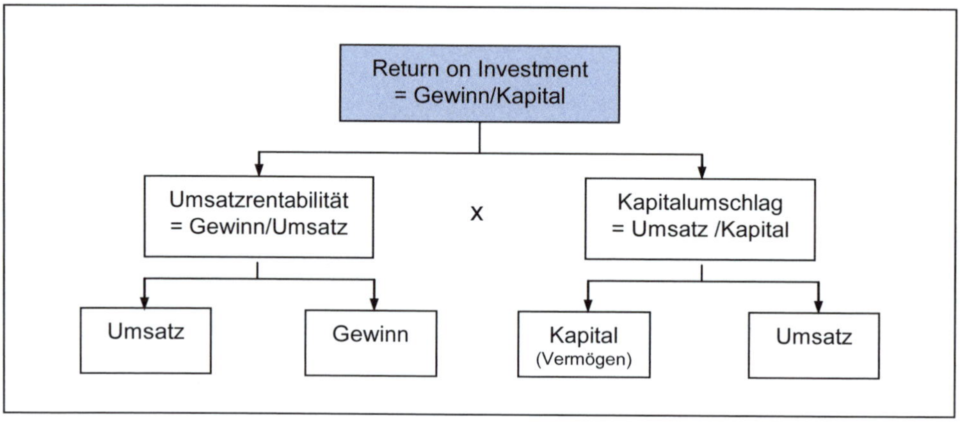

Abb. 2-8: Das *Du Pont*-Kennzahlensystem

[5] Funktionsbereichsziele

Aus den Geschäftsbereichszielen werden durch weitere deduktive Zielauflösung die sog. **Funktionsbereichsziele** (functional objectives) gewonnen. Im Folgenden sind Beispiele für Funktionsbereichsziele aufgeführt.

Beispiele für Funktionsbereichsziele

Funktionsbereich	Funktionsbereichsziele
Beschaffung	Reduktion der Preise für Beschaffungsgüter
Lagerhaltung	Verringerung der Kapitalbindung im Lager
Fertigung	Senkung der Fertigungskosten, Reduktion der Fertigungszeit
Absatz	Erhöhung des Marktanteils, Gewinnung von Neukunden
Finanzierung	Senkung der Kapitalkosten
Personal	Verringerung der Fluktuationsrate, Steigerung des Ausbildungsgrades der Mitarbeiter

2.3 Kennzahlen

Zur Konkretisierung strategischer Ziele sowohl auf der Unternehmensebene als auch auf der Geschäftsbereichsebene und der Funktionsbereichsebene eignen sich Kennzahlen in besonderem Maße. **Kennzahlen** bieten den Vorzug der Klarheit und Messbarkeit und damit auch die Voraussetzungen für eine eindeutige Kontrolle der Zielverwirklichung.

Kennzahlen spielen insbesondere im Rahmen des wertorientierten Managements eine wichtige Rolle. Hierbei können – je nach Steuerungszweck – verschiedene Arten von Kennzahlen unterschieden werden, die zum Großteil als Grundlage für weitere Berechnungen dienen. Wir werden die Kennzahlen in einer allgemeinen Formulierung vorstellen; die konkrete Ausgestaltung hängt größtenteils von den jeweiligen Rechnungslegungsvorschriften (HGB, US-GAAP, IFRS) bzw. den internen Controllinginstrumenten und oftmals eigenen Anforderungen der Unternehmen ab. Abb. 2-9 enthält die wichtigsten Kennzahlen.

I. Erfolgsgrößen

[1] nach HGB

Jahresüberschuss = Ertrag – Aufwand

Bilanzgewinn = Jahresüberschuss – Verlustvortrag + Gewinnvortrag
– Einstellungen in Rücklagen + Entnahmen aus den Rücklagen

[2] nach internationaler Rechnungslegung

Zur internationalen Rechnungslegung gehören im Prinzip zwei Systeme:

- Die vom *International Accounting Standards Committee (IASC)* und vom *International Accounting Standards Board (IASB)* entwickelten internationalen Rechnungslegungsstandards (***IAS, IFRS***)
- Die für die US-amerikanische Rechnungslegung relevanten *US Generally Accepted Accounting Principles* (***US-GAAP***)

EBIT (Earnings before interest and taxes) =
= Operatives Ergebnis unter Eliminierung von Zinsen und Steuern

EBITDA (Earnings before interest, taxes, depreciation and amortization)
= Operatives Ergebnis unter Eliminierung von Zinsen, Steuern, Abschreibungen auf Sachanlagen und immaterielle Anlagen

Hinweis: Das EBIT (auch als Betriebsgewinn bezeichnet) wird durch die Eliminierung von Zinsen und Steuern unabhängig von der Finanzstruktur und den Auswirkungen der Steuergesetzgebung in verschiedenen Ländern berechnet. Beim EBITDA bleiben zusätzlich noch die Abschreibungen unberücksichtigt. Man geht nämlich davon aus, dass die Abschreibungen das Ergebnis von Bewertungs- und Bilanzierungsvorschriften sind.

EBT (Earnings before taxes) = Ergebnis vor Steuern (insbesondere Ertragsteuern)

Earnings per Share (EPS, Gewinn je Aktie) =

$$= \frac{\text{Income Available to Common Stockholders}}{\text{Weighted Average Number of Common Shares Outstanding}} =$$

$$= \frac{\text{Den Anteilseignern zustehender Peridodenerfolg}}{\text{Gewichtete durchschnittliche Anzahl der ausgegebenen Stammaktien}}$$

II. Rentabilitäten

Return on Investment (RoI) = $\frac{\text{Gewinn}}{\text{Gesamtkapital}}$

(siehe *Du-Pont*-Kennzahlensystem S. 76)

Eigenkapitalrentabilität (Return on Equity; RoE) = $\frac{\text{Gewinn}}{\text{Eigenkapital}}$

Die Eigenkapitalrendite sollte höher sein als die bankübliche Verzinsung, damit das Unternehmensrisiko in Form einer Risikoprämie vergütet wird.

Gesamtkapitalrentabilität = $\frac{\text{Gewinn + Fremdkapitalzinsen}}{\text{Gesamtkapital}}$

Zwischen der Gesamtkapitalrentabilität und der Eigenkapitalrentabilität besteht eine Hebelwirkung (Leverage-Effekt): Solange der Fremdkapitalzins niedriger ist als die Gesamtkapitalrentabilität, steigt die Eigenkapitalrentabilität bei Zuführung von Fremdkapital, da die Differenz zwischen Gesamtkapitalrentabilität und Fremdkapitalzins einen Zusatzgewinn erzeugt.

Umsatzrentabilität (RoS = Return on Sales) = $\frac{\text{Gewinn}}{\text{Umsatzerlöse}}$

(siehe *Du-Pont*-Kennzahlensystem S. 76)

EBIT-Marge (= operative Marge) = $\frac{\text{EBIT}}{\text{Umsatzerlöse}}$

Beispiele: Umsatzrentabilitäten (im Jahre 2011) im „reinen Automobilbau“:
Daimler: PKW-Sparte: 8,38%
Audi: 12,1%
BMW: 11,8%
VW: 7,8%

Dividendenrendite = $\frac{\text{Dividende}}{\text{Börsenkurs einer Aktie}}$

III. Cash Flow

Der Cash Flow stellt eine Kennzahl dar, die den Finanzzufluss aus laufender Unternehmenstätigkeit ermittelt. Er ist ein Maßstab für die Selbstfinanzierungskraft eines Unternehmens. Im Gegensatz zu den Erfolgsgrößen und den Rentabilitäten ist der Cash Flow kaum beeinflusst von bilanzpolitischen Maßnahmen.

[1] Direkte Cash Flow-Ermittlung

Ausgangspunkt sind Zahlungsvorgänge.

Zahlungswirksame Erträge (v.a. Umsatzerlöse)
- Zahlungswirksame Aufwendungen (z.B. Löhne, aber ohne Abschreibungen und ohne Zuführung zu den Rückstellungen)

= Cash Flow

[2] Indirekte Cash Flow-Ermittlung

Ausgangspunkt ist der Gewinn. Zum Gewinn werden alle Aufwendungen der Periode addiert, die nicht zu Ausgaben geführt haben, sowie von ihm alle Erträge subtrahiert, die nicht zugleich Einnahmen sind.

Gewinn
+ Ausgabenunwirksame Aufwendungen
(z.B. Abschreibungen, Erhöhung von Rückstellungen)
- Einnahmenunwirksame Erträge
(z.B. Zuschreibungen, Verringerung von Rückstellungen)

= Cash Flow

[3] Arten von Cash Flows

Operating Cash Flow = Cash Flow aus laufender Geschäftstätigkeit

Free Cash Flow = Freie, zur Verfügung stehende Finanzmittel

IV. Wertorientierte Größen

[1] Discounted Cash Flow (DCF)

Der Discounted Cash Flow ist eine Methode zur Bestimmung des Beitrages einer Entscheidung (etwa einer Strategie) zum Unternehmenswert. Dazu werden die künftigen Cash Flows festgestellt und auf die Gegenwart diskontiert. Die DCF-Methode wird angewandt, um den Shareholder Value zu ermitteln.

$$DCF = \sum_{t=0}^{n} \frac{CF_t}{(1+WACC)^t}$$

[2] Shareholder Value

Shareholder Value nach *Rappaport*:

$$SV = \sum_{t=1}^{n} \frac{CF_t}{(1 + WACC)^t} + \frac{Residualwert}{(1 + WACC)^n} - Fremdkapital$$

Hinweis: WACC = Weighted Average Cost of Capital; zur Berechnung vgl. S. 83ff.;
vgl. auch die Darstellung des Shareholder Value S. 82ff.

Die Berechnung des Residualwertes hängt zum Großteil von der verfolgten Strategie ab und kann daher nicht allgemeingültig bestimmt werden. Oftmals wird der Fortführungswert als Barwert einer ewigen Rente zugrunde gelegt.

[3] Economic Value Added (EVA) nach *Stern/Stewart & Co.*

EVA = (Rendite – Kapitalkostensatz) · Eingesetztes Kapital

Um den Wert des Unternehmens zu steigern, muss ein Gewinn erzielt werden, der größer ist als die Kosten für das Kapital, das für die Erwirtschaftung des Gewinnes eingesetzt werden muss.

[4] CFRoI (Cash Flow Return on Investment)

$$= \frac{\text{Cash Flow}}{\text{Bruttoinvestitionen}}$$

Die Bruttoinvestitionen entsprechen dem Buchwert des Sachanlagevermögens zuzüglich den kumulierten inflationsbereinigten Abschreibungen zuzüglich dem sonstigen Anlagevermögen und dem Umlaufvermögen.

Die strategische Zielsetzung des Unternehmens besteht i.d.R. darin, einen CFRoI zu erwirtschaften, der über den Kapitalkosten liegt.

[5] ROCE (Return on Capital Employed)

$$\text{ROCE} = \frac{\text{Return}}{\text{Capital Employed}} = \frac{\text{EBIT}}{\text{Eigenkapital} + \text{Langfristige Schulden}}$$

Geschäftsbericht der *Linde Group* (Kurzform 2008, S. 15):

„Unsere Unternehmensstrategie zielt auf nachhaltiges, ertragsorientiertes Wachstum und eine stetige Steigerung des Unternehmenswertes. Um den mittel- und langfristigen finanziellen Erfolg dieser Strategie der wertorientierten Unternehmenssteuerung zu messen, verwenden wir als zentrale Steuerungsgröße die Rendite auf das eingesetzte Kapital (Return on Capital Employed ROCE)."

Linde hat im Geschäftsjahr 2008 auf Konzernebene ein ROCE von 12,4% verzeichnet (VJ: 10,3%).

V. Liquidität

Liquidität ist die Fähigkeit eines Unternehmens, seine Zahlungsverpflichtungen zu erfüllen. Insofern ist die Sicherstellung der Liquidität eine Voraussetzung für die Verfolgung der verschiedenen, oben beschriebenen Zielgrößen.

Zur Beschreibung der Liquidität eines Unternehmens werden in Abhängigkeit vom Zeitbezug verschiedene Liquiditätsgrade unterschieden:

- Liquidität 1. Grades: $\frac{\text{Zahlungsmittel}}{\text{Kurzfristige Verbindlichkeiten}}$
- Liquidität 2. Grades: $\frac{\text{Zahlungsmittel + Kurzfristige Forderungen}}{\text{Kurzfristige Verbindlichkeiten}}$
- Liquidität 3. Grades: $\frac{\text{Zahlungsmittel + Kurzfristige Forderungen + Vorräte}}{\text{Kurzfristige Verbindlichkeiten}}$

Zahlungsmittel sind Kassenbestand, Schecks und Bankguthaben.

Abb. 2-9: Kennzahlen zur Konkretisierung strategischer Ziele

Beispiel *Deutsche Telekom*:

Die *Deutsche Telekom* hat sich mit der Einführung des EVA als Spitzenkennzahl bereits im Jahr 2001 zum **wertorientierten Management** bekannt. Der **EVA** wurde sukzessive durch die Bildung von Werttreiberhierarchien im Unternehmen verankert. Zielgröße war der Delta-EVA, also jener zusätzliche Wert, der entsteht, wenn die erzielte Rendite oberhalb des durchschnittlichen Kapitalkostensatzes WACC liegt. Der EVA ermöglicht konzeptionell eine konsequent wertorientierte Steuerung und ist in hohem Maße auf die Bedürfnisse der Anteilseigner zugeschnitten.

Das Verständnis der Kennzahl im Unternehmen und die Ableitungen daraus für das Handeln innerhalb der Bereiche sind jedoch ebenfalls wesentliche Erfolgsfaktoren der Steuerung. *Tim Höttges*, Finanzvorstand der *Deutschen Telekom* dazu: „Das Problem mit dem EVA war, dass wir dieses Konzept nicht oder nur schwer im ganzen Unternehmen vermitteln konnten. Somit war es schwierig, die Mitarbeiter entsprechend zu incentivieren. Das aber ist wichtig, um entlang der Werttreiber-Mechanik steuern zu können und unternehmerische Entscheidungen zu realisieren. Die Anforderung an unsere zentrale Steuerungsgröße ist deshalb, Transparenz zu schaffen. ... Aus diesem Grund haben wir uns letztlich auf eine besser verständliche Kennzahl geeignet, die Gesamtkapitalrendite."

Die **Spitzenkennzahl** für diese Gesamtkapitalrendite ist bei der *Deutschen Telekom* der **ROCE** (Return On Capital Employed). Er wird flankiert durch den EBITDA und den Free Cash Flow als weitere Top-Kennzahlen, die mit dem ROCE jeweils in positivem Zusammenhang stehen.

Der **EBITDA** - Earnings before interest, taxes, depreciation and amortization - ist aus der GuV relativ leicht ermittelbar und ermöglicht vor allem steuerungsrelevante Aussagen zur operativen Geschäftstätigkeit. Er hat sich zur klassischen Steuerungsgröße in der Telekommunikationsbranche entwickelt.

Daneben hat sich, wie häufig in Wachstumsbranchen, der (operating) **Free Cash Flow** etabliert. Er gibt an, wie viel Cash zur Finanzierung des Wachstums und zur Sicherung der Dividendenzahlungen zur Verfügung steht.

Beide Kenngrößen sagen jedoch wenig über den erforderlichen Mitteleinsatz sowie die Effizienz seiner Verwendung und damit letztlich über die **Wertsteigerung** aus. Gerade in einer kapitalintensiven Industrie wie der Telekommunikation ist dies ein entscheidender Nachteil. *Höttges*: „Wir haben etwa 120 Mrd. € gebundenes Kapital. Das steckt in unseren Servern, Netzen und in unserer gesamten weiteren Infrastruktur. Es ist äußerst schwierig zu beurteilen, ob es produktiv ist, wenn wir da sechs bis sieben Milliarden an Cash herausholen. Ist dies viel oder wenig?"

So binden Investitionen bspw. in Glasfasernetze oder in Mobilfunkfrequenzen Milliarden an Kapital, das den ROCE senkt, so lange die Infrastruktur nicht ausgelastet ist, sprich nicht entsprechende Umsätze realisiert werden. Will man den ROCE steigern, stehen verschiedene **Stellhebel** zur Verfügung: neben dem Umsatz allen voran die operativen Kosten, beides die wesentlichen Treiber des

EBITDA. Daneben die Höhe sowie Allokation des gebundenen Kapitals inkl. des working capital, der liquiden Mittel und des Anlagevermögens. Weiterhin das Management der Investitionen sowie des Unternehmensportfolios inkl. der M&A-Aktivitäten.

Mit dem ROCE erhält man also eine **umfassende Sicht auf das Unternehmen.** *Höttges* bringt dies auf den Punkt: „Das ROCE-Modell ist ein Biest, denn es gibt nichts, was dieser Zahl entgeht." Die *Deutsche Telekom* hat den ROCE inzwischen umfassend zur internen Steuerung implementiert und verwendet ihn auch als zentrale Größe in der Kapitalmarktkommunikation, indem sie ein Ambitionsniveau für die ROCE-Steigerung über drei Jahre gegeben hat. (Das vollständige Interview mit *Tim Höttges* in ZfCM/Controlling & Management, 55. JG 2011, H. 5)

Eine aktuelle Methode zur strategischen Führung von Unternehmen mit Kennzahlen stellt das Konzept der Balanced Scorecard dar. Die **Balanced Scorecard** will nicht nur Ziele, sondern auch die Umsetzung der Ziele durch Strategien in messbaren Größen zum Ausdruck bringen. Insofern ist dieses Konzept auch und vor allem eine Technik der Strategieimplementierung. Sie wird auf S. 208ff. dargestellt.

Da der Shareholder Value eine dominante Rolle in der Diskussion um die strategische Zielbildung einnimmt, soll er im Folgenden ausführlich erörtert werden.

2.4 Shareholder Value

„Der Vorstand leitet das Unternehmen in eigener Verantwortung. Er ist dabei an das Unternehmensinteresse gebunden und der Steigerung des nachhaltigen Unternehmenswertes verpflichtet."

Deutscher Corporate Governance Kodex 2006 (Kapitel 4.1.1)

2.4.1 Definition

Im Jahre 1986 veröffentlichte *Alfred Rappaport* ein Buch mit dem Titel „Creating Shareholder Value. The New Standard for Business Performance". Darin werden Erkenntnisse aus der Kapitalmarkttheorie, der Unternehmensbewertung und der Strategischen Planung miteinander verknüpft. Ausgangspunkt des Shareholder Value-Ansatzes sind die Investitionsentscheidungen eines potenziellen Anlegers. Sie hängen von seinen Erwartungen über die aus dieser Investition fließenden Zahlungen ab.

Ein Kernsatz von *Rappaport* lautet: "Critics of large corporations often allege that corporate managers have too much power and that they act in ways to benefit themselves at the expense of shareholders and other corporate constituencies." Inzwischen ist die von dem Autor geforderte Orientierung des Managements am Shareholder Value (SV), das sog. **Wertorientierte Management**, zumindest für die großen Aktiengesellschaften zur Selbstverständlichkeit geworden.

Rappaport begründet den Shareholder Value (SV) als alleinigen Maßstab für die Bewertung des Unternehmens und damit für die Kontrolle der Unternehmensführung mit den Unzulänglichkeiten „der Zahlen aus dem Rechnungswesen", insbesondere mit den Einflüssen von **Bewertungsmodalitäten** auf die Höhe des Gewinnes. Die Kennzahlen RoI (Return on Investment) und RoE (Return on Equity), die häufig zur Beurteilung der Erfolgsträchtigkeit von Strategien verwendet werden, sind wesentlich beeinflusst von buchhalterischen Vorgängen wie Abschreibungen und Periodisierung. So werden etwa gegenwartsnahe Strategien, wie eine Abschöpfungsstrategie, die weitgehend auf Forschung und Entwicklung sowie Marketing-Aktivitäten verzichten, mit einem hohen RoI „belohnt".

Nach *Rappaport* ist der **Cash Flow** im Gegensatz zu solchen Kennzahlen frei von buchhalterischen Bewertungsspielräumen. Aus diesem Grund rückt er ihn in den Mittelpunkt der Bewertung von Strategien und Unternehmen. Zur Definition des Cash Flow siehe S. 78f.

Der SV, der dem Marktwert des Eigenkapitals entspricht, wird definiert als Unternehmenswert abzüglich Marktwert des Fremdkapitals. Wendet man die Discounted Cash Flow-Methode an, so gilt:

$$SV = \sum_{t=1}^{n} \frac{CF_t}{(1 + WACC)^t} + \frac{\text{Residualwert}}{(1 + WACC)^n} - \text{Fremdkapital} \qquad (1)$$

CF_t stellt den für die einzelnen Perioden prognostizierten Cash Flow dar. Im **Residualwert** wird der über den expliziten Prognosezeitraum hinaus erzielbare Cash Flow erfasst. Dessen Berücksichtigung trägt der Tatsache Rechnung, dass sich Strategien u.U. erst langfristig in Form einer Wertsteigerung niederschlagen.

Als **Diskontierungsfaktor** wird der Weighted Average Cost of Capital (**WACC**) verwendet. Dieser Gesamtkapitalkostensatz entspricht dem Kalkulationszinsfuß im Rahmen investitionstheoretischer Verfahren. Er bringt die Mindestrenditeerwartung der Eigen- und Fremdkapitalgeber zum Ausdruck.

Der Gesamtkapitalkostensatz ergibt sich als gewichteter Durchschnitt des Eigenkapitalkostensatzes (k_{EK}) und des Fremdkapitalkostensatzes (k_{FK}):

$$WACC = k_{EK} \cdot \frac{EK}{GK} + k_{FK} \cdot \frac{FK}{GK} \qquad (2)$$

Während der Fremdkapitalkostensatz k_{FK} relativ einfach nach dem Zinssatz für langfristige Schuldverschreibungen bestimmt werden kann, bereitet die Ermittlung des Eigenkapitalkostensatzes größere Schwierigkeiten. Ein Eigenkapitalgeber erwartet für eine Beteiligung an einer Unternehmung eine Risikoprämie. Nach dem Capital Asset Pricing Model (CAPM) besteht der Eigenkapitalkostensatz aus einer risikolosen Sockelrate (Zinssatz für eine langfristige Staatsanleihe) und einem Risikozuschlag.

$$k_{EK} = r_f + \beta \cdot (r_M - r_f) \qquad (3)$$

Dabei bedeuten: r_f = risikolose Sockelrate

r_M = Marktrendite

β = Volatilitätsparameter (Beta-Risiko)

Der Risikozuschlag ergibt sich als Differenz aus der Marktrendite (etwa der des DAX-Portfolios) und der risikolosen Sockelrate multipliziert mit dem sog. **Beta-Faktor** (siehe Formel (3)). Dieser stellt die in der Vergangenheit ermittelte Volatilität hinsichtlich der Kursentwicklung einer Aktie im Vergleich zur Entwicklung des Gesamtindex (etwa des DAX) dar. Ist $\beta > 1$, so wird sich eine Aktie stärker verändern als der DAX und gilt demnach als risikoreich.

Inzwischen sind weitere Konzepte der wertorientierten Unternehmensführung entwickelt und in der Unternehmenspraxis implementiert worden. Gemeinsam ist ihnen die große Skepsis gegenüber den klassischen, buchhalterisch basierten Steuerungskonzepten und die eindeutige Priorisierung der Aktionärs- bzw. Eigentümerperspektive und damit der Ziele „Maximierung des Wohlstands der Eigenkapitalgeber" oder der „Erwirtschaftung maximaler Eigentümerrenditen".

So definieren viele Unternehmen den Unternehmenswert auch über den sog. **Economic Value Added** (EVA). Die Grundidee des von *Stern/Stewart & Co.* entwickelten EVA lautet: Um den Wert des Unternehmens zu steigern, muss ein Gewinn erzielt werden, der größer ist als die Kosten für das Kapital, das für die Erwirtschaftung des Gewinnes eingesetzt werden muss. Diese Erkenntnis ist nicht neu; sie ist in Theorie und Praxis unter dem Namen „Residualgewinn" bekannt. Allerdings handelt es sich beim EVA um einen Residualgewinn, dem spezielle Komponenten zugrunde liegen:

$$EVA = NOPAT - WACC \cdot NOA$$

mit

NOPAT: Net Operating Profit after Taxes

und NOA: Net Operating Assets
(= betriebsnotwendiges Vermögen zu Beginn des Jahres)

Prinzipiell stehen drei Möglichkeiten zur **Steigerung des EVA** zur Verfügung:

(a) Die Erhöhung des NOPAT bei gleichem Kapitaleinsatz

(b) Die Investition zusätzlichen Kapitals mit überdurchschnittlicher Rendite

(c) Die Verringerung des wenig rentierlichen Kapitals

Wird der EVA dynamisiert, also periodenübergreifend erfasst, kommt man zum **Market Value Added** (MVA).

2.4.2 Praktische Bedeutung

Geht man davon aus, dass das Management von den Investoren den Auftrag erhält, für das bereitgestellte Kapital eine möglichst hohe Rendite zu erzielen (Agency-Theorie), ist der SV ein geeignetes **Kriterium für die Bewertung von Strategien**. Eine Strategie ist dann erfolgreich, wenn der Wert eines Unternehmens bei

Durchführung einer neuen Strategie im Vergleich zum Wert bei Beibehaltung der bisherigen Strategie gesteigert wird.

Voraussetzung dafür, dass sich Manager am SV orientieren, ist allerdings die Beachtung einer effizienten Ausgestaltung der Corporate Governance.

Corporate Governance umfasst das gesamte System der Leitung und Überwachung eines Unternehmens, einschließlich seiner Organisation, seiner geschäftspolitischen Grundsätze und Leitlinien sowie der internen und externen Kontroll- und Überwachungsmechanismen.

Folgende Strukturmerkmale einer Organisation fallen unter die Regelungen der Corporate Governance:

[1] Einwirkungsrechte der Anteilseigner

Probleme bei der Durchsetzung von **Eignerinteressen** bestehen insbesondere dann, wenn die Anteile breit gestreut sind. Eine Analyse des deutschen Aktienrechts belegt, dass das Aktiengesetz ausreichend Spielraum für eine effiziente Unternehmenskontrolle bietet, wenn die Aufforderung des Gesetzgebers an den Aufsichtsrat, „die Geschäftsführung zu überwachen“ (§ 111 Abs. 1 AktG), ernst genommen wird. Insbesondere bei der Formulierung zustimmungspflichtiger Geschäfte (§ 111 Abs. 4 AktG), der Feststellung des Jahresabschlusses zusammen mit dem Vorstand (§ 172 AktG) und der Bestellung und Abberufung von Vorstandsmitgliedern (§ 84 Abs. 1 AktG) kann der **Kontrollkompetenz des Aufsichtsrats** Nachdruck verliehen werden.

Dass es dazu oft nicht in dem erforderlichen Maße kommt, liegt erfahrungsgemäß in dessen Abstinenz bei der Wahrnehmung seiner Kontrollrechte, was wiederum mit seiner Zusammensetzung zusammenhängen kann (z.B. Aufsichtsräte mit Mehrfachmandaten sind zeitlich überfordert). Eine weniger Shareholder- als vielmehr Stakeholder-orientierte Besetzung des Aufsichtsrats (etwa durch Verstärkung der Mitbestimmung) würde nur auf den ersten Blick die Wahrnehmung verschiedener Interessen begünstigen, bei näherer Betrachtung dagegen die Position des Managements stärken.

[2] Informationsrechte der Anteilseigner

Informationseffizienz bildet eine notwendige Voraussetzung für Allokationseffizienz. Ansatzpunkte für eine Verbesserung bieten der Jahresabschluss und das Auskunftsrecht der Aktionäre. Der Jahresabschluss hat sich stärker am Informationsbedarf der Anteilseigner, der Analysten und Rating-Agenturen auszurichten. Damit verbunden sind u.a. eine Einschränkung des Bewertungsspielraumes und die Berichterstattung über den Erfolg von Geschäftsbereichen in Form einer Segmentberichterstattung. Eine **Segmentberichterstattung** soll durch den Einblick in die Ertragslage von Geschäftsbereichen eine Einschätzung der Chancen und Risiken dieser Geschäftsbereiche ermöglichen. Im Rahmen von Investor Relations sollten die Anteilseigner über den Jahresabschluss hinaus laufend mit Informationen, insbesondere über Strategische Pläne, versorgt werden.

[3] Vergütungssystem für Manager

Durch die Verwendung des SV als Bezugsgröße für die Managerentlohnung soll eine Interessenharmonie zwischen **Management** und **Kapitaleignern** herbeigeführt werden. Der ehemalige *Porsche*-Chef *Wiedeking* dazu: „Wird der Topmanager seiner Unternehmerrolle gerecht, dann muss er auch wie ein Unternehmer dotiert werden." Unbeantwortet ist allerdings die Frage nach der geeigneten praktischen Umsetzung der SV-orientierten Vergütung. Präferiert werden heute vor allem Bezugsrechte auf Aktien des eigenen Unternehmens zu einem im Voraus festgelegten Bezugspreis (sog. **Stock Options**). Die Festlegung der Optionsbedingungen (z.B. Laufzeit und Bezugspreis) entscheidet dabei über den Erfolg einer derartigen Vergütungsregelung.

Beispiel *Siemens*:

„Das System der Vorstandsvergütung bei *Siemens* ist darauf ausgerichtet, einen Anreiz für eine erfolgreiche, auf Nachhaltigkeit angelegte Unternehmensführung zu setzen … (hierfür) wird die Vergütung vorwiegend verzögert ausgezahlt: Bezogen auf eine Zielerreichung von 100% wird mehr als die Hälfte der Gesamtvergütung als aktienbasierte Vergütung mit einer Sperrfrist von vier Jahren gewährt, und die variable Vergütung wird zu mehr als 50% auf der Grundlage mehrjähriger Zielparameter festgesetzt.

Die Vergütung der Mitglieder des Vorstandes ist außerdem eng mit dem Interesse der Aktionäre an einem langfristig attraktiven Investment verknüpft, indem die Hälfte der langfristigen aktienbasierten Vergütung an die mehrjährige Entwicklung des Kurses der *Siemens*-Aktie im Vergleich zu derzeit fünf wichtigen Wettbewerbern gekoppelt ist. … Im Geschäftsjahr 2011 setzte sich das Vergütungssystem für den Vorstand aus folgenden Komponenten zusammen: Grundvergütung, … variable Vergütung (Bonus) … und langfristige aktienbasierte Vergütung ..." (Geschäftsbericht 2011)

„Die variable Vergütungskomponente, die für den Vorstand und das obere Management weltweit verpflichtend ist, setzt sich aus drei Zielkategorien zusammen: erstens der Leistung der organisatorischen Einheit (gemessen an internen Finanzzielen sowie weiteren strategischen Zielen der Einheit …), zweitens der persönlichen Leistung sowie drittens der Leistung von *Siemens*. Somit wollen wir Höchstleistung auf allen Ebenen sicherstellen. Mit der klaren Absicht, die Aktienkultur im Unternehmen zu fördern, haben wir zudem verschiedene Aktienbeteiligungsprogramme … eingeführt." (Geschäftsbericht 2010)

Beispiel *Deutsche Bank*: Struktur der Vergütung für die Mitglieder des Vorstandes

Die Vergütung unterteilt sich in erfolgsunabhängige und erfolgsabhängige Komponenten:
Die erfolgsunabhängigen Komponenten bestehen in erster Linie aus dem Grundgehalt.

Die erfolgsabhängigen Komponenten (variable Vergütung) bestehen grundsätzlich aus zwei Komponenten, einem Bonus und einem Long-Term-Performance Award. Der Gesamt-Bonus wird auf Basis von zwei Komponenten ermittelt. Deren Höhe ist jeweils von der Entwicklung der Eigenkapitalrendite (vor Ertragsteuern) abhängig, die ein bedeutender Einflussfaktor für die Aktienperformance ist. Die erste Komponente des Bonus bestimmt sich aus dem Vergleich der geplanten zur tatsächlich erreichten Eigenkapitalrendite. Der zweiten Komponente des Bonus liegt das absolut erreichte Niveau der Eigenkapitalrendite zugrunde.

Die Höhe des Long-Term-Performance Award orientiert sich an der Rendite der *Deutschen Bank*-Aktie im Verhältnis zum Durchschnittswert der Aktienrenditen einer ausgewählten Vergleichsgruppe von sechs führenden Banken. Das Ergebnis hieraus ist die relative Aktienrendite (Relative Total Shareholder Return).

(Finanzbericht 2011 der *Deutschen Bank* S. 140ff.)

[4] Aufbauorganisation

Einwirkungs- und Informationsrechte sowie anreizverträgliche Vergütungssysteme für das Management führen nur dann zu den genannten Effekten, wenn die **Unternehmensstruktur** reformiert wird. Das bedeutet, dass ein Shareholder-orientiertes Verhalten des Managements zu erwarten ist, sofern eine damit kompatible Aufbauorganisation eingeführt wird. Nach *Rappaport* muss sich ein Bereichsleiter folgende Fragen stellen: „Welche Strategien erzeugen den größten Shareholder Value?“, „Wie würden alternative Konzepte diesen beeinflussen?“ Um sie beantworten zu können, bedarf es der Einrichtung organisatorischer Einheiten, die mit der Wahrnehmung einer bestimmten Strategie betraut sind und denen sich Zahlungsströme eindeutig zurechnen lassen. Einwirkungs- und Informationsrechte sowie Vergütungssysteme können dann SV-konform auf „Wertsteigerungsprojekte“ ausgerichtet werden. Damit zwangsläufig verbunden ist eine Vermeidung von **Quersubventionierung**, also einer Stützung weniger effizienter Strategischer Geschäftsfelder durch erfolgreiche Strategische Geschäftsfelder.

2.4.3 Kritik

Der Hauptvorwurf gegen den Shareholder Value besteht darin, dass der SV-Ansatz **kurzfristiges Denken** des Managements **fördere** und den **Konsens** zwischen Management und Mitarbeitern **zerstöre**. Beide Argumente sind zumindest diskussionswürdig.

[1] *Rappaport* hat für den SV plädiert, da dieser sämtliche Zahlungsströme über alle Perioden einschließlich des Restwertes berücksichtige, also **langfristig** ausgerichtet sei. Gleichwohl kann eine ausschließliche Kontrolle des Managements an Kennzahlen, sog. hard facts, zu kurzfristigem Denken und Handeln verleiten. Langfristige Strategien, wie etwa Investitionen - bevorzugt in Forschung und Entwicklung sowie in Humankapital - beeinflussen messbare Erfolgskriterien zunächst einmal negativ. Ob sich ein nachhaltiger Erfolg einstellt, lässt sich erst sehr viel später feststellen, evtl. zu einer Zeit, die das Management gar nicht mehr „erlebt".

[2] Der Vorwurf der **Konsenszerstörung** leitet sich grundsätzlich daraus ab, dass der SV-Ansatz die Interessen der Anteilseigner in den Vordergrund rücke und die Machtbalance mit den übrigen Stakeholdern zerstöre. Es wird daher der Ersatz des SV-Ansatzes durch den Stakeholder-Ansatz verlangt. Das Management stünde nicht allein im Dienste der Kapitalgeber, sondern sei allen Anspruchsgruppen, insbesondere auch den Arbeitnehmern, verpflichtet.

> Dazu *Edzard Reuter*, Vorstandsvorsitzender von *Daimler-Benz* (1987-1995): „Es ist eine der teuflischen Erfindungen dieser Zeit, die Leistungsfähigkeit eines Unternehmens und seines Managements nur am Aktienkurs zu messen."
>
> (Interview in der *Stuttgarter Zeitung* vom 11.04.2001)
>
> Im Oktober 2008 haben Aktivisten der globalisierungskritischen Organisation *Attac* in der Frankfurter Börse ein Transparent entrollt: „Finanzmärkte entwaffnen! Mensch und Umwelt vor Shareholder Value!"

In der Praxis konkretisiert sich die Dominanz der Shareholder sehr häufig darin, dass der SV eine **Restrukturierung** verlangt, welche „kranke" Geschäftsbereiche in die Rentabilitätszone zurückbringen soll. Sie ist häufig mit Entlassungen verbunden und provoziert insofern Konflikte mit der Belegschaft. Dem halten Anhänger des SV entgegen: „Was den Aktionären nützt, trägt auch den Ansprüchen anderer gesellschaftlicher Gruppen Rechnung" (*Jürgen Schrempp*, ehemaliger Vorstandsvorsitzender der *Daimler-Benz AG*). Ob diese Konsensformel einer Nachprüfung standhält, lässt sich beim heutigen Kenntnisstand nicht eindeutig belegen. Es steht jedoch außer Frage, dass auf Dauer nur profitable Unternehmen auf den Märkten bestehen können und sich damit auch die Ansprüche diverser Stakeholder besser erfüllen lassen.

2.5 Ziele von Nonprofit-Organisationen

Unternehmen können bei der Formulierung ihres Zielsystems zwei grundsätzlich verschiedene Positionen einnehmen. Sie können die Bedarfsdeckung in den Vordergrund rücken und sich gemeinwirtschaftlich verhalten oder aber die Gewinnerzielung bzw. die Wertgenerierung (Shareholder Value) zur Leitlinie ihres Handelns machen und sich damit erwerbswirtschaftlich verhalten. Im ersten Fall haben wir es mit sog. Nonprofit-Organisationen zu tun, im zweiten Fall mit gewinnorientierten Unternehmen. Mit diesen gewinnorientierten Unternehmen haben wir uns bislang beschäftigt. Bedeutende Ziele dieser Unternehmen sind in Form von Kennzahlen in Abb. 2-9, S. 77ff. aufgeführt.

Nonprofit-Organisationen (NPO) sind jene Organisationen, bei denen nicht das Gewinnziel im Vordergrund steht, sondern ein Sachziel, d.h. die Bedarfsdeckung durch die Bereitstellung eines Leistungsprogrammes. Erscheinungsformen von NPOs sind Vereine, Verbände, Gewerkschaften, Genossenschaften, Anstalten und Stiftungen des öffentlichen Rechts, Naturschutzorganisationen, Kirchen, religiöse Gemeinschaften, Wohlfahrts- und caritative Organisationen, staatliche Krankenhäuser, staatliche Theater, Schulen, Universitäten, öffentliche Rundfunkanstalten, öffentliche Verwaltungen. Während gewinnorientierte Unternehmen weitgehend frei bei der Wahl ihrer Ziele sind, unterliegen NPOs einer Reihe von Bedingungen, die ihren Spielraum einengen. Zu den **Kontextfaktoren** zählen vor allem:

- Rechtliche Beschränkungen (z.B. Zwang zur Aufrechterhaltung unrentabler Strecken im öffentlichen Nahverkehr),
- politische Einflussnahme (Entscheidungsgremien sind oft von Politikern besetzt),
- Leistungsprogramm (Dienstleistungen, die häufig unentgeltlich oder zu politisch festgesetzten Preisen abgegeben werden),
- Finanzierung (über Gebühren, Beiträge, Spenden, politische Preise, Sponsoring).

In Abb. 2-10 werden Beispiele für Ziele von NPOs genannt.

Die Beispiele machen deutlich, dass die Ziele von Nonprofit-Organisationen durch folgende Merkmale gekennzeichnet sind:

- Dominanz qualitativer Ziele,
- Unschärfe der Zielformulierung.

Daraus erwachsen folgende **Konsequenzen** für den strategischen Planungsprozess: Die Problemidentifikation in Form einer Soll-Ist-Abweichung wird erschwert. Sind die Ziele verschwommen, können auch die Probleme nur vage wahrgenommen werden. Die Entwicklung von Lösungsalternativen hat unter dieser Unschärfe zu leiden. Sie erlaubt es den einzelnen Interessengruppen, ihre spezifischen Ziele „heimlich" zur Geltung zu bringen. Auch eine Bewertung der Alternativen wird insofern erschwert, als Entscheidungstechniken, die auf quantitativen Größen beruhen (z.B. Investitionsrechenverfahren), kaum angewandt werden können. Schließlich wird die Implementierung der Planung dadurch beeinträchtigt, dass die einzelnen Teilpläne nur unzureichend koordiniert werden und Anreiz- und Sanktionsmechanismen aufgrund fehlender Erfolgsindikatoren nur schwer greifen können. Diese Bestandsaufnahme macht deutlich, dass die strategische Planung bei NPOs ungleich größere Schwierigkeiten zu überwinden hat, als dies bei gewinnorientierten Unternehmen der Fall ist.

Nonprofit-Organisationen	Ziele
Öffentlicher Nahverkehr	- Schaffung eines sicheren und bedarfsgerechten Verkehrsnetzes - Bereitstellung kostengünstiger und nachfragegerechter Verkehrsleistungen
Rundfunkanstalten	- Grundversorgung mit Information, Bildung und Unterhaltung - Meinungsvielfalt im Programmangebot
Universitäten	- Ausbildung des akademischen Nachwuchses - Mehrung wissenschaftlicher Erkenntnisse durch Forschung
Gemeindeverwaltungen	- Steigerung der kommunalen Wohlfahrt - Bereitstellung öffentlicher Dienstleistungen (z.B. Standesamt, Sozialamt)

Abb. 2-10: Beispiele für Ziele von Nonprofit-Organisationen

Es gibt aber immer wieder Versuche, moderne Strategische Management-Konzepte auf Nonprofit-Organisationen zu übertragen. Dazu gehören z.B. das sog. New Public Management (NPM) und das deutsche Neue Steuerungsmodell (NSM). Ihr Anliegen ist der Ersatz des Leitbildes einer bürokratischen und zentralistischen Steuerung durch das Leitbild einer zielorientierten, ergebnisorientierten, transparenten und dezentralen Steuerung von Unternehmen: Eigenverantwortung statt Hierarchie, Resultate statt Regeln (vgl. *Bogumil/Jann* [Verwaltung] 200). Vgl. auch den Abschnitt 5.7: Soziale Verantwortung bei der Strategiewahl (S. 201ff.).

3 Umweltanalyse

„Wir haben unsere Umwelt so radikal verändert, dass wir uns jetzt selber ändern müssen, um in dieser neuen Umwelt existieren zu können."

Norbert Wiener (1894-1964), Kybernetiker

3.1 Aufgaben

„Die Umwelt ist komplexer und dynamischer geworden." Dies ist einer der am häufigsten formulierten Sätze in der Literatur zum Strategischen Management. Er macht deutlich, dass der Umweltanalyse (auch als externe Analyse bezeichnet) eine zentrale Aufgabe im Rahmen der strategischen Analyse zukommt bzw. zukommen muss.

Beispiele aus der Unternehmenspraxis:

[1] *IBM* und die Veränderung von Industriestrukturen

IBM beherrschte bis in die frühen siebziger Jahre den Markt für Computer. Als „Big Blue" bestimmte der Marktführer die technischen Standards, die Produktlebenszyklen und die Preise. Zunächst richtete sich das Angebot ausschließlich an Geschäftskunden und EDV-Spezialisten, Alternativangebote waren rar, die Rentabilität des Geschäfts folglich hoch. Als Hardware- und Chip-Spezialist versuchte *IBM* auch, dauerhaft eine starke Marktposition im Privatkundensegment zu erobern. Neue Technologien und der rasante Fortschritt bei den Speicherchips in Verbindung mit einem kontinuierlichen Preisverfall haben neuen Wettbewerbern den Markteintritt ermöglicht und die Margen im Bereich Hardware massiv schrumpfen lassen. Nachdem der Marktanteil von *IBM* im PC-Markt Ende 2004 nur noch 6% betrug, entschied man sich zum Verkauf des Geschäfts an die chinesische *Lenovo*-Gruppe.

Die wechselhafte Erfolgsgeschichte von *IBM* ist jedoch Folge und mithin Indikator eines **tiefgreifenden Wandels der Struktur einer gesamten Industrie** und des Zusammenwachsens traditioneller und neuer Industrien: zu Beginn war die Industrie in hohem Maße vertikal integriert. Unternehmen wie *IBM* oder die *Digital Equipment Group* waren Vollanbieter mit hoher eigener Fertigungstiefe, die von Hardware-Komponenten über Speicherchips bis zu Software (Betriebs- wie Anwendungssysteme) und schließlich Service alles im Angebot hatten.

In den 80er-Jahren hatte sich das Bild verändert, Spezialisten hatten sich auf den einzelnen **Wertschöpfungsstufen** etabliert: *Intel* bspw. für Speicherchips, *Microsoft* für Betriebssysteme, der Service-Bereich wurde zunehmend von spezialisierten Servicedienstleistern übernommen. *IBM* musste sich mit einem wesentlich kleineren Anteil an der Wertschöpfung der Industrie begnügen, der Anteil fiel von rd. 50% Ende der siebziger Jahre auf rund 10% Anfang der neunziger Jahre. Mit dem Internet und neuen Playern wie *Yahoo* oder *Google* veränderte sich die Industrie ein weiteres Mal fundamental.

Heute findet man eine Industriestruktur mit hoher Spezialisierung und einer großen Anzahl von Akteuren vor, bei der nicht mehr Größe der entscheidende Erfolgsfaktor ist. Vielmehr entscheiden zwei Fähigkeiten:

- eine Position in der globalen Wertschöpfung einzunehmen, welche die **Kontrolle eines relevanten Teils der Wertschöpfungskette** ermöglicht (Anbieterseite) und
- entscheidende **Kundenkontrollpunkte** zu besetzen.

Man spricht dann auch von **Eco-Systemen**, Beispiele sind das Eco-System von *Microsoft*, in dessen Zentrum *Windows* als Betriebssystem steht, das als nahezu unumgänglicher Standard für Betriebssysteme auf allen Massenmarkt-Computern vorinstalliert ist, oder jenes von *Apple*, bei dem *iTunes* in Verbindung mit herausragender Hardware ein hohes Maß an Kundenbindung/-kontrolle ermöglichen. Zu Eco-Systemen vgl. auch das einleitende Beispiel zu Teil 2; S. 50ff.).

Das Beispiel *IBM* zeigt: Die eigentlichen Kernkompetenzen – sozusagen auf einer **Metaebene der Umweltanalyse** – sind folgende:

- Die eigene Position in der Industrie richtig einschätzen (Wer spielt welche Rolle in der Industrie? Wer trägt welchen Wert aus Kundensicht bei? Welche Rolle spielt das eigene Unternehmen und welche Kernkompetenzen nutzt man dafür?),
- die Veränderung der Industriestrukturen und damit der Rollenverteilung antizipieren und explizit in die Überlegungen einbeziehen, und schließlich
- unter Berücksichtigung der eigenen Kernkompetenzen und deren Weiterentwicklung die eigene zukünftige Rolle in der Industrie so definieren, dass ein relevanter Teil der Wertschöpfung in der Industrie kontrolliert werden kann.

Wann immer also die im folgenden Kapitel behandelten Techniken der Umweltanalyse eingesetzt werden, ist dabei stets zu beachten, dass die Möglichkeit der Veränderung der Industrie- und Marktstrukturen explizit in die Überlegungen einbezogen und nicht ein statisches Bild zugrunde gelegt wird.

Noch einen Schritt weiter gehen *Kim/Mauborgne* mit ihrem Ansatz **„Blue Ocean Strategy“**. Sie argumentieren, dass klassische Strategien und Strategieansätze zu sehr auf bestehende Industrie- und Wettbewerbsstrukturen abzielen (competition based or red ocean strategies). Sie propagieren hingegen eine „reconstructionist view“, bei der Unternehmen gezielt Markt- und Industriestrukturen verändern, den Fokus verschieben von der Suche nach Wettbewerbsvorteilen innerhalb bestehender Angebots- und Nachfragebedingungen, Rollenverteilungen und Wertschöpfungsstrukturen hin zur ‚creation of innovative value to unlock new demand‘: „Companies need to go beyond competing. To seize new profit and growth opportunities they also need to create blue oceans" (*Kim/Mauborgne* [Blue Ocean]).

IBM hat aus den Erfahrungen gelernt und 2010 mit nahezu 20 Mrd. US$ erneut ein Rekordergebnis erzielt. *Samule J. Palmisano* dazu: „We have been able to achieve these results because of the transformation of our company that we began several years before. At the time, we saw an undercurrent of **fundamental change**: (1) Changes in the world ..., (2) Changes in technology ..., (3) Changes in client demand... Because we believed that these shifts would change our industry, creating winners and losers, we transformed *IBM*'s mix of products, services, skills and technologies – exiting commoditizing businesses like PCs and hard disk drives, and making 116 strategic acquisitions over the course of the decade. ... a fundamentally different company." (Annual Report 2010)

[2] Stakeholder-Management bei *BAYER*:

„Als gesellschaftlich engagiertes und weltweit tätiges Unternehmen wissen wir, dass es auf einen offenen und transparenten Dialog mit allen Interessengruppen ankommt. Ohne den regelmäßigen Austausch mit unseren Stakeholdern lässt sich keine Zustimmung für unternehmerisches Handeln erzielen.“

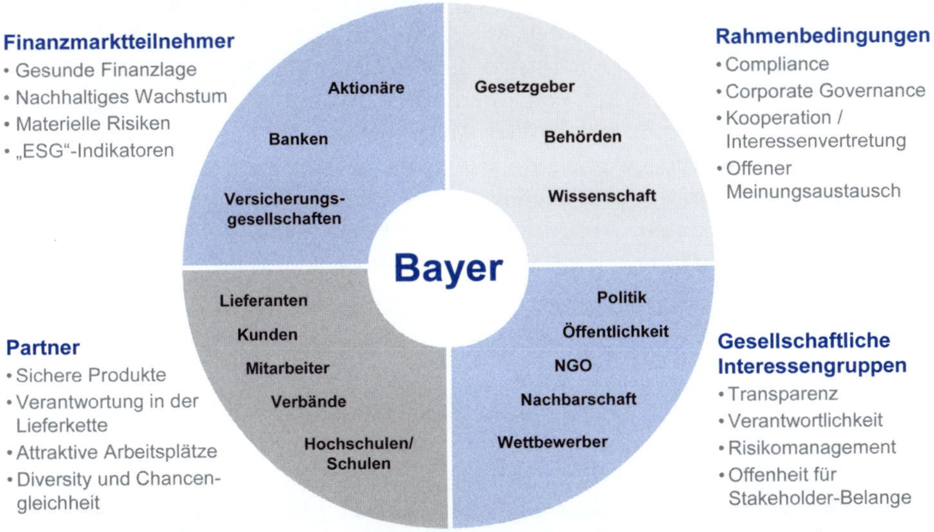

Abb. 2-11: Wesentliche Anspruchsgruppen der *BAYER AG* und ihre Haupt-Interessenbereiche (In Anlehnung an: *Bayer* Nachhaltigkeitsbericht 2010)

„In systematischen **Stakeholder-Dialogen** sehen wir weltweit die Basis für ein besseres gegenseitiges Verstehen und den Aufbau von Vertrauen. Gemeinsam

> identifizieren wir Herausforderungen und betrachten diese aus verschiedenen Blickwinkeln. Durch diese Vorgehensweise erkennen wir Risiken eher, entdecken Verbesserungsmöglichkeiten und können Trends ebenso wie neue Marktchancen aufnehmen. So wollen wir 2011 bei allen strategischen Investitionsprojekten ein neuentwickeltes Instrument testen: Der **„Stakeholder Check"** soll es uns ermöglichen, die Perspektiven von Stakeholdern bei Investitionsentscheidungen besser zu berücksichtigen."
>
> (Nachhaltigkeitsbericht 2010)

Drei **Aufgaben** sind im Rahmen der Umweltanalyse zu lösen:

[1] Sensibilisierung für die Umweltproblematik,

[2] Identifikation der relevanten Umweltsegmente,

[3] Aufspüren von Chancen und Risiken aus der Umwelt.

Mit diesen Aufgaben werden wir uns im Folgenden beschäftigen.

3.2 Outside-in Approach

Die Bedeutung der Unternehmensumwelt hat eine besondere Aufwertung durch den sog. Outside-in Approach erfahren. Seine **Grundidee** besteht darin, dass nicht - so wie in traditioneller Sicht - der Blick von der Unternehmung aus auf ihre Umgebung gerichtet wird (Inside-out Approach), sondern von dort auf die Unternehmung. Die entscheidende Frage lautet: Wie sieht die Umwelt die eigene Unternehmung? Die Folgen dieses Positionswechsels werden deutlich, wenn man die Entwicklungslinie vom produktionstheoretischen Ansatz über den Umwelt-Strategie-Struktur-Ansatz zum Stakeholder-Ansatz nachzeichnet. Es sei in diesem Zusammenhang darauf hingewiesen, dass in jüngster Zeit auch durch den sog. ressourcenorientierten Ansatz eine Ergänzung der Outside-in-Perspektive stattfindet. Im Sinne eines Inside-out Approach wird die Frage gestellt: „In welchen Potenzialen liegen unsere Stärken?" (vgl. S. 30ff). Es geht hier also um die Frage nach den Kernkompetenzen.

[1] Produktionstheoretischer Ansatz

Der produktionstheoretische Ansatz wurde im Wesentlichen von *Gutenberg* (1897-1984) geprägt. *Gutenberg* seinerseits orientierte sich stark an der mikroökonomischen Theorie. Aus diesem Grunde wird diese Perspektive auch als **Ansatz der Mikroökonomik** bezeichnet. *Gutenberg* leitet sein Lehrbuch zur Betriebswirtschaftslehre, dessen erster, im Jahre 1951 erschienener Band den Titel „Die Produktion" erhielt, mit dem Satz ein: „Der Sinn aller betrieblichen Betätigung besteht darin, Güter materieller Art zu produzieren oder Güter immaterieller Art bereitzustellen." Die Unternehmung richtet damit ihren Blick zunächst nach innen, nämlich auf die Produktion, und dann von innen nach außen („product out" statt

„market in"). Zum produktionstheoretischen Standpunkt *Gutenbergs* vgl. *Schanz* ([Wissenschaftsprogramme] 104ff.).

Die Umwelt wird natürlich nicht völlig ignoriert, die unternehmerischen Probleme jedoch bestimmen den Leitfaden für die Umweltanalyse. Dies gilt im Prinzip auch für die auf den produktionstheoretischen Standpunkt folgende **marketingorientierte** Betrachtungsweise. Hier findet zwar eine stärkere Hinwendung zur Unternehmensumwelt statt, aber immer noch in dem Sinne, dass der Blick von innen nach außen gerichtet wird.

[2] Umwelt-Strategie-Struktur-Ansatz

Der Umwelt-Strategie-Struktur-Ansatz stellt einen Spezialfall des sog. situativen Ansatzes dar (vgl. S. 379ff.). Er ist in Anlehnung an *Chandlers* Strategie-Struktur-Hypothese im Wesentlichen von *Ansoff* entwickelt worden. Der Ansatz geht von der Hypothese aus, dass die Strategiewahl zunächst von der Umwelt bestimmt wird. Oder anders ausgedrückt: Die Strategiewahl ist auf die Bedingungen der Unternehmensumwelt abzustimmen, wenn ein Unternehmen erfolgreich sein will. Dieser **Fit zwischen Umwelt und Strategie** ist ein wesentliches Charakteristikum der strategischen Planung. Die Abstimmung mit der Struktur und anderen Subsystemen, wie etwa der Unternehmenskultur, erweitert die strategische Planung zum Strategischen Management. „From Strategic Planning to Strategic Management" wählten *Ansoff*, *Declerck* und *Hayes* als Titel eines 1976 erschienenen Buches. Im Jahre 1979 veröffentlichte *Ansoff* schließlich das Lehrbuch „Strategic Management" und wandte darin den Umwelt-Strategie-Struktur-Ansatz konsequent auf Probleme des Strategischen Managements an (vgl. *Ansoff* [Management]). Eine ausführliche Darstellung des Umwelt-Strategie-Struktur-Ansatzes erfolgt in Teil 5, S. 379ff.).

[3] Stakeholder-Ansatz

Sehr weit und ebenso einflussreich wird die Unternehmensumwelt im sog. Stakeholder-Ansatz interpretiert. *Freeman* ([Management] 46) definiert **Stakeholder** als "any group or individual, who can affect or is affected by the achievement of the organizations objectives." Das „Betroffensein" von der Unternehmenstätigkeit reicht aus, um eine Beziehung herzustellen zwischen Umsystem und Unternehmung. Damit werden Personen oder Gruppen in die Umweltanalyse einbezogen (z.B. Umweltschutz- und Verbraucherverbände, Bürgerinitiativen, Kirchen, Vereine), die bei einer Beschränkung auf die Aufgabenumwelt aus der Betrachtung herausfallen würden. Ihre Relevanz für die Unternehmung ist aber, eben durch ihr Betroffensein, trotzdem wahrscheinlich.

Dies wird besonders deutlich beim Konzept der Schwachen Signale, das die Absicht verfolgt, Umweltveränderungen aus bisher unbekannten Richtungen frühzeitig wahrzunehmen (vgl. S. 305ff.).

Sowohl beim Umwelt-Strategie-Struktur-Ansatz wie auch beim Stakeholder-Ansatz kommt die **Grundfrage** des Outside-in Approach zum Tragen: Welche Merkmale der Unternehmensumwelt sind für die Wahl von Wettbewerbsstrategien und deren organisatorische Umsetzung relevant? Im Folgenden wird zum Zwecke einer Systematisierung der Umweltdeterminanten vom Umwelt-Strategie-Struktur-Ansatz ausgegangen. Der weiter gehende Stakeholder-Ansatz wird auf S. 112ff. erörtert.

3.3 Relevante Umwelt

3.3.1 Begriff und Arten

Als Erstes stellt sich die Frage, was unter „Umwelt" zu verstehen ist. Der Versuch einer Antwort endet bei der Folgefrage nach der **Abgrenzung von Unternehmen und Umwelt**. Zur Lösung dieses Problems gibt es wiederum recht unterschiedliche Vorschläge. So kann man bspw. die Lieferanten und Kunden als Mitglieder des Systems „Unternehmen" ansehen und den Unternehmensbegriff damit sehr weit fassen. Die zunehmende Verflechtung der Unternehmen mit ihrer Umwelt legt diese Interpretation nahe. *Picot*, *Reichwald* und *Wiegand* [Unternehmung] sprechen von der **„grenzenlosen Unternehmung"**. Begriffe wie „Outsourcing", „Reduktion der Fertigungstiefe", „Make or Buy" und „Wertkettenmanagement" kennzeichnen den Trend.

Eine sehr enge Fassung des Unternehmensbegriffs liegt dann vor, wenn lediglich die Unternehmensführung als Bestandteil des Systems „Unternehmen" angesehen wird. Bei dieser Betrachtung sind dann bspw. die Arbeitnehmer Teil der Unternehmensumwelt.

Neben der Grenzziehung zwischen System und Umsystem besteht ein weiteres Problem darin, wie man das Umsystem für eine systematische Analyse ordnen könnte. *Mintzberg* ([Structuring] 286) unterscheidet bspw. die Umwelt nach jenen Kriterien, die zu einer zutreffenden Charakterisierung der heutigen Umwelt führen: **Komplexität und Dynamik**. Danach lassen sich **vier Typen der Umwelt** unterscheiden:

- Einfach-statische Umwelt,
- einfach-dynamische Umwelt,
- komplex-statische Umwelt,
- komplex-dynamische Umwelt.

Das Merkmal der Komplexität hebt auf die Anzahl und Verschiedenartigkeit der Elemente einer Umwelt und deren Verflechtung (Interdependenz) ab, das Merkmal der Dynamik auf die Veränderung der Elemente und deren Interdependenz im Zeitablauf. Sowohl aus dem Merkmal der Komplexität wie auch aus jenem der Dynamik resultiert das Phänomen der **Ungewissheit**.

Nimmt man den **Grad der Verflechtung** von Unternehmen und Unternehmensumwelt zum Klassifikationskriterium, so kann zwischen einer weiteren Unternehmensumwelt (general environment) und einer engeren Unternehmensumwelt (task environment) unterschieden werden. Die eine wird auch als Makro-Umwelt oder globale Umwelt bezeichnet, die andere als Mikro-Umwelt oder aufgabenspezifische

Umwelt. Von dieser Zweiteilung gehen wir im Folgenden aus. Wir unterscheiden nach der **Nähe zum Unternehmen** (vgl. Abb. 2-12):

- Den Markt (= aufgabenspezifische Umwelt, Wettbewerbsumwelt),
- die weitere Unternehmensumwelt (= globale Umwelt, Makroumwelt).

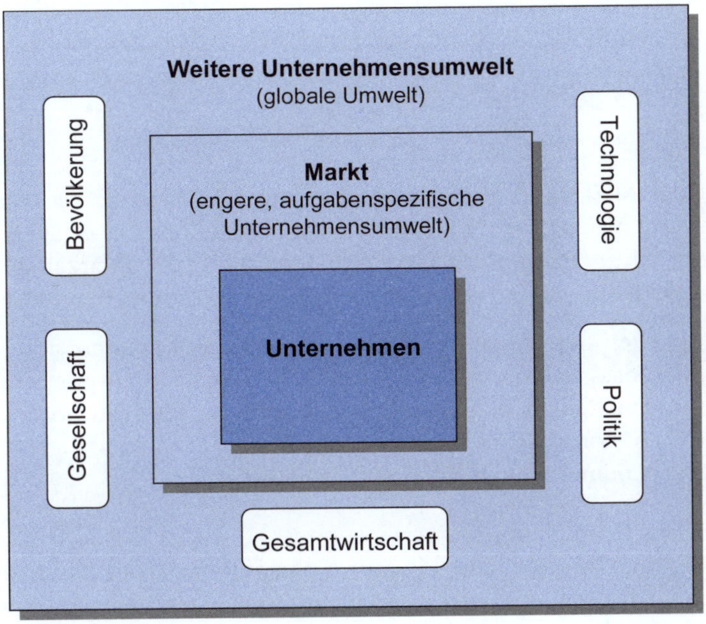

Abb. 2-12: Die Umwelt des Unternehmens

3.3.2 Der Markt

Die unmittelbare wirtschaftliche Umgebung eines Unternehmens stellen seine Wettbewerber, seine Nachfrager und seine Lieferanten dar. Die Beziehungen zu den Lieferanten werden als Beschaffungsmarkt, jene zu den Nachfragern als Absatzmarkt bezeichnet.

Wir gehen im Folgenden vom **Absatzmarkt** aus. Die Ergebnisse lassen sich spiegelbildlich auch auf den Beschaffungsmarkt übertragen. Im Rahmen der strategischen Planung sind zwei **Aufgaben** zu lösen:

[1] Abgrenzung des Marktes,

[2] Ermittlung der Marktattraktivität.

Mit dem ersten Schritt werden Wettbewerber und Nachfrager identifiziert, die für den Anbieter relevant sind. Es wird daher in diesem Zusammenhang auch vom **„relevanten Markt"** gesprochen.

Mit dem zweiten Schritt wird festgestellt, welche Renditen ein Markt in der Zukunft verspricht und welche Attraktivität er demzufolge ausstrahlt.

Beispiel für den **Getränkemarkt**: Eine hohe Attraktivität wird derzeit dem Markt für trendige Energy-Drinks, eine befriedigende Attraktivität dem Markt für Bier und eine geringe Attraktivität dem Markt für Spirituosen zugesprochen.

3.3.2.1 Abgrenzung des Marktes

Ein **Markt** ist die Gesamtheit der wirtschaftlichen Beziehungen zwischen Anbietern und Nachfragern eines bestimmten Gutes oder einer bestimmten Gütergruppe.

Die Definition des Marktes ist Voraussetzung für eine Vorhersage des Verhaltens der Mitanbieter und Nachfrager und damit für die Ausrichtung des eigenen Verhaltens. Die Folgen einer falschen Marktdefinition macht *Levitt* ([Marketing] 45) an folgendem Beispiel klar:

Die Schwierigkeiten der amerikanischen Eisenbahngesellschaften sind letztlich darin begründet, dass sich diese Unternehmen als Schienentransportgesellschaften definiert und sich nicht als Anbieter auf dem Markt für Transportleistungen verstanden haben. Sonst wären etwa strategische Allianzen mit Fluggesellschaften und Mietwagenunternehmen zu Stande gekommen.

Entwickelt man das Beispiel von *Levitt* weiter, so ist zu fragen: Soll sich eine Bahngesellschaft, etwa die *Deutsche Bahn AG*, als Transport- oder als Touristikunternehmen verstehen. Je nach Antwort werden unterschiedliche Kunden und Konkurrenten und damit Marktgrenzen definiert.

Die *Deutsche Post DHL* versteht sich beispielsweise als weltweit agierendes Logistikunternehmen mit allen damit zusammenhängenden Geschäftsfeldern („Mail, Express, Logistics, Finance“).

Die **Marktabgrenzung** ist ein schwieriges Unterfangen, da um die Befriedigung des Bedarfs viele Anbieter mit einer Vielzahl von Produkten konkurrieren. Letztlich stehen alle Produkte und damit alle Unternehmen in einer Konkurrenzbeziehung. Die Intensität dieser Beziehung ist jedoch recht unterschiedlich.

Ein von der Preistheorie entwickeltes formales Kriterium zur Abgrenzung eines Marktes ist der sog. **Triffin'sche Koeffizient (Kreuzpreiselastizität)**. Er lautet:

$$\varepsilon_{m_i,p_j} = \frac{dm_i}{m_i} : \frac{dp_j}{p_j}$$

m_i ist die Absatzmenge des Unternehmens i, p_j der Preis der Unternehmung j. Beide Unternehmen bieten auf dem gleichen Markt an, wenn die Variation von p_j des Anbieters j eine für die Unternehmung i fühlbare Veränderung der Absatzmenge m_i bewirkt. Liegt der Wert $\varepsilon_{mi,\,pj}$ bei Null, ist also für die Unternehmung i die Aktion des Unternehmers j nicht spürbar, so bieten die beiden Unternehmen ihre Produkte auf verschiedenen Märkten an. Der Grad der Spürbarkeit ist sehr hoch, wenn die Güter homogen sind, mit zunehmender Heterogenität nimmt er ab.

Es ist nun letztendlich die Frage zu stellen, was den Grad der Heterogenität bestimmt. Ein Kunde erwartet von einem Produkt eine Problemlösung. Sind zwei Güter in der Lage, aus der Sicht des Konsumenten zu einer bestimmten Problemlösung beizutragen, müssen sie demselben Markt zugeordnet werden.

> Beispiel: Die Produkte/Dienstleistungen **Telefonbuch** (Druckerzeugnis), **Telefonverzeichnis auf CD-ROM**, **Telefonverzeichnis im Internet** und **Telefonauskunft** können demselben Markt zugeordnet werden, wenn die Wahl des Mediums aus Sicht des Kunden offen ist. Kommen aus Sicht des Kunden - bspw. aufgrund technologischer Barrieren - ausschließlich das gedruckte Telefonbuch und die Telefonauskunft in Frage, so bilden CD-ROM und Internet einen eigenen Markt.

Die Verwendung des Triffin'schen Koeffizienten kann auch zu einer falschen Marktabgrenzung führen.

> Beispiel: Die Preise p_j für Autos fallen, gleichzeitig steigt die Nachfrage m_i nach Fernreisen. Dennoch kann wohl kaum von einem gemeinsamen Markt für Autos und Fernreisen gesprochen werden. Es existieren jedoch gesamtwirtschaftliche Marktverflechtungen.

Eine weitere Schwäche des Triffin'schen Koeffizienten als Maß der Marktabgrenzung besteht darin, dass er zu einer **statischen** Marktabgrenzung führt. Märkte dürfen jedoch nicht als „Standbilder“ betrachtet werden, sondern unterliegen erfahrungsgemäß einer steten Veränderung.

3.3.2.2 Marktdynamik

Märkte sind nicht etwas Gegebenes, sondern sie entstehen und vergehen. Bei diesem Prozess spielen Unternehmen häufig eine aktive Rolle: Sie kreieren neue und zerstören traditionelle Märkte. Die Beachtung dieser **Marktentwicklung** ist von besonderer Relevanz, da die strategische Planung auf eine sehr lange Sicht ausgerichtet ist und sich demzufolge an den Märkten der Zukunft zu orientieren hat. Vgl. dazu das Beispiel „*IBM* und die Veränderung der Industriestrukturen“ S. 91f.

Veränderungen des Marktes vollziehen sich in

- quantitativer und
- qualitativer Hinsicht.

[1] Märkte haben grundsätzlich die Tendenz, (geographisch) größer zu werden. Dies ist vor allem auf die Kostendegressionseffekte in der Transportleistung und der Kommunikationstechnologie, die Entwicklung neuer Technologien (z.B. Internet) sowie auf die Angleichung der individuellen Bedürfnisse zurückzuführen. Unternehmen reagieren auf dieses Phänomen durch die Globalisierung der Strategie.

[2] Märkte haben die Tendenz, sich inhaltlich, d.h. in ihrer Grenzziehung zueinander zu verändern. Von besonderer Bedeutung sind hierbei Verschiebungen in dem für eine Branche erforderlichen technologischen Kompetenzprofil.

Beispiel: In der **Automobilindustrie** wurden durch die Nachfrageentwicklung sowie die gleichzeitige technologische Entwicklung die Elektronik und die Computertechnologie zur dominierenden technologischen Kompetenz. Der durchschnittliche Anteil von Elektronik und Computertechnologie an der Wertschöpfung eines Automobils hat von 0,5 % im Jahre 1970 auf 30 % im Jahre 2000 zugenommen.

Auf der Messe *Cebit* 2009 wurden Autos als „fahrende Computer" präsentiert: In Neuwagen finden sich Sensoren und Rechner; die Elektronik übernimmt das Steuer.
„Das Auto wird zum rollenden Smartphone. Die PS-Branche ist elektrisiert von den Zukunftschancen der mobilen Kommunikation. Vor allem junge Kunden wollen auch im Auto immer und überall online sein. Zugleich sollen die Wagen künftig auch untereinander ständig Daten austauschen. Damit können die Fahrer vor Glatteis oder Staus gewarnt werden.

Seit eine Generation heranwächst, die immer und überall erreichbar sein will und keine Sekunde auf *Facebook* und *Twitter* verzichten mag, geht es im Verkaufsgespräch nicht mehr so sehr um PS, Hubraum und Drehmoment. „Diese Generation erwartet von einem Auto mehr als Agilität, Effizienz und Sicherheit", sagt *Daimler*-Chef *Dieter Zetsche*. Diese Kunden „haben ihr erstes Auto auf der Playstation gefahren", sagt Zetsche und ihre erste Frage ist: „Wo kann ich mein IPhone einstöpseln?"" (*Stuttgarter Zeitung*, 10.03.2012)

Ähnliche Entwicklungen sind in vielen anderen **Branchen** zu beobachten, etwa im Maschinenbau (was die Dominanz der Mikroelektronik betrifft, Integration von Maschinenbau, Elektrotechnik und Informationstechnik zu dem Gesamtsystem „Mechatronic"), im Bereich der Bürokommunikation (Weiterentwicklung der Datenverarbeitungstechnik zur Kommunikationstechnik), im Finanzdienstleistungssektor (Aufbau eines Allfinanzangebots und damit Revision der Marktabgrenzung zwischen Bausparkassen, Versicherungen und Banken) sowie in der Kommunikation. Telefon, Fernsehen, Computer und Internet wachsen zusammen, weil sie auf das Gleiche hinauslaufen: Auf Kommunikation.

Wie die Beispiele zeigen, entstehen neue Märkte häufig durch die Kombination von Produkten zu einer neuartigen Problemlösung. Diese Beispiele demonstrieren aber auch, dass die zusätzliche Kompetenz gerne über Akquisitionen herbeigeführt wird. Abb. 2-13 zeigt, wie aus dem Zusammenwachsen vormals unverbundener Branchen die neue Megabranche **„Multimedia"** entstand. Durch technologischen Fortschritt einerseits und durch Veränderungen im Nachfragerverhalten andererseits wird diese **Konvergenz** seit Jahren forciert und führt im Multimedia-Sektor zu nach wie vor hohen Wachstumsraten. Mit der zunehmenden Verbreitung der Digitalisierung wird die Technologiekonvergenz in Zukunft noch an Fahrt gewinnen.

Mit der **Dynamik von Märkten** ist die Erkenntnis verbunden, dass Märkte nicht objektiv gegeben, sondern einer unternehmerischen Gestaltung zugänglich sind. **Unternehmen schaffen Märkte** (z.B. für Wellness), und mit diesem kreativen Vorgang wird die Dynamik der Märkte und damit auch die Verwischung bisheriger Branchengrenzen (bei Wellness zwischen Heilberufen, Gastronomie und Touristik) gefördert.

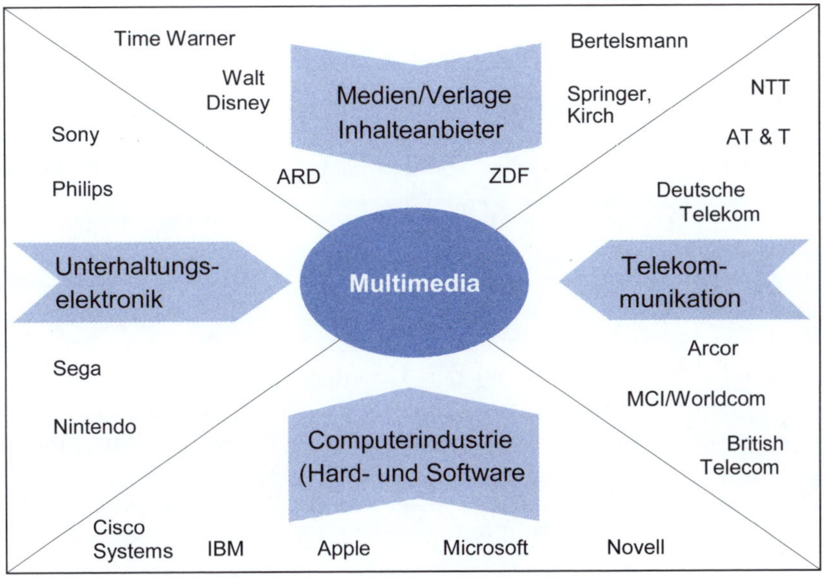

Abb. 2-13: Die Entstehung der Multimedia-Branche Ende der 90er Jahre

In diesem Zusammenhang ist auf die sog. **Blue Ocean Strategy** hinzuweisen. Sie wurde von *W. Chan Kim* und *Renée Mauborgne* auf der Basis von empirischen Studien entwickelt (*W. Chan Kim* and *Renée Mauborgne*: Blue Ocean Strategy, 2005). „Blaue Ozeane sind neue Märkte, die von der bisherigen Konkurrenz unberührt sind und neue Nachfrager auf innovative Weise ansprechen.“

Die deutsche Übersetzung des internationalen Bestsellers bringt die Intention der Arbeit von *Kim* und *Mauborgne* so zum Ausdruck: „Der blaue Ozean als Strategie. Wie man neue Märkte schafft, wo es keine Konkurrenz gibt.“ Rote Ozeane sind dagegen gesättigte traditionelle Märkte mit harter Konkurrenz.

Als Beispiel für einen blauen Ozean nennen beide Autoren u.a. die amerikanische Kaffeekette *Starbucks*. Sie bietet den Kunden neben verschiedenen Kaffeesorten in ihren Kaffeehäusern vor allem einen besonderen Lifestyle an und erschließt damit einen neuen Kundenstamm. Dazu *Starbucks* selbst: „*Starbucks* war von Anfang an anders als andere Unternehmen. Ein Unternehmen, das nicht nur Kaffee und dessen reiche Tradition zelebriert, sondern das auch ein Gefühl der Zusammengehörigkeit ermöglicht.“

Ein weiteres Beispiel ist die Neuorientierung von *IBM* zu einer „fundamentally different company" (vgl. das Praxisbeispiel auf S. 91ff.).

Rückt man den **Planungsaspekt der Marktabgrenzung** in den Vordergrund, so verlagert sich das Problem hin zur Frage nach der Bildung Strategischer Geschäftsfelder. Sie stellen die Planungseinheiten im Rahmen des strategischen Planungsprozesses und der Portfolioanalyse dar. Diese Problematik wird ab S. 146ff. behandelt.

3.3.2.3 Marktattraktivität

Die langfristig ausgerichtete strategische Planung benötigt nicht nur Informationen über die Abgrenzung künftiger Märkte, sondern auch über deren Attraktivität. Zur Ermittlung der Marktattraktivität verwenden wir im Folgenden

- die Marktanalyse und
- die Branchenstrukturanalyse nach *Porter*.

Beide Verfahren setzen sich zur Aufgabe, die Renditen eines Marktes zu prognostizieren. Während die Marktanalyse an den Kriterien zur Charakterisierung eines Marktes ansetzt, geht die Branchenstrukturanalyse nach *Porter* - der Leitlinie des industrieökonomischen Ansatzes folgend - von der Wettbewerbssituation in einer Branche aus. Aufgrund ihrer besonderen Bedeutung sollen beide Ansätze separat beschrieben werden, auch wenn sie im Vorgehen und im Ergebnis große Ähnlichkeit aufweisen.

Beispiel: Der *Mannesmann*-Konzern war bis zum Jahre 2000 in verschiedenen Märkten aktiv. Die Zahlen machen deutlich, dass die Rendite auf das eingesetzte Vermögen und demzufolge die Marktattraktivität in diesen vier Märkten recht unterschiedlich war. Für *Vodafone* war bei der Übernahme letztlich nur „Mobilfunk" attraktiv.

Mannesmann-Konzern	1998	1997
Engineering (Maschinenbau)	11,3 %	5,0 %
Automotive (Automobilzulieferung)	11,7 %	9,2 %
Telecommunications, speziell Mobilfunk	67,3 %	53,2 %
Tubes (Röhren)	5,8 %	8,9 %

3.3.2.3.1 Marktanalyse

Die auf einem Markt erzielbaren Renditen können in Abhängigkeit von folgenden Determinanten gesehen werden:

[1] Marktpotenzial - Marktgröße - Marktwachstum	**[2] Marktstruktur** - Wettbewerber - Lieferanten - Abnehmer
[3] Beschaffenheit der Produkte - Homogen - Heterogen	

[1] Marktpotenzial

Das Marktpotenzial äußert sich in der gegenwärtigen Marktgröße und dem künftigen Marktwachstum.

- Die **Marktgröße** gibt Auskunft über das gegenwärtige Umsatzpotenzial, das ein Markt bietet. So ist bspw. in Deutschland, Österreich und der Schweiz der Markt für betriebswirtschaftliche Lehrbücher groß, jener für sinologische Lehrbücher dagegen klein.
- Entscheidend ist die Abschätzung des **Marktwachstums**, also eine Information darüber, mit welchen Wachstumsraten zu rechnen ist und in welcher Phase des Marktzyklus sich ein Produkt oder eine Branche gegenwärtig und künftig bewegt. Abb. 2-14 liefert Beispiele von Branchen und Produkten, die sich in den vier verschiedenen Marktphasen der Entstehung, des Wachstums, der Stagnation und der Degeneration befinden.

Will man eine Branche bzw. ein Produkt einer bestimmten Marktphase in der Zukunft zuordnen, so bietet sich eine Analyse der Ursachen für die Marktdynamik an; z.B. gibt eine Prognose der Geburtenrate Auskunft über die künftigen Märkte für Babynahrung, Kinderbekleidung, Kinderspielzeug und Schulbücher.

[2] Marktstruktur

Die Marktstruktur lässt sich anhand von drei Elementen kennzeichnen: Den Wettbewerbern, den Lieferanten und den Abnehmern.

- **Wettbewerber:** Die Zahl der Wettbewerber ist abhängig von der Marktform, in der sich ein Unternehmen befindet (vgl. Konkurrentenanalyse, S. 125ff.). Es lassen sich grundsätzlich Monopol, Oligopol und Polypol unterscheiden. Diese Marktformen wiederum nehmen Einfluss auf den preispolitischen Spielraum. Bei Monopolen hängt er ausschließlich von der Nachfrageelastizität ab, bei Oligopolen darüber hinaus von der Größenverteilung und dem Verhalten der Wettbewerber. Auf einem Polypolmarkt besteht nur dann ein preispolitischer Spielraum, wenn der Fall des heterogenen Polypols gegeben ist (vgl. Abb. 2-56, S. 190). Anbieter in der Marktform des homogenen Polypols können lediglich ihre Menge einem gegebenen Preis anpassen.
  Ob diese Märkte stabil oder gefährdet sind, ist abhängig von den sog.

Markteintrittsbarrieren. Es gilt der Grundsatz: Je höher die Barrieren, umso stabiler ist eine Marktform.

Entstehung	Wachstum	Stagnation	Degeneration
• Mobile Payment • Smart Energy/ Smart Grid • Healthcare: Anwendungen wie Telematics, Telemedicine oder Ambiant Assisted Living • Nano-Technologie • Laser für die Zahnbehandlung • Cloud Computing	• E-Payment • Mobilfunk (emerging countries) • IPTV, HD- und 3D-TV • E-Commerce, Online-Dienste • (Verkehrs-)Telematik • Logistik und Logistiksysteme • Regenerative Energien (z.B. Solarstrom) • E-Mobilität/ Elektroautos • Life Sciences/ Gesundheitsmarkt • Spezialchemie • Bio-/Gentechnologie • Biotechnologische Nahrungsmittel • Freizeitindustrie, Tourismus/Reisen	• Mobilfunk (Industrieländer) • Energie (Strom) • Automobil • Maschinenbau • Mineralöl/ Benzin • Finanzdienstleistungen/ Kreditkarten • Haushaltsgeräte • Echtschmuck (Diamanten, Perlen) • Bier • Grundnahrungsmittel • Schokolade • Stahl	• Festnetztelefonie • Analoge Fotografie und Bildverarbeitung • Kohle • Rüstungsgüter • Spirituosen • Pelzwaren

Abb. 2-14: Beispiele von Branchen und Produkten in verschiedenen Marktphasen

- **Lieferanten:** Auf der Beschaffungsseite ist die Qualität eines Marktes wesentlich bestimmt von der Störanfälligkeit gegenüber Lieferungen, der Verhandlungsstärke der Lieferanten sowie der Entwicklung der Faktorpreise.
- **Abnehmer:** Die Absatzseite nimmt über Zahl und Größe der Abnehmer, die Verhaltensstruktur der Abnehmer (Bindung des Käufers an das Produkt eines Anbieters) und die Preissensitivität Einfluss auf das Renditeniveau eines Marktes.

[3] Beschaffenheit der Produkte

Eine starke Produkthomogenität führt tendenziell zu einer hohen Markttransparenz und verringert die Rendite, eine niedrige Transparenz aufgrund der Heterogenität der Güter verschafft einen größeren Preisspielraum.

Als Beispiel für einen Markt mit geringer Transparenz könnte jener für Lebensversicherungen gelten, für hohe Markttransparenz jener für Heizöl und Telefontarife.

3.3.2.3.2 Branchenstrukturanalyse nach *Porter*

Michael E. Porter, geb. 1947, ist wohl der bekannteste Theoretiker auf dem Felde der Wettbewerbsstrategie. Den Kern der wissenschaftlichen Leistung des an der *Harvard Business School* in Boston (Massachusetts) lehrenden Professors stellt das im Jahre 1980 erschienene Buch „Competitive Strategy: Techniques for Analyzing Industries and Competitors“ (dt. „Wettbewerbsstrategie“) dar. Im Jahre 1985 folgte der Bestseller „Competitive Advantage: Creating and Sustaining Superior Performance“ (dt. „Wettbewerbsvorteile“).

Dem Ansatz der **Industrieökonomik** (Industrial Organization-Ansatz) folgend, rückt *Porter* die Struktur der Branche in den Mittelpunkt der Betrachtung. Dabei geht er von der These aus, dass die Strukturmerkmale einer Branche die Intensität und die Dynamik des Wettbewerbs bestimmen. Von dieser Intensität und Dynamik wiederum ist die Rentabilität einer Branche abhängig (vgl. S. 29ff.).

Porter unterscheidet **fünf Wettbewerbskräfte**, die Einfluss auf die **Rentabilität** einer Branche und damit auf die **Marktattraktivität** nehmen. Die Stärke jeder dieser fünf Kräfte wiederum ist abhängig von einer Reihe von Elementen der Branchenstruktur. In Abb. 2-15 ist das *Porter'sche Five Forces Model* dargestellt.

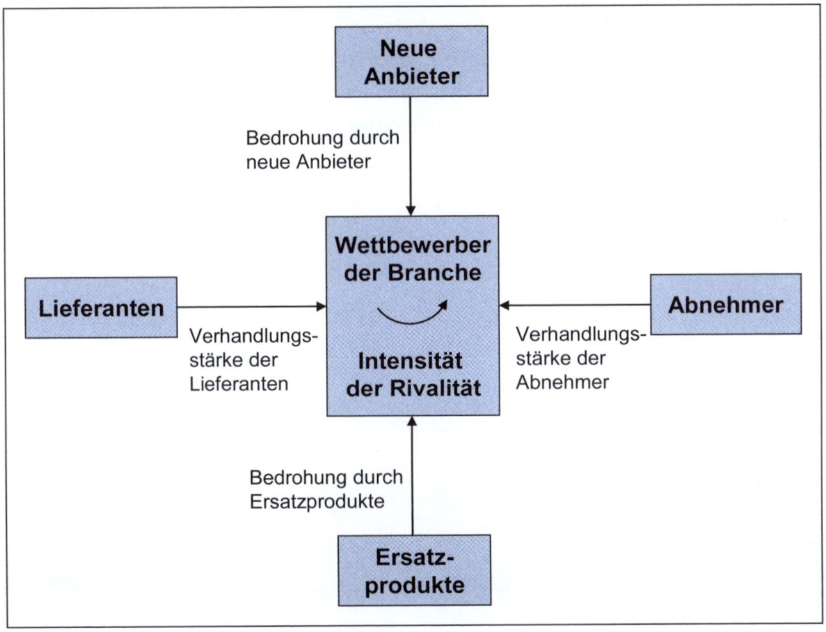

Abb. 2-15: Wettbewerbskräfte einer Branche nach *Porter* ([Wettbewerbsstrategie] 34)

Die einzelnen Wettbewerbskräfte sollen im Folgenden erörtert werden (vgl. dazu *Porter* [Wettbewerbsstrategie] 33ff.):

[1] Verhandlungsstärke der Lieferanten

Je intensiver die Verhandlungsstärke der Lieferanten ausgeprägt ist, umso geringer ist der Gewinnspielraum des Abnehmers auf der Einkaufsseite. Die „Lieferantenmacht" als attraktivitätsmindernde Größe wiederum ist abhängig von einer Vielzahl von Strukturmerkmalen des Beschaffungsmarktes. So ist die Verhandlungsstärke der Lieferanten umso größer, je höher die Konzentration im Beschaffungsbereich vorangeschritten ist und/oder je geringer die Substitutionsmöglichkeiten in Form von Ersatz-Inputs ausgeprägt sind. Eine große Lieferantenmacht ist bspw. zu erwarten, wenn einer großen Zahl relativ kleiner Abnehmer eine geringe Zahl von Lieferanten gegenübersteht, deren Produkte wichtige Inputs für die Abnehmerbranche darstellen und deren Ersatz hohe Umstellungskosten (switching costs) bei den Abnehmern verursachen würden.

[2] Bedrohung durch neue Anbieter

Die Bedrohung durch neue Anbieter hängt nach *Porter* von den Markteintrittsbarrieren für „Newcomer" ab.

Zu denken ist etwa an Billigfluglinien (*Ryanair*, *Easyjet*), die in einen von den etablierten Airlines dominierten Markt eindringen wollen.

Die Höhe der **Markteintrittsbarrieren** wird generell bestimmt von

- **Economies of scale:** Neue Anbieter müssen sich erst den Fixkostendegressionseffekt „erarbeiten", da sie i.d.R. mit geringen Stückzahlen „einsteigen" müssen (vgl. Abb. 2-16). Dieselbe Wirkung erzielt der Erfahrungskurveneffekt (vgl. S. 138ff.).

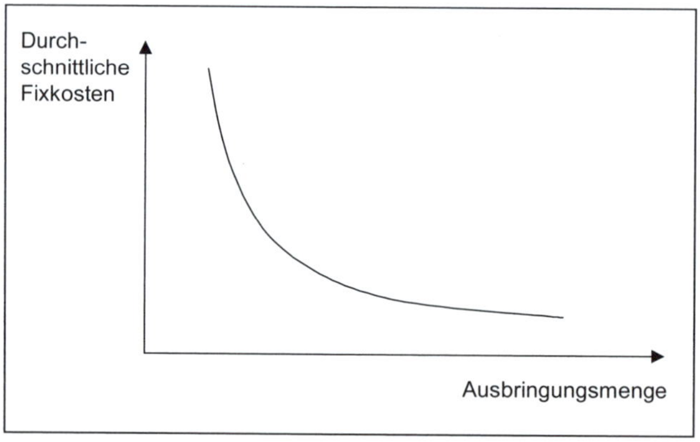

Abb. 2-16: Fixkostendegressionseffekt

- **Unternehmenseigenen Produktunterschieden** (Produktdifferenzierung): Die Produkte der etablierten Unternehmen sind bereits im Markt eingeführt. Beispiel: *Aspirin* von *Bayer*.
- **Markenidentität und Käuferloyalität:** Die Präferenz für eine etablierte Marke lässt sich nur schwer korrigieren. Beispiel: Raucher wechseln nur langfristig ihre Marke, auch Autofahrer zeichnen sich durch eine hohe Markentreue aus.
- **Kapitalbedarf:** Die Überwindung der Markteintrittsbarrieren verursacht häufig hohe Investitionen für Forschung und Entwicklung und für Produktionsanlagen.
- **Umstellungskosten:** Kosten des Produktwechsels (switching costs) behindern die Bereitschaft des Abnehmers zur Umstellung. Beispiele: Wechsel einer Haftpflichtversicherung (Verlust von Rabatten), Wechsel der Bankverbindung (Aufwand für Information der Kunden, Umstellung der Daueraufträge etc.), Wechsel aus *Microsoft Windows*- zu *Apple*-Betriebs- bzw. -Eco-System und umgekehrt (Mangel an Kompatibilität von Anwendungs-Software, Barrieren bei Transfer von medialen Inhalten wie Musik und persönlichen Daten wie dem Adressbuch).
- **Distributionszugänge:** Neue Anbieter müssen ein eigenes Vertriebssystem aufbauen, wenn die etablierten Wettbewerber die bestehenden Kanäle besetzt haben (z.B. durch vertragliche Bindungen). Dabei sind häufig hohe Anfangsinvestitionen erforderlich, so etwa, wenn heute bei Versicherungen ein laptop-gestütztes Vertriebssystem praktiziert wird.
- **Vertragliche Bindungen der Abnehmer** (z.B. Strom- und Mobilfunkmarkt).
- **Staatliche Regulierung:** Der Staat kann den Marktzutritt fördern (z.B. durch Hilfen für Existenzgründungen) oder hemmen (z.B. durch Niederlassungsvorschriften, Staatsmonopole, Reinheitsgebot für deutsches Bier). Im Zuge der Schaffung des europäischen Binnenmarktes ist eine Vielzahl von nationalen Marktzutrittsbarrieren innerhalb Europas abgeschafft worden. Gegenüber dem außereuropäischen Ausland ist jedoch eher ein Ausbau der Barrieren zu beobachten. Ein Beispiel von Deregulierung innerhalb Deutschlands ist die Liberalisierung des Strommarktes und damit die Beseitigung der Gebietsmonopole von Versorgungsunternehmen.

Neben dem Aufbau von Markteintrittsbarrieren können neue Wettbewerber auch durch direkte Reaktionen i.S. von **Vergeltungsmaßnahmen** vom Marktzutritt abgehalten werden. Bereits das Signalisieren der Bereitschaft zu solchen Maßnahmen, bspw. durch die Bereitstellung umfangreicher finanzieller Mittel oder durch die Drohung mit einem Eindringen in den Markt des neuen Wettbewerbers, kann den Marktzutritt verhindern.

[3] Verhandlungsstärke der Abnehmer

Eine große Verhandlungsmacht der Abnehmer reduziert die Rentabilität und damit die Attraktivität eines Marktes. Bestimmungsgrößen der Verhandlungsstärke der Abnehmer:

- **Abnehmerkonzentration:** Die Verhandlungsmacht ist u.a. dann als hoch einzustufen, wenn die Abnehmerkonzentration und das Abnahmevolumen einzelner Abnehmer hoch sind. Das Verhältnis von Automobilherstellern zu ihren Zulieferern ist im Wesentlichen durch eine solche Konstellation gekennzeichnet. Absatzeinbrüche der Automobilindustrie treffen solche Zulieferer besonders hart, die ihren Umsatz ausschließlich oder überwiegend im Direktgeschäft mit den großen Herstellern erzielten. Ähnlich ist die Situation im Bereich der Rüstungsindustrie. Wege aus dieser Abhängigkeit sind die Abnehmerauswahl (Streuung) und Maßnahmen der Absatzpolitik (z.B. Diversifikation des Programms, Differenzierung der Produkte).
- **Fähigkeit zur Rückwärtsintegration:** Die Verhandlungsstärke der Abnehmer ist dann groß, wenn der Abnehmer durch eine Drohung mit der Integration der Zulieferprodukte den Lieferanten unter Druck setzen kann. Auch hier kann auf die Automobilindustrie als Beispiel verwiesen werden.

[4] Bedrohung durch Ersatzprodukte

Die Bedrohung durch Ersatzprodukte (etwa Flugreisen durch Bahnreisen) ist umso größer, je stärker sich deren Preis-/Leistungsverhältnis im Vergleich zu den Branchenproduzenten verbessert und je größer die Neigung der Abnehmer zum Produktwechsel ist. Die Abwehr von Substituten kann einmal durch gemeinsame Strategien der etablierten Wettbewerber wie Werbekampagnen, Besetzen von Vertriebswegen oder Schaffung eines einheitlichen Produktstandards (kollektives Handeln) oder durch individuelles Handeln einzelner Wettbewerber (Produktpolitik, Preispolitik, Werbung) erfolgen. Die frühe Erkennung derartiger Bedrohungen ist eine entscheidende Voraussetzung für eine effiziente Reaktion (vgl. die Darstellung der Früherkennungssysteme S. 300ff.).

[5] Die Rivalität der Wettbewerber einer Branche

Die Intensität des Wettbewerbsverhaltens der etablierten Unternehmen ist von einer Reihe von **Determinanten** abhängig. Die wichtigsten seien genannt (vgl. *Porter* [Wettbewerbsstrategie] 50ff.):

- **Kapazitätsauslastung:** Bei Unterauslastung der Kapazität ist i.d.R. eine hohe Wettbewerbsintensität zu erwarten.
- **Differenzierungsgrad der Produkte**: Je heterogener die Produkte der einzelnen Anbieter, umso geringer ist der Grad der Interdependenz im Einsatz der absatzpolitischen Instrumente und damit der Grad der Wettbewerbsintensität.
- **Umstellungskosten:** Fallen für den Abnehmer beim Lieferantenwechsel nur relativ geringe Kosten für Umschulungen, neue Zusatzgeräte o.ä. an, so wird der Wettbewerb tendenziell intensiver. Ist es dagegen einem Unter-

nehmen gelungen, bei seinen Kunden im Falle eines Wechsels relativ hohe Kosten für die Umstellung auf das Konkurrenzprodukt zu verursachen, so schafft dies „'Isolierschichten' gegen den Wettbewerbskrieg“ (*Porter* [Wettbewerbsstrategie] 52).

- **Marktaustrittsbarrieren:** Sind die Marktaustrittsbarrieren hoch, so ist der Wettbewerb zwischen den etablierten Unternehmen intensiv, da ein Verbleiben im Markt erzwungen wird. Marktaustrittsbarrieren sind ökonomische und emotionale Faktoren, die ein Unternehmen zum Verbleib in einem Markt veranlassen. Ökonomische Faktoren sind u.a. Personalkosten (z.B. Sozialplan mit Abfindungen für entlassene Mitarbeiter), Wertverluste bei den Anlagen (besonders bei hoch spezialisierten Aktiva, wie jenen einer Brauerei). Emotionale Faktoren sind u.a. traditionelle Bindungen an das Unternehmen („Familienerbe“), Imageverlust, Angst vor dem Stigma des Versagers. Vgl. auch Desinvestitionsbarrieren S. 185.
- **Branchenkultur:** Es gibt traditionell Branchen, in denen ein besonders harter Umgang miteinander an der Tagesordnung ist (etwa im Handel), und solche, bei denen das Konkurrenzdenken noch nicht sonderlich ausgeprägt ist (etwa bei beratenden Berufen wie Unternehmensberatern und Steuerberatern).

Wenngleich das Konzept der Branchenstrukturanalyse (Five Forces Model) von *Porter* bereits in den achtziger Jahren entstanden ist, ist es bis heute eines der zentralen Analyse- und Gestaltungsmodelle des Strategischen Managements und hat nichts von seiner Bedeutung für die Praxis verloren.

In einer Zeit, in der technologische Entwicklungen – allen voran das Internet – dazu beitragen, dass sich die Strukturen und Grenzen von Branchen und Märkten in hoher Geschwindigkeit und teilweise radikal verändern (vgl. dazu die Beispiele „*IBM* und die Veränderung von Industriestrukturen“ auf S. 91ff. sowie das Beispiel zum Buchhandel auf S. 117) ist es jedoch wichtig, derart fundamentale Entwicklungen wie die Veränderung der industriellen Landschaften explizit bei der Anwendung des Modells mit zu berücksichtigen. Vgl. dazu auch die Ausführungen in diesem Buch zu den strategischen Implikationen neuerer Strategieansätze wie der „Business Eco-System-Perspektive“ und der „Blue Ocean Strategy“ nach *Kim/Mauborgne*, die sich explizit mit den Chancen der aktiven Gestaltung von Markt- und Industriestrukturen auseinandersetzen (vgl. einführende Beispiele zu Teil 2, S. 50ff. und zu Abschnitt 3 in Teil 2, S. 91ff.).

3.3.3 Weitere Unternehmensumwelt

Beispiel aus der Unternehmenspraxis:

Liberalisierung und (De-)Regulierung verändern die Telekommunikationsmärkte

In Deutschland waren vor 1989 der Betrieb von Telekommunikationsnetzen und die Bereitstellung entsprechender Dienste wie Telefon, Fax, Telegramm oder Btx Gegenstand eines Monopols, das von der ***Deutschen Bundespost*** ausgeübt wurde. Seither wurde stufenweise der Markt für private Anbieter geöffnet: Zunächst für Text- und Datenübermittlungsdienste, dann für Endgeräte und Mobilfunk und zuletzt auch für den gesamten Betrieb von Übertragungswegen einschließlich des öffentlichen Sprachtelefondienstes im Festnetz.

Diese **Veränderungen in der rechtlich-politischen Umwelt** haben in Deutschland – wie in anderen europäischen Ländern - eine neue Wettbewerbslandschaft geschaffen und die Wettbewerbsbedingungen für die *Deutsche Telekom* als eines der Nachfolgeunternehmen der *Deutschen Bundespost* verändert. Die *Telekom* konkurriert heute in ihren verschiedenen Geschäftsfeldern in Deutschland mit einer großen Zahl hinsichtlich ihrer Zielsetzung und ihres strategischen Ansatzes heterogener Wettbewerbergruppen:

- Integrierte Anbieter von Festnetz- und Mobilfunkdiensten mit eigener Infrastruktur (z.B. *Vodafone*, *Telefonica*)
- Festnetzanbieter mit eigener Infrastruktur (z.B. Kabelgesellschaften, *Net-Cologne*)
- Reseller für Festnetz- und Mobilfunk ohne eigene Infrastruktur (z.B. *1&1*, *Debitel*)
- Globale IP-Serviceanbieter (z.B. *Google*, *Apple*, *Microsoft*),
- Weltweite System-Häuser und Komplettanbieter B2B (z.B. *IBM*, *Siemens Business Services*, *Unisys*, *Sema*).

3.3.3.1 Indikatorenanalyse

Es gibt naturgemäß eine Vielzahl von Möglichkeiten, die Analysefelder der weiteren Unternehmensumwelt zu klassifizieren. *Dunst* ([Portfolio-Management] 21ff.) unterscheidet: Ökonomische, technische, politisch-rechtliche und sozio-kulturelle Umwelt. *Steinmann/Schreyögg* ([Management] 160ff.) analysieren fünf Umweltsegmente: Makro-ökonomische Umwelt, technologische Umwelt, politisch-rechtliche Umwelt, sozio-kulturelle Umwelt und natürliche Umwelt.

In Anlehnung an diese verschiedenen Klassifikationen unterscheiden wir fünf **Segmente** der weiteren Unternehmensumwelt:

- Gesamtwirtschaft,
- Bevölkerung,
- Technologie,
- Politik,
- Gesellschaft.

Da die strategische Planung weit in die Zukunft gerichtet ist, interessiert bei den genannten Umweltsektoren weniger der gegenwärtige Stand als vielmehr die künftige Entwicklung. Dabei müssen **zwei Fragen** behandelt werden:

[1] Welche Indikatoren bilden die Entwicklung gut ab?

[2] Wie kann die Veränderung der Indikatoren prognostiziert werden?

Bei der Frage nach der Auswahl der Indikatoren ist zu beachten, dass nicht nur leicht messbare hard facts (wie etwa das Bruttoinlandsprodukt), sondern vor allem auch soft facts (wie etwa die Veränderung des ökologischen Bewusstseins) zu erfassen sind. Mit dem Thema der Erfassung und Messung des Wertewandels mit Hilfe von Indikatoren werden wir uns im Zusammenhang mit der **Früherkennung von Umweltveränderungen** befassen (vgl. Teil 4, S. 300ff.). In Abb. 2-17 sind zur Illustration der Problematik einzelne Trends in der Entwicklung der fünf Umweltsegmente sowie Indikatoren zu deren Messung aufgeführt.

Umweltsegment	Indikatoren
[1] Gesamtwirtschaftliche Entwicklungen Trends: Die gesamtwirtschaftliche Entwicklung zeichnet sich derzeit durch ein stetiges Wachstum auf geringem Niveau aus. Die Arbeitslosigkeit sinkt nur leicht und wird zu einem Dauerproblem.	a) Wachstum des Bruttoinlandsproduktes (BIP) b) Entwicklung des Geldwertes c) Entwicklung der Zahlungsbilanz und des Wechselkurses d) Arbeitslosenzahlen
[2] Demographische Entwicklungen Trends: Das Durchschnittsalter der Deutschen betrug 1965 = 35 Jahre, 1985 = 39 Jahre und 2011 = 44 Jahre. Es entstehen zwei neue Zielgruppen: junge Doppelverdiener und vermögende Etablierte ohne Kinder zwischen 40 und 60 Jahren.	a) Geburtenrate b) Entwicklung der Altersstruktur c) Regionale Mobilität d) Zunahme der Singlehaushalte (bereits 50 % in einzelnen Ballungsgebieten)
[3] Technologische Entwicklungen Trends: Produktlebenszyklen verkürzen sich laufend bei steigenden Entwicklungszeiten. Prozessinnovationen sind auf die Schaffung integrierter, vernetzter und flexibler Fertigungsstrukturen ausgerichtet.	a) Produktinnovationen b) Prozessinnovationen c) Ausgaben für F&E d) Patentanmeldungen
[4] Veränderungen im politischen Umfeld Trends: Staat und Staatenbündnisse greifen in das Wirtschaftsgeschehen ein (z.B. Verpackungssteuern, Abgasverordnungen, Dosenpfand, Bekämpfung der Bankenkrise in den Jahren 2009-2012), politische Veränderungen (z.B. europäische Integration, wachsende Bedeutung Chinas) beeinflussen die Entwicklung von Märkten.	a) Verschiebungen im Parteiengefüge (z.B. Erstarken der „Piraten“ in Deutschland) b) Regierungswechsel (z.B. Grün-Rot in Baden-Württemberg) c) Gesetzesinitiativen und gesetzliche Änderungen d) Deregulierung im Rahmen des europäischen Marktes e) Veränderungen von Wochen- bzw. Lebensarbeitszeiten f) Zwischenstaatliche Abkommen (EU, GATT/WTO)

[5] Veränderungen im gesellschaftlichen Umfeld (Wertewandel)	
Trends: Nachdem der Umweltschutz in den 80er und 90er Jahren zum Hauptanliegen der Deutschen wurde, hat er sich inzwischen als Grundwert etabliert, wird derzeit aber von Zielen wie 'Sicherung des Arbeitsplatzes' dominiert. Es findet auf der einen Seite eine zunehmende Individualisierung mit einer Tendenz zum selektiven Luxus ('der feine Unterschied') statt, auf der anderen Seite macht sich eine „Geiz ist geil"-Mentalität breit.	a) Entstehung von Bürgerinitiativen (z.B. *„Stuttgart 21"*) b) Änderungen in der Einstellung zur Arbeit und Freizeit (Freizeitmobilität und Freizeitverhalten) c) Ökologisches Bewusstsein und Handeln d) Abkehr von materiellen Werten hin zur Pflege des persönlich-privaten Lebensbereiches wie Ehe, Familie, Freizeit, Gesundheit, persönliche Unabhängigkeit

Abb. 2-17: Segmente und Indikatoren der weiteren Unternehmensumwelt

Die beispielhaft genannten Indikatoren der weiteren Unternehmensumwelt sind nicht unabhängig voneinander zu sehen, sondern sie beeinflussen sich teilweise gegenseitig. So dürfte bspw. die Veränderung der Alterspyramide auf den Wertewandel in einer Gesellschaft Einfluss nehmen oder eine politische Veränderung die gesamtwirtschaftliche Entwicklung fördern oder hemmen.

3.3.3.2 Stakeholder-Ansatz

Eine umfassende und gleichzeitig intensive und offensive Berücksichtigung der Unternehmensumwelt geht vom sog. Stakeholder-Ansatz aus. Sein Hauptvertreter ist *E.R. Freeman* mit seinem Werk „Strategic Management. A Stakeholder Approach" von 1984.

Als **Stakeholder** (stake = ein mit Risiko verbundener Einsatz) können Bezugsgruppen, Interessengruppen, Anspruchsgruppen bezeichnet werden, die von der Unternehmung betroffen sind. Sie verfolgen deshalb ein gewisses Interesse gegenüber dem Unternehmen (*Göbel* [Verantwortung] 140ff.).

Mit dem weiten Begriff des Betroffenseins wird die Unternehmung nicht ausschließlich als eine Einrichtung und damit als Instrument zur Erzielung von Gewinn für den Kapitalgeber (Stockholder) gesehen, sondern als eine Institution, die einer **Vielzahl verschiedener Interessen** gegenübersteht, denen auch zu entsprechen ist.

Die *BASF* bezeichnet als Stakeholder „Personen oder Gruppen, deren Interessen mit denen eines Unternehmens auf vielfältige Art verbunden sind. Zu unseren Stakeholdern gehören Aktionäre, Geschäftspartner, Mitarbeiter, Nachbarn und Gesellschaft sowie die Umwelt."

Der Stakeholder-Ansatz wird daher auch als Anspruchsgruppen-Ansatz bezeichnet. Darin besteht der Unterschied zum klassischen Ansatz der Mikroökonomik (vgl. S. 94), bei dem der Unternehmer als Funktionär des Marktmechanismus interpretiert wird. Die Akteure in der Umwelt sind beim mikroökonomischen Ansatz die Lieferanten, die Abnehmer, die Arbeitnehmer, die Kapitalgeber und die Konkurrenten. Eine derartige Eingrenzung findet aber beim Stakeholder-Ansatz nicht statt. Es gilt vielmehr, das Feld für die Umweltanalyse gerade so weit abzustecken, dass eine Verbindung zur Unternehmung hergestellt werden kann, dass aber auf der anderen Seite die Wahrnehmung nicht zu stark auf die bekannten, rein marktmäßigen Beziehungen eingeengt wird.

Die Umweltanalyse im Rahmen des Stakeholder-Ansatzes läuft in folgenden **vier Schritten** ab:

[1] Scanning: Identifikation von Anspruchsgruppen

Die Umwelt wird abgetastet, d.h. von einem breiten und unvoreingenommenen Blickwinkel aus betrachtet. Das Ergebnis stellt sich in Form einer Stakeholder-Landkarte dar (vgl. *Freeman* [Management] 56). So würde bspw. eine solche Landkarte (Stakeholder Map) einer Zigarettenfirma u.a. aus Ärzten, Krankenkassen, Tabakanbauern, Arbeitnehmern, Vertretern der Werbewirtschaft, Nichtrauchergruppierungen und Anteilseignern bestehen (vgl. *Göbel* [Stakeholderansatz] 61).

[2] Monitoring: Identifikation von relevanten Trends

Es werden solche Umweltveränderungen ausfindig gemacht, die für das Unternehmen bedeutsam sind und deren Entwicklung prognostiziert werden kann. Dabei geht es vor allem um die Erfassung der Ziele, Argumente und Instrumente der einzelnen identifizierten Anspruchsgruppen.

[3] Forecasting: Prognose von Richtung, Ausmaß und Intensität von Umweltveränderungen

Es findet insbesondere eine Erforschung von Bedrohungspotenzialen statt. Geeignete Techniken sind u.a. die Trendanalyse, die Szenario-Analyse und die Expertenbefragung (z.B. durch die Delphi-Methode). Zu diesen Techniken vgl. S. 289ff.

[4] Assessment: Bewertung der Ergebnisse von Scanning, Monitoring und Forecasting

Es soll herausgefunden werden, ob und in welcher Weise die Ergebnisse der Stakeholder-Analyse Bedrohungen oder Chancen für das Unternehmen darstellen und wie ihnen zu begegnen ist. Damit beginnt die Suche nach Strategien.

Ein **Grundproblem** des Stakeholder-Ansatzes ist in der **Abgrenzung** der Stakeholder zu sehen. Wird sie sehr eng vorgenommen, so wird das Früherkennungspotenzial reduziert; bei einer weiten Interpretation besteht die Gefahr der Überinformation (vgl. Früherkennungssysteme S. 300ff.). Auch ist die Frage der Implementierung nicht zu übersehen. Sie ist ein Problem der Organisation sowie des

Ergreifens von personalpolitischen Maßnahmen wie Schulung, Schaffung von Anreizsystemen und Partizipation der Betroffenen.

Wie die Darlegung gezeigt hat, führt der Stakeholder-Ansatz nicht zu einer prinzipiell neuartigen Vorgehensweise bei der Umweltanalyse; der Unterschied ist lediglich gradueller Natur. Die besondere Bedeutung des Stakeholder-Ansatzes ist in seinem **Früherkennungspotenzial** zu sehen: Es findet automatisch eine ungerichtete und umfassende Suche nach Schwachen Signalen statt. Auch potenzielle Anliegen von solchen Gruppen, die mit der Unternehmung nur in einer indirekten Beziehung stehen, werden untersucht. Der Stakeholder-Ansatz hat damit einen stark antizipativen Charakter. Er fördert insofern das strategische Denken. Zum Konzept der Schwachen Signale vgl. S. 305ff.

3.4 Identifikation von Chancen und Risiken als Ergebnis der Umweltanalyse

Beispiel *MAN Gruppe* (Geschäftsbericht 2010):

„Unternehmerisches Handeln ist ständig Risiken ausgesetzt. Die *MAN Gruppe* definiert Risiken als die Gefahr, dass Ergebnisse oder Entscheidungen und Handlungen das Unternehmen daran hindern, definierte Ziele zu erreichen bzw. Strategien erfolgreich zu realisieren. Um Chancen auf den Märkten zu nutzen, geht das Unternehmen bewusst Risiken ein, wenn dadurch ein angemessener Beitrag zur Steigerung des Unternehmenswerts erwartet wird. Dazu ist ein wirksames, auf die Belange der Geschäftsaktivitäten ausgerichtetes Risikomanagementsystem erforderlich. Das Risikomanagementsystem der *MAN Gruppe* ist ein untrennbarer Bestandteil der Unternehmenssteuerung und der Geschäftsprozesse. Die strategische Unternehmensplanung, das interne Berichtswesen, das interne Kontrollsystem und das Compliance-System bilden die Kernelemente des Risikomanagementsystems."

Jede Unternehmung ist von einer Umwelt umgeben, die ihr Chancen bietet, aus der aber auch Risiken zu erwarten sind. In der Regel nimmt mit dem Umfang der Chance aus einer Strategie auch die Höhe des Risikos zu und umgekehrt. Es macht also wenig Sinn, Strategien ausschließlich auf die Vermeidung von Risiken auszurichten. Dazu *Josef Ackermann* auf der Hauptversammlung der *Deutschen Bank* am 31.05.2012: „Wer jedes Risiko vermeidet, hat bald kein Risiko mehr zu vermeiden."

In der Unternehmenspraxis wird dem Risiko besondere Aufmerksamkeit geschenkt. In der Abb. 2-18 sind verschiedene Arten von Risiken zusammengestellt.

Merkmal	Ausprägungen
Entscheidungsebene	Strategische und operative Risiken (korrespondierend mit eher langfristigen und eher kurzfristigen Zielen und Entscheidungen)
Unternehmensbereiche	F&E-, Beschaffungs-, Produktions-, Absatz-, Personal-, Finanz-, Unternehmensführungsrisiken
Risikobereiche	Markt-, Kredit-, Liquiditäts-, Betriebs-, rechtliche und sonstige Risiken
Faktoren	Arbeits-, Personal-, Betriebsmittel-, Werkstoff-, Kapitalrisiken
Risikoursachen	Innerbetriebliche/endogene, außerbetriebliche/exogene Risiken
Umweltbezug	Risiken aus der technischen, sozio-kulturellen, politischen, allgemeinen außen- und binnenwirtschaftlichen Umwelt
Entscheidungsbezug	Aktionsrisiken (durch Entscheidungen des Unternehmens), Bedingungsrisiken (durch Änderungen der Rahmenbedingungen)
Messbarkeit	Messbare und nicht messbare Risiken
Beeinflussbarkeit	Beeinflussbare und nicht beeinflussbare Risiken

Abb. 2-18: Klassifizierungsmöglichkeiten für Risiken
(Quelle: *Falkinger* [Risikomanagement] 36f.)

Die Gesamtheit der Maßnahmen zur Handhabung der Risiken wird als Risikomanagement bezeichnet. Zwei Aspekte eines Risikomanagements sind zu beachten:

- Der Risikomanagementprozess und
- die Einbettung des Risikomanagements in den Strategischen Fit.

[1] Der **Risikomanagementprozess** umfasst vier Teilprozesse (vgl. Abb. 2-19):

- Die Risikoidentifikation,
- die Risikoquantifizierung,
- die Risikobewertung und
- die Risikogestaltung und –überwachung.

[a] Die **Risikoidentifikation** hat die Aufgabe, die Risiken in verschiedenen Beobachtungsfeldern (frühzeitig) zu ermitteln. Als Instrumente kommen dafür u.a. in Frage:

- Prognosen auf der Basis von Befragungen (vgl. S. 290)
- Szenario-Analyse (vgl. S. 295)

- Früherkennungssysteme (vgl. S. 300ff.)
- Konzept der Schwachen Signale (vgl. S. 305ff.)

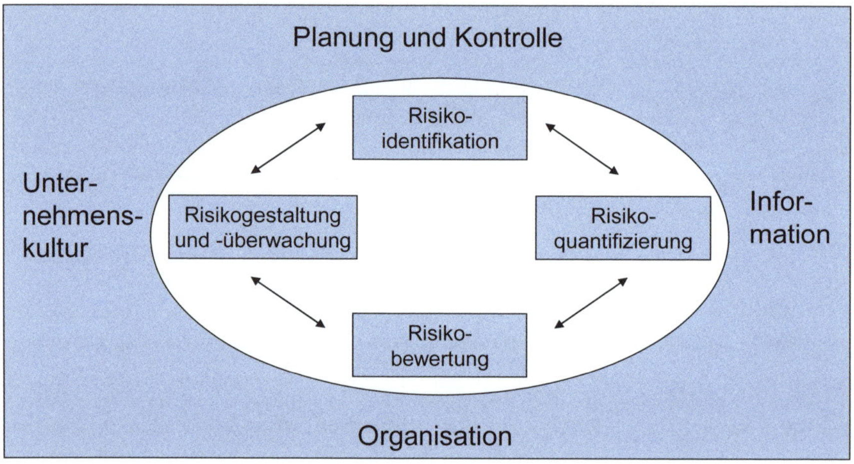

Abb. 2-19: Aufbau des Risikomanagements

[b] Die **Quantifizierung des Risikos** befasst sich mit der Frage, wie Veränderungen von risikobehafteten Einflussgrößen auf das Ergebnis wirken können. Im Rahmen der Sensitivitätsanalyse kann diese Frage mit Hilfe einer What-If-Analyse beantwortet werden.

[c] Mit der **Risikobewertung** findet eine Einschätzung der Bedeutung des durch die Quantifizierung ermittelten Risikoausmaßes für das Unternehmen statt. Das Ergebnis fällt in Abhängigkeit von der Risikopräferenz des Planungsträgers aus. Dieselbe Standardabweichung kann von einem risikofreudigen Planungsträger als positiv, von einem risikoaversen als negativ gewertet werden (vgl. *Ocker* [Risikoanalyse]).

[d] Mit der Identifikation, der Quantifizierung und der Bewertung des Risikos erhält das Unternehmen relevante Informationen für den Umgang mit Risiken, die im Prozess der **Risikogestaltung und -überwachung** im Vordergrund stehen. Zu nennen sind etwa Maßnahmen der Risikovermeidung und der Risikostreuung (Diversifikation).

Diese Prozesse des Risikomanagements dürfen nicht isoliert gesehen werden, sondern sind in ihren Interdependenzen zu betrachten. So liefert z.B. die Risikobewertung nicht nur Hinweise für die Gestaltung und Überwachung großer Risiken, sondern aus den Erkenntnissen der Risikogestaltung lassen sich auch Anhaltspunkte für das Ausmaß und damit die Bewertung des Risikos gewinnen.

[2] Die Prozesse des Risikomanagements lassen sich in ihrer Gesamtheit nur dann zielgerecht gestalten, wenn sie in eine **effiziente Organisation einbezogen** sind. Diese wiederum muss durch eine entsprechende Unternehmenskultur, ein risiko-

orientiertes Planungs- und Kontrollsystem sowie durch ein effizientes Informationssystem ergänzt werden. Kurzum: Die Prozesse des Risikomanagements sind nicht nur untereinander abzustimmen (Intra-Prozess-Fit), sondern auch mit den Führungssubsystemen des Strategischen Managements (Strategischer Fit) (vgl. *Falkinger* [Risikomanagement]).

Ein Beispiel für Risiken, aber auch Chancen, bietet folgender Blick auf den **Buchhandel**:

Der **klassische Buchhandel** sah sich Ende der 90er Jahre zunächst einer neuen Konkurrenz gegenüber, dem **Online-Buchhandel**. Rasante Fortschritte im Bereich der Informations- und Kommunikationstechnologie, die Verbreitung des Internets und entsprechender Endgeräte bescherten den Online-Buchhändlern hohe Wachstumsraten. Das frühzeitige Erkennen der Entwicklungen in der Unternehmensumwelt eröffnete *Amazon* die Chance zum Weltmarktführer (vgl. dazu das Beispiel *Amazon* auf S. 266f.). Der klassische Buchhandel antwortet auf dieses Risiko mit Ausbau von Service- und Beratungsleistungen einerseits sowie durch Maßnahmen zur Nutzung von economies of scale andererseits (Konzentrationsprozess in der Branche).

Nun steht der Buchhandel vor einem noch radikaleren Wandel: **E-Book** heißt das neue Zauberwort. Neue Lesegeräte wie *Amazon's Kindle/Kindle Fire* oder Tablet PCs wie das *iPad* bringen den Absatz der E-Books stark voran. In den USA sind die E-Books längst im Massenmarkt angekommen, 2011 lag deren Anteil am gesamten Buchmarkt bereits über 30%.

Sie werden die Bedeutung des klassischen Buchhandels weiter reduzieren, denn sie bieten gleich für eine Reihe von Marktteilnehmern große Chancen: Online-Buchhändler wie *Amazon* senken Versandkosten und können Hardware-Umsätze verbuchen, Hardwarehersteller wie *Apple* steigern die Umsätze für ihre Geräte und binden die Kunden immer fester in ihr Eco-System ein, die *Deutsche Telekom* betreibt mit *Pageplace.de* einen Online-Kiosk für Bücher und Zeitschriften und hat ebenfalls Zusatzumsätze und die Bindung der Kunden im Blick. Verlage und Autoren nutzen die Chance zum Direktvertrieb ihrer Titel und umgehen teilweise den Handel. So planen die deutschen Schulbuchverlage derzeit eine gemeinsame Plattform zum Vertrieb digitaler Schulbücher an Schulen und Endverbraucher, da man sich nicht exklusiv an bestehende Plattformen wie *iTunes* von *Apple* binden möchte. Und schließlich bietet das E-Book für den Leser verschiedene Vorteile, z.B. entlastet es auch Schulranzen und Reisegepäck.

Dieses Beispiel zeigt, wie Umweltveränderungen – in diesem Fall technologischer Art - nicht nur Chancen und Risiken für bestehende Akteure der Branche mit sich bringen, sondern auch ganz neue Akteure „ins Spiel" bringen. Hier verändern sich nicht nur die Struktur einer gesamten Branche und die Rollen von Autoren, Verlagen und Händlern sowie ihre Wertschöpfungsanteile. Hier verschieben sich die **Grenzen** einer gesamten Industrie bzw. eines **Marktes** (vgl. dazu auch Abschnitt 3.3.2.2, S. 99ff.).

Die Fragen, die sich aufdrängen, lauten: Wann ist eine Umweltveränderung als Chance und wann als Bedrohung zu werten? Wie kann man und wie soll man auf Chancen und Risiken, die die Umwelt bietet, reagieren? Die Antwort hängt davon ab, welche **Potenziale** einem Unternehmen zur Verfügung stehen. Mit der Analyse dieser Potenziale, genauer der **Unternehmensanalyse**, werden wir uns im Folgenden beschäftigen.

4 Unternehmensanalyse

4.1 Aufgaben

Die Aufgabe der strategischen Planung besteht darin, die Potenziale des Unternehmens mit den Anforderungen der Unternehmensumwelt abzustimmen. Als Ergebnis der Unternehmensanalyse erhalten wir ein System von Stärken und Schwächen eines Unternehmens. Der Weg zu dieser **Stärken-Schwächen-Analyse** vollzieht sich in drei Schritten:

[1] Zunächst sind die Quellen von Stärken und Schwächen zu ermitteln. Zur Systematisierung dieser **strategischen Erfolgsfaktoren** stehen zwei Ansätze zur Verfügung: Die Wertkettenanalyse nach *Porter* und der Ansatz des Strategischen Managements.

[2] Ob aus einem strategischen Erfolgsfaktor eine Stärke oder auch eine Schwäche resultiert, ist abhängig von der Wettbewerbssituation. Es muss daher stets eine **Konkurrentenanalyse** durchgeführt werden, um die strategische Position eines Unternehmens beurteilen zu können.

[3] Ein allgemeines Problem bei der Identifikation von Stärken und Schwächen besteht in der **Ermittlung des strategischen Erfolgs** (Performance Measurement). Für folgende Fragen muss eine Antwort gefunden werden: Welcher Zusammenhang besteht zwischen strategischen Erfolgsfaktoren und strategischem Erfolg, und wie lässt sich der strategische Erfolg messen? Ist dieser Zusammenhang empirisch abgesichert und theoretisch fundiert, lassen sich auf der Basis dieser Erkenntnis Strategien wählen? Mit der Strategiewahl befassen wir uns ab S. 168ff.

Abb. 2-20 verdeutlicht den Zusammenhang zwischen Umweltanalyse und Unternehmensanalyse.

4.2 Stärken- und Schwächenanalyse

Die Quellen des strategischen Erfolges eines Unternehmens bestehen in seinen Potenzialen. Führen wir eine **Potenzialanalyse** (auch Ressourcenanalyse genannt) durch, erhalten wir ein Profil jener Fähigkeiten, die ein Bild von der relativen Wettbewerbsposition eines Unternehmens vermitteln. Ob also eine Unternehmung Stärken oder Schwächen aufweist, hängt von der Beschaffenheit der unternehmerischen Potenziale ab.

Im Folgenden werden zwei Möglichkeiten der Klassifikation strategischer Potenziale vorgestellt:

- Die Wertkette nach *Porter*,
- der Ansatz des Strategischen Managements.

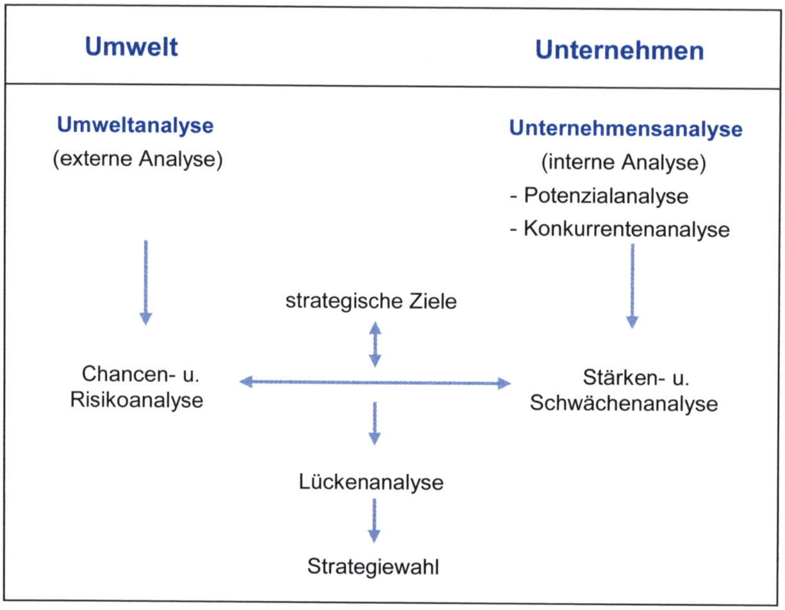

Abb. 2-20: Umweltanalyse und Unternehmensanalyse

4.2.1 Wertkette nach *Porter*

Jedes Unternehmen besitzt nach *Porter* eine individuelle Wertkette (value added chain), die in ein System vor- und nachgelagerter Wertketten von Lieferanten und Abnehmern eingebettet ist. *Porter* ([Wettbewerbsvorteile] 68) definiert folgendermaßen:

„Wertaktivitäten sind die physisch und technologisch unterscheidbaren, von einem Unternehmen ausgeführten Aktivitäten. Sie sind die Bausteine, aus denen das Unternehmen ein für seine Abnehmer wertvolles Produkt schafft. Die Gewinnspanne ist der Unterschied zwischen dem Gesamtwert und der Summe der Kosten, die durch die Ausführung der Wertaktivitäten entstanden sind."

Wie aus Abb. 2-21 hervorgeht, unterscheidet *Porter* zwischen primären Aktivitäten und unterstützenden Aktivitäten. Die **primären Aktivitäten** sind unmittelbar mit der Herstellung und dem Vertrieb eines Produktes verbunden. Die **unterstützenden Aktivitäten** unterstützen die primären Aktivitäten. Soll ein Wettbewerbsvorsprung erzielt werden, sind die einzelnen Aktivitäten kostengünstiger und/oder nutzbringender zu vollziehen, als dies der Konkurrenz gelingt.

Das Konzept der Wertkette entspricht im Kern der traditionellen Einteilung in die betrieblichen Funktionen „Logistik", „Produktion", „Absatz" etc. Neu am Konzept der Wertkette ist jedoch die Idee, den Leistungsprozess zum Gegenstand strategischer Überlegungen zu machen und die Prozesse der Wertkette als Quellen für Kosten- oder Differenzierungsvorteile gegenüber Wettbewerbern zu betrachten (vgl. dazu die Darstellung der strategischen Kostenanalyse auf Wertkettenbasis S. 326ff.). Wie die strategischen Vorteile wahrzunehmen sind, geht aus diesem

Analyseinstrument allerdings nicht hervor. Dazu bedarf es der Erforschung empirisch abgesicherter Ursache-Wirkungszusammenhänge, wie sie etwa im Rahmen des PIMS-Programms (vgl. S. 129ff.) oder des Erfahrungskurvenkonzeptes (vgl. S. 138ff.) ermittelt worden sind.

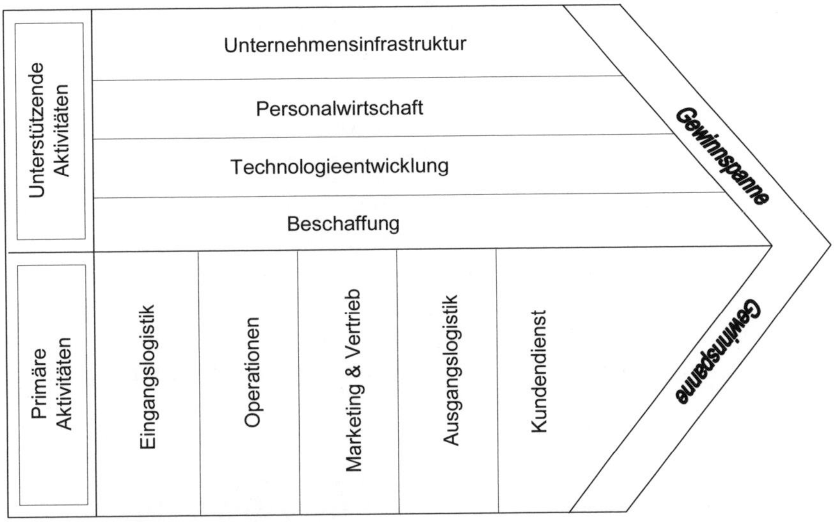

Abb. 2-21: Die Wertkette nach *Porter*

Kritisch ist gegen das Konzept der Wertkette vorzutragen, dass es - abgesehen von der wenig einleuchtenden Zusammenstellung der einzelnen Aktivitäten - zu stark an den klassischen betrieblichen Funktionen ausgerichtet ist. Dies gilt auch für die sog. unterstützenden Aktivitäten „Beschaffung" und „Technologieentwicklung" sowie „Personalwirtschaft", die nach *Porter* ([Wettbewerbsvorteile] 69ff.) „sowohl mit bestimmten primären Aktivitäten zusammenhängen als auch die gesamte Kette unterstützen können." Eine Ausnahme bildet die „Unternehmensinfrastruktur". Sie besteht nach *Porter* „aus einer Reihe von Aktivitäten, wozu die Gesamtgeschäftsführung, Planung, Finanzen, Rechnungswesen, Rechtsfragen, Kontakte zu Behörden und staatlichen Stellen und Qualitätskontrollen gehören. Im Gegensatz zu anderen unterstützenden Aktivitäten trägt die Infrastruktur i.d.R. die ganze Kette und nicht einzelne Aktivitäten."

Nach dem neuesten Stand des Strategischen Managements ist davon auszugehen, dass die von *Porter* so genannte Unternehmensinfrastruktur nicht nur eine dem Leistungsprozess **dienende Funktion** erfüllt, sondern eine gleichberechtigte und **eigenständige** strategische Position einnimmt. Danach ist ein Unternehmen dann erfolgreich, wenn die einzelnen Systeme der Unternehmensführung und die Strategischen Leistungspotenziale mit den Anforderungen aus der Unternehmensumwelt (System-Umwelt-Fit) und untereinander (Intra-System-Fit) abgestimmt sind. Diesem Anspruch genügt der Ansatz des Strategischen Managements.

4.2.2 Ansatz des Strategischen Managements

Eine Unternehmung ist dann erfolgreich, wenn es ihr gelingt, ihre Potenziale mit den Anforderungen der Unternehmensumwelt, insbesondere dem Wettbewerb, abzustimmen. Strategische Potenziale stellen Speicher spezifischer Stärken dar, die es ermöglichen, die Unternehmung in einer veränderlichen Umwelt erfolgreich zu positionieren. *Gälweiler* ([Unternehmensplanung], 1974) verwandte in diesem Zusammenhang als Erster den Begriff „Erfolgspotenzial". *Barney* ([Competitive Advantage] 133ff.) sieht in den Ressourcen dann ein nachhaltiges Erfolgspotenzial für ein Unternehmen, wenn sie nur begrenzt verfügbar, begrenzt substituierbar und eingeschränkt nachahmbar sind (vgl. auch *Helm* [Marketing] 118).

Der Ansatz des Strategischen Managements geht von einer eigenständigen strategischen Funktion folgender Teilsysteme aus: Strategische Planung, strategische Kontrolle, Information, Organisation, Unternehmenskultur, Strategische Leistungspotenziale. Diese Teilsysteme stellen die Potenziale für strategische Erfolgsfaktoren dar. Unsere Konzeption ist in Abb. 2-22 dargestellt. Ihr ist zu entnehmen, dass wir **zwei Kategorien von Potenzialen** unterscheiden: Leistungspotenziale und Führungspotenziale.

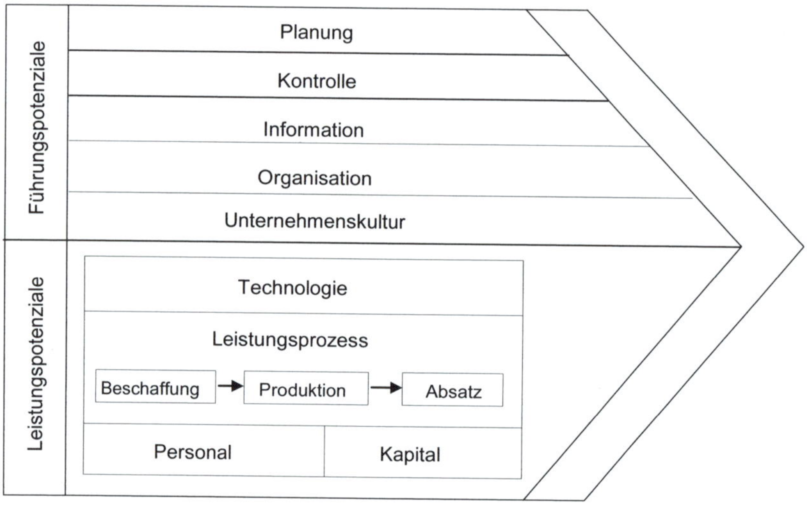

Abb. 2-22: Strategische Potenziale

Aus den in Abb. 2-22 dargestellten Potenzialen lassen sich die entsprechenden **strategischen Erfolgsfaktoren** ableiten.

Strategische Erfolgsfaktoren (auch kritische Erfolgsfaktoren, Critical Success Factors (CSF) genannt) sind erfolgsrelevante Stärken und Schwächen einer Unternehmung.

Eine Unternehmung weist dann Stärken auf, wenn es ihr gelingt, den folgenden Anforderungen zu genügen: Sie muss

1. eine konsequente Orientierung an den Kundenwünschen vornehmen,
2. einen Wettbewerbsvorsprung gegenüber Wettbewerbern aufweisen.

Beispiel: Sind die Nachfrager sehr preisbewusst (etwa bei Heizöl), so verfügt eine Unternehmung über diesbezügliche strategische Erfolgsfaktoren nur dann, wenn es ihr gelingt, den Kunden billiger zu beliefern als die Konkurrenz. Dies wiederum setzt voraus, dass die Unternehmung über eine günstige Kostenstruktur verfügt.

Die aus den Potenzialen ableitbaren strategischen Erfolgsfaktoren sind in Abb. 2-23 näher erläutert. Der Katalog kann in Abhängigkeit von der Situation des Unternehmens modifiziert werden.

Potenziale	Strategische Erfolgsfaktoren
[1] Leistungspotenziale	
(a) Beschaffung	- Preise der Produktionsfaktoren - Qualität der Vorprodukte - Abstimmung mit Lieferanten (z.B. Verwirklichung des Just-in-Time-Prinzips) - Grad der Abhängigkeit von Lieferanten (Höhe der switching costs)
(b) Produktion	- Kapazität der Fertigungsanlagen - Leistungsstand der Fertigungsanlagen - Flexibilität der Fertigungsanlagen - Fertigungstiefe - Kostenstruktur
(c) Absatz	- Produktqualität - Markenname - Laufzeit von Schutzrechten - Altersaufbau der Produkte - Qualität des Vertriebssystems - Qualität der after-sales-services (Betreuung, Schulung) - Preisspielraum - Beschwerdemanagement - Marktanteil - Kundentreue

(d) Personal	- Qualifikation, Ausbildungsgrad - Motivation - Alter und Ausbildung - Lernfähigkeit - Identifikation mit dem Unternehmen - Unternehmerisches Handeln
(e) Kapital	- Zugang zum Kapitalmarkt - Verschuldungsgrad - Börsenkursentwicklung - Eigene finanzielle Ressourcen - Finanzielle Ressourcen verbundener Unternehmen
(f) Technologie (Forschung und Entwicklung)	- Innovationsbereitschaft - Forschungs- und Entwicklungsaufwand - Forschungseffizienz - Patente, Lizenzen - Anzahl der Neuentwicklungen pro Jahr
[2] Führungspotenziale	
(a) Planung	- Qualität des Planungssystems - Flexibilität der Planung - Einsatz von Planungstechniken
(b) Kontrolle	- Qualität des Kontrollsystems - Abstimmung der Kontrolle mit der Planung - Einsatz von Kontrolltechniken
(c) Information	- Strategisch orientierte Unternehmensrechnung (z.B. Prozesskostenrechnung, Target Costing) - Früherkennungssysteme - Computergestützte Informationssysteme - Wissensmanagement
(d) Organisation	- Zahl der Hierarchieebenen - Grad der Dezentralisation - Flexibilität der Organisation - Lernfähigkeit der Organisation - Kooperationsfähigkeit mit anderen Unternehmen
(e) Unternehmenskultur	- Stärke der Unternehmenskultur - Grad der Außenorientierung - Innovationsfähigkeit

Abb. 2-23: Strategische Erfolgsfaktoren

In Abb. 2-24 sind die Ausprägungen der einzelnen strategischen Potenziale in Form eines Kompetenzprofils dargestellt (vgl. auch *Hinterhuber* [Unternehmungsführung 1] 123ff.). Dabei wird eine Bewertung (Stärken-Schwächen-Analyse) mit Hilfe einer kardinalen Punkteskala (von 1 – 10 Punkten) vorgenommen.

An Stelle der strategischen Potenziale lassen sich auch die strategischen Erfolgsfaktoren – die in den vorausgehenden Abschnitten aus den Potenzialen abgeleitet worden sind – zum Aufbau des Stärken-Schwächen-Profils verwenden. Da die einzelnen Potenziale und damit auch die strategischen Erfolgsfaktoren von Unternehmen zu Unternehmen unterschiedlich wichtig sind, wird die Erweiterung des Stärken-Schwächen-Profils durch Gewichtung der strategischen Erfolgsfaktoren zu einem **Scoring-Modell** empfohlen. Die damit verbundene Wertsynthese führt allerdings zu einem Informationsverlust (vgl. dazu das Marktattraktivität-Wettbewerbsvorteil-Portfolio S. 155ff.).

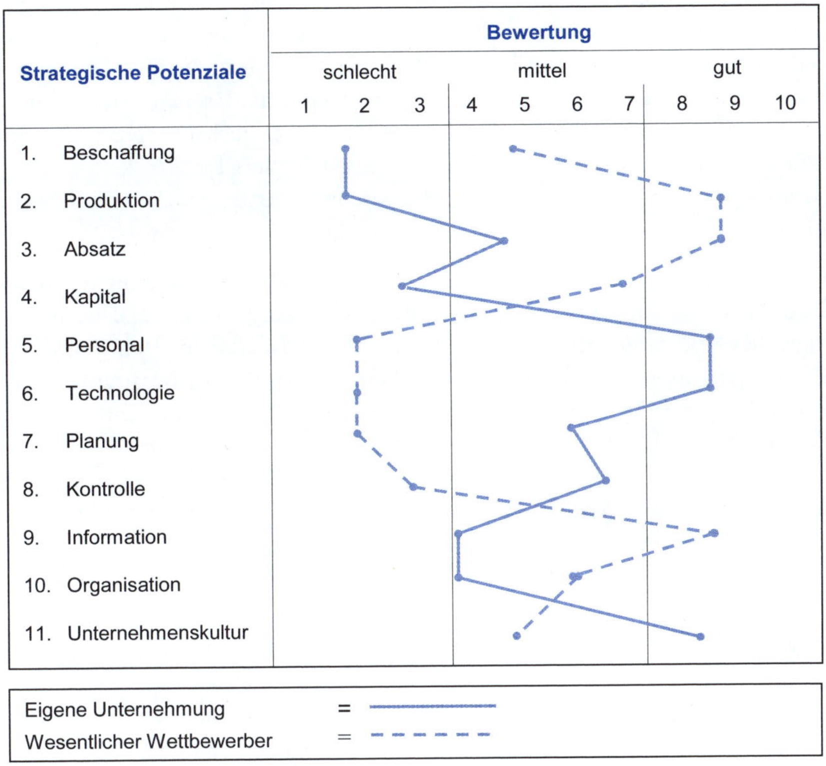

Abb. 2-24: Stärken-Schwächen-Profil

4.2.3 Konkurrentenanalyse

In welchem Umfang strategische Erfolgsfaktoren Stärken oder Schwächen eines Unternehmens darstellen, ist stets relativ, d.h. im Verhältnis zu den Wettbewerbern zu sehen. Insofern ist mit der Stärken-Schwächen-Analyse untrennbar die Konkurrentenanalyse verbunden. Dabei ist die Frage zu klären, ob nur die Hauptkonkurrenten oder auch weitere Wettbewerber in die Analyse einbezogen werden sollen.

Nach *Porter* ([Wettbewerbsstrategie] 86ff.) besteht eine Konkurrentenanalyse aus **vier Schritten**:

- Beschreibung der gegenwärtigen Strategien der Konkurrenten,
- Analyse der Selbsteinschätzung der Konkurrenten und ihrer Beurteilung der Branchenzukunft,
- Ermittlung der Stärken und Schwächen der Konkurrenten,
- Identifikation der zukünftigen Ziele der Konkurrenten.

Eine Verdichtung der durch die Konkurrentenanalyse gewonnenen Merkmale zur Beschreibung eines Konkurrenten führt schließlich zu einer Gesamtbewertung der strategischen Position des Wettbewerbers. So lassen sich künftige Verhaltensweisen der Konkurrenten prognostizieren und mögliche eigene Anfälligkeiten diagnostizieren. In Abb. 2-24 ist neben dem **Polaritätsprofil** des eigenen Unternehmens auch jenes des wesentlichen Wettbewerbers (des stärksten Konkurrenten) eingezeichnet. Es wird ebenfalls mit Hilfe einer kardinalen Punkteskala ermittelt. Ein Vergleich beider Profile macht deutlich, wo die eigenen Stärken und Schwächen und jene des Wettbewerbers zu lokalisieren sind.

Ein schwer zu lösendes Problem der Konkurrentenanalyse besteht in der **Informationsbeschaffung**. Unternehmen sind allerdings heute publizitätsfreudiger als noch in den 50er und 60er Jahren. Sie benutzen die Publizität im Rahmen der Investor Relations gerne, um ihr Image auf dem Gütermarkt, dem Kapitalmarkt und dem Arbeitsmarkt zu pflegen. In wachsendem Maße wird bei der Konkurrentenanalyse das Internet genutzt. Erfahrungsgemäß stellen auch Messen ergiebige Quellen für Konkurrenteninformationen in Form von Messekatalogen und Produktbeschreibungen dar. Standardinformationsquellen sind Fachpublikationen, Geschäftsberichte, Werkszeitschriften, Prospekte und Werbematerial.

4.3 Performance Measurement

Die Ermittlung des strategischen Erfolgs ist ein Kernproblem der strategischen Planung. Die Frage nach der adäquaten Methode des Performance Measurement ist so alt wie die strategische Planung und die strategische Kontrolle selbst.

Bei der Erörterung der strategischen Erfolgsfaktoren wird i.d.R. davon ausgegangen, dass

- ein empirisch nachweisbarer Zusammenhang zwischen den Erfolgsfaktoren und dem strategischen Erfolg besteht und
- der strategische Erfolg tatsächlich gemessen werden kann.

Mit den empirischen Studien als Bestandteilen einer Theorie des Strategischen Managements werden wir uns in Abschnitt 4.5 befassen. Sie suchen nach empirisch gehaltvollen Zusammenhängen zwischen strategischen Erfolgsfaktoren und strategischem Erfolg.

An dieser Stelle ist zu klären, was unter „strategischem Erfolg“ zu verstehen ist. Generell kann Erfolg mit Zielerreichung gleichgesetzt werden. Zur Konkretisierung strategischer Ziele in Form von Kennzahlen vgl. S. 77. Wird nun z.B. als strategisches Ziel die Steigerung des RoI um einen bestimmten Prozentsatz oder eine genau fixierte Marktanteilserhöhung definiert, so lässt sich bei derartigen quantitativen Zielen (hard facts) der Erfolg unmittelbar messen. Diese Bedingung ist bei den qualitativen Zielen (soft facts) nicht gegeben. Zu denken ist etwa an ein Ziel wie „Behauptung der Qualitätsführerschaft“.

Beim Performance Measurement bestehen immer auch die Gefahren einer zu **kurzfristigen Betrachtungsweise** und einer zu starken **quantitativen** Ausrichtung als Folge einer „hard fact-Gläubigkeit“. Sie äußern sich darin, dass auf dem Wege der Zielerreichung „sichtbare Erfolge“ gefordert werden. Es ist dann zu erwarten, dass eine Strategie gegebenenfalls abgebrochen wird, weil die notwendige Geduld nicht aufgebracht werden kann.

Ein weiteres Problem der Ermittlung des strategischen Erfolges ist in der **Isolierung des Zusammenhanges** von Erfolgsfaktor und Erfolg zu sehen. Der Erfolg ist i.d.R. von mehreren Determinanten abhängig. Wie groß ist aber der Beitrag einer einzelnen strategischen Maßnahme, etwa einer Reorganisation? Die Beantwortung dieser Frage führt uns zu einem weiteren Problem: In welcher **Periode** wirkt eine Strategie? Stehen Erfolgsfaktor und Erfolg in unmittelbarem zeitlichen Zusammenhang oder tritt die Wirkung erst nach einem bestimmten Zeitraum ein? Diese sehr schwierigen Fragen werden wir bei der Erörterung der einzelnen strategischen Potenziale angehen (z.B. im Zusammenhang mit der Betrachtung der strategischen Relevanz der Organisation und der Unternehmenskultur). Vgl. dazu auch die Ausführungen zum „Performance Measurement“ im Rahmen der Balanced Scorecard, S. 208ff.

4.4 Identifikation von Stärken und Schwächen als Ergebnis der Unternehmensanalyse

Die Ermittlung der strategischen Erfolgsfaktoren aus der Potenzialanalyse ist die Grundlage für die Ermittlung der Stärken und Schwächen eines Unternehmens. Die Ausprägungen der einzelnen strategischen Erfolgsfaktoren müssen zu diesem Zweck ins Verhältnis gesetzt werden zu den

- Konkurrenten und den
- Anforderungen aus der Unternehmensumwelt.

Dabei ist sowohl auf die gegenwärtige Situation, vor allem aber auf die künftigen Entwicklungen abzuheben.

Beispiele von Stärken als Quelle von Wettbewerbsvorteilen	
Deutsche Telekom	Marktführer, Technologieführer
Red Bull	Markenname
SAP	Innovationskraft
Boss	Firmenimage
Allianz	Qualität des Distributionssystems
Aldi	Preisniveau
Starbucks Coffee Company	Kundenbindung

Abb. 2-25: Beispiele von Stärken als Quelle von Wettbewerbsvorteilen

Eine Unternehmung ist - so ein Grundsatz des Strategischen Managements - dann erfolgreich, wenn sie ihre Stärken gezielt im Wettbewerb einsetzt. Falls solche Stärken im Unternehmen nicht vorhanden sind, bieten sich **zwei Wege** an, die gewünschten Stärken aufzubauen:

1. Erwerb von Potenzialen durch Akquisitions- und Kooperationsstrategien (vgl. S. 180ff. und S. 419ff.),

2. Entwicklung eigener Potenziale im Leistungsbereich (z.B. FuE, Marketing) und/oder im Führungsbereich (Reorganisation, Einführung eines Früherkennungssystems). Die Vorgehensweise bei der Entwicklung eigener Potenziale ist in Teil 7 beschrieben.

Eine Kombination von Unternehmensanalyse und Umweltanalyse stellt die von der *Harvard Business School* entwickelte **SWOT-Analyse** dar (SWOT = **S**trengths, **W**eaknesses, **O**pportunities, **T**hreats). Sie geht von der Vorstellung aus, dass die Identifikation von Chancen und Risiken aus der Unternehmensumwelt im Zusammenhang gesehen werden muss mit den Fähigkeiten eines Unternehmens, also mit der Stärken-Schwächen-Analyse. Eine bestimmte Entwicklung in der Unternehmensumwelt ist je nach Beschaffenheit der strategischen Position eines Unternehmens entweder als Chance oder als Risiko zu interpretieren.

Aus der Kombination von Stärken und Schwächen auf der einen Seite sowie Chancen und Risiken auf der anderen Seite lassen sich Strategien ableiten. Sie stellen Antworten auf u.a. folgende Fragen dar:

1.) Wie können die vorhandenen Stärken genutzt werden, um Chancen zu realisieren? Die Antwort könnte in der Entwicklung innovativer Produkte in einem dynamischen Markt gefunden werden.

2.) Wie ist in einer existenzbedrohenden Situation, nämlich bei einem Zusammentreffen von Schwächen und Risiken zu reagieren? Als Antwort bietet sich beispielsweise eine Zusammenarbeit mit einem starken Partner, also eine Kooperationsstrategie an.

4.5 Empirische Studien

Die vorausgehenden Analysen haben gezeigt, dass die strategische Planung nur dann erfolgreich sein kann, wenn

- die strategischen Erfolgsfaktoren identifiziert und
- die Wirkungsweise der strategischen Erfolgsfaktoren bekannt sind.

Im vorausgehenden Abschnitt ist eine Systematik der strategischen Erfolgsfaktoren entwickelt worden. Wir fragen jetzt nach deren Wirkungen auf den Erfolg. Sind solche funktionalen Zusammenhänge empirisch ermittelt, lassen sie sich als Grundlage für die Gestaltung verwenden. Zur Beantwortung dieser Frage präsentieren wir im Folgenden jene empirischen Studien, die als Beiträge zu einer mehr oder weniger gut entwickelten Theorie der strategischen Planung gewertet werden können:

- PIMS-Programm
- Produktlebenszyklus
- Erfahrungskurve
- Portfolio-Analyse

Die Zusammenstellung macht deutlich, dass es bereits eine Vielzahl von Partialanalysen gibt, die zusammenhanglos und mit methodisch unterschiedlichen Ansprüchen durchgeführt worden sind. Sie lassen sich allenfalls als Bausteine einer dringend erforderlichen weiteren theoretischen Fundierung der strategischen Planung qualifizieren. Viele Lücken sind noch offen.

4.5.1 PIMS-Programm

[1] Entstehungsgeschichte und Ziele

Fred Borch, der Präsident des nordamerikanischen Unternehmens *General Electric*, beauftragte Anfang der 60er Jahre *Sidney Schoeffler* (*Harvard Business School*), Bestimmungsgrößen des Gewinnes und des Cash Flow zu ermitteln und die Zusammenhänge empirisch zu erforschen. So entstand das PIMS-Programm (**P**rofit **I**mpact of **M**arket **S**trategy).

Heute wird dieses Programm vom *Strategic Planning Institute* (SPI) in Cambridge (Mass.), einer Non-Profit-Organisation der beteiligten Unternehmen, getragen (vgl. *Abell/Hammond* [Strategic] 271ff., *Buzzell/Gale* [PIMS]).

Die Zahl jener Unternehmen, die sich am Programm beteiligen, ist recht groß. Tausende von strategischen Geschäftseinheiten aus verschiedenen Branchen und Regionen stellen ihre Daten zur Verfügung. Die meisten Unternehmen stammen allerdings aus den USA.

Es werden Antworten auf folgende **Fragen** gesucht:

1. Welche Determinanten wirken auf den Return on Investment (RoI) und den Cash Flow?

2. Wie ändern sich RoI und Cash Flow bei einer Änderung der Strategie?

Die erste Frage zielt auf die Identifizierung strategischer Erfolgsfaktoren, die zweite Frage auf deren Wirkungsweise ab. Als Erfolgsmaß werden der **RoI** und der **Cash Flow** definiert. Beim RoI wird die Rentabilität erfasst, beim Cash Flow die verfügbare Finanzierungsmasse. Zur Definition beider Begriffe vgl. S. 77ff.

In Abb. 2-26 sind die **fünf Haupteinflussgrößen auf den RoI** nach Ergebnissen der PIMS-Studie dargestellt (vgl. *Abell/Hammond* [Strategic] 275ff.). Insgesamt werden 37 unabhängige Erfolgsfaktoren erfasst, die ca. 80 % der Varianz des RoI erklären. Als Einflussgrößen auf den Cash Flow werden 19 Erfolgsfaktoren berücksichtigt, die ca. 70 % der Varianz erklären.

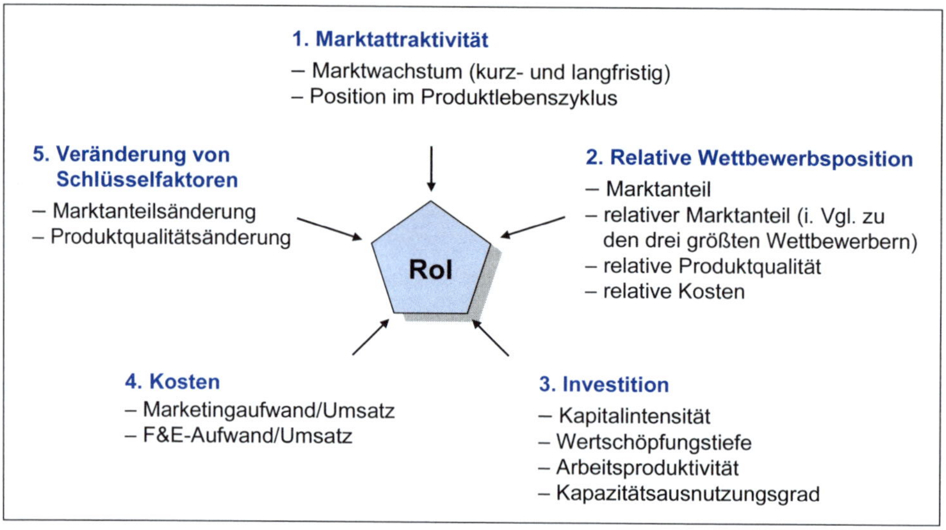

Abb. 2-26: Die fünf Schlüsselfaktoren des RoI nach PIMS

[2] Methodisches Vorgehen

(a) Untersuchungsgegenstände sind **Strategische Geschäftseinheiten** (zur Definition vgl. S. 146ff.), da nur bei einer derartigen Aggregationseinheit eine einigermaßen homogene Masse von Untersuchungsobjekten gebildet werden kann.

(b) Die Informationen der Mitglieder werden mit Hilfe von **Fragebögen** erfasst und in einer Datenbank gespeichert (vgl. Abb. 2-27).

(c) **Multiple Regressionsmodelle** liefern Erkenntnisse über Zusammenhänge zwischen dem RoI bzw. Cash Flow auf der einen Seite und verschiedenen Einflussfaktoren auf der anderen Seite. Zur Darstellung der Zusammenhänge werden Korrelationstabellen (cross tabulation analysis) verwendet.

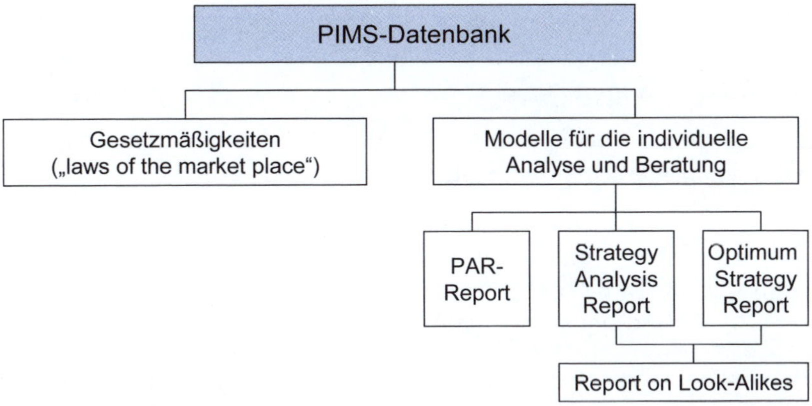

Abb. 2-27: Das PIMS-Programm

In Abb. 2-28 sind als Beispiel Kombinationen von Forschungsintensität und relativem Marktanteil und deren Bedeutung für den RoI dargestellt. Die Tabelle zeigt, dass hohe FuE-Ausgaben den RoI bei geringem Marktanteil drücken. Die Tabelle ist folgendermaßen zu lesen: Wenn die Forschungsintensität höher ist als 3,7 % und der relative Marktanteil niedriger als 26 %, ergibt sich ein RoI von 4.

relativer Marktanteil \ Forschungsintensität (FuE-Ausgaben/Umsatz)	niedrig – 1,3 %	1,3 % – 3,7 %	3,7 % – hoch
niedrig – 26 %	17	12	4
26 % – 63 %	14	20	10
63 % – hoch	27	30	30

Abb. 2-28: Die Bedeutung von Forschungsintensität und relativem Marktanteil für den RoI

[3] Untersuchungsergebnisse (= Findings)

Im Rahmen des PIMS-Programms werden generelle Aussagen gewonnen und spezielle Auswertungen für die individuelle Analyse und Beratung zur Verfügung gestellt (vgl. *Abell/Hammond* [Strategic] 277ff. bzw. Abb. 2-27):

(a) Generelle Aussagen (laws of the market place)

Beispiele:

- Der RoI ist stark positiv korreliert mit dem relativen Marktanteil.
- Der RoI und der Cash Flow sind positiv korreliert mit der Produktqualität (dem Qualitätsindex).

– Der RoI ist negativ korreliert mit der Kapitalintensität.

(b) Spezielle Auswertungen

Es werden für einzelne Strategische Geschäftseinheiten (SGE) individuelle Stärken- und Schwächenanalysen durchgeführt:

- **PAR-Report** (Analyse der gegenwärtigen strategischen Situation einer SGE; PAR = typisch). Den Mitgliedsunternehmen wird ein PAR-RoI mitgeteilt (= branchenüblicher RoI), der mit dem individuellen RoI verglichen werden kann. Mit diesem Report verbunden ist eine Analyse der Gründe für die Abweichung.

- **Strategy Analysis Report** (Beurteilung von Strategien, die in Erwägung gezogen werden)

  Kern dieses Strategieberichtes ist ein Simulationsmodell, mit dessen Hilfe Auswirkungen von Strategieänderungen auf den RoI bzw. den Cash Flow ermittelt werden können. Als Strategien kommen u.a. in Frage:

  – Veränderungen des Marktanteils,
  – Veränderungen der vertikalen Integration,
  – Veränderungen der Investitionsintensität.

- **Optimum Strategy Report** (Entwicklung einer optimalen Strategie)

  Es wird eine Kombination von Strategien ermittelt, die eine Zielerfüllung in optimaler Weise in Aussicht stellt.

- **Report on „Look Alikes"** (Bericht über Strategische Geschäftseinheiten mit ähnlicher Struktur)

  Es werden Look-Alikes (= ähnliche SGEs, etwa bei den Konkurrenten) gebildet und miteinander verglichen. Aus dem Unterschied zwischen beiden lassen sich Strategieempfehlungen ableiten. Diese SGEs werden in „winners" und „loosers" eingeteilt.

[4] Kritische Würdigung

Trotz der großen Bedeutung des PIMS-Programms für Theorie und Praxis der strategischen Unternehmensplanung wurden in der Literatur zahlreiche kritische Vorbehalte gegenüber den Prämissen und den Aussagen vorgebracht. Genannt seien u.a. (vgl. *Lange* [Portfoliomethoden] 128ff. und *Kötzle* [Geschäftseinheiten] 121ff.):

– Es ist äußerst fraglich, ob ein linearer multipler Regressionsansatz derart **komplexe Wirkungsstrukturen** adäquat wiedergeben kann, zumal interdependente Zusammenhänge mit Hilfe dieses Ansatzes nicht abbildbar sind. Interdependenzen sind jedoch in mehrfacher Hinsicht möglich: So könnte z.B. ein höherer RoI nicht nur Folge, sondern Voraussetzung für eine Änderung der Erfolgsdeterminanten (etwa Verbesserung der Produktqualität) sein. Des Weiteren werden Beziehungen zwischen den unabhängigen Variablen nicht berücksichtigt. Es ist schließlich zu befürchten, dass mit der

Wahl des RoI als Zielgröße kurzfristig wirksame Strategien zu gut abschneiden.

- Von **Korrelationen** kann nicht auf **Kausalitäten** geschlossen werden. Ist der Marktanteil die unabhängige Größe, die es einzusetzen gilt, um den Erfolg zu steigern, oder ist die Ursache des Erfolges eine andere Größe (etwa eine Investition), die zu einem hohen Marktanteil führt? Außerdem ist der Marktanteil keine direkt wirkende Erfolgsursache. Er stellt vielmehr ein **Potenzial** für die Ausnutzung der Preisstellung und des Gesetzes der Massenproduktion dar.
- Die **Zeit** lässt sich in der Wirkungskette nur ungenau berücksichtigen. Beispiel: FuE erzeugen zunächst Aufwand und senken damit den RoI; erst in späteren Perioden tragen FuE zum RoI bei. Kurzum: Der RoI stellt eine statische Kennziffer dar.
- Es besteht die Gefahr, dass im Rahmen des quantitativen Regressionsansatzes wichtige **Erfolgsfaktoren**, die sich nicht quantifizieren lassen, nicht beachtet werden, wie z.B. organisatorische Änderungen, Maßnahmen im Personalbereich, technologische Verbesserungen. Hier bietet das sog. Benchmarking eine Alternative mit Aussicht auf praktikablere Ergebnisse (vgl. S. 255ff.).
- Durch die **Querschnittsuntersuchungen** über verschiedene Branchen hinweg geht Individualität verloren und wird eine Nivellierungstendenz gefördert.
- Werden die Untersuchungsergebnisse der PIMS-Studie instrumental verwendet, wird also den Empfehlungen in der Praxis gefolgt, so kann dies zu einem **Widerspruch** führen. Krasses Beispiel: Nicht alle Unternehmen können ihren Marktanteil erhöhen und dadurch - PIMS folgend - den RoI steigern.

Der Katalog kritischer Anmerkungen zur PIMS-Studie lässt sich noch durch eine Reihe weiterer Punkte, wie z.B. Vergangenheitsorientierung (d.h. Diskontinuitäten und strategische Überraschungen werden nicht oder viel zu spät erkannt), geographische und strukturelle Nichtrepräsentativität der Mitgliedsfirmen (vor allem Großunternehmen) erweitern. Vor einer allzu strengen PIMS-Gläubigkeit im Rahmen der strategischen Planung muss somit gewarnt werden.

Allerdings sind auch folgende **Vorteile** nicht zu übersehen: Das PIMS-Programm

- strukturiert strategische Probleme,
- skizziert Lösungsalternativen und
- falsifiziert intuitiv getroffene Entscheidungen.

Insgesamt ist zu resümieren, dass trotz aller Kritik bis heute keine empirische Untersuchung mit der genannten Zielsetzung zur Verfügung steht, die den Vergleich mit dem PIMS-Programm auch nur annähernd bestehen könnte.

4.5.2 Produktlebenszyklus

[1] Beschreibung

Produkte durchlaufen in Abhängigkeit von der Zeit verschiedene Marktphasen:

- Einführungsphase
- Wachstumsphase
- Reifephase
- Degenerationsphase

Diese Erkenntnis haben empirische Studien zu Tage gefördert. Dabei sind zwar für unterschiedliche Produkte Unterschiede in Einzelheiten, insbesondere in den Phasenlängen, ermittelt worden, aber eine grundsätzliche Bestätigung des Gesetzes vom Werden und Vergehen ist empirisch fundiert.

Abb. 2-29 zeigt, dass sich der Produktlebenszyklus in einen **Entstehungszyklus**, einen **Marktzyklus** und einen **Auslaufzyklus** zerlegen lässt. Der Marktzyklus umfasst die Einführungsphase, die Wachstumsphase, die Reifephase und die Degenerationsphase.

Falls ein Produkt die Reifephase verlängert, also Zeichen der Degeneration überwindet (etwa *Coca Cola*, *Nivea*), spricht man vom sog. **Relaunch**. Der Entstehungszyklus besteht aus der Ideenphase (Produktidee), der Konkretisierungsphase (Plan zur Neuentwicklung eines Produktes), der Forschungs- und Entwicklungsphase (Entwicklung eines neuen Produktes), einer eventuellen Genehmigungsphase und der Testphase (Marktstudien vor Produkteinführung). Der Auslaufzyklus beginnt mit der Beendigung der Erzeugung und Vermarktung eines Produktes. Er umfasst Aktivitäten wie Wartung, Ersatzteillieferung, Garantieleistung und Recycling.

Die einzelnen Phasen lassen sich durch unterschiedliche Ausprägungen der Kosten, des Umsatzes und des Cash Flow kennzeichnen. Im Entstehungszyklus fallen hauptsächlich Kosten an. Im Marktzyklus ist der Cash Flow zunächst negativ, da bei geringem Umsatz hohe Kosten (insbesondere Markteinführungskosten) zu verzeichnen sind. In den Folgephasen nimmt der Cash Flow dagegen zu, da ein relativ hoher Umsatz geringen Marketingkosten gegenübersteht. In der Auslaufphase fallen hauptsächlich Kosten an (z.B. Entsorgungskosten), aber auch Erträge (z.B. Lizenzeinnahmen). Zur Ermittlung von Kosten, Umsatz und Cash Flow entlang des Produktlebenszyklus liefert die lebenszyklusorientierte Kosten- und Erlösrechnung die erforderlichen Informationen. Dieses Informationssystem ist auf S. 338ff. dargestellt.

[2] Erklärung

Die Suche nach Erklärungen für den beschriebenen Produktlebenszyklus ist notwendig, wenn aus seinem Verlauf Anhaltspunkte für dessen Gestaltung gewonnen werden sollen. Denn je nachdem, welche **Ursachen** identifiziert werden, lassen sich unterschiedliche Reaktionsstrategien formulieren.

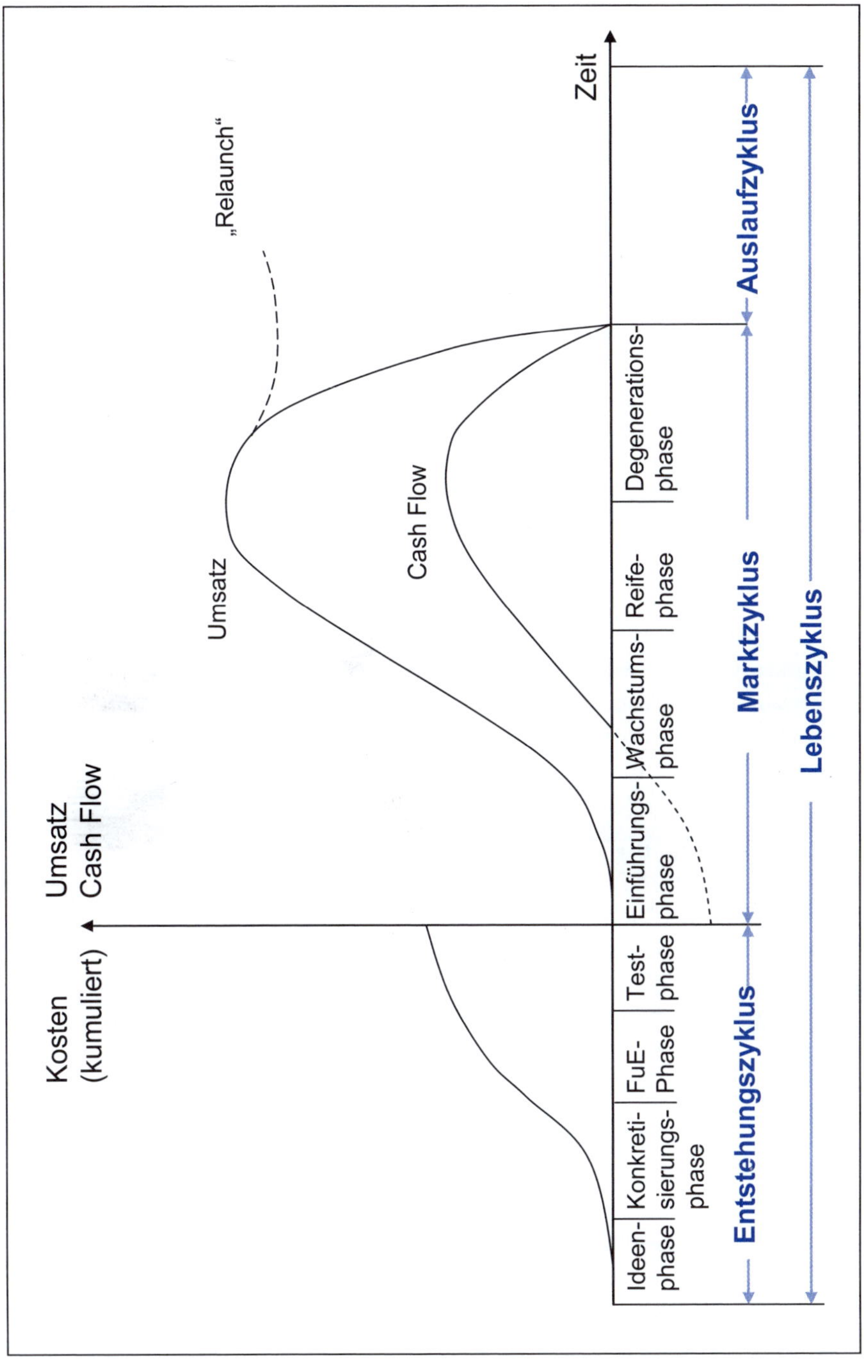

Abb. 2-29: Der Produktlebenszyklus

Entweder werden die Determinanten des Produktlebenszyklus akzeptiert oder aber modifiziert. Wird die zweite Konzeption gewählt, findet eine Beeinflussung des Produktlebenszyklus statt.

Zwei **Gründe** lassen sich für den Verlauf des Produktlebenszyklus ermitteln:

- Das Verhalten der Käufer,
- das Verhalten der Anbieter.

(a) **Verhalten der Käufer:** Eine neue Idee, ein neues Produkt verbreitet sich nach bestimmten Regeln der Kommunikation in einem sozialen System. Diese Regeln versucht die Diffusionsforschung zu ergründen. Sind sie in Form von Diffusionskurven bekannt, so kann die Diffusion prognostiziert und auch gestaltet werden.

Das Käuferverhalten der heutigen Gesellschaft ist durchaus günstig für die Diffusion neuer Produkte, denn sie ist eher bereit, Gewohnheiten aufzugeben und Neuerungen zu adoptieren. Andererseits wird aber gerade durch diese Grundeinstellung die Degenerationsphase schneller eingeleitet und eine Tendenz zur Verkürzung des Produktlebenszyklus begünstigt.

(b) **Verhalten der Anbieter:** Die Anbieter tragen prinzipiell zur Entstehung und zum Marktaustritt von Produkten dadurch bei, dass sie bestrebt sind, über stets neue Produkte am Wachstum zu partizipieren. Mit einer Innovation wird automatisch auch zur (schöpferischen) Zerstörung vorhandener Produkte beigetragen.

Beispiel: „Die digitale Welt verwandelt sich in etwas, das Kommunikation, Netzzugang und Datenzugriff jederzeit bereithält. Der klassische PC, der lüftersäuselnd auf dem Schreibtisch hockt, ist zu plump für diese neue Zeit. Der PC ist tot, er will es nur noch nicht richtig wahrhaben. Mit dem neuen Jahrtausend ist aus der PC-Revolution eine iVolution geworden: Mit *iPod* (2001), *iPhone* (2007) und *iPad* (2010) trat der vormalige Personal-Computer-Pionier *Apple* aus seiner Nische und wurde zum Schrittmacher für digitales Entertainment und das mobile Internet. *Apple* zeigte mit dem *iPhone*, dass die Bedienung eines Smartphones Vergnügen bereiten kann.“ (*Stuttgarter Zeitung*, 29.02.2012)

Begünstigt das Käuferverhalten die Verkürzung des Marktzyklus, so gilt dies auch für das Anbieterverhalten. Das Tempo des technischen Fortschritts wird zunehmend beschleunigt und der Marktzyklus von Produkten reduziert. Nach Aussagen der Anbieter zwingt das Verhalten der Konkurrenz zu dieser Politik.

[3] Strategische Bedeutung

Die Erkenntnisse über Verlauf und Erklärung des Produktlebenszyklus lassen sich für eine Reihe strategischer Maßnahmen verwerten; so z.B. für die

- Prognose (theoretischer Aspekt) und die
- Absatzstrategie (pragmatischer Aspekt).

(a) Prognose

Ist davon auszugehen, dass die Aussagen des Produktlebenszyklus empirisch fundiert sind, kann aus den theoretischen Aussagen eine Prognose der Entwicklung eines Produktes formuliert werden. Prognosen wiederum sind die Voraussetzung für die Planung, so etwa für die langfristige Produktplanung. Selbst wenn aufgrund des geringen theoretischen Gehalts eine tragfähige Prognose nicht möglich ist, so wird doch durch das Phänomen des Produktlebenszyklus das Bewusstsein für die Marktdynamik geschärft: Was heute erfolgreich ist, kann morgen schon gefährdet sein (zur Prognoseproblematik im Strategischen Management vgl. ausführlich S. 289ff.).

(b) Absatzstrategie

Die einzelnen Marktphasen des Produktlebenszyklus verlangen unterschiedliche absatzpolitische Maßnahmen. So liegt es nahe, in der Einführungsphase das Instrument der Werbung in den Vordergrund zu rücken und in der Degenerationsphase die Marketingaktivitäten zu reduzieren, evtl. eine Marktnische aufzusuchen oder gar den Marktaustritt vorzubereiten. Für den Einsatz der Preispolitik bieten sich in Abhängigkeit von der Position des Produktlebenszyklus unterschiedliche **Preisstrategien** an: So kann in der Einführungsphase ein niedriger Preis gewählt werden, der eine Marktdurchdringungsstrategie unterstützt. Auch bietet sich eine Abschöpfungsstrategie an (**Skimming-Strategie**; to skim = abschöpfen), bei der zunächst so lange Gewinne abgeschöpft werden, bis die Wettbewerber den Zeitrückstand aufgeholt haben.

Betrachtet man das gesamte Angebotsprogramm eines Unternehmens, so ist auf den Ausgleich im Portfolio entsprechend der Position der einzelnen Produkte im Produktlebenszyklus zu achten. Dieser Aspekt ist implizit (als „Theoriebaustein") im Marktanteil-Marktwachstum-Portfolio (BCG-Matrix) und explizit im Wettbewerbsposition-Marktlebenszyklus-Portfolio enthalten (vgl. S. 146ff. und S. 159ff.).

Aus der Verkürzung des Marktzyklus einerseits und der zunehmenden Bedeutung der Entwicklungskosten andererseits resultieren strategische Herausforderungen. Maßnahmen im Entstehungszyklus bestehen u.a. in der Parallelisierung von Produktplanung und Herstellprozessplanung sowie in der Zusammenarbeit mit Entwicklungspartnern (etwa in Form eines Joint Venture). Im Marktzyklus ist eine Strategie der schnellen und umfassenden Marktdurchdringung angebracht.

[4] Kritische Würdigung

Analog zur empirisch orientierten PIMS-Studie sind die Aussagen des Produktlebenszykluskonzeptes mit theoretischen und konzeptionellen **Mängeln** behaftet:

- Die **Definition** des Bezugsobjektes „Produkt" bereitet Schwierigkeiten. Es kann sehr eng, als unveränderliches Produkt, oder aber weiter, als Produktgruppe, oder in einem sehr weiten Sinne, als Branche und Markt, definiert werden.
- Es ist zwar unbestritten, dass Produkte einen Lebenszyklus durchlaufen, diese Erkenntnis lässt sich jedoch i.d.R. erst **ex post** gewinnen. Ein ex ante

bestimmbarer und damit für die Prognose geeigneter Verlauf dürfte in den seltensten Fällen bekannt sein. Insbesondere lässt sich nur schwer die Verweildauer eines Produktes in den einzelnen Phasen prognostizieren. Ohne verlässliche Prognosen lassen sich aber Strategieempfehlungen nicht formulieren.

– Der Produktlebenszyklus wird maßgeblich vom Einsatz absatzpolitischer Instrumente ebenso beeinflusst wie bspw. von technologischen Innovationen oder wertebedingten Veränderungen in den Konsumgewohnheiten der Endverbraucher. Dies belegt, dass der Produktlebenszyklus **kein „Gesetz"** darstellt, sondern von einer Vielzahl schwer identifizierbarer Umwelteinflüsse und unternehmenspolitischer Aktivitäten abhängig ist.

Zusammenfassend lässt sich festhalten: Die Bedeutung des Produktlebenszyklus liegt in der Erkenntnis, dass Produkte eine beschränkte Lebensdauer aufweisen und verschiedene Lebensphasen durchlaufen. Diese wiederum fördert die Einsicht in die Notwendigkeit, eine **Sensibilität** für Schwache Signale eines Phasenwechsels zu entwickeln. Entscheidend ist insbesondere, ein Problembewusstsein für Degenerationserscheinungen von Produkten zu kultivieren.

4.5.3 Erfahrungskurve

[1] Beschreibung

Das Konzept der Erfahrungskurve (experience curve, auch als Kostenerfahrungskurve bezeichnet) wurde von der *Boston Consulting Group* (hier speziell von *Bruce Henderson*) entwickelt und als Planungs- und Kontrollkonzept vermarktet. Der in der Erfahrungskurve zum Ausdruck kommende Sachverhalt wird daher auch als „Boston-Effekt" bezeichnet (vgl. *Henderson* [Erfahrungskurve] und *Bauer* [Erfahrungskurvenkonzept]).

Sie bringt folgende (empirisch fundierte) Grundthese zum Ausdruck:

> **Erfahrungskurve:** Eine Verdoppelung der kumulierten Ausbringungsmenge eines Produktes über alle Perioden senkt die inflationsbereinigten Stückkosten um 20 % bis 30 % (bezogen auf die eigene Wertschöpfung).

Als Maß für die Erfahrung wird also die über die Zeit kumulierte Ausbringungsmenge gewählt. In Abb. 2-30 ist die Erfahrungskurve bei linearem Maßstab (Abb. A) und logarithmischem Maßstab (Abb. B) dargestellt.

[2] Erklärung

Der Verlauf der Erfahrungskurve lässt sich folgendermaßen erklären (vgl. *Abell/ Hammond* [Strategic] 112ff.; *Bauer* [Erfahrungskurvenkonzept]):

(a) Durch die Wiederholung von Tätigkeiten entstehen **Lerneffekte** sowohl bei den einzelnen Personen (individuelles Lernen) als auch bei der Zusammenarbeit innerhalb eines Teams (kollektives Lernen). Sie führen über eine Reduktion der Fertigungszeit und der Ausschussquote zu einer Senkung der Produktionskosten. Die Lerneffekte sind nicht beschränkt auf die direkt am Produktionsprozess beteiligten Mitarbeiter, sondern machen sich auch im Verwaltungsbereich bemerkbar.

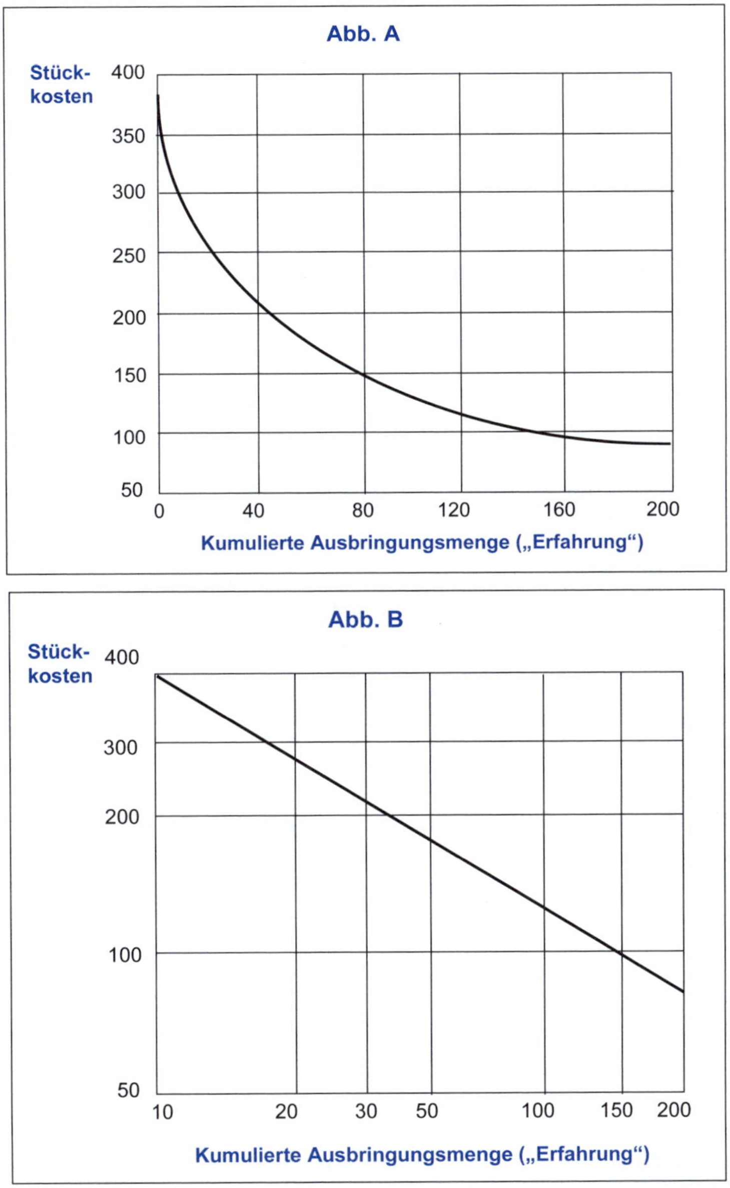

Abb. 2-30: Die Erfahrungskurve bei linearem und logarithmischem Maßstab (Quelle: *Henderson* [Erfahrungskurve] 21)

Beispiel *VW*: „Das wertschöpfungsorientierte, synchrone Konzern-Produktionssystem hat sich der Erhöhung der Qualität und Termintreue bei gleichzeitiger Reduzierung der Kosten verschrieben. … Erreicht wird dies durch … den methodischen Ansatz des **kontinuierlichen Verbesserungsprozesses**. Mitarbeiter, Arbeitnehmervertreter und Management haben es sich zur Aufgabe gemacht, das Unternehmen gemeinsam zu einer **lernenden Organisation** weiterzuentwickeln.“ (Geschäftsbericht 2010)

Die dynamischen Lerneffekte wurden in der Frühphase der Diskussion der Erfahrungskurve als Hauptursache für die Kostendegression angesehen (daher auch die Bezeichnung „Erfahrungskurve“). Später kamen noch folgende Argumente hinzu:

(b) **Verbesserungen der Produktionsanlagen** sowie die **Beseitigung von Störungen** im Produktionsablauf erhöhen die Produktivität und verringern damit die Stückkosten.

Beispiel *Porsche*: Die Herstellung des alten *Porsche 911* hat wesentlich mehr Zeit in Anspruch genommen als die des neuen *911er*. Dazu *Porsche*-Vorstand *Michael Macht*: „Produktionsanläufe gelten stets als heikle Phase, weil zunächst einmal jeder Handgriff geübt werden und jedes Teil zur richtigen Zeit am richtigen Ort sein muss, was nicht immer auf Anhieb klappt.“

Speziell in kapitalintensiven Branchen, z.B. in der Halbleiterindustrie, bei Ölraffinerien und Stahlwerken sind in den USA Kosteneinsparungen von 20 % bis 30 % bei einer Verdoppelung der kumulierten Ausbringung nachgewiesen worden, die von einer verbesserten Produktionstechnologie herrühren.

(c) Die **Produktstandardisierung** ermöglicht eine ständige Wiederholung und damit Vereinfachung des Produktionsprozesses. Facharbeiter können dann u.U. durch ungelernte Arbeitskräfte ersetzt werden. Ein Beispiel für diese Politik liefert der Automobilhersteller *Ford*, der mit seinem „Modell T“ eine Strategie der Produktstandardisierung verfolgte und von 1909 bis 1930 die Preise dank dem Erfahrungskurveneffekt wiederholt zu senken vermochte.

Beispiel: Automobilhersteller praktizieren heute die sog. **Plattform-Strategie**: Wesentliche Bauteile wie Fahrwerk und Motoren werden standardisiert und in verschiedene Autotypen eingebaut. Durch die unterschiedliche Kombination von – für den Kunden nicht sichtbaren – Bauteilen entsteht eine variantenreiche Produktpalette.

(d) Die Erfahrung des Herstellers und Verwenders eines Produktes (u.U. gefördert durch den Einsatz der Wertanalyse) führt auch zu einem besseren Verständnis der Produkteigenschaften, das i.d.R. **Modifikationen** des Produktes zulässt, um Rohmaterial zu sparen oder teure Materialien durch billigere (z.B. Kunststoffe) zu ersetzen.

(e) Mit der Erhöhung der Produktionsmenge lassen sich die Vorteile des **Gesetzes der Massenproduktion** (economies of scale) wahrnehmen:

- Ausnutzung des Fixkostendegressionseffektes,

- Möglichkeit des Übergangs zu kostengünstigeren Fertigungsverfahren (z.B. von der Werkstattfertigung zur Fließfertigung ab einer kritischen Menge).

[3] Strategische Bedeutung und kritische Würdigung

Die Aussagen des Erfahrungskurvenkonzepts werden heftig kritisiert. Die Kritik bezieht sich vor allem auf den umfassenden und **absoluten Gültigkeitsanspruch** des Konzepts, der in der Bezeichnung „Erfahrungskurvengesetz" deutlich zum Ausdruck kommt. Da außerdem als Voraussetzung für die Wirksamkeit des Erfahrungskurveneffektes ein „effizientes Kostenmanagement" gefordert wird, sind mit einer derartigen Immunisierung alle vorfindbaren Kostenverläufe erklärbar.

Wichtig aus dieser Kritik sind jedoch folgende **Schlussfolgerungen**:

- Die Aussagen der Erfahrungskurve weisen nur auf ein **Potenzial** hin, das genutzt werden **muss**. Eine Kostensenkung ist mit einer Erhöhung des Produktionsvolumens nicht zwingend verbunden; es müssen vielmehr die Chancen genutzt werden, die sich aus einer Volumensteigerung ergeben. Dies setzt allerdings eine genaue Kenntnis der Ursachen des Erfahrungskurveneffektes voraus. Und hier ist eine Schwäche zu sehen: Der Anteil der fünf genannten Erklärungsaspekte an der Zusammensetzung des Erfahrungskurvenverlaufs ist nicht bekannt, so dass Anhaltspunkte für eine eindeutige Steuerungsmöglichkeit fehlen.
- Der Erfahrungskurveneffekt gibt Hinweise für die **Strategiewahl** in der Hinsicht, dass eine Erhöhung des Marktanteils offensichtlich die Chance für Kostenvorteile mit sich bringt. Je früher eine Unternehmung einen Markt bearbeitet („First to market-Strategie" statt „Follower-Strategie"), umso schneller erreicht sie das Potenzial für den Erfahrungskurveneffekt (vgl. Erörterung der Kostenführerstrategie S. 188f.).

  Auf der anderen Seite ist aber zu beachten, dass die Prämissen für die Wahrnehmung von Erfahrungsvorteilen heute immer weniger erfüllt sind. Auf dem Markt sind nämlich aktuell nicht so sehr homogene Massenprodukte gefragt, sondern **individuelle Lösungen**, so dass die Unternehmungen eher kleinere Produktionsmengen realisieren, um sich flexibel den Nachfrageänderungen anpassen zu können.

- Die positive Kostenwirkung des Erfahrungskurveneffektes wird ergänzt durch die positive Erlöswirkung der **Preiserfahrungskurve**. In Abb. 2-31 ist ein häufig zu beobachtender Verlauf der Preisentwicklung für ein neues Produkt dargestellt: Das Preisniveau wird zunächst relativ hoch angesetzt. Diese Preispolitik ist so lange erfolgreich, bis neue Wettbewerber in den attraktiven Markt eindringen: Der „Preisschirm" wird eingedrückt und es kommt zu einem Preiseinbruch (shake out).

> Beispiel: „Der Preisverfall von Solaranlagen in den vergangenen Jahren war gnadenlos. Um gut 58% sollen Solarstromanlagen seit 2006 billiger geworden sein, hat eine repräsentative Umfrage des Branchenverbandes *BSW Solar* unter Installateuren ergeben." (*Stuttgarter Zeitung* vom 08.02.2012)

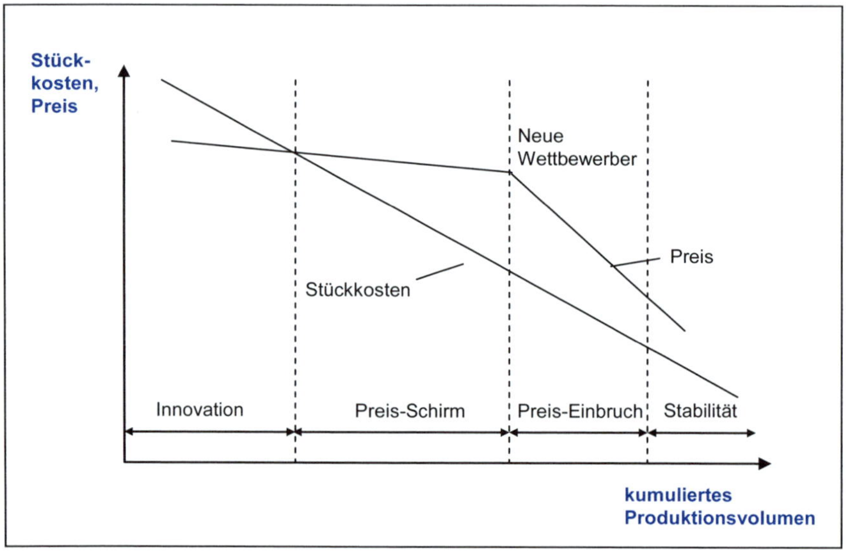

Abb. 2-31: Preisverlauf und Kostenverlauf

In Abb. 2-32 ist das ständige Bergab der mittleren Endkundenpreise für fertig installierte Anlagen auf dem Dach dargestellt.

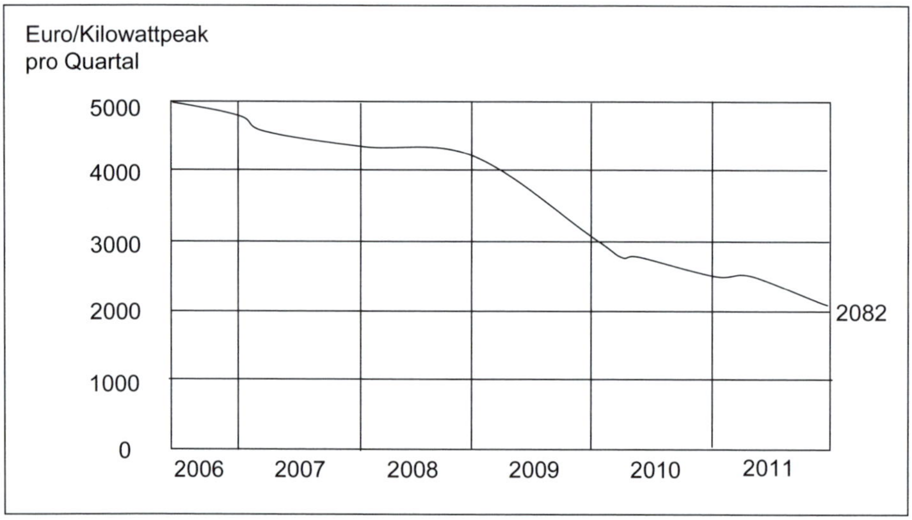

Abb. 2-32: Entwicklung des mittleren Endkundenpreises für fertig installierte Solaranlagen auf dem Dach (In Anlehnung an: *BSW-Solar*)

Aus dem Verlauf der Kostenkurve und der Preiskurve werden im Rahmen der Portfolio-Analyse Erkenntnisse für die Positionierung der Strategischen Geschäftsfelder gewonnen.

4.6 Portfolio-Analyse

Die Portfolio-Analyse ist **die** Technik der strategischen Planung schlechthin, da sie in idealer Weise eine Kombination von Umweltanalyse und Unternehmensanalyse zulässt. Außerdem liefert sie Hinweise für die Strategiewahl. Insofern könnte dieses Instrument auch an anderer Stelle behandelt werden. Didaktische Gründe haben uns veranlasst, sie im Anschluss an die Unternehmensanalyse und im Kontext mit den empirischen Studien vorzustellen.

4.6.1 Konzeption

Die **Grundidee** der Portfolio-Analyse besteht darin, strategische Entscheidungen nicht isoliert zu sehen, sondern in Verbindung mit anderen Entscheidungen. So sind bestimmte Produkt-Markt-Kombinationen für sich gesehen Erfolg versprechend, aus übergeordneter gesamtunternehmerischer Perspektive jedoch als ungünstig zu bewerten, da z.B. eine zu starke Ausrichtung auf eine Branche stattfindet und damit ein verstärktes Risiko eingegangen wird. Andererseits kann eine für sich gesehen als risikoreich einzustufende Produkt-Markt-Kombination wahrgenommen werden, weil ein Risikoausgleich im Gesamtzusammenhang erfolgt. Dieser Ausgleich erfolgt horizontal und zeitabhängig. Dabei gilt die Prämisse, dass eine Risikostreuung, gerade aus Investorensicht, wirklich erwünscht ist.

Die Portfolio-Analyse basiert auf der sog. **Portfoliotheorie** (Portfolio Selection Theory) der Finanzierung. Bei dieser Theorie geht es um ein Konzept der effizienten Anlagenstreuung (Wertpapier-Mischung) nach den Kriterien „Verzinsung" und „Risiko". Aus der Portfoliotheorie lässt sich ableiten, wie ein Anleger eine optimale Zusammensetzung seines Wertpapierportfolios erreichen kann.

Harry M. Markowitz, der Begründer der Portfoliotheorie und Nobelpreisträger von 1990, hat im Jahre 1952 folgende **Forderungen** für ein Portfolio aufgestellt ([Portfolio] 77):

1. Kombiniere eine Gruppe von Vermögenswerten so, dass bei einer gegebenen Höhe des Risikos der erwartete Gesamtgewinn aus dem Portefeuille maximiert wird.
2. Kombiniere eine Gruppe von Vermögenswerten so, dass für eine gegebene Gewinnrate das Risiko des Portefeuilles minimiert wird.

Diese Art der Vorgehensweise unterscheidet sich fundamental von den traditionellen Modellen der Entscheidungstheorie. Nehmen wir die Kapitalwertmethode: Sie ermittelt die Vorteilhaftigkeit einer Investition isoliert von den übrigen Investitionen eines Entscheidungsträgers. Eine Berücksichtigung des Risikos ist im Rahmen dieser Methode zwar möglich, eine sinnvolle Abbildung der Risikostreuung jedoch kaum durchführbar.

Die Portfolio-Analyse lässt sich durch folgende drei **Merkmale** kennzeichnen:

- Dekomposition der strategischen Entscheidungsaufgabe (Bildung Strategischer Geschäftsfelder),

- Integration der einzelnen Entscheidungsobjekte (Gleichgewicht von Gewinn- und Risikoerwartung über alle Strategische Geschäftsfelder),
- Anwendung einer bestimmten Methodik (optische Beschreibung der strategischen Position eines Unternehmens).

[1] Dekomposition

Die strategische Planungsaufgabe wird derart differenziert, dass das Unternehmen in einzelne objektbezogene Planungsbereiche zerlegt wird. Diese Planungsobjekte stellen die sog. Strategischen Geschäftsfelder bzw. Strategischen Geschäftseinheiten dar (vgl. Abschnitt 4.6.3). Für sie werden spezifische Strategien, sog. Geschäftsbereichsstrategien, entwickelt.

[2] Integration

Die Strategien für die durch Dekomposition gewonnenen Unternehmenseinheiten werden so koordiniert, dass die Vorteile des Synergieeffektes unter Risiko- und Ertragsaspekten wahrgenommen werden können. Es findet im Rahmen der Portfolio-Analyse eine Gesamtbetrachtung und ein damit verbundenes Gleichgewichtsdenken statt.

[3] Methodik

(a) Die Portfolio-Analyse greift den Gedanken einer Gegenüberstellung von Unternehmensanalyse und Umweltanalyse auf und erfasst die Umwelt (im Prinzip unbeeinflussbare Umweltdeterminanten) bzw. das Unternehmen (vom Unternehmen beeinflussbare Größen) auf der Ordinate bzw. Abszisse einer zweidimensionalen Matrix. Die beiden Dimensionen werden je nach Variante des Portfolios unterschiedlich interpretiert. Es findet dabei eine Reduktion von Faktoren auf strategisch relevante Einflussgrößen statt.

(b) Die Strategischen Geschäftsfelder als Entscheidungsobjekte werden in den Matrixfeldern positioniert.

(c) Strategische Ziele werden extern vorgegeben.

(d) In das Portfolio werden empirisch gehaltvolle Aussagen (Gesetzeshypothesen) über die Zielbeiträge von Umwelt- und Unternehmensfaktoren einbezogen.

(e) Den einzelnen Feldern werden Normstrategien zugeordnet, die Leitlinien für die Formulierung von Strategien in einer spezifischen Planungssituation liefern.

Aus dieser Schrittfolge ergibt sich, dass die Portfolio-Analyse zunächst einmal als ein **Beschreibungsmodell** charakterisiert werden kann, mit dessen Hilfe sich die strategische Situation einer Unternehmung beschreiben und damit analysieren lässt.

Die Portfolio-Analyse lässt sich auch als **Erklärungsmodell** interpretieren, da sie Gesetzeshypothesen, also Aussagen mit empirischem Gehalt enthält. So ist z.B. in der BCG-Matrix die Aussage enthalten, dass mit steigendem Marktanteil eines

Produktes die Cash Flow-Erwirtschaftung zunimmt (bestätigt durch das PIMS-Programm).

Die Portfolio-Analyse kann insofern auch als **Entscheidungsmodell** angesehen werden, als sich aus einem Vergleich von Istportfolio und Zielportfolio Problemlücken ermitteln lassen, die mit Hilfe von Normstrategien zu beseitigen sind.

4.6.2 Istportfolio

Wie bereits dargelegt, ist die Portfolio-Analyse zunächst eine Technik zur Beschreibung der strategischen Situation eines Unternehmens. Sie bildet demzufolge die Unternehmensumwelt und die interne Situation eines Unternehmens ab. Die Form der Abbildung wird wesentlich bestimmt von der jeweiligen Variante der Portfolio-Technik, die der Analyse zu Grunde gelegt wird. In Abschnitt 4.6.4 werden verschiedene Varianten beschrieben und verglichen.

Zur Charakterisierung der wesentlichen Merkmale der Portfolio-Analyse wird im Folgenden die einfachste und gleichzeitig bekannteste Form der Portfolio-Analyse zu Grunde gelegt, nämlich die sog. **Marktwachstum-Marktanteil-Matrix** (vgl. Abb. 2-33). Sie wurde von der amerikanischen Unternehmensberatungsfirma *Boston Consulting Group* konzipiert und wird daher heute auch als BCG-Matrix bezeichnet. Die Umwelt wird mit einem einzigen Merkmal charakterisiert, nämlich dem Marktwachstum. Es findet also eine Verdichtung der umweltrelevanten Erfolgsfaktoren auf eine einzige Umweltdimension statt. Die interne Situation eines Unternehmens wird abgebildet mit Hilfe ebenfalls nur eines einzigen Merkmals, nämlich dem relativen Marktanteil.

Das Marktwachstum (dargestellt auf der Ordinate) wird i.d.R. quantifiziert als Zunahme des Umsatzes auf einem bestimmten Markt innerhalb einer festgelegten Periode (i.d.R. ein Jahr).

Der relative Marktanteil (dargestellt auf der Abszisse) wird als Umsatz des eigenen Unternehmens im Verhältnis zum Umsatz des größten Wettbewerbers (also etwa *Infineon* im Verhältnis zu *Intel*) zum Ausdruck gebracht: Die Ziffer 1 bedeutet, dass der eigene Marktanteil so groß ist wie der des größten Wettbewerbers. Marktanteile im Bereich zwischen 1 und 1,5 werden besonders hervorgehoben, da hier die Marktposition leicht verloren gehen kann. Die Unterteilung der Achse bei 1,5 beruht auf der Erkenntnis der *Boston Consulting Group*, dass eine dauerhafte Erwirtschaftung von Cash Flow bei einem Marktanteil beginnt, der mindestens 50% höher ist als jener des stärksten Konkurrenten.

Die Matrix wird in vier Felder eingeteilt:

- Nachwuchsprodukte (question marks),
- Starprodukte (stars),
- Cash-Produkte (cash cows),
- Auslaufprodukte (poor dogs).

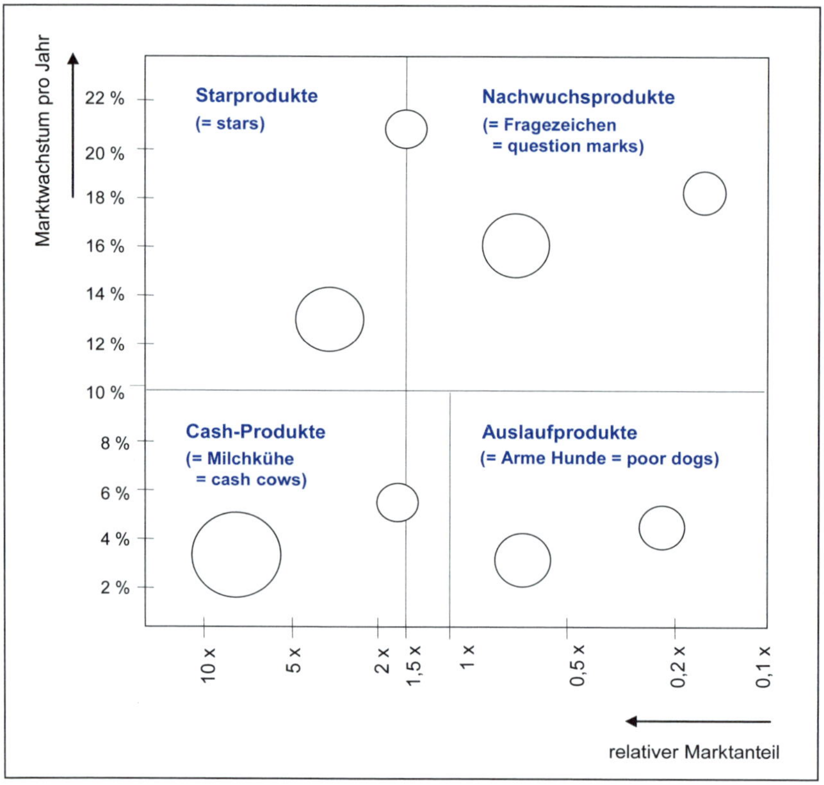

Abb. 2-33: Marktwachstums-Marktanteil-Portfolio (BCG-Matrix)

Die Größe eines Kreises ist ein Indikator für den Umsatz eines Strategischen Geschäftsfeldes, also im Fall der BCG-Matrix für den Umsatz eines Produktes. Ein Portfolio ist dann im Gleichgewicht, wenn die Produkte, die Cash Flow verwenden (Nachwuchs- und Starprodukte), in ausreichendem Maße von jenen Produkten alimentiert werden können, die Cash Flow erwirtschaften (Cash-Produkte).

Ein besonderes Problem stellen die Abgrenzung und die Positionierung der Strategischen Geschäftsfelder dar. Dieser Aufgabe werden wir uns im Folgenden zuwenden.

4.6.3 Strategische Geschäftsfelder

4.6.3.1 Abgrenzung Strategischer Geschäftsfelder

Die Strategischen Geschäftsfelder (SGF; engl.: Strategic Business Areas = SBA) stellen die Planungseinheiten im Rahmen der Strategischen Planung und der Portfolio-Analyse dar. Mit der Formulierung von Strategischen Geschäftsfeldern wird das gesamte unternehmerische Tätigkeitsfeld in einzelne Aktionsbereiche zerlegt. Es findet eine, die Planungsaufgabe generell kennzeichnende Reduktion von Komplexität statt.

Die Abgrenzung der SGF wird grundsätzlich von zwei Dimensionen bestimmt: Einmal von den Marktbedingungen (Wettbewerbsbedingungen), denen ein Geschäftsfeld ausgesetzt ist, und zum anderen von der Planungskonzeption des Unternehmens. Während die Marktbedingungen extern und objektiv festgelegt sind, ist das Planungskonzept von internen und subjektiven Erwägungen abhängig. Dem Planungskonzept folgt ein innerbetriebliches Organisationskonzept.

[1] Marktkonzept

Den klassischen Beitrag zur Abgrenzung von SGF hat *Abell* ([Defining] 16ff.) geliefert. Er baute die von *Ansoff* gewählte Sicht der Produkt-Markt-Kombination (welche Produkte für welche Märkte?) zu einer differenzierteren Betrachtungsweise aus. Nach ihm lässt sich ein Markt durch drei Dimensionen beschreiben (zur Abgrenzung des Marktes im Rahmen der Umweltanalyse vgl. S. 98f.):

- Die Kundengruppen (customer groups): Wer hat Bedürfnisse?
- Das Kundenproblem (functions): Welches Bedürfnis hat ein Kunde?
- Die Technologie (technologies): Wie wird das Kundenbedürfnis befriedigt?

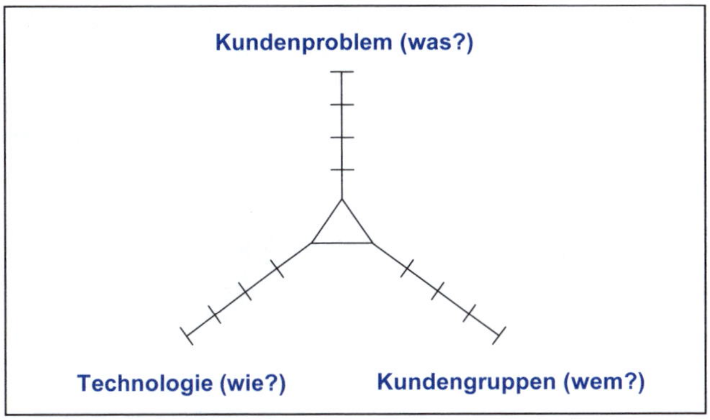

Abb. 2-34: Die Abgrenzung der SGF nach *Abell*

Ein Beispiel soll die Konzeption *Abells* verdeutlichen: Das Kundenproblem „Durstlöschen" kann bei verschiedenen Kundengruppen auftreten (Sportler, Kinder, Urlauber) und lässt sich auf verschiedene Weise (durch verschiedene Technologien) lösen (Iso-Getränke, Mineralwasser, Weizenbier).

Ein SGF kann nun nach *Abell* durch die strategische Orientierung an einer Kundengruppe, einem Kundenproblem und einer Problemlösungstechnologie oder der Kombination dieser drei Varianten gebildet werden.

Beispiel: Die *Radeberger Gruppe* hat folgende Geschäftsfelder:

- Bier (z.B. *Radeberger*, *Jever*, *Schöfferhofer*, *Clausthaler*),
- Alkoholfreie Getränke (z.B. *Selters*, *Bionade*).

Im Folgenden soll für die Abgrenzung eines SGF ein **erweitertes Marktmodell** entwickelt werden. Wir gehen von fünf Dimensionen aus:

- Technologie,
- Produkt,
- Problemlösung,
- Wettbewerber,
- Nachfrager.

Ein Anbieter wendet eine bestimmte Technologie an, um ein Produkt herzustellen und anzubieten, das zu einer Problemlösung befähigt. Wettbewerber treten mit derselben Absicht am Markt auf. Die Nachfrager auf der anderen Seite äußern einen bestimmten Bedarf, der zu einer Nachfrage führt und durch die Problemlösung befriedigt wird. In Abb. 2-35 ist dieser Zusammenhang dargestellt.

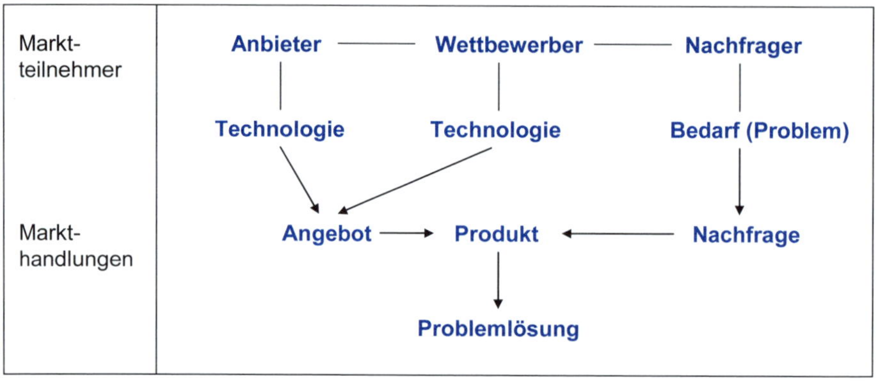

Abb. 2-35: Markt-Modell zur Abgrenzung eines SGF

[2] Planungskonzept

Strategische Geschäftsfelder stellen Planungseinheiten dar, d.h. an ihnen wird die strategische Planung vollzogen. Sie müssen sich daher klar voneinander abgrenzen lassen. Die Abgrenzung lässt sich mit Hilfe der erörterten fünf Marktdimensionen vornehmen (vgl. Abb. 2-36). Dabei ist festzustellen, dass diese Marktdimensionen nicht isoliert voneinander zu sehen sind, sondern sich teilweise überschneiden und auch beeinflussen.

Das Profil des jeweiligen SGF hängt davon ab, welche Grundorientierung gewählt wird. Sie kann sich schwerpunktmäßig beziehen auf:

(a) Das Produkt: Das SGF wird am Produkt bzw. an Produktgruppen ausgerichtet. Diese Konzeption entspricht der traditionellen Vorstellung von der Bildung Strategischer Geschäftsfelder in Form der sog. Produkt-Markt-Kombination.

Beispiel: Eine Computerfirma bildet die SGF „Hardware" und „Software".

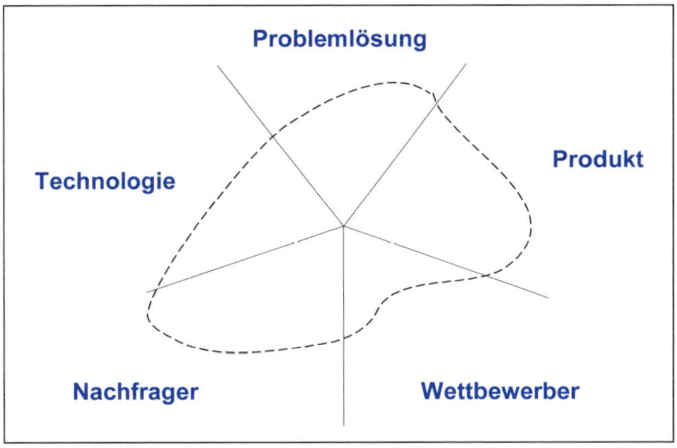

Abb. 2-36: Die fünf Dimensionen eines SGF

(b) Die Problemlösung: Hier wird nicht auf das Produkt abgehoben, sondern auf einen Tätigkeitsbereich. *Levitt* ([Marketing] 46) formulierte bereits 1960: "Management must think of itself not as producing products but as providing customer-creating value satisfactions".

Beispiel: Dieselbe Computerfirma bietet Problemlösungen für die Lohnbuchhaltung und die Kostenrechnung an. Die jeweilige Problemlösung ist das Strategische Geschäftsfeld.

(c) Die Technologie: Während die bisher genannten Dimensionen sich am Absatz orientieren, findet hier eine Ausrichtung an der Produktion und der ihr vorgelagerten FuE statt. Diese Grundorientierung dürfte bei technologieintensiven Unternehmen zum Zuge kommen, bei denen in der Anwendung einer bestimmten Technik ein wesentlicher strategischer Vorteil gesehen wird (vgl. Technologie-Portfolio, S. 162ff.).

Beispiel: Es werden SGF für Standard-Systeme und Profi-Systeme gebildet.

(d) Die Wettbewerber: Hier findet eine Ausrichtung an den identifizierbaren Wettbewerbern bzw. an der Intensität des Wettbewerbs statt. Dies dürfte dann der Fall sein, wenn die Strategie schwerpunktmäßig auf die Konkurrenz ausgerichtet ist.

Beispiel: Der Computerhersteller bildet ein SGF für USA (hohe Wettbewerbsintensität) und ein SGF für Osteuropa (geringe Wettbewerbsintensität).

(e) Die Nachfrager: Die Wahl dieser Dimension führt zur klassischen Einteilung der SGF in Marktsegmente. Diese Marktsegmentierung kann u.a. nach geographischen, demographischen, psychographischen und verhaltensorientierten Merkmalen erfolgen.

Beispiel: Strategische Ausrichtung einer Computerfirma an Großabnehmern (Firmen- bzw. Systemkunden) und Einzelabnehmern (Privatkunden).

Ob nun den Strategischen Geschäftsfeldern weite oder enge Grenzen gezogen werden, hängt davon ab, welcher Grad der Zielgenauigkeit bei der Marktbearbeitung angestrebt wird. Eine enge Geschäftsfeldabgrenzung erlaubt sehr spezifische Strategieempfehlungen, eine weite Abgrenzung erhöht den Grad der Übersichtlichkeit, lässt aber nur eine allgemeine Strategieempfehlung zu, da die SGF in sich heterogen sind. Hierin liegt ein Dilemma.

[3] Organisationskonzept

Dem umweltorientierten Planungskonzept muss ein bestimmtes binnenorientiertes Organisationskonzept folgen. Es äußert sich in der Bildung von Strategischen Geschäftseinheiten (SGE; engl.: Strategic Business Unit = SBU). Die **SGE** stellen organisatorische Einheiten in Unternehmen dar, an die der Prozess der Formulierung, vor allem aber der Präzisierung und Ausführung spezifischer Strategien von der Unternehmensleitung delegiert wird. Sie sind mit einem gewissen Grad an Autonomie ausgestattet und bilden selbständige Abrechnungskreise (Profit Center).

In Abb. 2-37 ist der Zusammenhang zwischen Marktkonzept, Planungskonzept und Organisationskonzept am Beispiel „PC" dargestellt (vgl. auch *Ansoff/McDonnell* [Implanting] 51).

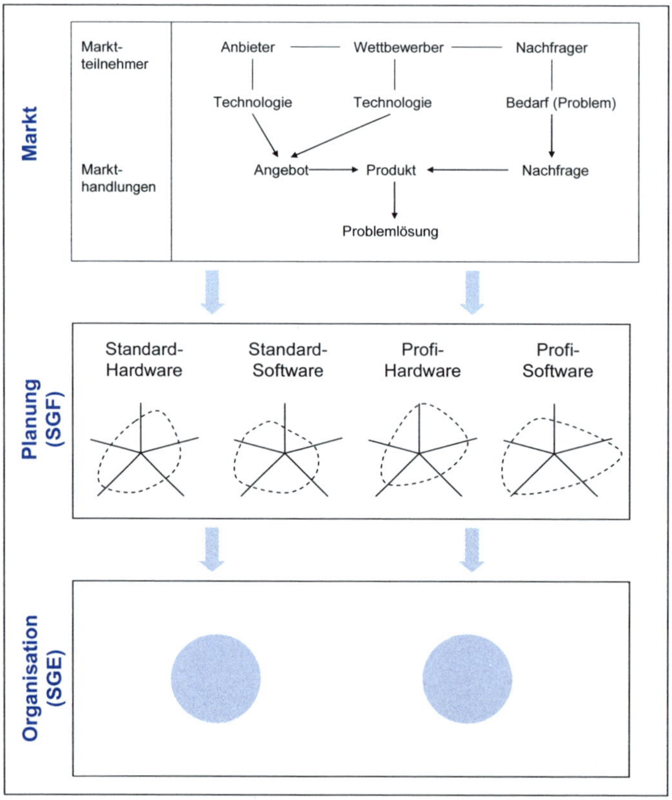

Abb. 2-37: Zusammenhang zwischen Markt, SGF und SGE am Beispiel „PC"

Eine SGE kann für ein einziges SGF zuständig sein. In diesem Fall liegt ein strategieorientiertes Organisationsmodell vor. Eine SGE kann aber auch für mehrere SGF verantwortlich sein. In Abb. 2-38 sind denkbare Beziehungen zwischen SGE und SGF dargestellt. Zum Verhältnis der SGE zu den Sparten im Rahmen der Divisionalen Organisation vgl. S. 393.

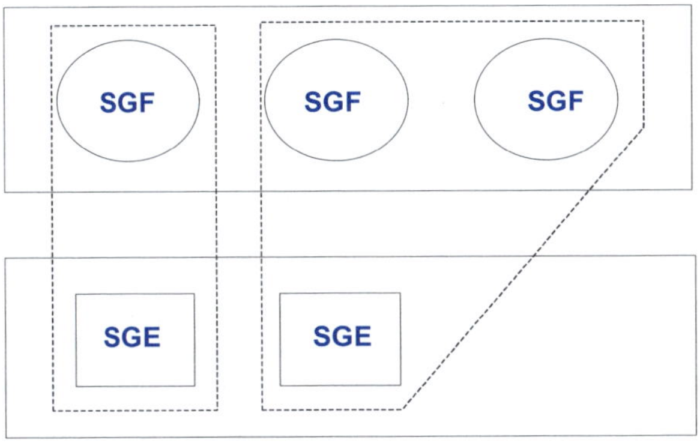

Abb. 2-38: Beziehungen zwischen SGE und SGF

In Abb. 2-39 sind drei Kriterien genannt, mit deren Hilfe sich SGF und SGE unterscheiden lassen.

Kriterien	SGF	SGE
Orientierungsrichtung	Umweltorientierung	Binnenorientierung
Anlass der Differenzierung	Marktsegmentierung	Bildung organisatorischer Einheiten
Ursachen für die Bildung	- Gezielte Marktbearbeitung - Reduktion von Komplexität	- Arbeitsteilung - Ressourcenzuteilung - Schaffung von Zuständigkeiten für Formulierung, Präzisierung, Ausführung und Monitoring spezifischer Strategien

Abb. 2-39: Unterschiede zwischen SGF und SGE

4.6.3.2 Positionierung der Strategischen Geschäftsfelder

Die Strategischen Geschäftsfelder werden im Portfolio entsprechend der Merkmale, die ein SGF im Hinblick auf die Umwelt und die Unternehmenssituation aufweist, positioniert.

Wir unterscheiden eine Punktpositionierung und eine Bereichspositionierung. Eine **Punktpositionierung** liegt dann vor, wenn dem SGF eine eindeutige Position im Portfolio zugewiesen werden kann.

Die **Bereichspositionierung** berücksichtigt die Unsicherheit bei der Ermittlung der ein SGF charakterisierenden Merkmale. Bei der BCG-Matrix (vgl. Abb. 2-41, S. 154) sind dies der relative Marktanteil und das Marktwachstum.

Bei der Bereichspositionierung wird für ein SGF der Bereich abgegrenzt, in dem sich dieses Feld in der Zukunft bewegen könnte. Zur Erhöhung des Informationsgehaltes ist es zweckmäßig, die erwarteten Positionen mit Wahrscheinlichkeiten zu versehen. Unter diesen Umständen wird dann deutlich, ob Abweichungen vom „Mittelpunkt" mit großer oder mit geringer Wahrscheinlichkeit zu erwarten sind.

Die Bereichspositionierung hat den **Vorteil**, dass unterschiedliche Erwartungen dokumentiert werden. Damit verbunden ist eine Sensibilisierung für künftige Entwicklungen, d.h. der Beobachter wird explizit darauf hingewiesen, dass die Positionierung noch nicht endgültig abgeschlossen ist, sondern zusätzlicher Informationen bedarf. Die aus einer Positionierung abzuleitenden Strategien können daher unter diesen Umständen auch nicht endgültig festgelegt werden.

Formal lässt sich die Bereichspositionierung mit der Technik der „Risk analysis" nach *Hertz* durchführen (vgl. *Hertz* [Risk analysis]).

Ob eine Punktpositionierung möglich ist, hängt auch von der zuvor gewählten Abgrenzung der SGF ab. So lässt sich bspw. bei großen und heterogenen Strategischen Geschäftsfeldern eine Punktpositionierung kaum durchführen.

4.6.4 Varianten von Portfolios

Zur Charakterisierung der wesentlichen Merkmale der Portfolio-Technik wurde die einfachste und gleichzeitig bekannteste Form der Portfolio-Analyse gewählt, die Marktwachstum-Marktanteil-Matrix. Im Folgenden sollen verschiedene Varianten von Portfolios systematisch erörtert werden. Sie wurden in den 70er Jahren von Forschung und Praxis - insbesondere von bekannten Unternehmensberatungsgesellschaften - entwickelt. Das Gemeinsame dieser Varianten ist in der zweidimensionalen Gegenüberstellung von Merkmalen der Unternehmensumwelt und Merkmalen zur Charakterisierung des strategischen Potenzials eines Unternehmens zu sehen. Unterschiede bestehen in der Zielsetzung der Portfolios und der Interpretation von Umwelt und Unternehmenspotenzial. Vgl. dazu auch den marktorientierten und den ressourcenorientierten Ansatz (S. 29ff.).

Es lassen sich zwei Gruppen unterscheiden:

- Absatzmarktorientierte Portfolios,
- ressourcenorientierte Portfolios.

Abb. 2-40 zeigt die im Folgenden zu behandelnden Portfolio-Konzepte mit ihren jeweils spezifischen Unternehmens- und Umweltdimensionen sowie den zugehörigen Strategischen Geschäftsfeldern (SGF).

	Unternehmen	Umwelt	SGF
Absatzmarktorientierte Portfolios			
1. Marktwachstum-Marktanteil-Portfolio (BCG-Matrix)	Relativer Marktanteil von Produkten	Marktwachstum	Produkt-Markt-Kombinationen
2. Marktattraktivität-Wettbewerbsvorteil-Portfolio (*McKinsey*-Matrix)	Relativer Wettbewerbsvorteil	Marktattraktivität	Produkt-Markt-Kombinationen
3. Wettbewerbsposition-Marktlebenszyklus-Portfolio (*A.D. Little*)	Wettbewerbsposition	Lebenszyklusphase	Produkt-Markt-Kombinationen
Ressourcenorientierte Portfolios			
1. Geschäftsfeld-Ressourcen-Portfolio (*Albach*)	Verfügbarkeit von Ressourcen Kostenentwicklung	Marktattraktivität von Produkten Produktlebenszyklus	Produkt-Ressourcen-Kombinationen
2. Technologie-Portfolio (*Pfeiffer* u.a.)	Technologiestärke	Technologieattraktivität	Produkttechnologie, Verfahrenstechnologie

Abb. 2-40: Portfolio-Konzepte

4.6.4.1 Absatzmarktorientierte Portfolios

Absatzmarktorientierte Portfolios sind auf Produkte und Absatzmärkte für diese Produkte ausgerichtet. Es wird mit Hilfe des Portfolios ermittelt, mit welchen Marketingstrategien auf welchen Märkten mit welchen Produkten strategische Erfolge zu erzielen sind. Zu den wichtigsten absatzmarktorientierten Konzepten zählen:

- Das Marktwachstum-Marktanteil-Portfolio (BCG-Matrix),
- das Marktattraktivität-Wettbewerbsvorteil-Portfolio (*McKinsey*-Matrix),
- das Wettbewerbsposition-Marktlebenszyklus-Portfolio (*A. D. Little*).

4.6.4.1.1 Marktwachstum-Marktanteil-Portfolio (BCG-Matrix)

Das Marktwachstum-Marktanteil-Portfolio von der Unternehmensberatungsgesellschaft *Boston Consulting Group* (BCG) stellt die erste und einfachste Variante einer Portfolio-Matrix dar. Ihre Grundzüge wurden bereits auf S. 145f. beschrieben. Als Umweltdimension wird das Marktwachstum und als Unternehmensdimension der relative Marktanteil eines Produktes definiert. Zielgröße ist der Cash Flow. Die strategische Bedeutung des Marktwachstums und des relativen Marktanteils beruht auf den theoretischen Aussagen der **PIMS-Studie** und des **Erfahrungskurvenkonzeptes**: Je stärker das Marktwachstum und je höher der Marktanteil, umso ergiebiger fällt der endgültige Beitrag zum Cash Flow aus, wenn auch ein aktuelles Marktwachstum wegen der hohen Investitionstätigkeit zunächst Cash Flow bindet.

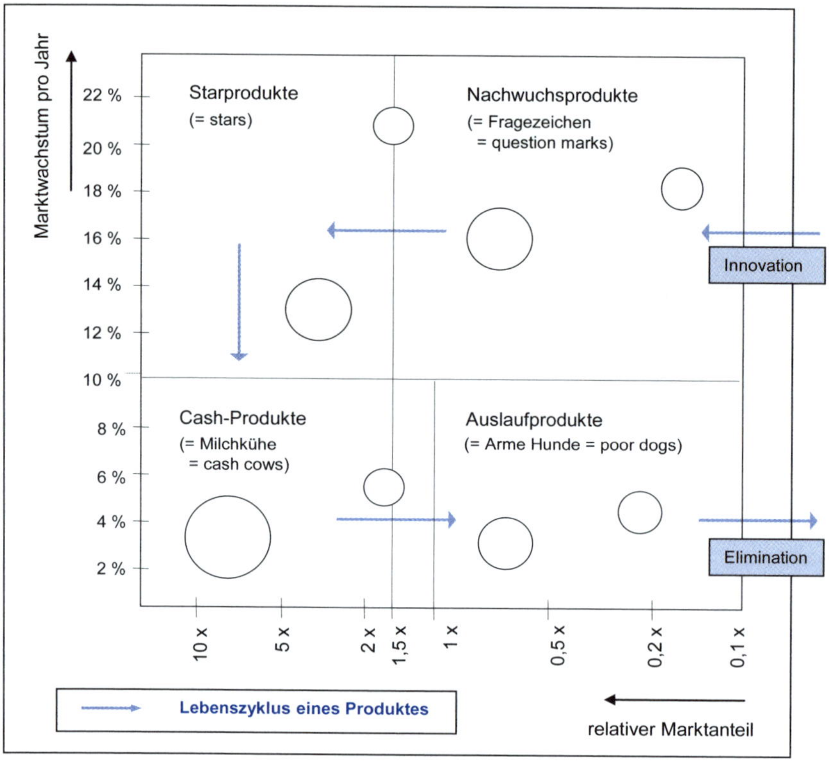

Abb. 2-41: Marktwachstum-Marktanteil-Portfolio

Nachwuchsprodukte (question marks) stellen innovative Produkte dar. Sie werden auf schnell wachsenden Märkten positioniert, haben aber bislang nur einen geringen Marktanteil erreicht. Hier ist zu überlegen, ob sich eine Steigerung des Marktanteils verwirklichen lässt, also aus einem „question mark" ein „star" gemacht werden kann.

Starprodukte (stars) befinden sich in einem wachsenden Markt und erfreuen sich eines besonders hohen Marktanteils. Sie stellen die Hoffnungsträger des Unternehmens dar, nehmen aber wie die Nachwuchsprodukte noch Cash Flow in Anspruch.

Cash-Produkte (cash cows) erzeugen Cash Flow, da sie mit einem hohen Marktanteil versehen sind (Erfahrungskurveneffekt) und wegen des geringen Marktwachstums Investitionen und Marketingaktivitäten reduziert werden können.

Auslaufprodukte (poor dogs) sind kaum mehr in der Lage, Zahlungsüberschüsse zu erzielen, da sie aus Produkten bestehen, die sich auf einem Markt mit geringem Wachstum bei gleichzeitig geringem Marktanteil befinden.

Die vier Produkt-Markt-Kombinationen lassen sich exakt den vier Phasen im Marktzyklus zuordnen (vgl. Abb. 2-29, S. 135). In Abb. 2-41 ist der typische Lauf eines Produktes durch die Matrixfelder mit Pfeilen markiert.

Jedem Matrixfeld lässt sich eine **Normstrategie** zuordnen, nämlich

- den Nachwuchsprodukten eine Offensivstrategie (oder im Falle eines drohenden Flops eine rasche Desinvestitionsstrategie),
- den Stars eine Investitionsstrategie,
- den Cash-Produkten eine Abschöpfungsstrategie und
- den Auslaufprodukten eine Desinvestitionsstrategie.

Mit der Bedeutung von Normstrategien werden wir uns noch näher beschäftigen (vgl. S. 194f.).

Der Trennungsstrich zwischen Cash-Produkten und Auslaufprodukten bei einem relativen Marktanteil von 1,5 beruht auf folgender Erkenntnis: Signifikante Erfolge treten erfahrungsgemäß dann ein, wenn der Marktanteil mindestens 50 % höher ist als der des stärksten Konkurrenten.

4.6.4.1.2 Marktattraktivität-Wettbewerbsvorteil-Portfolio (*McKinsey*-Matrix)

Das Marktattraktivität-Wettbewerbsvorteil-Portfolio wurde von *McKinsey* und *General Electric* entwickelt. Dieses Portfolio (vgl. Abb. 2-42) unterscheidet sich von der BCG-Matrix in folgenden Punkten:

- Als Zielgröße wird nicht der Cash Flow, sondern der RoI gewählt.
- Die Determinanten der Umwelt werden durch die Marktattraktivität abgebildet.
- Die durch das Unternehmen beeinflussbaren Größen schlagen sich im relativen Wettbewerbsvorteil nieder.
- Statt einer Vier-Felder-Matrix wird eine Neun-Felder-Matrix gebildet.

Marktattraktivität und relativer Wettbewerbsvorteil, die beiden Dimensionen der *McKinsey*-Matrix, werden jeweils durch eine Vielzahl von unterschiedlich gewichteten Faktoren beschrieben und zu einem das jeweilige SGF charakterisierenden Gesamtwert aggregiert.

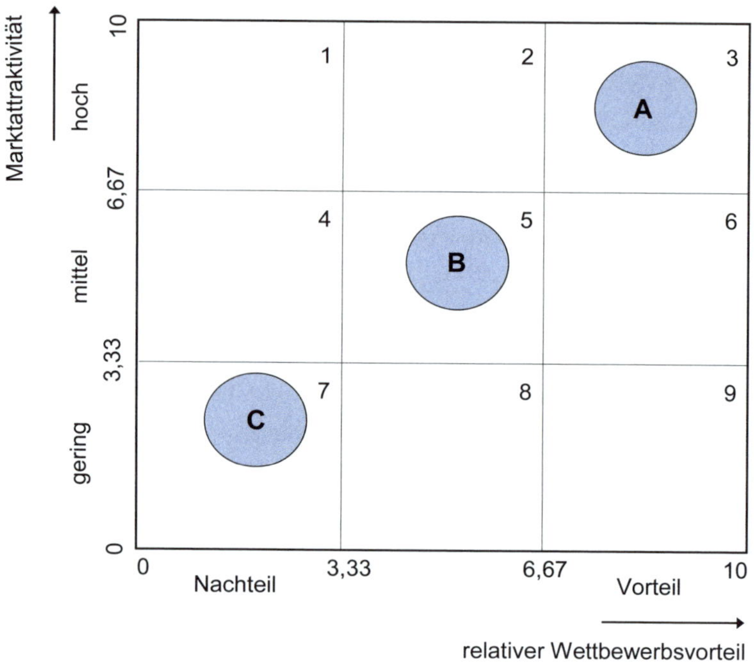

4, 7, 8	Abschöpfungs- bzw. Desinvestitionsstrategie
1, 5, 9	Selektionsstrategie (Offensiv-, Defensiv- und Übergangsstrategie)
2, 3, 6	Wachstums- bzw. Investitionsstrategie

Abb. 2-42: Marktattraktivität-Wettbewerbsvorteil-Portfolio

Folgende **Schritte** sind wesentlich:

[1] Ermittlung der Marktattraktivität

Gehen wir von der auf S. 97ff. skizzierten Marktanalyse aus, so kann der Gesamtwert für die Marktattraktivität nach dem in Abb. 2-43 beschriebenen Verfahren ermittelt werden (vgl. auch *Hinterhuber* [Unternehmungsführung 1] 157). Die Faktoren der Marktattraktivität werden im Hinblick auf ihren Zielbeitrag bewertet und gewichtet. In Abb. 2-43 sind die drei SGFs, die sich in der Portfolio-Matrix befinden (vgl. Abb. 2-42), durch ein Polaritätsprofil dargestellt.

[2] Ermittlung des relativen Wettbewerbsvorteils

Zur Ermittlung der Stärken und Schwächen eines Unternehmens haben wir eine Systematik von Erfolgspotenzialen entworfen (vgl. S. 123ff.). Von dieser Systematik gehen wir aus, um die Wettbewerbsvorteile für die drei SGF im Vergleich zum stärksten Wettbewerber zu ermitteln.

In Abb. 2-44 ist die Vorgehensweise beschrieben.

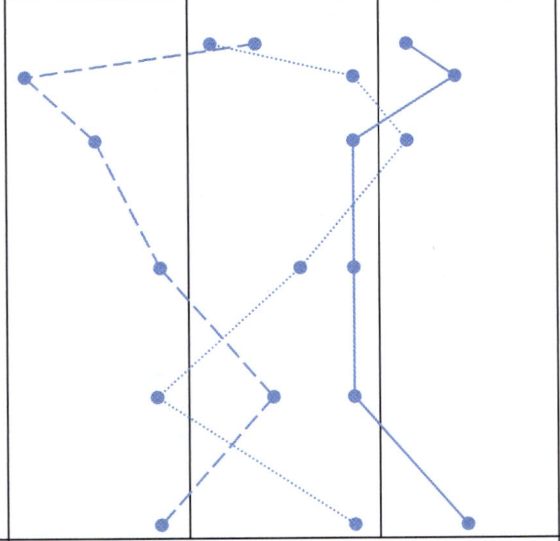

Marktattraktivität	Bewertung gering ← → hoch 1 2 3 4 5 6 7 8 9 10	Gewichtung	gewichtete Werte A	gewichtete Werte B	gewichtete Werte C
1. Marktpotenzial					
• Marktgröße		0,15	1,2	0,6	0,75
• Marktwachstum		0,2	1,8	1,4	0,2
2. Marktstruktur					
• Wettbewerber		0,2	1,4	1,6	0,4
– Zahl der Wettbewerber					
– Größe der Wettbewerber					
– Marktzutrittsschranken					
• Lieferanten		0,15	1,05	0,9	0,45
– Verhandlungsstärke					
– Störanfälligkeit					
– Entw. d. Faktorpreise					
• Abnehmer		0,15	1,05	0,45	0,75
– Verhandlungsstärke					
– Produktbindung					
– Preissensitivität					
3. Beschaffenheit des Gutes		0,15	1,35	1,05	0,45
Summe		1,0	7,85	6,00	3,00

SGF A = ——— **SGF B =** ········ **SGF C =** – – – –

Abb. 2-43: Ermittlung der Marktattraktivität

Erfolgspotenziale	Bewertung (gering ← → hoch; 1 2 3 4 5 6 7 8 9 10)	Gewichtung	gewichtete Werte A	B	C
1. Beschaffung		0,075	0,6	0,225	0,375
2. Produktion		0,1	0,7	0,4	0,4
3. Absatz		0,075	0,45	0,3	0,45
4. Kapital		0,15	1,2	1,05	0,45
5. Personal		0,1	0,8	0,8	0,3
6. Technologie		0,075	0,6	0,45	0,225
7. Planung		0,125	1,125	0,75	0,25
8. Kontrolle		0,1	0,9	0,6	0,2
9. Information		0,1	1,0	0,5	0,1
10. Organisation		0,05	0,5	0,35	0,05
11. Unternehmenskultur		0,05	0,45	0,4	0,05
Summe		1,0	8,325	5,825	2,85

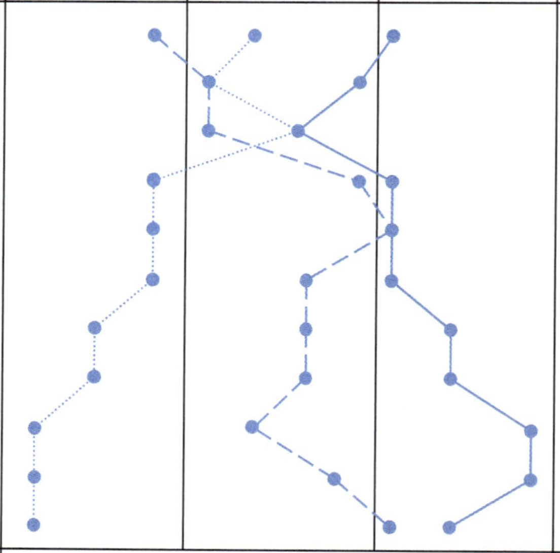

SGF A = **SGF B =** **SGF C =**

Abb. 2-44: Ermittlung des relativen Wettbewerbsvorteils

[3] Formulierung einer Normstrategie

Aus der Position der einzelnen SGF im Portfolio lassen sich SGF-spezifische Strategien, sog. Normstrategien, ableiten. Bei der *McKinsey*-Matrix sind sie auf die Hauptzielsetzung der Steigerung des RoI ausgerichtet. **Klassen von Normstrategien** sind:

- Wachstums- bzw. Investitionsstrategie,
- Abschöpfungs- bzw. Desinvestitionsstrategie,
- Selektionsstrategie (Offensiv-, Defensiv- und Übergangsstrategie).

Die Zuordnung der Normstrategien zu den einzelnen Matrixfeldern ist Abb. 2-42 zu entnehmen.

4.6.4.1.3 Wettbewerbsposition-Marktlebenszyklus-Portfolio

Das Wettbewerbsposition-Marktlebenszyklus-Portfolio ist von der Unternehmensberatungsgesellschaft *Arthur D. Little* entwickelt worden. **Grundlage** dieser Portfolio-Matrix ist das Konzept des Produktlebenszyklus (vgl. S. 134ff.), das auf Märkte übertragen wird. Im Gegensatz zur BCG-Matrix wird hier die Unternehmensumwelt nicht durch das Marktwachstum, sondern durch die verschiedenen Lebenszyklusphasen repräsentiert. Der relative Marktanteil zur Charakterisierung der unternehmerischen Stärke wird durch die Wettbewerbsposition ersetzt. Dabei werden fünf Stufen unterschieden. Bei vier Phasen des **Marktlebenszyklus** (Einführung, Wachstum, Reife, Degeneration) und fünf **Wettbewerbspositionen** (dominant, stark, günstig, haltbar und schwach) erhalten wir insgesamt 20 Matrixfelder.

Den Matrixfeldern werden die in Abb. 2-45 dargestellten 20 Normstrategien zugeordnet (vgl. *Dunst* [Portfolio-Management] 59). Die Liste der Strategieempfehlungen zeigt, dass Ähnlichkeiten mit den Normstrategien des Marktanteil-Marktwachstum-Portfolios bestehen. Die Lebenszyklusphasen sind in etwa den vier Produkt-Markt-Kombinationen der BCG-Matrix zuordenbar. Die stärkere Differenzierung im Wettbewerbsposition-Marktlebenszyklus-Portfolio nimmt insbesondere auf alternative Marktkonstellationen Rücksicht - ein Aspekt, der bei den anderen marktorientierten Portfolio-Varianten vernachlässigt wird.

4.6.4.2 Ressourcenorientierte Portfolios

Die absatzmarktorientierten Konzepte der Portfolio-Analyse wählen die Position eines Unternehmens auf dem Absatzmarkt zum Gegenstand der strategischen Analyse. Bei der Erfassung des Marktanteils (im Rahmen der BCG-Matrix) und des relativen Wettbewerbsvorteils (im Rahmen der *Mc-Kinsey*-Matrix) kommen zwar Aspekte der Ressourcenstärke zum Ausdruck, dies jedoch indirekt und eher beiläufig. Bietet ein absatzmarktorientiertes Portfolio die Grundlage für die Generierung von Normstrategien des Wettbewerbsverhaltens und für die Finanzmittelsteuerung in zukunftsträchtige Geschäftsfelder, so werden bei den ressourcenorientierten Konzepten konkrete Empfehlungen für die Förderung von Ressourcen abgeleitet. Ressourcenstrategien sind nicht mehr nur „Erfüllungsgehilfen" von Marktstrategien, sondern rücken in das Zentrum der Betrachtung.

Wettbewerbsposition	Lebenszyklusphase			
	Einführung	Wachstum	Reife	Degeneration
Dominant	Marktanteil hinzugewinnen oder mindestens halten	Position halten, Marktanteil halten	Position halten, Wachstum mit der Branche	Position halten
Stark	Investieren, um Position zu verbessern; Marktanteilsgewinnung (intensiv)	Investieren, um Position zu verbessern; Marktanteilsgewinnung	Position halten, Wachstum mit der Branche	Position halten oder ‚ernten'
Günstig	Selektive oder volle Marktanteilsgewinnung; selektive Verbesserung der Wettbewerbsposition	Versuchsweise Position verbessern; selektive Marktanteilsgewinnung	Minimale Investition zur Instandhaltung; Aufsuchen einer Nische	‚Ernten' oder stufenweise Reduzierung des Engagements
Haltbar	Selektive Verbesserung der Wettbewerbsposition	Aufsuchen und Erhaltung einer Nische	Aufsuchen einer Nische oder stufenweise Reduzierung des Engagements	Stufenweise Reduzierung des Engagements oder Liquidierung
Schwach	Starke Verbesserung oder Rückzug	Starke Verbesserung oder Liquidierung	Stufenweise Reduzierung des Engagements	Liquidierung

Abb. 2-45: Wettbewerbsposition-Marktlebenszyklus-Portfolio

Ressourcenorientierte Portfolios wurden in den 70er Jahren aufgrund der Erfahrung mit der Rohstoffabhängigkeit (Ölkrise) entwickelt.

Wir erörtern zwei ressourcenorientierte Portfolios:

- Das Geschäftsfeld-Ressourcen-Portfolio (*Albach*) und
- das Technologie-Portfolio (*Pfeiffer* u.a.).

Das **Geschäftsfeld-Ressourcen-Portfolio** hebt auf die Beschaffungsseite ab und rückt die Bedeutung strategischer Gefährdungen in den Mittelpunkt der Betrachtung. Das **Technologie-Portfolio** rückt die Ressourcenstärke in den Vordergrund. Beide bewegen sich also nicht auf der Ebene des Produkts, sondern der Potenziale. Damit sind die Informationen der ressourcenorientierten Portfolios denen der absatzorientierten Portfolios zeitlich und sachlich **vorgelagert**.

4.6.4.2.1 Geschäftsfeld-Ressourcen-Portfolio

Albach ([Unternehmensplanung] 702) entwickelte ein Konzept, das den Beschaffungsmarkt und den Absatzmarkt integriert. Es werden dabei kritische Produkt-Ressourcen-Kombinationen aufgezeigt. Aus einer isolierten Produkt-Matrix und einer isolierten Ressourcen-Matrix wird ein kombiniertes Geschäftsfeld-

Ressourcen-Portfolio aufgebaut. Es enthält bezüglich der Beschaffungs- bzw. Absatzmarktsituation ungefährdete Geschäftsbereiche, offene Geschäftsbereiche und gefährdete Geschäftsbereiche (vgl. Abb. 2-46). Das Interesse für die Beschaffungssituation erwacht immer dann, wenn Ressourcen knapp und teuer werden. Ein Beispiel hierfür ist die Energie, speziell das Rohöl, dessen Verfügbarkeit begrenzt ist.

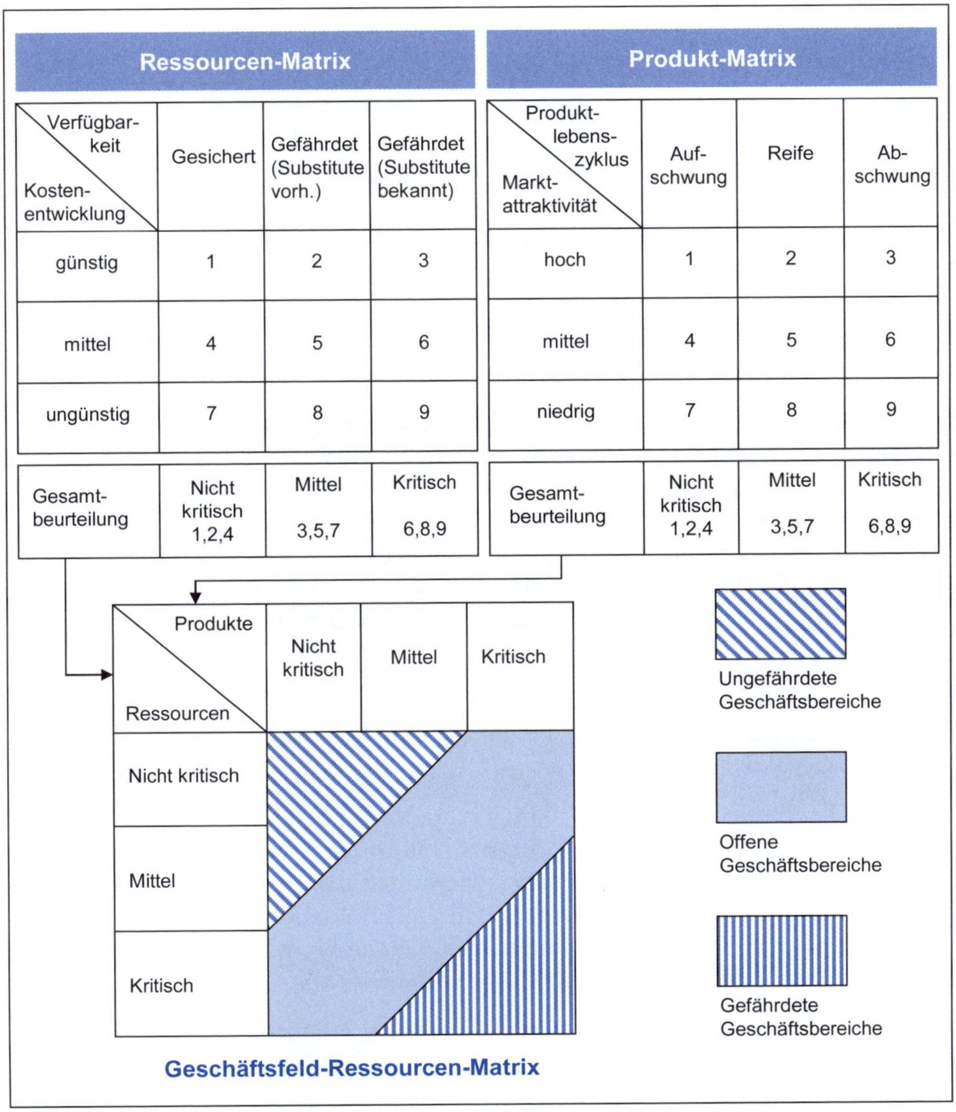

Abb. 2-46: Geschäftsfeld-Resssourcen-Portfolio

Die **Produkt-Matrix** beschreibt Kombinationen von Phasen des Produktlebenszyklus und Stufen der Marktattraktivität. Die **Ressourcen-Matrix** liefert Beurteilungen der für die Produktion benötigten Ressourcen nach ihrer Kostenentwicklung und Verfügbarkeit für das Unternehmen.

Ein Geschäftsbereich ist dann ungefährdet, wenn er bezüglich der Absatzseite wie auch der Ressourcenseite in der **Geschäftsfeld-Ressourcen-Matrix** als unkritisch bewertet werden kann. Ist dies nicht der Fall, so empfiehlt sich eine Strategie zur Verbesserung der Ressourcensituation (z.B. Suche nach Ersatzressourcen) nur dann, wenn die Produkt-Matrix eine günstige Gesamtbeurteilung liefert.

4.6.4.2.2 Technologie-Portfolio

Die Grundidee der absatzmarktorientierten Konzepte der Portfolio-Analyse beruht auf der Hypothese, dass ein Zusammenhang zwischen dem Unternehmenserfolg und der Absatzstrategie besteht. Ein typisches Beispiel stellt die auf der PIMS-Studie beruhende Annahme über einen Zusammenhang zwischen dem RoI und dem Marktanteil dar. Die vor dem Hintergrund einer rasanten technologischen Entwicklung aufkommende Klage über eine mangelnde Berücksichtigung technologischer Aspekte in diesen Modellen führte seit Anfang der 80er Jahre zur Konzeption einer Reihe neuartiger Portfolio-Ansätze, die eine explizite planerische Berücksichtigung der Technologie-Dimension ermöglichen sollen.

Charakteristisch für Technologie-Portfolios ist die Gegenüberstellung von unternehmensexternen, weitgehend unbeeinflussbaren Parametern (technologische Chancen und Risiken) und unternehmensinternen, beeinflussbaren Parametern (technologische Stärken und Schwächen), die zu zwei Dimensionen im Rahmen einer Portfolio-Matrix verdichtet werden. Die Dimensionen sollen dabei einerseits als Maßstab für die zukünftigen Aussichten einer Technologie im Wettbewerb generell und andererseits zur Beschreibung der spezifischen Unternehmensposition bezüglich der betreffenden Technologie dienen.

Im Rahmen des Technologie-Portfolios wird die Technologie als strategischer Erfolgsfaktor betont, d.h. es werden Handlungsempfehlungen für die Forschungs- und Entwicklungsaktivitäten abgeleitet.

Es lassen sich verschiedene **Arten** von Technologie-Portfolio-Ansätzen unterscheiden. Bekannt geworden sind die Ansätze von *Arthur D. Little* und die Konzeption von *Pfeiffer* u.a. Der Ansatz von *Little* ermittelt u.a. den Lebenszyklus von Technologien und die unternehmensspezifische technologische Position im Vergleich zu Wettbewerbern. Technologiestrategien werden beeinflusst von der Wettbewerbsposition und der Lebenszyklusphase der Technologie.

Anders die Vorgehensweise von *Pfeiffer* u.a. Sie soll im Folgenden näher beschrieben werden ([Technologie-Portfolio] 85ff.):

Das Technologie-Portfolio bildet die strategischen Positionen in einer zweidimensionalen 9-Felder-Matrix mit den Dimensionen „Technologieattraktivität" und „Technologie-Ressourcenstärke" ab. Die unternehmensexterne, von der Unternehmung weitgehend unbeeinflussbare **Technologieattraktivität** spiegelt - vereinfacht gesprochen - die Summe aller technisch-wirtschaftlichen Vorteile wider, die durch die Weiterentwicklung eines Technologiefeldes (etwa der Gewinnung von Energie durch Windkraft) noch realisiert werden können.

Die als strategischer Aktions-Parameter entscheidende, da beeinflussbare Größe, ist die **Technologie-Ressourcenstärke**, welche die technische und wirtschaftliche Beherrschung eines Technologiegebietes im Vergleich zur Konkurrenz zum Ausdruck bringt. Dabei wird zwischen Produkttechnologie und Verfahrenstechnologie unterschieden. *Pfeiffer* u.a. zerlegen die Ressourcenstärke in mehrere Einflussgrößen. Die beiden bestimmenden Komponenten sind die Finanzstärke und die Know How-Stärke.

Die **Positionierung** der betrachteten Technologien erfolgt analog zur Vorgehensweise traditioneller Markt-Portfolio-Methoden durch deren Einstufung anhand der gewählten Portfolio-Dimensionen. Im Gegensatz zu der traditionellen Markt-Portfolio-Betrachtung setzt die Technologie-Portfolio-Methode von *Pfeiffer* u.a. jedoch nicht an den Produktgruppen oder Produkten, sondern an der in ihnen enthaltenen Technologie an und erfasst einen **wesentlich längeren Zeithorizont**.

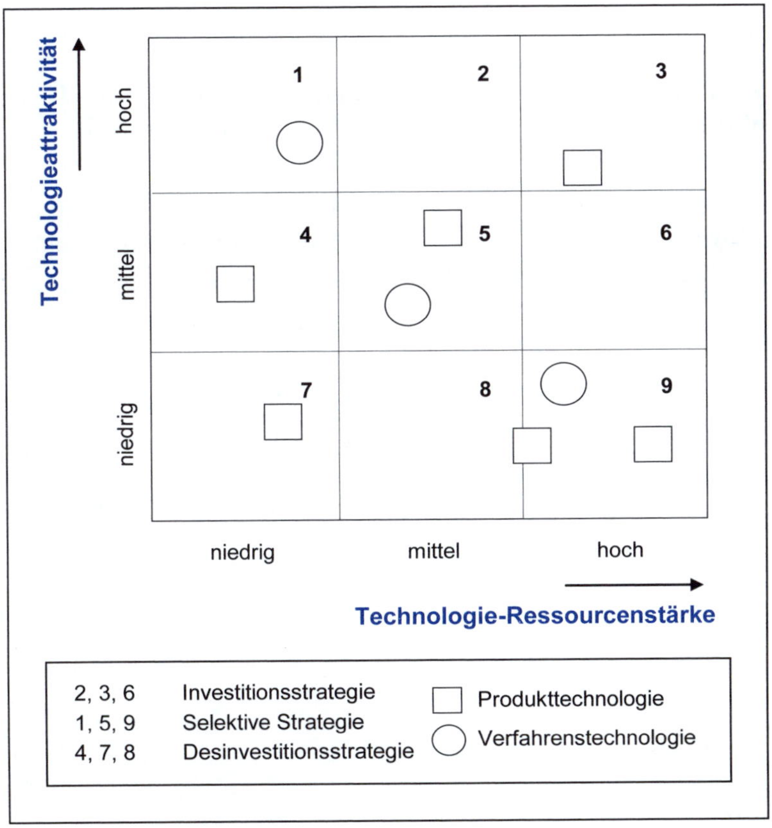

Abb. 2-47: Technologie-Portfolio nach *Pfeiffer* u.a.

In Abb. 2-47 ist ein Technologie-Portfolio dargestellt. Es enthält auch eine Zusammenstellung jener Strategien, die sich aus der Position der Technologie im

Portfolio ableiten lassen. Für die Diagonalfelder der Technologie-Portfolio-Matrix kann keine einheitliche Handlungsempfehlung abgegeben werden, da sie sowohl Merkmale von Investitions- als auch von Desinvestitionsfeldern aufweisen: „In diesen Feldern positionierte Technologien sind nochmals einer eingehenden Betrachtung zu unterziehen“ (*Pfeiffer* u.a. [Technologie-Portfolio] 101).

4.6.5 Zielportfolio

Ein Zielportfolio (auch **Sollportfolio** genannt) stellt das in der Zukunft erwünschte Portfolio eines Unternehmens dar. In ihm wird das strategische Zielsystem abgebildet, das im Rahmen des Zielbildungsprozesses ermittelt worden ist. Dabei muss das Zielportfolio inhaltlich und zeitlich konkretisiert werden. Dieser Aufgabe kommt im Rahmen der strategischen Planung ein besonderes Gewicht zu. Diese Einschätzung wird deutlich, wenn man sich vergegenwärtigt, dass strategische Planung häufig mit der Antwort auf die Frage gleichgesetzt wird: Wo wollen wir in 5, 10 oder gar 20 Jahren stehen?

Bei der Erörterung der einzelnen Portfolio-Varianten sind bereits Ziele zum Ausdruck gebracht worden, so z.B. bei der BCG-Matrix die Sicherung des finanziellen Gleichgewichts (Ausgewogenheit des Cash Flow) und in der *McKinsey*-Matrix die Steigerung des RoI. Beim Geschäftsfeld-Ressourcen-Portfolio wurde die Risikopräferenz in das Zielsystem integriert, beim Technologie-Portfolio steht das Wachstumsziel im Vordergrund.

Die im Zusammenhang mit der Diskussion der einzelnen Portfolio-Varianten beschriebenen **Normstrategien** setzen ebenfalls eine Zielorientierung voraus, denn Normen für strategisches Handeln lassen sich nur aus Zielen ableiten.

Vergleicht man nun das Zielportfolio mit der Status-quo-Projektion des Istportfolios, so dürfte sich i.d.R. eine **strategische Lücke** identifizieren lassen. Diese Lücke lässt sich durch Wahl geeigneter Strategien überwinden.

Diese Vorgehensweise macht deutlich, dass die Portfolio-Analyse für den Fall, dass ein Zielportfolio formuliert wird und Normstrategien zur Diskussion gestellt werden, vom Beschreibungsmodell zum **Entscheidungsmodell** weiterentwickelt wird.

4.6.6 Kritische Würdigung der Portfolio-Analyse

Bei der Frage nach der Leistungsfähigkeit der Portfolio-Analyse lassen sich zwei kritische Ansätze unterscheiden:

Die Detailkritik und die Fundamentalkritik.

[1] Detailkritik

Sie richtet sich auf Schwachstellen bei einzelnen Schritten der Portfolio-Analyse:

(a) Segmentierung

Die Segmentierung wird übereinstimmend als fundamentaler erster Arbeitsschritt angesehen, der wesentlich über die Qualität und Effizienz der strategischen Planung entscheidet. Sind bspw. die gebildeten Produktsegmente zu groß, kommt es bei den SGF durch die unausweichliche interne Heterogenität zur Bildung inhaltsleerer Durchschnittswerte. Sind sie zu klein, sind Interdependenzen zwischen den SGF unvermeidlich und ihre Anzahl wird schnell unübersichtlich.

Neben der Produkt- bereitet auch die Marktabgrenzung Schwierigkeiten. Eine geographisch oder funktional unzulängliche Marktabgrenzung führt zu Fehleinschätzungen des Marktanteils, und die daraus resultierende fehlerhafte Positionierung verursacht falsche Schlussfolgerungen. Dem Dilemma zu großer oder zu kleiner SGF versuchen viele Unternehmen zu entkommen, indem sie jedes SGF des Gesamtportfolios als Ausgangspunkt für ein feineres Portfolio auf niederer Ebene benutzen. Mit solchen „Mehr-Ebenen-Portfolios" kann zwar das Problem der Nivellierung gemildert werden, die Interdependenzproblematik zwischen den großen SGF wie auch innerhalb solcher wird jedoch zusätzlich verschleiert.

Ein oder gar das Kernproblem der Segmentierung betrifft den Aspekt der Synergie. Zur autonomen Beurteilung sollen marktbezogene und innerbetriebliche Interdependenzen und Synergieeffekte zwischen den SGF ausgeschaltet werden. In der betrieblichen Praxis zielen Unternehmensstrategien aber häufig gerade auf die Erzielung solcher Synergieeffekte. Der Widerspruch ist nicht aufzulösen: Bei Beachtung von Synergieeffekten keine „theoriegetreue" Segmentierung, bei Missachtung Verzicht auf Wettbewerbsvorteile.

(b) Auswahl der Erfolgsfaktoren

Die Auswahl der Faktoren zur Charakterisierung der Umwelt und des Unternehmens stellt kein triviales Unterfangen dar. Es existiert keine universell gültige Liste, sondern es gibt nur unverbindliche Vorschläge.

Ein weiteres Problem besteht in der Ermittlung von Ursache-Wirkungs-Zusammenhängen zwischen Erfolg und Erfolgspotenzial. Das Zurechnungsproblem wird durch die Multidimensionalität der Zusammenhänge verschärft: Oft hat eine Ursache mehrere Wirkungen, eine Wirkung mehrere Ursachen.

In der Unternehmenspraxis wird die Suche nach Erfolgsfaktoren noch immer sehr stark von den Ergebnissen des PIMS-Programms gelenkt. Auf die Kritik an der PIMS-Studie sind wir bereits eingegangen (vgl. S. 132f.).

(c) Gewichtung der Erfolgsfaktoren

Auf die Frage nach der richtigen Gewichtung der Erfolgsfaktoren innerhalb der beiden Dimensionen „Marktattraktivität" und „Wettbewerbsposition" kann es für die betriebliche Praxis keine verbindliche Antwort geben. Da davon ausgegangen werden muss, dass die einzelnen Erfolgsfaktoren bei verschiedenen SGF von unterschiedlicher Bedeutung sind, ist eine situative Gewichtung der Faktoren für jedes SGF angebracht. Selbst bei Kenntnis der korrekten Gewichtung der Faktoren besteht noch das Problem der Abhängigkeit zwischen den Variablen. Durch die gegenseitige Beeinflussung kann es zu Doppelbewertungen kommen. Das vielleicht größte Problem im Rahmen des Gewichtungsvorganges besteht in der Gefahr der Illusion einer scheinbaren Objektivität, die die eigentlichen Probleme verdeckt und einer Zahlengläubigkeit Vorschub leistet.

(d) Beschaffung, Messung und Bewertung der Daten

Ein weiteres Problem besteht in der Beschaffung des erforderlichen Datenmaterials, insbesondere über die Marktsituation und die Konkurrenz.

Da die verschiedenen Erfolgsfaktoren unterschiedliche Ausprägungsdimensionen haben (Marktanteilsangabe: quantitativ; Eintrittsbarrieren: qualitativ), ist eine Vereinheitlichung auf einen gemeinsamen Maßstab notwendig. Die additive Zusammenfassung der gewichteten Bewertungen zum Dimensionswert setzt bei Punktbewertung ein in der Praxis kaum erfüllbares Kardinalskalenniveau voraus; i.d.R. kann bestenfalls Intervallskalenqualität erreicht werden. Mit einer kardinalen Messung wird folglich eine vermeintliche Messgenauigkeit vorgetäuscht.

Bei der Multifaktorenanalyse kommt es durch Reduktion der Erfolgsfaktoren zu einer Informationsverdichtung und damit zu einem Informationsverlust. Einzelwerte werden gegeneinander aufgerechnet, Extrembeurteilungen gehen verloren.

Das wohl wesentlichste Problem des Messvorgangs besteht in der Zuverlässigkeit der verwendeten Daten. Es wird immer schwieriger, exakte Informationen für die Gegenwart und v.a. für die Zukunft zu erhalten.

[2] Fundamentalkritik

Sie unterwirft den Ansatz der Portfolio-Analyse einer kritischen Würdigung:

(a) Theoriebestandteile

Die einzelnen Varianten von Portfolio-Analysen enthalten jeweils spezifische Theoriebestandteile in Form von **Gesetzeshypothesen**. So sind die Aussagen des PIMS-Programms über die Wirkungsweise strategischer Erfolgsfaktoren, das Konzept des Produktlebenszyklus und jenes der Erfahrungskurve in den absatzmarktorientierten Konzepten der Marktwachstum-Marktanteil-Matrix, der Marktattraktivität-Wettbewerbsvorteil-Matrix und der Wettbewerbsposition-Marktlebenszyklus-Matrix enthalten. Diese Theoriebestandteile haben wir einer kritischen Analyse unterzogen. Die dabei zu Tage geförderten Vorbehalte gelten nun im selben Umfang für jene Portfolio-Varianten, die diese Theoriebestandteile integrieren.

(b) Dynamik

Als komparativ-statisches Verfahren strukturiert die Portfolio-Analyse den Planungszeitraum nicht in **zeitlicher Hinsicht**. Für eine vorausschauende Planung ist aber nicht nur von Bedeutung, ob überhaupt, sondern auch wann mit einer bestimmten Entwicklung zu rechnen ist. Dazu äußert sich ein Portfolio explizit nicht.

(c) Strategiewahl

Das vorgegebene Verfahren der Strategiewahl ist zu **schematisch**: Es wird der Eindruck erweckt, als sei die Strategiefindung ein reines Methodenproblem. Dabei bedarf es zur Erarbeitung sinnvoller Strategien bei jedem einzelnen SGF eines intensiven und kreativen Nachdenkens und Abwägens. Strategiefindung ist kein allgemein gültiger, sondern ein singulärer Prozess, der die jeweils charakteristischen Bedingungen und Eigenarten zu berücksichtigen hat.

(d) Implementierung

Das Augenmerk der strategischen Planung richtet sich heute immer stärker auf den schwierigen Prozess der Implementierung von Strategien. Zur Umsetzung der Strategie ist von den Verfechtern der **Normstrategien** jedoch nur sehr wenig zu erfahren.

(e) Quersubventionierung

Parallel zur wachsenden Bedeutung der Shareholder Value-Orientierung gewinnen die Vorbehalte gegen die in der Portfolio-Betrachtung angelegte Quersubventionierung an Relevanz. Die Grundidee der Portfolio-Analyse besteht - wie dargelegt - darin, dass die einzelnen SGF nicht isoliert, sondern im **Verbund** zu sehen sind. Außerdem ist mit dem Portfolio-Management i.d.R. die Vorstellung vom ausgeglichenen Portfolio verbunden. Dies bedeutet in der Praxis häufig, dass erfolgreiche SGF „lahmende" SGF zu unterstützen haben. Diese Quersubventionierung verdeckt die Ineffizienz einzelner SGF. Der Ansatz des Shareholder Value verlangt jedoch, dass jedes SGF für sich effizient sein sollte.

[3] Fazit

Unter Würdigung der Detail- **und** der Fundamentalkritik ist festzustellen, dass der **Vorteil** der Portfolio-Analyse nicht so sehr im Ergebnis selbst, sondern im Prozess zu sehen ist, der mit der Wahrnehmung der einzelnen Schritte der Portfolio-Analyse durchzuführen ist: „The main purpose of the ... portfolio analysis is to help guide - but not substitute for - strategic thinking" (*Day* [Diagnosing] 38).

Die Portfolio-Analyse zwingt zu einer **Systematisierung** der Planungsaufgabe, sie legt die Probleme offen und regt Diskussionen an. Die Systematisierung besteht darin, dass eine Konzentration auf strategisch relevante Geschäftsfelder erfolgt, ebenso eine Konzentration auf Erfolgsfaktoren. Mit der Systematisierung und den ihr vorausgehenden Arbeiten legt die Portfolio-Analyse die Probleme offen und schafft so eine Grundlage für einen **Diskussionsprozess**. Die Abarbeitung der einzelnen methodischen Schritte sorgt dafür, dass wichtige Probleme nicht übersehen werden und die Kommunikation strukturiert wird. Die Portfolio-Matrix ist - überspitzt formuliert - nur ein Nebenprodukt dieses Prozesses: **Der Weg ist das Ziel.**

Ein nicht zu unterschätzender Vorteil der Portfolio-Analyse für die Praktiker ist außerdem in der relativ einfachen und daher schnell verständlichen **Visualisierung** der strategischen Situation zu sehen.

5 Strategiewahl

„Die Klage über die Schärfe des Wettbewerbs ist in Wirklichkeit meist nur eine Klage über den Mangel an Einfällen."

Walther Rathenau (1867-1922), Industrieller und Politiker

Beispiele für Unterschiede in den Strategien

In der globalen Automobilindustrie kämpfen die deutschen Hersteller *Daimler*, *VW* und *BMW* erfolgreich um Spitzenpositionen

Zunächst haben die Konkurrenten mit beinahe klassischen Rezepten den Weg aus der Krise der vergangenen Jahre gemeistert: Konzentration auf die Kernkompetenzen (Reduktion des Diversifikationsgrades), Aufbau stabiler und globaler Beschaffungs-, Fertigungs- und Montagesysteme im Verbund mit Kooperationspartnern, Prozessoptimierung und Total Quality Management, Nutzung von Skaleneffekten durch das Baukastenprinzip und die Plattformstrategie in der Produktion sowie Differenzierung der Produktpalette für Nischenmärkte.

Zur Erreichung ihrer Ziele, das Kerngeschäft abzusichern und im globalen Markt eine führende Wettbewerbsposition zu erreichen, unterscheiden sich die Strategien jedoch:

Daimler: *Daimler-Benz* drang durch die Fusion mit *Chrysler* in die Mittelklasse vor. Durch neue Marken wie *Chrysler*, *Dodge* oder *Jeep* sollte sich neben Größenvorteilen (economies of scale) auch die Chance, die Premiummarke *Mercedes* bei riskanten Neuentwicklungen (*A-Klasse*, *Smart*) zu «entlasten» und mit dem 'Stern' restriktiver umzugehen, ergeben. Nachdem es nicht gelang, die *Chrysler Group* profitabel zu machen, trennte man sich wieder von der Aktienmehrheit und firmiert inzwischen als *Daimler AG*. Zur Strategie von *Daimler* heute vgl. das einleitende Beispiel zu Teil 1, S. 4f.

VW drang von unten in die Top-Segmente vor: Die Entwicklung der Nobelkarosse *Phaeton* sowie der Kauf von *Bentley*, *Lamborghini* und des Motorradherstellers *Ducati* (jeweils durch *Audi*) sowie der Rechte, Fahrzeuge unter dem Markennamen *Bugatti* zu bauen, sollen das Geschäft mit den Marken *VW*, *Seat* und *Skoda*, das nicht zuletzt durch Billiganbieter aus Fernost einem hohen Wettbewerbsdruck ausgesetzt ist, absichern. Inzwischen konnte *VW* auch die Kontrolle über die *Porsche AG* erlangen. Versuchte *Porsche* noch vor einigen Jahren seinerseits *VW* zu übernehmen (Der Einstieg von *Porsche* bei *VW* „wird der nächste Meilenstein auf dem Weg zur Bildung einer der erfolgreichsten Automobilallianzen der Zukunft sein" (*Dr. Wiedeking*, damaliger Vorsitzender des Vorstandes der *Porsche Automobil Holding SE*, Geschäftsbericht 2007/2008)), so hat *VW* durch die Übernahme der Mehrheit bei der *Porsche Holding SE* das operative

Sportwagengeschäft von *Porsche* - die *Porsche AG* - komplett unter sein Dach gebracht. Die vollständige Umsetzung der Transaktion ist am 01.08.2012 erfolgt.

BMW hingegen konzentriert sich mit der Strategie „Number ONE“ auf eine klare Premiumstrategie bei eindeutiger Positionierung der Marken *BMW*, *Rolls-Royce* und *Mini*: „Mit der Strategie Number ONE haben wir im Jahr 2007 die Weichen für eine erfolgreiche Zukunft gestellt. Das Unternehmen wird dabei konsequent auf Profitabilität und langfristige Wertsteigerung ausgerichtet, unsere Aktivitäten sind weiter auf die Premiumsegmente der internationalen Automobilmärkte ausgerichtet. Die strategische Zielsetzung reicht bis ins Jahr 2020 und ist klar definiert: Die *BMW Group* ist der weltweit führende Anbieter von Premium-Produkten und Premium-Dienstleistungen für individuelle Mobilität.“
(Geschäftsbericht 2010)

5.1 Lückenanalyse

Sind die Stärken und Schwächen eines Unternehmens identifiziert, so sind die Stärken gezielt zur Wahrnehmung von Chancen und zur Bewältigung von Risiken aus der Unternehmensumwelt zu nutzen, um die strategischen Ziele zu verwirklichen. Dies geschieht durch die Wahl von Strategien. Entscheidungstheoretisch stellen Strategien Handlungsalternativen dar, deren Zielerträge die Alternativenwahl bestimmen. Im Gegensatz zu operativen Entscheidungen sind strategische Entscheidungen durch ein besonders hohes Maß an Unsicherheit und Komplexität geprägt.

In der Literatur zum Strategischen Management wird die Differenz zwischen der gewünschten langfristigen Entwicklung eines Unternehmens, also der Zielprojektion, und der Status-quo-Projektion (erwartete Entwicklung ohne neue Maßnahmen) als **Lücke** (gap) bezeichnet. In Abb. 2-48 wird die Entwicklung in Abhängigkeit von der Zeit durch den Erfolg gemessen. Es kann zwischen einer strategischen Lücke und einer operativen Lücke unterschieden werden. Die **Lückenanalyse (gap analysis)** hat nun die Aufgabe, im Rahmen einer Ursachenforschung solche Strategien zu entdecken, die geeignet sind, die **strategische Lücke** zu schließen. Die strategische Lücke ergibt sich als Differenz zwischen Zielprojektion (= gewünschte Entwicklung) und erweitertem Basisgeschäft (Ausbau der bestehenden Geschäftsfelder).

Die **operative Lücke** ist die Differenz zwischen erweitertem Basisgeschäft und Status-quo-Projektion. Das erweiterte Basisgeschäft kommt ohne strategische Maßnahmen zu Stande, nämlich durch Rationalisierung, Kostensenkung oder Mitarbeitermotivation.

Wie entstehen nun Strategien, die geeignet sind, die strategische Lücke zu schließen? Die Quelle für die Entwicklung von Strategien sind Akteure, die Visionen und daraus abgeleitete Ideen haben und auch in der Lage sind, ihre Vorstellungen in Maßnahmen umzusetzen. Intensität und Beschaffenheit von Visionen hängen von den persönlichen Eigenschaften der Führungskräfte im Unternehmen ab. Es gibt eben erfolgreiche und weniger erfolgreiche Manager. Ein Teilaspekt der persönlichen Eigenschaften ist die **Risikobereitschaft**.

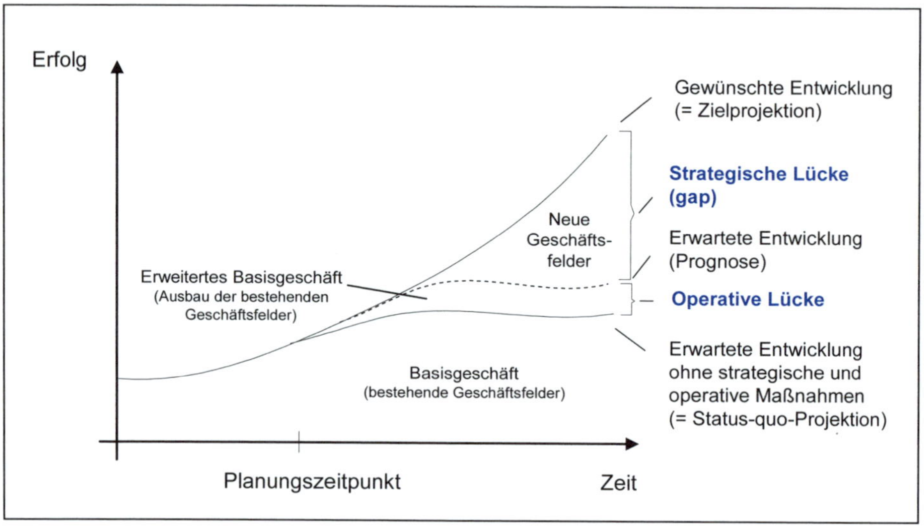

Abb. 2-48: Strategische und operative Lücke

Unternehmer, die in derselben Ausgangssituation vor derselben Entscheidung stehen, reagieren oft unterschiedlich, einfach deshalb, weil sie das Risiko verschieden bewerten. Der eine gleicht mehr dem Rentner, der eine Strategie der Stabilisierung präferiert, der andere mehr dem Spieler, auf den gerade ein mit einer Wachstumsstrategie verbundenes Vordringen in unbekanntes Terrain einen Reiz ausübt.

Neben den persönlichen Eigenschaften der Akteure gehen von einzelnen **Kontextfaktoren** des Unternehmens Einflüsse auf die Entwicklung von Strategien aus:

(a) Entwicklung und Intensität des **Wettbewerbs** tragen in erheblichem Maße dazu bei, über neue Strategien nachzudenken, um einen Wettbewerbsvorsprung zu sichern oder auch nur das Überleben zu ermöglichen. Nicht selten kommt durch eine technologische Entwicklung Leben in den Wettbewerb. So hat die Entwicklung des elektrogetriebenen Autos bei allen Automobilfirmen verstärkte Anstrengungen auf dem Felde des Elektroantriebs ausgelöst, um ja nicht den Anschluss an diesen neuen Trend zu „verschlafen".

(b) Die Entwicklung neuer Strategien wird neben dem Verhalten der Wettbewerber durch den Bestand an eigenen **Ressourcen** gefördert oder auch gehemmt. Eine gute Kapitalausstattung dürfte die Entwicklung einer Wachstumsstrategie begünstigen, der Mangel an geeignetem Personal sie dagegen hemmen.

5.2 Arten von Strategien

Strategien sind Maßnahmen zur Sicherung des langfristigen Erfolgs eines Unternehmens. Der Katalog von möglichen Maßnahmen ist recht vielfältig, dementsprechend umfangreich ist die Zahl der Strategiearten. Sie sind teilweise in der Praxis entstanden, teilweise am Schreibtisch von Wissenschaftlern entwickelt worden. Es ist nicht einfach, eine Systematik zu finden, die den Kriterien der Vollständigkeit und Überschneidungsfreiheit entspricht.

Der in der Geschichte des Strategischen Managements erste und damit klassische Versuch stammt von *Ansoff*. Er entwickelte bereits im Jahre 1965 eine Systematik von Wachstumsstrategien, die von den Fragen ausgeht, was angeboten werden soll (Produkt) und wem angeboten werden soll (Markt). Die Strategien werden **Produkt-Markt-Kombinationen** genannt (vgl. *Ansoff* [Management-Strategie] 132). Je nachdem, ob ein Unternehmen mit bereits vorhandenen oder neu zu entwickelnden Produkten bereits existierende oder neu zu schaffende Märkte bedient, liegen die Strategien der Marktdurchdringung, der Produktentwicklung, der Marktentwicklung und der Diversifikation vor (vgl. Abb. 2-49).

Produkt / Markt	gegenwärtig	neu
Gegenwärtig	[1] Marktdurchdringung (market penetration)	[2] Produktentwicklung (product development)
Neu	[3] Marktentwicklung (market development)	[4] Diversifikation (diversification)

Abb. 2-49: Produkt-Markt-Kombinationen nach *Ansoff*

Auf den *Ansoff'schen* Entwurf von Strategiearten folgten in Abhängigkeit von der jeweiligen Fragestellung weitere Klassifikationsversuche. Abb. 2-50 enthält eine Systematik der wichtigsten Strategiearten. Die Kriterien der Klassifikationen sind jeweils genannt.

I	**Entwicklungsrichtung**	
	1.	Wachstumsstrategie
	2.	Stabilisierungsstrategie
	3.	Desinvestitionsstrategie
II.	**Produkt-Markt-Kombinationen (*Ansoff*)**	
	1.	Marktdurchdringungsstrategie
	2.	Marktentwicklungsstrategie
	3.	Produktentwicklungsstrategie
	4.	Diversifikationsstrategie

III.	**Organisatorischer Geltungsbereich**	
	1.	Unternehmensstrategie (corporate strategy)
	2.	Geschäftsbereichsstrategie (business strategy)
	3.	Funktionsbereichsstrategie (functional strategy)
IV.	**Ansatzpunkte für Wettbewerbsvorteile (*Porter*)**	
	1.	Strategie der Kostenführerschaft (overall cost leadership)
	2.	Differenzierungsstrategie (differentiation)
	3.	Nischenstrategie (focus)
V.	**Geltungsbereich für Funktionen**	
	1.	Beschaffungsstrategie
	2.	Produktionsstrategie
	3.	Absatzstrategie
	4.	Finanzierungsstrategie
	5.	Personalstrategie
	6.	Technologiestrategie
VI.	**Regionaler Geltungsbereich**	
	1.	Lokale Strategie
	2.	Nationale Strategie
	3	Internationale Strategie
	4.	Globale Strategie
VII.	**Grad der Eigenständigkeit**	
	1.	Autonomiestrategie
	2.	Kooperationsstrategie
	3.	Integrationsstrategie

Abb. 2-50: Arten von Strategien

Im Folgenden werden diese Strategien besprochen. Dabei gehen wir von einer Konzeption aus, die in Abb. 2-51 zum Ausdruck kommt: Es werden den drei verschiedenen Ebenen eines strategischen Planungssystems (vgl. S. 63f.) die Unternehmensstrategien, die Geschäftsbereichsstrategien und die Funktionsbereichsstrategien mit ihren jeweiligen Ausprägungen zugeordnet.

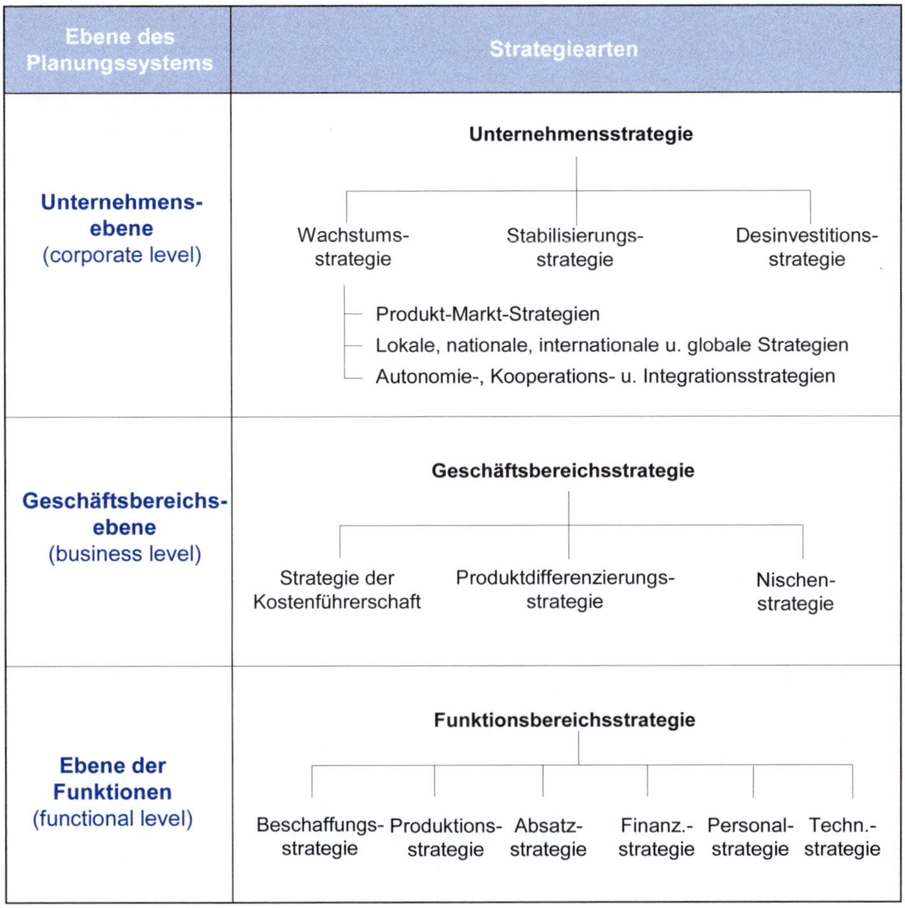

Abb. 2-51: Arten von Strategien nach den Ebenen des Planungssystems

5.3 Unternehmensstrategien

Wenn im Zusammenhang mit der Erörterung von Unternehmensstrategien vom „Unternehmen" die Rede ist, so ist darunter jene organisatorische Einheit zu verstehen, für die auf der obersten Hierarchieebene einer planenden Einheit eine Strategie entwickelt wird. Dies ist i.d.R. bei großen Unternehmen die Konzernspitze bzw. die Holding.

Die Strategien auf Unternehmensebene (corporate strategies) geben die **generelle Stoßrichtung** des gesamten Unternehmens an. Die Entwicklung kann grundsätzlich auf Wachstum, Stabilisierung oder Desinvestition eingestellt sein. Je nachdem, welche der drei Positionen gewählt wird, werden Entscheidungen über die Zusammensetzung der Geschäftsfelder und deren Entwicklung durch Zuteilung von personellen, materiellen und finanziellen Ressourcen getroffen. In der Unternehmensstrategie kommt also zum Ausdruck, in welchen **Geschäftsfeldern**, d.h. auf welchen Märkten, die Erfolge gesehen werden.

Auf die Ebene der Portfolio-Analyse übertragen, bezieht sich die Unternehmensstrategie auf die Entwicklung des Portfolios als Ganzem, die Geschäftsbereichsstrategien sind dagegen auf die Entwicklung der einzelnen Strategischen Geschäftsfelder im Rahmen dieser Entwicklungsstrategie ausgerichtet. Durch die Unternehmensstrategie wird also den Strategischen Geschäftsfeldern eine strategische Richtung vorgegeben.

Die generelle Stoßrichtung des gesamten Unternehmens nach außen findet ihre binnenorientierte Entsprechung in der Wahrnehmung von **Synergieeffekten**. Ob diese sich dabei etwa auf Kostendegressionseffekte, auf den Know How-Transfer oder auf den gemeinsamen Kundendienst beziehen, hängt von der Wahl der Strategie ab. *Porter* ([Wettbewerbsvorteile] 466ff.) spricht dann, wenn Synergien zwischen verschiedenen Geschäftsbereichen bewusst genutzt werden, von einer **horizontalen Strategie** (z.B. gemeinsame Werbung).

5.3.1 Wachstumsstrategien

Das Wachstum eines Unternehmens lässt sich nach *Ansoff* ([Management-Strategie] 132) über eine Marktdurchdringung, eine Produktentwicklung, eine Marktentwicklung und schließlich eine Diversifikation fördern. Diese Primärstrategien wiederum können über verschiedene Sekundärstrategien umgesetzt werden. So ist es möglich, dass sie sich auf lokale, nationale, internationale und globale Märkte ausrichten. Nach dem Grad der Eigenständigkeit lassen sich Autonomiestrategien, Kooperationsstrategien und Integrationsstrategien unterscheiden.

5.3.1.1 Produkt-Markt-Strategien

[1] Marktdurchdringungsstrategie

Die Grundidee der Marktdurchdringungsstrategie besteht darin, auf den bisherigen Märkten mit den bisherigen Produkten ein Wachstum, insbesondere über eine Marktanteilssteigerung, herbeizuführen. Diese Strategie wird häufig in gesättigten Märkten (z.B. Waschmittel, Schokolade), aber auch in Wachstumsmärkten angewandt.

> Beispiel: Der **Mobilfunkmarkt** in Deutschland wächst nur noch schwach. Die v.a. regulierungsbedingt rückläufigen Sprachumsätze werden durch das stark wachsende Segment der mobilen Internetnutzung (mobile data) in etwa kompensiert. Die etablierten Marken *Deutsche Telekom/T-Mobile*, *Vodafone*, *E-Plus* und *Telefonica/O*$_2$ haben Konkurrenz durch Billigmarken bekommen und selbst Submarken in den Markt gebracht.
>
> Bei zunehmend vergleichbaren Leistungsspektren findet der Wettbewerb zur Sicherung bzw. zum Ausbau von Marktanteilen zum einen über den Faktor Preis statt, zum anderen aufgrund der durch mobile data enorm steigenden Anforde-

rungen an die Netzkapazität auch wieder verstärkt über diesen Faktor. Ergänzende Elemente sind die gezielte Ansprache einzelner Kundensegmente und die Markenpositionierung.

[2] Marktentwicklungsstrategie

Bei der Marktentwicklungsstrategie sucht ein Unternehmen nach neuen Märkten für die bestehenden Produkte.

Beispiele: Der Weltkonzern *Nestlé* erzielt nur 2% seines Umsatzes in seinem «Heimatmarkt» Schweiz (rd. 2 Mrd. CHF), 80% seines Umsatzes macht *Nestlé* mit nur 15% der Weltbevölkerung. In den Staaten der ehemaligen Sowjetunion sowie in China oder Indien winken attraktive Märkte, z.B. für Baby- und Kindernahrungsmittel. So plant *Nestlé*, den Umsatzanteil mit Schwellenländern von 35% in 2010 auf 45% in 2020 zu steigern.

Der Marktanteil für *Rotkäppchen Sekt* liegt in Deutschland bei 33,5% (2010). In Ostdeutschland bei über 50%, im Westen konnte der Marktanteil von unter 5% 2004 auf inzwischen rund 10% gesteigert werden. Nach der Übernahme der Sektmarken *Mumm*, *Jules Mumm* und *MM Extra* der kanadischen *Seagram Company Ltd.* samt den Produktionsstandorten in Eltville und Hochheim durch die *Rotkäppchen Sektkellerei GmbH* sieht die *Rotkäppchen-Mumm Sektkellereien GmbH* weitere Chancen für die Marktentwicklung in Westdeutschland.

Weiteres Beispiel: Die ursprünglich lediglich als Musikträger eingesetzte CD ist zum universellen Datenträger weiterentwickelt worden.

[3] Produktentwicklungsstrategie

Bei der Produktentwicklungsstrategie wird über die Neuentwicklung von Produkten der bisherige Markt bedient.

Beispiel: **Tunnel** wurden traditionell gegraben oder gesprengt. Die Geologie und die Wirtschaftlichkeit setzten den Bauvorhaben Grenzen. Herausragende Ingenieurleistungen im Bereich des maschinellen Tunnelvortriebs haben neue Möglichkeiten geschaffen und die *Herrenknecht AG* zum Weltmarktführer im maschinellen Tunnelvortrieb gemacht. Der Tunnelbau mit (Bohr-)Maschinen ist heute in Geologien sowohl technisch wie wirtschaftlich möglich, die bis vor wenigen Jahren ausschließlich durch den klassischen Sprengvortrieb „erschließbar" waren. Ein Meilenstein des maschinellen Tunnelvortriebs in Hartgestein war im Juni 2009 der Durchbruch des Gotthard-Tunnels.

Inzwischen hat *Herrenknecht* mit seinen Kernkompetenzen weitere Geschäftsfelder erschlossen: So baut man heute beispielsweise Tiefbohranlagen für Geothermie und die Erschließung von Öl- und Gasvorkommen (*Herrenknecht Vertical GmbH*) oder selbstfahrende Vertikalbohranlagen zur Erschließung oberflächennaher Erdwärme (*Bohrtec Vertical GmbH*).

[4] Diversifikationsstrategie

Bei der Diversifikationsstrategie sucht ein Unternehmen mit neuen Produkten neue Märkte:

(a) Eine **horizontale Diversifikation** liegt dann vor, wenn sich die Produkte auf derselben Wertschöpfungsstufe befinden. Ziel einer derartigen horizontalen Diversifikationsstrategie ist i.d.R. die Wahrnehmung der sog. **economies of scope** (scope = Tätigkeitsbereich), d.h. eine Übertragung von Kernkompetenzen auf andere Bereiche.

> Beispiele: Ein Anbieter von festnetzgebundener Sprachkommunikation bietet auch Mobilfunk oder TV an; ein Hersteller von Kohle- oder Kernkraftwerken erweitert seine Produktpalette um Kraftwerke auf Fotovoltaic-Basis.

(b) Bei einer **vertikalen Diversifikationsstrategie** wird entweder auf vorausgehende oder auf nachfolgende Wertschöpfungsstufen diversifiziert.

> Beispiele für Vorwärtsintegration: Hard- und Software-Hersteller steigen in den Internet- und Kommunikationsmarkt ein (vgl. dazu die Beispiele zu Eco-Systemen sowie die Übernahme von *Skype* durch *Microsoft*); Automobilhersteller oder Handelskonzerne erobern durch Ausgründungen oder Joint Ventures Marktanteile im Bereich der Finanzdienstleistungen; Baukonzerne bauen und betreiben anschließend Flughäfen oder Verkehrswege (Build–Own–Operate (BOO)).
>
> Beispiele für Rückwärtsintegration: Eine Restaurant-Kette übernimmt einen Getränkehersteller; der Erwerb einer Getreidemühle durch einen Hersteller von tischfertigen Getreidespeisen (Cerealien); der Einstieg eines Automobilherstellers bei einem Zulieferer.

(c) Bei einer **konglomeraten Diversifikationsstrategie** liegen keinerlei Beziehungen zwischen den Märkten vor. Gelegentlich wird diese Strategie auch als Portfolio-Strategie bezeichnet.

> Sie liegt vor, wenn sich bspw. *Philipp Morris* vom Tabak- zum Nahrungsmittel-Konzern entwickelt (Kauf von *General Foods*, *Kraft*, *Jacobs Suchard*).

5.3.1.2 Lokale, nationale, internationale und globale Strategien

Lokale Strategien sind orts- und regionalgebunden, **nationale** sind landesweit ausgerichtet, **internationale** Strategien sind grenzüberschreitend, **Globalisierungsstrategien** definieren den Markt schließlich weltweit (global player).

Während die lokalen und nationalen Strategien gegenüber den bisher behandelten und noch zu erörternden Strategien keine Besonderheiten aufweisen, trifft dies jedoch für die Internationalisierungsstrategie und die Globalisierungsstrategie zu. Sie sollen daher gesondert erörtert werden:

[1] Internationalisierungsstrategie

Befassen wir uns zunächst mit der Internationalisierungsstrategie. Zu diesem Zweck kann die *Ansoff*-Matrix dahingehend erweitert werden, dass die Märkte nicht nur in gegenwärtig oder neu, sondern auch in Inland und Ausland unterschieden werden (vgl. Abb. 2-52 und *Perlitz* [Management] 35ff.).

Markt	Produkt	gegenwärtig	neu
gegenwärtig	Inland	MD1	PE1
	Ausland	MD2	PE2
neu	Inland	ME1	D1
	Ausland	ME2	D2

Abb. 2-52: Internationale Strategien bei der *Ansoff*-Matrix nach *Perlitz* ([Management] 37)

(a) Die **Marktdurchdringung** auf Auslandsmärkten (MD2) kann dazu beitragen, dass über die Umsatzausweitung eine bessere Auslastung von Kapazitäten stattfindet, Skalenerträge wahrgenommen werden und man näher an den Kundenpräferenzen ist.

Beispiele: Die *Herrenknecht AG* betreibt inzwischen mehrere Produktions- und Montagewerke in China und partizipiert in hohem Maß am dortigen Wirtschaftswachstum und dem damit verbundenen Bedarf an Verkehrs- und Utility-Lösungen v.a. in Ballungsräumen.

MAN stärkt seine Wettbewerbsposition in Osteuropa durch den Aufbau eigener Produktionskapazitäten bzw. die Kooperation mit Herstellern wie dem polnischen Lastwagenbauer *Star*.

Bosch expandierte 1996 durch den Kauf des Unternehmens *Allied Signal* in den US-amerikanischen Bremsenmarkt.

Müller-Milch übernimmt eine Großmolkerei in England.

(b) Für die Realisierung der **Marktentwicklungsstrategie** (ME2) bieten sich Auslandsmärkte insofern an, als die bisherigen Erfahrungen mit einem Produkt nun auf einen neuen Markt übertragen werden können („Local Hero – Global Player“). Auf diese Art und Weise lassen sich ebenfalls die Vorteile des Erfahrungskurveneffektes wahrnehmen. Voraussetzung ist allerdings, dass die Kundenpräferenzen der verschiedenen Märkte homogen sind und sich deshalb die Produkte standardisieren lassen.

Beispiel: Die *Autogrill S.P.A.* (Hauptanteilseigner ist die Familie Benetton mit rund 60% Aktienanteil), ist Betreiber von über 300 Autobahnraststätten in Italien und expandiert durch Kooperationen und Übernahmen seit Jahren in europäische, amerikanische und asiatische Märkte. Inzwischen hält *Autogrill* substanzielle Marktanteile in Airports (v.a. Nordamerika), in Bahnhöfen (v.a. Frankreich) und in attraktiven Shopping Centern (v.a. Italien, USA), hat seine Abhängigkeit vom italienischen Heimatmarkt überwunden und erzielte 2010 5,7 Mrd. € Umsatz in 35 Ländern.

Dass globale Expansion nicht immer mit Standardisierung einhergehen muss, zeigt folgender Auszug aus der Strategie von *Autogrill* (www.autogrill.com): „The Group's geographical expansion hasn't led to standardization of products and services however. *Autogrill* has internationalized and diversified through alliances, agreements and partnerships rather than by standardization of business models or mere aggregation of sales figures. It chose to respect local lifestyles and food and wine traditions and thus "hybridize" business models, invest in local enterprise, integrate existing know-know and build up the value of its brands. ...*Autogrill* is a company on the move. Growing non-stop over the years through acquisitions and successful bids for contracts, it has taken the lead in the concession industry - first in food & beverage and later in airport retail & duty free - and is now a global service provider for travellers."

Die Präsenz auf Auslandsmärkten eröffnet die Chance, von den dortigen Kunden und Wettbewerbern zu lernen. "Go where the markets are" lautet die Devise. Diese Politik kann sogar so weit gehen, dass der Standort für die Fertigung in jene Länder verlegt wird, in denen die Hauptabnehmer angesiedelt sind (z.B. Standortentscheidung von *Mercedes-Benz* für die Herstellung der *M-Klasse* in den USA).

(c) Mit der **Produktentwicklungsstrategie** (PE2) können auf Auslandsmärkten dieselben Vorteile wahrgenommen werden, die bislang im Inland durch die Strategie der Entwicklung eines neuen Produktes erzielt worden sind.

So sind amerikanische Filmgesellschaften i.d.R. bestrebt, einen neuen Film unmittelbar nach der Premiere flächendeckend in die Kinos in Europa zu bringen. Im Jahre 2007 erzielten die großen Filmstudios in den USA - *Disney*, *Universal*, *Sony*, *Columbia* usw. - bis zu 80 % ihres Umsatzes im Ausland.

(d) Im Rahmen der **Diversifikationsstrategie** (D2) können Auslandsmärkte insbesondere der Reduktion des Risikos dienen. Sie wird häufig über die Akquisition ausländischer Unternehmen realisiert.

Multis wie *ITT* und *Unilever* sind auf diese Weise als „multi domestic industries" entstanden.

Häufig werden neue Produkte zunächst auf solchen ausländischen Märkten eingeführt, deren Nachfragerstruktur und -eigenschaften denen der primären Zielmärkte gleichen. Der Auslandsmarkt nimmt dann zusätzlich die Funktion des temporären Testmarktes wahr.

[2] Globalisierungsstrategien

Globalisierungsstrategien sind dadurch gekennzeichnet, dass die wesentlichen unternehmerischen Aktivitäten global, d.h. auf einen weltweit agierenden Markt für

Güter, Dienstleistungen, Kapital und Arbeit, ausgerichtet sind. Auf diese Art und Weise entstehen sog. „Global Player".

Global Player weisen u.a. folgende charakteristische Merkmale auf:

(a) Die **Standortwahl** für die Produktion orientiert sich am Standort der Abnehmer: „To produce where the clients are."

(b) Die Beschaffungsstrategie ist am sog. **Global Sourcing** ausgerichtet, d.h. weltweite Beschaffungsquellen werden genutzt.

(c) Global Player lassen ihre Aktien an **ausländischen Börsen** listen, vorzugsweise an der New York Stock Exchange, aber auch in Frankfurt, London und Tokyo. Aktionärsorientierung geht mit der Kundenorientierung einher: „Shares follow products."

Dies hat u.a. zur Folge, dass die Gruppe der Teilhaber von Unternehmen immer stärker international zusammengesetzt ist.

> Beispiel: „Die deutschen DAX-Konzerne gehören inzwischen überwiegend Investoren aus dem Ausland. Das geht aus einer Studie zur Anlegerstruktur bei den 30 Börsenschwergewichten hervor, die die Prüfungs- und Beratungsgesellschaft *Ernst & Young* erstellt hat. Demnach befinden sich mindestens 54 Prozent aller von den DAX-Konzernen ausgegebenen Aktien in ausländischem Eigentum. Nur 42 Prozent entfallen noch auf das Inland. Die Differenz von 4 Prozent ist nicht zuzuordnen – an den ausländischen Mehrheitsverhältnissen ändert das aber nichts, sie könnten allenfalls noch größer ausfallen."
>
> (*Stuttgarter Zeitung* vom 2. Mai 2012, S. 12)

(d) In zunehmendem Maße wählen Aktiengesellschaften eine supranational-europäische Rechtsform, nämlich die **Societas Europaea** (SE). Ende 2010 waren rund 650 SEs registriert.

> Beispiele für Unternehmen in der Rechtsform der SE: *Allianz*, *BASF*, *Porsche*, *Schering* und seit 2011 auch *Puma*. Die *BASF* begründet seinerzeit die Wahl der SE folgendermaßen: „Mit dieser Entscheidung bekennen wir uns ausdrücklich zu unserem Heimatmarkt."
>
> Im Vorfeld der Genehmigung der Rechtsformumwandlung durch die Hauptversammlung schrieb *Jochen Zeitz*, damaliger CEO von *Puma* an die Aktionäre: "Although *PUMA* will become a European Corporation, it will remain a company incorporated in Germany and we are and will be committed to our roots in Herzogenaurach. The form of a European Corporation also allows us to further strengthen our already international profile as well as management team."

(e) Das **leitende Personal** ist international ausgerichtet, um den unterschiedlichen Anforderungen bezüglich Kultur, Wissen und Fähigkeiten in verschiedenen Ländern entsprechen zu können (Diversity Management).

5.3.1.3 Autonomie-, Kooperations- und Integrationsstrategien

„Buy, cooperate, sell or close."

Heinrich von Pierer, Vorsitzender des Vorstandes der Siemens AG bis 2005

Wachstum lässt sich mit unterschiedlichen **Graden der Eigenaktivität** herbeiführen durch

- Aktivierung eigener Potenziale,
- Kooperationen,
- Akquisitionen.

[1] Autonomiestrategie

Eine Autonomiestrategie liegt dann vor, wenn ein Unternehmen aus eigener Kraft wächst, also die Potenziale des eigenen Unternehmens aktiviert. Man bezeichnet diese Strategie auch als **internes oder organisches Wachstum**. Als Beispiele können Technologiestrategien genannt werden, die aus den Erfolgen eigener Forschung und Entwicklung hervorgehen (vgl. S. 534ff.). Autonomiestrategien scheiden aus, wenn die Ressourcen im eigenen Hause dafür nicht in ausreichendem Maße zur Verfügung stehen. Hier bietet sich als einziger Ausweg die Aneignung von Ressourcen durch Kooperationen und/oder Akquisitionen an (**externes** Wachstum). Beide Strategien zeichnen sich gegenüber einem unternehmerischen Alleingang dadurch aus, dass sich die strategischen Ziele - vorausgesetzt, die Kooperation oder Akquisition ist erfolgreich - rasch realisieren lassen.

[2] Kooperationsstrategien

Kooperationsstrategien zielen auf eine Zusammenarbeit zwischen zwei oder mehreren Unternehmen auf einem bestimmten Betätigungsfeld ab, um auf diese Weise einen **Synergieeffekt** für beide Partnerunternehmen zu erzielen. Der Synergieeffekt kann in einer Risiko- und Kostenteilung bei der Forschung und Entwicklung sowie bei der Produktion und einem gemeinsamen Einkauf und auch in einem Vorteil aus dem Lernen voneinander (Kompetenztransfer) bestehen.

Wir unterscheiden horizontale und vertikale Kooperationen. Bei der **horizontalen** Kooperation findet eine Zusammenarbeit auf derselben Wertschöpfungsstufe statt. Bei der **vertikalen** Kooperation erstreckt sich die Zusammenarbeit auf Unternehmen mit vor- und nachgelagerten Wertschöpfungsstufen.

Beispiele für eine **horizontale Kooperation** sind

- die **Strategische Allianz** (z.B. *Star Alliance*: *Lufthansa* kooperiert mit 28 anderen Fluggesellschaften (Stand: Anfang 2012), darunter u.a. *United Airlines*, *Air Canada*, *Singapore Airlines*, *Scandinavian Airlines* und *Turkish Airlines*),
- das **Joint Venture** (mehrere Unternehmen gründen eine Gesellschaft, an der die kooperierenden Unternehmen gemeinsam beteiligt sind). Beispiele:

- *Bosch* und *Samsung* entwickeln, fertigen und vertreiben im Joint Venture „*SB LiMotive Co. Ltd*" seit 2008 gemeinsam Lithium-Ionen-Batterien für Automobile.
- Die *BYD Daimler New Technology Co. Ltd.* (BDNT), ein Forschungs- und Entwicklungs-Joint Venture zwischen der *Daimler AG* und der chinesischen *BYD Company Limited*, entwickelt ein Elektrofahrzeug für den chinesischen Markt.
- *Bosch* und *Daimler* wollen zukünftig innovative Elektromotoren für Elektrofahrzeuge in ihrem 50:50-Joint Venture „*EM-motive GmbH*" entwickeln und produzieren.

Das häufigste Beispiel für eine **vertikale Kooperation** sind strategische Netzwerke zwischen Kunden und Lieferanten (etwa zwischen der Automobilindustrie und deren Zulieferern). Die Gestaltung dieser Netzwerke wird als **Netzwerkmanagement** oder **Supply Chain Management** (Prozessgestaltung entlang der Wertschöpfungskette) bezeichnet.

Vor dem Hintergrund der durch das Internet forcierten Auflösung regionaler Märkte und Marktgrenzen sowie der gleichzeitig zunehmenden informations- und kommunikationstechnologischen Möglichkeiten der Zusammenarbeit von Unternehmen entlang einer Wertschöpfungskette gewinnen insbesondere vertikale Kooperationen an Bedeutung.

Kooperationsstrategien haben neben dem Vorzug des Zeitgewinns und der Überwindung von Markteintrittsbarrieren den Vorteil, dass eine Strategie gezielt eingesetzt werden kann, denn die Vereinbarungen mit dem Kooperationspartner können ex ante ausschließlich auf den Gegenstand der Strategie, etwa die Steigerung der Technologiekompetenz, ausgerichtet werden.

Beispiele: Im Forschungs- und Entwicklungsbereich dienen strategische Allianzen der gemeinsamen Nutzung von Forschungseinrichtungen (Pooling). Im Beschaffungsbereich kann über den Partner ein Zugang zu Rohstoffen eröffnet werden. Im Fertigungsbereich trägt die Zusammenlegung von Produktionen zu einer Nutzung von economies of scale und Erfahrungskurveneffekten bei. Im Marketing kann eine bereits vorhandene Vertriebsorganisation genutzt werden. Für Mittelständler des deutschen Werkzeugmaschinenbaus stellt dies z.Zt. die einzige Möglichkeit dar, um international präsent zu sein.

Wesentliche Probleme der Kooperationsstrategie sind vor allem in der Gefahr der „Free-Rider-Ausbeutung" sowie auf dem Felde der Organisation einer unternehmensübergreifenden Zusammenarbeit zu sehen. Diese Problematik wird in Teil 5 behandelt (vgl. S. 419ff.).

[3] Integrationsstrategien

Integrationsstrategien bestehen darin, dass Wachstum durch Unternehmenszusammenschlüsse herbeigeführt wird. In der Regel geschieht dies durch eine **Fusion** oder eine **Akquisition**, also den Erwerb eines anderen Unternehmens (**mergers and acquisitions**). Dabei lassen sich über Akquisitionen sowohl eine Marktdurchdringung, eine Marktentwicklung, eine Produktentwicklung wie auch eine Diversifikation herbeiführen.

Nach der Art der Beziehungen zwischen den Geschäftsbereichen des akquirierenden und des akquirierten Unternehmens lassen sich folgende Akquisitionsstrategien unterscheiden:

(a) **Horizonale Akquisition**: Beide Unternehmen agieren auf demselben Markt.

Beispiel: *Deutsche Bank* erwirbt die *Postbank*.

(b) **Vertikale Akquisition:** Kunden-Lieferanten-Beziehung.

Beispiel: *BMW* beteiligt sich mehrheitlich an *SGL Carbon* (Hersteller von Carbonfasern mit besonders leichtem Gewicht).

(c) **Konglomerate Akquisition:** Die Unternehmen stehen in keiner besonderen Beziehung zueinander.

Beispiel: Die etablierte Modekette *Benetton* hat in Konkurrenz mit den Spaniern *Zara* und den Schweden *H&M* an Boden verloren. Weit lukrativer sind die anderen Sparten, in die *Benetton* mit seinem überschüssigen Kapital eingestiegen ist: Erwerb von Unternehmen zum Betrieb von 3.400 Kilometer Autobahnen mit ertragreichen Mauteinnahmen sowie von *Autogrill*, dem großen Betreiber von Raststätten.

Beispiele für **Akquisitionen und Fusionen** der zurückliegenden beiden Jahrzehnte sind:

- Automobil und Zulieferer: *Daimler-Benz/Chrysler*; *VW (Audi)/Bentley*, *Bugatti*, *Lamborghini*; *Ford/Renault/Volvo*.
- Banken und Versicherungen: *Bankers Trust/Deutsche Bank*; *Schweizerischer Bankverein/Schweizerische Bankgesellschaft; Merita Pankki/Nordenbanken*; *Citicorp/Travellers Group*; *Allianz/AGF/PIMCO/Dresdner Bank*; *Deutsche Bank/Postbank*
- Chemie/Pharma/Rohstoffe/Grundstoffe: *Hoechst/Rhône-Poulenc*; *Sandoz/Ciba Geigy*; *Viag/Alusuisse Lonza*; *Hüls/Degussa*; *Krupp/Thyssen*; *Exxon/Mobil*; *ABB/Dollar Thomas&Betts*
- IT/Telekommunikation: *MCI Worldcom/Sprint*; *Vodafone/Airtouch/ Mannesmann*; *SBC/Ameritech*; *AOL/Netscape*; *Microsoft/Skype*; *Google/Motorola Mobility Holdings*
- Konsumgüter/Handel/Transport: *Ebay/Paypal*; *Karstadt/Quelle*; *Preussag/HapagLloyd/TUI*; *Bertelsmann/Random House*; *Deutsche Post/Danzas/DHL*.

Die Beispiele zeigen, dass die Akquisitionsstrategie - ähnlich wie die Kooperationsstrategie - den **Vorteil** der raschen Wahrnehmung der **economies of scale** (Fixkostendegressionseffekt) und der **economies of scope** (Verbundeffekt in Form des Erwerbs einer Kompetenz, die bisher nicht vorhanden war) eröffnet.

Die Akquisition hat jedoch gegenüber der Kooperation folgende **Nachteile**: Die Entscheidung lässt sich nur schwer revidieren (Mangel an Flexibilität), es ist ein hoher Kapitaleinsatz erforderlich, eine Risikoteilung findet nur begrenzt statt, es entsteht ein starker öffentlicher Aufmerksamkeitseffekt (insbesondere bei sog. feindlichen Übernahmen) und schließlich besteht die Gefahr eines Vetos nationaler oder internationaler Kartellbehörden. Ob diese Nachteile durch den Vorteil der Beherrschung des Partners aufgewogen werden, ist nur von Fall zu Fall zu klären (vgl. auch die Darstellung der Kooperationsmodelle im Rahmen der Organisation S. 419ff.).

Die o.g. Gründe, aber auch weiche Faktoren wie kulturell bedingte Integrationsprobleme sowie besondere Herausforderungen an das Management derart großer und komplexer Strukturen und nicht zuletzt die Finanzkrise der letzten Jahre haben zu einem Abflauen der Fusionswelle und zur Auflösung mancher Fusion geführt (z.B. *DaimlerChrysler*, *Allianz-Dresdner Bank*).

5.3.2 Stabilisierungsstrategien

5.3.2.1 Aufgaben

Stabilisierungsstrategien sind darauf ausgerichtet, die bisherige **Position zu sichern**. Es liegt also eine defensive Grundeinstellung vor. Auf das Portfolio übertragen heißt dies, dass lediglich ein finanzieller Ausgleich zwischen den Strategischen Geschäftsfeldern angestrebt wird. Während im Rahmen einer Wachstumsstrategie ein Unternehmen i.d.R. als Strategieführer agiert, handelt es nunmehr als Strategiefolger (auch als **„Me-too-Strategie"** bezeichnet). Vorteile einer Defensivstrategie können in der Begrenzung von Risiken, etwa im Bereich der Technologie, und in der Konsolidierung einer Innovationsstrategie, gesehen werden. Mit einer Politik des Abwartens bietet sich so die Chance, Bekanntes besser zu machen.

Stabilisierungsstrategien stellen häufig **Übergangsstrategien** in dem Sinne dar, dass Zeit gewonnen wird, um sich für eine endgültige Richtung zu entscheiden, nämlich für die Abschöpfung und den Marktaustritt oder die Sammlung von Kräften für eine neue Offensive.

Eine Stabilisierungsstrategie ist häufig bei solchen mittelständischen Unternehmen zu beobachten, die sich in ein großes Unternehmen einkaufen lassen. Der neuen Mutter fällt dann die Entscheidung zu, auf diesem Wege entweder durch Stilllegung Kapazitäten abzubauen oder dem akquirierten Unternehmen neue Wachstumsimpulse zu verleihen.

5.3.2.2 Stabilisierungsstrategien in schrumpfenden Märkten

Die Literatur hat sich bisher nur wenig mit dem Gegenteil des Wachstums, nämlich mit der Schrumpfung beschäftigt. Die Basis für eine derartige Grundeinstellung könnte in der entsprechenden Orientierung der Praxis ausgemacht werden. Dort dominieren Wachstum vor Schrumpfung, Investition vor Desinvestition.

Erfolge werden prämiert, die Entdeckung potenzieller Misserfolge und die Konkretisierung von Misserfolgen (etwa in Form von Veräußerungsverlusten) sind dagegen negativ belegt.

Die **Schrumpfung** beschreibt das Phänomen der rückläufigen Nachfrage in einem Markt. Indikatoren für schrumpfende Märkte sind Überkapazitäten, zunehmender Verdrängungswettbewerb, wachsender Kostendruck, Verfall der Renditen. Ursachen für eine Marktschrumpfung können in einer Marktsättigung (z.B. für Kühlschränke), in der demographischen Entwicklung (z.B. abnehmende Geburtenraten), in der technologischen Entwicklung (z.B. Ersatz von Leder durch synthetische Stoffe), in einem veränderten Kundenverhalten (z.B. Trend zu einer gesünderen Lebensweise) und in einer Änderung staatlicher Rahmenbedingungen (z.B. Abschaffung einer Steuervergünstigung für Lebensversicherungen, von Subventionen für Solaranlagen) gesehen werden.

Im Folgenden werden wir uns mit zwei Strategien bei schrumpfenden Märkten befassen:

- Marktbehauptungsstrategie und
- Marktaustrittsstrategie (Desinvestitionsstrategie).

Eine **Marktbehauptungsstrategie** kann u.a. in einer Status-Quo-Strategie oder einer Marktkonzentrationsstrategie zum Ausdruck kommen.

Bei einer **Status-Quo-Strategie** bleibt das bisherige Investitionsniveau unverändert. Sie kann als vorübergehende Lösung auf dem Wege zu einer Marktkonzentrationsstrategie gesehen werden. Oft wird diese Hinhaltestrategie nur aus Bequemlichkeit oder Risikoaversion präferiert. Bei der **Marktkonzentrationsstrategie** im Sinne eines selektiven Schrumpfens konzentriert sich ein Unternehmen auf zukunftsfähige Geschäftsbereiche, während verlustbringende Geschäftsfelder aufgegeben werden.

Die **Marktaustrittsstrategie** (Desinvestionsstrategie) ist Gegenstand des folgenden Abschnitts.

5.3.3 Desinvestitionsstrategien

5.3.3.1 Motive und Barrieren für Desinvestitionen

Die Desinvestition wird häufig nur als der letzte (erzwungene) Ausweg, also als Folge eines reaktiven Verhaltens gegenüber strategischen Gefährdungen, und nicht als Ergebnis eines systematischen und antizipativen Desinvestitionsmanagements gesehen.

> So musste im Jahre 2012 *Eastman Kodak* in den USA Insolvenz anmelden. Der Fotopionier *Kodak* gehörte bis in die 90er Jahre zu den bedeutendsten Unternehmen der Welt. Die Digitaltechnik überrollte die auf konventionelle Filme ausgerichtete *Kodak*-Strategie.

Die **strategische Bedeutung** der Desinvestition ist jedoch in den letzten Jahren mit dem Aufkommen des Shareholder Value und der Beschränkung auf die Kernkompetenzen stärker in das Blickfeld von Theorie und Praxis gerückt. Der Shareholder Value-Ansatz verlangt eine separate Bewertung Strategischer Geschäftseinheiten und verbietet damit eine Quersubventionierung. Dies bedeutet auch, dass eine optimale Allokation der Unternehmensressourcen für die Desinvestitionsentscheidung dieselben Bewertungs- und Kontrollmechanismen verlangt wie für die Investitionsentscheidung. Desinvestition wird damit nicht als Ausdruck des Versagens gewertet, sondern als Konsequenz einer strategischen Neubewertung eines Geschäftsbereichs.

[1] Motive für Desinvestitionen

können u.a. sein:

(a) Strategische Motive

- Unzureichende Rendite (z.B. aufgrund einer Fehlakquisition),
- Konzentration auf Kernkompetenzen,
- Abbau von Kapazitäten.

(b) Finanzielle Motive

- Verbesserung der Liquidität,
- Angebot eines Käufers (Erlös aus der Veräußerung kann zur Finanzierung des Wachstums verwendet werden),
- Zerschlagungswert ist höher als Fortführungswert.

(c) Personelle Motive

- Nachfolgeprobleme (z.B. Desinteresse der Kinder),
- Auseinandersetzungen im Familienunternehmen.

[2] Desinvestitionsbarrieren

Der Verwirklichung der Motive stehen häufig Hindernisse im Wege, sog. Desinvestitionsbarrieren (vgl. auch Marktaustrittsbarrieren S. 109):

(a) Strategische Barrieren

- Verlust von Verbundvorteilen (z.B. gemeinsamer Vertrieb),
- Verlust von risikomindernder Diversifikation,
- Verlust von personellem und technologischem Know How.

(b) Finanzielle Barrieren

- Veräußerungsverluste bei Investitionen, die an einen spezifischen Unternehmenszweck gebunden sind (z.B. eine Spezialmaschine, die sich nur „unter Wert" veräußern lässt),
- Kosten: Sozialpläne, Abfindungen für vertragliche Liefer-, Pacht-, Miet-, Garantie- und Service-Verpflichtungen,
- Steuern: bei Veräußerungen anfallende Ertragssteuern durch Aufdeckung stiller Reserven.

(c) Personelle Barrieren

- Traditionelle und emotionale Bindungen an ein Unternehmen („Familienerbe"),
- Imageverlust,
- Angst vor dem Stigma des Versagers (z.B. Eingeständnis von Fehlentscheidungen),
- Loyalität gegenüber den Mitarbeitern.

5.3.3.2 Desinvestitionsformen

Zur Verwirklichung einer Desinvestition stehen folgende Desinvestitionsformen zur Verfügung (vgl. *Thissen* [Desinvestitionsmanagement]):

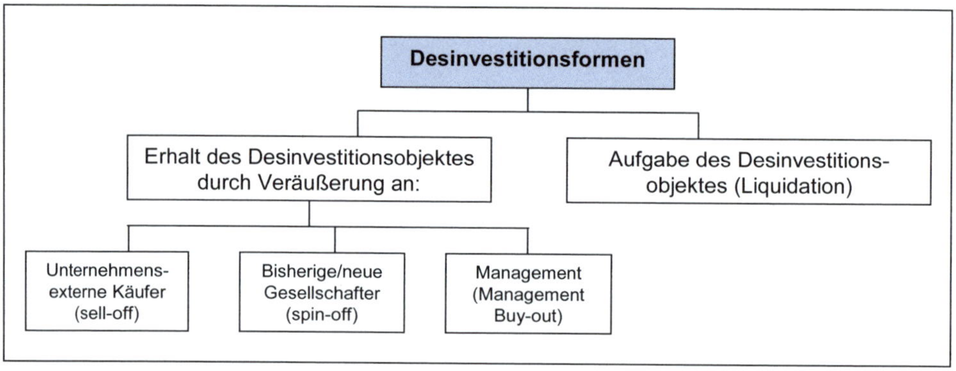

Abb. 2-53: Desinvestitionsformen

[1] Management Buy-out

Ein Management Buy-out liegt dann vor, wenn das bisherige Management eines Unternehmens das ganze Unternehmen oder einen Unternehmensteil übernimmt. Tritt die Belegschaft als Übernehmer auf, so liegt ein Employee Buy-out vor. Beim Leveraged Buy-out wird der Kaufpreis durch eine relativ hohe Fremdkapitalaufnahme finanziert, um den Leverage-Effekt, d.h. die Differenz zwischen Rendite und Fremdkapitalzins, zu nutzen.

[2] Spin-off

Beim Spin-off wird ein Unternehmensteil aus dem Gesamtverband einer AG herausgelöst und rechtlich verselbständigt. Die Aktionäre sind dann an beiden Gesellschaften beteiligt.

> Beispiel: Am 31.01.2005 erhielt jeder *Bayer*-Aktionär für 10 *Bayer*-Aktien zusätzlich eine *Lanxess*-Aktie.

Der Spin-off führt allerdings nur dann zu einer Desinvestition, wenn mit der Zerlegung die Voraussetzungen für Anteilsverkäufe der Altaktionäre und damit das Engagement neuer Eigentümer (Aktionäre) geschaffen werden.

[3] Sell-off

Wird eine Unternehmenseinheit an ein anderes Unternehmen veräußert, liegt ein Sell-off vor. Der Unterschied zum Spin-off und zum Buy-out besteht also darin, dass unternehmensexterne Käufer als neue Eigentümer auftreten. Stellen diese Käufer Manager nicht verbundener Unternehmen dar, so handelt es sich um ein Management Buy-in.

[4] Liquidation

Liquidation oder Stilllegung liegt dann vor, wenn die Unternehmenstätigkeit eingestellt wird. Sie ist der letzte Ausweg, um gebundenes Kapital freizusetzen, falls sich einzelne Gegenstände veräußern lassen.

5.4 Geschäftsbereichsstrategien

Die Strategien auf Unternehmensebene geben die generelle Stoßrichtung des gesamten Unternehmens an. Dabei geht es insbesondere um folgende Frage: Für welche Branche sollen wir uns entscheiden?

Auf Geschäftsbereichsebene ist der Rahmen auszufüllen, der von der Unternehmensstrategie vorgegeben ist, d.h. es geht um die Frage: Wie sollen wir in dieser Branche konkurrieren?

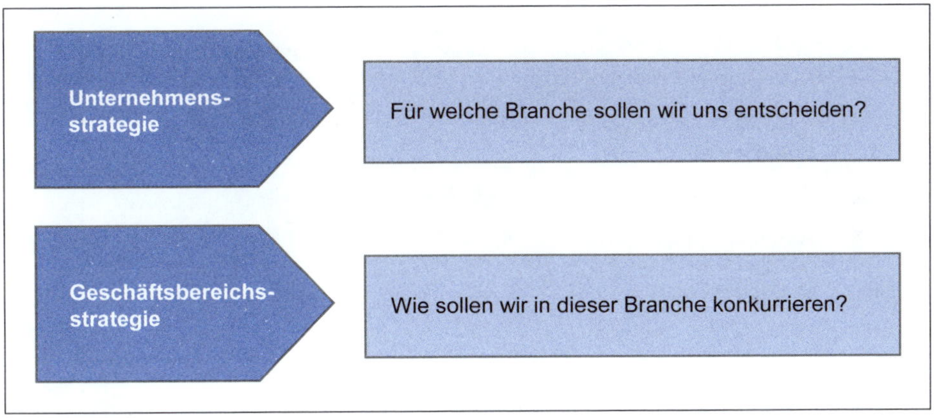

Abb. 2-54: Unternehmensstrategie und Geschäftsbereichsstrategie

Grant ([Strategy) 24f.) drückt den Unterschied zwischen Unternehmensstrategie (corporate strategy) und Geschäftsbereichsstrategie (business strategy) wie folgt aus: „What business or businesses should we be in? and, within each business: How should we compete? The answer to the first question describes the corporate strategy of the company; the anwer to the second describes the primary themes of business... strategy."

Die Geschäftsbereichsstrategie wiederum muss sich folgenden **Fragen** zuwenden:

- Wie soll die Marktgrenze gezogen werden?
- Mit welchen Mitteln soll der Wettbewerb ausgetragen werden?

Mehrere Möglichkeiten zur Beantwortung dieser Fragen bieten sich an. Geht man von der Konzeption *Porters* aus, so besteht die Option, den Markt branchenweit abzugrenzen oder auf ein Segment (eine Nische) zu begrenzen. Die zweite Frage zielt darauf ab, wie der Wettbewerb bei beiden Formen der Marktabgrenzung auszurichten ist, d.h. ob über die Kostenführerschaft oder die Differenzierung Wettbewerbsvorteile zu erzielen sind.

Nach *Porter* ([Wettbewerbsvorteile] 37ff.) kann man die Kostenführerschaft und die Differenzierung als **generische** Wettbewerbsstrategien („generic competition strategies", d.h. Normstrategien auf Geschäftsbereichsebene) bezeichnen. Berücksichtigt man darüber hinaus noch die Möglichkeit der Marktabgrenzung, stehen im Wesentlichen drei Grundstrategien zur Verfügung:

- Strategie der Kostenführerschaft,
- Differenzierungsstrategie,
- Nischenstrategie.

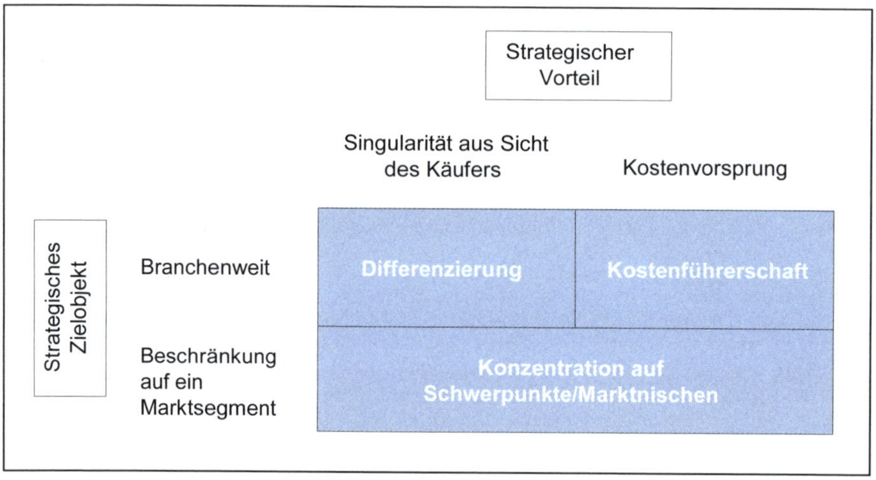

Abb. 2-55: Geschäftsbereichsstrategien nach *Porter*

Da diese Strategien auf eine vorteilhafte Position im Wettbewerb abzielen, werden sie auch als **Wettbewerbsstrategien** bezeichnet. *Porter* stellt die These auf, dass nur dann Wettbewerbsvorteile zu erzielen sind, wenn sich die Unternehmung auf eine strategische Hauptrichtung fokussiert. Ansonsten würden die Unternehmen alle Strategien gleichzeitig verfolgen und damit „in der Mitte festsitzen" (**stuck in the middle**) und so Wettbewerbsvorteile verlieren.

5.4.1 Kostenführerschaftsstrategie

Das **Ziel** der Kostenführerschaftsstrategie (auch als Strategie der Preisführerschaft bezeichnet) besteht darin, der preisgünstigste Wettbewerber auf dem Markt zu sein. Diese Strategie erfordert eine rigorose Politik der Kostensenkung. Dazu tragen bei:

- Ausnutzung des Erfahrungskurveneffektes in Verbindung mit dem Effekt der Fixkostendegression. Diese Effekte wiederum setzen eine aggressive Mengenpolitik und eine Standardisierung der Produkte voraus.
- Generelle Durchforstung der Kostenstruktur i.S. des Lean Production-Konzepts (vgl. S. 510).
- Einführung einer effizienzorientierten Organisation und Unternehmenskultur (vgl. S. 21).

Ein Beispiel für die erfolgreiche Durchführung einer internationalen Kostenführerschaftsstrategie sind die **Unternehmen der japanischen Motorradindustrie**, die auf dem Wege der Erstellung kostengünstiger Produktionsanlagen und Fertigung großer Stückzahlen in immer mehr Märkte eingedrungen sind und nach und nach britische, deutsche und US-amerikanische Wettbewerber zurückgedrängt haben.

Ähnlich erfolgreich sind Billiganbieter von **Telekommunikations-Dienstleistungen** im deutschen Markt. Von der Regulierungsbehörde festgelegte Einkaufspreise für Vorleistungen der *Deutschen Telekom* bescherten den sog. Resellern ohne eigene Netzinfrastruktur günstige und deterministische Kostenstrukturen. Damit können diese Anbieter ohne größere Investitionen und damit bei geringem unternehmerischem Risiko Leistungen zu attraktiven Preisen anbieten.

Weitere Beispiele für die Umsetzung der Kostenführerschaftsstrategie sind *Aldi*, *Fielmann* und *McDonalds*.

Von einer **Penetrationsstrategie** spricht man dann, wenn der Markt durch eine Niedrigpreispolitik durchdrungen wird. Die Penetrationsstrategie verfolgt i.d.R. den Zweck, nach einer Marktdurchdringung und niedrigen Preisen eine anschließende Preiserhöhung durchzusetzen.

5.4.2 Differenzierungsstrategie

Das Ziel der Differenzierungsstrategie besteht in der Herstellung und dem Angebot eines Produktes, das sich in Qualität und Service von den Konkurrenzprodukten deutlich abhebt. Dadurch soll die Preiselastizität der Nachfrage verringert werden. Es wird ein sog. **monopolistischer Bereich** geschaffen oder ein bereits vorhandener monopolistischer Bereich vergrößert. In Abb. 2- 56 ist eine doppelt geknickte Preisabsatzfunktion dargestellt.

Im monopolistischen Bereich hat der Anbieter einen Preisspielraum nach oben; die Käufer wandern erst bei einer „übertriebenen" Preisdifferenzierung zum Wettbewerber ab. So kann beispielsweise eine Tankstelle einen um wenige Cent höheren

Preis für Benzin verlangen, ohne dass die Nachfrager geschlossen zur Konkurrenz abwandern.

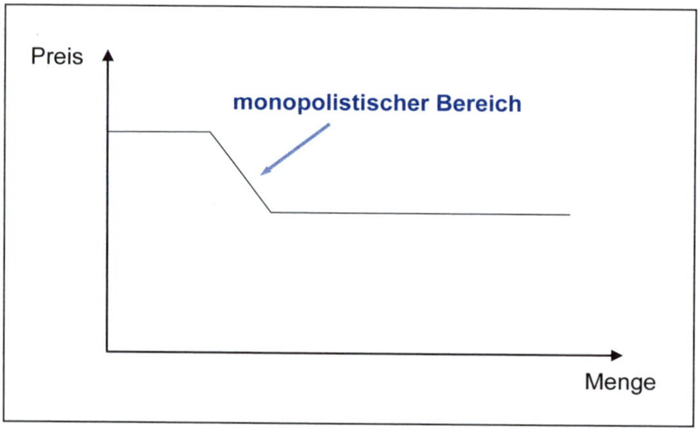

Abb. 2-56: Preisabsatzfunktion mit monopolistischem Bereich

Der Umfang des monopolistischen Bereichs hängt vom Grad der Differenzierung ab.

Ansatzpunkte für die Umsetzung der Differenzierungsstrategie sind Maßnahmen auf folgenden Gebieten:

- Technische Ausstattung eines Produktes (z.B. *Smart*),
- Design (z.B. *Coca Cola*-Flasche, quadratische Form der *Ritter Sport*-Schokolade, *Bang & Olufsen*),
- Markenbildung (z.B. *Adidas*, *Hugo Boss*, *Nike*, *Red Bull*),
- Service (z.B. *Allianz*-Versicherung),
- Vertriebsnetz (z.B. Direktvertrieb von *Vorwerk*-Staubsaugern).

Die Kosten und damit der Preis sind bei dieser Strategie zwar nicht zu vernachlässigen, stellen aber nicht den entscheidenden strategischen Erfolgsfaktor dar. Ein i.d.R. hoher Preis soll durch Mehrleistung in Qualität und Service wettgemacht werden. Darauf weist i.d.R. die Werbung hin, beispielsweise durch Slogans wie „*Persil* – Da weiß man, was man hat!“.

Zu den Eigenschaften einer der Differenzierungsstrategie im Unterschied zur Kostenführerstrategie adäquaten Unternehmenskultur vgl. S. 21.

Gilbert/Strebel ([Outpace], 1987) plädieren dafür, die strikte Trennung von Kostenführerstrategie und Differenzierungsstrategie in bestimmten Situationen aufzugeben und beide Optionen zu kombinieren (= **Hybride Wettbewerbsstrategie**), also ein herausragendes Produkt zu einem niedrigen Preis anzubieten. Eine derartige Kombination bietet sich in Form einer zeitlichen Folge an. „Es spricht vieles dafür, dass der erfolgreichste Weg ein sequenzieller ist, der von der Kosten-/Preisführerschaft oder der Differenzierung ausgeht und diese über die Zeit mit dem jeweiligen anderen Ansatzpunkt verknüpft“ (*Hungenberg* [Management] 207).

Gilbert/Strebel sprechen in diesem Zusammenhang von **„Outpacing"** bzw. einer Überholstrategie.

> Beispiele: Ein Innovator verschafft sich Wettbewerbsvorteile durch Differenzierung (First Mover Advantage). Die Nachfolger warten auf die Herausbildung eines Standards und damit auf die Voraussetzung für eine Kostenführerschaftsstrategie. So hat beispielsweise China bei **Solaranlagen** für den Massenmarkt inzwischen die Weltmarktführerschaft von der deutschen Industrie, die nach wie vor Innovationsführer ist, durch eine klare Kostenführerstrategie übernommen. Der Innovator ist zu einem Wechsel seiner strategischen Grundhaltung gezwungen: Er muss eine Politik der Kostensenkung in die Wege leiten oder eine Innovation in Angriff nehmen, um den Wettbewerber zu überholen (outpace).
>
> *Apple* sieht sich inzwischen einer immer ernster zu nehmenden Konkurrenz ausgesetzt, vor allem durch *Samsung* und *Amazon*. Letztere z.B. bieten ihr *iPad*-Konkurrenzprodukt *Kindle Fire* seit Herbst 2011 zum Dumpingpreis von nur 199 Dollar (*iPad*-Einstiegsmodell 479 Dollar) an und nehmen damit zunächst einmal ein Verlustgeschäft in Kauf.

Der Vorteil der Differenzierungsstrategie im Vergleich zur Kostenführerschaftsstrategie besteht im Ausmaß des Wettbewerbsvorteils. Für Wettbewerber ist es i.d.R. schwieriger und zeitaufwändiger, die Differenzierungsvorteile aufzuholen.

5.4.3 Nischenstrategie

> Beispiel: Lange galt die *Stuttgarter Börse* als klassische Regionalbörse und neben der übermächtigen *Deutschen Börse* (Frankfurt), die 97% des deutschen Aktienhandels auf sich vereint, als kaum überlebensfähig. Mit der Konzentration auf Finanzprodukte für Privatanleger (etwa 50% des Handelsvolumens entfallen auf Derivate, 30% Anleihen) hat sie sich als Nischenanbieter jedoch ein klares Profil verschafft. Die *Stuttgarter Börse* ist heute im Umsatz mehr als doppelt so groß wie beispielsweise die Börsen in Wien oder Warschau. Die jüngste Nische, in der sich Deutschlands zweitgrößte Börse „eingenistet" hat, ist die Mittelstandsfinanzierung.

Das **Ziel** der Nischenstrategie ist die Ausrichtung auf ein ganz bestimmtes und eng abgegrenztes Käufersegment. Der Anbieter fokussiert sich auf einen Teilmarkt mit einer Personengruppe von spezieller Bedürfnisstruktur; daher auch als **Fokusstrategie** bezeichnet (z.B. *Pelikan*-Kugelschreiber im Premium-Segment; Taschenuhren von *Lange*; *Maybach*-Luxuslimousinen von *Daimler*). Die heute feststellbare Produktdifferenzierungstendenz kommt der Nischenstrategie entgegen. Sie konzentriert sich auf Märkte, die von den Großen wegen der economies of scale vernachlässigt werden.

> So profitieren bspw. Programmkinos davon, dass die großen Filmproduzenten primär an der Produktion konfektionierter Massenware interessiert sind.

Die Strategietypen „Produktdifferenzierung“ und „Kostenführerschaft“ können mit der Nischenstrategie kombiniert werden. Dies bedeutet Differenzierung bzw. Kostenführerschaft in einem kleinen Segment.

So konkurrieren auf dem Marktsegment „Computer-Zeitschriften“ ca. 250 Publikationen um die Lesergunst, teilweise mit einer Ausrichtung auf spezielle Informationsbedürfnisse („Special-Interest-Publikationen“), teilweise mit niedrigen Preisen.

Ein Nischenprodukt kann die Vorstufe zu einem Massenprodukt darstellen, wenn die Nische als Versuchsfeld genutzt wird.

Beispiele: Die Brennstoffzelle oder der Hybridantrieb (Kombination verschiedener Antriebsprinzipien/Energiequellen), lange Zeit im Versuchsstadium Nischenprodukte, werden als Energielieferant und zukunftsfähige Antriebsformen in der Raumfahrt bzw. in der Automobilindustrie eingesetzt.

5.5 Funktionsbereichsstrategien

Geschäftsbereichsstrategien legen die allgemeine Richtung fest, mit der Wettbewerbsvorteile angestrebt werden können. Entscheidet sich ein Geschäftsbereich bspw. für eine Differenzierungsstrategie, so bedarf es einer Fülle konkreter Maßnahmen, um diese Strategie zu realisieren. Dieser Maßnahmenkatalog äußert sich in der Nutzung des einer Unternehmung zur Verfügung stehenden Potenzials. Strategische Potenziale stellen Speicher spezifischer Stärken dar, die es ermöglichen, die Unternehmen in einer sich wandelnden Umwelt erfolgreich zu positionieren und sich den langfristigen Unternehmenserfolg zu sichern (einen Überblick über die Leistungspotenziale gibt Abb. 2-57).

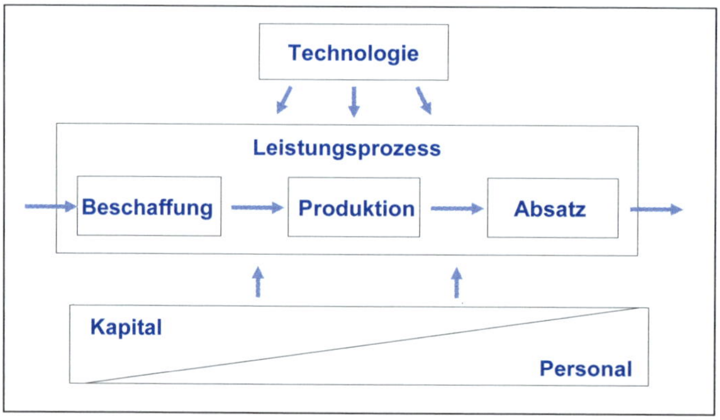

Abb. 2-57: Strategische Leistungspotenziale

Die Entwicklung und Nutzung dieser Leistungspotenziale erfolgt durch folgende **Strategien**:

- Beschaffungsstrategien,
- Produktionsstrategien,
- Marketingstrategien,
- Finanzierungsstrategien,
- Personalstrategien,
- Technologiestrategien.

Die Merkmale dieser Strategien sind in Teil 7, der sich mit den strategischen Leistungspotenzialen befasst, ausführlich beschrieben (S. 491ff.).

Mit dem Einsatz der Funktionsbereichsstrategien ist der Prozess der Strategiewahl hierarchisch auf der untersten Ebene angelangt. Wir befinden uns damit an der **Schnittstelle von Strategiewahl und Strategieimplementierung**. Die Strategieimplementierung befasst sich mit der Umsetzung und Durchsetzung von Strategien. Sie wird ausführlich in Abschnitt 6 erörtert, denn die Erfahrung zeigt, dass die Probleme weniger auf dem Felde der Strategieformulierung als auf jenem der Strategieverwirklichung zu sehen sind.

5.6 Bewertung von Strategien

Sind die wählbaren Strategiearten bekannt, muss im Rahmen des Auswahlverfahrens eine Bewertung der Strategien stattfinden. Es handelt sich dabei um ein komplexes entscheidungstheoretisches Problem, da die Strategiewahl unter Bedingungen stattfindet, die sich nur wenig spezifizieren lassen. Die damit verbundene Unsicherheit mag auch erklären, warum einzelne Unternehmen einen häufigen (i.d.R. jedoch „teuren“) Strategiewechsel praktizieren.

Für die strategische Planung ist es geradezu charakteristisch, dass sowohl die Zielsetzung als auch die Entscheidungssituation recht unscharf beschrieben sind. Hinzu kommt, dass sich die Wirkungen und damit der Erfolg einer einzelnen Strategie nur schwer isolieren lassen. Auf diese Umstände müssen die Lösungsverfahren Rücksicht nehmen.

Zwei Kategorien von **Lösungsverfahren** stehen zur Verfügung:

- Die typologische Vorgehensweise (Normstrategien) und
- der Einsatz von Planungsmodellen.

Kennzeichnend für die **typologische Vorgehensweise** ist, dass für bestimmte Typen von Situationen und Zielkonstellationen Strategien empfohlen werden, von denen man aufgrund der bisherigen Erfahrung glaubt, dass sie sowohl der Situation wie auch dem Ziel weitgehend entsprechen. Es handelt sich dabei um sog. Normstrategien.

Planungsmodelle dagegen liefern Techniken zur Abbildung des Entscheidungsproblems und Rechenverfahren für die Abwicklung der einzelnen Schritte des Lösungsprozesses.

5.6.1 Normstrategien

Die Erörterung der einzelnen Portfolio-Varianten hat gezeigt, dass sich für bestimmte strategische Konstellationen eines Unternehmens einzelne Strategien geradezu anbieten. So ist es nahe liegend, für ein Strategisches Geschäftsfeld, das sich im ausgehenden Produktlebenszyklus befindet, eine Marktaustrittsstrategie zu wählen, während sich für innovative Geschäftsfelder eine Investitionsstrategie aufdrängt.

Normstrategien haben zwar den **Vorzug**, dass sie i.d.R. eine grobe Richtung angeben, aber andererseits den **Nachteil**, dass sie bei näherer Betrachtung doch nicht allzu viel an umsetzbarer Erkenntnis vermitteln. Unter einer Strategie sind Maßnahmen zur Sicherung des langfristigen Erfolgs eines Unternehmens zu verstehen. Der Begriff „Strategie" umfasst daher weit mehr als eine bloße Vorgabe bezüglich der Mittelzuweisung. Normstrategien sind letztlich keine wirklichen Strategien. Der dem Erfolg zu Grunde liegende Sachzusammenhang wird nämlich nicht berücksichtigt. So wird bspw. in der BCG-Matrix suggeriert, dass mit der Erwirtschaftung von Cash Flow das Problem gelöst sei. Die entscheidende Frage lautet aber: „Wie erwirtschafte ich Cash Flow?"

Die Normstrategien basieren im Wesentlichen auf dem Funktionieren der Kette „Ausgabensteigerung $\Rightarrow$ Marktanteilserhöhung (Wettbewerbspositionsverbesserung) $\Rightarrow$ Ergebnisverbesserung". Es besteht aber wohl kein gesetzmäßiger Zusammenhang zwischen dem Unternehmensergebnis und dem Marktanteil bzw. der Wettbewerbsposition wie auch zwischen dem Ausgabenniveau und der Wettbewerbsposition. Denn nicht nur die Höhe, sondern auch die Zusammensetzung der Ausgaben dürften eine Rolle spielen. Ausgabensteigerungen sind eine i.d.R. notwendige, aber keinesfalls hinreichende Bedingung für eine Verbesserung der Wettbewerbsposition (des Marktanteils), und eine Erhöhung des Marktanteils keine Gewähr für steigende Gewinne.

Das Ziel der Normstrategien ist bei vielen Portfolio-Varianten - wenngleich bei der BCG-Matrix noch stärker akzentuiert - ein ausgeglichener Cash Flow und damit die interne Finanzierung von Investitionen. Dieses „Oberziel" ist nur sinnvoll, wenn die externe Finanzierung institutionell oder materiell eng begrenzt ist, was i.d.R. jedoch nicht der Fall ist. Auch das Argument des Risikoausgleichs ist für wertorientierte Investoren wenig bedeutsam: Sie können ihr Wertpapierportefeuille selbst wesentlich leichter und breiter streuen als dies irgendeine Unternehmensführung mittels Diversifikation könnte. Trotz dieser Kritik stellen Normstrategien eine Entscheidungshilfe dar, da sie aus der Portfolio-Analyse hervorgehen und diese wiederum ein strukturiertes und damit systematisches Vorgehen bei der Strategiesuche impliziert.

5.6.2 Planungsmodelle

Planungsmodelle stellen im Gegensatz zur typologischen Vorgehensweise Techniken mit Lösungsverfahren zur Verfügung. Das **Lösungsverfahren** besteht darin, dass das Entscheidungsproblem in einem Modell abgebildet und mit Hilfe eines

Lösungsalgorithmus (bei den analytischen Modellen) oder durch ein strukturiertes Vorgehen (bei den heuristischen Verfahren) eine Strategiewahl getroffen wird.

Analytische Modelle
- Discounted Cash-Flow-Methode (einschließlich Realoptionen)
- Nutzwertanalyse
Heuristische Modelle
- Heuristische Regeln
- Dialogmodelle

Abb. 2-58: Planungsmodelle

5.6.2.1 Analytische Modelle

Analytische Modelle sind dadurch gekennzeichnet, dass sie die optimale Lösung eines Entscheidungsproblems durch einen Algorithmus, d.h. durch einen systematisierten Rechenvorgang, ermitteln. Sie werden daher auch als **Optimierungsmodelle** bezeichnet.

Die meistgenutzten Techniken zur Ermittlung eines strategischen Optimums sind die Discounted Cash Flow-Methode und die Nutzwertanalyse.

5.6.2.1.1 Discounted Cash Flow-Methode

Die Discounted Cash Flow-Methode (DCF) zur Ermittlung der optimalen Strategie wird dann gewählt, wenn als Ziel die Steigerung des Shareholder Value zur Geltung kommt (vgl. S. 82ff.). Der Eigentümer (Shareholder) trifft seine Entscheidung für oder gegen eine Strategie anhand seiner Erwartungen über die Zahlungen, die ihm aus einer Strategie in der Zukunft zufließen werden. Zu diesem Zweck werden die Cash Flows auf den Betrachtungszeitpunkt diskontiert:

$$DCF = \sum_{t=0}^{T} \frac{CF_t}{(1 + WACC)^t}$$

mit

CF = Cash Flow (vgl. S. 78f.)

WACC = Weighted Average Cost of Capital

Der Diskontierungsfaktor WACC entspricht dem Kalkulationszinsfuß im Rahmen investitionstheoretischer Verfahren. Er bringt die Mindestrenditeerwartung der Eigen- und Fremdkapitalgeber zum Ausdruck (vgl. S. 83; vgl. auch *Bea/Scheurer/Hesselmann* [Projektmanagement] 514ff.)

Der Einsatz der Discounted Cash Flow-Methode zur Unterstützung der Strategiewahl stößt deshalb häufig an Grenzen, weil sich die künftigen Zahlungsströme einer Strategie nur schwer prognostizieren lassen. Auf der **Einnahmeseite** sind die Schwierigkeiten insbesondere auf folgende Ursachen zurückzuführen: Die Wirkung eines strategischen Erfolgsfaktors (etwa die Verbesserung der Produktqualität) auf den Erfolg lässt sich kaum i.S. eines isolierten Ursache-Wirkungs-Zusammenhanges ermitteln. Zum anderen stellt sich der Erfolg häufig erst sehr spät ein.

Da eine Strategie auch **mit Ausgaben** verbunden ist, sind Berechnungen des Zahlungsstromes einer Strategie erforderlich. Zu nennen sind u.a. die Kosten der Entwicklung eines neuen Produktes (bei einer Produktentwicklungsstrategie), die Ausgaben für den Aufbau eines Vertriebsnetzes (bei einer Marktentwicklungsstrategie), Personalkosten (bei einer Desinvestitionsstrategie).

5.6.2.1.2 Realoptionen

Bei der Bewertung einer Strategie mit Hilfe der Discounted Cash Flow-Methode wird implizit davon ausgegangen, dass die Cash Flows, die eine Strategie liefert, bekannt sind. Außerdem entscheidet der Discounted Cash Flow darüber, ob eine Strategie als Ganzes in Angriff genommen werden soll oder nicht. Beide Annahmen sind zu hinterfragen:

(a) Die künftigen Cash Flows unterliegen einem **Risiko**. Dies gilt insbesondere in einer Zeit zunehmender Dynamik und Komplexität der Umwelt. Für eine Strategie gibt es außerdem grundsätzlich eine Reihe von **Handlungsmöglichkeiten**: So kann ihre Realisierung verzögert oder gar abgebrochen, sie kann aber auch beschleunigt werden. Schließlich kann sie in mehrere Stufen zerlegt werden. Eine Verlagerung der Entscheidung in die Zukunft sowie eine Zerlegung einer Strategie in mehrere Teilentscheidungen verbessern die Informationslage des Entscheidungsträgers. Gleichzeitig wird dadurch das Risiko reduziert.

(b) Der Ansatz der **Realoptionen** stellt eine Methode zur Bewertung des Handlungsspielraums zur Verfügung. In Zeiten zunehmender Volatilität und Prognoseunsicherheit hängt der Wert einer Strategie maßgeblich vom Wert unterschiedlicher Reaktionsmöglichkeiten auf Umweltentwicklungen ab, die sich im Laufe der Implementierung ergeben. Die Zahl der Reaktionsmöglichkeiten kann noch dadurch gesteigert werden, dass eine Strategie in einzelne Phasen zerlegt wird. „Die Entscheidung, ob und inwieweit die jeweils nächste Phase angegangen werden soll, kann dann im Licht der aktuellen Gegebenheiten und Bedingungen sowie unter Berücksichtigung von Lerneffekten aus den vorherigen Phasen getroffen werden" (*Grant/Nippa* [Management] 76). Der Optionswert einer Strategie lässt sich aus den Möglichkeiten zur Anpassung der Strategie ableiten.

Die Bewertung des Handlungsspielraums (Optionen) kann auf Basis der für die Bewertung von Finanzoptionen entwickelten Optionspreistheorie durchgeführt werden. Zur genaueren Kennzeichnung dieser Methode und zur Anwendung in einem Beispiel vgl. *Bea/Scheurer/Hesselmann* [Projektmanagement] 527ff.

5.6.2.1.3 Nutzwertanalyse

Eine umfassende Bewertung von strategischen Alternativen verlangt ein Bewertungsinstrument, in dem quantitative und qualitative Kriterien kombiniert werden können. Diese Voraussetzung erfüllt die Nutzwertanalyse.

Die Nutzwertanalyse ist ein formales Bewertungsverfahren, bei dem den zu bewertenden Alternativen Nutzwerte zugewiesen werden. Diese Nutzwerte können entweder direkt aus quantitativen Bewertungskriterien oder indirekt durch die Zuweisung von subjektiven Nutzwerten in Form von Rangpunkten für qualitative Bewertungskriterien gewonnen werden. Aus der Summe der gewichteten Nutzwerte ergibt sich ein Gesamtnutzwert pro Alternative. Damit wird eine Anordnung der untersuchten Alternativen nach der Höhe der Gesamtnutzwerte möglich (vgl. *Bea/Scheurer/Hesselmann* [Projektmanagement] 593ff.).

Die Planungsmodelle der Discounted Cash-Flow-Methode und der Nutzwertanalyse werden im Folgenden mit Hilfe eines Zahlenbeispiels beschrieben.

Beispiel: Bewertung von Strategien

Die Geschäftsführung eines Unternehmens will die beiden Strategiealternativen der Marktdurchdringung (Strategie A) und der Marktentwicklung (Strategie B) bewerten:

- **Marktdurchdringung:** Bereits vorhandene Märkte werden unter Einsatz marketingpolitischer Instrumente (Preis-, Vertriebs-, Werbepolitik usw.) verstärkt bearbeitet.
- **Marktentwicklung:** Es werden neue Märkte erschlossen. Die Geschäftsführung erwägt einen Eintritt in den chinesischen Markt, den sie langfristig für sehr attraktiv hält.

Aufgrund von Expertenschätzungen werden für die Bewertung der beiden Alternativen die folgenden Zahlungsreihen zugrunde gelegt:

	2013	2014	2015	2016	2017
Strategie A	-2000	-1500	2500	2400	2300
Strategie B	-3500	-3000	2000	4000	5000

Zahlungen in tEUR

[1] Vergleich der Strategien anhand der Discounted Cash-Flow-Methode (WACC = 8%):

Strategie A: DCF_A =

$$-2.000 - \frac{1.500}{1{,}08} + \frac{2.500}{1{,}08^2} + \frac{2.400}{1{,}08^3} + \frac{2.300}{1{,}08^4} = 2.350{,}22$$

Strategie B: DCF_B =

$$-3.500-\frac{3.000}{1{,}08}+\frac{2.000}{1{,}08^2}+\frac{4.000}{1{,}08^3}+\frac{5.000}{1{,}08^4}=2.287{,}38$$

Der Discounted Cash Flow der Strategie A liegt knapp über dem Discounted Cash Flow der Strategie B; die Empfehlung für die Strategie A (Marktdurchdringung) ist also nicht eindeutig. Aufgrund der Ungewissheit bei der (langfristigen) Prognose der Zahlungsströme erscheint es ratsam, diese Berechnung durch eine Sensibilitätsanalyse zu ergänzen, um die Auswirkungen von Abweichungen bei den zugrunde gelegten Werten der Zahlungsreihe genauer abschätzen zu können.

[2] Vergleich der Strategien anhand einer Nutzwertanalyse

Das Unternehmen will seine Entscheidung nicht nur auf der Grundlage der DCF treffen, sondern noch weitere Kriterien zur Bewertung heranziehen. Es handelt sich hierbei um die Kriterien „Risiko", „Mitarbeiterzufriedenheit" und „Zeitaufwand für die Forschungs- und Entwicklungsabteilung" (die Abteilung ist im Moment und die nächsten zwei Jahre mit einem anderen, sehr viel versprechenden Großprojekt beschäftigt, so dass nur wenig Zeit für eine grundlegende Anpassung der Produkte für andere Märkte zur Verfügung steht).

In Abb. 2-59 sind weitere mögliche Kriterien für die Bewertung von Strategien aufgeführt.

Schritt 1: **Vorgabe der Bewertungskriterien** (Ziele) für die beiden Alternativen

k_1 = DCF k_2 = Risiko

k_3 = Mitarbeiterzufriedenheit k_4 = Zeitaufwand F&E

Schritt 2: Vergabe von Kriteriengewichten

Das Unternehmen gewichtet die Kriterien folgendermaßen:

g_1 = 0,35 g_2 = 0,3

g_3 = 0,15 g_4 = 0,2

Schritt 3: Aufstellung der Zielertragsmatrix

	Strategie A	Strategie B
DCF	2.350,22	2.287,38
Risiko	Gering	Hoch
Mitarbeiterzufriedenheit	Mittel	Hoch
Zeitaufwand F&E	0 Mannmonate	5-8 Mannmonate

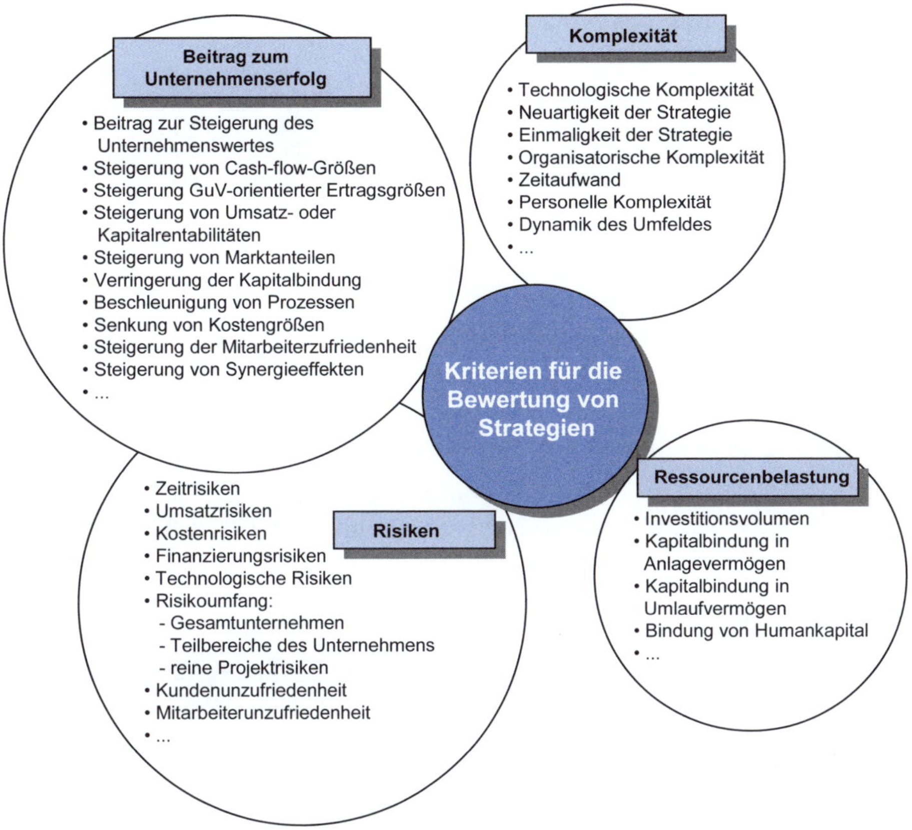

Abb. 2-59: Mögliche Kriterien für die Bewertung von Strategien
(In Anlehnung an: *Bea/Scheurer/Hesselmann* [Projektmanagement] 594)

Schritt 4: Transformation der Zielerträge in Zielwerte

Um die o.g. Zielerträge auswerten zu können, wird von einer kardinalen Zielwertskala (0-10 Punkte) ausgegangen, wobei hohe Punktzahlen einem hohen Nutzen entsprechen.

	Strategie A	Strategie B
DCF	10	9
Risiko	8	2
Mitarbeiterzufriedenheit	5	8
Zeitaufwand F&E	10	4

Schritt 5: Berechnung des Nutzwertes der jeweiligen Strategie (Wertsynthese)

Die einzelnen Zielwerte werden jeweils mit dem Kriteriengewicht multipliziert und anschließend addiert:

NW_A: $10 \cdot 0{,}35 + 8 \cdot 0{,}3 + 5 \cdot 0{,}15 + 10 \cdot 0{,}2 = 8{,}65$

NW_B: $9 \cdot 0{,}35 + 2 \cdot 0{,}3 + 8 \cdot 0{,}15 + 4 \cdot 0{,}2 = 5{,}75$

Mit Hilfe der Nutzwertanalyse fällt die Entscheidung **eindeutiger für die Strategie A (Marktdurchdringung)** aus. Es bietet sich jedoch auch hier eine ergänzende Sensibilitätsanalyse an, um einen Eindruck von den Auswirkungen abweichender Entwicklungen bzw. Bewertungen zu bekommen.

5.6.2.2 Heuristische Modelle

Heuristische Modelle unterscheiden sich von den analytischen Verfahren dadurch, dass sie i.d.R. nicht die optimale Lösung eines Entscheidungsproblems liefern, sondern lediglich eine **Näherungslösung**.

[1] Heuristische Regeln

Sie stellen Verhaltensregeln dar, die bei ähnlichen Entscheidungsproblemen in der Vergangenheit zu befriedigenden Ergebnissen geführt haben. Solche heuristische Regeln liefert bspw. die PIMS-Studie. Mit Hilfe des „PAR-Report" kann ermittelt werden, welcher RoI durch eine bestimmte Strategie im Durchschnitt erzielt worden ist. Außerdem wird über die PIMS/Studie ein „Optimum Strategy Report" bereitgestellt, der aufgrund der empirischen Analysen eine Kombination von Strategien ermittelt, die eine Zielerfüllung in optimaler Weise in Aussicht stellt (vgl. S. 132f.).

Aktuelle **Beispiele** für die Anwendung einer heuristischen Regel sind:

- In einem stark wachsenden Markt (z.B. E-Commerce) ist eine Marktführerstrategie erfolgreich, da sie die Möglichkeit zur Setzung von Standards (first mover advantage) bietet (z.B. *Comdirect*).
- Die Wahl der Kostenführerschaftsstrategie ist in einem Markt mit starker Kundenpräferenz (wie etwa bei Luxusreisen) weniger zu empfehlen als eine Differenzierungsstrategie.

Der Berliner Max-Planck-Psychologe *Gerd Gigerenzer* betont die Bedeutung des sog. gesunden Menschenverstandes und der Intuition, die dem bewertenden Denken bei Entscheidungen oft überlegen seien (*Gigerenzer* [Bauchentscheidungen]). Das gelte insbesondere dann, wenn die Entscheidung – so wie bei der Strategiewahl – äußerst komplex ist. Hier bestehe die Gefahr, dass man immer weitere Informationen sammle und sich in Details „verheddere".

[2] Dialogmodelle

Dialogmodelle stellen entscheidungsunterstützende Modelle dar, bei denen eine Kombination von modellierten Rechengängen und geistigen Komponenten des Entscheidungsträgers stattfindet. Zu nennen sind hierbei die Executive Information Systems. Ein **Executive Information System** (EIS) ist ein interaktives IT-unterstütztes Informationssystem zur integrativen informationellen Unterstützung von Managementaufgaben. Es stellt empirisch gewonnene Daten in einer Datenbank und Berechnungsmethoden in einer Methodenbank zur Verfügung. Über den Einsatz beider Bausteine lassen sich „What if-Fragen" dergestalt beantworten, dass etwa die Zielwirksamkeit einer Strategie über die Discounted Cash Flow-Methode ermittelt und so Anhaltspunkte für die tatsächliche Strategieentscheidung gewonnen werden können.

Die Perfektion eines Executive Information Systems ist dann erreicht, wenn es gelingt, Gesamtunternehmensmodelle (Corporate Planning Models) zu entwickeln, welche den Entscheidungsbereich des gesamten Unternehmens in Form von Zahlen abbilden. Im Rahmen solcher Modelle wird die beste Alternative i.d.R. über die Simulation gefunden. Mit Hilfe des **Simulationsmodells** werden die Wirkungen unterschiedlicher Strategien auf ein Ziel, etwa den RoI oder den Shareholder Value, analysiert und so Anhaltspunkte für die Strategiewahl gewonnen.

Simulationsmodelle kommen auch in sog. **Planspielen** zum Einsatz. In Unternehmensplanspielen werden strategische Pläne erprobt. So lassen sich Zusammenhänge erfassen und Datenlücken identifizieren. Allerdings stößt man auch hier schnell an Grenzen, da die Planspiele die Realität nur unzureichend abzubilden vermögen.

Zu den Executive Information Systems vgl. S. 354f.

5.7 Soziale Verantwortung bei der Strategiewahl

„The Social Responsibility of Business is to increase its profits."

Milton Friedman (Nobelpreisträger 1976)
in einem 1970 im New York Times Magazine erschienenen Aufsatz

„Der Markt braucht Moral."

Bundespräsident Horst Köhler
in seiner Grundsatzrede zur Finanzkrise am 23.03.2009

5.7.1 Ansätze für die Berücksichtigung der sozialen Verantwortung bei der Strategiewahl

Die Entscheidung für eine Strategie nach der Discounted Cash Flow-Methode geht davon aus, dass die Aufgabe einer Strategie darin besteht, den Cash Flow zu maximieren. Da der Cash Flow vorrangig der Disposition des Shareholders unterliegt, wird damit von einer Zielsetzung vorwiegend zu Gunsten des Shareholders ausgegangen. Diese Handhabung des Strategiewahlprozesses wird dann von allen Stakeholdern akzeptiert, wenn kein Interessenkonflikt aus ihm resultiert. Eine derart ideale Welt dürfte aber selten anzutreffen sein. Zwei Beispiele für **Konflikte** seien genannt:

- Der Cash Flow wird maximiert, um eine Dividendenstrategie zu finanzieren. Diese Maßnahme wiederum schwächt die Finanzkraft eines Unternehmens und damit die Sicherung einer Wachstumsstrategie zur Erhaltung von Arbeitsplätzen.
- Eine Investition zu Gunsten einer Umweltschutzeinrichtung (etwa einer Kläranlage, einer Abgasreinigungsanlage) wird verschoben, weil ansonsten die zu Beginn des Jahres abgegebene Gewinnprognose nicht eingehalten werden kann.

Es gibt **zwei grundsätzliche Ansätze**, um die in diesen beiden Beispielen zum Ausdruck kommenden Konflikte zu lösen oder zumindest zu entschärfen:

- Der Staat setzt **Standards** in Form von Normen und entsprechenden Sanktionen. Auf unsere beiden Beispiele übertragen bedeutet dies, dass beispielsweise im Aktienrecht durch Regelung der Mitbestimmung die verschiedenen Interessen zur Geltung gebracht werden können.
- Die Wirtschaftssubjekte übernehmen **freiwillig Verantwortung** für die heutige Gesellschaft und spätere Generationen. Auf unsere Beispiele übertragen heißt dies: Die Aktionäre verzichten bewusst auf eine Gewinnausschüttung, um Investitionen in den Umweltschutz zu finanzieren; die Verbraucher sind bereit, einen höheren Preis für umweltfreundliche Produkte zu entrichten. Entscheiden sich die Unternehmen für die Übernahme von gesellschaftlicher Verantwortung, gewinnt die Ethik eine Bedeutung für die Strategiewahl.

In der Realität kommen - wie die genannten Beispiele zeigen - beide Ansätze zur Geltung. Strategisch relevant ist nur der zweite Ansatz, die sog. **Verantwortungsethik**, da sie Gegenstand des Strategischen Managements ist. *Göbel* ([Unternehmensethik] 109) spricht in diesem Zusammenhang von der „Unternehmensethik als Management der Verantwortung“.

> Im Rahmen der **Corporate Social Responsibility** (CSR) wird die soziale Verantwortung gegenüber Mitarbeitern und externen Anspruchsgruppen in das Zielsystem der Unternehmung integriert.

Die Unternehmen sind heute in wachsendem Maße bereit, gesellschaftliche Verantwortung zu übernehmen. Beispiele für Corporate Social Responsibility sind an verschiedenen Stellen dieses Lehrbuches genannt.

Marijn Dekkers, Vorstandsvorsitzender der *Bayer AG*, zur Verbindung von gesellschaftlicher Verantwortung mit ökonomischen Interessen: „Innovative Produkte und nachhaltiges Handeln sind eine zentrale Grundlage für unseren zukünftigen Erfolg – dies hat uns die Finanz- und Wirtschaftskrise deutlich gezeigt. … Wir arbeiten nachhaltig und stellen uns der Verantwortung als sozial und ethisch handelndes Unternehmen. Unsere gemeinsamen Werte sind dabei unsere Richtschnur. Wir haben sie im vergangenen Jahr neu formuliert und unter dem Begriff LIFE für Leadership (Führung), Integrität, Flexibilität und Effizienz zusammengefasst. …

Wir wollen wirtschaftliches Wachstum in Einklang bringen mit ökologischer und gesellschaftlicher Verantwortung. So stehen wir zu den Prinzipien des Global Compact der Vereinten Nationen und gehören zu den Erstunterzeichnern der neuen Plattform für „Corporate Sustainability Leadership – LEAD" … Von all seinen Beschäftigten erwartet *Bayer* ein rechtlich und ethisch einwandfreies Handeln im geschäftlichen Alltag. Auf Basis unserer „Corporate Compliance Policy" haben wir daher festgelegt, dass ausnahmslos auf jedes Geschäft verzichtet wird, das diesen Grundsätzen entgegensteht."

(*Bayer AG*, Nachhaltigkeitsbericht 2010)

Ein Grund für die Übernahme von Verantwortung dürfte darin liegen, dass sich Verantwortung „lohnt", denn die Öffentlichkeit honoriert und belohnt in zunehmendem Maße ethisches Verhalten und sie „bestraft" unethisches Verhalten.

Klassische Beispiele für „Bestrafungsaktionen" sind der Käuferboykott aufgrund der Versenkung einer Ölplattform durch *Shell* und der Nachfragerückgang von Hühnereiern, die in Batteriehaltung erzeugt wurden.

Nehmen wir als Beispiel für die Wahl verantwortungsbewusster Geschäftsbereichsstrategien den **Umweltschutz** (vgl. *Göbel* [Unternehmensethik] 172ff.):

[1] Eine **Differenzierungsstrategie** kann darauf abzielen, Verbraucher mit ökologischer Einstellung anzusprechen.

Ein spanischer Erdbeerproduzent wirbt beispielsweise mit dem Slogan: „Genuss mit gutem Gewissen".

[2] Die **Kostenführerschaftsstrategie** scheint auf den ersten Blick im Widerspruch zu stehen zur Idee des Umweltschutzes. Umweltschutz muss aber nicht immer zu hohen Kosten führen: „Der Verzicht auf eine aufwändige Verpackung oder auf überflüssige Zusatzstoffe, energie- und wassersparende Produktionsverfahren, Recycling von Abfallstoffen, das sind nur Beispiele für Maßnahmen, die zugleich die Umwelt schonen und Kosten sparen. Was den sparsamen Einsatz von Ressourcen betrifft, gehen Ökologie und Ökonomie oft Hand in Hand" (*Göbel* [Unternehmensethik] 173).

Die Beispiele haben gezeigt, dass eine Übereinstimmung von Moral und Gewinn im Rahmen der Wettbewerbsstrategien durchaus möglich ist. Es ist ohne Zweifel die Aufgabe des Strategischen Managements, diesem Ideal nachzukommen.

Eine **institutionelle Unterstützung** der Unternehmensethik kann durch die Festlegung von Verhaltenskodizes und die Einrichtung von Stellen (z.B. Beschwerdestellen) und Kommissionen (z.B. Ethikkommission) erfolgen. Neu in diesem Zusammenhang sind die sog. „Compliance-Stellen" bzw. „-Ausschüsse" in Unternehmen. **Compliance** (to comply = Folge leisten, sich fügen) bedeutet Regelüberwachung. Compliance-Stellen haben dafür zu sorgen, dass Gesetze, Regeln und Richtlinien eingehalten werden.

Beispiele: Im Herbst 2008 hat die *Deutsche Telekom* ein neues Vorstandsressort eingerichtet. Es umfasst neben dem Datenschutz auch die Bereiche Recht, Compliance und Wirtschaftsstrafrecht. Hauptaufgabe dieses Ressorts ist es, die *Deutsche Telekom* vor Verstößen gegen interne und externe Bestimmungen zu schützen.

Im Sommer 2009 richtete auch die *Deutsche Bahn* ein Vorstandsressort für Compliance ein.

5.7.2 Nachhaltigkeit als Aufgabe der unternehmerischen Verantwortung

„Wir denken nicht in Quartalen, sondern in Generationen."

Michael Otto (Unternehmer und Manager des Jahres 2001)

Bei Befragungen der Bevölkerung in Deutschland zur Einstellung gegenüber nachhaltigen Grundprinzipien stellte sich folgendes Ergebnis heraus (Quelle: Bundesamt für politische Bildung):

„Generationengerechtigkeit" (85%); „Nicht mehr Ressourcen verbrauchen als nachwachsen" (83%)

Gehen wir vom Ansatz der **Corporate Social Responsibility** aus, ergibt sich für die Unternehmen die Notwendigkeit, sich der Nachhaltigkeit (sustainability) zu stellen und in das Managementkonzept zu integrieren.

Die *Daimler Benz AG* macht im Nachhaltigkeitsbericht 2010 deutlich, wie das Unternehmen dieser Aufgabe entsprochen hat: „2010 haben wir den Begriff der Nachhaltigkeit in unser strategisches Zielsystem aufgenommen. Damit unterstreichen wir: Ökonomische, ökologische und soziale Verantwortung gehören für *Daimler* zusammen. Nachhaltigkeit ist der rote Faden unseres unternehmerischen Handelns. Er fordert von uns, unsere geschäftlichen Zielsetzungen und Unternehmensinteressen ins Verhältnis zu den Erwartungen unserer Stakeholder zu setzen und auf diese Weise eine Priorisierung der Handlungsfelder der Nachhaltigkeit vorzunehmen."

„**Nachhaltigkeit** besagt, dass der Mensch aktiv und vorausschauend Verantwortung für die Erhaltung der natürlichen Lebensgrundlagen übernehmen soll." (*Göbel* [Unternehmensethik] 150)

„**Nachhaltigkeit** heißt vor allem, über die monetäre Nützlichkeit hinaus langfristig zu denken und entsprechend Zukunftsverantwortung zu übernehmen." (*Alois Glück*, Mitglied des *Rates für nachhaltige Entwicklung*, der den *Deutschen Nachhaltigkeitskodex* formuliert und im Jahre 2011 beschlossen hat)

Objekte der Nachhaltigkeit sind u.a. Energie, Wasser, Luft, Artenvielfalt und Klima. Diese Aufzählung macht deutlich, wo das strategische Management ansetzen kann, um dem Anspruch der Nachhaltigkeit zu genügen. Genannt seien u.a.: Bau von Photovoltaik-Anlagen, Steigerung der Energieeffizienz, Bau von Elektroautos. Es reicht aber nicht aus, dass Elektroautos verstärkt eingesetzt werden, es muss auch dafür gesorgt werden, dass der Strom aus erneuerbarer Energie gewonnen wird. Es muss also der gesamte Prozess der Nachhaltigkeit optimiert werden.

6 Strategieimplementierung

6.1 Aufgaben

Fragen der Strategieimplementierung wurden im Vergleich zu jenen der Strategieformulierung in der Literatur lange recht stiefmütterlich behandelt. Die Beschäftigung mit strategischen Visionen gilt auch heute noch sowohl für Wissenschaftler wie auch für Praktiker als wesentlich vornehmere und anspruchsvollere Aufgabe als jene der „einfachen Umsetzung" einer Idee. Inzwischen ist allerdings eine gewisse Ernüchterung bei den „Strategen" eingetreten und mit ihr reifte die Erkenntnis, dass der Erfolg einer Strategie mit der Implementierung steht und fällt.

Dieser Meinungsumschwung steht unter wissenschaftlichen Aspekten im Zusammenhang mit der Akzentverlagerung von der normativen zur deskriptiven Strategietheorie. Die normative Ausrichtung der Strategietheorie führt zu einem Verständnis der Implementierung als Vollzugsphase eines rationalen Planes, während die deskriptive Ausrichtung der Theorie die tatsächlichen Vollzugsprobleme zu Tage fördert. Auf dem Felde der Unternehmenspraxis haben insbesondere die Erfahrungen mit der sog. New Economy die Bedeutung der Strategieimplementierung ins Blickfeld gerückt. Manche Unternehmen des Neuen Marktes sind nicht am Mangel an Visionen und Ideen gescheitert, sondern an deren Umsetzung. Aber auch Unternehmen „klassischer" Branchen diagnostizieren häufig ein „Implementierungsproblem" und weniger ein „Strategieproblem".

In einer aktuellen Umfrage gaben rund 80 Prozent der Manager an, sie hätten eine erfolgsversprechende Strategie, aber nur 14 Prozent glaubten an eine erfolgreiche Umsetzung (vgl. *Yukl* [Leadership] 13. Kapitel).

Zusammenfassend lassen sich folgende Gründe für die fehlerhafte Strategieimplementierung nennen (vgl. auch *Rietiker* [Strategien] 39ff.):

- Visionen werden auf der oberen Führungsebene geboren. Für deren Umsetzung sind die mittleren und unteren Ebenen zuständig. **Die Visionäre antizipieren i.d.R. die Implementierungsaufgaben nicht**.
- Die Implementierung nimmt **viel Zeit** in Anspruch. In dieser langen Zeitspanne ändern sich i.d.R. die Voraussetzungen für den Erfolg einer Strategie. Dies kann zu einem Bruch zwischen ursprünglicher Vision und realem Implementierungsalltag führen.
- Die Implementierung einer Strategie führt zu einer **Konfrontation mit den Betroffenen**. Widerstände sind zu erwarten.
- Bei der Strategieumsetzung sind viele Mitarbeiter involviert. Daraus ergeben sich **Probleme der Koordination**.

Wie so oft in der Literatur zum Strategischen Management wird auch der **Begriff** der Implementierung recht unterschiedlich benutzt. Es ist daher eine grundlegende Definition erforderlich. Die Strategieimplementierung umfasst alle Aktivitäten, die zur Verwirklichung einer Strategie erforderlich sind. Zu ihnen rechnen nach unserer Systematik auch jene, die wir der dritten Ebene des strategischen Planungssystems, nämlich der Ebene der Funktionen (functional level), zugeteilt haben.

Die **Strategieimplementierung** umfasst drei Aufgaben:

- Die sachliche Aufgabe: Zerlegung einer Strategie in Einzelmaßnahmen.
- Die organisatorische Aufgabe: Ablauforganisation der Strategieimplementierung.
- Die personale Aufgabe: Schaffung persönlicher Voraussetzungen für die Implementierung.

Der erste Aspekt befasst sich mit der **Umsetzung**, der zweite und der dritte Aspekt beziehen sich auf die Umsetzung und auf die **Durchsetzung** einer Strategie (vgl. *Kolks* [Strategieimplementierung] 79ff.). Beim ersten Aspekt steht die **Sachrationalität** im Vordergrund, bei den anderen Aspekten die **Verhaltensrationalität**.

Die drei Aufgaben der Strategieimplementierung werden nun im Einzelnen besprochen:

[1] Die Spezifizierung der strategischen Planung durch die Budgetierung und die Balanced Scorecard

[2] Die Ablauforganisation der Implementierung mit der Reihenfolgeplanung und der Koordinationsproblematik

[3] Die Schaffung personaler Voraussetzungen für die Implementierung

Den Abschluss bildet die Vorstellung eines ganzheitlichen Ansatzes, der den sachlichen, den organisatorischen und den personalen Aspekt der Strategieimplementierung integriert und in neuester Zeit in Wissenschaft und Praxis immer mehr an Bedeutung gewinnt: Das Projektmanagement.

6.2 Spezifikation des strategischen Plans (sachlicher Aspekt)

„If you can`t measure it, you can`t manage it."

6.2.1 Mittelfristplanung und Budgetierung

Eine Strategie stellt - so haben wir festgestellt - eine Maßnahme zur Sicherung des langfristigen Erfolgs eines Unternehmens dar. Diese Maßnahme ist i.d.R. recht vage gehalten und bedarf daher einer Konkretisierung. Wird bspw. eine Kostenführerschaftsstrategie gewählt, ist zu konkretisieren, in welchen Bereichen des Unternehmens und in welcher Form Kostensenkungspotenziale genutzt werden können.

Die aus einer Strategie abzuleitende **mittelfristige Planung** - Zeithorizont je nach Industrie und Unternehmen meist zwischen 3 und 5 Jahre - beschreibt in **quantitativer Form** die **Ziele**, **Ressourcen** und spezifischen **Aktionsprogramme** aller wesentlichen Unternehmensbereiche. In der Regel schlagen sich solche Programme in Umsatzplänen, Produktionsplänen, Personalplänen, Finanzplänen usw. nieder. Aus den verabschiedeten Plänen wird dann das **Budget** bestimmt, das die Strategie in ausschließlich monetären Kategorien für die nächste - in der Regel einjährige Planperiode - zum Ausdruck bringt. Spätestens an dieser Stelle des Implementierungsprozesses zeigt sich, ob eine Strategie überhaupt implementierungsfähig ist.

Budgetierung ist die Umsetzung von Plänen in Geldeinheiten für die nächste Planperiode.

Ein **Budget** ist durch folgende Merkmale gekennzeichnet (vgl. *Friedl* [Controlling] 275ff.): Zukunftsbezogenheit, Wertmäßige Größe, Periodenbezug, Bereichsorientierung, Umsetzung übergeordneter Pläne, Vorgabecharakter.

Bei der Gründung eines Unternehmens wird i.d.R. ein sog. **Business Plan** (Geschäftsplan) aufgestellt. Ein Business Plan ist ein zum Zeitpunkt der Unternehmensgründung schriftlich fixiertes Unternehmenskonzept in Form von Planzahlen für die nächsten 3-5 Jahre. Der Business Plan bildet die Ziele, die Strategie sowie die einzelnen Schritte zur Strategieimplementierung, insbesondere die finanziellen und personellen Ressourcen ab.

Die Spezifikation des strategischen Planes macht deutlich, dass die eigentlichen Probleme der strategischen Planung mit der Strategieimplementierung erst beginnen. Diese Problematik besteht nicht nur darin, aus einer Strategie in Form eines sachlogischen Deduktionsprozesses Einzelmaßnahmen abzuleiten, die insgesamt die Strategie ergeben, sondern vor allem in den mit dem Zerlegungsprozess verbundenen persönlichen Implementierungsbarrieren. Die mit der Spezifikation des strategischen Planes verknüpften aktiven und passiven Widerstände führen nicht selten zu einer sukzessiven Veränderung der Strategie: **„Paralysis by analysis"** ist das passende Stichwort. *Mintzberg* [Patterns] drückt dies so aus: Die realisierte Strategie ist nicht immer die intendierte und die intendierte ist nicht immer die realisierte Strategie.

Die Spezifikation des strategischen Plans ausschließlich in Form eines Budgets ist einseitig: Sämtliche Maßnahmen zur Umsetzung einer Strategie werden ausschließlich unter dem Aspekt der finanziellen Konsequenzen betrachtet. Eine Sichtweise, die diese Einseitigkeit aufhebt, stellt die Balanced Scorecard dar.

6.2.2 Balanced Scorecard

Die Balanced Scorecard wurde von dem Harvard-Professor *Robert S. Kaplan* und *David P. Norton* entwickelt. Im Jahre 1996 erschien deren Bestseller „Balanced Scorecard - Translating Strategy into Action" (deutsch 1997: Balanced Scorecard -

Strategien erfolgreich umsetzen). Der Begriff „Balanced Scorecard“ lässt sich am besten als „Ausgewogener Berichtsbogen“ übersetzen. Damit wird zum Ausdruck gebracht, dass eine ausgewogene Mischung von Kennzahlen vorgenommen wird.

Im Prinzip stellt die Balanced Scorecard ein über die Implementierung hinausgehendes Managementkonzept dar (sie kann z.B. für die Bewertung von Strategien und von Unternehmen herangezogen werden), ihr Schwerpunkt liegt jedoch in der Strategieimplementierung. Sie wird daher auch als Instrument zur Umsetzung von Strategien in das Tagesgeschäft verstanden: „Von der Vision zur Wirklichkeit“. Die Balanced Scorecard besticht durch Einfachheit und Praxistauglichkeit (vgl. Abb. 2-60). Sie besteht aus **vier Perspektiven**:

[1] Die strategische Unternehmensführung orientiert sich traditionell an finanziellen Kennzahlen (z.B. Return on Investment, Eigenkapitalrentabilität, vgl. S. 78). Diese Kennzahlen werden als eindimensional (ausschließlich am finanziellen Ergebnis orientiert) und vergangenheitsbezogen kritisiert. Sie verleiten außerdem zu einer kurzfristigen Betrachtung von Investitionsvorhaben. Forschung und Entwicklung, Marktentwicklungen und Personalförderungsmaßnahmen schlagen sich kurzfristig negativ in der Erfolgsrechnung nieder. Die Balanced Scorecard ergänzt daher diese **finanzielle Perspektive** um drei weitere - auch qualitative - Perspektiven:

[2] Die **Kundenperspektive** rückt die Ziele des Unternehmens im Hinblick auf Kundenwünsche und Markterfordernisse in den Vordergrund (z.B. Steigerung der Lieferpünktlichkeit, der Kundenzufriedenheit, der Kundentreue).

[3] Die Perspektive der **internen Geschäftsprozesse** ist auf die innerbetriebliche Wertschöpfung ausgerichtet (z.B. Verringerung der Fehlerquote, Erhöhung der Lagerumschlagshäufigkeit).

[4] Schließlich erfasst die **Lern- und Entwicklungsperspektive** den Innovationsprozess (z.B. Senkung der Produktentwicklungszeit). Wesentlicher Bestandteil der Lern- und Entwicklungsperspektive ist die Ausbildung sowie die Motivation der Mitarbeiter.

Für jede Perspektive werden nun Ziele, Kennzahlen, Vorgaben und Maßnahmen formuliert. Sie sollen insgesamt die Strategie des Unternehmens wiedergeben. Insofern stellen sie Bausteine der Strategieumsetzung dar, an denen sich die Mitarbeiter auf den verschiedenen Hierarchieebenen orientieren können. Sie vermitteln den einzelnen Mitarbeitern Aussagen darüber, wie sie zum Strategieerfolg beitragen können und welche Leistungen von ihnen erwartet werden.

Ein weiterer Schritt besteht in der Ermittlung von **Ursache-Wirkungs-Beziehungen** zwischen den Perspektiven und deren Kennzahlen. Eine zentrale Schwäche der Verwendung von Kennzahlen besteht häufig darin, dass die Zusammenhänge zwischen den einzelnen Kennzahlen zu wenig beachtet werden.

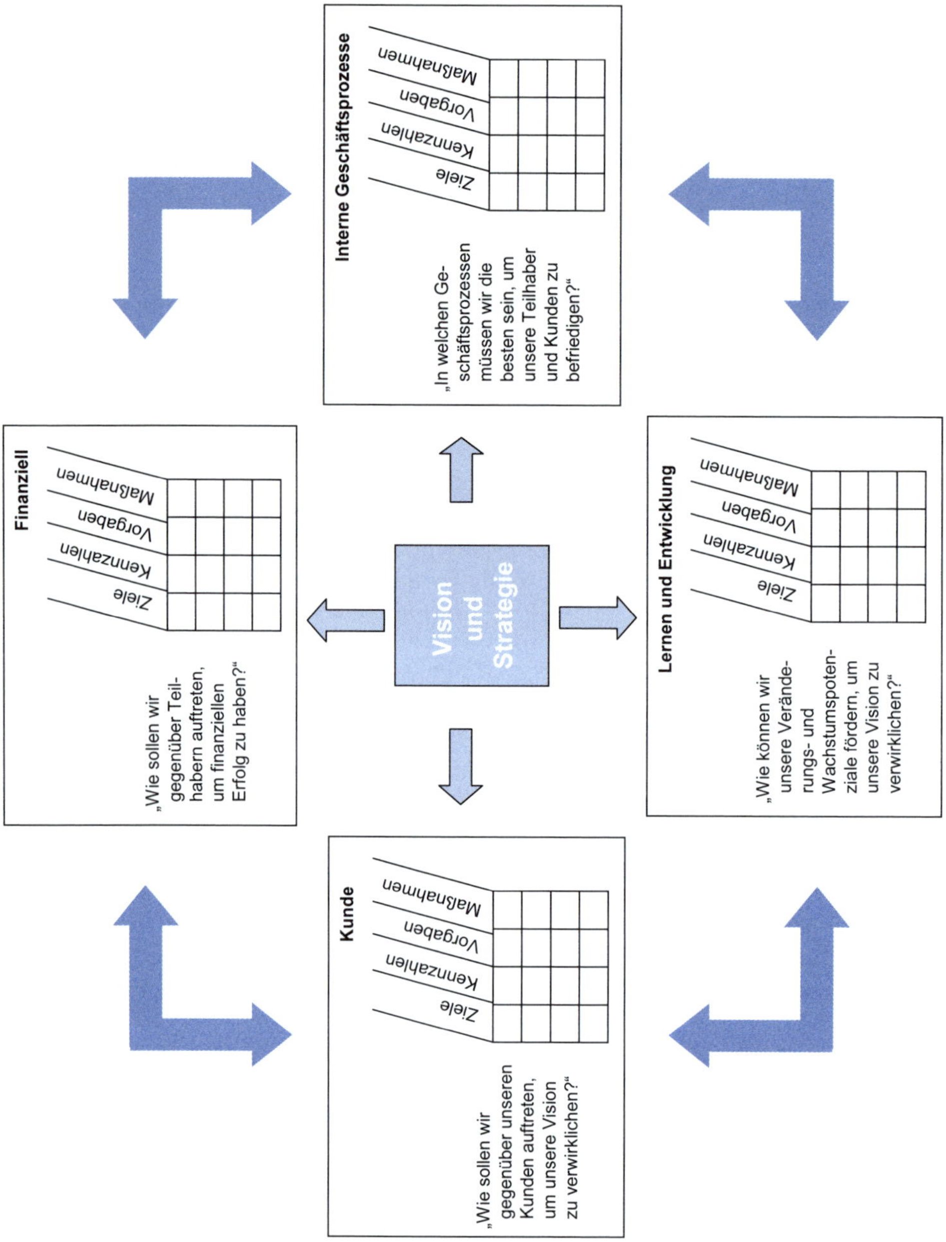

Abb. 2-60: Die Balanced Scorecard
(Quelle: *Kaplan/Norton* [Scorecard] 9)

In Abb. 2-61 ist ein Beispiel eines Ursache-Wirkungs-Netzwerkes beschrieben. Dieses Beispiel macht deutlich, welche Maßnahmen miteinander verknüpft sind, wie sie sich gegenseitig beeinflussen und wie schließlich die finanziellen Zielgrößen von den Maßnahmen abhängen.

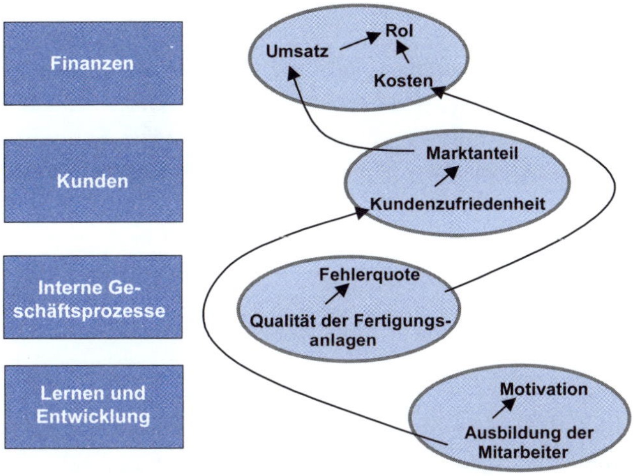

Abb. 2-61: Ursache-Wirkungsnetzwerk (exemplarisch und stark vereinfacht)

Da die Erstellung der Balanced Scorecard und insbesondere die Identifizierung von Ursache-Wirkungs-Beziehungen in einem intensiven **Kommunikationsprozess** zwischen allen Unternehmensebenen stattfindet, lassen sich Erkenntnisse bei der Implementierung einer Strategie für die Strategieformulierung verwenden. So wird die häufig anzutreffende Problematik der Verwässerung einer Strategie von oben nach unten überwunden: „Die Scorecard schafft einen Rahmen, eine Sprache, um Mission und Strategie zu vermitteln" (*Kaplan/Norton* [Scorecard] 23). Die Balanced Scorecard ist daher ein geeignetes Instrument zur Implementierung einer wertorientierten Unternehmensführung. Allerdings sind die Schwierigkeiten bei der Umsetzung der Vision in Kennzahlen nicht zu unterschätzen.

6.3 Ablauforganisation der Implementierung (organisatorischer Aspekt)

Wenn der strategische Plan spezifiziert, d.h. in seine Teiloperationen zerlegt ist, muss als nächstes Problem die Ablauforganisation geregelt werden. Die Ablauforganisation der strategischen Planung ihrerseits hängt - wie generell die Ablauforganisation - sehr stark von der Aufbauorganisation ab.

Mit der **Aufbauorganisation** und ihrer Beziehung zur strategischen Planung werden wir uns in Teil 5, der ausschließlich der Organisation gewidmet ist, ausführlich beschäftigen. Bereits an dieser Stelle sei vermerkt, dass - wie auch schon im ersten Teil dargelegt - die Entstehungsgeschichte des Strategischen Managements sehr stark von der Diskussion über den Zusammenhang von Strategie und Struktur geprägt war: „Structure follows strategy" (vgl. S. 16).

Bei der Konkretisierung der **Ablauforganisation** sind zwei Teilprobleme zu lösen:

- Das Reihenfolgeproblem und
- das Koordinationsproblem.

6.3.1 Reihenfolgeproblem

Das Reihenfolgeproblem kann nicht isoliert auf die Strategieimplementierung bezogen werden. Es ist vielmehr ein Problem der Konstruktion des Phasenschemas der Planung überhaupt. Je nachdem, welches Leitbild für die Reihenfolge des Planungsablaufes gewählt wird, ist auch der Prozess der Implementierung zu strukturieren.

Für die Reihenfolge des Planungsprozesses existieren zwei gegensätzliche **Leitbilder**:

- Die synoptische Planung und
- die inkrementale Planung.

Bei der **synoptischen** Planung geht man grundsätzlich von der langfristigen Zielsetzung aus und arbeitet ganzheitlich, sukzessive und systematisch die zur Zielerfüllung erforderlichen Prozesse ab. Bei der Darstellung der Konzeption des strategischen Planungsprozesses (S. 57ff.) sind wir von einem derartigen synoptischen Planungsschema ausgegangen. Es besteht aus den Kernprozessen der Zielbildung, der Strategiebildung und der Strategieimplementierung.

Bei der **inkrementalen** Planung findet die Lösung von Teilproblemen ohne vorheriges explizites Festlegen von Zielen statt. Die inkrementale Planung wird daher auch als Strategie der unzusammenhängenden Schritte, als Wissenschaft des „Durchwurstelns“ (science of muddling through) oder als Stückwerkstechnologie (piecemeal engineering) bezeichnet. Hauptvertreter dieses Leitbildes ist *Lindblom*. Seine einschlägige Publikation lautet: “The Science of ‚Muddling Through‘” (1959).

Quinn hat zum Ausdruck gebracht, dass die Bedingungen der strategischen Planung (nämlich große Unsicherheit) eine synoptisch ausgerichtete Planung gar nicht zulassen. Er plädiert daher für einen inkrementalen Planungsverlauf nach dem Prinzip des **logischen Inkrementalismus**, d.h. im Kern für eine **Kombination** beider Leitbilder. Seine entsprechende Publikation lautet: „Strategies for Change. Logical Incrementalism“ (1980).

Die grundlegenden Unterschiede zwischen synoptischer und inkrementaler Planung können der Gegenüberstellung in Abb. 2-62 entnommen werden (in Anlehnung an *Picot/Lange* [Gestaltung] 573).

Die Gegenüberstellung macht deutlich, dass der Inkrementalismus die Gefahr einer Status-quo-Fortschreibung in sich birgt, also einer Grundeinstellung, die gerade den Anforderungen an eine strategische Planung zuwiderläuft. Andererseits reduziert eine inkrementale Vorgehensweise die Anforderungen an die Informationsbeschaffungs- und -verarbeitungskapazität und beachtet damit die Grenzen der Planbarkeit. Da sich nicht grundsätzlich, also losgelöst von der jeweiligen Situation, sagen lässt, ob der inkrementalen oder der synoptischen Planung der Vorzug zu geben ist, wird häufig versucht, beide Leitbilder zu kombinieren.

Charakteristika	Synoptische Planung	Inkrementale Planung
Planungsverhalten	Antizipativ u. zielorientiert	Eher reaktiv auf drängende Probleme
Zielorientierung	Spezifiziert, dominant, eher Extremierung	Unbestimmt, sekundär, eher Satisfizierung
Problemhorizont (zeitlich und sachlich)	Eher langfristig, umfassend	Eher kurzfristig, auf wichtige und aktuelle Teilprobleme begrenzt
Berücksichtigte Alternativen	Grundsätzlich alle denkbaren	Begrenzte Anzahl
Alternativen-bewertung	Eher analytisch	Eher intuitiv, politischer Aushandlungsprozess
Flexibilität der Planung	Ex ante-Flexibilität	Ex post-Flexibilität
Implementierungs-aspekt	Kaum thematisiert, instrumentale Bedeutung der Implementierung	Berücksichtigung der Implementierungsproblematik

Abb. 2-62: Synoptische und inkrementale Planung

Wählt man nun den synoptischen Ansatz, so steht die Implementierung am Ende des Planungsprozesses nach den Phasen der Zielbildung, der Umwelt- und Unternehmensanalyse und vor der Kontrolle. Die Strategieimplementierung ihrerseits lässt sich in einzelne **Phasen** zerlegen:

- Spezifikation des strategischen Planes,
- Festlegung von Einzelmaßnahmen,
- Budgetierung,
- Anpassung der Aufbauorganisation,
- Regelung der Zuständigkeiten,
- Mitarbeiterschulung,
- Implementierungskontrolle.

Entscheidet man sich für die inkrementale Vorgehensweise, so werden zwar die Planungsprozesse wie auch die soeben aufgeführten Implementierungsphasen ebenfalls durchlaufen, die Reihenfolge und die Häufigkeit des Durchlaufs werden jedoch nicht von vornherein festgelegt. Letztlich wird die Zerlegung des Planungsprozesses in die Phasen der Strategiebildung und Strategieimplementierung aufgegeben. Damit findet eine enge **Verzahnung** von Strategieformulierung und Strategieimplementierung statt, d.h. bei der Strategiewahl werden die Umsetzungsprobleme antizipiert.

In der Literatur ist eine Reihe von Vorschlägen (i.S. einer normativen Strategietheorie) für die Gestaltung der Ablauforganisation entwickelt worden. Zu nennen sind u.a. die Ablaufmodelle von *Ansoff* ([Management-Strategie] 208f.), *Gilmore/Branden-*

burg [Anatomy], *Hofer/Schendel* ([Strategy] 52f.), *Vancil/Lorange* [Planning] und *Quinn* ([Strategies] 104) sowie das Planning Programming Budgeting-System (PPBS). Diese Modelle unterscheiden sich jeweils hinsichtlich des Grades der Komplexität, der unterschiedlichen Nähe zur normativen und deskriptiven Strategietheorie, der synoptischen oder inkrementalen Ausrichtung, der Zahl der Rückkopplungen und der im Ablaufschema angesprochenen Funktionsbereiche.

In Abb. 2-6 (S. 66) ist die Ablauforganisation der strategischen Planung nach *Hofer/Schendel* dargestellt.

6.3.2 Koordinationsproblem

Mit der Planung ist i.d.R. eine Zerlegung des gesamten Aufgabenkomplexes in einzelne Planungsschritte und Planungsteilaufgaben verbunden. So findet eine Planung auf der Unternehmensebene, der Geschäftsbereichsebene und der Ebene der Funktionen statt. Immer dann, wenn Arbeitsteilung praktiziert wird, ist Koordination erforderlich. Dabei lassen sich die **Koordinationsaufgaben** in eine

- zeitliche,
- horizontale und
- vertikale Komponente zerlegen.

Die **zeitliche Koordination** regelt die zeitliche Abstimmung der einzelnen aufeinander folgenden Planungsschritte. In Frage kommen dabei die rollende bzw. nichtrollende Planung sowie die starre bzw. flexible Planung.

Bei der **horizontalen Koordination** geht es um die Abstimmung der einzelnen Planungsbereiche, z.B. Funktionsbereiche oder Strategische Geschäftseinheiten. Man bezeichnet sie daher auch als bereichsbezogene Koordination. Ein häufig gewähltes Verfahren der horizontalen Abstimmung ist die Planung vom Engpassbereich aus. Dies bedeutet, dass jener Bereich, bei dem man am frühesten „an Grenzen stößt“, zum Ausgangspunkt für die Planung gemacht wird („Ausgleichsgesetz der Planung“ nach *Gutenberg*).

Bei der **vertikalen Koordination** geht es um die planungsstufenbezogene Koordination, d.h. um die Koordination der Planungsaktivitäten auf den einzelnen hierarchischen Ebenen des Unternehmens. **Drei Verfahren** der vertikalen Koordination werden unterschieden (vgl. Abb. 2-63):

- Top down-Koordination (retrograde Planung),
- Bottom up-Koordination (progressive Planung),
- Down up-Koordination (zirkuläre Planung bzw. Gegenstromverfahren).

Der Vorteil des Top down-Verfahrens besteht in der Zielkongruenz, der guten strategischen Orientierung und der Wahrnehmung von Synergieeffekten.

Die Vorteile des Bottom up-Verfahrens bestehen in der Realitätsnähe und der Motivationsförderung.

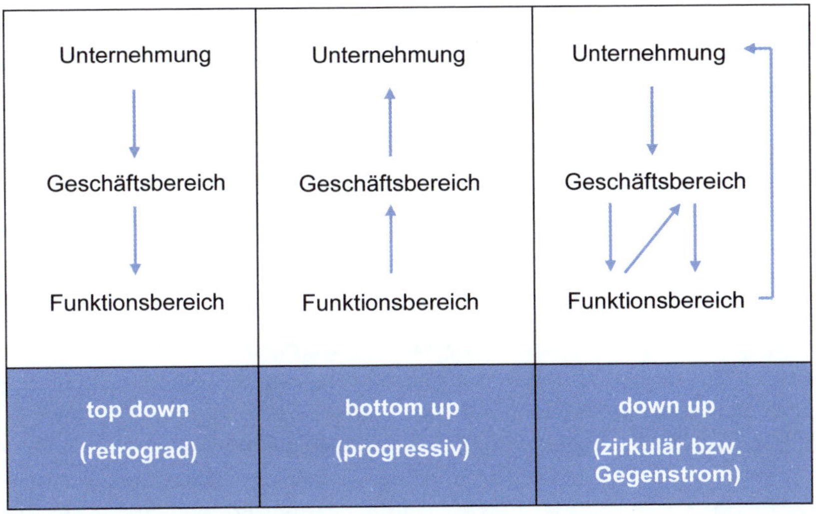

Abb. 2-63: Verfahren der vertikalen Koordination

Das Down up-Verfahren versucht, die Vorteile des retrograden und des progressiven Verfahrens zu nutzen und die Nachteile zu vermeiden. Sein Prinzip besteht darin, dass zwar Oberziele vorgegeben werden, aber den Entscheidungsträgern in den unteren Bereichen Spielräume überlassen bleiben.

6.4 Personale Voraussetzungen für die Implementierung (personaler Aspekt)

Die Spezifikation des strategischen Planes (sachlicher Aspekt) und die Gestaltung der Ablauforganisation (organisatorischer Aspekt) legen die Struktur der Implementierung fest. Mit der Lösung dieses Grundproblems untrennbar verbunden ist jedoch die Schaffung der personalen Voraussetzungen. Die Erfahrung zeigt, dass gerade hier die größten Schwierigkeiten zu erwarten sind, also weniger bei der Umsetzung einer Strategie als bei deren Durchsetzung: „The head thinks, the body acts".

Im Verlauf der Strategieumsetzung können **Konflikte** sowohl zwischen den Beteiligten der gleichen Hierarchieebene (horizontale Konflikte) als auch zwischen den Beteiligten auf unterschiedlichen hierarchischen Ebenen (vertikale Konflikte) auftreten, wie z.B. (vgl. *Kolks* [Strategieimplementierung] 120ff.):

- **Zielkonflikte**, d.h. die Bereichsziele oder die persönlichen Ziele der mittleren Führungskräfte und der betroffenen Mitarbeiter weichen von den strategischen Zielen der Führungsspitze ab. Häufig haben solche Zielkonflikte ihre Ursache in der Unsicherheit über die Folgen, insbesondere über die persönlichen Konsequenzen einer Strategie. Nicht selten entsteht Angst vor dem Verlust des Arbeitsplatzes.

- **Verteilungskonflikte**, d.h. bei der Zuteilung, insbesondere der Neuverteilung der Ressourcen, entstehen Konflikte, die eher sachlicher Art sind, sowie persönlichkeitsbezogene Konflikte, die mehr auf emotionalen Ursachen beruhen und Verhaltenswiderstände provozieren.
- **Kulturelle Konflikte**, d.h. bei den notwendigen horizontalen und vertikalen Koordinationsprozessen können die kulturellen Werthaltungen einzelner Bereiche zu Konflikten führen, wie z.B. unterschiedliche Grundeinstellungen von „Kaufleuten“ und „Technikern“, von „Neuerern“ und „Bewahrern“, von „Führern“ und „Geführten“.

Da die genannten Konflikte ein erhebliches **Widerstandspotenzial** darstellen können, werden bei unzureichender Konfliktbewältigung Barrieren aufgebaut, die zu Verzögerungen führen oder letztlich die Strategie zum Scheitern bringen können. Deshalb ist im Rahmen der verhaltensorientierten Durchsetzungsaufgabe ein entsprechendes Konflikt-Management notwendig, mit dem Konflikte gelöst und auch die positiven Effekte der Konflikte genutzt werden können (vgl. *Kolks* [Strategieimplementierung] 121f.; *Welge/Al-Laham* [Management] 807ff.).

Die Erfahrung zeigt, dass der Einsatz **externer Berater** Implementierungsbarrieren abbauen kann. Sie gelten als unabhängige und vor allem als unbefangene Experten (keine Betriebsblindheit). In der Regel nehmen solche Berater im Rahmen des Implementierungsprozesses die Rolle des moderierenden Experten ein: Die einzelnen Implementierungsschritte werden unternehmensintern vollzogen, während der Moderator den Implementationsprozess begleitet und sich auf die kritischen Phasen konzentriert.

Insgesamt kann festgehalten werden, dass das Ausmaß von Konflikten und Widerständen und damit der Erfolg strategischer Entscheidungen von einer Vielzahl von Variablen abhängig ist. Neben den sachlichen Aspekten der Umsetzung einer Strategie müssen die verhaltensorientierten Aspekte der Strategiedurchsetzung zumindest eine gleichberechtigte Berücksichtigung erfahren. In der Literatur ist zur Lösung dieser Aufgaben eine Reihe von Modellen entwickelt worden (vgl. z.B. als Gegensatzpaar das spitzenorientierte Führungsmodell und das basisorientierte Partizipationsmodell). Sie versuchen auf unterschiedliche Art und Weise Antworten auf folgende Fragen zu geben: Wie fördert man strategisches Denken? Wie werden Implementierungswiderstände aufgeweicht? Wie können Mitarbeiter motiviert werden, eine gewählte Strategie zu befolgen? Wie entwickelt man ein strategiegerechtes Führungskräftepotenzial? Wie werden Konflikte gelöst? Wie können Strategien verständlich vermittelt werden? Einige Antworten auf diese Fragen werden im Zusammenhang mit der Erörterung des Wissensmanagements (S. 344ff.) und der Unternehmenskultur (S. 473f.) gegeben.

Die Fragen lassen sich insgesamt nicht allgemein gültig, sondern nur fallspezifisch beantworten. So sind bspw. die Implementierungsprobleme und deren Lösung wesentlich von der Bedeutung einer Strategie und vom Implementierungsspielraum abhängig (*Feucht* [Implementierung]). Eine kontinuierliche Implementierung eines geringfügigen Strategiewandels verlangt andere Maßnahmen als eine Crash-

Implementierung mit rascher Umsetzung eines existenziellen Strategiewandels (Bedrohungssituation).

Abschließend lässt sich feststellen, dass sich eine Strategie nur dann erfolgreich realisieren lässt, wenn die Strategieimplementierung nicht als eine den Planungsprozess abschließende Phase begriffen wird, sondern als eine den Planungsprozess **permanent begleitende Aufgabe**. Die frühzeitige Einbindung der Betroffenen in den Strategieformulierungsprozess und die Bereitstellung von Implementierungsanreizen schaffen die Voraussetzung für eine erfolgreiche Implementierung, da auf diese Weise ein strategisches Denken von Anfang an gefördert wird.

6.5 Projektmanagement

6.5.1 Strategien als Projekte

Die strategische Entwicklung eines Unternehmens wird in der Praxis in zunehmendem Maße über Projekte vorangetrieben. Der Grund für die **zunehmende Bedeutung der Projektwirtschaft** ist darin zu sehen, dass die volkswirtschaftlichen, gesellschaftlichen und technologischen Trends eine zunehmende Dynamik des Wandels begünstigen. Die damit verbundenen Herausforderungen lassen sich am besten durch Projekte bewältigen. Projektmanagement findet bekanntlich in dezentralen Projektteams statt, die nahe am Markt bzw. am Kunden arbeiten. Insofern ist dem Projektmanagement eine neue strategische Bedeutung zuzumessen (vgl. die Aufsatzsammlung zur Strategieimplementierung durch Projekte in *Wagner* (Hrsg.) [Projekt]).

Die Vorteile einer **Integration von strategischem Management und Projektmanagement** kommen insbesondere bei der Strategieimplementierung zur Geltung.

6.5.2 Strategieimplementierung durch Projektmanagement

Für die Implementierung von Strategien ist ein Vorgehen notwendig, das bestimmte zeitlich und sachlich abgegrenzte Prozesse festlegt. Die Abwicklung dieser Prozesse kann mit Hilfe adäquater Techniken unterstützt werden. Betrachten wir zunächst den einfachsten Fall: Die Implementierung einer Einzelstrategie. Im Anschluss daran gehen wir auf die Implementierungsschritte eines Strategieportefeuilles ein:

[1] Implementierung einer Einzelstrategie durch Projektmanagement

[2] Implementierung eines Strategieportefeuilles durch Multiprojektmanagement

6.5.2.1 Implementierung einer Einzelstrategie durch Projektmanagement

Die wichtigsten Prozesse bei der Implementierung einer Strategie sind:

- Die Strukturplanung
- Die Ablaufplanung

- Die Terminplanung
- Die Ressourcenplanung
- Die Kostenplanung

Die Bedeutung der einzelnen Prozesse ist abhängig von der Art der Strategie und damit des Projektes. Handelt es sich z.B. um ein Projekt mit starker technischer Orientierung, lassen sich die genannten Prozesse gut abgrenzen und auch abwickeln (vgl. *Bea/Scheurer/Hesselmann* [Projektmanagement] 129ff.).

> Beispiele: Die Entwicklung einer neuen Software, die Entwicklung eines PKW-Modells mit Elektroantrieb

[1] Die **Strukturplanung** zerlegt die Strategie in einzelne Arbeitspakete mit Hilfe von Projektstrukturplänen.

[2] Die **Ablaufplanung** erfasst die Aktivitäten zur Implementierung einer Strategie sowie die Abhängigkeiten zwischen den einzelnen Aktivitäten. Lässt sich der Ablaufplan gut strukturieren, bietet sich als Methode der Ablaufplanung die Netzplantechnik an.

[3] Die **Terminplanung** legt die Zeit für die in der Ablaufplanung beschriebenen Aktivitätenfolge fest. Das Ergebnis ist ein Terminplan mit den geschätzten Dauern für die einzelnen Aktivitäten sowie den geplanten Start- und Endterminen.

[4] Die **Ressourcenplanung** ermittelt und optimiert die für die Strategieimplementierung benötigten Ressourcen (Personal, Sachmittel, Material, Finanzmittel).

[5] Die **Kostenplanung** liefert Informationen für den Umfang des Budgets zur Verwirklichung einer Strategie. Aus ihr lassen sich auch Anhaltspunkte für das strategische Controlling gewinnen.

Bei Strategien, die sich im Gegensatz zu technisch orientierten Projekten nur wenig strukturieren lassen, können derartige Planungsprozesse nur ansatzweise zum Einsatz kommen. Vgl. das Beispiel auf S. 481f.: Verbesserung der Unternehmenskultur.

6.5.2.2 Implementierung eines Strategieportefeuille durch Multiprojektmanagement

Bisher sind wir davon ausgegangen, dass eine bestimmte Strategie zu implementieren ist. Die Problemstellung wird wesentlich komplizierter, wenn mehrere Strategien umzusetzen sind. Dies bedeutet: Es ist ein systematisches Multiprojektmanagement erforderlich. Die Implementierung der verschiedenen Strategien muss koordiniert werden, da eine gemeinsame Planung Konflikte wegen der knappen Ressourcen regelt und die Nutzung eines eventuellen Synergiepotenzials möglich macht.

[1] Eine besonders wichtige Abhängigkeit zwischen Strategien ergibt sich durch den Rückgriff auf dieselben Ressourcen. Die **Multiprojektressourcenplanung** hat die Aufgabe, die verfügbaren Ressourcen auf die verschiedenen Projekte zur Implementierung der Strategien zu verteilen.

Die Knappheit der Ressourcen sorgt dafür, dass Konflikte bei der Ressourcenverteilung auftreten. Eine saubere Priorisierung der Projekte verlangt eine transparente Priorisierungssystematik und eine offene Kommunikation über die Gründe für die Priorisierung der Projekte (vgl. *Bea/Scheurer/Hesselmann* [Projektmanagement] 617ff.).

Beispiel: Eine Überlebensstrategie verlangt i.d.R. höchste Priorität und eine gut funktionierende Kommunikation mit dem Betriebsrat für den Fall von Betriebsstilllegungen.

[2] Voraussetzung für eine erfolgreiche **Multiprojektsynergieplanung** ist die Analyse der wechselseitigen Projektabhängigkeiten. Bestehen beispielsweise technologische Abhängigkeiten zwischen einzelnen Strategien, lässt sich die in einem bestimmten Projekt entwickelte Technologie zugleich als technologische Grundlage für Folgeprojekte nutzen. Dieses Beispiel macht deutlich, dass es auch terminliche Abhängigkeiten und daraus abzuleitende ökonomische Abhängigkeiten gibt. Sind die Abhängigkeiten ermittelt, ist zu prüfen, wie sich aus ihnen Planungs- und Steuerungskonsequenzen ableiten lassen (vgl. *Bea/Scheurer/Hesselmann* [Projektmanagement] 626ff.).

[3] Die Aufgaben des Multiprojektmanagements können einem **Projektmanagementoffice** (PMO) übertragen werden. Es sorgt insbesondere dafür, dass die Zusammenarbeit der an einem Multiprojektmanagement beteiligten Akteure forciert wird. Das PMO stellt auch Beratungsleistungen auf dem Felde des Projekt- und Portfoliomanagements sowie der Abwicklung der Projekte durch Bereitstellung von Implementierungstechniken zur Verfügung.

Zusammenfassend ist festzustellen: Die Vorteile des Projektmanagements kommen insbesondere in einer dynamischen Umwelt zur Geltung: Im Rahmen des Multiprojektmanagements lässt sich die Strategie eines Unternehmens in eine Reihe von Projekten zerlegen. Projektmanagement findet dann in dezentralen Projektteams statt, die nahe am jeweiligen Markt und Kunden arbeiten. Damit sind Projekte für eine frühe Wahrnehmung von Veränderungen prädestiniert und somit ein ideales Anschauungsmaterial für eine Lernende Organisation. Die Reaktion auf Umweltveränderungen lässt sich über einzelne Projekte wesentlich flexibler steuern (vgl. *Bea/Scheurer* [Trends] 425ff.).

7 Zusammenfassung

Die strategische Planung stellt einen informationsverarbeitenden Prozess dar. Wir unterscheiden folgende **Teilprozesse**:

- **Zielbildung.** Das Ergebnis ist eine Zielhierarchie, bestehend aus der Vision, dem Unternehmensleitbild, den Unternehmenszielen, den Geschäftsbereichszielen und den Funktionsbereichszielen.
- **Umweltanalyse.** Die Aufgaben der Umweltanalyse sind: Sensibilisierung für die Umweltproblematik, Identifikation der relevanten Umweltsegmente, Aufspüren von Chancen und Risiken aus der Umwelt.
- **Unternehmensanalyse.** Das Ergebnis der Unternehmensanalyse ist ein System von Stärken und Schwächen eines Unternehmens.
- **Strategiewahl.** Ausgangspunkt der Strategiewahl ist die Lückenanalyse. Die strategische Lücke lässt sich durch eine Vielzahl von Strategiearten schließen. Die Auswahl der Strategien kann durch verschiedene Planungsmodelle erfolgen (Discounted Cash Flow-Methode, Nutzwertanalyse).
- **Strategieimplementierung.** Die Strategieimplementierung befasst sich mit der Umsetzung und der Durchsetzung einer Strategie.

Der Vollzug dieser Teilprozesse wird unterstützt durch die **Techniken** der strategischen Planung. Zu nennen sind u.a. Kennzahlensysteme für die Zielbildung, die Szenario-Analyse und die Früherkennungssysteme für die Umweltanalyse, die Wertkettenanalyse und die Portfolio-Analyse für die Unternehmensanalyse, die Discounted Cash Flow-Methode und die Nutzwertanalyse für die Strategiewahl und die Balanced Scorecard sowie das Projektmanagement für die Strategieimplementierung.

Die Abwicklung des Planungsprozesses und der Einsatz der Planungstechniken bedürfen einer Systematik, einer Ordnung. Dies ist die Aufgabe des strategischen **Planungssystems**. Es besteht aus folgenden Bestandteilen:

- Planungsträger,
- Planungsprozess,
- Planungstechniken,
- Planungsbereiche,
- Ablauforganisation der Planung,
- Planungsrechnung.

Mit der Planung untrennbar verbunden ist die Kontrolle. Sie wird im Folgenden erörtert.

Fragen zur Wiederholung

[1] Grundlagen der strategischen Planung

1. Charakterisieren Sie den Unterschied zwischen der strategischen und der operativen Planung anhand des Umweltbezugs und der hierarchischen Zuständigkeit. (1.1)
2. Inwiefern kann die strategische Planung als antizipativ und die operative Planung als reaktiv bezeichnet werden? (1.1)
3. Aus welchen Komponenten besteht der strategische Planungsprozess? (1.2)
4. Welche Aufgaben haben Planungstechniken? (1.3.1)
5. Warum schafft der Einsatz von Planungstechniken eine Voraussetzung für die Kontrolle des Planungsprozesses? (1.3.1)
6. Beschreiben Sie die Unterschiede zwischen den organisatorischen und den instrumentalen Funktionen einer Planungstechnik. (1.3.1)
7. Inwiefern ist die Portfolio-Analyse sowohl eine Technik der Umweltanalyse als auch eine Technik der Unternehmensanalyse? (1.3.2 und 4.6)
8. Aus welchen Bestandteilen besteht ein strategisches Planungssystem? (1.4.1 und 1.4.2)
9. Beschreiben Sie den Unterschied zwischen der Planung auf der Unternehmensebene, der Geschäftsbereichsebene und der Ebene der Funktionen. (1.4.2.1)
10. Identifizieren Sie im Schema der Ablauforganisation nach *Hofer/Schendel* (Abb. 2-6) die fünf Komponenten des strategischen Planungsprozesses. (1.4.2.2)
11. Welche Planungsbereiche lassen sich nach dem Kriterium des Planungsträgers unterscheiden? (1.4.2.4)
12. Welche Funktionen übernimmt ein Budget im Rahmen der Planung? (1.4.2.6)

[2] Strategische Zielbildung

1. Inwiefern üben strategische Ziele eine Koordinationsfunktion aus? (2.1)
2. Beschreiben Sie den Unterschied zwischen Visionen und Unternehmensleitbildern. (2.2)

3. Welche Unterschiede bestehen zwischen Effektivität und Effizienz? (2.2)
4. Elemente des *Du Pont*-Kennzahlensystems sind die Kapitalumschlagshäufigkeit und die Umsatzrentabilität. In welchem Verhältnis stehen beide Komponenten zum RoI? (2.2)
5. Beschreiben Sie den Unterschied zwischen der direkten und der indirekten Methode zur Ermittlung des Cash Flow. (2.3)
6. Wie wird der Shareholder Value ermittelt? (2.4)
7. Welche Konsequenzen für die Vergütung von Managern ergeben sich aus dem Shareholder Value-Ansatz? (2.4.2)
8. Welchen Einfluss haben die Unternehmensverfassung bzw. das Organisationsmodell auf den Zielbildungsprozess? (2.5)
9. Welche Ziele verfolgen Nonprofit-Organisationen? (2.5)

[3] Umweltanalyse

1. Beschreiben Sie den Unterschied zwischen dem Outside-in Approach und dem Inside-out Approach. (3.2)
2. Beschreiben Sie den Unterschied zwischen der aufgabenspezifischen Umwelt und der globalen Umwelt. (3.3.1)
3. Suchen Sie nach Beispielen für die Veränderung von Märkten. (3.3.2.2)
4. Was versteht man unter der Marktattraktivität? (3.3.2.3)
5. Suchen Sie nach Beispielen für degenerierende Branchen bzw. Produkte. (3.3.2.3.1)
6. Welche fünf Wettbewerbskräfte unterscheidet *Porter*? (3.3.2.3.2)
7. Was ist bei der Anwendung von *Porter's* Konzept bei hoher Umweltdynamik besonders zu beachten? (3.3.2.3.2)
8. Was versteht man unter Markteintrittsbarrieren für Newcomer? Nennen und beschreiben Sie solche Markteintrittsbarrieren und erörtern Sie Möglichkeiten für Newcomer, solche Markteintrittsbarrieren zu überwinden. (3.3.2.3.2)
9. In welche Segmente kann man die weitere Unternehmensumwelt einteilen? (3.3.3)

10. Welche Veränderungen im gesellschaftlichen Umfeld (Wertewandel) lassen sich z.Zt. feststellen und wie können diese Veränderungen gemessen werden? (3.3.3.1)
11. Was versteht man unter einem Stakeholder? (3.3.3.2)
12. Welche Aufgaben umfasst das Monitoring, Forecasting bzw. Assessment im Rahmen des Stakeholder-Ansatzes? (3.3.3.2)

[4] Unternehmensanalyse

1. Welche Aufgaben hat die Unternehmensanalyse? (4.1)
2. Aus welchen Elementen besteht die Wertkette nach *Porter*? (4.2.1)
3. Entwerfen Sie eine Systematik strategischer Erfolgsfaktoren. (4.2.2)
4. Welche Aufgabe hat die Konkurrentenanalyse im Rahmen der strategischen Analyse? (4.2.3)
5. Warum ist es so schwierig, den strategischen Erfolg zu messen? (4.3)
6. Nennen Sie Schlüsselfaktoren, die den RoI nach PIMS beeinflussen. (4.5.1)
7. Welcher Zusammenhang besteht zwischen dem Marktanteil und dem RoI nach PIMS? (4.5.1)
8. Stellen Sie den Produktlebenszyklus grafisch dar. (4.5.2)
9. Worin besteht der Unterschied zwischen dem Entstehungszyklus und dem Marktzyklus? (4.5.2)
10. Welche Bedeutung hat der Produktlebenszyklus für Prognosen? (4.5.2)
11. Wie kann man den Verlauf der Erfahrungskurve erklären? (4.5.3)
12. Welcher Zusammenhang besteht zwischen der Erfahrungskurve und der Preiserfahrungskurve? (4.5.3)
13. Was versteht man unter Strategischen Geschäftsfeldern im Rahmen der Portfolio-Analyse? (4.6.3.1)
14. Beschreiben Sie den Unterschied zwischen der Punktpositionierung und der Bereichspositionierung im Rahmen der Portfolio-Analyse (4.6.3.2)
15. Welche Varianten von Portfolios lassen sich unterscheiden? (4.6.4)
16. Wie lässt sich die Marktattraktivität im Rahmen der *McKinsey*-Matrix ermitteln? (4.6.4.1.2)

17. Was versteht man unter der Technologieattraktivität und der Ressourcenstärke im Rahmen des Technologie-Portfolios nach *Pfeiffer* u.a.? (4.6.4.2.2)

18. Welche Erkenntnisse lassen sich aus der Portfolio-Analyse für die Strategiewahl gewinnen? (4.6.6)

[5] Strategiewahl

1. Beschreiben Sie den Unterschied zwischen der strategischen und der operativen Lücke. (5.1)

2. Welche Strategiearten lassen sich nach den Produkt-Markt-Kombinationen nach *Ansoff* ermitteln? (5.2)

3. Was versteht man unter einer Marktdurchdringungsstrategie? (5.3.1.1)

4. Welche Vorteile bietet eine Kooperationsstrategie gegenüber einer Integrationsstrategie? (5.3.1.3)

5. Welche Formen der Desinvestition lassen sich unterscheiden? (5.3.3.2)

6. Beschreiben Sie die Unterschiede zwischen den Geschäftsbereichsstrategien nach *Porter*. (5.4 und Abb. 1-6)

7. Legen Sie dar, inwiefern sich die Kostenführerstrategie und die Differenzierungsstrategie unterscheiden im Hinblick auf die Ausrichtung der Kontrolle, der Information, der Organisation, der Unternehmenskultur und der Strategischen Leistungspotenziale. (5.4 und Abb. 1-6)

8. Beschreiben Sie den Unterschied zwischen analytischen Modellen und heuristischen Modellen zur Bewertung von Strategien. (5.6.2)

9. Inwiefern kann sich die Strategiewahl unter ethischen Aspekten „lohnen"? (5.7.1)

[6] Strategieimplementierung

1. Was versteht man unter „Umsetzung" und was unter „Durchsetzung" im Rahmen der Strategieimplementierung? (6.1)

2. Die Balanced Scorecard ergänzt die finanziellen Kriterien um drei weitere Aspekte. Um welche Aspekte handelt es sich und warum ist diese Erweiterung sinnvoll? (6.2.2)

3. Charakterisieren Sie die synoptische und die inkrementale Planung bezüglich der Flexibilität der Planung. (6.3.1)

4. Warum wird die inkrementale Planung auch als „Politik des sich Durchwurstelns" bezeichnet? (6.3.1)

5. Beschreiben Sie den Unterschied zwischen retrograder, progressiver und zirkulärer Planung. (6.3.2)
6. Welche Vorteile bietet der Einsatz externer Berater bei der Implementierung einer Strategie? (6.4)
7. Welche Vorteile bietet das Projektmanagement im Rahmen der Implementierung von Strategien? (6.5)

Fragen zur Vertiefung

[1] Grundlagen der strategischen Planung

1. Strategien werden als Maßnahmen zur Sicherung des langfristigen Erfolgs eines Unternehmens definiert. Was heißt „langfristig" und was heißt „Erfolg" in diesem Zusammenhang?
2. Was versteht man unter einem Eco-System und welche strategischen Implikationen ergeben sich aus dieser Perspektive?
3. Welche neue Sicht auf Wettbewerbsstrategien und das Streben nach Wettbewerbsvorteilen ergibt sich insbesondere aus dem Blue Ocean Strategy-Ansatz?
4. Warum lässt sich keine Norm für die Reihenfolge der Abwicklung der einzelnen Komponenten des Planungsprozesses formulieren (vgl. Abb. 2-2)?
5. Inwiefern ist die Zielbildung die Voraussetzung für die strategische Kontrolle?
6. *Hofer/Schendel* unterscheiden drei Ebenen eines Planungssystems (vgl. Abb. 2-6). Diese Konzeption wirft eine Reihe von Koordinationsproblemen auf. Worauf beruhen diese Probleme und wie kann man sie lösen?
7. Was ist unter einem Unternehmen zu verstehen, wenn im Zusammenhang mit der Darstellung der drei Ebenen des strategischen Planungssystems (vgl. Abb. 2-5) von der „Unternehmensebene" die Rede ist?

[2] Strategische Zielbildung

1. Worin könnten die Gründe dafür gesehen werden, dass der RoI sehr häufig als strategisches Ziel formuliert wird? Welche Vorteile und welche Nachteile sind mit dieser Zielgröße verbunden?

2. Welchen Einfluss kann die Arbeitnehmervertretung im mitbestimmten Aufsichtsrat einer Aktiengesellschaft auf den Zielbildungsprozess nehmen?

3. Aufgrund welcher Überlegungen wird zur Ermittlung des Shareholder Value der Cash Flow diskontiert?

4. Bewerten Sie die Aussage eines leitenden Angestellten: „Die Visionen unseres Chefs sind sehr teuer“.

5. Die Arbeitnehmervertreter im Aufsichtsrat der *Daimler AG* haben sich gegen die wertbasierte Entlohnung des Managements nach dem Shareholder Value-Konzept ausgesprochen. Gibt es Gründe für diese Haltung und ist sie vernünftig?

6. Die Entlohnung von Managern durch sog. Stock Options belohnt auch Manager solcher Unternehmen, deren Aktienkurse weniger steigen als der DAX. Wie kann man dieses Problem lösen?

[3] Umweltanalyse

1. Inwiefern kann der Umwelt-Strategie-Struktur-Ansatz als Sonderfall des Situativen Ansatzes charakterisiert werden (vgl. auch Teil 5)?

2. Wie kann man begründen, dass Märkte die Tendenz haben, (geografisch) größer zu werden?

3. Ist es gerechtfertigt, die Konzeption der Branchenstrukturanalyse nach *Porter* für die Ermittlung der Marktattraktivität zu verwenden?

4. *Porters* Ansatz beruht auf dem Ansatz der Industrieökonomik (Industrial Organization-Ansatz). Kennzeichnen Sie die charakteristischen Merkmale der Industrieökonomik.

5. Die Pelzindustrie hat in den letzten Jahren beträchtliche Umsatzeinbußen hinnehmen müssen. Worin liegen die Ursachen und wie könnte ihnen begegnet werden?

6. Omnibushersteller trennen gewöhnlich in die Geschäftsfelder „Linienbusse“ und „Reisebusse“. Welche Überlegungen führen zu dieser Einteilung?

7. Nehmen Sie Stellung zu der These: Die Anwendung des Stakeholder-Ansatzes fördert das strategische Denken.

[4] Unternehmensanalyse

1. Wie kann man erklären, dass die Führungspotenziale (insbesondere Information, Organisation, Unternehmenskultur) als strategische Erfolgsfaktoren in den letzten Jahren an Bedeutung gewonnen haben?

2. Welche Gefahr besteht, wenn man den strategischen Erfolg anhand von Quartalsberichten aus dem Rechnungswesen misst?

3. Der PIMS-Studie wird vorgeworfen, dass sie keine Anhaltspunkte für die Strategiewahl liefert. Nehmen Sie Stellung zu dieser These.

4. Vergleichen Sie die Vorgehensweise des Benchmarking mit jener des PIMS-Programms.

5. Inwiefern ist die Konzeption des Produktlebenszyklus ein Theoriebaustein in den verschiedenen Varianten der Portfolio-Analyse?

6. Stellen Sie den Zusammenhang her zwischen den Aussagen der Erfahrungskurve und der BCG-Matrix.

7. Ist die Portfolio-Analyse ein Entscheidungsmodell?

8. Vergleichen Sie die Vorgehensweise eines Verfahrens der Investitionsrechnung (etwa der Kapitalwertmethode) mit jener der Portfolio-Analyse.

9. Entwickeln Sie ein Marktwachstum-Marktanteil-Portfolio für die *Mannesmann AG* anhand des Beispiels auf S. 47f.

10. Länderportfolios dienen als Grundlage für die Formulierung von Internationalisierungsstrategien. Wie könnte ein solches Portfolio aussehen, bei dem auf einer Achse das Nachfragepotenzial und auf der anderen das Anlagerisiko abgetragen ist?

11. Warum führt eine Bereichspositionierung von strategischen Geschäftsfeldern im Rahmen der Portfolio-Analyse zu einer Sensibilisierung für künftige Entwicklungen?

12. Nehmen Sie Stellung zu der These: Die Portfolio-Analyse soll nicht das strategische Denken ersetzen, sondern lenken.

[5] Strategiewahl

1. Welche Schwierigkeiten entstehen bei der Abgrenzung der Strategie der Marktdurchdringung von der Strategie der Marktentwicklung nach *Ansoff*?

2. Wie können Sie sich erklären, dass sich die Literatur wesentlich intensiver mit Wachstumsstrategien als mit Schrumpfungsstrategien beschäftigt?

3. Welche Überlegungen könnten *BMW* veranlasst haben, den englischen Automobilbauer *Rover* zu kaufen und wieder zu verkaufen?

4. Welche Überlegungen stecken hinter der Allfinanzstrategie bei Banken?

5. *Harrigan* empfiehlt als Schrumpfungsstrategie u.a. eine Mischung aus Desinvestitions- und Investitionspolitik. Die profitablen Nischen werden gepflegt, während unrentable Segmente kampflos aufgegeben werden. Was halten Sie von dieser Strategieempfehlung?

6. Bietet die Nischenstrategie oder die Produktdifferenzierungsstrategie den besseren Schutz gegenüber potenziellen Wettbewerbern?

7. Wie ist zu erklären, dass inzwischen Integrations-/Fusionsstrategien den Kooperations-/Allianzstrategien bei der Globalisierung im Bereich der Telekommunikation vorgezogen werden?

8. Inwiefern lassen sich Dialogmodelle bei der Suche und Bewertung von Strategien einsetzen?

9. Warum hat Corporate Social Responsibility (CSR) heute Hochkonjunktur?

[6] Strategieimplementierung

1. Welche Gründe kann es dafür geben, dass sich Wissenschaft und Praxis bisher kaum mit Problemen der Strategieimplementierung beschäftigt haben?

2. Warum besteht bei der Strategieimplementierung die Gefahr der „paralysis by analysis“?

3. Nehmen Sie Stellung zu der These: Eine inkrementale Planung verhindert die frühzeitige Erkennung von Gefahren.

4. Inwiefern verlangt eine kontinuierliche Implementierung des geringfügigen Strategiewandels andere Maßnahmen als eine Crash-Implementierung mit rascher Umsetzung eines existenziellen Strategiewandels (Bedrohungssituation)?

5. In dem 1993 von *Tom Peters* publizierten Bestseller „Jenseits der Hierarchien“ findet sich das Leitmotto „Don't plan it, do it.“ Welche Botschaft steckt in diesem Satz? Was halten Sie von dieser Aussage?

6. Im Rahmen der Balanced Scorecard werden Kennzahlen für die Konkretisierung von Strategien eingesetzt. Ist dies ein richtiger Weg „von der Vision zur Wirklichkeit“?

7. Untersuchen Sie die Bedeutung des Abschlusses eines Strategieprojektes für die Gestaltung der Wissensprozesse.

8. Worin besteht der Unterschied zwischen der Implementierung einer Einzelstrategie durch Projektmanagement und der Implementierung eines Strategieportefeuilles durch Multiprojektmanagement?

9. Welche Vorteile bietet ein Projektmanagementoffice (PMO) bei der Strategieimplementierung?

Literaturempfehlungen

Lehrbücher zur strategischen Planung

Ansoff, H.I. u. E.J. McDonnell: Implanting Strategic Management. 2. A., New York u.a. 1990.

Hungenberg, H.: Strategisches Management in Unternehmen: Ziele, Prozesse, Verfahren, 6. A., Wiesbaden 2011.

Porter, M.E.: Wettbewerbsstrategie. 10. A., Frankfurt/Main 1999.

Welge, M.K. u. A. Al-Laham: Strategisches Management. 5. A., Wiesbaden 2008.

Strategische Ziele

Hinterhuber, H.H.: Strategische Unternehmungsführung. Bd. I: Strategisches Denken. 7. A., Berlin, New York 2004.

Kupsch, P.: Unternehmungsziele. Stuttgart, New York 1979.

Rappaport, A.: Creating Shareholder Value. The New Standard for Business Performance. New York, London 1986.

Umweltanalyse

Freeman, E.R.: Strategic Management. A Stakeholder Approach. Boston 1984.

Porter, M.E.: Wettbewerbsvorteile. Spitzenleistungen erreichen und behaupten. 5. A., Frankfurt/Main 1999.

Unternehmensanalyse

Porter, M.E.: Wettbewerbsvorteile. Spitzenleistungen erreichen und behaupten. 5. A., Frankfurt/Main 1999.

PIMS-Studie

Buzzell, R.D. u. B.T. Gale: Das PIMS-Programm. Strategien und Unternehmenserfolg. Wiesbaden 1989.

Produktlebenszyklus

Helm, R.: Marketing. 8. A., Stuttgart 2009.

Erfahrungskurve

Henderson, B.D.: Die Erfahrungskurve in der Unternehmensstrategie. 2. A., Frankfurt/Main, New York 1984.

Portfolio-Analyse

Jung, R.H., J. Bruck u. S. Quarg: Allgemeine Managementlehre. 2. A., Berlin 2007.

Welge, M.K. u. A. Al-Laham: Strategisches Management. 5. A., Wiesbaden 2008.

Strategiewahl

Porter, M.E.: Wettbewerbsvorteile. Spitzenleistungen erreichen und behaupten. 5. A., Frankfurt/Main 1999.

Welge, M.K. u. A. Al-Laham: Strategisches Management. 5. A., Wiesbaden 2008.

Soziale Verantwortung bei der Strategiewahl

Göbel, E.: Unternehmensethik. 2. A., Stuttgart 2010.

Ulrich, P.: Integrative Wirtschaftsethik. 4. A., Bern 2008.

Strategieimplementierung

Ansoff, H.I. u. E.J. McDonnell: Implanting Strategic Management. 2. A., New York u.a. 1990.

Bea, F.X., S. Scheurer u. S. Hesselmann: Projektmanagement. 2. A, Stuttgart 2011.

Feucht, H.: Implementierung von Technologiestrategien. Frankfurt/Main 1996.

Kaplan, R.S. u. D.P. Norton: Balanced Scorecard: Strategien erfolgreich umsetzen. Deutsche Ausgabe Stuttgart 1997.

Kolks, U.: Strategieimplementierung. Wiesbaden 1990.

Welge, M.K. u. A. Al-Laham: Strategisches Management. 5. A., Wiesbaden 2008.

Strategisches Controlling

Baum, H.-G., A.G. Coenenberg u. T. Günther: Strategisches Controlling. 4. A., Stuttgart 2007.

Teil 3: Strategische Kontrolle

- Die strategische Kontrolle besteht nach heutigem Verständnis nicht nur in einem Soll-Ist-Vergleich in der Schlussphase des Managementprozesses.
- Die strategische Kontrolle stellt vielmehr einen die Planung begleitenden kontinuierlichen Prozess dar. Sie besteht auch aus der strategischen Prämissenkontrolle, der strategischen Planfortschrittskontrolle und der Kontrolle der strategischen Potenziale.
- Im Rahmen eines strategischen Kontrollsystems müssen die Kontrollträger, der Kontrollprozess, die Kontrolltechniken, die Kontrollbereiche, die Ablauforganisation der Kontrolle und die Kontrollrechnung bestimmt werden.

Teil 3: Strategische Kontrolle

1 Grundlagen der strategischen Kontrolle

2 Konzeptionen der strategischen Kontrolle

3 Strategisches Kontrollsystem

4 Probleme der Realisierung

5 Zusammenfassung

Beispiele aus der Unternehmenspraxis:

[1] Gesetzliche Regelungen und Kodizes zur Erhöhung der Transparenz und Kontrolle der Unternehmenstätigkeit

(a) KonTraG: Gesetz zur Kontrolle und Transparenz im Unternehmensbereich

Die **Zusammenbrüche zahlreicher Großunternehmen** in Deutschland in den 90er Jahren (*Coop AG*, *Südmilch AG*, *Metallgesellschaft AG*, *Schneider AG*, *Holzmann AG*, *Kirch-Gruppe*) provozierten stets dieselben Fragen:

- Wer hat bei der Kontrolle der Geschäftsführung versagt?
- Sind die verfügbaren Techniken zur Kontrolle der Geschäftsführung ausreichend?
- Reichen die rechtlichen Bestimmungen zur Gewährleistung einer wirksamen Kontrolle der Geschäftsführung aus?

Zur Verbesserung der Kontrolle von Unternehmen und ihren Leitungsorganen wurde in Deutschland eine Gesetzesinitiative auf den Weg gebracht, die inzwischen zum **Gesetz zur Kontrolle und Transparenz im Unternehmensbereich (KonTraG)** führte, welches seit dem 01.05.1998 in Kraft ist. Dieses Gesetz führte zu Änderungen im HGB und im AktG und gilt de facto auch für die Kommanditgesellschaft auf Aktien und zumindest auch für größere GmbHs. Die wesentlichen **Zielsetzungen** des KonTraG sind:

- Verbesserung der Überwachungsfunktion des Aufsichtsrats und Stärkung der Kontrolle durch die Hauptversammlung,
- Verbesserung der Qualität der Abschlussprüfung und der Zusammenarbeit von Abschlussprüfer und Aufsichtsrat,
- Anpassung der deutschen Gesetzesnormen an internationale Standards und damit auch Schließung der «Erwartungslücke» zwischen Prüfungsauf-

trag und Anforderungen der Kapitalmärkte (v.a. der internationalen Investoren),

- Kritische Prüfung des Beteiligungsbesitzes von Kreditinstituten.

Durch die Regelungsinhalte des KonTraG ergeben sich u.a. folgende **Änderungen**: Ergänzung des Lageberichts um zukünftige Risiken und Erweiterung der Prüfungspflicht des Wirtschaftsprüfers (WP), Beauftragung des WP durch den Aufsichtsrat und obligatorische Teilnahme des WP an den Aufsichtsratssitzungen zum Jahresabschluss, Verpflichtung des Managements zur Einführung eines Risiko-Managements (Früherkennungssystem), Begrenzung der Zahl der Aufsichtsratsmandate (vgl. dazu auch Abschnitt 3.4, S. 114).

(b) Corporate Governance Kodex

Das durch **Unternehmenszusammenbrüche** wie die *Holzmann*-Pleite 1999/2002 und manipulierte Rechnungslegungen gefährdete Vertrauen von Shareholdern in die verantwortungsvolle, transparente und auf nachhaltige Steigerung des Unternehmenswertes gerichtete Unternehmensführung sowie die deutschen Spezifika der Führung und Kontrolle insbesondere bei Aktiengesellschaften (Vorstand, Aufsichtsrat, Hauptversammlung) haben in Deutschland zunächst zur Gründung einer Regierungskommission und im weiteren Verlauf zum **Deutschen Corporate Governance Kodex** geführt. Dieser Kodex verpflichtete erstmals 2002 alle Aktiengesellschaften jährlich eine Erklärung abzugeben, dass den vom Bundesministerium der Justiz im amtlichen Teil des elektronischen Bundesanzeigers bekannt gemachten Empfehlungen der Regierungskommission Deutscher Corporate Governance Kodex entsprochen wurde (Entsprechenserklärung).

Der Deutsche Corporate Governance Kodex soll dazu beitragen, das Vertrauen in die Unternehmensführung deutscher Gesellschaften und damit mittelbar in den deutschen Kapitalmarkt zu verbessern. Er berücksichtigt die in der Vergangenheit geäußerten Kritikpunkte an der deutschen Unternehmensverfassung. Hierzu zählen u.a.: zu geringe Transparenz deutscher Unternehmensführung, mangelnde Unabhängigkeit deutscher Aufsichtsräte und unzureichende Ausrichtung auf Aktionärsinteressen. Die Umsetzung des Kodex erfolgt unternehmensspezifisch. Kritisch angemerkt wird, dass noch immer gut ein Drittel der großen AGs in Deutschland ihre Vorstandsbezüge nicht offenlegen. Ebenfalls wird kritisch gesehen, dass der Wechsel des Vorstandsvorsitzenden in den Vorsitz des Aufsichtsrates nach wie vor mehr die Regel denn die Ausnahme bildet.

Die *Hugo Boss AG* schreibt in ihrem Geschäftsbericht 2010:
„*Hugo Boss* ist überzeugt, dass eine gute und transparente Corporate Governance, die international und national anerkannten Standards entspricht, ein wesentlicher Faktor für den langfristigen Erfolg des Unternehmens ist. … *Hugo Boss* will das Vertrauen der Anleger, der Finanzmärkte, der Geschäftspartner, Mitarbeiter und der Öffentlichkeit dauerhaft bestätigen und Corporate Governance im Konzern fortentwickeln. … Vorstand und Aufsichtsrat haben sich im Geschäftsjahr 2010 ausführlich mit der Erfüllung der Vorgaben des Deutschen

Corporate Governance Kodex (DCGK) und dabei insbesondere mit den Neuerungen durch die letzte Kodex-Änderung befasst. Als Ergebnis konnte die Entsprechungserklärung vom Dezember 2010 abgegeben werden … Bis auf wenige Ausnahmen befolgt die *Hugo Boss AG* sämtliche Empfehlungen des Kodex ...“

(c) Sarbanes-Oxley Act (SOX)

Als Reaktion auf die Bilanzskandale von *Enron* oder *Worldcom* erließ die US-Regierung 2002 ein Gesetz zur verbindlichen Regelung der Unternehmensberichterstattung, den sog. **Sarbanes-Oxley Act (SOX)**. Benannt wurde es nach seinen Verfassern, dem Vorsitzenden des Senatsausschusses für Bankwesen, Wohnungs- und Städtebau *Paul S. Sarbanes* und dem Vorsitzenden des Ausschusses des Repräsentantenhauses für Finanzdienstleistungen *Michael Oxley*.

Das Gesetz zielt darauf, das Vertrauen der Kapitalmärkte in die Richtigkeit und Verlässlichkeit der veröffentlichten Finanzdaten von Unternehmen wiederherzustellen. Das Gesetz gilt für alle Unternehmen, deren Wertpapiere an US-Börsen (national securities exchanges) gehandelt werden, deren Wertpapiere mit Eigenkapitalcharakter (equity securities) in den USA außerbörslich gehandelt werden oder deren Wertpapiere in den USA öffentlich angeboten werden (public offering) sowie für deren Tochterunternehmen.

Ausgewählte inhaltliche **Aspekte des Gesetzes** sind:

- Bestätigung der Ordnungsmäßigkeit der Abschlüsse (ähnlich einer eidesstattlichen Erklärung) durch den CEO und den CFO
- Rückzahlung erfolgsabhängiger Vergütungen von CEO und CFO im Falle unrichtiger Abschlüsse
- Verbot der Darlehensgewährung an das Management
- Schaffung einer neuen und unabhängigen Aufsichtsbehörde über die Wirtschaftsprüfer: Public Company Accounting Oversight Board (PCAOB) mit weit reichenden Überwachungsrechten
- Erweiterte finanzielle Offenlegungspflichten (z.B. über das interne Kontrollsystem)
- Verschärfung der Strafvorschriften.

Der japanische Standard Naibutousei - auch **J-SOX** genannt - orientiert sich an den Anforderungen des US-SOX von 2002. J-SOX stellt für japanische Unternehmen eine ähnlich hohe Herausforderung dar wie für Unternehmen, die zuvor nach den Richtlinien der US-amerikanischen Börsenaufsicht, der Securities and Exchange Commission (SEC), gelistet waren.

[2] Strategische Kontrolle in der Filmerzeugungs- und -verarbeitungsindustrie: *Kodak*

Am 19. Januar 2012 stellte der US-Mutterkonzern *Eastman Kodak* aus Rochester/Illinois einen Insolvenzantrag. *Kodak* sucht damit Schutz vor den Forderungen seiner Gläubiger nach Kapitel 11 des US-Insolvenzrechts. Hätte ein ausgereiftes strategisches Kontrollsystem den tiefen Fall der einstigen Weltmarke (in den siebziger Jahren hatte *Kodak* einen US-Marktanteil an belichteten Filmen und verkauften Kameras von über 85% und gehörte noch bis weit in die achtziger Jahre zu den wertvollsten Marken weltweit) verhindern können? Die Aufgabe eines strategischen Kontrollsystems hätte darin bestanden, frühzeitig derartige Entwicklungen aufzuzeigen und Handlungsnotwendigkeiten zu implizieren.

Die Antwort ist nicht zweifelsfrei zu geben: Der Fall von *Kodak* war ein langsamer Niedergang und seine Wurzeln liegen im **tief greifenden technologischen Wandel** von der analogen Fotografie und Bildverarbeitung hin zur digitalen. Betroffen war davon nicht nur *Kodak*, auch *Agfa* hat den Strukturwandel nicht überstanden, wohingegen es *Fujifilm* zumindest teilweise gelang, Antworten auf die veränderten Rahmenbedingungen zu geben. Und es gibt klare Anzeichen dafür, dass man diese Entwicklung bei *Kodak* bereits sehr früh erkannt hatte. Bereits Ende der siebziger Jahre verfügte Kodak über interne Analysen, die besagten, dass die **Digitalisierung** sukzessive alle Produkte, mit denen *Kodak* sein Geld verdiente, substituieren würde. *Kodak* reagierte durch eigene digitale Produkte und war 2005 sogar für kurze Zeit Marktführer für Digitalkameras in den USA. Jedoch verlor *Kodak* diese Position schnell an Unternehmen, die ihre Kernkompetenzen auf dem Feld der IT und der Elektronik hatten und Kostenvorteile realisieren konnten.

Die strategische Kontrolle im Sinne einer **Früherkennung oder Überwachung** (vgl. dazu auch Abschnitt 2.2.3 in diesem Teil und 3.3.2 in Teil 4) hatte bei *Kodak* vermutlich funktioniert. Dass *Kodak* den Sprung ins digitale Zeitalter dennoch nicht schaffte, lag vielmehr daran, dass es nicht gelang, die **Kernkompetenzen** weiterzuentwickeln oder neue zu erwerben, sei es auf organische Weise oder durch Zukauf (zum Begriff der Kernkompetenzen vgl. Abschnitt 1 in Teil 7). Die eigentlichen Kernkompetenzen im Bereich der organischen Chemie und der Filmherstellung waren im Zeitalter der Digitalisierung nicht mehr erfolgsrelevant. Wenngleich hier also die Ursache für das Scheitern eher im Bereich der **Strategiewahl** und noch mehr im Bereich der **Strategieimplementierung** gelegen hat, so zeigt das Beispiel doch, dass strategische Kontrolle eine notwendige Voraussetzung für wirtschaftlichen Erfolg in diskontinuierlicher Umwelt ist. (vgl. dazu *„Der Spiegel"*, Nr. 5/2012 sowie die Wirtschaftspresse Anfang 2012)

1 Grundlagen der strategischen Kontrolle

„Vertrauen ist gut – Kontrolle ist besser
Kontrolle ist gut – Vertrauen ist billiger"

1.1 Begriff und Arten der Kontrolle

„Planung ohne Kontrolle ist sinnlos, Kontrolle ohne Planung unmöglich" (*Wild* [Unternehmungsplanung] 44). Dieser Satz macht deutlich, dass jede Planung einer Überprüfung bedarf, die Überprüfung aber nur möglich ist, wenn eine Vergleichsgröße formuliert worden ist. So können wir definieren:

Kontrolle ist ein systematischer Prozess zur Ermittlung von Abweichungen zwischen Plangrößen und Vergleichsgrößen.

Je nachdem, was als Plangröße und was als Vergleichsgröße definiert wird, können wir folgende **Kontrollarten** unterscheiden (*Schweitzer* [Planung] 96):

Vergleichsgröße / Plangröße	Soll	Wird	Ist
Soll	Zielkontrolle (Soll-Soll-Vergleich)	Planfortschrittskontrolle (Soll-Wird-Vergleich)	Ergebniskontrolle (Soll-Ist-Vergleich)
Wird	-	Prognosekontrolle (Wird-Wird-Vergleich)	Prämissenkontrolle (Wird-Ist-Vergleich)

Abb. 3-1: Kontrollarten

[1] Zielkontrolle (Soll-Soll-Vergleich)

Im Rahmen der Zielkontrolle werden die einzelnen Ziele im Hinblick darauf überprüft, ob sie untereinander verträglich sind oder ob sie in konkurrierender Beziehung zueinander stehen. Liegt Zielkonkurrenz vor, so ist nach Problemlösungen zu suchen. In Frage kommen u.a. die Anwendung der Lexikographischen Ordnung und der Zielgewichtung. In beiden Fällen werden die Ziele entsprechend ihrer Bedeutung gewichtet.

[2] Planfortschrittskontrolle (Soll-Wird-Vergleich)

Bei der Planfortschrittskontrolle wird geprüft, ob der Plan erwartungsgemäß verwirklicht wird. Zu diesem Zweck werden Zwischenziele formuliert, die Anhaltspunkte dafür liefern, ob die realisierten Größen mit den prognostizierten Wird-Größen übereinstimmen. Falls Abweichungen erkennbar sind, lassen sich rechtzeitig Korrekturmaßnahmen ergreifen.

[3] Ergebniskontrolle (Soll-Ist-Vergleich)

Bei der Ergebniskontrolle wird eine geplante Größe (Soll) mit dem Ergebnis (Ist) verglichen. Abweichungen signalisieren, in welchem Umfang der Plan verfehlt wurde. Diese Art der Kontrolle liegt sehr häufig dem Verständnis von Kontrolle überhaupt zu Grunde.

[4] Prognosekontrolle (Wird-Wird-Vergleich)

Prognostizierte Größen werden im Hinblick darauf überprüft, ob sie untereinander verträglich sind.

[5] Prämissenkontrolle (Wird-Ist-Vergleich)

Bei jeglicher Art von Planung ist von Prämissen über Entwicklungen (Wird-Größen) auszugehen. Werden diese Wird-Größen mit dem tatsächlichen Ist verglichen, lässt sich feststellen, ob die Planannahmen zu korrigieren sind.

Im Folgenden ist nun zu fragen, welche Bedeutung diesen verschiedenen Kontrollarten in der Praxis zukommt. Das Ergebnis ist unterschiedlich, je nachdem, ob man die Bedeutung der Kontrolle im Rahmen des traditionellen Managementprozesses oder im Rahmen des Strategischen Managements zu würdigen hat.

1.2 Funktionen der Kontrolle im traditionellen Management

Nach traditioneller Auffassung hat die Unternehmensführung folgende Managementfunktionen wahrzunehmen: Planung, Organisation, Personalführung, Kontrolle. Dieser Interpretation der Unternehmensführung liegt häufig die Vorstellung zu Grunde, dass die Planung die zentrale Managementfunktion darstellt (Primat der Planung) und sich der übrigen Funktionen „bedient", um den Plan zu realisieren.

In diesem Sinne kann von einer **plandeterminierten Unternehmensführung** gesprochen werden. Die Planung als Prozess der Erkenntnis und Gestaltung der Zukunft gibt der Unternehmung Richtung und Struktur. Die anderen Managementfunktionen sind der Planung nachgeordnet und haben lediglich Instrumentalcharakter, d.h. sie stellen nur Mittel zur effizienten Planverwirklichung dar:

- **Organisation**
  Die Organisation setzt die Rahmenbedingungen, in denen sich der Vollzug der Planung möglichst effizient realisieren lässt.

- **Personalführung**
  Personalführung hat die Aufgabe, die Stellen im Unternehmen mit geeigneten Mitarbeitern zu besetzen und bei diesen eine zieladäquate (i.S. der Planung) Verhaltenssteuerung sicherzustellen. Beides soll eine möglichst reibungslose Planverwirklichung gewährleisten.
- **Kontrolle**
  Kontrolle ist im Rahmen eines kybernetischen Regelkreismodells als reiner Soll-Ist-Vergleich zu sehen. Damit ist die Kontrolle primär als Ex post-Kontrolle ausgestaltet und hat die Aufgabe, die aus der Planung übernommenen Kontrollstandards zu überprüfen.

Mit dieser Sichtweise wird allein der Planung ein eigenständiges **Steuerungspotenzial** beigemessen, während alle anderen Managementfunktionen **Instrumente der Planung** ohne eigenständige Steuerungskapazität darstellen.

Diese Perspektive einer plandeterminierten Unternehmensführung ist einer **kritischen Würdigung** zu unterziehen:

- Die Planung kann nicht alle Probleme der betrieblichen Steuerung antizipieren, da weder die Umwelt noch das System „Unternehmung" in ihrer Komplexität und ihrer Dynamik sicher erfassbar und prognostizierbar sind. Anders formuliert: Nicht alles lässt sich rational im Voraus erfassen.
- Entscheidungen müssen trotz dieser Komplexität und Dynamik (Ambiguität der Entscheidungssituation) getroffen werden. Dies geht nur durch eine künstliche Vereinfachung des Entscheidungsproblems, also durch Ausblendung scheinbar irrelevanter bzw. konstanter Einflussfaktoren. Die damit verbundene Selektion birgt jedoch immer das Risiko der Ausblendung wesentlicher Aspekte und damit einer strategischen Überraschung in sich.
- Die Ex post-Kontrolle kann höchstens eine Steuerungsaufgabe wahrnehmen, die von den Planungsgrößen ausgeht; sie kann jedoch weder zur Überprüfung der Richtigkeit der Planung noch zur Überprüfung des der Planung zugrunde liegenden Selektionsprozesses beitragen.

Aus diesen Gründen ist es erforderlich, einen neuen Bezugsrahmen für die Probleme der strategischen Unternehmensführung zu schaffen: das Strategische Management. Damit verbunden ist die Forderung, dass der Entwicklungsprozess des Verständnisses von Planung (von der Konzeption der kurzfristigen Planung über die langfristige Planung bis zum Strategischen Management) eine Entsprechung in der Weiterentwicklung der Kontrolle finden muss.

1.3 Funktionen der Kontrolle im Strategischen Management

Im Rahmen des Strategischen Managements sind die Aufgaben der Planung, der Organisation, der Personalführung und der Kontrolle gleichermaßen von Wichtigkeit wie im klassischen Managementprozess. Die Ansprüche an diese Subsysteme sind jedoch anders: Die Steuerungsfunktion der Planung bleibt zwar bestehen, aber die Selektionsfunktion der Planung findet stärkere Beachtung. Der strategischen Kontrolle wird die Funktion zugewiesen, das mit der Planung verbundene Selektionsrisiko zu kompensieren, das auf die Vereinfachung der Realität und die Reduktion von Komplexität durch die Planung zurückzuführen ist. Die Kontrolle verliert also die Funktion des „Schlussgliedes" im Managementprozess und wird zu einer **eigenständigen, gewichtigen Managementfunktion** mit eigenem **Steuerungspotenzial**.

Die strategische Kontrolle stellt eine kritisch absichernde Begleitung des Planungsprozesses dar. Damit soll sie in erster Linie Bedrohungen des bestehenden Kurses rechtzeitig aufdecken, die Notwendigkeit zu einer Veränderung des Kurses signalisieren und die Voraussetzungen für eine Kurskorrektur schaffen. Insofern liefert auch das Risikomanagement wesentliche Bausteine für die strategische Kontrolle (vgl. S. 114ff.).

Die Funktionen der strategischen Kontrolle sind wichtig, oft gar existenznotwendig. Umso erstaunlicher ist es, dass in der Unternehmenspraxis operative Entscheidungen i.d.R. einer strengen Kontrolle unterliegen, strategische Entscheidungen dagegen eher nachlässig kontrolliert werden.

Wir definieren:

> **Strategische Kontrolle** ist ein systematischer Prozess, der parallel zur strategischen Planung verläuft und durch Ermittlung von Abweichungen zwischen Plangrößen und Vergleichsgrößen den Vollzug und die Richtigkeit der strategischen Planung überprüft.

Mit der Vollzugskontrolle findet die Überwachung der Planverwirklichung statt, mit der Kontrolle der Richtigkeit der strategischen Planung soll die grundsätzliche Richtung des eingeschlagenen strategischen Weges überprüft werden.

Um die Merkmale einer strategischen Kontrolle noch einmal klar herauszustellen, soll in Abb. 3-2 ein Vergleich zwischen der traditionellen Auffassung von Kontrolle und der strategischen Kontrolle im Rahmen des Strategischen Managements anhand einzelner Vergleichsmerkmale stattfinden (vgl. *Bea/Scheurer* [Kontrollfunktion] 2146).

Es sei darauf hingewiesen, dass zwischen der strategischen Kontrolle und einem strategischen Controlling zu unterscheiden ist. Da der Begriff **„Controlling"** nach wie vor recht unscharf ist, gilt dies naturgemäß auch für das strategische Controlling. Den meisten Controlling-Definitionen ist aber gemeinsam, dass das wesentliche Merkmal des Controlling in der **Koordination** verschiedener Führungssubsysteme gesehen wird. Wählt man eine derartige koordinationsorientierte Controlling-Konzeption, lässt sich das **strategische Controlling** als eigenständige Führungsaufgabe begreifen, die umfassender ist als die strategische Kontrolle (vgl. S. 22f.). So gehört z.B. zum strategischen Controlling auch das unternehmensinterne Rechnungswesen mit der Kosten- und Erlösrechnung und der Investitionsrechnung (vgl. *Friedl* [Controlling], *Küpper* [Controlling]).

Vergleichs-merkmale	Traditionelle Kontrolle	Strategische Kontrolle
Kontroll-aufgabe	Reiner Soll-Ist-Vergleich i. S. einer Endergebniskontrolle mit einer zusätzlichen Analyse der Abweichungsursachen	Vor der Endergebniskontrolle sind die Prämissenkontrolle, die Planfortschrittskontrolle sowie die Richtigkeit der Planung von Bedeutung
Kontroll-größen	Es werden nur quantifizierbare Größen (sog. hard facts) kontrolliert (z.B. Einhaltung von Budgetvorgaben)	Neben quantifizierbaren Größen werden auch qualitative Größen (sog. soft facts) kontrolliert (z.B. Ausbildungsstand des Personals)
Kontroll-ausrichtung	Unternehmensintern ausgerichtete und punktuell fixierte Kontrolle (sog. gerichtete Kontrolle)	Sowohl auf die internen als auch auf die externen Erfolgsfaktoren der Unternehmung ausgerichtete Rundumkontrolle (sog. ungerichtete Kontrolle = „strategisches Radar")
Kontroll-zeitpunkt	Die Kontrolle erfolgt einmalig nach der Planrealisation (Ex post-Kontrolle)	Die Kontrolle erfolgt in einem kontinuierlichen, die Planung begleitenden Prozess

Abb. 3-2: Vergleich von traditioneller Kontrolle und strategischer Kontrolle

2 Konzeptionen der strategischen Kontrolle

2.1 Überblick

Die Beschäftigung mit der strategischen Kontrolle weist eine kaum 20 Jahre alte Geschichte auf und doch liegt bereits eine Reihe recht unterschiedlicher Konzeptionen vor. Wir stellen zwei Kontrollkonzeptionen vor:

- Die Kontrollkonzeption nach *Schreyögg/Steinmann*
- Die Kontrollkonzeption des Strategischen Managements

Kontroll-konzeption	Kontrollaufgaben	Kontrollarten
Schreyögg/ Steinmann (1985)	Strategische Kontrolle als planungsbegleitender Prozess; Kompensation des durch die Planung verursachten Selektionsrisikos	Strategische Prämissenkontrolle, strategische Durchführungskontrolle, strategische Überwachung
Bea/Haas (2009)	Kontrolle der Planrealisation und der Entwicklungsfähigkeit der Unternehmung	Prämissenkontrolle, Planfortschrittskontrolle, Kontrolle der strategischen Potenziale

Abb. 3-3: Kontrollkonzeptionen

2.2 Die Kontrollkonzeption nach *Schreyögg/Steinmann*

Betrachtet man die strategische Kontrolle als einen die Planung begleitenden Prozess, der Unsicherheit und Komplexität der Planungsaufgabe explizit berücksichtigt, so bietet sich als Konzeption einer strategischen Kontrolle der von *Schreyögg/Steinmann* entwickelte Ansatz an.

Schreyögg/Steinmann ([Strategische Kontrolle] 391ff.) unterscheiden nach den verschiedenen Selektionsstufen des strategischen Planungsprozesses folgende **Bausteine einer strategischen Kontrolle**:

- Strategische Prämissenkontrolle,
- strategische Durchführungskontrolle,
- strategische Überwachung.

In Abb. 3-4 ist die strategische Kontrollkonzeption nach *Schreyögg/Steinmann* schematisch dargestellt.

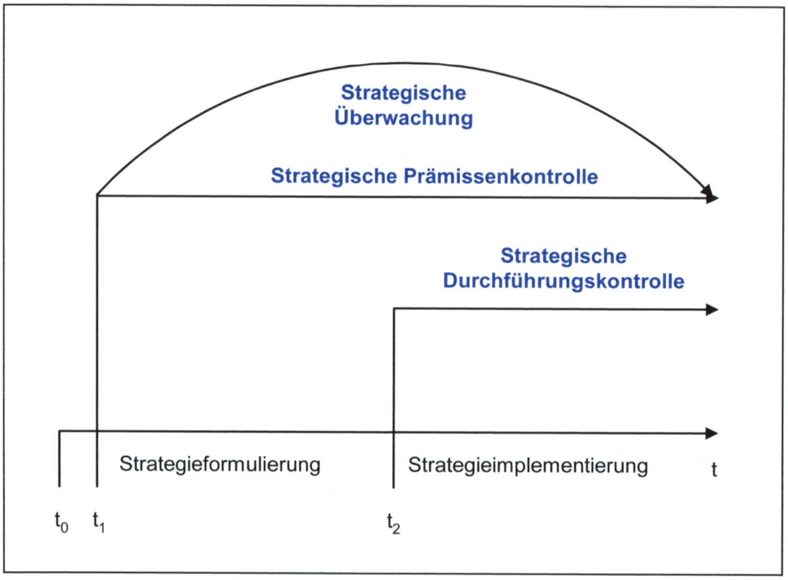

Abb. 3-4: Die Kontrollkonzeption nach *Schreyögg/Steinmann*

2.2.1 Strategische Prämissenkontrolle

Im Rahmen des strategischen Planungsprozesses werden sukzessive Prämissen gesetzt, um aus der äußerst komplexen Umwelt eine weniger komplexe, vielleicht sogar eine eindeutige Entscheidungssituation zu formulieren, auf deren Basis Strategien abgeleitet werden können. Solche Prämissensetzungen erstrecken sich i.d.R. auf Wechselkurse, Absatzzahlen, Lohnabschlüsse, technische Entwicklungen usw. So wird bspw. bei jeder Investition davon ausgegangen, dass eine bestimmte Nachfrage zu erwarten ist. Im Laufe der Zeit lässt sich feststellen, ob diese Prämisse auch tatsächlich zutrifft.

Die strategische Prämissenkontrolle hat also die Aufgabe, die explizit gemachten Prämissen laufend auf ihre Gültigkeit hin zu überprüfen. Die Prämissenkontrolle begleitet den strategischen Planungsprozess somit durchgängig. Dabei richtet sich die Kontrolle sowohl auf die Prämissen des externen Unternehmensumfeldes (z.B. zu erwartende Nachfrage nach E-Autos) wie auch auf die internen Elemente des Planungsablaufs (z.B. Zeit für die Entwicklung des E-Autos).

Beispiel: Ein **Verlag** geht bei der Planung seiner Titel davon aus, dass eine Verschiebung der Lesegewohnheiten von der Belletristik hin zu den Sachbüchern stattfindet. Auf einer Buchmesse lässt sich im Gespräch mit Buchhändlern und potenziellen Lesern eruieren, ob diese Prämisse gültig ist.

2.2.2 Strategische Durchführungskontrolle

Die strategische Durchführungskontrolle (**Planfortschrittskontrolle**, Implementierungskontrolle) setzt mit der Implementierung der Strategie ein. Sie soll anhand von Störungen bei der Implementierung der Strategie oder bei Abweichungen von definierten strategischen **Zwischenzielen** (auch als **„milestones"** bezeichnet) feststellen, ob eine Gefährdung des gewählten strategischen Kurses vorliegt.

Die wichtigste Aufgabe der strategischen Durchführungskontrolle besteht in der Formulierung dieser **Meilensteine**. In der Praxis hat sich die Erkenntnis durchgesetzt, dass die Festsetzung von Meilensteinen (M_1, M_2 usw.) nach einem im Voraus festgelegten Ablaufschema dem Kontrollvorgang den Charakter der Beliebigkeit nimmt. Der Schwierigkeitsgrad bei dieser Aufgabe hängt wesentlich von der Strategieart ab. Wird etwa die Erhöhung des Marktanteils als Ziel formuliert, so lassen sich Zwischenziele relativ leicht fixieren. Sie können sich u.a. auf den Grad des Fortschritts der Zielverwirklichung (Um wie viel wurde der Marktanteil erhöht?) und auf die Kontrolle der Realisierung des Zeitplanes (Zu welchem Zeitpunkt sind die zielbezogenen Meilensteine erreicht worden?) beziehen.

Wesentlich komplizierter ist jedoch das Problem bspw. bei Personalentwicklungsstrategien und Reorganisationsprojekten. Hier lassen sich Zwischenziele erst relativ spät und selten quantitativ definieren.

> Beispiel: Die monatlichen Verkaufszahlen für die einzelnen Buchtitel liefern Hinweise auf den Erfolg einer Strategie. Die strategische Durchführungskontrolle kann Signale für eine Verlagerung in der Schwerpunktsetzung des Sortiments liefern und damit Trendänderungen anzeigen.

2.2.3 Strategische Überwachung

Sowohl bei der Prämissenkontrolle als auch bei der strategischen Durchführungskontrolle sind die Kontrollobjekte (Prämissen bzw. Meilensteine) von vornherein klar definiert. Insoweit handelt es sich in beiden Fällen um eine gerichtete und damit selektive Kontrolle. Da aber im Rahmen der Prämissensetzung Teile des Entscheidungsfeldes ausgeblendet werden, muss zusätzlich eine **globale, ungerichtete Kontrolle** stattfinden, um diese Teile des Entscheidungsfeldes zu überwachen.

Damit nimmt die strategische Überwachung (surveillance) eine **zweifache Kompensationsfunktion** wahr: Einmal gegenüber der grundsätzlichen Richtung der strategischen Planung, zum anderen auch gegenüber der Prämissenkontrolle und der Durchführungskontrolle. „Die Aufgabe dieser strategischen Überwachung liegt in einer kontinuierlichen, ungerichteten Beobachtung der externen und internen Umwelt auf bisher vernachlässigte oder unvorhergesehene Ereignisse, die eine Bedrohung für die gewählte strategische Orientierung der Unternehmung bedeuten könnten. Sie fungiert quasi als ein **„strategisches Radar"**, das die Umwelt gewissermaßen flächendeckend auf strategiegefährdende Informationen hin überwacht" (*Hasselberg* [Strategische Kontrolle] 97).

> Beispiel: Die Planung des Verkaufsprogramms eines Verlages und dessen Überprüfung im Rahmen der Prämissenkontrolle und der Planfortschrittskontrolle bergen die Gefahr in sich, dass der Blick zu sehr auf den Plangegenstand, näm-

lich das Buch gerichtet wird. Die strategische Überwachung hat die Aufgabe zu überprüfen, ob nicht Bücher überhaupt gegenüber computergestützten Methoden der Wissensvermittlung (z.B. Internet, Hörbuch oder E-Book) an Terrain verlieren bzw. inwieweit auch Chancen daraus für den Verlag entstehen können (vgl. dazu das ausführliche Beispiel S. 117f.).

Schreyögg/Steinmann gehen davon aus, dass grundlegende strategische Entscheidungen immer damit verbunden sind, dass ein großer Teil von Alternativen ausgeklammert werden muss. Angesichts der äußerst schnellen Änderungen der Rahmenbedingungen können aber gerade diese Entscheidungsmöglichkeiten relevant werden. Sie weisen daher der strategischen Überwachung **die zentrale Rolle** in ihrem strategischen Kontrollkonzept zu.

2.3 Die Kontrollkonzeption des Strategischen Managements

2.3.1 Grundzüge

Die strategische Kontrolle hat die Aufgabe, den Vollzug und die Richtung der strategischen Planung zu überprüfen. Die Vollzugskontrolle umfasst die Prämissenkontrolle und die Planfortschrittskontrolle. Beide Elemente einer Kontrollkonzeption sind bereits beschrieben (vgl. S. 244f.).

Elemente der strategischen Kontrolle	Kontrollaufgaben
Prämissenkontrolle	Kontrolle der Planverwirklichung
Planfortschrittskontrolle	
Kontrolle der Potenziale	Kontrolle der Entwicklungsfähigkeit des Unternehmens

Abb. 3-5: Die Kontrollkonzeption des Strategischen Managements

Schreyögg/Steinmann haben die Prämissenkontrolle und die Planfortschrittskontrolle um die strategische Überwachung ergänzt. Ihr kommt die Aufgabe zu, die Richtung der Planung überhaupt in Frage zu stellen. Eventuell stellen sich während der Planrealisierung auf dem „Schirm des strategischen Radars“ Erkenntnisse ein, die einen „Richtungswechsel“ erforderlich machen. Die Voraussetzungen dafür, dass die Notwendigkeit eines Richtungswechsels überhaupt erkannt werden kann, gründen im Wesentlichen in der Organisation eines Unternehmens, dem Informationssystem und der Unternehmenskultur.

Die Richtungsänderung selbst ist aber nur dann möglich, wenn das Unternehmen auf entsprechende Handlungspotenziale zurückgreifen kann. Zu nennen sind in diesem Zusammenhang vor allem die Technologie, das Personal und die Produktion. Aus all dem ergibt sich, dass die **Kontrolle der Potenziale** ein wesentliches weiteres Element einer strategischen Kontrollkonzeption darstellen muss. Während die Prämissenkontrolle und die Planfortschrittskontrolle am Plan selbst ausgerichtet sind, findet mit der Überwachung der Potenziale eine **Kontrolle der Entwicklungsfähigkeit** des Unternehmens statt.

In einer Zeit, die durch eine starke Dynamik der Umweltbedingungen gekennzeichnet ist, verliert die Planung immer mehr an Zuverlässigkeit. Es ist daher der Schwerpunkt der Betrachtung auf die **Bedingungen der Entwicklung**, nämlich die Kompetenzen sowie Fähigkeiten, also die Potenziale zu legen. Sie stellen die Grundlage für die Entwicklungsfähigkeit eines Unternehmens dar. Ein Unternehmen ist dann entwicklungsfähig, wenn es in der Lage ist, Veränderungen in der Unternehmensumwelt wahrzunehmen und auf diese Veränderungen effektiv zu reagieren (zur Entwicklungsfähigkeit vgl. *Haas* [Entwicklungsfähigkeit]).

Es sei an dieser Stelle darauf hingewiesen, dass die Definition und damit die Entwicklungsfähigkeit des Unternehmens noch einer zusätzlichen Analyse bedürfen.

2.3.2 Kontrolle der Potenziale

Besteht die Aufgabe der strategischen Kontrolle in der Überwachung der Potenziale als Grundlage der Entwicklungsfähigkeit eines Unternehmens, stellt sich die schwierige Aufgabe der Messung der Entwicklungsfähigkeit. Wir haben es hier mit dem schon mehrfach angesprochenen Problem zu tun, dass sich die sog. soft facts nur schwer quantifizieren lassen. Diese Erkenntnis darf aber nicht zu einem Verzicht auf die Problemlösung verleiten, es ist vielmehr nach Kriterien zu suchen, die eine second best-Lösung ermöglichen. In Abb. 3-6 sind die einzelnen Potenziale dargestellt, Merkmale dieser Potenziale aufgeführt und Verfahren zur Messung dieser Merkmale genannt.

Potenziale	Merkmale	Verfahren der Messung
[1] Leistungspotenziale		
(a) Beschaffung	- Abhängigkeit von Lieferanten	ABC-Analyse
	- Qualität der Vorprodukte	Zahl der Mängel
(b) Produktion	- Fertigungstiefe	Wertschöpfungsquote
	- Kostenstruktur	Verhältnis von direkten zu indirekten Kosten
(c) Absatz	- Produktqualität	Zahl der Mängel
	- Altersaufbau der Produkte	Position der einzelnen Geschäftsfelder im Portfolio

(d) Personal	- Alter	Alterspyramide
	- Lernbereitschaft	Häufigkeit von Schulungen
	- Motivation	Personalfluktuation
(e) Kapital	- Standing am Kapitalmarkt	Kursentwicklung der eigenen Aktie im Verhältnis zum DAX
	- Verschuldungsgrad	Verhältnis von Eigenkapital zu Fremdkapital
(f) Technologie (Forschung und Entwicklung)	- Innovationsbereitschaft	Zahl der Neuentwicklungen
	- Forschungsaufwand	Verhältnis von Aufwand für Forschung und Entwicklung zum Gesamtaufwand
[2] Führungspotenziale		
(a) Planung	- Flexibilität	Fristigkeit der Pläne, Bereitschaft zur Änderung der Pläne
	- Planungstechniken	Anspruchsniveau der Planungstechniken
(b) Kontrolle	- Standardisierung der Kontrolle	Häufigkeit von Kontrollvorgängen
	- Kontrolltechniken	Anspruchsniveau der Kontrolltechniken
(c) Information	- Aktualität der Unternehmensrechnung	Kostenrechnungssystem
	- Aktualität der Umweltanalyse	Früherkennungssysteme
(d) Organisation	- Grad der Dezentralisierung	Zahl von Hierarchieebenen
	- Kooperationsfähigkeit mit anderen Unternehmen	Zahl der Vereinbarungen mit anderen Unternehmen
(e) Unternehmenskultur	- Stärke der Unternehmenskultur	Befragungen
	- Grad der Außenorientierung	Häufigkeit von Kontakten mit anderen Unternehmen

Abb. 3-6: Die Kontrolle der strategischen Potenziale

Die Ansprüche an die **Messverfahren** sind sehr hoch gesteckt: Sie sollen sowohl Ausdruck der Entwicklungsfähigkeit eines Unternehmens sein und auch eine Verbindung herstellen zu finanziellen Kennzahlen. Ein Beispiel aus Abb. 3-6: Im Potenzial „Kapital" ist dann eine Entwicklungsfähigkeit eines Unternehmens begründet, wenn das Unternehmen ein gutes Standing am Kapitalmarkt aufweist, sich dieses Standing über die Kursentwicklung der eigenen Aktie im Verhältnis zum DAX ausdrückt und sich dieser Sachverhalt schließlich in Form messbarer Cash Flows im Rechnungswesen niederschlägt.

Bei einigen Potenzialen ist der Zusammenhang zwischen Merkmalsausprägung und Beitrag zur Entwicklungsfähigkeit eines Unternehmens evident, so etwa bei der Technologie, der Unternehmenskultur und der Organisation. Allerdings ist hier die Messung des Beitrages zu finanziellen Zielgrößen mit großen Schwierigkeiten verbunden. Bei anderen Potenzialen wiederum ist der Zusammenhang zwischen Merkmalsausprägung und finanziellem Zielbeitrag leicht festzustellen, so etwa bei der Beschaffung (z.B. Qualität der Vorprodukte) und bei der Produktion (z.B. Kostenstruktur). Hier ist jedoch der Bezug zur Entwicklungsfähigkeit des Unternehmens nur über Umwege erkennbar (z.B. die Reduktion der Abhängigkeit von Lieferanten und die Verringerung der Fertigungstiefe schaffen Flexibilität und damit Anpassungsfähigkeit gegenüber Diskontinuitäten).

Mit ähnlichen Problemen sind wir im Zusammenhang mit der Darstellung der **Balanced Scorecard** konfrontiert worden (vgl. S. 208ff.). Das Gemeinsame unseres Konzeptes mit der Balanced Scorecard besteht darin, dass die entscheidende Aufgabe der strategischen Kontrolle darin besteht, die **Entwicklungsfähigkeit des Unternehmens** einem kontinuierlichen Kontrollprozess zu unterziehen. Dabei ist nicht zu verkennen, dass sich gerade die Entwicklungsperspektive im Rahmen der Balanced Scorecard nur schwer in Kennzahlen ausdrücken lässt. Auf der anderen Seite dürfen die Schwierigkeiten der Implementierung einer Kontrolle der strategischen Potenziale nicht dazu verleiten, auf die Suche nach Erfolgsmaßstäben für die Entwicklungsfähigkeit zu verzichten. Denn letztendlich wird der betriebliche Wertschöpfungsprozess immer einer Kontrolle unterzogen, nämlich extern durch den Güter-, Kapital- und Arbeitsmarkt. Einem negativen Urteil durch eine derartige Marktkontrolle soll eben durch die unternehmensintern organisierte strategische Kontrolle frühzeitig der Boden entzogen werden.

Beispiel: In der Praxis finden sich Instrumente, die dem ersten Augenschein nach nicht strategisch erscheinen mögen, die jedoch bei genauerem Hinsehen und sinnvoller Ausgestaltung sehr wohl auch der **strategischen Potenzialkontrolle** dienen:

[1] Interne Revision: Sie hat die Aufgabe, unabhängig die Funktionsfähigkeit des Internal Control Systems zu überprüfen und Transparenz über die Abläufe und den Zustand des Unternehmens zu schaffen. Sie verfügt dazu in der Regel über umfassende Informations-, Prüf- und Eintrittsrechte innerhalb des Unternehmens sowie über umfassende Berichtsrechte an den Vorstand.

[2] Risikomanagement: Das Risikomanagement hat die Aufgabe, ein Überwachungssystem zu implementieren, welches es ermöglicht, Risiken, die die Zukunft des Unternehmens gefährden können, frühzeitig zu erkennen. (Zum Risikomanagement allgemein vgl. Abschnitt 3.4 in Teil 2 und zur Verpflichtung zur

Einrichtung eines Risikomanagements nach KonTraG vgl. das einleitende Beispiel S. 234f.)

[3] Mitarbeiterbefragungen: Insbesondere in großen Unternehmen ist die Mitarbeiterbefragung ein häufig etabliertes Instrument, um Erkenntnisse über die Potenziale „Personal“ einschließlich Führung und „Unternehmenskultur“ zu gewinnen. Nimmt man derartige Befragungen regelmäßig vor, gewinnt man wichtige Informationen, teilweise mit Früherkennungsqualität, welche für die Gestaltung der personellen und kulturellen Leistungsfähigkeit des Unternehmens verwendet werden können. Konkrete Anhaltspunkte lassen sich beispielsweise gewinnen zu Führungsqualität, Motivation und Identifikation oder zum Themenkreis „Gesundheit und work-life-balance“.

[4] Kundenbefragungen: Die Befragung von Kunden - umfassend und systematisch durchgeführt - liefert Informationen zu nahezu allen Leistungs- und Führungspotenzialen im Unternehmen. Hierbei muss man unterscheiden zwischen Befragungen, die auf ganz spezifische Ausschnitte der unternehmerischen Aktivitäten zielen (z.B. Zufriedenheit mit einem ganz bestimmten Produkt oder einem konkreten Kontakt mit dem Unternehmen) und jenen, die umfassend die Zufriedenheit der Kunden mit dem und die Bindung der Kunden an das Unternehmen im Blick haben.

Ein Beispiel für eine solche umfassende Befragungsmethodik ist die sog. *Tri:M-Studie* (Measuring, Managing, Monitoring). Hier werden die Kunden mehrerer Anbieter einer Branche in regelmäßigen Zeitabständen zu ihren Erfahrungen mit den Anbietern und ihren Einstellungen befragt. Daraus lassen sich nicht nur die Kundenzufriedenheit und -bindung im Wettbewerbsvergleich ermitteln, sondern vor allem Schlüsse auf die Treiber der Kundenzufriedenheit und -bindung ziehen und so wichtige Handlungsempfehlungen für die Gestaltung der Leistungs- und Führungspotenziale ableiten. Die *Tri:M-Studie* wird beispielsweise in der Telekommunikationsbranche eingesetzt.

3 Strategisches Kontrollsystem

3.1 Aufgaben

Strategische Kontrolle - so haben wir festgestellt - besteht aus einem Prozess, in dem verschiedene Kontrollaufgaben anfallen. Welche Kontrollaufgaben im Einzelnen wahrzunehmen sind, hängt von der Wahl der Kontrollkonzeption ab. Gehen wir von *Schreyögg/Steinmann* aus, so befasst sich die strategische Kontrolle mit der Prämissenkontrolle, der Planfortschrittskontrolle und der strategischen Überwachung. Wählen wir die Kontrollkonzeption des Strategischen Managements, so findet auch eine Überwachung der strategischen Potenziale statt. Die Wahrnehmung dieser Aufgaben wiederum bedarf einer Regelung, einer Ordnung, einer Gestaltung. Sie schlagen sich im strategischen Kontrollsystem nieder. Ein strategisches Kontrollsystem liefert eine Struktur und einen institutionellen Rahmen für die Kontrolle. **Bestandteile eines strategischen Kontrollsystems** sind in Anlehnung an das strategische Planungssystem folgende Elemente (vgl. S. 61ff.):

- Kontrollträger,
- Kontrollprozess,
- Kontrolltechniken,
- Kontrollbereiche,
- Ablauforganisation der Kontrolle.

3.2 Elemente

3.2.1 Kontrollträger

Wenn wir i.S. der **Agency Theory** (Principal-Agent-Ansatz) davon ausgehen, dass dem Eigentümer (Principal) das Recht der Kontrolle der Unternehmensleitung (Agent) zusteht, ist die Frage zu klären, in welchem Umfang die Eigentümer diese Kontrollfunktion selbst wahrnehmen oder auf andere Kontrollträger übertragen. Ist diese Frage entschieden, ist die Verteilung der Kontrollkompetenz innerhalb des Unternehmens festzulegen.

Zwei Fragen sind demzufolge im Zusammenhang mit der Bestimmung von Kontrollträgern von Wichtigkeit:

- Wie ist die Delegation von Kontrolle durch die Eigentümer auf Kontrollträger zu regeln?
- Welche Möglichkeiten der Zuteilung von Kontrollkompetenzen innerhalb eines Unternehmens stehen zur Verfügung?

[1] Delegation von Kontrolle durch die Eigentümer

Eigentümer, speziell Aktionäre, übertragen Entscheidungskompetenzen auf die Organe eines Unternehmens, d.h. den Vorstand und den Aufsichtsrat. Für die

Eigentümer ist nun von Wichtigkeit, die Handlungen der Organe auf die Interessen der Eigentümer auszurichten. Dies ist insofern mit Schwierigkeiten verbunden, als die Unternehmensleitung i.d.R. über die besseren Informationen verfügt (Informationsasymmetrie). In diesem Zusammenhang wird heute vor allem die Kontrollfunktion des Aufsichtsrats bei AGs und eines evtl. Beirats bei GmbHs problematisiert. Insbesondere steht die Frage zur Diskussion, ob diese Gremien über **ausreichende Informationsrechte** und **Einwirkungsrechte** verfügen und außerdem auch **richtig zusammengesetzt** sind.

Diese Diskussion hat vor allem aufgrund der wachsenden Zahl von Unternehmenszusammenbrüchen an Dynamik gewonnen (vgl. *Bea/Scheurer* [Kontrollfunktion]). Derartige Gremien können und sollen, auch aufgrund ihrer organisatorischen Einbindung in den Führungsprozess eines Unternehmens und ihrer personellen Zusammensetzung, insbesondere Aufgaben der Prämissenkontrolle und der Kontrolle der Entwicklungsfähigkeit des Unternehmens, kaum jedoch solche auf dem Felde des traditionellen Soll-Ist-Vergleichs wahrnehmen (vgl. dazu die einleitenden Praxisbeispiele S. 234ff.). Mit diesem Thema befasst sich die **Corporate Governance**. Die Frage der effektiven Unternehmensüberwachung ist das zentrale Thema der Corporate Governance-Debatte.

[2] Wahrnehmung der Kontrollfunktion innerhalb des Unternehmens

Die Verteilung der Kontrollkompetenz ist mit der Festlegung der **Organisationsstruktur** weitgehend entschieden. Ein dezentral strukturiertes Unternehmen, das nach den Grundsätzen des Management by Objectives geführt wird, verlangt zwangsläufig ein dezentrales Kontrollsystem. Eine zentralistisch ausgerichtete Funktionale Organisation legt eine Zentralisierung der Kontrolle in der Unternehmensspitze nahe.

Klärungsbedürftig ist das Verhältnis von **Eigenkontrolle (Selbstkontrolle)** und **Fremdkontrolle** innerhalb eines Unternehmens. Die Antwort scheint auf der Hand zu liegen: Fremdkontrolle sorgt für mehr Objektivität und Neutralität der Kontrolle. Diesem Argument verdanken verschiedene Institutionen der Fremdkontrolle ihre Existenz, wie etwa die interne Revision bei fast allen Unternehmen, die Pflichtprüfung durch Wirtschaftsprüfer bei Kapitalgesellschaften, das von unabhängigen Ratingagenturen durchgeführte Verfahren zur Bewertung von Unternehmen (Rating) und die Überwachung der öffentlichen Haushaltsführung durch Rechnungshöfe.

Der Fremdkontrolle ist allerdings entgegenzuhalten, dass eine Kontrolle im modernen Verständnis eines planungsbegleitenden Führungssystems aufgrund der Problem- und Zeitnähe eher Argumente zu Gunsten einer **Eigenkontrolle** liefert: Der Planungsträger kennt die Planungsprämissen und die planungsbedingte Komplexitätsreduktion naturgemäß am besten, so dass er auch die Suche nach Abweichungen zwischen Plan und Realität am besten steuern kann. Die Identität von Planungsträger und Kontrollträger wäre demzufolge geradezu ideal. Diesen Idealzustand der internen Kontrollorganisation gewährleistet offensichtlich die Gruppenbildung in japanischen Unternehmen, die als innengesteuerte Organisationseinheit die formalisierte Kontrolle durch eine rigide soziale Kontrolle in der Gruppe ersetzt. Die Auswirkungen der Gestaltung des Kontrollsystems auf die betroffenen Personen werden unter dem Thema „Verhaltenswirkungen der Kontrolle" diskutiert (vgl. *Sjurts* [Kontrolle]; *Fallgatter* [Kontrolle]).

Existiert in einem Unternehmen die Organisationseinheit „Strategisches Controlling", so wird ihr i.d.R. die Kontrollfunktion zugewiesen. Die **Hauptaufgabe des Controllers** besteht in diesem Falle in der Sicherstellung der Zielverwirklichung durch die Koordination der Teilsysteme der Unternehmensführung, also im Wesentlichen der Planung, der Organisation und der Kontrolle (vgl. S. 22). Außerdem liefert der Controller Informationen über die Art und die Qualität der Planungs- und Kontrolltechniken.

3.2.2 Kontrollprozess

Während die Kontrollaufbauorganisation den institutionellen Aspekt der Kontrolle darstellt, repräsentiert der Kontrollprozess den funktionalen Aspekt.

Parallel zur Planung lassen sich auch bei der Kontrolle verschiedene Teilprozesse unterscheiden. *Schweitzer* ([Planung] 76) zerlegt den Kontrollprozess in vier Prozessphasen:

- Vorgabe von Sollwerten,
- Ermittlung von Ist-Werten,
- Soll-Ist-Vergleich (Ermittlung der Soll-Ist-Abweichung),
- Abweichungsanalyse.

Diese Prozessphasen sind für die Durchführung der Prämissenkontrolle und der Planfortschrittskontrolle geeignet. Bei der Planfortschrittskontrolle ist dabei das Problem der Formulierung von Meilensteinen zu lösen. Die strategische Überwachung und die Kontrolle der Potenziale dagegen verbieten als ungerichtete Kontrolle geradezu eine Festlegung von plandeterminierten Sollwerten, da ansonsten die sehr wichtige Radarfunktion nicht gewährleistet ist.

Grundsätzlich ist festzustellen, dass der Kontrollprozess i.S. einer modern verstandenen Kontrollkonzeption kaum formalisierbar und standardisierbar ist, da die Kontrolle vor allem Sensibilität für die Wahrnehmung von Veränderungen verlangt.

3.2.3 Kontrolltechniken

Kontrolltechniken stellen - genauso wie die Planungstechniken - Hilfsmittel zur Erleichterung und Verbesserung des Kontrollprozesses dar. Mit dem Entwurf von Kontrolltechniken werden gewissermaßen auf Vorrat Denkhilfen zur Verfügung gestellt, die je nach Phase des Kontrollprozesses in Anspruch genommen werden können. Die Wahrnehmung von Kontrolltechniken verbessert auch die Transparenz des Kontrollprozesses, weil die einzelnen Schritte der Kontrolle zu dokumentieren sind. Damit ist wiederum die Möglichkeit einer Kontrolle der Kontrolleure verbunden.

Die wichtigsten Kontrolltechniken sind Kennzahlenvergleiche, die Plankostenrechnung, das Target Costing, das Benchmarking und die Frühwarnsysteme.

[1] Bei **Kennzahlenvergleichen** werden Sollwerte mit Istwerten verglichen. Kennzahlenvergleiche eignen sich besonders gut für die Planfortschrittskontrolle. Abb. 3-7 beschreibt die in der Praxis am häufigsten vorkommenden Kennzahlensysteme „Du Pont", „ZVEI", „RL" und die in neuerer Zeit propagierte Balanced Scorecard. Zum Aufbau des *Du Pont*-Kennzahlensystems vgl. S. 76 (vgl. auch die Kennzahlen S. 77ff.).

Kennzahlen-systeme	Merkmale	(Spitzen-) Kennzahlen
Du Pont (1919/1949)	- Rentabilitätsorientierung - Formal- mathematische Kennzahlenverknüpfung	RoI = Umsatzrentabilität (G/U) - Kapitalumschlag (U/K)
ZVEI (Zentralverband der elektrotechnischen Industrie) (1970)	- Ermittlung der Effizienz durch Wachstums- und Strukturanalyse - Formal-mathematische Kennzahlenverknüpfung	Analyse des Geschäftsvolumens, des Personals und des Erfolgs als Zeitraumbetrachtung im Rahmen der **Wachstumsanalyse** durch neun Kennzahlen. Strukturierung und Verdichtung von Daten aus dem betrieblichen Rechnungswesen durch die **Strukturanalyse**. Insgesamt ergibt sich ein Kennzahlensystem bestehend aus Ertragskraftkennzahlen und Risikokennzahlen mit der Eigenkapitalrentabilität als Spitzenkennzahl.
RL (*Reichmann/Lachnitt* [Kennzahlen], 1976)	- Erfolgs- und Liquiditätsorientierung - Weitgehender Verzicht auf formal-mathematische Kennzahlenverknüpfung - Allgemeiner Teil (laufende Planung und Kontrolle) und Sonderteil (firmen- und branchenspezifische Analyse)	**Erfolg:** Zusammengesetzt aus dem ordentlichen Betriebsergebnis (n. Steuern) und dem ordentl. Finanzergebnis (resultierend aus Zinserträgen und Beteiligungen); **Liquidität:** Zur Bestandssicherung des Unternehmens (Liquide Mittel, Cash Flow, Working Capital)
Balanced Scorecard (*Kaplan/Norton* [Scorecard], 1996)	- Finanzielle Perspektive - Kundenperspektive - Perspektive der internen Geschäftsprozesse - Lern- und Entwicklungsperspektive	

Abb. 3-7: Kennzahlensysteme

[2] Die **Plankostenrechnung** erlaubt einen Vergleich von geplanten Kosten und tatsächlich angefallenen Kosten. Die Analyse etwaiger Abweichungen liefert Anhaltspunkte für deren Ursachen. In der Plankostenrechnung werden vor allem Preisabweichungen, Verbrauchsabweichungen und Beschäftigungsabweichungen ermittelt.

[3] Beim **Target Costing** wird die Fragestellung „Was wird das Produkt kosten?“ ersetzt durch „Was darf das Produkt kosten?“. Mit dem damit verbundenen Übergang von der Ist-Betrachtung zur Normbetrachtung werden Maßstäbe für die Beurteilung der tatsächlich angefallenen Kosten gefunden (vgl. S. 329ff.). Die Norm ist vom Marktpreis vorgegeben. Die Kosten werden einem starken Kontrolldruck ausgesetzt, um einen Zielgewinn (target profit) realisieren zu können.

[4] **Benchmarking** ist ein Verfahren, bei dem Produkte, Methoden oder Prozesse der eigenen Unternehmung mit denen des „Best practice“-Unternehmens verglichen werden.

Ein Vergleich mit Unternehmen, die als leistungsstark gelten („von den Besten lernen“), liefert Anhaltspunkte für die Kontrolle und damit die Beurteilung der eigenen Position. Zum Teil findet Benchmarking mit dem Best practice-Unternehmen innerhalb der Branchengrenzen statt (internes Benchmarking), es werden aber auch branchenfremde Unternehmen (externes Benchmarking) einbezogen. Folgende **Phasen des Benchmarking-Prozesses** lassen sich unterscheiden:

(a) Wahl des Analyseobjekts (häufig sind Prozesse der indirekten Leistungsbereiche, denen der direkte Bezug zum Markt fehlt, Gegenstand des Benchmarking, z.B. die Aufstellung des Jahresabschlusses),

(b) Nominierung des Benchmarking-Teams,

(c) Identifikation geeigneter Benchmarking-Partner,

(d) Analyse der Leistungsdiskrepanzen und möglicher Ursachen,

(e) Umsetzung, d.h. Abbau der festgestellten Leistungsdifferenzen,

(f) Überwachung i.S. eines kontinuierlichen Verbesserungsprozesses (vgl. „Kaizen“ S. 504).

In Abb. 3-8 sind verschiedene Objekte, Zielgrößen und Vergleichspartner des Benchmarking erfasst.

Im Bereich der Kostenanalyse ist Benchmarking eine geeignete Ergänzung zum Target Costing, wenngleich - analog bspw. zur PIMS-Studie - die Frage zu stellen ist, worin der quantifizierbare Wettbewerbsvorteil der einzelnen Unternehmung liegen wird, wenn sich alle am „Best-practice“-Unternehmen orientieren. Außerdem ist nicht sichergestellt, dass der Best practice-Unternehmer neue Trends erkennt und sie auch umsetzt.

Parameter	Ausprägung des Parameters			
Objekt	Produkte	Methoden	Prozesse	
Zielgröße	Kosten	Qualität	Kunden-zufriedenheit	Zeit
Vergleichs-partner	Andere Geschäftsbereiche	Konkurrenten	Gleiche Branche	Andere Branche

Abb. 3-8: Benchmarking (nach *Horváth/Herter* ([Benchmarking] 7)

[5] Die Aufgaben von **Frühwarnsystemen** bestehen in der frühzeitigen Erkennung und Diagnose von Bedrohungen und Risiken. Zu diesem Zwecke müssen Frühwarnindikatoren identifiziert werden. Sie müssen in der Lage sein, Risiken rechtzeitig zu signalisieren, also gute Frühwarneigenschaften aufweisen. Zu dieser Problematik vgl. den Abschnitt „Früherkennungssysteme“ S. 300.

3.2.4 Kontrollbereiche

Entsprechend den beiden zentralen Aufgaben der strategischen Planung, nämlich der Umweltanalyse und der Unternehmensanalyse, lassen sich zunächst zwei große Bereiche der Kontrolle identifizieren: Die unternehmensexterne Kontrolle und die unternehmensinterne Kontrolle.

[1] Die **Umweltkontrolle** bezieht sich auf die engere, aufgabenspezifische Unternehmensumgebung, insbesondere den Markt, und die weitere Unternehmensumwelt.

[2] Bei der **unternehmensinternen Kontrolle** sind die Kontrollbereiche spiegelbildlich zu den Planungsbereichen zu definieren. Gehen wir von den drei **Ebenen eines strategischen Planungssystems** aus (vgl. S. 64), können folgende Kontrollen stattfinden:

- Unternehmenskontrolle,
- Geschäftsbereichskontrolle,
- Funktionsbereichskontrolle.

Auf der Ebene der **Funktionen** lassen sich u.a. folgende Kontrollbereiche unterscheiden:

- Beschaffungskontrolle,
- Fertigungskontrolle,
- Absatzkontrolle,

- Finanzkontrolle,
- Investitionskontrolle.

Auswahl und Betonung der Kontrollbereiche hängen von einer Vielzahl von Faktoren ab. Zu nennen sind u.a. die Aufbauorganisation und die Strategiewahl.

Die **Aufbauorganisation** beeinflusst die Kontrollorganisation und damit u.a. Entscheidungen zu Gunsten einer Zentralisation oder Dezentralisation der Kontrolle. Das Ergebnis dieser Entscheidung wiederum hat Einfluss auf die Schwerpunktsetzung zwischen der Unternehmenskontrolle, der Geschäftsbereichskontrolle und der Funktionsbereichskontrolle.

Strategien haben die Aufgabe, den langfristigen Erfolg eines Unternehmens zu sichern. Je nachdem, welche Stärken des Unternehmens identifiziert und welche Chancen in der Umwelt aufgespürt werden, lassen sich Entscheidungen zu Gunsten bestimmter Strategien treffen. Wird z.B. die Kostenführerstrategie gewählt, liegt der Schwerpunkt der Kontrolle der Kosten in den Bereichen Beschaffung und Fertigung. Es findet in diesen Kontrollbereichen ein hartes Kostenmanagement in Form einer strengen Ergebniskontrolle statt. Andere Schwerpunkte werden dagegen bei einer Differenzierungsstrategie gesetzt. Hier steht eher die Kontrolle von Forschung und Entwicklung sowie die Qualität im Bereich von Beschaffung und Produktion im Vordergrund.

3.2.5 Ablauforganisation der Kontrolle

Kontrolle im traditionellen Verständnis findet einmalig nach der Ergebnisrealisation statt. In diesem Fall ist die Kontrolle die letzte, abschließende Phase des Planungsprozesses.

Nach modernem Verständnis von strategischer Kontrolle finden Kontrollaktivitäten in einem kontinuierlichen, zur Planung und Realisation der Ergebnisse parallel laufenden Prozess statt. In diesem Falle ist die Ablauforganisation der Kontrolle an jene der Planung gekoppelt. Es findet ein permanentes **Wechselspiel zwischen Planung und Kontrolle** statt. Erkenntnisse im Rahmen der Prämissenkontrolle und der Planfortschrittskontrolle dienen der Planung und der Kontrolle als Anlass für Plankorrekturen. Frühinformationen im Rahmen der Kontrolle der Potenziale kompensieren die Selektionsfunktion der Planung und dienen damit auch der Kontrolle (zur Ablauforganisation der Planung vgl. S. 67f.).

4 Probleme der Realisierung

Die Probleme der soeben skizzierten strategischen Kontrollkonzeption liegen - wie so oft - in deren **Implementierung**. Es stellt sich die Frage, wie sich die einzelnen Bestandteile eines strategischen Kontrollsystems realisieren lassen.

[1] Diese Aufgabe lässt sich bei der **Prämissenkontrolle** recht gut lösen, da ja die zu Beginn gesetzten Prämissen bekannt sind und insofern, von Messproblemen einmal abgesehen, mit den Ausprägungen der Realität verglichen werden können.

[2] Die Aufgabe der **Durchführungskontrolle** besteht darin, den langen Weg der Zielerreichung transparent und kontrollierbar zu machen. Es stellt sich aber die Frage, in welcher Form und wo Meilensteine zu setzen sind. Dies ist relativ einfach, wenn ein quantitatives strategisches Ziel, etwa ein bestimmter Marktanteil, formuliert worden ist. Wie lassen sich aber Zwischenziele für ein qualitatives Ziel, etwa die Erlangung der Technologieführerschaft in einem Markt, formulieren?

Hier besteht die Gefahr, dass das qualitative Ziel in quantitativen Zwischengrößen nicht richtig zum Ausdruck gebracht wird (Gefahr der **„paralysis by analysis**“, also der Operationalisierung) und zum anderen allzu früh messbare Erfolge erwartet werden (Gefahr der **Kurzfristigkeit**). Wenn es schon schwierig ist, den Erfolg der strategischen Planung überhaupt zu isolieren und zu messen (vgl. S. 126f.), um wie viel komplizierter muss es dann sein, Zwischenziele zu formulieren?

Hier zeigt sich, dass die Erkenntnisdefizite der strategischen Planung deckungsgleich bei der strategischen Kontrolle wieder zum Vorschein kommen: Wird die Planungsaufgabe ungenau fixiert (etwa nur ein Zielkorridor festgelegt), lässt sich auch die Planerfüllung nicht präzise überwachen. Wesentlich für den Erfolg einer Kontrolle ist auch die Bereitschaft der betroffenen Personen, selbst Gegenstand der Kontrolle zu sein, also **Kontrolltoleranz** mitzubringen.

Es besteht weiterhin ein **Dilemma** zwischen der organisatorischen Etablierung der strategischen Kontrolle (Aufgabenabgrenzung, Aufgabenzuweisung, Stellenbildung) und der erwünschten Selbstkontrolle.

Schließlich besteht die Gefahr, dass durch die künstliche Trennung der Informationen nach ihrem Zweck (nur Bedrohungen gehören zur strategischen Kontrolle, Chancen dagegen nicht) eine auf **Konservierung** ausgerichtete Blickrichtung vermittelt wird.

[3] Die größten Implementierungsprobleme treten bei der **Kontrolle der strategischen Potenziale** auf. Unter dem Stichwort **„Performance Measurement“** sind erfolgreiche Versuche gestartet worden, den strategischen Erfolg messbar zu machen. Allerdings sind die Ergebnisse der Forschung insofern unbefriedigend, als Maßzahlen aus dem Rechnungswesen dominieren. Diese Schwerpunktsetzung ist verständlich, denn Zahlen aus dem Rechnungswesen haben den Anschein der Objektivität und fehlenden Manipulierbarkeit. Im Rahmen der Konzeption der

Balanced Scorecard wird überzeugend dargelegt, dass sich zwar jegliche strategische Aktivität irgendwann in Kennzahlen des Rechnungswesens niederschlägt, für eine rechtzeitige Gegensteuerung jedoch die Ursachen erfasst werden müssten. Die Ursachen sind häufig sog. soft facts, welche in den Bereichen der Organisation, des Personals, der Planung, der Unternehmenskultur und des Informationssystems zu suchen sind. Für diese Bereiche sind Kennzahlen zu entwickeln, um eine effiziente strategische Kontrolle durchführen zu können. Die Balanced Scorecard liefert hier geeignete Anhaltspunkte (vgl. S. 208ff.).

5 Zusammenfassung

Die Funktion der Kontrolle im Strategischen Management besteht darin, durch Ermittlung von Abweichungen zwischen Plangrößen und Vergleichsgrößen den Vollzug und die Richtung der strategischen Planung zu überprüfen. Der **Prozess der strategischen Kontrolle** verläuft parallel zur strategischen Planung. Die strategische Kontrolle verliert damit die Funktion des Schlussgliedes im Managementprozess und wird zu einer eigenständigen Managementfunktion mit eigenen Steuerungsaufgaben.

Die **Konzeption der strategischen Kontrolle** nach *Schreyögg/Steinmann* besteht aus der

- Prämissenkontrolle: Sie hat die Aufgabe, die Prämissen, die zu Beginn des Planungsprozesses gesetzt worden sind (z.B. Wechselkurse, Absatzzahlen), auf ihre Gültigkeit hin zu überprüfen.
- Durchführungskontrolle: Im Rahmen der Durchführungskontrolle wird geprüft, ob die gesetzten Meilensteine auch tatsächlich erreicht worden sind.
- Strategischen Überwachung: Sie besteht aus einem „strategischen Radar“, das die Umwelt flächendeckend auf strategiegefährdende Informationen überwacht.

Diese Kontrollaufgaben sind zu ergänzen um die Kontrolle der **strategischen Potenziale**. Sie stellen die Grundlage für die Entwicklungsfähigkeit eines Unternehmens dar. Es sind geeignete Messverfahren zu entwickeln.

Das strategische **Kontrollsystem** besteht aus folgenden Elementen:

- Kontrollträger: Wer kontrolliert?
- Kontrollprozess: Aus welchen Phasen besteht die Kontrolle?
- Kontrolltechniken: Welche Hilfsmittel können zur Erleichterung und Verbesserung des Kontrollprozesses eingesetzt werden?
- Kontrollbereiche: Welche Felder sollen der Kontrolle unterworfen werden?
- Ablauforganisation der Kontrolle: Wann finden Kontrollaktivitäten statt?

Die Hauptprobleme der beschriebenen Kontrollkonzeption liegen - wie so oft - in deren Implementierung.

Fragen zur Wiederholung

1. Nehmen Sie Stellung zu folgender Aussage: „Planung ohne Kontrolle ist sinnlos, Kontrolle ohne Planung unmöglich". (1.1)
2. Welche Plangrößen und welche Vergleichsgrößen können im Rahmen eines Kontrollvorgangs verwendet werden? (1.1)
3. Kann man eine Planfortschrittskontrolle als einen „Soll-Wird-Vergleich" bezeichnen? (1.1)
4. Was versteht man unter einer „plandeterminierten Unternehmensführung"? (1.2)
5. Was versteht man unter einer „strategischen Kontrolle"? (1.3)
6. Worin unterscheiden sich die traditionelle Kontrolle und die strategische Kontrolle im Hinblick auf den Kontrollzeitpunkt? (1.3)
7. Kann man die Begriffe „Controlling" und „Kontrolle" gleichsetzen? (1.3)
8. Warum müssen die Prämissen einer Planung einer Kontrolle unterzogen werden? (2.2.1)
9. Welche Probleme entstehen dann, wenn man Meilensteine im Rahmen einer strategischen Durchführungskontrolle formulieren will? (2.2.2 u. 4)
10. Warum wird die ungerichtete Kontrolle auch als „strategisches Radar" bezeichnet? (2.2.3)
11. Was versteht man unter der Kontrolle der Entwicklungsfähigkeit einer Unternehmung? (2.3)
12. Aus welchen Elementen besteht ein Kontrollsystem? (3.1)
13. Was spricht für die Zentralisation und was für die Dezentralisation der Kontrolle? (3.2.1)
14. Was spricht für die Eigenkontrolle und was für die Fremdkontrolle? (3.2.1)
15. Welche Prozessphasen der Kontrolle lassen sich unterscheiden? (3.2.2)
16. Mit Hilfe welcher Techniken lässt sich ein Soll-Ist-Vergleich durchführen? (3.2.3)
17. Warum sind die Plankostenrechnung, das Target Costing und das Benchmarking Beispiele für Kontrolltechniken? (3.2.3)

18. Vergleichen Sie die Kennzahlensysteme „Du Pont", „ZVEI", „RL" und Balanced Scorecard im Hinblick auf ihren Aufbau und ihre Spitzenkennzahl. (3.2.3)
19. Warum verlangt eine Kostenführerstrategie die Konzentration auf die Beschaffungskontrolle und die Fertigungskontrolle? (3.2.4)
20. Warum steht das Ressortdenken einer effizienten Kontrolle im Wege? (4)
21. Warum werden bei der Kontrolle Zahlen aus dem Rechnungswesen als Vergleichsgrößen präferiert? (4)

Fragen zur Vertiefung

1. Suchen Sie nach Gründen für die Veränderung der Kontrollfunktion im Zusammenhang mit der Veränderung von Managementkonzeptionen.
2. Was halten Sie von dem Satz: „Vertrauen ist gut, Kontrolle ist besser"?
3. Welche Rolle spielt die strategische Kontrolle im Rahmen eines Konzepts des strategischen Controlling?
4. Wie kann durch die strategische Kontrolle eine Kompensation des durch die Planung verursachten Selektionsrisikos stattfinden?
5. Sehen Sie Zusammenhänge zwischen der Wahl des organisationstheoretischen Ansatzes (vgl. S. 376ff.) und der Wahl einer Kontrollkonzeption?
6. Wie müsste der Aufsichtsrat einer Aktiengesellschaft zusammengesetzt sein, damit er die im Aktiengesetz vorgesehene Überwachungsfunktion effizient wahrnehmen kann?
7. Was spricht gegen die übliche Praxis, dass der in Pension gehende Vorstandsvorsitzende einer Aktiengesellschaft in den Aufsichtsrat wechselt?
8. Wie können die Gefahren der Kurzfristigkeit und der Operationalisierung bei der Planfortschrittskontrolle vermieden werden?
9. Welches Dilemma ist zu lösen, wenn die strategische Überwachung zu organisieren ist?
10. Warum braucht man neben der Kontrolle eines Unternehmens durch den Markt auch eine unternehmensinterne Kontrolle?

11. Erhöht nach Ihrer Meinung die Beteiligung von Arbeitnehmervertretern im Aufsichtsrat von mitbestimmten Kapitalgesellschaften die Kontrolleffizienz des Aufsichtsrates?

12. Nehmen Sie Stellung zu der These: „Die unternehmensinterne Kontrolle ist effizienter als die Kontrolle durch den Kapitalmarkt, da das Management einen Informationsvorsprung und einen Spezialisierungsvorteil hat."

13. Kreditinstitute sind bekanntlich häufig im Aufsichtsrat von Aktiengesellschaften vertreten. Dieser Umstand hat immer wieder Anlass zu Kritik gegeben. Welche Argumente sprechen für und welche gegen die Mitgliedschaft von Bankenvertretern im Aufsichtsrat?

14. Nehmen Sie Stellung zu der These: „Wenn der Aufsichtsrat für Mängel bei der Wahrnehmung seiner Kontrollfunktion haftet, wird er seine Kontrollaufgaben mit mehr Engagement wahrnehmen."

15. Beschreiben Sie die Unterschiede in den Aufgaben der Kontrolle bei der Verwirklichung einer Kostenführerstrategie und einer Differenzierungsstrategie.

16. Wie lässt sich die Entwicklungsfähigkeit eines Unternehmens kontrollieren?

17. Nehmen Sie Stellung zu der These: „Das Target Costing ist eher ein Instrument der Kostenkontrolle als ein System der Kostenrechnung."

18. Mit welchen Verhaltenswirkungen der Kontrolle ist zu rechnen?

19. Die Aufgabe der strategischen Kontrolle besteht einerseits in der Überprüfung der Befolgung von Vorgaben und Regeln, auf der anderen Seite in der Beantwortung der Frage, ob ausgetretene Pfade verlassen worden sind. Wie lässt sich dieses Dilemma der strategischen Kontrolle lösen?

Literaturempfehlungen

Baum, H.-G., A.G. Coenenberg u. T. Günther: Strategisches Controlling. 4. A., Stuttgart 2007.

Fallgatter, M.J.: Kontrolle. In: Schreyögg, G. u. A. v. Werder (Hrsg.): Handwörterbuch der Unternehmensführung und Organisation, Stuttgart 2004, Sp. 668-679.

Friedl, B.: Controlling, Stuttgart 2003.

Hasselberg, F.: Strategische Kontrolle im Rahmen strategischer Unternehmensführung. Frankfurt/Main u.a. 1989.

Kaplan, R.S. u. D.P. Norton: Balanced Scorecard, Strategien erfolgreich umsetzen. Stuttgart 1997.

Küpper, H.-U.: Controlling. 3. A., Stuttgart 2001.

Nuber, W.: Strategische Kontrolle. Wiesbaden 1995.

Schreyögg, G. u. H. Steinmann: Strategische Kontrolle. In: Zeitschrift für betriebswirtschaftliche Forschung, 37. Jg. (1985), S. 391-410.

Schweitzer, M.: Planung und Steuerung. In: Bea, F.X. u. M. Schweitzer (Hrsg.): Allgemeine Betriebswirtschaftslehre. Bd. II: Führung. 10. A., Stuttgart 2011, S. 38-177.

Zettelmeyer, B.: Strategisches Management und strategische Kontrolle. Darmstadt 1984.

Teil 4: Information

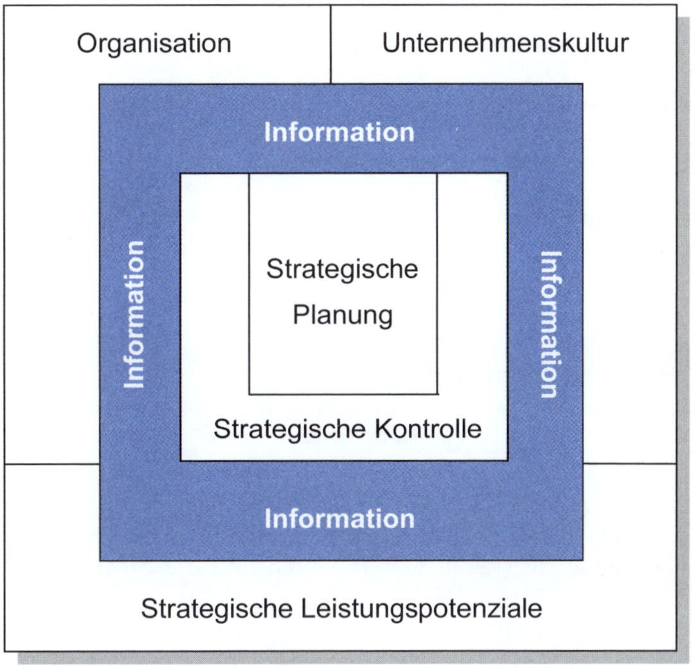

- Strategische Planung und strategische Kontrolle sind informationsverarbeitende Prozesse. Insbesondere Veränderungen der Unternehmensumwelt müssen zuverlässig und frühzeitig erfasst werden.
- Das strategische Informationsmanagement besteht aus dem Management externer Informationen (Verfahren zur Erkennung relevanter Umweltveränderungen; Konzeption und Implementierung eines Diskontinuitätenmanagements) und dem Management interner Informationen (Anforderungen und Konzepte einer strategischen Unternehmensrechnung zur Erfassung der strategischen Projekte, Potenziale und Prozesse).
- Das Wissensmanagement löst das Informationsmanagement mehr und mehr ab.
- Durch computergestützte Informationssysteme werden Aktivitäten des strategischen Informationsmanagements unterstützt und integriert.

Teil 4: Information

Beispiele aus der Unternehmenspraxis:

In Deutschland überschritt die Zahl der Internetnutzer in 2012 erstmals die 50 Millionen-Marke, weltweit sind es mehr als 2 Mrd. Menschen, die das Internet nutzen, ein Anstieg von 10% allein zum Vorjahr. Die Umsätze im Online-Shopping (Privatkunden) sind allein in Deutschland auf über 21 Mrd. € in 2011 gestiegen. Gleichzeitig investieren Unternehmen und der Staat immer größere Summen in die neuesten Informations- und Kommunikationstechnologien, wie z.B. Intranets und Corporate Social Networks, Datenspeicherung, -sicherung und -transport, Cloud Computing, die Ausstattung des Außendienstes mit mobilen Kommunikationseinrichtungen oder in IT-basiertes Customer Relationship Management (CRM). Das Beratungsunternehmen *Boston Consulting Group* prognostiziert in einer aktuellen Studie einen Anstieg des Beitrags des Internets zum Bruttosozialprodukt in Deutschland von rd. 75 Mrd. € in 2010 auf 118 Mrd. € in 2016 (davon Online-Handel 72 Mrd. €, Investitionen in das Online-Geschäft 29 Mrd. € und Ausgaben des Staates für das Internetgeschäft 11 Mrd. €).

Wie internet-basierte **Informations- und Kommunikationstechnologien** das strategische Umfeld, die Chancen und Risiken und damit die Handlungs- und Positionierungsoptionen verändern und dabei völlig neue Geschäftsmodelle ermöglichen, zeigen die folgenden Beispiele:

[1] *Amazon*

Amazon hat sich in den zurückliegenden Jahren zum weltweit größten Online-Retailer und Synonym für den Online-Handel im Consumer-Bereich entwickelt.

Gemessen an der Börsenkapitalisierung befindet man sich unter den Top 100 auf der Welt.

Die erfolgreiche Entwicklung von den Anfängen des Online-Buchhandels zur weltweit führenden Retailer-Position (Business to Consumer) ist Ergebnis einer klaren Strategie und konsequenten **Konzentration auf Kernkompetenzen** und Erfolgsfaktoren rund um den Faktor **„Information“**:

- Entwicklung einer umfassenden **„Customer Knowledge Base“**; Tracking und Interpretieren des Kundenverhaltens mittels neuartiger Technologie und Software
- Schnelles Erreichen der **„Critical Mass of Customers“** durch Setzen von **Standards** für den Online-Handel und die neue Art, wie Kunden einkaufen (Implementieren neuartiger „Regeln“ wie Kundenkritiken, neue und gebrauchte Ware, Wettbewerberzugang zu Produktinformation, „Search inside the book“)
- Schaffung eines **neuen, einzigartigen Einkaufserlebnisses**: einfach, zeitsparend und individuell
  - auf Basis des umfassenden Kundenwissens und
  - Perfektionierung der gesamten „Fulfillment-Kette“
- **Ausweitung des Produktangebots** und Integration der Produktpalette anderer Anbieter (Mall-Konzept, z.B. *Toys'R'us*)

Die führende Marktposition im Retailgeschäft und die Kernkompetenzen in Technologie und Fulfillment nutzt *Amazon* in einer zweiten Phase seiner strategischen Entwicklung, um den Schritt zu einer **weltweit führenden Service-Company** zu gehen **(Business to Business)**. Verschiedene Geschäftsmodelle sind hier im Einsatz, z.B.

- Allianzen mit anderen Retailern und Wettbewerbern (Shops im *Amazon*-Look&Feel, co-branded Shops)
- Nutzung der Plattform (Server, Technologie, Software) und der kompletten Logistik- und Fulfillment-Kette durch andere Unternehmen

Die strategische Weiterentwicklung von *Amazon* fand ihre **organisatorische Abbildung** in der Gründung der *Amazon Services Inc.* Aufgrund der höheren Margen im Business-to-Business Geschäft erzielt *Amazon* heute einen nicht unwesentlichen Teil seines Gewinns in diesem Segment.

Inzwischen befindet sich *Amazon* jedoch in direkter Konkurrenz mit Unternehmen wie *Apple*, denn *Apples* Geschäftsmodell bzw. Eco-System greift *Amazon* im Kerngeschäft „Online-Handel von Büchern, Musik und Filmen“ an. Und *Apple* hat mit dem *iPad* derzeit klar die Nase vor *Amazons Kindle* und *Kindle Fire*. Entsprechend hat *Amazon* angekündigt, massiv in sein **Eco-System** aus Geräten, Inhalten, Handelsplattform und Cloud/Mobilität zu investieren - auch unter Inkaufnahme von Verlusten in den kommenden Jahren (vgl. *Financial Times Deutschland*, 02.02.2012). Auch hier geht es wieder um die Kundenkontrolle und die Gestaltung und Balancierung des eigenen Eco-Systems (zu Business Eco-Systemen und Kundenkontrolle siehe das einleitende Beispiel zu *Apple*, *Google*, *Facebook* und *Microsoft* in Teil 2, S. 50ff.).

[2] *Ebay*

Ein etwas abgewandeltes Geschäftsmodell aus dem Bereich E-Commerce bilden Online-Handelsgemeinschaften. *Ebay*, gegründet 1995 in den USA unter dem Namen „auctionweb", ist heute weltweit ein Synonym für Online-Handels-Plattformen im Privatkundenbereich. Nach eigenen Angaben verfügt *Ebay* allein in Deutschland über rund 23 Mio. Nutzer und erreicht damit mehr als 45% aller Internetnutzer. Durchschnittlich sind über 50 Mio. verschiedene Produkte gleichzeitig im Angebot, 2010 realisierte *Ebay* allein durch Gebühreneinnahmen in Deutschland einen Umsatz von 1,2 Mrd. US$. Das weltweite Handelvolumen der Plattform lag 2010 bei über 90 Mrd. US$. Das Prinzip ist einfach - und doch nur durch das Internet möglich: *Ebay* bildet ein Forum, durch das effizientes Handeln unabhängig von räumlichen oder zeitlichen Restriktionen im Web-Auktionsformat möglich wurde.

Inzwischen hat *Ebay* sein Geschäftsmodell weiterentwickelt. Aus der einstigen Auktionsplattform ist ein Technologie- und Serviceanbieter für den Handel geworden. Anders als *Amazon* versteht sich *Ebay* nicht als Händler, sondern als Dienstleister für den Handel. Ein wichtiges Element im *Ebay* Eco-System spielt der Bezahldienst *Paypal*, den *Ebay* bereits 2002 für 1,5 Mrd. US$ erworben hatte. Bereits heute liegt der Umsatzanteil von *Paypal* in Deutschland bei nahezu 40%.

Ebay zu seiner Strategie: „We bring together millions of buyers and sellers every day on a local, national and international basis through an array of websites. We provide online marketplaces for the sale of goods and services as well as other online commerce, or ecommerce, platforms and online payment solutions to a diverse community of individuals and businesses. We have two big business segments: Marketplaces and Payments." (Annual Report 2010)

[3] Faktor "Information" im Internet

Je mehr Menschen sich im Internet bewegen, desto interessanter wird dieses Medium für die Werbewirtschaft. Der Online-Werbemarkt wuchs auch 2011 deutlich und stellt im gesamten Medienmix mit einem Marktanteil von rund 20 Prozent nach TV und vor Zeitungen das zweitgrößte Werbemedium dar. Internetnutzer hinterlassen mit jedem Mausklick Spuren, die mittels neuer Technologien erfasst und ausgewertet werden. Die großen Player im Internet-Business haben im letzten Jahr Milliarden in die Entwicklung und Nutzung dieser Technologien investiert, um das Verhalten, die Interessen und die sozialen Kontakte jedes einzelnen Internetnutzers zu erfassen und zu verstehen.

Mittels dieser Technologien lässt sich Onlinewerbung zunehmend personalisieren, d.h. individuell auf die „Bedürfnisse" des jeweiligen Nutzers ausrichten: Die Eingabe bestimmter Suchbegriffe in eine Internetsuchmaschine führt beispielsweise zu Werbeeinblendungen in verwandten Kategorien (verhaltensgesteuerte

Displaywerbung) oder zu Hinweisen wie „Kunden, die … gekauft haben, haben auch … gekauft". Die Art der Reaktion des Nutzers auf die eingeblendete Werbung wird wiederum ausgewertet und so entsteht in kurzer Zeit eine Fülle von Daten, die es ermöglichen, Werbung und Angebote immer gezielter und damit wirkungsvoller zu platzieren.

Social Networks wie *Facebook* sind einerseits Ausdruck der Lebensweise im beginnenden 21. Jahrhundert, ihre Aufgabe und ihre wirtschaftliche Bedeutung liegen hingegen v.a. in der Gewinnung von Informationen und deren Weiterverwendung in Industrie, Dienstleistung und Handel. Ähnlich motiviert und direkt auf Werbung zugeschnitten ist das Eco-System von *Google* (vgl. dazu das einleitende Beispiel zu Teil 2). Auch am obigen Beispiel von *Amazon* (S. 266f.) wird deutlich, dass das **Beherrschen des Faktors „Information"** - in diesem Fall Informationen über das Verhalten der Internetnutzer - zur Kernkompetenz wird, welche die Monetarisierung der Nutzerbeziehungen ermöglicht.

1 Strategische Bedeutung der Information

„Nicht die Vergangenheit, sondern die Zukunft bestimmt den Wert einer Sache."

Eugen Schmalenbach (1873-1955), Professor für BWL in Köln

Die strategische Bedeutung der Information erschließt sich vor allem dann, wenn man den Informationsbedarf der „Kernbausteine" des Strategischen Managements, nämlich der strategischen Planung und der strategischen Kontrolle analysiert. Deren Qualität als informationsverarbeitende Prozesse hängt in entscheidendem Ausmaß von der Güte der verwendeten Informationen ab.

Der **Prozess der strategischen Planung** ist multioperational, multipersonal und multitemporal und durch Mehrfachdurchläufe und Periodizität gekennzeichnet (vgl. S. 57). Dieser Prozess, dessen Komponenten ihrerseits als mehr oder weniger differenzierte und strukturierte Teilprozesse aufgefasst werden können, verarbeitet als Input zahlreiche qualitativ unterschiedliche Informationen. Aus der Gegenüberstellung von Herausforderungen aus der Unternehmensumwelt und den Potenzialen der Unternehmung werden Wettbewerbsstrategien entwickelt, welche zum Ausdruck bringen, wie der langfristige Unternehmenserfolg gesichert werden soll.

Die **strategische Kontrolle** begleitet den Prozess der strategischen Planung und verarbeitet mit ihren verschiedenen Kontrollformen wiederum eine Fülle von Informationen aus der Umwelt des Unternehmens und aus der Unternehmung selbst (vgl. S. 243ff.).

Der **Informationsbedarf** von strategischer Planung und Kontrolle besteht damit aus

- Informationen über die Unternehmensumwelt und die daraus resultierenden Anforderungen an die Unternehmung (**externe Informationen**) und aus
- Informationen über das Kompetenzprofil bzw. die Potenziale der Unternehmung (**interne Informationen**).

Der Informationsbedarf wird nur befriedigt, wenn die bereitgestellten Daten einen Zweck erfüllen. Wir definieren:

> Eine **Information** ist eine entscheidungsrelevante Nachricht.

Für das Strategische Management ist folglich aus der schier unendlich großen Menge interner und externer Daten jeweils nur ein bestimmter Ausschnitt von Interesse. Diesen Ausschnitt, der durch die Relevanz für die Unternehmensführung (das Strategische Management) gekennzeichnet ist, wollen wir als Information bezeichnen. Wir können also auch definieren:

Information ist Zuwachs an führungsrelevanten Daten.

In der Literatur werden teilweise abweichende Begriffsfassungen gewählt:

- **Information** ist der Gehalt einer Nachricht (*Gaugler* [Führungsaufgabe]),
- **Information** ist effektives und potenzielles Wissen (*Wild* [Unternehmungsplanung]),
- **Information** ist der Zuwachs an entscheidungsrelevantem Wissen (*Erichson/Hammann* [Informationen]).

Information ist ein strategischer Erfolgsfaktor und stellt in unserer Konzeption neben der strategischen Planung und Kontrolle, der Organisation und der Unternehmenskultur ein weiteres **Führungssubsystem** dar. Planung, Kontrolle, Organisation, Unternehmenskultur und Information sind die **Potenziale der Führungsebene**.

Die strategische Bedeutung der Information nimmt nicht nur auf dem Felde der Informationsbeschaffung **für** das Unternehmen, sondern auch auf jenem der Information **über** das Unternehmen zu. Da die Beziehungen zwischen dem Unternehmen und der Umwelt immer intensiver werden, steigt das Interesse der Umwelt an den Unternehmen. Dies gilt insbesondere für das Verhältnis von Unternehmen und Investoren. Vgl. dazu die Ausführungen zum Shareholder Value (S. 82ff.) und zu den Investor Relations (S. 521f.).

Verschiedene, z.T. interdependente Entwicklungen haben dazu beigetragen, dass die **Bedeutung der Information** stark zugenommen hat:

[1] Erhöhte Relevanz der Umwelt

Im Zuge der nicht zuletzt durch das Internet forcierten Globalisierung der Märkte agieren Unternehmen heute als Global Player auf dem (gesamten) Weltmarkt. Dadurch ist zunächst die Quantität der relevanten externen Informationen stark gewachsen. Die kulturelle, politische und technologische Heterogenität globaler Teilmärkte sowie der gestiegene Einfluss der Gesellschaft auf die Unternehmung haben auch die Vielfalt relevanter Informationen gefördert.

[2] Wachsende Dynamik der Umwelt

Die Geschwindigkeit, mit der sich die Veränderungen in den genannten Bereichen vollziehen, hat in den vergangenen Jahren erheblich zugenommen. Dies bedeutet, dass sich der Lebenszyklus von Informationen als der Zeitraum, in dem diese eine Entscheidungsrelevanz besitzen, ständig verkürzt. Entscheidungen müssen immer mehr unter Zeitdruck getroffen werden.

[3] Höhere Anforderungen an das Kompetenzprofil der Unternehmung

Im Bemühen um den strategischen Fit müssen Unternehmen in der Lage sein, ein Kompetenzprofil zu entwickeln, das den gewandelten Anforderungen ihrer Umwelt entspricht. Dies bedeutet in fast allen Fällen zum einen eine zahlenmäßige Zunahme der Erfolgsfaktoren und zum anderen eine Verschiebung der Bedeutung von den hard facts (z.B. Fertigung, Lagerhaltung) zu den soft facts (z.B. Personal, Unternehmenskultur, Organisation) und mit ihr eine Verlagerung des Informationsinteresses.

Diese Entwicklungen führten letztlich dazu, dass dem Management von Informationen in Unternehmen heute eine gewichtige strategische Bedeutung zukommt. Welche Anforderungen an ein **strategisches Informationsmanagement** zu stellen sind und wie diesen entsprochen werden kann, ist Gegenstand dieses vierten Teils. Dazu soll im folgenden Abschnitt eine Konzeption für ein strategisches Informationsmanagement entworfen werden. In den Abschnitten 3 und 4 werden wir die dabei einsetzbaren Instrumente und Verfahren genauer untersuchen. Der fünfte Abschnitt ist der strategischen Bedeutung des Wissensmanagements gewidmet. Den Abschluss (Abschnitt 6) bildet eine Erörterung von Möglichkeiten der IT-Unterstützung des strategischen Informationsmanagements.

2 Konzeption eines strategischen Informationsmanagements

2.1 Elemente eines strategischen Informationsmanagements

Die Konzeption eines strategischen Informationsmanagements soll einen **Orientierungsrahmen** für die **Gestaltung der strategischen Informationsaktivitäten** liefern. Damit muss sie Aussagen machen über

- den Informationsbedarf und die Informationsobjekte sowie über
- die Aufgaben und Techniken der Informationsbeschaffung und -verarbeitung.

Wir definieren:

> Das **strategische Informationsmanagement** ist die Gesamtheit aller Aktivitäten der Informationsbedarfsanalyse, Informationsbeschaffung, Informationsverarbeitung und Informationsspeicherung sowie der dabei eingesetzten Instrumente zur Unterstützung des Strategischen Managements.

Der **strategische Fit** als **Leitlinie** des Strategischen Managements impliziert, dass das strategische Informationsmanagement sowohl aus der Unternehmensumwelt als auch aus dem eigenen Unternehmen Informationen beschaffen und verarbeiten muss. Eine einseitige Konzentration auf interne Informationen, bspw. aus Gründen der einfacheren Beschaffbarkeit, ist ebenso problematisch wie die ausschließliche Fokussierung auf externe Informationen.

Die Entwicklung einer solchen Konzeption folgt damit den beiden Fragen:

- Welche Informationen aus der Umwelt sind relevant?
- Welche Informationen über die eigene Unternehmung benötigt man?

Die erste Frage verweist auf das **Management externer Informationen**, die zweite auf das **Management interner Informationen**. Beide Bereiche lassen sich durch drei Aufgaben- oder Fragenkomplexe kennzeichnen:

- Welche Informationen sind zu beschaffen und zu verarbeiten, und welche Teilaufgaben fallen dabei an?
- Wie können diese Aufgaben organisiert werden?
- Welche Techniken stehen zur Unterstützung dieser Aufgaben zur Verfügung?

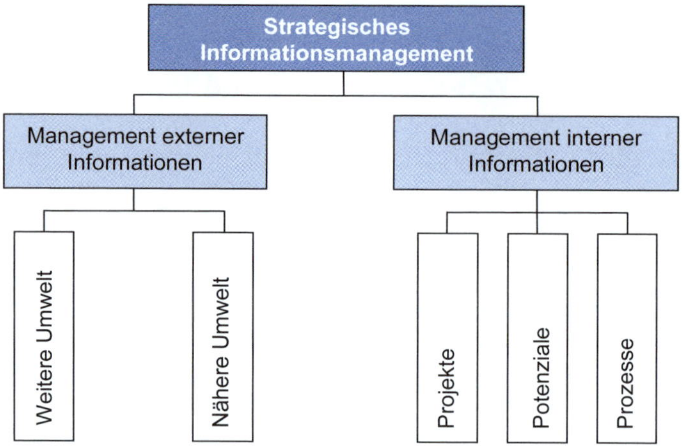

Abb. 4-1: Konzeption eines strategischen Informationsmanagements

Mit dem **Management externer Informationen** werden wir uns in Abschnitt 3 beschäftigen. Wie bei der Erörterung der Umweltanalyse in Teil 2 bereits angedeutet, darf sich die Beschaffung externer Informationen nicht allein auf den Markt bzw. die nähere Umwelt beschränken, sondern muss sich auch auf die weitere Umwelt, also technologische, gesellschaftliche, politische, demographische und gesamtwirtschaftliche Entwicklungen ausdehnen. Dabei sind Aufgaben und Probleme im Zusammenhang mit der hohen Dynamik, Komplexität und Diskontinuität der Unternehmensumwelt in Verbindung mit dem langfristigen Charakter von strategischer Planung und Kontrolle zu meistern.

Mit den klassischen Prognoseverfahren sowie der Szenario-Analyse und den Früherkennungssystemen werden wir Methoden des Managements externer Informationen untersuchen und diese in ein Diskontinuitätenmanagement integrieren.

Unternehmen beantworten die Anforderungen ihrer Umwelt, indem sie Strategien wählen. Das **Management interner Informationen** hat demzufolge die Aufgabe, Informationen zur Formulierung strategischer Entscheidungen zu liefern. Strategien sind Maßnahmen zur Sicherung des langfristigen Erfolges eines Unternehmens. Da eine Strategie durch die Merkmale der Neuartigkeit, der Komplexität und einen definierten Anfang gekennzeichnet ist, kann sie auch als Projekt verstanden werden. Informationen für die Wahl einer Strategie lassen sich demzufolge aus **Projektrechnungen** ableiten. Sie bilden die mit einer Strategie verbundenen und zu erwartenden Zahlungsströme ab.

Die mit einer Strategie beabsichtigte Sicherung des langfristigen Unternehmenserfolges verlangt die Schaffung von Potenzialen. Diese stellen Speicher spezifischer Stärken eines Unternehmens dar. **Potenzialrechnungen** (z.B. eine Kapitalflussrechnung) bilden das Ausmaß dieser spezifischen Stärken ab.

Die einzelnen Aktivitäten zur Verwirklichung einer Strategie stellen Prozesse dar. **Prozessrechnungen** kommt die Aufgabe zu, über diese Prozesse zu informieren. Die Ausgestaltung einer Prozessrechnung ist dabei wesentlich abhängig von der Beschaffenheit der zu erfassenden Aktivitäten.

Zusammenfassend lässt sich feststellen, dass ein Management interner Informationen aus **drei Elementen** besteht:

- Einer Projektrechnung zur Ermittlung der Vorteilhaftigkeit einer Strategie,
- einer Potenzialrechnung zur Erfassung der Fähigkeiten eines Unternehmens zur Verwirklichung einer Strategie und
- einer Prozessrechnung zur Abbildung der einzelnen Aktivitäten im Rahmen der Implementierung einer Strategie.

Bevor wir uns einer differenzierten Behandlung der Aufgaben und Verfahren des externen und des internen Informationsmanagements zuwenden, sollen zunächst allgemeine, d.h. beide Bereiche betreffende Aspekte von Informationsbedarf, Informationsbeschaffung und Informationsverarbeitung vertieft werden.

2.2 Informationsbedarf

Informationsbedarf ist der im Sinne des Zielsystems der Unternehmung erforderliche Zuwachs an führungsrelevanten Daten.

Informationen lassen sich nach folgenden Kriterien charakterisieren:

- **Relevanz**

Informationen können unterschiedliche Grade der Relevanz besitzen. Diese können nur vom Informationsnachfrager unter Bezugnahme auf sein Zielsystem bestimmt werden.

- **Differenziertheit**

Informationen können differenziert sein, d.h. über spezifische Teilaspekte informieren. Undifferenzierte Informationen betreffen globale Zusammenhänge, Details werden nicht berücksichtigt.

- **Operationalität**

Informationen können operational, d.h. präzise und damit messbar sein, sie können jedoch auch qualitativer Natur, also nicht exakt messbar sein.

- **Sicherheit**

Informationen können unterschiedliche Grade an Sicherheit aufweisen. Sie sind i.d.R. umso unsicherer, je weiter sie in die Zukunft reichen.

- **Aktualität**

Informationen können rechtzeitig eintreffen oder verspätet, wodurch ihr Wert für den Nachfrager erheblich gemindert wird.

- **Exklusivität**

Informationen sind aus der Sicht des Nachfragers exklusiv, wenn sie nur ihm zur Verfügung stehen. Auch dies steigert den Wert der Information.

Bevor wir den Informationsbedarf von strategischer Planung und Kontrolle anhand dieser Merkmale analysieren, soll vorab noch eine wichtige, empirisch nachgewiesene **Problematik** angesprochen werden:

Im **Informationsverhalten** ist der Grund dafür zu sehen, dass die Informationsnachfrage, also das subjektive Informationsbedürfnis, und der (objektiv) relevante Informationsbedarf häufig nicht identisch sind. Ebenso lässt sich in der betrieblichen Praxis eine Diskrepanz zwischen Informationsbedarf und Informationsangebot feststellen, die ihre Ursache vor allem in der Nichtverfügbarkeit externer Informationen hat. Die folgende Abb. 4-2 verdeutlicht die Zusammenhänge zwischen **Informationsangebot, Informationsbedarf und Informationsnachfrage**.

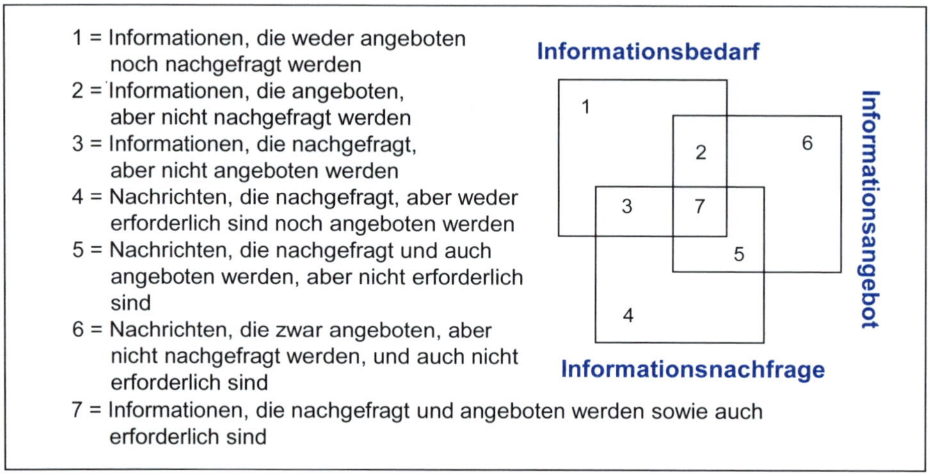

Abb. 4-2: Informationsbedarf, -angebot und -nachfrage (In Anlehnung an *Berthel* [Informationsbedarf] 875)

Problematisch sind bspw. Informationen in Feld 2. Sie sind „objektiv" wichtig, sind potenziell verfügbar, werden jedoch nicht nachgefragt und können so im Rahmen des Strategischen Managements nicht genutzt werden. Gründe hierfür können in der mangelhaften Sensibilität für bestimmte Informationen oder Informationsbereiche oder in einer Fehleinschätzung der eigenen Position in der Umwelt liegen. Der umgekehrte Fall liegt in Feld 5 vor. Hier werden vorhandene Informationen nachgefragt, obwohl dafür „objektiv" kein Bedarf besteht. Die Auseinandersetzung mit einem solchen einfachen Schema kann für diesbezügliche Probleme sensibilisieren.

Die strategische Planung und Kontrolle haben einen Bedarf an externen, umweltbezogenen wie an internen, unternehmensbezogenen Informationen. Auf die dabei relevanten externen Informationsfelder und Möglichkeiten ihrer Strukturierung wurde im Zusammenhang mit der Umweltanalyse bereits eingegangen.

Die Analyse interner Informationen orientiert sich an der Überlegung, dass Unternehmen auf Anforderungen ihrer Umwelt durch Strategien antworten. Die Ausführungen zur Unternehmensanalyse zeigen, welche Bereiche der Unternehmung strategierelevante Informationen liefern können. Der konkrete Informationsbedarf kann letztlich jedoch nur unter Berücksichtigung der situativen Gegebenheiten der Unternehmung (Ziele, Branche, Strategie etc.) bestimmt werden.

Im Folgenden gehen wir auf den **spezifischen Charakter des Informationsbedarfs der strategischen Planung und Kontrolle** ein. Strategische Planung und Kontrolle sind langfristig orientiert, Planungs- und Kontrollobjekt ist die Unternehmung als Ganzes in ihrer Umwelt. Ergebnisse des strategischen Planungsprozesses sind Strategien mit geringem Präzisions- und Differenziertheitsgrad. Die strategische Kontrolle begleitet den Prozess der Strategieentwicklung und -implementierung. Hieraus ergeben sich spezifische Anforderungen an den Informationsbedarf. Diese können anhand der oben entwickelten **Kriterien** herausgearbeitet werden:

[1] Relevanz strategischer Informationen

Die Suchbereiche für relevante Informationen können nicht von vornherein eingegrenzt werden, sie verändern sich in dynamisch-turbulenter Umwelt schnell und teilweise unvorhersehbar. So können zunächst irrelevante Daten im Laufe der Strategieimplementierung sukzessive oder schlagartig zu strategisch relevanten Informationen werden. Die Institutionalisierung einer strategischen Überwachung im Rahmen der strategischen Kontrolle (vgl. S. 245) ist eine Antwort auf diese Problematik. Im Kern bedeutet dies, dass Such- bzw. Beobachtungsbereiche nicht bereits mit Planungsbeginn eingeengt werden dürfen. Vielmehr ist eine generelle informationelle Offenheit anzustreben.

> Beispiel: Die Bereiche „Elektronik“ und „Computertechnologie“ schienen für die Uhren- und die Schreibmaschinenbranche lange Zeit keine Relevanz zu besitzen; ähnlich die Digitalisierung für die Herstellung und Nutzung analoger Tonträger, analoger Kameras und analogen Filmmaterials. Durch technologische Weiterentwicklungen änderte sich dies schlagartig. Unternehmen, welche diese Entwicklung aufgrund einseitig gerichteter Umweltanalysen nicht rechtzeitig erkannt hatten, oder die keine adäquaten Antworten entwickeln konnten, sind heute vom Markt verschwunden.
>
> Siehe u.a. *Kodak*: „*Kodak* ist pleite. Es war ein langer Überlebenskampf - umsonst. Der US-Kamerakonzern *Eastman Kodak* ist insolvent. *Kodak* hatte einst die analoge Fotografie entscheidend geprägt. Mit dem Wechsel zu digitalen Bildern kam das US-Unternehmen nie klar... *Kodak* brachte 1883 die erste Kamera für Endverbraucher auf den Markt und galt viele Jahrzehnte als eine Ikone der Fotografie. Doch den Anschluss an die Modernität verpasste der Fotopionier.“
>
> (*Süddeutsche Zeitung* vom 15.01.2012)

[2] Differenziertheit strategischer Informationen

Strategische Planung und Kontrolle beschäftigen sich mit globalen und aggregierten Größen. Die Unternehmung als Ganzes ist Gegenstand der Überlegungen.

Nicht der Erfolg einzelner Projekte steht im Vordergrund, sondern die integrative, portfolioorientierte Perspektive.

Schließlich interessieren neben disaggregierten Teilmärkten vor allem hochaggregierte Marktsegmente bzw. Märkte als Ganzes. Damit sind strategische Informationen häufig auch undifferenziert und global.

> Beispiel *Bayer* (*Marijn Dekkers*, Vorstandsvorsitzender *Bayer AG*, Geschäftsbericht 2011):
>
> „Sehr geehrte Aktionärinnen und Aktionäre, …
>
> - 2011 war für uns ein sehr erfolgreiches Jahr …
> - Dabei profitieren wir nach wie vor von globalen Treibern: Die wachsende und alternde Weltbevölkerung sowie der zunehmende Wohlstand in den Schwellenländern versprechen eine wachsende Nachfrage im Hinblick auf innovative Gesundheitsleistungen. Hinzu kommt der weltweit steigende Bedarf an Nahrung. Weil die landwirtschaftlichen Anbauflächen nicht erweitert werden können, müssen die Ernteerträge durch neue Pflanzenschutz- und Saatgutprodukte weiter gesteigert werden. Und auch unser Kunststoffgeschäft profitiert von den globalen Trends, denn der Bedarf an innovativen Werkstoffen und Ressourceneffizienz ist aktueller denn je …
> - Für das laufende Jahr planen wir erneut Ausgaben für Forschung und Entwicklung von rund 3 Mrd. €. … Neben der Innovation, einschließlich der optimalen Vermarktung unserer Produkte, ist die Präsenz in den dynamischen Wachstumsmärkten ein weiterer wichtiger Faktor für unseren zukünftigen Erfolg. … Mit einem Umsatzplus von 9 Prozent waren wir 2011 im Übrigen auch geschäftlich in den Wachstumsmärkten erfolgreich …
> - Den erforderlichen finanziellen Spielraum verschaffen wir uns durch das im November 2011 kommunizierte Restrukturierungsprogramm zur Verbesserung von Effizienz und Reduktion von Komplexität im Unternehmen…“

[3] Operationalität strategischer Informationen

Operative Planungsprozesse basieren vor allem auf quantitativen, also präzise messbaren Größen (z.B. Stückzahl im Rahmen der operativen Programmplanung). Strategien hingegen besitzen meist qualitativen Charakter. Aus der prinzipiellen Offenheit des Bereichs relevanter Informationen sowie dem weiten Planungshorizont der strategischen Planung und dem damit verbundenen Phänomen der Unsicherheit der Informationen folgen, dass sich die strategische Planung auf qualitative und damit wenig präzise und wenig operationale Informationen stützen muss.

Insbesondere Veränderungen in der weiteren Umwelt von Unternehmen, wie bspw. der Wandel von Werten in der Gesellschaft, lassen sich oft nicht quantifizieren und damit nur schwer erfassen. Aber auch die Unternehmensanalyse bezieht sich auf qualitative Größen, sog. soft facts, da über die interessierenden Potenziale z.T. nur wenige operationale Informationen vorliegen (vgl. Abschnitt 4.3, S. 320ff. und Teil 7). Auch die strategische Kontrolle greift auf qualitative und wenig präzise Größen zu. Dies gilt insbesondere für die strategische Überwachung, aber auch für die Informationen, welche zur Kontrolle der gesetzten Meilensteine notwendig sind.

Beispiel: Die strategische Entscheidung von überregionalen **Energieversorgungsunternehmen** ebenso wie von zahlreichen lokalen und regionalen **Stadtwerken** in den 90er Jahren zum Markteintritt in die Telekommunikationsbranche beruhte auf globalen Marktpotenzialschätzungen, Annahmen über die Bedeutung der Telekommunikation in der Zukunft und damit einhergehende Umsatz- und Gewinnchancen. Die damit verbundenen Allokationsentscheidungen (Investitionen in Milliardenhöhe), die Gründung von Tochtergesellschaften und die Bildung von Konsortien und strategischen Allianzen beruhten somit auf weitgehend qualitativen und unpräzisen Informationen.

[4] Sicherheit strategischer Informationen

Im Rahmen der strategischen Planung, die weit in die Zukunft hineinreicht, ist das Problem der Unsicherheit relevanter Informationen besonders gravierend. Traditionelle Prognosetechniken eignen sich nur dann, wenn eine Extrapolation der Vergangenheit möglich ist. Verfahren der Projektion finden deshalb verstärkt Anwendung (vgl. S. 295ff.). Die strategische Kontrolle wird dieser Unsicherheit bspw. durch die regelmäßige Überprüfung gesetzter Prämissen gerecht. Neben operationalen Größen (z.B. Wechselkurse, Inflationsraten, Marktvolumina) sind auch qualitative Prämissen zu prüfen (z.B. Wertemuster der Nachfrager, rechtliche Veränderungen).

Beispiel: Die Entscheidung der *Daimler-Benz AG* Mitte der 80er Jahre, in den Markt für Luft- und Raumfahrttechnik einzusteigen, basierte auf Prognosen bzw. Projektionen bezüglich der weiteren Marktentwicklung auch auf dem militärischen Sektor und damit der global-politischen Entwicklung. Die unerwarteten Umwälzungen in der ehemaligen Sowjetunion und der Zerfall des Warschauer Paktes haben insbesondere im militärischen Bereich erhebliche Verluste gebracht. Die neue politische Situation war ein Grund für die inzwischen vorgenommene Neupositionierung des Konzerns: Rücknahme der Diversifikationsentscheidung und Konzentration auf die Kernaktivitäten «Automobilbau».

[5] Aktualität strategischer Informationen

Der Wert einer Information hängt u.a. vom Zeitpunkt ihrer Verfügbarkeit ab; dies gilt auch und besonders für strategische Informationen. Aufgrund des langfristigen Charakters von strategischer Planung und Kontrolle ergibt sich jedoch ein Dilemma: Je weiter die Informationen in die Zukunft weisen, desto schwächer und damit schwieriger wahrzunehmen sind die Signale. Gegenwartsbezogene Informationen hingegen besitzen für weit reichende strategische Entscheidungen keine Relevanz.

[6] Exklusivität strategischer Informationen

Bezüglich der Exklusivität strategischer Informationen kann eine Art Dilemma verzeichnet werden: Strategische Informationen müssen einen hohen Grad an Exklusivität besitzen, wenn sich durch ihre Nutzung Wettbewerbsvorteile ergeben sollen. Zahlreiche für die Strategieentwicklung relevante Informationsbereiche, allen voran die weitere Unternehmensumwelt, stehen aber prinzipiell allen Wettbewerbern offen.

> Beispiel: Beim Kampf um Marktanteile auf den nationalen **europäischen Telekommunikationsmärkten** nach dem Fall der Netz- u. Sprachmonopole verfügten die sog. Incumbents (= Amtsinhaber) wie *Deutsche Telekom*, *Telecom Italia*, *France Telekom* oder *Telefonica* zunächst als einzige Marktplayer über umfassendes «technologisches Know How» (als spezielle Form der Information), welches die Wettbewerber - sofern es sich nicht um ausländische TK-Unternehmen handelte - erst sukzessive aufbauen mussten. In dem Maße, wie dies erfolgte - z.B. durch Beteiligung an oder Übernahme von TK-Unternehmen, die Bildung strategischer Allianzen oder die Akquisition von Personal - verlor das Know How der Incumbents an Exklusivität und damit partiell auch seinen Wert als Wettbewerbsvorteil.
>
> Heute revolutioniert die **IP-Technologie** (IP steht für Internet Protocol) die Netz- und Produktionsstrukturen der Telekommunikationsunternehmen von Grund auf („IP Revolution"). IT wird zunehmend zur Kernkompetenz. Die Fähigkeit zur Umstellung auf die neue Technologie und die schnelle Nutzung der sich ergebenden Kosten- und Flexibilitätsvorteile wird in den kommenden Jahren ganz wesentlich über den Erfolg der Marktteilnehmer entscheiden.

2.3 Informationsbeschaffung

Die **Informationsbeschaffung** umfasst sämtliche Aktivitäten der Erkennung und Sammlung von Informationen.

Die Beschaffung strategisch relevanter Informationen hat grundsätzlich unter dem Gesichtspunkt der Wirtschaftlichkeit zu erfolgen. Eine dem Prinzip der Vorsicht folgende Beschaffung aller verfügbaren Informationen, unabhängig vom konkreten Bedarf, ist daher keine adäquate Strategie zur Schließung der Informationslücke. Sie würde zudem die Gefahr eines „information overload" in sich bergen. Ziel muss es deshalb sein, unter Beachtung ökonomischer Kriterien ein befriedigendes Informationsniveau zu realisieren. Dieses Prinzip gilt auch im Zeitalter neuer informations- und kommunikationstechnologischer Möglichkeiten wie dem Internet. Gerade bei der hier vorhandenen Datenmenge ist ein effektives und effizientes Auswählen der „richtigen" Informationen entscheidend.

Die Informationsbeschaffung im Strategischen Management kann grundsätzlich auf drei verschiedenen Wegen erfolgen, nämlich in Form eigener Aktivitäten („Eigenfertigung“), durch die Nutzung externer Institutionen („Fremdbezug“) oder durch externe Unternehmensberater (Mix aus „Eigenfertigung“ und „Fremdbezug“).

[1] Informationsbeschaffung durch externe Institutionen

Institutionen, welche strategisch relevante Informationen (über das Internet) bereitstellen, sind u.a.:

- Statistisches Bundesamt bzw. statistische Landesämter,
- Europäische Zentralbank,
- Deutsche Bundesbank, Ministerien, Industrie und Handelskammern,
- Wirtschaftsforschungsinstitute (z.B. *Ifo-Institut* in München, *Institut für Weltwirtschaft* in Kiel, *Institut der Deutschen Wirtschaft* in Köln),
- Internationale Organisationen (EU, OECD, UNO, Weltbank),
- Online-Datenbanken (z.B. *Genesis-Online* vom Statistischen Bundesamt, *Genios Deutsche Wirtschaftsdatenbank*, *Source OECD*).

Diese Informationen sind entweder den Mitgliedern oder allen potenziell Interessierten frei und kostenlos zugänglich. Daneben können Studien zur Deckung spezifischen Informationsbedarfs in Auftrag gegeben werden. Dies gilt auch für die zahlreichen **privaten Marktforschungsinstitute** (z.B. *GfK-Gruppe*, *Emnid* und *Infas*).

Das in Teil 2 behandelte **PIMS-Programm** kann ebenfalls unter den Aspekt Informationsbeschaffung durch externe Institutionen subsumiert werden. Die teilnehmenden Unternehmen erhalten Informationen über „laws of the market place“ sowie spezifische Informationen in Form von „reports“ (vgl. S. 129ff.).

[2] Informationsbeschaffung durch externe Unternehmensberater

Von großer Bedeutung für die Informationsbeschaffung sind externe Unternehmensberater. Zum einen verfügen Unternehmensberater aufgrund langjähriger Beratungserfahrung über einen entsprechenden „Fundus“ an Wissen und können so bspw. bei der Entwicklung einer Wettbewerbsstrategie notwendige Informationen bereitstellen.

Neben dieser „direkten“ Funktion ist ein weiterer Aspekt von mindestens ebenso großer Bedeutung: Unternehmensberater besitzen, da sie von außen in das Unternehmen kommen und neutral sind, ein erhebliches Maß an Autorität. Auf diese Weise lassen sich unliebsame Entscheidungen verwirklichen, zu deren Durchsetzung das hauseigene Management selbst nicht in der Lage ist. Unternehmensberater können alte Gewohnheiten und verkrustete Strukturen aufbrechen, die Sensibilität für Umweltveränderungen erhöhen und auf diese Weise, sozusagen als Katalysator, Informationsbeschaffungsaktivitäten in Gang setzen.

Der Erfolgsdruck, unter dem Unternehmensberater arbeiten, kann jedoch auch negative Auswirkungen haben: Da am Ende einer Beratung stets sichtbare Ergebnisse vorhanden sein müssen, besteht die Gefahr der Bevorzugung kurzfristiger und der Vernachlässigung strategischer Ziele. Beim Einsatz externer Berater ist auch die Gefahr eines Informationsabflusses nach außen, bspw. zu Wettbewerbern, zu bedenken.

[3] Informationsbeschaffung durch das Unternehmen

Dem Informationsbedarf von strategischer Planung und Kontrolle entsprechend wird für die Informationsbeschaffung durch das Unternehmen ein zweigeteiltes System entworfen:

- Regelmäßige, systematische und institutionalisierte Erhebung von Daten aus bestimmten, fixierten Beobachtungsfeldern,
- Ungerichtete Aufnahme relevanter Informationen durch Sensibilisierung aller Entscheidungsträger im Unternehmen.

(a) Die **regelmäßige, routinemäßige Beschaffung** strategischer Informationen kann aufgrund der spezifischen Merkmale strategischer Informationen, insbesondere der wechselnden Relevanz der Informationsfelder, nur einen begrenzten Teil des Informationsbedarfs decken. Das **Berichtswesen** sowie die **Marktforschung** sind Abteilungen, welche mit diesen Aufgaben betraut sind.

Als Techniken der regelmäßigen Erhebung stehen

- die Analyse von Dokumenten sowie
- die Befragung und
- die teilnehmende oder nicht-teilnehmende Beobachtung

zur Verfügung (vgl. *Erichson/Hammann* [Informationen] 432ff.).

Relevante Dokumente können Geschäftsberichte von Wettbewerbern, Abnehmern oder Lieferanten, Berichte über Messeneuheiten sowie die Tages- oder Fachpresse sein, wobei eine Eingrenzung auf bestimmte Fachbereiche mit Vorsicht zu behandeln ist (vgl. das Beispiel zur Relevanz strategischer Informationen S. 277).

Die **Befragung** stellt die am meisten benutzte Erhebungstechnik im Rahmen des Strategischen Managements dar. Sie kann auf schriftlichem Wege oder in Form von Interviews erfolgen.

Die **Beobachtung** des Verhaltens von Personen kann sich auf die Werthaltungen potenzieller Abnehmer oder das Image der eigenen Unternehmung beziehen.

Bei der **teilnehmenden** Beobachtung nimmt der Beobachter selbst an dem zu erhebenden Geschehen teil.

> Beispiel: Ein Vorstandsvorsitzender berichtet über die Art und Weise des Zustandekommens von Strategien im Vorstand einer AG.

Der Beobachter ist dagegen nicht in das Geschehen einbezogen bei der sog. **nicht-teilnehmenden** Beobachtung.

Fallstudien und **Unternehmensplanspiele** sind eine weitere Form der Informationsbeschaffung. Sie können, ähnlich wie externe Berater, die Perzeption der Organisationsmitglieder verändern, Sensibilität für Veränderungen erzeugen und so Informationsbedarf und Beschaffungsnotwendigkeiten offen legen.

(b) Die **ungerichtete Informationsbeschaffung** versucht, diejenigen Informationslücken, welche durch die regelmäßige und gerichtete Informationsbeschaffung entstehen, zu schließen. Diese Aufgabe resultiert zwingend aus der prinzipiellen Unbegrenztheit des strategischen Entscheidungsfeldes bzw. aus den Eigenschaften strategischer Informationen, insbesondere bzgl. der Merkmale „Relevanz“ und „Sicherheit“. Mit der **strategischen Überwachung** im Rahmen der strategischen Kontrolle wurde bereits ein Konzept erörtert, das diesem Umstand Rechnung trägt (vgl. S. 245f.). In Abschnitt 3 dieses Teils werden wir mit der **Szenario-Analyse** und den **Früherkennungssystemen** Formen der ungerichteten Informationsbeschaffung und Techniken zu ihrer Unterstützung ausführlich beleuchten.

Daneben sei noch eine Gruppe von **organisatorischen Konstruktionen** angesprochen, denen ebenfalls informationsbeschaffende oder besser informationsgenerierende Eigenschaften zukommen können. Diese lassen sich mit den Begriffen **Workshops, Managementseminare, Qualitätszirkel, informale Organisation** oder **Selbstorganisation** umschreiben. Die Gruppenatmosphäre schafft ein Klima, das den offenen und freien Informationsaustausch über Abteilungs- oder Unternehmensgrenzen hinweg und damit die Verbreitung von Informationen in der Unternehmung fördert. Denselben Effekt haben informale organisatorische Strukturen, welche sich gerade durch Informationsaustausch bilden.

2.4 Informationsverarbeitung

Bevor die beschafften Informationen im Rahmen der strategischen Planung und Kontrolle genutzt werden können, ist in aller Regel ihre Verarbeitung notwendig (vgl. dazu auch *Erichson/Hammann* [Informationen] 439ff.).

> Die **Informationsverarbeitung** umfasst die Reduktion, Analyse, Abstimmung und Präsentation der beschafften Informationen.

[1] Reduktion

Durch die Reduktion der beschafften Informationen soll der Gefahr einer Überflutung des Entscheidungsträgers mit Informationen entgegengewirkt werden („information overload“). Das Informationsrohmaterial ist durch geeignete Verfahren zu komprimieren bzw. anwendungsgerecht bereitzustellen. Zwar können dabei Informationen auf niedriger Aggregationsebene verloren gehen, der Nutzen der Information für den Entscheidungsträger kann sich jedoch insgesamt erhöhen. Für unterschiedliche Entscheidungen sind auf den verschiedenen betrieblichen Ebenen die Informationen in jeweils adäquaten Aggregationsstufen bereitzustellen.

Verfahren der Reduktion sind u.a. die Tabellierung (mit Bildung von Spalten- oder Zeilensummen bzw. Mittelwerten) sowie das Bilden von Maßzahlen. Bei den Maßzahlen unterscheidet man Verteilungsmaße (Lageparameter, Streuungsmaße, Konzentrationsmaße) und Verhältniszahlen (Beziehungszahlen, Gliederungszahlen und Indexzahlen).

Das **Problem der Reduktion** ist offensichtlich: Die oft wenig operationalen strategischen Informationen erhalten ihren Sinn vielfach nur in komplexen Zusammenhängen. Diese können jedoch nur selten von einer einzelnen Person erkannt werden. Der Konflikt zwischen der Vermeidung eines „information overload" und der prinzipiellen Unbegrenztheit des strategischen Entscheidungsfeldes kennzeichnet das Dilemma des strategischen Informationsmanagements.

[2] Analyse

Die Datenanalyse befasst sich u.a. mit den Beziehungen zwischen Variablen. Nach der Zahl der erfassten Variablen wird zwischen der univariaten, der bivariaten und der multivariaten Datenanalyse unterschieden. Im Strategischen Management haben wir es i.d.R. mit einer Vielzahl von Variablen zu tun. Es sollen daher im Folgenden die multivariaten Verfahren kurz skizziert werden.

Je nachdem, ob eine Unterteilung in abhängige und unabhängige Variablen von Beginn an möglich ist, unterscheidet man die Dependenzanalyse (für den Fall der Teilung der Variablen) von der Interdependenzanalyse (bei ungeteilter Variablenmenge). In Abb. 4-3 sind die wichtigsten Verfahren der multivariaten Datenanalyse genannt. (Zur Funktionsweise und den Anwendungsfeldern der anderen genannten Verfahren vgl. *Fantapié Altobelli/Hoffmann* [Marktforschung] 185ff.).

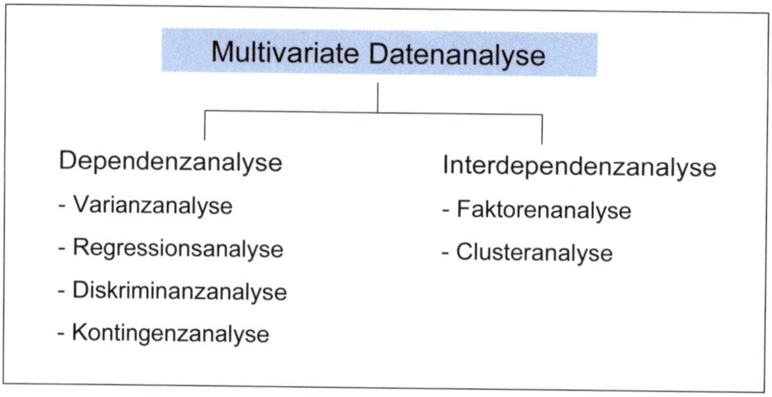

Abb. 4-3: Analyse von Beziehungen (Quelle: *Erichson/Hammann* [Information] 441ff.)

Die **Regressionsanalyse** ist das am häufigsten angewandte Verfahren der Dependenzanalyse, um den Einfluss mehrerer unabhängiger Variablen auf eine abhängige Variable zu bestimmen.

Beispiel: Im Rahmen des PIMS-Programms werden die Einflussgrößen (z.B. Marktanteil, Marketingaufwand, Produktqualität) auf den RoI und den Cash Flow mit Hilfe von Regressionsmodellen untersucht (vgl. S. 129ff.).

Bei der **Clusteranalyse**, einem häufig eingesetzten Verfahren der Interdependenzanalyse, werden einzelne Objekte so zu Gruppen (Clustern) zusammengefasst, dass die einzelnen Objekte der Gruppe möglichst ähnlich und die Gruppen untereinander möglichst unähnlich sind.

Beispiel: Mit einer Marktsegmentierung wird die Gesamtheit der Nachfrager in Gruppen homogener Nachfrager unterteilt. Der Verkauf im Internet wendet sich z.B. an eine ganz spezifische Abnehmergruppe, die sich im Hinblick auf Preisvorstellungen, Informationsbedürfnis usw. von den traditionellen Käufergruppen unterscheidet.

Die **Cross-Impact-Analyse** stellt eine Gruppe von Verfahren dar, welche die Analyse der Beziehungen zwischen (meist zukünftigen) Ereignissen bezüglich der Richtung, der Stärke und der zeitlichen Komponente ihres Zusammenhangs zum Gegenstand hat. Die strategische Relevanz der Cross-Impact-Analyse resultiert aus ihrer grundsätzlichen Offenheit für alle Arten von Ereignissen, also auch für soziale, technologische oder politisch-rechtliche Entwicklungen, wie sie im Rahmen der Analyse der weiteren Umwelt von Bedeutung sind. Die Problematik ist in der Schätzung von Eintrittswahrscheinlichkeiten der Ereignisse, dem damit verbundenen Aspekt der Auswahl geeigneter Experten sowie dem hohen rechnerischen Aufwand zu sehen. Die Cross-Impact-Analyse wird bevorzugt im Rahmen der Szenario-Analyse eingesetzt (vgl. S. 295ff.).

Eine weitere Möglichkeit, die Analyse von Informationsbeziehungen zu unterstützen, liegt in der Aufstellung von **Ursache-Wirkungs-Netzwerken**.

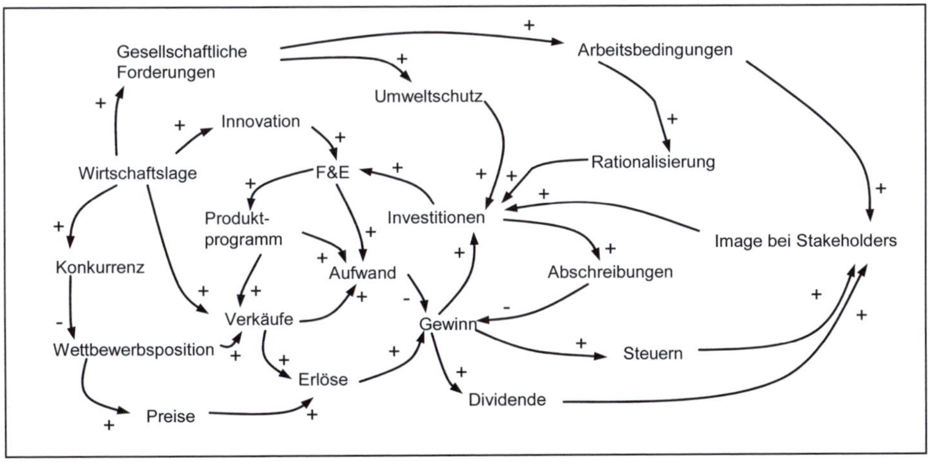

Abb. 4-4: Netzwerk eines Produktionsunternehmens (Quelle: *Probst/Gomez* [Methodik] 916)

Dabei werden unter einer ganzheitlich-vernetzten Perspektive relevante Umweltereignisse und ihre Verknüpfungen dargestellt. Die Ergänzung um Einflussrichtungen und -intensitäten sowie eine partielle Dynamisierung des Modells erhöhen seine Aussagefähigkeit. Die Erstellung eines derartigen Netzwerks strategischer Zusammenhänge erfordert die Zusammenarbeit von Organisationsmitgliedern aller Unternehmensbereiche und ggf. externen Beratern in Teams und Projektgruppen und fördert auf diese Weise nicht nur Kommunikation und Integration im Unternehmen, sondern auch ein „Hinausschauen über den eigenen Tellerrand“. Die Stärke einer solchen Netzwerkanalyse liegt in ihrer für die Umweltzusammenhänge sensibilisierenden Eigenschaft für die Anwender.

[3] Abstimmung und Präsentation

Die Eignung der beschafften Informationen für die strategische Planung und Kontrolle hängt in entscheidendem Maße auch von deren Abstimmung und Präsentation ab. **„Abstimmung“** bedeutet das Prüfen der einzelnen Informationsbestände auf Verträglichkeit und Verlässlichkeit.

Unter **„Präsentation“** sind alle Maßnahmen der Bündelung und optischen Aufbereitung zusammengefasst. Abstimmung und Präsentation sind für die Akzeptanz der Informationen durch das Management und damit den Grad der Nutzung dieser Informationen von großer Bedeutung. Jedoch gilt auch hier, insbesondere für die Abstimmung, dass strategische Informationen diesen Vorgängen nur begrenzt zugänglich sind und die Gefahr eines Informationsverlustes dabei vergleichsweise hoch ist.

Inwieweit die dargestellte Konzeption eines strategischen Informationsmanagements sich computertechnisch unterstützen lässt, wird uns später (S. 350ff.) beschäftigen.

3 Management externer Informationen

3.1 Umweltveränderungen

Aufgabe des Managements externer Informationen ist die Beschaffung und Verarbeitung strategisch relevanter Informationen aus der Unternehmensumwelt (vgl. S. 91ff.). Bei der Bewertung der dabei einsetzbaren Verfahren können wir auf folgende Feststellungen Bezug nehmen:

- **Relevante Umweltbereiche:** Sowohl die nähere Umwelt (Wettbewerbsumfeld, Markt) als auch die weitere Umwelt sind relevante Bereiche, wobei ihre Gewichtung von Unternehmen zu Unternehmen und im Zeitablauf Schwankungen unterliegt.
- **Qualität strategischer Informationen:** Strategische Informationen sind nur schwer operationalisierbar (qualitativer Natur, sog. soft facts), oft undifferenziert, langfristiger Natur und unsicher.

Für die Konzeption eines Managements externer Informationen von erheblicher Bedeutung ist der Aspekt der Veränderlichkeit strategischer Informationen. Zwei **Fragen** stehen im Vordergrund:

- Wie sind die Umweltveränderungen beschaffen?
- Wie soll man diesen Umweltveränderungen begegnen?

Die erste Frage fordert eine intensive Auseinandersetzung mit möglichen Erscheinungsformen von Umweltveränderungen. Zur Beschreibung der Umwelt von Unternehmungen sind in der Literatur verschiedene Kriterien herangezogen worden. Bereits klassischen Charakter haben die Merkmalskategorien von *Khandwalla* (Turbulenz der Umwelt, Feindlichkeit der Umwelt, Diversität der Umwelt, technische Komplexität der Umwelt, Restriktivität der Umwelt), von *Miller/Friesen* (Dynamik der Umwelt, Feindlichkeit der Umwelt, Heterogenität der Umwelt) sowie die in Teil 2 bereits dargestellte Typologie nach *Mintzberg* (vgl. S. 96).

Obwohl branchenspezifische Unterschiede auftreten, ist die hochdynamische Unternehmensumwelt heute eher der Normalfall als die Ausnahme. Dabei ist zu beachten, dass sich Veränderungen nicht immer in gleicher Weise ankündigen bzw. vorhersagen lassen. Umweltveränderungen folgen also nicht einem starren Entwicklungsschema, sondern können in Art, Umfang und zeitlichem Auftreten erheblich variieren, woraus sich besondere Anforderungen an das betriebliche Informationsmanagement ergeben.

Als Anknüpfungspunkt für die Konzeption eines Managements externer Informationen kann die Klassifikation von Umweltveränderungen in Abb. 4-5 dienen.

Diese Klassifikation führt zur Unterscheidung von **zwei Typen von Umweltveränderungen**: operative und strategische. Es ist darauf hinzuweisen, dass die Wirkungen derartiger Umweltveränderungen auf Unternehmen sowohl den Charakter von Chancen wie auch von Risiken haben können. Dies ist letztlich eine Frage des Kompetenzprofils der Unternehmung (vgl. *Bea/Haas* [Früherkennung]).

Typ der Umweltveränderung	Operativ	⟷	Strategisch
Grad der Vorhersehbarkeit	Sehr hoch	⟷	Nahezu unmöglich
Bedeutung für die Unternehmung	Weniger bedeutend	⟷	Existenziell
Bekanntheitsgrad der Umweltveränderung selbst	Nicht neuartig, wiederholtes Auftreten	⟷	Völlig neuartig, einmaliges Auftreten
Bekanntheitsgrad der Wirkungsweise auf die Unternehmung	Bekannt	⟷	Unbekannt
Bekanntheitsgrad des Reaktionsmusters der Unternehmung	Bekannt, erprobt	⟷	Unbekannt

Abb. 4-5: Typen von Umweltveränderungen

Strategische Umweltveränderungen, solche also, die in ihrer Art und Wirkungsweise völlig neuartig, nahezu nicht vorhersagbar und bedeutend für die Unternehmung sind, werden im Folgenden als **Diskontinuität** bezeichnet. Sie können in allen Umweltbereichen auftreten.

Beispiel: Die **Wiedervereinigung** stellte für die deutsche Wirtschaft, insbesondere jedoch für Unternehmungen im ehemaligen „Zonenrandgebiet“ sowie für ehemalige Staatsbetriebe der DDR, eine Diskontinuität dar (z.B. Standortveränderung, Wegfall von Absatzmärkten, Wegfall der sog. Zonenrandförderung). Für Unternehmen, die enge geschäftliche Beziehungen mit der ehemaligen DDR unterhielten, hatte die Wiedervereinigung ebenfalls den Charakter einer Diskontinuität (Wegfall alter Märkte, strategische Neuorientierung etc.).

Ähnlichen Herausforderungen können Unternehmen der Öl- und Gasförderung gegenüberstehen, wenn aufgrund politischer Umwälzungen oder militärischer Konflikte ganze Länder und Regionen „ausfallen“. Die Reaktorkatastrophe von Fukushima und die folgende Entscheidung zum Atomausstieg in Deutschland stellte für die Stromkonzerne in Deutschland ohne Frage eine Diskontinuität dar.

Durch das verstärkte Aufkommen von Diskontinuitäten hat sich in den vergangenen Jahren ein neuer Zweig der Forschung auf dem Gebiet des Strategischen Managements herausgebildet, den man als **Management strategischer Überraschungen** oder kurz als **Diskontinuitätenmanagement** bezeichnet. Eine solche Konzeption wird in Abschnitt 3.5 entworfen und stellt zugleich eine Antwort auf die oben formulierte zweite Frage dar, wie nämlich den Umweltveränderungen begegnet werden kann. Zuvor sollen jedoch Verfahren zur frühzeitigen Erkennung strategisch relevanter Umweltveränderungen beschrieben werden.

3.2 Prognosen

„Man kann das Leben nur rückwärts verstehen, doch leben muss man es vorwärts."

Sören Kierkegaard (1813-1855), dänischer Philosoph

3.2.1 Aufgaben und Arten von Prognosen

Prognosen sind Wahrscheinlichkeitsaussagen über zukünftige Ereignisse. Sie basieren auf Beobachtungen der Vergangenheit, einer Theorie zur Erklärung dieser Beobachtungen sowie der Annahme der Fortgeltung der Erklärungszusammenhänge in der Zukunft.

Aus dieser Definition ergeben sich folgende **Merkmale** von Prognosen (vgl. auch *Brockhoff* [Prognosen] 785ff.):

- Prognosen basieren auf Daten der Vergangenheit, einer Theorie sowie bestimmten Annahmen über die Zukunft. Dieser Prognosebegriff ist damit vom „intuitiven Tippen" (Prognosen im weiteren Sinn) abzugrenzen.
- Prognosen sind stets mit Unsicherheit behaftet.
- Prognosen müssen unter Angabe der gesetzten Prämissen begründbar sein.
- Prognosen stützen sich auf die Annahme der Stabilität der Prämissen und des Systemverhaltens in der Zukunft (Zeitstabilitätshypothese).

Die **Qualität der Prognoseergebnisse** ist damit von folgenden Faktoren abhängig:

- Grad der Extrapolierbarkeit der Vergangenheit (Gültigkeit der Zeitstabilitätshypothese),
- Güte (Allgemeinheit und Bestimmtheit) und Bestätigungsgrad der zugrunde liegenden Theorie,
- Exaktheit der Informationen aus der Vergangenheit und Länge des Beobachtungszeitraums,
- Länge des Prognosezeitraums (Prognosehorizont).

Prognosen werden nach ihrem **Prognosehorizont** (Fristigkeit) unterschieden in

- kurzfristige Prognosen,
- mittelfristige Prognosen und
- langfristige Prognosen.

Der Prognosehorizont hängt stark vom Ereignis ab, auf das sich die Prognose bezieht. So ist bspw. in der Modebranche der Planungs- und damit Prognosehorizont wesentlich kurzfristiger als etwa in der Automobilindustrie.

Nach dem **Gegenstand**, auf den sich die Prognose bezieht, unterscheidet man

- Wirkungsprognosen und
- Lageprognosen bzw. Entwicklungsprognosen.

Bei der Wirkungsprognose wird das Ergebnis von Maßnahmen prognostiziert (Bsp.: Absatzmenge x in Abhängigkeit vom Preis p). Bei der Lageprognose wird die Ausprägung einer bestimmten Umweltbedingung (z.B. Wechselkurs) zu einem bestimmten Zeitpunkt betrachtet. Dagegen erfolgt bei der Entwicklungsprognose eine Betrachtung über einen bestimmten Zeitraum hinweg.

3.2.2 Prognoseverfahren

Im Folgenden wird ein Überblick über **ausgewählte Prognoseverfahren** im Rahmen des Managements externer Informationen und ihre Eignung zur Erkennung von Diskontinuitäten gegeben. (Eine ausführliche Darstellung von Prognoseverfahren findet sich bei *Brockhoff* [Prognosen] 799ff.)

Nach der **Art der Datenbasis** unterscheiden wir:

- Prognosen auf der Basis von Befragungen,
- Prognosen auf der Basis von Indikatoren,
- Prognosen auf der Basis von Zeitreihen,
- Prognosen auf der Basis von Funktionen (Ökonometrische Prognose).

[1] Prognosen auf der Basis von Befragungen

Wir unterscheiden:

- Repräsentativbefragungen und
- Expertenbefragungen

(a) Repräsentativbefragungen

Aus einer repräsentativen Grundgesamtheit von Personen wird eine Stichprobe gezogen, welche dann zu einem bestimmten Themenkomplex befragt wird. Die Fragen beziehen sich dabei i.d.R. auf das Verhalten der Befragten. So wird bspw. im Rahmen von Verbraucherbefragungen das Nachfrageverhalten in bestimmten Situationen ermittelt und zur Prognose von Absatzzahlen, welche dann Basis einer Absatzstrategie sein können, verwendet.

Zur Aufdeckung strategischer Umweltveränderungen können Repräsentativbefragungen bei entsprechender Interpretation als Input für die ab S. 295ff. dargestellten Projektionsverfahren verwendet werden. Über die Ermittlung des Kaufverhaltens in verschiedenen hypothetischen Situationen können Rückschlüsse auf die Wertvorstellungen der Grundgesamtheit der Nachfrager, z.B. ihr ökologisches Bewusstsein, gezogen werden. Diese Wertvorstellungen und die abgeleiteten Verhaltensweisen können in Szenarien und Früherkennungssysteme Eingang finden. Probleme können sich beim Schluss von der Stichprobe auf die Grundgesamtheit ergeben. Ebenso ist nicht sichergestellt, dass das in Befragungen angegebene Verhalten mit dem späteren, tatsächlichen Verhalten übereinstimmt. Schließlich sollten Wirtschaftlichkeitsüberlegungen vor der Durchführung einer Repräsentativbefragung trotz der Unmöglichkeit einer exakten Ex ante-Evaluierung der Nutzenkomponente berücksichtigt werden.

(b) Expertenbefragungen

Bei Expertenbefragungen wird das Fachwissen der Experten zur Prognose zukünftiger Entwicklungen herangezogen. Die Auswahl geeigneter Experten ergibt sich aus dem konkreten Prognoseproblem. Neben der einmaligen Expertenbefragung hat sich mit der Delphi-Methode ein Verfahren der mehrfachen Expertenbefragung in der Praxis etabliert. Eine Expertenbefragung nach der **Delphi-Methode** erfolgt nach folgendem Muster:

(1) Auswahl von Experten
(2) Beantwortung eines Fragebogens durch die Experten unabhängig voneinander
(3) Statistische Auswertung der Fragebögen
(4) Bekanntgabe der Mittelwerte der Antworten und Begründung stark abweichender Antworten durch die jeweiligen Experten
(5) Information aller Experten über Mittelwerte und Begründungen
(6) Wiederholung der Schritte (2) bis (5) ungefähr zwei- bis dreimal

Durch die Schaffung der dargestellten organisatorischen Voraussetzungen verbindet die Delphi-Methode die Nutzung des Wissens mehrerer Experten mit Rückkopplungsmöglichkeiten und schließt durch die Wahrung der Anonymität eine unerwünschte gegenseitige Beeinflussung der Experten aus. Der Erfolg dieser Methode hängt von mehreren Faktoren ab. Zunächst ist die Auswahl von geeigneten Experten entscheidend. Des Weiteren ist die Bereitschaft der Experten zur Teilnahme und ihre Fähigkeit, zukünftige Entwicklungen vorherzusehen und zu bewerten, zu nennen. Ein bestimmtes Maß an Umfeldsensibilität ist dazu nötig. Ein weiteres Problem besteht darin, dass sich in der Verfahrenspraxis die Expertenmeinungen häufig einem Mittelwert annähern, dieser aber mit der wahren Entwicklung nicht notwendigerweise identisch ist.

Ähnlich wie bei Repräsentativbefragungen können Ergebnisse von Expertenbefragungen im Rahmen der noch zu behandelnden Projektionsverfahren Verwendung finden. Dabei ist jedoch allgemein zu beachten, dass die Güte einer Projektion abhängig ist von der Qualität der eingesetzten Daten. Die Schwächen der Prognose beeinflussen in diesem Fall auch die Projektion.

[2] Prognosen auf der Basis von Indikatoren

Indikatoren sind als beobachtbare Größen **Vorboten**, die Hinweise auf die Entwicklung der eigentlich interessierenden, jedoch noch nicht oder nur eingeschränkt beobachtbaren Größen in der Zukunft geben.

Die Beobachtung bspw. von Einstellungen und Werthaltungen der Bevölkerung gegenüber bestimmten Sachverhalten im Zeitpunkt t (Y_t), z.B. im Bereich der Ökologie oder des Verhältnisses von Freizeit und Arbeit, kann Rückschlüsse auf zukünftige Abnehmerschichten und ihr Nachfrageverhalten (X_T^*) zulassen:

$$X_T^* = f(Y_t)$$

Von zentraler Bedeutung ist es, dass die gewählten Indikatoren **gute Frühinformationseigenschaften** besitzen, d.h. den interessierenden Entwicklungen zeitlich vorauseilen. Nur so ist eine rechtzeitige Identifikation von Strukturbrüchen möglich. Das Erkennen von Diskontinuitäten mit Hilfe von Indikatoren wird in Früherkennungssystemen der zweiten Generation angestrebt. Auf S. 302ff. wird auf Möglichkeiten und Probleme dieser Methode ausführlicher eingegangen. Einen Überblick über mögliche Indikatoren gibt Abb. 2-17, S. 111f.

[3] Prognose auf der Basis von Zeitreihen

Verfahren der Zeitreihenanalyse erfassen Ausprägungen der interessierenden Variablen zu verschiedenen Zeitpunkten in der Vergangenheit und erstellen mit Hilfe mathematischer Verfahren aus diesen Werten Prognosen.

In Abhängigkeit vom Verlauf der Variablenausprägungen in der Vergangenheit und unter Berücksichtigung des jeweils vertretbaren Prognoseaufwands sind folgende Verfahren anwendbar:

(a) Konstanter Datenverlauf in der Vergangenheit

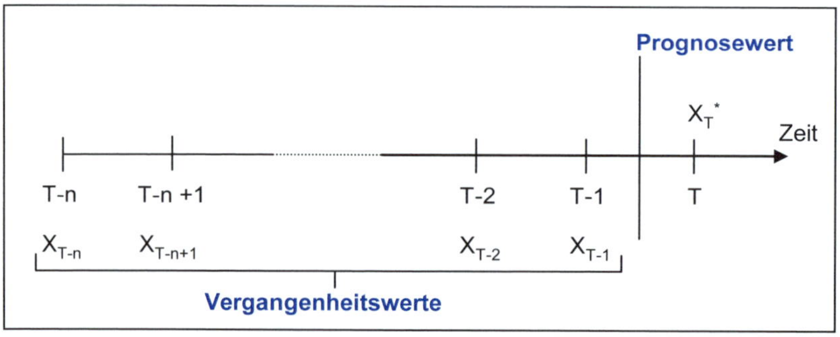

■ Verfahren der Mittelwertbildung

Aus der Berechnung des einfachen arithmetischen Mittelwertes aus einer Reihe von Vergangenheitswerten wird direkt ein Prognosewert abgeleitet:

$$X_T^* = \frac{1}{n} \sum_{t=T-n}^{T-1} X_t$$

mit: X_T^* = Prognosewert für den Zeitpunkt T

x_t = Werte der Vorperioden

n = Anzahl der Vorperioden

- **Verfahren der gleitenden Durchschnitte**

Auswahl der letzten m jüngeren Werte

$$X_T^* = \frac{1}{m} \sum_{t=T-m}^{T-1} x_t$$

mit m = Umfang der zu betrachtenden Perioden, wobei m < n.

Alle Werte werden gleich gewichtet.

- **Verfahren der gewogenen gleitenden Durchschnitte**

Hierdurch können jüngere Werte mit einem größeren Gewicht versehen werden als ältere Werte, wodurch die Gleichgewichtung der Vergangenheitswerte aufgehoben und die Aktualität des Datenmaterials gewährleistet wird.

$$X_T^* = \frac{1}{m} \sum_{t=T-m}^{T-1} x_t \cdot g_t$$

g_t = Gewichtungsfaktor für Periode t, wobei

$$\sum_{t=T-m}^{T-1} g_t = 1$$

- **Exponentielle Glättung 1. Ordnung**

Die exponentielle Glättung 1. Ordnung kann als Weiterentwicklung des Verfahrens der gleitenden Mittelwertbildung bezeichnet werden. Zufallsbedingte Prognosefehler werden unter besonderer Berücksichtigung des Prognosefehlers der unmittelbaren Vorperiode ausgeschaltet und „jüngere" Vergangenheitsdaten werden höher gewichtet als „ältere". Der Prognosewert für die Periode T wird nach folgender Formel errechnet:

$$X_T^* = X_{T-1}^* + a\,(X_{T-1} - X_{T-1}^*)$$

mit: X_T^* = Prognosewert für den Zeitpunkt T

X_{T-1}^* = Prognosewert der Vorperiode

X_{T-1} = Wert der Vorperiode

a = Glättungsfaktor

Durch sukzessives Einsetzen von Prognosewerten der Vorperiode ergibt sich folgende allgemeine Form:

$$X_T^* = a\,X_{T-1} + a(1-a)\,X_{T-2} + a(1-a)^2\,X_{T-3} + \ldots = a\sum_{t=0}^{T-1}(1-a)^t\,X_{T-1-t}$$

(b) Trendförmiger Datenverlauf in der Vergangenheit

Nahm die zu prognostizierende Größe in der Vergangenheit einen trendförmig steigenden oder fallenden Verlauf und schwankte sie dabei unregelmäßig innerhalb einer verträglichen Bandbreite, so können als Prognoseverfahren die **exponentielle Glättung 2. Ordnung** und die **Trendextrapolation** eingesetzt werden. Erstere trägt der Tatsache Rechnung, dass der bei der exponentiellen Glättung 1. Ordnung errechnete Mittelwert um einen bestimmten Betrag niedriger (höher) ausfällt als der jüngste Wert. Dies wird mit Hilfe eines weiteren Glättungsfaktors „korrigiert".

Bei der **Trendextrapolation** wird versucht, den bisherigen Datenverlauf durch eine lineare Funktion anzunähern, deren Verlauf dann in die Zukunft fortgeschrieben wird. Die Trendgerade

$$X_T^* = a + b \cdot t$$

ist derart in die Punktwolke von Vergangenheitswerten zu legen, dass die Summe der quadrierten Abweichungen zwischen den tatsächlichen Zeitreihenwerten und den Werten der Trendgerade minimal ist (Methode der kleinsten Quadrate). Für alternative Zeitpunkte t sind dann Werte des Prognosegegenstandes errechenbar (vgl. Abb. 4-6).

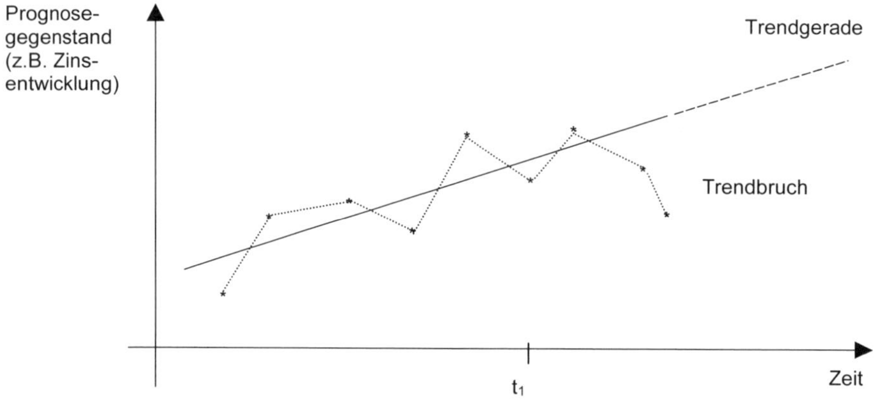

Abb. 4-6: Trendextrapolation

Bei Verfahren der Zeitreihenanalyse wird die Bedeutung der Zeitstabilitätshypothese besonders deutlich. Da diese Verfahren in einem widersprüchlichen Verhältnis zu den Erfordernissen der Erkennung von Diskontinuitäten stehen, scheiden sie für diesen Zweck aus. Wurde bspw. in Abb. 4-6 zum Zeitpunkt t_1 eine Prognose durchgeführt, so hat sie den Trendbruch nicht erfasst.

(c) Saisonal schwankender Datenverlauf in der Vergangenheit

Hierbei sind die genannten Verfahren insofern modifiziert anzuwenden, als nur die sich saisonal entsprechenden Vergangenheitswerte bei der Berechnung berücksichtigt werden. Daher sind geeignete Klassen von Vergangenheitswerten zu bilden.

[4] Prognosen auf der Basis von Funktionen (Ökonometrische Prognose)

Die **Regressionsanalyse** ist das wichtigste Instrument zur Gewinnung funktionaler bzw. kausaler Zusammenhänge, wie sie bspw. in Form von Produktions- oder Kostenfunktionen bekannt sind. Dabei werden einfache und multiple Regressionsmodelle unterschieden. Ebenso wie bei den Zeitreihenanalysen wird auch hier eine Extrapolierbarkeit von in der Vergangenheit gültigen Zusammenhängen in die Zukunft unterstellt.

[5] Zusammenfassung

Die **Eignung** der dargestellten Prognoseverfahren hängt davon ab, inwieweit sie zur Erkennung von Veränderungen in der Unternehmensumwelt - auch von Diskontinuitäten - beitragen können. Zusammenfassend ist jedoch festzustellen, dass die dargestellten Prognoseverfahren allesamt **keine spezifische Eignung** zur Vorhersage von Diskontinuitäten im Rahmen der strategischen Planung und Kontrolle besitzen. Der starke Vergangenheitsbezug der Inputdaten, der insbesondere bei den quantitativen Verfahren deutlich wird, sowie die **Annahme der Zeitstabilitätshypothese** stehen in geradezu antithetischem Verhältnis zu den Anforderungen der strategischen Früherkennung. Quantitative Prognoseverfahren wie die Zeitreihenanalyse und die ökonometrische Prognose sind darüber hinaus mit dem Defizit behaftet, dass sie qualitative Informationen kaum verarbeiten können. Prognosen auf der Grundlage von Befragungen scheinen aufgrund ihrer Offenheit für ein breites Spektrum unterschiedlicher Informationen am ehesten geeignet, strategisch relevante Veränderungen frühzeitig anzuzeigen oder eine Sensibilisierung für sie zu entwickeln.

3.3 Projektionen

„Eine gute Methode, die Zukunft zu prognostizieren, besteht darin, die Zukunft zu gestalten."

Kennzeichnend für Projektionsverfahren ist im Gegensatz zu den Prognoseverfahren eine stärkere Loslösung von der Vergangenheit. Es wird eine „vorausschauende Betrachtung" lediglich vor dem Hintergrund der Vergangenheit und des Status quo vorgenommen. Insbesondere die Zeitstabilitätshypothese wird hier fallen gelassen. Im Folgenden werden die grundlegenden Verfahren der Projektion dargestellt:

- Die Szenario-Analyse
- Die Früherkennungssysteme

3.3.1 Szenario-Analyse

Die Szenario-Analyse wurde von dem amerikanischen Kybernetiker und Futurologe *H. Kahn* (1922-1983, *Rand Corporation*) in den 50er Jahren im Rahmen militärstrategischer Studien entwickelt. In die Unternehmensplanung fand die Szenario-Analyse in den 70er Jahren als Reaktion auf die steigende Dynamik und Komplexität der Unternehmensumwelt Eingang. Die Ölkrise 1973 wird in diesem Zusammenhang als Schlüsselereignis gesehen, welches die Notwendigkeit des Einsatzes von Szenarien offen legte. Einen großen Bekanntheitsgrad haben die *Shell-Szenarien* des PKW-Bestandes bis zum Jahre 2010 erlangt.

Zunächst werden die Begriffe „Szenario" und „Szenario-Analyse" sowie deren Leistungsmerkmale erörtert. Anschließend betrachten wir den Ablauf und die Einsatzmöglichkeiten der Szenario-Analyse.

Ein **Szenario** ist die Beschreibung der zukünftigen Entwicklung eines Projektionsgegenstandes bei alternativen Rahmenbedingungen.

Aus dieser einfachen Definition geht bereits ein wesentliches Merkmal der Szenario-Analyse hervor: Im Gegensatz zu den dargestellten Prognoseverfahren versucht die Szenario-Analyse nicht, das eine richtige und exakte Bild der Zukunft zu zeichnen, sondern will bewusst mehrere **alternative Zukunftsbilder** (Szenarien) entwerfen. Projektionsgegenstände können u.a. sein: Die Gesetzgebung, das Verhalten der Nachfrager und der Wettbewerber, technologische Veränderungen, der PKW-Bestand.

Die **Szenario-Analyse** ist eine Planungstechnik, die ausgehend von der Gegenwart die zukünftigen Entwicklungen eines Gegenstandes bei alternativen Rahmenbedingungen beschreibt.

Damit lassen sich folgende **Merkmale** der Szenario-Analyse herausarbeiten (vgl. auch *Oberkampf* [Szenario-Technik] 7ff.):

- Sie betrachtet einen **langfristigen Planungshorizont**.
- Die Szenario-Analyse versucht keine Extrapolation der Vergangenheit in die Zukunft, sondern eine „vorausschauende Betrachtung" unter Berücksichtigung der Ziele und Wertvorstellungen der Akteure sowie möglicher Entwicklungen vor dem Hintergrund der Vergangenheit. Die Szenario-Analyse geht nicht von einer deterministischen, sondern von einer nur **beschränkt vorhersehbaren Zukunft** aus und kann so z.T. spekulative Entwicklungen in Form von **Störereignissen** berücksichtigen.
- Es werden mehrere Szenarien erstellt und damit die **Bandbreite möglicher Zukunftsentwicklungen** auf der Basis alternativer, aber konsistenter Annahmenbündel aufgezeigt.
- Die Szenario-Analyse entwirft nicht nur Zukunftsbilder, sondern zeigt auch die jeweiligen **Entwicklungspfade** von der Gegenwart in die Zukunft. Dadurch steigt die Akzeptanz ihrer Ergebnisse.
- Neben den quantitativen Größen und Einflüssen werden auch **qualitative Sachverhalte** unter Berücksichtigung von Interdependenzen („Verstehen der Zusammenhänge") erfasst.

Abb. 4-7 zeigt ein anschauliches Bild zur **Darstellung von Szenarien**. Die Begrenzungen des sich öffnenden Trichters entstehen durch die **Extremszenarien** (worst case und best case). Auf der Schnittfläche des Trichters befinden sich alternative Projektionen der Zukunft: die Szenarien. Im Zentrum des Trichters befindet sich das Trendszenario, das dem Ergebnis einer Trendextrapolation entspricht. Das Szenario A zeigt hingegen eine andere, für plausibel gehaltene Entwicklung. Der Eintritt eines Störereignisses in t_1 führt bei Reaktion in t_2 zum Szenario A'.

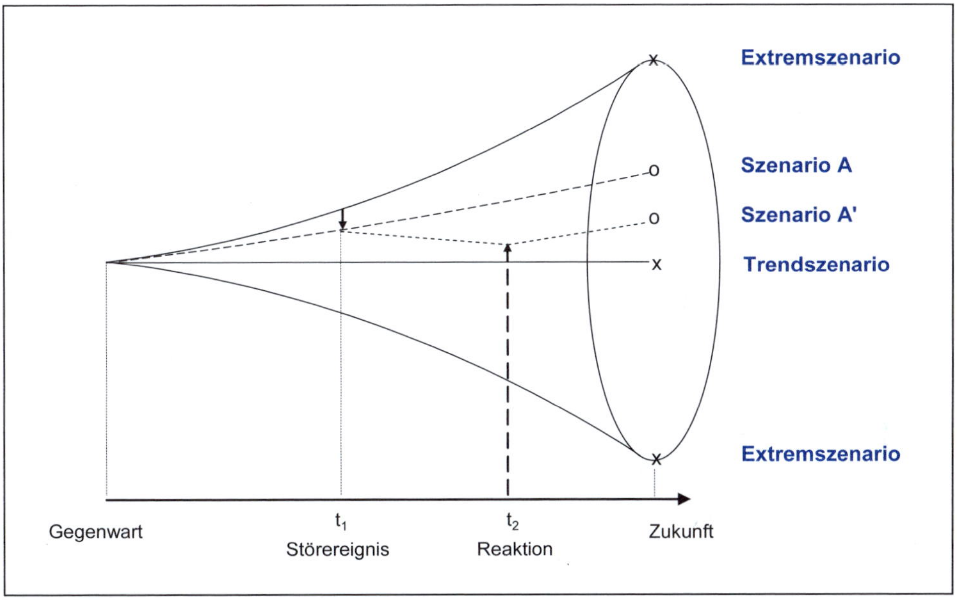

Abb. 4-7: Szenario-Analyse (in Anlehnung an *Geschka* [Szenariotechnik] 522)

Es wird deutlich, dass das Spektrum möglicher Zukunftsbilder (etwa des Umsatzes) nicht durch ein einziges Szenario, basierend auf einem Annahmenbündel, sondern nur durch mehrere Szenarien abgebildet werden kann. In der Literatur gehen die Meinungen über die optimale Zahl der zu entwickelnden Szenarien auseinander. Wir gehen davon aus, dass insgesamt drei bis fünf Szenarien zu entwerfen und einer anschließenden Diskussion und Auswertung zu unterziehen sind. Werden lediglich zwei Szenarien gebildet, so besteht die Gefahr, dass die Mitte als wahrscheinlichste Entwicklung angenommen wird, was nicht ohne weiteres gerechtfertigt ist. Das erwünschte Problembewusstsein wird dabei nicht gefördert. Bei einer sehr großen Zahl von Szenarien wiederum steigt der Aufwand für die Erstellung stark an, während Übersichtlichkeit und Klarheit verloren gehen.

Wie ist nun im Rahmen der Szenario-Analyse vorzugehen? Grundsätzlich sind die einzelnen Schritte in Abhängigkeit von Untersuchungsgegenstand und -ziel situativ festzulegen. Dennoch kann man, abstrahierend von den jeweiligen Gegebenheiten, ein allgemeines Vorgehensmuster für die Szenario-Analyse entwickeln. Die verschiedenen, in der Literatur dargestellten Ansätze unterscheiden sich meist nur in ihrer inhaltlichen Akzentuierung oder formalen Darstellung. Eine Übersicht hierzu findet sich bei *Geschka* ([Szenariotechnik] 524ff.).

Die Szenario-Analyse lässt sich grob in die **Phasen** „Analyse", „Projektion" und „Auswertung" zerlegen:

[1] Analyse

- Abgrenzung des Untersuchungsgegenstandes (z.B. Unternehmung, Geschäftsbereich, Technologie) sowie
- Identifikation und Strukturierung relevanter Umweltsegmente (z.B. gesamtwirtschaftliche, technologische, politische Umwelt).

[2] Projektion

- Festlegung von Indikatoren zur Beschreibung der Umweltsegmente (z.B. Wachstum des BIP, Entwicklung der Wechselkurse),
- Ermittlung von Ist-Werten und Trends für diese Indikatoren (z.B. Hochrechnung der Arbeitslosenzahl auf der Basis spezifischer Annahmen),
- Bildung konsistenter Annahmenbündel für alternative Entwicklungen sog. kritischer Indikatoren. Dies sind solche, für die eine einwertige Entwicklungsprognose aufgrund der besonders hohen Unsicherheit nicht sinnvoll erscheint.
- Erstellung von Szenarien über mehrere zeitliche Stufen durch Aggregation der Annahmenbündel der kritischen mit den Trends der unkritischen Indikatoren. In der Regel werden drei bis fünf Szenarien gewonnen.
- Analyse der Wirkung hypothetischer Störereignisse auf die Szenarien. Ggf. werden bisherige Szenarien modifiziert oder weitere hinzugefügt.

[3] Auswertung

- Analyse der Konsequenzen der ermittelten Szenarien und Konfrontation mit dem Kompetenzprofil der Unternehmung (Identifikation von Stärken und Schwächen),
- Generierung von Reaktionsstrategien,
- Konzipierung von Maßnahmen zur Überwindung identifizierter Defizite bzw. zur Bewahrung identifizierter Stärken.

Die Szenario-Analyse erfordert den Einsatz diverser zusätzlicher **Techniken** in den einzelnen Phasen ihrer Durchführung. Die Entwicklung von Einflussgrößen lässt sich bspw. durch die Delphi-Methode oder unter Einbezug quantitativer Prognoseverfahren vorhersagen. Dabei werden jedoch die Schwächen dieser Verfahren, im strategischen Kontext vor allem die der quantitativen Prognoseverfahren, in die Szenario-Analyse „eingeschleust". Die Analyse der Beziehungen der **Einflussgrößen untereinander** oder der Wirkung von Störereignissen kann durch die Cross-Impact-Analyse unterstützt werden. Kreativitätstechniken wie Brainstorming, Brainwriting oder Synektik können bei der Identifikation von Störereignissen zum Einsatz kommen. Zur Technikunterstützung der Szenario-Analyse vgl. ausführlich *Götze* ([Szenario Technik] 142ff.).

Das dargestellte Vorgehensschema ist, wie bereits erwähnt, an die jeweiligen situativen Bedingungen anzupassen. Dies kann durch Schwerpunktsetzung innerhalb der einzelnen Phasen geschehen, aber auch durch den Einsatz spezifischer Techniken. Die Szenario-Analyse gibt insofern einen **Rahmen** vor, den es mit Techniken der Strukturierung, der Prognose und der Entscheidung auszufüllen gilt. Sie hat den Charakter einer **Meta-Problemlösungstechnik**, die sich in Abhängigkeit von der jeweiligen konkreten methodischen Ausgestaltung flexibel an unterschiedliche Problemstellungen anpassen lässt (vgl. *Kötzle* [Geschäftseinheiten] 249ff.).

Das **Einsatzgebiet** der Szenario-Analyse ist entsprechend weit. Als Analyse- und Projektionstechnik im Rahmen des Managements externer Informationen dient sie dem rechtzeitigen Erkennen von

- Entwicklungen der weiteren und näheren Umwelt,
- Entwicklungen der Unternehmung bzw. von Unternehmensbereichen unter Berücksichtigung der externen Entwicklungen und
- Risiken als Folge von Entwicklungen der Unternehmensumwelt.

Darauf aufbauend können neue Strategien formuliert werden. Ebenso können bestehende Strategien auf ihre Eignung zur **Erfüllung** gegenwärtiger und/oder zukünftiger Erfordernisse hin überprüft und ggf. modifiziert, ergänzt oder ersetzt werden. Schließlich kann die Szenario-Analyse in einer interdependenten Beziehung zu Früherkennungssystemen gesehen werden. Zum einen kann die Szenario-Analyse Frühinformationen, bspw. als Störereignisse, verarbeiten und so zu „besseren“ Szenarien gelangen. Zum anderen gibt die Durchführung einer Szenario-Analyse Anstöße zur Erkennung von relevanten Entwicklungen in der Umwelt, indem sie Erkenntnisse über Interdependenzen zwischen Umweltbereichen und Indikatoren ermittelt (vgl. *Bea/Haas* [Früherkennung]).

Um zu einer abschließenden Bewertung der Szenario-Analyse zu gelangen, müssen auch einige **Schwächen** des Verfahrens angesprochen werden:

- Ein Dilemma entsteht bei der Abgrenzung der relevanten Umwelt. Einerseits muss zur Reduktion der vorhandenen Komplexität eine Eingrenzung erfolgen, andererseits werden dadurch Bereiche ausgeblendet, deren Relevanz u.U. erst zu einem späteren Zeitpunkt sichtbar wird.
- Die Qualität einer Szenario-Analyse hängt entscheidend ab von
  - der fachlichen Qualifikation der beteiligten Personen,
  - der Fähigkeit dieser Personen zu ganzheitlich-vernetztem und kreativem Denken,
  - der Bereitschaft der Mitarbeiter zur aktiven Teilnahme und
  - der Qualität der eingesetzten Techniken.
- Akzeptanzprobleme werden sich in der Praxis ergeben, wenn die Entscheidungsträger, i.d.R. das Top-Management, nicht selbst an der Durchführung der Szenario-Analyse beteiligt sind.

Gerade dieser letzte Punkt ist für den Erfolg des Verfahrens von größter Bedeutung und deshalb bei der Umsetzung unbedingt zu beachten. Die Beteiligung der

Entscheidungsträger an der Szenario-Analyse ist aber noch aus einem weiteren Grund unverzichtbar: Der Nutzen, den die Szenario-Analyse stiften kann, ist nicht allein im Vorhersagen von Entwicklungen und der Ableitung und Überprüfung von Strategien zu sehen. Vielmehr noch kann sie die **Sensibilisierung des Managements** für die Entwicklungen in der Umwelt, die damit verbundenen Chancen und Risiken sowie deren Bedeutung für die Unternehmung fördern. Szenario-Analysen schulen das Denken in Alternativen und in Zusammenhängen. Die Sensibilisierung erfolgt durch die systematische Auseinandersetzung mit der Umwelt, der eigenen Unternehmung, den Interdependenzen und den permanent vorhandenen Unsicherheiten.

Zur **organisatorischen Umsetzung** ist deshalb eine Stabslösung ungeeignet. Werden Szenarien ausschließlich in Stäben entwickelt oder von externen Beratern vorgelegt, so bleibt der angesprochene Sensibilisierungseffekt aus. In Abhängigkeit von der jeweiligen Situation sind demnach Formen der Zusammenarbeit zwischen den Szenario-Spezialisten und den Entscheidungsträgern zu entwickeln, welche eine möglichst weit gehende Partizipation des Managements an der Szenario-Analyse ermöglichen. Eine Stabsabteilung kann dabei koordinierende und methodisch unterstützende Aufgaben wahrnehmen.

Die Szenario-Analyse hat sich als **robuste Rahmenmethodik** zur Analyse und Projektion zukünftiger Entwicklungen erwiesen. Sie besitzt gegenüber den traditionellen Prognoseverfahren eine Reihe entscheidender Vorteile. Bei entsprechender Implementierung ist sie in der Lage, Diskontinuitäten aufzudecken und die notwendige Umweltsensibilisierung des Managements zu fördern.

3.3.2 Früherkennungssysteme

Die Entwicklung von Früherkennungssystemen ist eine Reaktion auf das verstärkte Auftreten von Überraschungen mit strategischer Bedeutung (= Diskontinuitäten).

> Ein **Früherkennungssystem** ist eine spezielle Form eines Informationssystems, dessen Ziel die möglichst frühzeitige Erkennung, Diagnose und Weitergabe von führungsrelevantem Wissen ist.

In den Anfängen der Forschung auf diesem Gebiet, also zu Beginn der 70er Jahre, wurde ausschließlich von **Frühwarnsystemen (FWS)** gesprochen. Das Erkennen von Bedrohungen und das Vermeiden von Krisen standen im Vordergrund. In den letzten Jahren setzte sich zunehmend die Erkenntnis durch, dass das Erkennen von Chancen neben den Bedrohungen und Risiken in einer dynamischen und komplexen Umwelt ebenso zum Ziel eines solchen Informationssystems gemacht werden muss. Da viele Umweltveränderungen ex ante gar nicht als eindeutig positiv oder negativ eingestuft werden können, sondern sich erst durch die „Spiegelung" am Kompetenzprofil der Unternehmung bewerten lassen, ist dieses Vorgehen geradezu notwendig.

Wir wollen deshalb im Folgenden den die Perspektive einseitig einengenden Begriff des Frühwarnsystems nur dort gebrauchen, wo dieser auch in der Literatur verwendet wurde. Allgemein wollen wir von **Früherkennungssystemen (FES)** sprechen. An Stelle von FES findet man häufig auch den Terminus „Frühaufklärungssystem".

Die Entwicklung und der Einsatz eines solchen FES, das die zur Festigung bzw. Verbesserung der eigenen Marktposition notwendigen Informationen rechtzeitig bereitstellt, sind entscheidende Managementaufgaben. Ansatzpunkt für die rechtzeitige Informationsbereitstellung ist der Zeitraum zwischen dem Auftreten einer neuartigen Umweltveränderung (Diskontinuität) und dem Zeitpunkt, an dem diese normalerweise entdeckt wird. Gelingt es, diesen Zeitraum durch die Vorverlagerung des Beobachtungszeitpunktes zu verkürzen, so bleibt der Unternehmung mehr Zeit für Wahl und Implementierung geeigneter Strategien und Maßnahmen. Diese Zusammenhänge verdeutlicht folgende Abbildung (vgl. *Mössner* [Planung] 99f.):

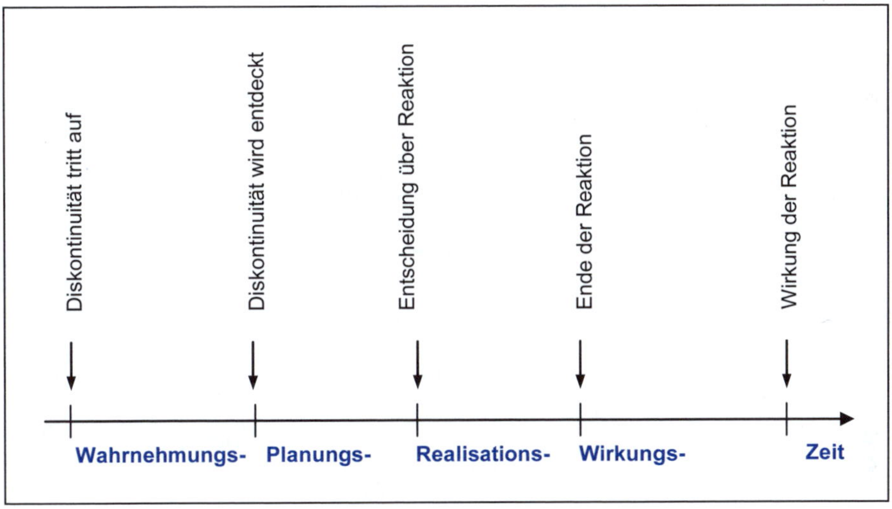

Abb. 4-8: Zeitmanagement in dynamisch komplexer Umwelt

Die Entwicklung auf dem Gebiet der Früherkennungssysteme lässt sich aus heutiger Sicht in drei Phasen zerlegen. Man spricht von FES der 1., 2. und 3. Generation. Die **drei Generationen von FES** spiegeln die Entwicklung von der kurzfristigen Planung über die strategische Planung bis zum Strategischen Management wider (vgl. S. 11ff.).

[1] FES der 1. Generation

Zu Beginn der 70er Jahre tauchte erstmals der Begriff „Frühwarnsystem" auf. Dabei handelte es sich um Systeme, die auf den Komponenten des **traditionellen Rechnungswesens** (Kostenrechnung, Jahresabschluss) aufbauten. Mit Hilfe von **Kennzahlensystemen** wurde versucht, Abweichungen zwischen Plan-Größen und realisierten Ist-Größen sowie hochgerechneten (extrapolierten) Wird-Größen zu erfassen und als Frühinformationen zu nutzen. Beispiele für solche Kennzahlen sind Größen wie Gewinn, Kosten, Umsatz, Liquidität, Rentabilität, Cash Flow, Auftragseingänge. Die Entwicklung im Bereich der Informationstechnologie hat den Aufbau umfangreicher Kennzahlensysteme und eine Verschmelzung von Rechnungswesen und Planung bzw. Kontrolle zur Planungs- und Kontrollrechnung gefördert.

Die Systeme der 1. Generation weisen folgende **Schwächen** auf:

- **Vergangenheitsorientierung:** Eine Erkennung von Diskontinuitäten auf der Basis vergangenheitsbezogener bzw. hochgerechneter Daten aus dem Rechnungswesen ist nicht möglich.
- **Symptomorientierung:** Die erfassten Größen stellen nicht Ursachen von Veränderungen dar, sondern Symptome bzw. Ergebnisse. Beispiel: Ein diagnostizierter Rückgang des Auftragsbestandes gibt keine Hinweise auf die Ursachen dieser Entwicklung.
- **Hard fact-Orientierung:** Eine Einbeziehung strategisch bedeutsamer soft facts unterbleibt. Stattdessen werden nur messbare Größen erfasst.
- **Risikoorientierung:** Der Fokus liegt einseitig auf der Erkennung von Risiken und Bedrohungen, die Wahrnehmung sich bietender Chancen wird vernachlässigt.

Aus diesen Gründen sind die Systeme der 1. Generation den Anforderungen eines Managements strategischer Überraschungen nicht gewachsen (vgl. auch die Beschaffenheit strategischer Informationen, S. 277ff.).

[2] FES der 2. Generation

Die Defizite der Systeme der 1. Generation führten zu verstärkten Aktivitäten auf diesem Forschungsgebiet und schließlich zur Entwicklung der FES der 2. Generation.

Leitidee war, dass Umweltveränderungen zu einem Zeitpunkt, an dem sie für die Unternehmung noch nicht als Chance oder Risiko unmittelbar spürbar sind, dennoch bereits in irgendeiner Form oder an irgendeiner Stelle feststellbar sein können. Mit Hilfe von **Indikatoren** wurde versucht, solche Umweltveränderungen zu erkennen. Indikatoren wurden dabei als Größen verstanden, welche Hinweise für Zukunftsentwicklungen liefern (vgl. dazu die indikatorgestützte Prognose, S. 292).

Folgende **Hauptaufgaben** stehen bei der Konzeption eines derartigen FES an (in Anlehnung an *Hahn/Krystek* [Frühwarnsysteme] 80ff.):

(a) Definition und Abgrenzung von Beobachtungsfeldern.

(b) Identifikation von Indikatoren mit guten Frühwarneigenschaften, sog. vorauseilenden Indikatoren („leading indicators").

(c) Ermittlung von Soll-Werten und Toleranzbereichen für die Indikatoren.

(d) Erhebung der Indikatoren-Ausprägungen.

(e) Auswertung und Verarbeitung der Ergebnisse auf der Grundlage bestehender Zusammenhänge.

Im Gegensatz zur 1. Generation findet bei den FES der 2. Generation eine systematische, ständige und gerichtete Suche nach relevanten internen und externen Entwicklungen statt. Dabei wird bei entsprechender Indikatorenauswahl prinzipiell auch eine Erfassung qualitativer Faktoren möglich. Die exakte Terminierung des Eintretens einer Diskontinuität ist der Entdeckung an sich untergeordnet.

Ein derartiges FES kann als **betriebsindividuelles System** auf die konkreten Bedürfnisse einer Unternehmung zugeschnitten werden. Als **überbetriebliches System** kann es für eine in Bezug auf bestimmte Kriterien relativ homogene Gruppe von Unternehmungen, z.B. eine Branche, konzipiert werden.

Abb. 4-9 zeigt eine Zusammenstellung von Beobachtungsfeldern und zugehörigen Indikatoren für ein betriebliches FES.

Beobachtungsfeld		Indikatoren (Auswahl)
Weitere Umwelt	Gesamtwirtschaft	Veränderungen des Sozialproduktes, des Geldwertes, der Zahlungsbilanz, der Wechselkurse, des Ifo-Geschäftsklimaindex
	Bevölkerung	Geburtenrate, Altersstruktur, Mobilität
	Technologie	Produkt- und Prozessinnovationen
	Politik	Parteiengefüge, Regierungswechsel, Gesetzesinitiativen, Internationale Abkommen, Wahlergebnisse
	Gesellschaft	Wertewandel
Nähere Umwelt	Marktpotenzial	Zahl u. Auftragsvolumen der Abnehmer Position der Produkte im Produktlebenszyklus
	Marktstruktur	Nachfrageverhalten der Abnehmer Marketingpolitik (Preise, Konditionen etc.) und Wettbewerbsstrategie der Konkurrenten Preise, Konditionen und Verhandlungsstärke der Lieferanten
Unternehmen	Leistungsprozess	Stückkosten, Fehlerquote, Reklamationen
	Kapital	Rentabilität, Cash Flow, Eigenkapitalquote
	Personal	Weiterbildungsangebot und –nachfrage
	Technologie	Länge der Entstehungszyklen, Automatisierungsgrad
	Organisation	Delegationsgrad, Flexibilität
	Unternehmenskultur	Fluktuation der Mitarbeiter, Außenkontakte
	Information	Informationsfluss bzw. –menge, Internetzugang

Abb. 4-9: Beobachtungsfelder und Indikatoren in der Industrie

Schwierigkeiten beim Aufbau eines derartigen FES bereitet die Auswahl von Beobachtungsfeldern und Indikatoren. Die Beobachtungsfelder müssen die relevanten Bereiche abdecken, die Indikatoren müssen in der Lage sein, Chancen und Risiken rechtzeitig zu signalisieren. Es gilt, Indikatoren mit guten Frühwarneigenschaften zu finden. Bei der Festlegung der Toleranzbereiche ergeben sich ebenfalls Probleme. Abweichungen werden häufig erst in Verbindung mit bestimmten Ausprägungen anderer Indikatorwerte bedeutsam oder kritisch, so dass eine Ex ante-Festlegung von Toleranzbereichen nicht sinnvoll erscheint. Hinzu kommen Messprobleme bei qualitativen Größen.

Neben diesen methodischen Problemen bestehen **zwei fundamentale Schwachpunkte**:

- Trotz der prinzipiellen Möglichkeit der Berücksichtigung qualitativer Einflussgrößen (sog. soft facts) **dominieren** bei der praktischen Umsetzung zumeist **quantitative Größen**. Die „hard fact-Gläubigkeit" wird durch die systembedingte Fixierung von Soll-Werten und Toleranzbereichen noch gefördert.
- Der zweite und zugleich größte Schwachpunkt der FES der 2. Generation ist die **Gerichtetheit**: Durch die Ausrichtung auf Beobachtungsfelder und Indikatoren werden bestimmte Bereiche der Umwelt ausgeblendet. Das Vorgehen ist vergleichbar mit der Verwendung eines Teleobjektivs in der Fotografie: Der selektierte Bereich wird genau beobachtet, Details und Veränderungen werden sichtbar. Bereiche, die außerhalb des Blickwinkels des Objektivs (der Beobachtungsfelder) liegen, werden hingegen von der Beobachtung ausgeschlossen. Da in einer dynamisch-komplexen Umwelt Bereiche, die heute noch bedeutungslos scheinen, plötzlich wichtig werden können, ist ein gerichtetes Vorgehen, wenngleich es als Methode zur Reduktion der Komplexität sinnvoll erscheint, stets kritisch zu beurteilen. Die Gefahr, unternehmensbedrohliche Risiken oder strategische Chancen zu übersehen, ist bei einem solchen System groß.

Die FES der 2. Generation werden damit den Anforderungen an ein Management externer Informationen, insbesondere der Eignung zur rechtzeitigen Entdeckung von Diskontinuitäten, nur bedingt gerecht. Als Antwort auf die zentrale Schwäche der Konzepte dieser Generation, ihre Gerichtetheit, wurde eine 3. Generation von Früherkennungssystemen entwickelt.

[3] FES der 3. Generation

Ziel der Ansätze der 3. Generation ist eine verstärkte **strategische Orientierung**, der Ausbau zum strategischen FES.

Die Systeme sollen ungerichtet sein und bereits erste Anzeichen u.U. relevanter Entwicklungen anzeigen. Man löst sich deshalb von den indikatorgestützten Systemen und versucht eine Art **„strategisches Radar"** zu entwickeln. Mit Hilfe eines derartigen Radars sollen die gesamte Umwelt der Unternehmung und die Unternehmung selbst permanent auf Anzeichen für Veränderungen hin überwacht werden. Primär geht es um die Aufnahme sog. **Schwacher Signale**, Informationen vorwiegend qualitativer Natur, die relevante Veränderungen frühestmöglich anzeigen sollen.

Das Mitte der 70er Jahre von *Ansoff* entwickelte **Konzept der Schwachen Signale** ist bis heute die zentrale Arbeit und Grundlage für weiter gehende Forschungen auf diesem Gebiet. Das Konzept der Schwachen Signale ist weitgehend identisch mit dem, was unter FES der 3. Generation verstanden wird. Zur historischen Entwicklung der FES vgl. *Krystek/Müller-Stewens* [Frühaufklärung].

Aufgrund seiner großen Bedeutung wird dem Konzept der Schwachen Signale der folgende Abschnitt gewidmet. Abb. 4-10 soll die Idee, welche mit dieser 3. Generation verfolgt wird, nämlich die frühzeitige Erkennung von Ursachen diskontinuierlicher Entwicklungen (z.B. Modetrends), verdeutlichen.

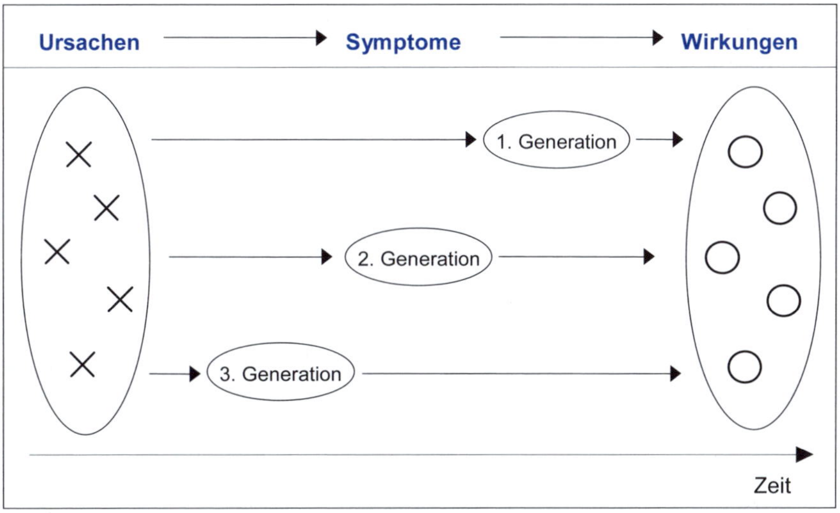

Abb. 4-10: Früherkennungskompetenz von FES-Generationen

3.4 Konzept der Schwachen Signale

„Begreife die Vergangenheit und Du lernst die Zukunft."

Arabisches Sprichwort

3.4.1 Thesen

Vor dem Hintergrund einer dynamisch-turbulenten Umwelt und dem verstärkten Auftreten von Diskontinuitäten einerseits und einer wachsenden Unzufriedenheit mit den bestehenden FES-Konzeptionen der 1. und 2. Generation andererseits entwickelte *Ansoff* Mitte der 70er Jahre das Konzept der „weak signals" (vgl. *Ansoff* [Schwache Signale]).

Zur Sicherung des langfristigen Erfolges einer Unternehmung muss in einer dynamisch komplexen Umwelt die kurzfristige, meist unter extremem Zeitdruck stattfindende **„Ad-hoc-Reaktion"** auf eine Diskontinuität der langfristigen **„strategischen Aktion"** weichen. Die Möglichkeit eines rechtzeitigen Reagierens, das damit sukzessive zu einem Agieren wird, hängt nach *Ansoff* von folgenden beiden Variablen ab:

- **Umweltdynamik** (Geschwindigkeit, mit der Umweltveränderungen (Chancen/Risiken) auftreten),
- **Unternehmensreagibilität** (Reaktionsgeschwindigkeit der Unternehmungen auf Umweltveränderungen).

Zu diesen Variablen stellt *Ansoff* zwei für seine Konzeption tragende **Thesen** auf:

[1] Die Umweltdynamik hat sich erhöht.

Damit ist die Zeitspanne zwischen der Identifikation einer Diskontinuität und ihrer Wirkung auf die Unternehmung kleiner geworden.

[2] Die Unternehmensreagibilität hat sich verschlechtert.

Der Zeitraum, welche eine Unternehmung benötigt, um auf wahrgenommene Diskontinuitäten zu antworten, hat zugenommen.

These 1 lässt sich u.a. mit folgenden Argumenten begründen:

- Die Globalisierung der Märkte erleichtert dem Kunden den Wechsel des Anbieters,
- Technologische Fortschritte, vor allem im Bereich der Informations- und Kommunikationstechnologie (globale Vernetzung) verbessern die Informationslage des Nachfragers (z.B. über Internet),
- Aufgeschlossenheit und Mobilität der Gesellschaft bzw. der Wertewandel verkürzen die Marktzyklen von Produkten und verändern die Märkte (Tendenz zu Nachfragermärkten).

These 2 kann vor allem mit strukturellen, die Flexibilität der Unternehmungen reduzierenden Gründen gestützt werden:

- Mis-Fit von Struktur und Strategie: Den Diversifikations- oder Internationalisierungsstrategien stehen z.T. traditionelle Organisationskonzepte gegenüber.
- Die technologische Komplexität von Produkten und Verfahren verlängert die Entstehungszyklen der Produkte. Hinzu kommen oft langwierige Genehmigungsverfahren (etwa bei Bauprojekten).
- Ein zunehmender Einfluss externer Bereiche auf die Unternehmensentscheidungen (Politik, Gewerkschaften, Verbände, Bürgerinitiativen etc.) verlängert die Entscheidungswege.

Während die erste These allgemein akzeptiert wird, war These 2 seit jeher umstritten. Gerade die 80er Jahre waren durch **Flexibilisierungsbestrebungen** der Unternehmungen gekennzeichnet. Als flexibilitätssteigernde Entwicklungen können flexible Fertigungs- und Montagesysteme im Bereich der Produktion, Fortschritte auf dem Gebiet der Informations- und Kommunikationstechnologie sowie neue Formen der Organisation (Divisionale Organisation, Holding-Konzepte oder Prozessorganisation) genannt werden.

3.4.2 Konzeption

Aus den beiden genannten Thesen leitet *Ansoff* folgende Erkenntnisse und Konsequenzen ab:

- Diskontinuitäten kündigen sich durch Schwache Signale an.
- Schwache Signale müssen erkannt und verarbeitet werden.
- Angepasste strategische Reaktionen auf Schwache Signale sind möglich und sinnvoll.

[1] Diskontinuitäten kündigen sich durch Schwache Signale an

Ansoff geht davon aus, dass Diskontinuitäten nicht plötzlich auftreten, sondern Ergebnisse von Entwicklungen sind, also eine Vorgeschichte haben. Die Indikatoren der FES der 2. Generation haben also Vorläufer, die bereits frühzeitig Hinweise auf eine bevorstehende Diskontinuität liefern. Derartige Anzeichen und Hinweise werden als **Schwache Signale (weak signals)** bezeichnet. Schwache Signale liegen meist nicht in Form von Zahlen vor, sondern sind i.d.R. qualitativer Natur. Es kann sich dabei etwa um Meinungen und Stellungnahmen bestimmter Persönlichkeiten, Experten oder Institutionen handeln oder um Verhaltensweisen spezifischer Gruppen in artverwandten Bereichen.

Beispiel: Die Beobachtung des **Wertewandels** sowie daraus abgeleiteter Verhaltens- und Nachfrageveränderungen ist eine wichtige Aufgabe bei der **strategischen Produkt- und Programmgestaltung**. Die Zunahme des ökologischen Bewusstseins in den 80er und 90er Jahren, verstärkt durch die beginnende Verknappung fossiler Brennstoffe, dürfte ebenso wie das verstärkte Freizeit- und Spaßbedürfnis bei vielen Verbrauchern einen Wandel ihrer Einstellung gegenüber dem Produkt «Auto» angezeigt haben.

Die Automobilindustrie hat daraus ihre Schlüsse gezogen und ihre Modellpaletten verändert und verbreitert. Das Auto dürfte zukünftig tendenziell für weniger Menschen ein «Prestigeobjekt» sein, für viele Menschen hingegen Gebrauchsgegenstand, ja vielleicht sogar ein «notwendiges Übel», das jedoch möglichst wirtschaftlich und umweltverträglich sein soll und zugleich einen hohen Freizeitwert besitzen muss. Der *Smart* sowie Van- und Offroad-Modelle sind Beispiele hierfür. Und immer mehr Modellklassen werden mit alternativen Energie- und Antriebsformen (Gas, Strom, Hybrid) angeboten, allesamt Ergebnisse dieses Erkenntnisprozesses.

[2] Schwache Signale müssen erkannt und verarbeitet werden

Gelingt es, Schwache Signale zu erkennen und zu verarbeiten, so wird die Wahrnehmungszeit verkürzt und damit Zeit für ein gezieltes Agieren an Stelle eines Reagierens unter erhöhtem Zeitdruck gewonnen (vgl. Abb. 4-8).

Das **Erkennen** Schwacher Signale geschieht durch ein ungerichtetes Abtasten des Umfeldes der Unternehmung. Ziel ist es, aus der Fülle von Signalen gerade diejenigen herauszufiltern, die strategisch relevante Umweltveränderungen anzeigen könnten. Diese Basisaktivität wird als **Scanning** bezeichnet. Für die Umsetzung des Scanning bietet sich der Stakeholder-Ansatz an (vgl. S. 112ff.). Er ist geeignet, das Suchfeld für die strategische Früherkennung weit und gezielt genug abzugrenzen (vgl. *Göbel* [Stakeholderansatz]).

Wahrgenommene Schwache Signale sind anschließend zu **verarbeiten**. Im Rahmen einer tiefergehenden Analyse soll festgestellt werden, ob das Signal tatsächlich Relevanz für die Unternehmung besitzt. Trifft dies zu, so ist weiter zu untersuchen, welche Veränderungen es impliziert, wann diese zu erwarten sind und wie diese auf die Unternehmung wirken könnten. Diese zweite Basisaktivität wird **Monitoring** genannt.

Zur **Erklärung** der Wirkungsweise einer Diskontinuität, die durch ein Schwaches Signal angekündigt wird, können **Diffusionsfunktionen**, allgemeine Muster für das Verbreiten von Ideen und auslösenden Ereignissen in der Gesellschaft, als theoretische Basis dienen (*Krampe/Müller* [Diffusionsfunktionen], *Battelle* [Radar]). Die Erkenntnisse empirischer Forschungen der strategischen Planung (PIMS, Produktlebenszyklusanalyse, (Preis-)Erfahrungskurvenkonzept) können ebenfalls zur Erklärung möglicher Entwicklungen herangezogen werden.

Die wahrgenommenen Signale haben nicht alle den gleichen Ungewissheitsgrad. Dieser ist umso höher, je frühzeitiger das Signal beobachtet wird. Im Zeitablauf nimmt der Grad der Ungewissheit kontinuierlich ab.

Ansoff unterscheidet fünf Grade der Ungewissheit. Folgende **drei Grade der Ungewissheit** sind wesentlich:

(a) Anzeichen der Bedrohung oder Chance sind vorhanden; es macht sich die Überzeugung breit, dass eine Diskontinuität bevorsteht.

(b) Die Ursachen der Bedrohung oder Chance sind sichtbar (z.B. eine technologische Veränderung).

(c) Die Wirkungen der Bedrohung oder Chance machen sich im Zahlenwerk des Unternehmens bemerkbar.

[3] Angepasste strategische Reaktionen auf Schwache Signale sind möglich und sinnvoll

Inwieweit ein FES zum Erfolg der Unternehmung beitragen kann, hängt entscheidend davon ab, ob es gelingt, auf die wahrgenommenen und interpretierten Signale mit Hilfe geeigneter Strategien adäquat zu reagieren.

Ansoff unterscheidet Strategien der Wahrnehmung, Strategien zur Steigerung der Flexibilität der Unternehmung und Strategien der gezielten Reaktion auf Chancen und Risiken. Je nachdem, ob die Reaktion nach innen oder nach außen gerichtet ist, unterscheidet *Ansoff* **sechs alternative Reaktionstrategien**:

Reaktionsstrategien / Reaktionsbereich	Direkte Reaktion	Flexibilität	Wahrnehmung
Reaktionen nach außen	Unternehmensexternes Handeln	Externe Flexibilität	Umweltwahrnehmung
Reaktionen nach innen	Unternehmensinterne Bereitschaft	Interne Flexibilität	Selbstwahrnehmung

Abb. 4-11: Alternative Reaktionsstrategien (nach *Ansoff* [Schwache Signale] 243)

Diese Strategietypen haben den Charakter globaler Basisstrategien. Ihre Implementierung erfordert eine Konkretisierung. Die Übersicht in Abb. 4-12 beschreibt Maßnahmen zur Umsetzung dieser Basisstrategien.

Bei der Auswahl eines Strategietyps orientiert sich *Ansoff* an den verfügbaren Informationen resp. am Ungewissheitsgrad. In diesem Vorgehen ist eine fundamentale Abkehr von der bis dahin gültigen Planungspraxis zu sehen. Es wird nicht von einem bestimmten Strategieansatz ausgegangen und die dafür notwendige Information beschafft, sondern in Abhängigkeit von einem bestimmten Informationsstand werden die Reaktionsstrategien bestimmt. Die **Strategie** (Reaktion) ist also eine **Funktion der verfügbaren Information**. *Ansoff* trifft schließlich die in Abb. 4-13 beschriebene Zuordnung von Reaktionsstrategien zu den beschriebenen drei Graden der Ungewissheit.

Umweltwahrnehmung

- Gesamtwirtschaftliche Prognosen
- Absatzanalyse und –prognose
- Analyse von Bedrohungen und Chancen
- Besuch von Messen

Interne Flexibilität

- Erhöhung der Reaktionsgeschwindigkeit durch Lean Management
- Flexibilisierung der Fertigungssysteme, z.B. durch Inselfertigung
- Flexibilisierung des Arbeitseinsatzes durch Bildung von Teams

Selbstwahrnehmung

- Ergebnisanalyse, z.B. mit Kennzahlen
- Benchmarking
- Analyse kritischer Ressourcen
- Stärken-Schwächen-Analyse

Unternehmensexternes Handeln

- Risikoteilung mit anderen Unternehmen (Kooperation)
- Sicherung des Zugangs zu Ressourcen (z.B. Verlängerung Kredite)
- Aufgabe verlustbringender Märkte oder Veräusserung entsprechender Geschäftsbereiche

Externe Flexibilität

- Ausgleich von Produktlebenszyklen
- Diversifizierung des Unternehmensrisikos
- Begrenzung des Risikoumfanges

Unternehmensinterne Bereitschaft

- Stärkere Nutzung von Fähigkeiten durch Förderung der Motivation
- Ausschöpfung finanzieller und personeller Ressourcen

Abb. 4-12: Maßnahmen zur Umsetzung der Reaktionsstrategien (in Anlehnung an *Ansoff* [Schwache Signale] 243ff.)

Ungewissheitsgrad / Reaktionsstrategie	Anzeichen der Bedrohung (oder Chance) vorhanden	Ursachen der Bedrohung (oder Chance) bekannt	Wirkungen der Bedrohung (oder Chance) sichtbar
Wahrnehmung (Umweltwahrnehmung, Selbstwahrnehmung)	X		
Flexibilität (extern, intern)		X	
Reaktion (unternehmensextern, unternehmensintern)			X

Abb. 4-13: Reaktionsstrategien bei unterschiedlichen Graden der Ungewissheit (nach *Ansoff* [Schwache Signale] 248)

3.4.3 Bewertung

Das Konzept der Schwachen Signale kann bis heute als der Ansatz bezeichnet werden, der auf dem Gebiet der Früherkennung die meisten Erkenntnisse vermittelt: Mehr als die Wahrnehmung und Interpretation Schwacher Signale scheint nicht möglich zu sein. Fortschritte sind indes bei der methodischen Unterstützung und der organisatorischen Umsetzung des Konzepts möglich. Eine ausführliche Erörterung der Stärken und Schwächen sowie der Einsatzmöglichkeit in der betrieblichen Praxis erfolgt im Rahmen der Konzeption eines Diskontinuitätenmanagements im nächsten Abschnitt. Einige **Probleme** des Konzepts der Schwachen Signale seien an dieser Stelle dennoch genannt:

- Eine allgemeine Beantwortung der **Frage, was denn nun Schwache Signale genau sind**, ist nicht möglich. Allenfalls eine globale Charakterisierung durch Eigenschaften wie „vage“ oder „unbestimmt“ scheint realistisch. Entsprechend unpräzise bleiben auch die Handlungsanweisungen bezüglich der Wahrnehmung Schwacher Signale. Letztlich sind diese nur von der jeweiligen Unternehmung selbst in ihrer spezifischen Umweltsituation zu konkretisieren. Eine Vorabbenennung Schwacher Signale würde einem Rückschritt in Richtung FES der 2. Generation gleichkommen, denn sie würde zwangsläufig zu einem Katalog von Indikatoren führen.
- Die Effizienz eines derartigen FES hängt entscheidend von der **Umfeld-Sensibilität**, der **Kreativität** und der **Motivation** der Mitarbeiter ab. Defizite im „Können“ und v.a. „Wollen“ der Mitarbeiter führen häufig dazu, dass auch ein FES auf der Basis Schwacher Signale grundsätzlich nicht alle Diskontinuitäten rechtzeitig erkennen kann.

Im nächsten Abschnitt soll die Konzeption eines Diskontinuitätenmanagements unter besonderer Berücksichtigung der damit verbundenen Implementierungsprobleme erarbeitet werden.

3.5 Diskontinuitätenmanagement

3.5.1 Aufgaben

Nach *Schoemaker* ([Planning] 38) gibt es Dinge, von denen wir wissen, dass wir sie wissen, Dinge, von denen wir wissen, dass wir sie nicht wissen, und Dinge, von denen wir nicht wissen, dass wir sie nicht wissen. Die dritte Kategorie stellt die wesentliche Quelle für Diskontinuitäten dar.

Diskontinuitäten sind Umweltveränderungen, die in ihrer Art und Wirkungsweise völlig neuartig und nahezu nicht vorhersagbar, zugleich aber von großer Bedeutung für die Unternehmung sind. Führt die Wirkung von Diskontinuitäten zu beträchtlichen, nachhaltigen sowie existenzgefährdenden negativen Konsequenzen, wird von der **Krise** gesprochen.

Das **Diskontinuitätenmanagement** zielt auf die rechtzeitige Erkennung, Verarbeitung und Bewältigung von Diskontinuitäten.

In der angelsächsischen Literatur wird das Diskontinuitätenmanagement als „Strategic Issue Management" bezeichnet.

Aus **funktionaler Sicht** umfasst das Diskontinuitätenmanagement alle Aktivitäten zur Entdeckung, Interpretation und Bewältigung von Diskontinuitäten. Aus **institutioneller Sicht** bezeichnet das Diskontinuitätenmanagement den Personenkreis innerhalb einer Unternehmung, der mit diesen Aufgaben betraut ist.

Der Aufgabenkomplex „Erkennen, Verarbeiten und Bewältigen von Diskontinuitäten" kann gedanklich in zwei unterschiedliche Vorgehenskonzepte gegliedert werden:

[1] Ex post-Bereitschaft

Bei der Ex post-Bereitschaft werden die Aktivitäten auf die Generierung eines generellen Reaktionspotenzials zur Bewältigung bereits eingetretener Diskontinuitäten ausgerichtet. Die Bestrebungen, Veränderungen möglichst früh zu erkennen, treten in den Hintergrund. Das Eintreten einer Diskontinuität wird also zunächst abgewartet, dann wird versucht, ihr mit Hilfe des geschaffenen Reaktionspotenzials zu begegnen.

[2] Ex ante-Bereitschaft

Die Ex ante-Bereitschaft setzt bereits früher an. Ziel ist das möglichst frühzeitige Erkennen von diskontinuierlichen Entwicklungen mit Hilfe geeigneter Instrumente. In einem zweiten Schritt sollen Techniken zum Einsatz kommen, um den erkannten Veränderungen adäquat zu begegnen.

Während bei der **Ex post-Bereitschaft** die **Reaktion** im Vordergrund steht, strebt die **Ex ante-Bereitschaft** eine Verknüpfung von **frühzeitigem Erkennen und Bewältigen** der Diskontinuität an.

Die beiden Konzepte bilden die **Grundpfeiler** eines effizienten Diskontinuitätenmanagements. Die Ex ante-Bereitschaft schafft bei rechtzeitigem Erkennen von Veränderungen Handlungsspielräume, Aktion tritt an die Stelle von Reaktion. Da aber die Ex ante-Bereitschaft keine Garantie für die rechtzeitige Erkennung aller relevanten Diskontinuitäten geben kann, sollte eine Unternehmung auch der Ex post-Bereitschaft entsprechende Aufmerksamkeit widmen (vgl. *Ansoff* [Schwache Signale] 235). Die beiden Konzepte widersprechen sich nicht. In der Unternehmenspraxis können beide Aktivitätsfelder nicht voneinander getrennt werden, es lassen sich lediglich unterschiedliche **Schwerpunkte** setzen.

Im Folgenden wollen wir Formen der instrumentellen Unterstützung von Ex ante- und Ex post-Bereitschaft untersuchen (vgl. Abb. 4-14).

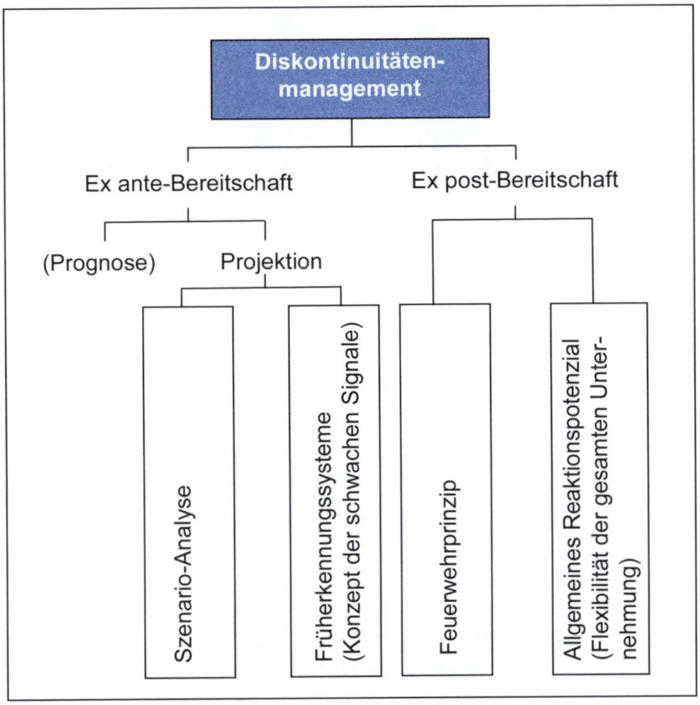

Abb. 4-14: Instrumente des Diskontinuitätenmanagements

3.5.2 Instrumente

[1] Instrumente der Ex post-Bereitschaft

Im Rahmen der Ex post-Bereitschaft wird die **Flexibilität** zum obersten Postulat. Die Steigerung der Flexibilität darf aufgrund der Unvorhersehbarkeit zukünftiger Entwicklungen nicht auf einzelne Funktionen oder Bereiche begrenzt sein, sondern muss auf der Potenzialebene ansetzen. Sowohl die strategischen Potenziale der Leistungsebene (Technologie, Personal, Kapital und Leistungsprozess) wie auch jene der Führungsebene (Planung, Kontrolle, Organisation, Unternehmenskultur, Information) müssen flexibel gestaltet werden. Auch das Teilsystem „Information“ selbst ist also flexibel zu gestalten. Vorschläge und Maßnahmen zur Flexibilisierung der einzelnen Potenziale finden sich in den jeweiligen Teilen dieses Buches.

Zur Unterstützung der Ex post-Bereitschaft kann die Installation einer **„Feuerwehr“** im Unternehmen dienen. Dabei handelt es sich um ein Team, dessen Aufgabe es ist, nach festgestellter Diskontinuität eine Analyse der Situation durchzuführen und Lösungsvorschläge (Reaktionsstrategien bzw. Ad hoc-Maßnahmen) auszuarbeiten. Diese Arbeit erfolgt i.d.R. unter extremem Zeitdruck. An die Team-Mitglieder sind daher Anforderungen wie erhöhte Belastbarkeit, Flexibilität, Kreativität und Bereitschaft zu inkrementalem Vorgehen zu stellen. Ein derartiges Team kann auf Dauer eingerichtet sein oder bei Bedarf aus vorselektierten Mitarbeitern aktiviert werden. Die interdisziplinäre Zusammensetzung und die Ergänzung um externe Berater bei bestimmten Problemen sind weitere Kennzeichen einer derartigen „Feuerwehr".

Beispiel: Große Unternehmen verfügen häufig über permanent institutionalisierte «Feuerwehr-Teams». Der Bereich «Inhouse-Consulting» von *Siemens* oder das «Center for Strategic Projects» der *Deutschen Telekom* können neben der strategischen Beratung der Konzerngesellschaften auch eine Feuerwehrfunktion wahrnehmen. Je nach Problemlage werden Teams zusammengestellt, die in den bedrohten Bereichen Ursachen analysieren und Lösungen implementieren sollen.

[2] Instrumente der Ex ante-Bereitschaft

Die erste Komponente der Ex ante-Bereitschaft, das **Erkennen** von Diskontinuitäten, kann vor allem durch **Projektionsverfahren** unterstützt werden, da Prognoseverfahren nicht oder nur sehr eingeschränkt zur Erkennung von Diskontinuitäten geeignet sind (vgl. S. 295ff.). Besondere Eignung weisen dabei die Szenario-Analyse und das Konzept der Schwachen Signale auf.

Bei der Wahl des Instrumentariums handelt es sich aber nicht um eine „Entweder-Oder-Entscheidung", sondern um die optimale Kombination der einzelnen Verfahren. Ziel ist die Herstellung eines **Methodenverbundes**, mit dem eine hohe Wahrscheinlichkeit der Erkennung relevanter Umweltveränderungen erreicht wird. Im Rahmen der Szenario-Analyse erkannte Beziehungen zwischen einzelnen Indikatoren können die Aufmerksamkeit bei der Früherkennung auf neue Beobachtungsfelder lenken bzw. die Sensibilität gegenüber bestimmten Entwicklungen steigern. Umgekehrt kann die Szenario-Analyse Frühinformationen als Störereignisse verarbeiten und so zu „besseren" Szenarien gelangen (vgl. S. 295ff. und *Bea/Haas* [Früherkennung]).

Die zweite Komponente der Ex ante-Bereitschaft, die **Bewältigung** der Diskontinuitäten, fordert den Aufbau eines **Handlungs- oder Reaktionspotenzials**. Dieses bildet die Schnittmenge von Ex ante-Bereitschaft und Ex post-Bereitschaft. Die Ex post-Bereitschaft greift auf dieses Potenzial vor dem Hintergrund der Ad hoc-Reaktion und des Feuerwehrprinzips zu. Die Ex ante-Bereitschaft baut auf der frühzeitigen Erkennung auf, Aktion/Reaktion sind Funktionen des Informationsgrades und bedienen sich ebenfalls des genannten Potenzials.

3.5.3 Implementierung

[1] Implementierungsprobleme

Die praktische Umsetzung der Früherkennung und die Handhabung von Diskontinuitäten schaffen in Unternehmen häufig Probleme. Ein Grund hierfür besteht darin, dass Diskontinuitätenmanagement oft als eine Aufgabe verstanden wird, die an eine abgegrenzte organisatorische Einheit, bspw. einen Stab, oder an eine Unternehmensberatung delegiert werden kann. An verschiedenen Stellen wurde jedoch bereits darauf hingewiesen, dass das Diskontinuitätenmanagement eine Aufgabe darstellt, an der sämtliche Mitglieder einer Unternehmung, insbesondere aber das Top-Management selbst, beteiligt sein müssen.

Die häufigsten Probleme bei der Umsetzung eines Diskontinuitätenmanagements sollen stichwortartig genannt werden:

- **Systembezogene Probleme**
  - Methodenprobleme (bei der Erfassung Schwacher Signale),
  - Theorieprobleme (bei der Interpretation Schwacher Signale).
- **Organisatorische Probleme**
  - Unklare Zuständigkeiten („Dafür bin ich nicht verantwortlich.“),
  - Versickerungseffekte in der Hierarchie,
  - Lethargie aufgrund schlechter Erfahrungen („Auf mich hört sowieso keiner.“),
  - Fehlen von Anreizsystemen.
- **Personale Probleme**
  - Mangel an Umfeld-Sensibilität,
  - Ausschließliche Orientierung an Zahlen (hard facts),
  - Überheblichkeit gegenüber drohenden Gefahren.

Die im System des Diskontinuitätenmanagements selbst begründeten Probleme erhalten ihre Bedeutung insbesondere im Zusammenhang mit den organisatorischen und den personalen Eigenschaften der Organisationsmitglieder. Die Überwindung der Implementierungsprobleme kann deshalb weniger durch methodisch instrumentelle Unterstützung als vielmehr durch die Schaffung geeigneter Rahmenbedingungen erfolgen.

[2] Ansatzpunkte zur Überwindung der Implementierungsprobleme

Diskontinuitätenmanagement ist mit Blick auf die genannten Problembereiche erst in zweiter Linie eine Frage der Methodik und der Instrumente. In erster Linie ist es eine Frage von **Unternehmenskultur und -struktur**. Strukturelle und kulturelle Rahmenbedingungen scheinen geeignet, die angesprochenen Probleme zumindest teilweise beheben oder abschwächen zu helfen. Die erfolgreiche Implementierung des Diskontinuitätenmanagements besteht demzufolge aus organisatorischen und kulturverändernden Maßnahmen. Ein Patentrezept oder Ablaufprogramme der Implementierung gibt es daher nicht.

Auf die Probleme der Organisationsgestaltung wird in Teil 5, auf die der Kulturgestaltung in Teil 6 ausführlich eingegangen. An dieser Stelle wollen wir uns deshalb auf die Formulierung von „Soll-Konzepten“ beschränken.

- **Entwicklung einer „Informations-Kultur“**

Eine **Informations-Kultur** ist eine wichtige Voraussetzung für die Überwindung der psychologischen Barrieren. Sie weist u.a. folgende **Merkmale** auf:

- Sensibilität für die Bedeutung der Umwelt (globales, vernetztes Denken),

- hohes Informationsbewusstsein (Informationen, insbesondere über Umweltveränderungen, können von strategischer Bedeutung sein),
- Kommunikationsbereitschaft (Verbesserung des organisationsinternen Informationsflusses),
- Kreativität (Denken in Alternativen, Querdenker sind erwünscht),
- Innovationsfreude (neue Ideen sind eine Bringschuld).

- **Schaffung geeigneter organisatorischer Voraussetzungen**

Wahrnehmung und Verarbeitung von Informationen über Schwache Signale sind abhängig von zwei Komponenten:

- Dem Können und
- dem Wollen.

Das **Können** wird u.a. positiv beeinflusst durch die Marktnähe der Unternehmung. Die Divisionale Organisation ist daher für ein Diskontinuitätenmanagement besser geeignet als funktionale Strukturen. Das **Wollen**, also die Bereitschaft zur aktiven Unterstützung der Umweltwahrnehmung, wird in dem Maße gefördert, wie unternehmerisches Handeln bzw. Eigeninitiative in eine Unternehmung eingebracht werden. Die Delegation von Entscheidungsbefugnissen ist in diesem Zusammenhang ein geeignetes Mittel. Die Profit Center-Organisation bietet zum einen die erforderliche Nähe zum Markt und verbessert damit die Sensibilität für die Umwelt. Sie fördert zum anderen auch die Bereitschaft zur Implementierung eines Diskontinuitätenmanagements, da die organisatorischen Einheiten von den Folgen einer Krise unmittelbar betroffen sind. Da auch das Holding-Konzept weitgehend selbstständige und flexible Einheiten hervorbringt, scheint es gute Voraussetzungen für ein Diskontinuitätenmanagement zu bieten.

Die dargestellten Ansatzpunkte müssen konkretisiert und der spezifischen Situation der anwendenden Unternehmung angepasst werden. Der **Implementierungserfolg** hängt letztlich von dieser Konkretisierung durch die Unternehmung selbst ab und kann - wie oben erwähnt - nicht durch eine Patentlösung erkauft werden.

4 Management interner Informationen

4.1 Anforderungen an eine strategische Unternehmensrechnung

Wettbewerbsstrategien bringen zum Ausdruck, wie eine Unternehmung ihre Stärken und Schwächen einsetzen will, um den Anforderungen aus ihrer Umwelt, den Chancen und Risiken, erfolgreich zu begegnen. Das strategische Informationsmanagement darf deshalb keine einseitige Fokussierung auf externe Informationen vornehmen, sondern muss ebenso Informationen über interne, die Stärken und Schwächen der Unternehmung betreffende Faktoren und Entwicklungen liefern. In Abschnitt 2.1 haben wir die Grundzüge eines strategischen Managements interner Informationen (kurz ausgedrückt: einer **strategischen Unternehmensrechnung**) entworfen (vgl. Abb. 4-1, S. 274):

Strategien sind Maßnahmen zur Sicherung des langfristigen Erfolges eines Unternehmens. Da eine Strategie eine neuartige Aufgabe darstellt, kann sie auch als Projekt definiert werden. Informationen über die Wahl einer Strategie lassen sich demzufolge aus **Projektrechnungen** gewinnen. Sie bilden die mit einer Strategie verbundenen Zahlungsvorgänge ab.

Potenziale wie etwa Personal und Kapital stellen als Speicher spezifischer Fähigkeiten die Grundlage von Strategien dar. Die **Potenzialrechnung** muss somit Informationen über diese Potenziale liefern. Dabei interessiert neben der Quantität vor allem die Qualität der Potenziale. Die strategische Ausrichtung des potenzialorientierten Informationsmanagements bedeutet, dass neben der Erfassung des aktuellen Potenzialbestands auch Projektionen über den Entwicklungsgrad der Potenziale zu erstellen sind. Die strategische Ausrichtung erfordert auch, dass neben operationalen Größen vor allem qualitative Informationen in die Analyse einbezogen werden.

Die einzelnen Aktivitäten zur Verwirklichung einer Strategie stellen Prozesse dar. Zu ihnen zählt nicht nur der Leistungsprozess (z.B. Beschaffung, Produktion, Absatz), sondern auch der sog. indirekte Leistungsbereich, wie Forschung und Entwicklung oder Verwaltung. Die Potenzialrechnung muss deshalb um eine **Prozessrechnung** ergänzt werden. Die strategische Orientierung des prozessorientierten Informationsmanagements erfordert ebenfalls den Einbezug qualitativer Aspekte und die Berücksichtigung der Entwicklungsmöglichkeiten der Prozesse und der durch sie verursachten Kosten und Erlöse.

Eine strategische Unternehmensrechnung muss folgenden **Anforderungen** genügen:

[1] Informationsorientierung

Das Informationsmanagement ist konsequent am Informationsbedarf bzw. an der Informationsnachfrage der Nutzer, im Wesentlichen der Unternehmensführung, auszurichten.

Neben dieser generellen Informationsorientierung ist auf den spezifischen Informationsbedarf des Strategischen Managements, insbesondere von strategischer Planung und Kontrolle, zu achten. In diesem Zusammenhang sind vor allem die wechselnde, vorab nicht festlegbare Relevanz strategischer Informationsfelder sowie die Globalität, der qualitative Charakter und die Unsicherheit strategischer Informationen hervorzuheben. Das Management interner Informationen darf deshalb nicht nur operationale, vergangenheitsorientierte und sichere Informationen bereitstellen. Diese Leitlinien wirken sich auch auf den Grad der Computerunterstützung im Rahmen des Managements interner Informationen aus (vgl. S. 350ff.).

[2] Strategieorientierung

Die Entscheidung für eine bestimmte Strategie (z.B. Kostenführerschaft oder Differenzierung) führt zu einem spezifischen Informationsbedarf für Folgeentscheidungen innerhalb dieser Strategie. So erfordert die Strategie der Kostenführerschaft eine exaktere Planung und Kontrolle der Kosten, während die Differenzierungsstrategie eine stärkere Einbeziehung der Erlösseite nahe legt (vgl. *Ewert/ Wagenhofer* [Unternehmensrechnung] 269ff.). Zu klären ist in diesem Zusammenhang, ob für alternative Strategien jeweils spezielle Informationssysteme entwickelt und institutionalisiert werden sollen oder ob eine einheitliche, auswertungsneutrale Grundrechnung durch jeweils spezielle, strategieorientierte Auswertungsmodule ergänzt werden kann (Baukastensystem; vgl. das System der relativen Einzelkostenrechnung von *Riebel*).

[3] Markt- und Kundenorientierung

Die Markt- und Kundenorientierung verlangt die Einbeziehung externer, insbesondere marktbezogener Informationen in die interne Unternehmensrechnung. Nicht die Kosten bestimmen den Preis, sondern der erzielbare Preis nimmt Einfluss auf die Höhe der Kosten. Im Rahmen einer Differenzierungsstrategie ist bspw. die frühzeitige Berücksichtigung von prognostizierten Absatzpreisen und damit der Erlöskomponente in der strategischen Kostenrechnung (speziell der Kalkulation) eine wichtige Voraussetzung für die Produktgestaltung und letztlich die Sortimentspolitik. Dasselbe gilt auf der Beschaffungsseite für die Berücksichtigung von Einsatzgüterpreisen und damit die Politik gegenüber den Lieferanten bzw. die Bestimmung der eigenen Fertigungstiefe.

Bezüglich der Wettbewerbssituation ermöglicht erst ein Vergleich der eigenen Kostenposition mit jener von Wettbewerbern die Identifikation von Stärken und Schwächen. Für alle drei genannten Bereiche - Abnehmer, Lieferanten und Wettbewerber - bietet sich die Wertkette als geeignetes Analyseinstrument an (vgl. S. 120ff.). Mit ihr können bspw. der relative Beitrag einzelner Aktivitäten zur Schaffung bzw. Steigerung des Abnehmernutzens erkannt und auf dieser Grundlage Strategien und Maßnahmen entwickelt oder überprüft werden.

Im Folgenden werden die **drei Elemente** eines Managements interner Informationen besprochen:

- Strategische Projektrechnung
- Strategische Potenzialrechnung
- Strategische Prozessrechnung

Strategische Unternehmensrechnung

Anforderungen: Informationsorientierung, Strategieorientierung, Markt- und Kundenorientierung

Arten:

Strategische Projektrechnung
- Discounted Cash Flow-Methode
- Nutzwertanalyse

Strategische Potenzialrechnung
- Humanvermögensrechnung
- Strategische Humanpotenzialrechnung
- u.a.

Strategische Prozessrechnung
- Strategische Kostenanalyse auf Wertkettenbasis
- Target Costing
- Prozesskostenrechnung
- Lebenszyklusorientierte Kosten- und Erlösrechnung

4.2 Strategische Projektrechnung

Definieren wir eine Strategie als Projekt, so lässt sich die Vorteilhaftigkeit einer Strategie mit Hilfe einer Projektrechnung ermitteln. Die Gestaltung der Projektrechnung hängt ab von der Zielsetzung des Entscheidungsträgers und von der Beschaffenheit des Entscheidungsobjektes, also der Strategie.

[1] Geht man davon aus, dass die Entscheidung für oder gegen ein Projekt vom Ziel der Maximierung des Shareholder Value bestimmt wird, so kommt die **Discounted Cash-Flow-Methode** als Instrument zur Strategieevaluierung in Frage. Der Eigentümer (Shareholder) trifft seine Entscheidung anhand von Erwartungen über die Zahlungen (Cash Flows), die ihm aus einer Strategie zufließen werden.

Die **Nutzwertanalyse** bietet sich dann an, wenn im Gegensatz zur Discounted Cash Flow-Methode nicht von einem einzigen und darüber hinaus noch quantitativen Ziel auszugehen ist, sondern von mehreren Zielen, die zum Teil qualitativer Natur sind. Die Maximierung des Nutzwertes liefert das Kriterium für die Wahl der Strategie.

Die Discounted Cash Flow-Methode und die Nutzwertanalyse sind auf S. 195ff. ausführlich beschrieben. Ein Zahlenbeispiel verdeutlicht die Vorgehensweise.

[2] Der **Katalog von Strategien**, die einer Unternehmung zur Verfügung stehen, ist recht umfangreich und variantenreich. So lassen sich etwa nach der Entwicklungsrichtung Wachstumsstrategien, Stabilisierungsstrategien und Desinvestitionsstrategien unterscheiden, nach dem organisatorischen Geltungsbereich Unternehmensstrategien, Geschäftsbereichsstrategien und Funktionsbereichsstrategien. Auf der Geschäftsbereichsebene wiederum ist nach *Porter* ([Wettbewerbsvorteile] 37ff.) zu unterscheiden in Kostenführerschaftsstrategie, Differenzierungsstrategie und Nischenstrategie. Schließlich kann nach dem Grad der Eigenständigkeit zwischen Autonomiestrategien, Kooperationsstrategien und Integrationsstrategien unterschieden werden.

Der Informationsbedarf wird wesentlich von der Beschaffenheit des Strategiewahlproblems beeinflusst. Steht etwa das Unternehmen vor der Frage, ob eine Differenzierungs- oder eine Kostenführerstrategie zu wählen ist, so sind die Schwerpunkte des Informationsbedarfs im einen Falle auf die Kundenpräferenzen und damit auf die Erlösgestaltung sowie die Differenzierungskosten auszurichten, im anderen Falle auf die Maßnahmen eines konsequenten Kostenmanagements (vgl. *Ewert/Wagenhofer* [Unternehmensrechnung] 269ff.). Geht es um die Entscheidung zwischen einer Integrationsstrategie und einer Kooperationsstrategie, so interessieren die Informationen über Transaktionskosten und Koordinationskosten i.S. des Transaktionskostenansatzes (vgl. S. 382ff.).

4.3 Strategische Potenzialrechnung

4.3.1 Aufgaben

Unternehmen wählen Strategien auf der Grundlage ihrer Potenziale. Die Entwicklung von Potenzialen ist insbesondere unter dem Aspekt einer turbulenten, sich diskontinuierlich entwickelnden Umwelt eine Kernaufgabe des Strategischen Managements. Zu denken ist insbesondere an die Bedeutung von Aus- und Weiterbildung als Investitionen in das Humankapital. Der Potenzialrechnung kommt die **Aufgabe** zu, über den Stand und die Entwicklungsmöglichkeiten dieser Potenziale zu informieren. Diese Informationen bilden zusammen mit den externen Informationen die Basis für ihre zielorientierte Gestaltung.

Die Notwendigkeit einer langfristigen Ausrichtung der Potenzialrechnung ergibt sich unmittelbar aus dem Potenzialbegriff („Speicher spezifischer Stärken"; vgl. ausführlich Teil 7, S. 495ff.). Die Langfristigkeit und die notwendige inhaltliche Unbestimmtheit der Potenziale für die Zukunft können einen Verzicht auf eine ausgeprägte Exaktheit der potenzialorientierten Informationen zur Folge haben.

Da neben den strategischen Leistungspotenzialen (vgl. Teil 7) heute vor allem die Bedeutung der Führungspotenziale „Information", „Organisation" und „Unternehmenskultur" hervorzuheben sind, wird klar, dass Potenzialrechnungen meist qualitative Informationen verarbeiten und bereitstellen müssen. Während bei den Leistungspotenzialen ein weit gefasster Begriff des **Accounting** noch zutreffend ist, haben die Informationsaktivitäten bzgl. der Führungspotenziale primär den

Charakter des **Monitoring** (vgl. Abb. 4-15), d.h. einer Messung, Bewertung und Überwachung anhand qualitativer und - soweit möglich - quantitativer Kriterien.

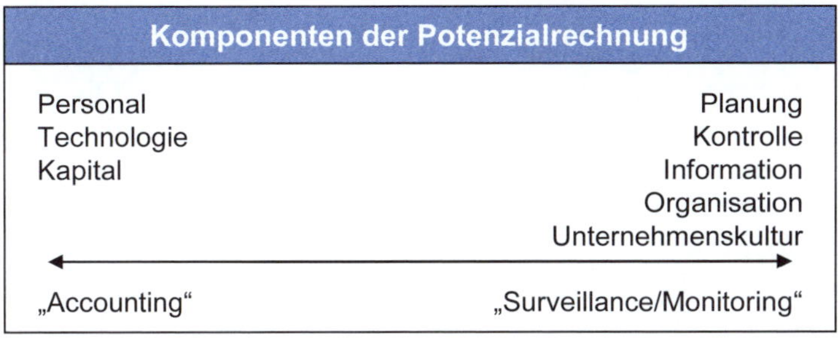

Abb. 4-15: Komponenten der Potenzialrechnung

4.3.2 Verfahren

Im Folgenden wollen wir darstellen, welche Konzepte oder **Verfahren der Potenzialrechnung** bereits existieren bzw. welche Anforderungen an solche Konzepte im Einzelnen zu stellen wären. Dabei wollen wir den Leistungsprozess selbst, der ohne Zweifel auch ein Potenzial im strategischen Sinne darstellt (vgl. Teil 7), ausklammern. Hier sind prozessorientierte Konzepte, wie sie im folgenden Abschnitt behandelt werden, aussagekräftiger (vgl. S. 324ff.).

[1] Der **personalorientierten Potenzialrechnung** kommt die Aufgabe zu, Informationen über die Ressource „Personal" bereitzustellen. Der Wert dieser Informationen ist in den letzten Jahren beträchtlich gewachsen, da das Personal im Rahmen des Strategischen Managements erheblich an Bedeutung gewonnen hat.

Wir unterscheiden **zwei Ansätze** einer personalorientierten Potenzialrechnung:

- Die Humanvermögensrechnung (Human Resource Accounting) und
- die Strategische Humanpotenzialrechnung.

(a) Humanvermögensrechnung (Human Resource Accounting)

Die strikte Sachgüter- und Zahlungsorientierung des traditionellen Rechnungswesens ist neben einer Reihe historischer, juristischer und ethischer Gründe die zentrale Ursache dafür, dass bis heute das Humanvermögen einer Unternehmung sowohl im internen als auch im externen Rechnungswesen nicht bzw. nur rudimentär berücksichtigt wird.

> **Beispiel für die Einstellung zur rechnerischen Erfassung des Humankapitals:**
>
> Der Begriff „Humankapital" ist in Deutschland zum Unwort des Jahres 2004 gewählt worden. Begründung der Jury: Die Bezeichnung degradiere nicht nur Arbeitskräfte in Betrieben, sondern mache den Menschen allgemein zu einer nur

noch ökonomisch interessanten Größe. So werde die primär ökonomische Bewertung aller Lebensbezüge gefördert, die auch die aktuelle Politik immer stärker beeinflusse.

Kritiker der als Defizit empfundenen Informationslücke klassischer Rechnungskonzepte entwickelten vor allem in den 70er Jahren unter dem Oberbegriff des Human Resource Accounting eine Reihe von Modellen, die zumindest im internen Rechnungswesen eine adäquate Berücksichtigung des betrieblichen Personalvermögens ermöglichen sollen. Bei den direkten Verfahren der Humanvermögensrechnung wird dabei versucht, über die unmittelbare Zuordnung von Zahlungsreihen zu Personen oder Personengruppen spezifische entscheidungsrelevante Ertragswerte zu ermitteln. Die mit dieser Methode verbundenen Zuordnungs- und Unsicherheitsprobleme sollen bei den indirekten Verfahren durch den Rückgriff auf Surrogatgrößen wie Anschaffungs-, Wiederbeschaffungs-, Fluktuations- und Opportunitätskosten überwunden werden. Beide Vorgehensweisen konnten sich jedoch mangels Praktikabilität in der unternehmerischen Praxis nicht durchsetzen.

(b) Strategische Humanpotenzialrechnung

Kernmodul einer strategischen Humanpotenzialrechnung ist die Potenzialkontenrechnung. Sie basiert auf den in zyklischen Beurteilungsgesprächen ermittelten Ausprägungen von Leistungspotenzialkriterien einzelner Mitarbeiter. Die Kriterien setzen an den Determinanten „Leistungsfähigkeit“ und „Leistungsbereitschaft“ an und werden unter Strategie-Fit-Gesichtspunkten ausgewählt. Mittels eines kardinal skalierten Benefit-Punkte-Systems lassen sich Ausprägungen einzelner Kriterien ermitteln, die in mehrstufig aggregierbaren Mitarbeiterpotenzialkonten zusammengefasst werden. In Abb. 4-16 ist die Grundstruktur eines Führungskräftepotenzialkontos am Beispiel einer Internationalisierungsstrategie dargestellt (vgl. *Bea* [Unternehmensrechnung] 406).

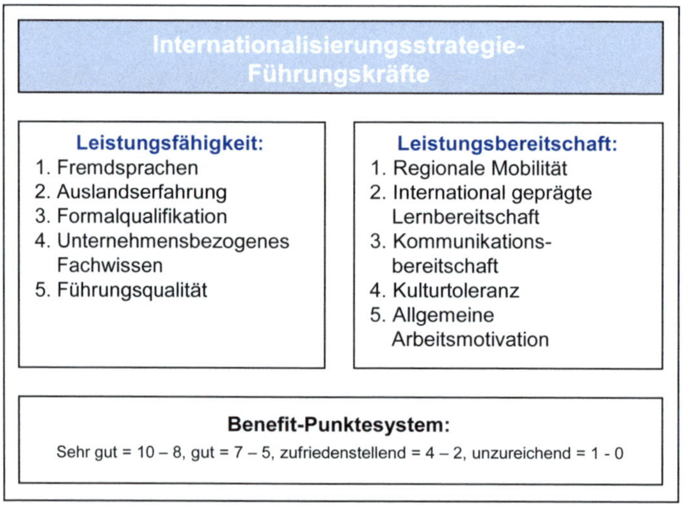

Abb. 4-16: Grundstruktur eines Führungskräftepotenzialkontos

Die Entwicklung eines Führungskräftepotenzialkontos nach der Vorgehensweise der Abb. 4-16 fordert sicherlich zur Kritik heraus. Umstritten ist stets die Auswahl der Kriterien, die für eine Internationalisierungsstrategie relevant sind. Genauso problematisch ist die Zumessung von Benefit-Punkten. Diese Kritik darf allerdings nicht zur Vermeidung solcher Potenzialrechnungen führen, sondern sollte eher eine Aufforderung zu deren Verbesserung darstellen, denn die mit einer Potenzialrechnung verbundenen Probleme lassen sich nicht durch die Vermeidung einer Potenzialrechnung aus der Welt schaffen.

[2] Die **technologieorientierte Potenzialrechnung** muss Informationen über die technologische Kompetenz der Unternehmung heute und in Zukunft bereitstellen. Informationsobjekte sind dabei die bei der Leistungserstellung eingesetzten **Verfahrenstechnologien** sowie die in den Leistungen selbst enthaltenen **Produkttechnologien**. Auch hier kann versucht werden, analog zur Humanvermögensrechnung, auf direkte oder indirekte Weise, den monetären Wert der Technologien im Einzelnen oder in der Summe zu ermitteln. Auf der Grundlage dieser Informationen können Entscheidungen im Technologiemanagement, bspw. bezüglich der Gestaltung eines ausgeglichen Technologieportfolios, getroffen werden (vgl. Teil 7). Hinsichtlich der Prognose- und Zurechnungsprobleme gilt auch hier das oben Gesagte.

Im Rahmen der strategischen Kontrolle der Technologieaktivitäten interessieren der Entwicklungsaufwand, benötigte Entwicklungszeiten und der Zielerreichungsgrad bei Entwicklungsprojekten. Jedoch ist aufgrund der kreativitätshemmenden Wirkung von Kontrollmaßnahmen gerade im FuE-Bereich äußerste Vorsicht geboten. Die quantitativ-monetäre Orientierung des technologieorientierten Managements interner Informationen ist auf jeden Fall zu ergänzen um ein mehr qualitativ ausgerichtetes Informationskonzept. Eine laufende Überprüfung der im Rahmen von Technologieentscheidungen gesetzten Prämissen oder Informationen über die nicht quantifizierbare Grundlagenforschung liefert wichtige Informationen für ein zukunftsgerichtetes Technologiemanagement.

[3] Am weitesten fortgeschritten sind die Konzepte der **kapitalorientierten Potenzialrechnung**. Hier bietet das (traditionelle) Rechnungswesen eine Vielzahl von zahlungsbestands- oder zahlungsstromorientierten Rechnungskonzepten. Instrumente sind u.a. die Bilanz mit GuV, Kapitalflussrechnungen, strategische Investitionsrechnungen oder strategische Kennzahlensysteme. Bezüglich des Potenzials „Kapital" ist der Begriff der Potenzialrechnung besonders treffend.

[4] Weit schwieriger gestaltet sich die Potenzialrechnung bezüglich der **Führungspotenziale „Planung", „Kontrolle", „Organisation", „Unternehmenskultur" und „Information"**. Hier werden Informationen über die strategische Organisationsentwicklung, über Qualität und Veränderungen der Unternehmenskultur, über das strategische Informationssystem sowie das Planungs- und Kontrollsystem selbst benötigt. Eine **Quantifizierung** dieser Informationen bereitet erhebliche Schwierigkeiten. Ebenso ist eine **Formalisierung** der Informationsbeschaffung hier nur sehr begrenzt möglich, kreative Formen der Informationsbeschaffung sind vielmehr gefragt. Die informationelle Versorgung der Unternehmensführung über die Unternehmenskultur erfolgt vor allem durch „aktive Teilnahme", durch Kom-

munikation mit Organisationsmitgliedern aller Ebenen und die bewusste Wahrnehmung kultureller Tatbestände und Veränderungen.

Die Überwachung der Organisationsentwicklung, des Intra-System- bzw. des Intra-Struktur-Fit, kann ebenso wie die Überwachung der strategischen Informationssysteme selbst durch Kommunikation in hierarchieübergreifenden Teams erfolgen. Stäbe und Experten können hier fachliche Hilfestellungen leisten. Wichtige Funktionen lassen sich in diesem Zusammenhang wiederum durch unabhängige externe Berater als Informationsbeschaffer, aber auch als Motor sich anschließender Veränderungsprozesse wahrnehmen.

Abschließend kann festgestellt werden, dass bislang allenfalls Ansätze einer Potenzialrechnung vorliegen. Die zentrale Rolle von Potenzialen im Strategischen Management legt jedoch **verstärkte Bemühungen** bei der Entwicklung solcher Konzepte nahe.

4.4 Strategische Prozessrechnung

In Prozessen findet eine Transformation von Input in Output, die Marktleistung der Unternehmung, statt. Dabei fallen Kosten an und Erlöse werden möglich. Aufgrund ihrer fundamentalen Bedeutung für die Bereitstellung von Informationen und der zahlreichen wissenschaftlichen Innovationen speziell auf dem Gebiet des strategischen Informationsmanagements wollen wir uns in diesem Abschnitt ausführlich mit der **strategischen Kosten- und Erlösrechnung** befassen. Die Darstellung der Neu- bzw. Weiterentwicklungen im Bereich der Kosten- und Erlösrechnung mit strategischer Orientierung wird zeigen, dass es sich dabei nicht um alternative Konzepte zu traditionellen Kosten- und Erlösrechnungssystemen handelt, sondern um aufbauende oder ergänzende Ansätze mit jeweils spezifischer Ziel- bzw. Schwerpunktsetzung. Es wird auch deutlich werden, dass sich diese Konzepte nicht in einer Berechnung von Kosten und Erlösen erschöpfen, sondern sich auch mit deren Gestaltung befassen. Dies trifft insbesondere für die Kosten zu (vgl. *Friedl* [Kostenmanagement]):

Kostenmanagement ist die zielorientierte Gestaltung von Kosten.

Voraussetzung ist die Ermittlung der Kostenbestimmungsfaktoren. Diese wird in den verschiedenen Kostenrechnungssystemen auf unterschiedliche Weise durchgeführt.

[1] Konzepte der strategischen Kosten- und Erlösrechnung

Folgende Konzepte sollen behandelt werden:

- Strategische Kostenanalyse auf Wertkettenbasis (4.4.1)
- Target Costing (4.4.2)

- Prozesskostenrechnung (4.4.3)
- Lebenszyklusorientierte Kosten- und Erlösrechnung (4.4.4)

Diese Konzepte werden dargestellt und hinsichtlich ihrer Relevanz für strategische Entscheidungen untersucht. Zuvor wollen wir, ergänzend zu den Anforderungen an das Management interner Informationen (vgl. S. 317ff.), ein **differenziertes Anforderungsprofil** an eine strategisch orientierte Kosten- und Erlösrechnung entwickeln.

[2] Anforderungen an eine strategische Kosten- und Erlösrechnung

Die **Kosten- und Erlösrechnung** ist ein Informationsinstrument, welches der Abbildung, der Planung und Steuerung sowie der Kontrolle des Unternehmungsprozesses dient. **Kosten- und Erlösrechnungssysteme** sind damit Informations- bzw. Entscheidungsunterstützungssysteme. Der Entscheidungsbezug bzw. die Entscheidungsorientierung der Kostenrechnung ist in den letzten Jahren in starkem Maße gefordert und in Kostenrechnungssysteme integriert worden.

Dabei werden an die Kostenerfassung i.d.R. folgende **Anforderungen** gestellt: Isomorphie von realen Gegebenheiten und ermittelten Kostengrößen bei intersubjektiver Überprüfbarkeit der ermittelten Kosten, Vollständigkeit, Genauigkeit (Richtigkeit), Flexibilität und Aktualität der Kostenerfassung bei Beachtung des Prinzips der Wirtschaftlichkeit (vgl. *Schweitzer/Küpper* [Systeme] 54ff.).

Veränderungen in der Unternehmensumwelt haben entsprechende Reaktionen der Unternehmen hervorgerufen. So wurden insbesondere **Anpassungen** im Bereich ihrer Subsysteme vorgenommen. Beispielhaft seien folgende Reaktionen genannt: Divisionalisierung der Struktur, internes und externes Unternehmenswachstum, Intensivierung von Kooperationsaktivitäten, Verstärkung der Forschungs- und Entwicklungsanstrengungen, Heterogenisierung und Individualisierung des Leistungsangebots, Flexibilisierung und Automatisierung interner Prozesse und Strukturen sowie der Einsatz neuer und integrierter Fertigungstechnologien. Entsprechend haben sich das unternehmerische Entscheidungsfeld und die Entscheidungsprobleme verändert. Diese z.T. fundamentalen Änderungen nehmen Einfluss auf den Informationsbedarf der Entscheidungsträger und damit auf die **Anforderungen** an das Informationssystem „Kosten- und Erlösrechnung".

Daraus ergeben sich folgende **Postulate** an eine strategisch orientierte Unternehmensrechnung:

- Eine strategisch orientierte Kosten- und Erlösrechnung muss sich generell an den genannten Prinzipien der Erfassung ausrichten, wenngleich bei ihr **Flexibilität und Aktualität** wichtiger sind als Genauigkeit (vgl. auch *Ewert/Wagenhofer* [Unternehmensrechnung] 272ff.).
- Aufgrund der langfristigen Orientierung strategischer Entscheidungen sind **tendenziell alle Kosten (entscheidungs-)relevant**. Die neueren Entwicklungen auf dem Gebiet der strategisch orientierten Kosten- und Erlösrechnung sind deshalb allesamt als Vollkostenansätze oder vollkostennahe Ansätze konzipiert.

- Die strategisch orientierte Kosten- und Erlösrechnung muss Informationen bereitstellen, welche es ermöglichen, den **relativen Anteil einzelner Prozesse (Aktivitäten) am Kundennutzen** zu ermitteln. Nur so kann eine marktorientierte Steuerung interner Prozesse erfolgen. Dies kann letztlich nur durch eine frühzeitige Einbeziehung externer Informationen, zumindest in Form von Erlösen, realisiert werden (vgl. die Forderung nach Marktorientierung S. 318f.).
- Die langfristige Orientierung der strategischen Planung und die zunehmende Komplexität der Produkte (Leistungen) implizieren, dass bei der Kosten- und Erlöserfassung sowie der Kostenverrechnung der gesamte Produktlebenszyklus eines Produktes, also auch der Entstehungszyklus, abzubilden ist. Die strategische Kosten- und Erlösrechnung soll **produktlebenszyklusorientierte Informationen** liefern.
- Die langfristige Wettbewerbsposition einer Unternehmung wird nicht in erster Linie vom Erfolg eines einzelnen Produkts bestimmt, sondern von der Zusammensetzung des Portfolios. Die strategisch orientierte Kosten- und Erlösrechnung soll demzufolge weniger über isolierte Produkte informieren, als vielmehr eine integrierte, **portfolioorientierte Sichtweise** einnehmen. Insbesondere die Erlösrechnung muss deshalb Verbundeffekte zwischen einzelnen Produkten berücksichtigen.

4.4.1 Strategische Kostenanalyse auf Wertkettenbasis

Das Wertkettenkonzept von *Porter* wurde bereits in Teil 2 (S. 120ff.) dieses Buches behandelt. Hier soll seine konkrete Anwendung für die strategische Kostenanalyse erörtert werden. Die Wertkette liefert dabei das **Grundgerüst der strategischen Kostenanalyse** (vgl. Abb. 4-17).

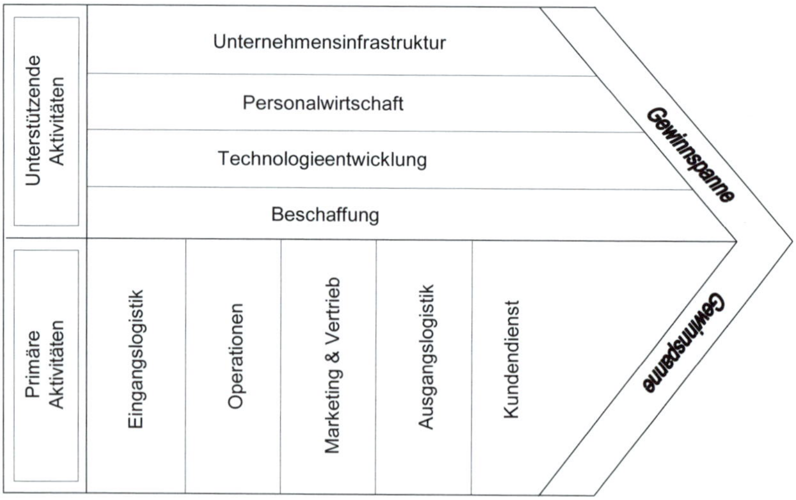

Abb. 4-17: Wertkette nach *Porter*

Die Idee einer wertkettenbasierten Kostenanalyse gründet auf der Tatsache, dass es letztlich die einzelnen Wertaktivitäten sind, welche einerseits Abnehmernutzen schaffen und andererseits Kosten verursachen und damit letztendlich die Wettbewerbsposition der Unternehmung determinieren. Daneben ermöglicht die Wertkette auch die Berücksichtigung relevanter Verknüpfungen zwischen den Aktivitäten innerhalb der eigenen Wertkette, zwischen verschiedenen Wertketten der eigenen (divisionalisierten) Unternehmung sowie zwischen der eigenen Wertkette und denen von Lieferanten und Abnehmern. Sie ist damit prinzipiell prozessorientiert. Die strategische Kostenanalyse auf der Basis der Wertkette erfolgt in folgenden **Schritten** (vgl. *Porter* [Wettbewerbsvorteile] 97ff. und ähnlich *Ewert/Wagenhofer* [Unternehmensrechnung] 281ff.):

[1] Abgrenzung relevanter Aktivitäten

Die Abgrenzung der einzelnen Wertaktivitäten wird je nach Situation variieren, wobei diese durch die Größe und die Struktur der Unternehmung, ihre Branchenzugehörigkeit oder den konkreten Analysezweck definiert sein kann. Grundsätzlich sind bei der Abgrenzung von Aktivitäten (Prozessen) folgende **Prinzipien** zu berücksichtigen:

- Kostenverhalten: Differenzierte Behandlung (Abgrenzung) von Aktivitäten nach Kostenantriebskräften (zeigt Einflussmöglichkeiten),
- Kostenanteil: Fokussierung auf Aktivitäten mit nennenswertem Anteil an den Gesamtkosten (ermöglicht Konzentration der Kräfte nach Wirtschaftlichkeitsüberlegungen),
- Kostenentwicklung: Differenzierte Behandlung (Abgrenzung) von Aktivitäten mit hohem Kostenwachstum auch bei aktuell geringem absolutem Volumen (weist auf künftigen Handlungsbedarf hin, eventuell Fremdbezug statt Eigenfertigung),
- Konkurrenzrelation: Differenzierte Behandlung (Abgrenzung) von Aktivitäten, bei denen die Konkurrenz überlegen ist (Quelle für Wettbewerbsvorteile: Kostenvorsprung oder Differenzierung).

[2] Zuordnung von Kosten zu Aktivitäten

Da es sich bei strategischen Entscheidungen um langfristige Entscheidungen handelt, sind den Aktivitäten die vollen Kosten zuzurechnen. (Aktivitäts-)Einzelkosten wie Löhne oder Betriebsmittel sind den entsprechenden Aktivitäten direkt zuzuordnen, (Aktivitäts-)Gemeinkosten wie bestimmte Gehälter oder Anlagen sind - soweit möglich - anteilig jenen Aktivitäten zuzurechnen, die sie verursachen. *Porter* weist darauf hin, dass bei der Zuordnung von Kosten nur durchschnittliche Anforderungen an die Präzision zu stellen sind, die ggf. dann, wenn sich eine bestimmte Aktivität als besonders kostenrelevant erweisen sollte, nachträglich verbessert werden kann (*Porter* [Wettbewerbsvorteile] 99ff.).

[3] Zuordnung von Nutzen zu Aktivitäten

Aktivitäten stiften Nutzen. Seine Erfassung ist wichtig, da nicht selten Aktivitäten zur Diskussion stehen und eine Entscheidung über die Beibehaltung einer Aktivität oder deren Eliminierung in Abhängigkeit vom Verhältnis von Nutzen und Kosten getroffen wird. Die Probleme der Zuordnung und der Bemessung des Nutzens sind allerdings nicht zu übersehen.

[4] Ermittlung der Kostentreiber (cost drivers) für die Aktivitäten

Kostentreiber stellen Ansatzpunkte für gestalterische, also Kosten senkende Maßnahmen dar. Ziel eines strategischen Kostenmanagements ist es ja gerade, auf die „cost drivers" und damit auf die Kostenstruktur Einfluss zu nehmen. *Porter* ([Wettbewerbsvorteile] 106ff.) nennt folgende **Kostentreiber (cost drivers)**:

- Größenbedingte Kostendegressionen und -progressionen (economies und diseconomies of scale),
- Lernvorgänge,
- Struktur der Kapazitätsauslastung,
- Verknüpfungen innerhalb der eigenen Wertkette,
- vertikale Verknüpfungen mit Wertketten von Lieferanten und Abnehmern,
- Verflechtungen zwischen den Wertketten der eigenen (divisionalisierten) Unternehmenseinheiten,
- Grad der vertikalen Integration: Leistungstiefe,
- Zeitpunkt (Timing) von Strategien, z.B. Markteintritt oder Marktaustritt,
- weitere unternehmenspolitische Entscheidungen über Art des Leistungsprogramms, Wahl von Produkt- und Prozesstechnologie, personalwirtschaftliche Grundsätze etc.,
- Standortfaktoren,
- Rahmenbedingungen der näheren und weiteren Umwelt (rechtliche Vorschriften, steuerliche Aspekte, politische Entwicklungen).

Zwischen den Kostentreibern bestehen vielfältige, teilweise sich verstärkende, teilweise sich neutralisierende **Beziehungen**, und meist sind es mehrere Kostentreiber zugleich, welche die Kostenentwicklung einzelner Aktivitäten bestimmen. Die eigentliche Identifikation der Kostentreiber im konkreten Fall ist eine Aufgabe, die nur begrenzt einer methodischen Unterstützung zugänglich ist. Neben einem intuitiven Vorgehen und der Nutzung langjähriger Erfahrungen bezüglich des Kostenverhaltens schlägt *Porter* den Einbezug (interner) Spezialisten sowie die Analyse des Kostenverhaltens von Wettbewerbern - möglich im Rahmen des **Benchmarking** - vor ([Wettbewerbsvorteile] 142f.).

Eine Analyse der Kostentreiber und ihres Einflusses auf die Wertaktivitäten, kurz die wertkettenbasierte strategische Kostenanalyse, kann folgende **Erkenntnisse** liefern (vgl. dazu auch *Ewert/Wagenhofer* [Unternehmensrechnung] 281ff.):

- Ermittlung kritischer Kostentreiber und damit geeigneter Größen der Kostenstrukturgestaltung.

- Identifikation von Aktivitäten mit günstigem bzw. ungünstigem Verhältnis von Werterhöhung (Schaffung von Kundennutzen) und Kosten. Daraus ergeben sich Erkenntnisse für Ansatzpunkte der Produktverbesserung bzw. der Kostensenkung.
- Ansatzpunkte für die Umgestaltung der eigenen Wertkette (Änderung der Leistungstiefe, Anpassung der Organisationsstruktur, Wechsel von Technologie, Rohstoffen oder Vertriebskanälen).
- Identifikation von Quellen für Wettbewerbsvorteile (Kostenvorsprung oder Differenzierung) durch die Analyse des Kostenverhaltens von Konkurrenten bezüglich ausgewählter Wertaktivitäten.
- Berücksichtigung von Verknüpfungen zwischen sämtlichen Aktivitäten und damit Überwindung der isolierten und statischen Betrachtung von Objekten, Kosten und Kosteneinflussgrößen.

4.4.2 Target Costing

4.4.2.1 Begriff und Ziele

Target Costing (auch als **„Zielkostenrechnung"** oder „Zielkostenmanagement" bezeichnet) wird seit den 70er Jahren in japanischen Unternehmen praktiziert (1963 bei *Toyota*, 1966 bei *Nissan* eingeführt). Seit einigen Jahren hat es auch Eingang in die angelsächsische und deutschsprachige Literatur und allmählich auch in die deutschen Unternehmen gefunden.

Die Bandbreite der Definitionen von Target Costing und die Zahl der damit verknüpften Begriffe sind groß. Die Spannweite reicht vom „Instrument" bzw. „Verfahren der Kostenrechnung" über einen „Ansatz" bzw. ein „Konzept des Kostenmanagements" bis hin zur „Kostenmanagement-Philosophie".

Beispielhaft sei die Definition von *Horváth/Niemand/Wolbold* ([Target Costing] 4) genannt:

Target Costing ist ein umfassendes Bündel von Kostenplanungs-, Kostenkontroll- und Kostenmanagementinstrumenten, die schon in den frühen Phasen der Produkt- und Prozessgestaltung zum Einsatz kommen, um die Kostenstrukturen frühzeitig im Hinblick auf die Marktanforderungen gestalten zu können.

Ziele des Target Costing sind

- eine stärkere Marktorientierung der Unternehmung von Beginn der Produktentwicklung an zu realisieren,
- diese Marktorientierung mit einem Kostenmanagement zu unterstützen und
- das produkt- und prozessorientierte Kostenmanagement in den weiteren Phasen des Produktlebenszyklus zu unterstützen.

Die Fragestellung „Was **wird** das Produkt kosten?" wird ersetzt durch „Was **darf** das Produkt kosten?".

Die Antwort auf diese Frage liefert der Markt. Damit werden im frühen Stadium der Produktentwicklung sowie der anschließenden (Produktions-)Prozessgestaltung dem Markt nicht mehr allein technisch-qualitative Informationen über Nutzeranforderungen zur Produktgestaltung entnommen, sondern auch wertmäßige, preisliche Informationen. Da sich die Absatzpreise im Target Costing zu einer zentralen Steuerungsgröße für die Produkt- und Prozessgestaltung entwickeln, erfolgt eine erheblich intensivere Ausrichtung sämtlicher damit verbundener (Wert-)Aktivitäten am Markt. Vereinfacht erfährt der Prozess der Produktentstehung folgende Modifikationen:

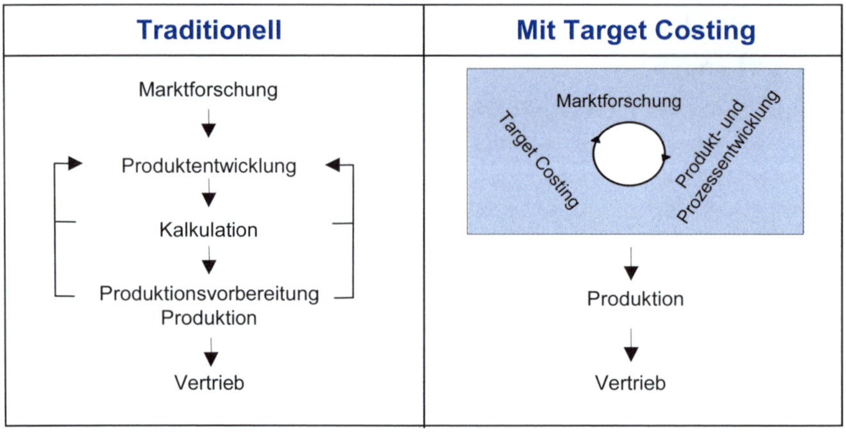

Abb. 4-18: Prozess der Produktentstehung

Die Notwendigkeit, das Kostenmanagement auf die Phasen der Produktentwicklung und (Produktions-) Prozessgestaltung auszudehnen, ergibt sich aus der Tatsache, dass erhebliche Anteile der gesamten Lebenszykluskosten eines Produktes - *Horváth/Niemand/Wolbold* nennen 80 bis 85% ([Target Costing] 23) - bereits durch Entscheidungen in frühen Lebenszyklusphasen festgelegt werden (vgl. Abb. 4-19).

Durch den frühzeitigen Einbezug der Kosten in die Produkt- und Prozessgestaltung wird der Gefahr nicht marktfähiger, weil zu teurer Entwicklungen und damit der Illusion, Kosten könnten über den Preis „irgendwie erwirtschaftet" werden, entgegen gewirkt. Daneben erhofft man sich vom Target Costing eine Reduktion der Entwicklungszeiten, also eine Verkürzung der Entstehungszyklen, da auf nachträgliche, kostenreduzierende Produktveränderungen verzichtet werden kann.

Neben dem Hauptanwendungsbereich „Produktentwicklung" kann das Target Costing ferner eingesetzt werden, um Effizienzsteigerungen in den sog. indirekten Leistungsbereichen (z.B. FuE) zu unterstützen (im Verbund mit der Prozesskostenrechnung) und um Kostensenkungen bei bereits realisierten und am Markt eingeführten Produkten zu ermöglichen (vgl. *Horváth/Niemand/Wolbold* [Target Costing] 5).

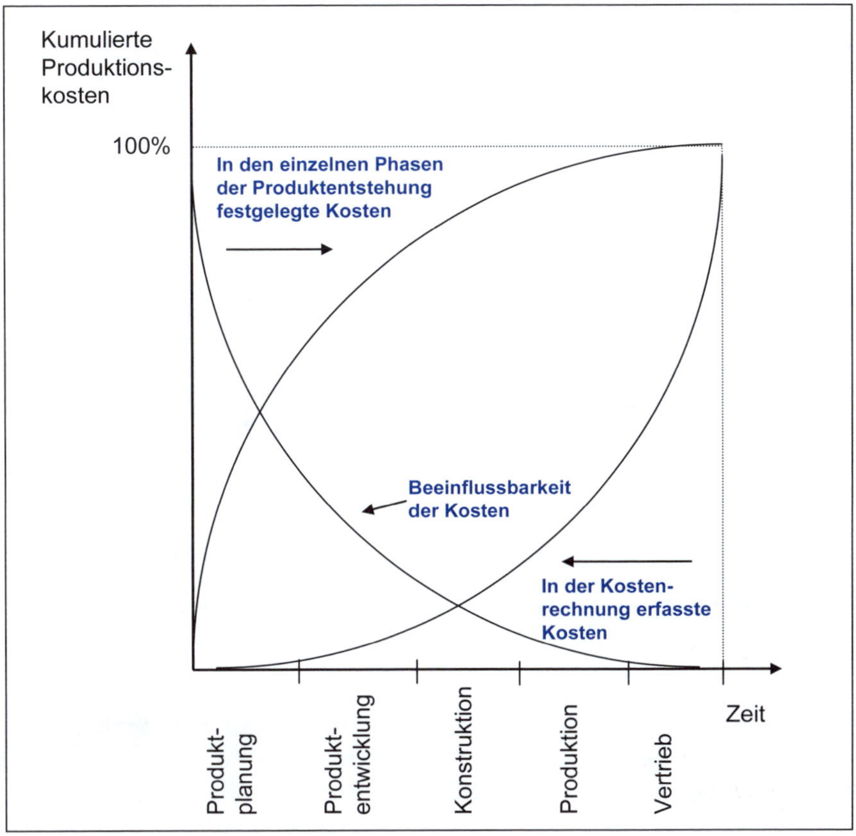

Abb. 4-19: Kostenfestlegung und -erfassung
(In Anlehnung an: *Ewert/Wagenhofer* [Unternehmensrechnung] 316)

4.4.2.2 Verfahren

Das Verfahren des Target Costing lässt sich in folgende Phasen zerlegen:

- Zielkostenermittlung,
- Zielkostenspaltung und
- Zielkostenrealisierung.

[1] Zielkostenermittlung

Target Costs (Zielkosten) lassen sich grundsätzlich auf verschiedene Arten ermitteln (vgl. dazu *Eisele/Knobloch* [Technik] 954ff.). Am weitesten verbreitet ist die Vorgehensweise des „Market into Company-Konzeptes". Dabei wird von dem am Markt (voraussichtlich) erzielbaren Absatzpreis (oder Umsatz) ausgegangen und davon der (erwünschte) Stückgewinn (Zielgewinn) subtrahiert. Die Differenz wird als Kostenobergrenze, als „Allowable Costs", bezeichnet. Die eigentlichen Target Costs ergeben sich dann aus der Gegenüberstellung der „Allowable Costs" mit den Standardkosten, auch „Drifting Costs" genannt. Diese stellen die Kosten unter den derzeit im Unternehmen angewandten Technologien und Verfahren dar. Die Drifting Costs sind i.d.R. wesentlich höher als die Allowable Costs. Je nach Marktsituation und vermuteten Einsparmöglichkeiten werden die Target Costs mehr oder weniger weit von den Allowable Costs entfernt liegen.

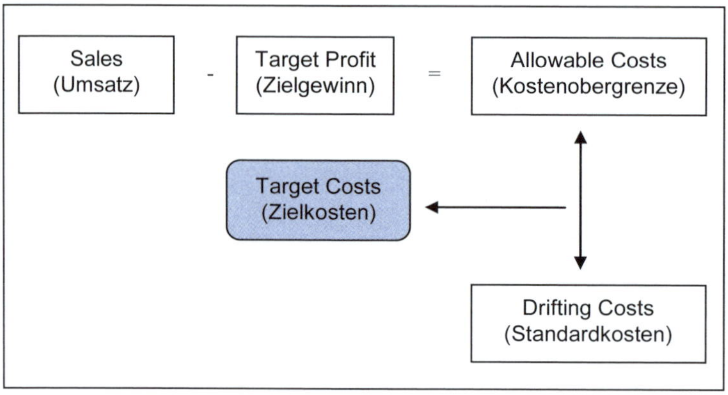

Abb. 4-20: Zielkostenermittlung nach *Sakurai* ([Use])

[2] Zielkostenspaltung

Um Anknüpfungspunkte für Maßnahmen der Kostengestaltung zu finden, ist ein „Herunterbrechen" der für das Gesamtprodukt definierten Zielkosten auf Funktionskosten, Komponentenkosten und ggf. Teilekosten notwendig. Diese Dekomposition oder **Disaggregation** kann wie folgt durchgeführt werden (vgl. *Horváth/ Niemand/ Wolbold* [Target Costing] 13ff.):

- Ermittlung, Gewichtung und Strukturierung der vom Markt geforderten Leistungsmerkmale bzw. Funktionen,
- Ermittlung des Beitrags der Produktkomponenten zur Erfüllung der Funktionen und damit ihrer relativen Bedeutung,
- Gegenüberstellung von relativer Bedeutung der Produktkomponenten zu ihren Kostenanteilen und daraus Ermittlung des sog. Zielkostenindex als Maß für „zu teure" Komponenten.

[3] Zielkostenrealisierung

Der **Zielkostenindex** und das **Zielkostenkontrolldiagramm** geben Auskunft über mögliche Ansatzpunkte für Verbesserungen der Komponenten und Kostensenkungen, um die angestrebten Target Costs zu erreichen. Liegt bspw. der relative Kostenanteil einer Produktkomponente deutlich über ihrer relativen Marktbedeutung, so heißt das nichts anderes, als dass diese Komponente zu teuer ist und Maßnahmen zur Kostensenkung ergriffen werden müssen. Diese können sich auf der Basis der Kenntnis der Wertkette und bestehender interner und externer Verknüpfungen auf sämtliche beteiligten Wertaktivitäten beziehen. Zu denken ist bspw. an die Veränderung technischer Eigenschaften des Produktes, die Substitution von Einsatzgütern (z.B. Metall durch Kunststoff), die Modifikation des Produktionsprozesses oder auch die Veränderung der eigenen Fertigungstiefe und damit der Stellung der eigenen Wertkette in der vertikalen Wertschöpfungskette.

Zur Unterstützung dieser Phase des Target Costing steht eine Reihe von Instrumenten zur Verfügung. Als umfassende Konzepte, welche u.a. der Verbesserung der Produktqualität (der Leistungen) bzw. der Senkung der Kosten dienen sollen, sind Lean Production, Kaizen oder Total Quality Management zu nennen (vgl. Teil 7). Spezielle **Instrumente** zur Identifikation und Nutzung von Kostensenkungspotenzialen sind

- die Wertanalyse (value analysis),
- die Prozesskostenrechnung und
- das Benchmarking.

Eine Übersicht über (weitere) geeignete Verfahren findet sich bei *Horváth/Niemand/Wolbold* [Target Costing] 13ff.

(a) Wertanalyse

In der Wertanalyse werden ein Produkt bzw. seine Komponenten als eine Gesamtheit von Funktionen betrachtet. Dabei wird der Frage nachgegangen, ob diese oder einzelne Funktionen kostengünstiger zu realisieren sind, als dies im Ausgangsstadium der Fall ist. Kennzeichen der Wertanalyse sind

- die systematische Analyse des Objekts hinsichtlich seiner Funktionserfüllung und Kostensenkungsmöglichkeiten,
- die interdisziplinäre Zusammensetzung des Wertanalyseteams sowie
- das Vorgehen nach einem universell verwendbaren, sechsstufigen Arbeitsplan.

Die bereits in den 50er Jahren entwickelte Wertanalyse bildet damit eine ideale Ergänzung zum Target Costing.

(b) Prozesskostenrechnung

Die Prozesskostenrechnung, deren primäres Anliegen die Verbesserung der Kostentransparenz der indirekten Leistungsbereiche ist, kann das Target Costing in mehrerlei Hinsicht ergänzen und unterstützen. So kann sie z.B. über Kostenwirkungen von Produkt- oder Prozessalternativen in den indirekten Leistungsbereichen informieren oder durch die Bestimmung prozessorientierter Kostentreiber sowohl bei der Ermittlung der „Drifting Costs“ als auch bei der Analyse von Kostensenkungspotenzialen die Genauigkeit der Ergebnisse wesentlich verbessern. Dies gilt umso mehr, je höher der Anteil der indirekten Leistungsbereiche an der Wertschöpfung ist (vgl. S. 334ff.).

(c) Benchmarking

Benchmarking ist ein Verfahren, bei dem Produkte, Verfahren und Prozesse der eigenen Unternehmung mit denen des „Best practice"-Unternehmens verglichen werden (vgl. S. 255f.). Im Bereich der Kostenanalyse ist Benchmarking eine geeignete Ergänzung zum Target Costing, wenngleich, analog bspw. zur PIMS-Studie, die Frage zu stellen ist, worin der quantifizierbare Wettbewerbsvorteil der einzelnen Unternehmung liegen wird, wenn sich alle am „Best practice"-Unternehmen orientieren.

Die **Durchführung** des Target Costing kann aufgrund seines funktionsübergreifenden Charakters nicht an einen einzelnen Funktionsbereich oder einen Stab delegiert werden. Geeignet ist die (fallspezifische) Einrichtung interdisziplinärer bzw. multifunktionaler Projektteams, in denen die jeweils betroffenen Funktions- bzw. Produktbereiche vertreten sind. Grundsätzlich am besten geeignet scheint eine Produkt-Verrichtungs-(Funktions-)Matrix, in der Produktmanager „entlang der Produktlinie" die jeweiligen Funktionsvertreter koordinieren können.

4.4.3 Strategische Prozesskostenrechnung

4.4.3.1 Begriff und Ziele

Die Prozesskostenrechnung (Activity-based Costing) ist eine Kostenrechnungsmethode, deren Einsatzgebiete vor allem die **indirekten Leistungsbereiche** wie FuE, Konstruktion, Produktionsvorbereitung (Planung, Steuerung, Kontrolle), Qualitätssicherung, Einkauf, Logistik und Vertrieb darstellen. Die Umweltveränderungen und die Anpassungsmaßnahmen der Unternehmen haben die Bedeutung gerade dieser Unternehmensbereiche erheblich ansteigen lassen. Komplexere, kundenspezifische Problemlösungen, steigende Variantenzahl, wachsender Dienstleistungsanteil (Beratung, Kundendienst, Service), umfangreiche Forschungs- und Entwicklungsanstrengungen, verstärkte und integrierte Qualitätssicherungsaktivitäten (Total Quality Management, Lean Management, Kaizen) führen zu einem erheblich höheren Anteil dieser Dienstleistungsbereiche an der Wertkette bzw. der betrieblichen Wertschöpfung.

Mit dieser Entwicklung ist ein starker **Anstieg der Gemeinkosten** an den Gesamtkosten der Unternehmung verbunden. Dieser führt zu hohen Gemeinkostenzuschlägen bei geringeren Einzelkosten und damit zu einer Verstärkung der ohnehin vorhandenen **Mängel der Zuschlagskalkulation**. Dies wiederum kann Fehlentscheidungen bspw. bei der Preispolitik oder im Bereich von Programmentscheidungen zur Folge haben.

Der wachsende Anteil der Gemeinkosten und die damit verbundenen Rechnungsprobleme sowie das gewandelte Bewusstsein, dass hinter diesen Gemeinkosten (in den indirekten Leistungsbereichen) elementare werterhöhende Aktivitäten stehen, haben zur Entwicklung des Rechnungskonzepts „Prozesskostenrechnung" geführt (vgl. *Eisele/Knobloch* [Technik] 940ff.).

Die **Prozesskostenrechnung** rechnet dem Kostenträger die Gemeinkosten der indirekten Leistungsbereiche nicht durch Zuschläge auf die Einzelkosten (z.B. Materialeinzelkosten, Fertigungslöhne), sondern entsprechend den bei der Herstellung des Kostenträgers erforderlichen Prozessen zu.

Im Gegensatz zur klassischen Kostenrechnung werden die Kosten der Kostenstellen nicht nach Kostenarten, sondern nach **Tätigkeiten** systematisiert.

Als oberstes **Ziel** der Prozesskostenrechnung kann die Erhöhung der (Kosten-) Transparenz in den indirekten Leistungsbereichen genannt werden. Daraus lassen sich weitere Ziele wie die Unterstützung des Gemeinkostenmanagements und der strategischen Kalkulation (Programmpolitik), die Ermittlung abteilungsübergreifender Kostentreiber, das Aufzeigen von Kapazitätsauslastungsgraden oder das Sicherstellen eines effizienten Ressourcenverbrauchs ableiten.

Die prozessorientierte Sichtweise dieses Rechnungskonzepts deckt sich mit dem **wertkettenbasierten Kostenmanagement**, das in Grundzügen in Abschnitt 4.4.1 erläutert und als Grundgerüst oder Bezugsrahmen einer strategisch orientierten Kostenrechnung gekennzeichnet wurde, wie folgt (vgl. *Eisele/Knobloch* [Technik] 941ff.):

- Einteilung des Unternehmensgeschehens in Prozesse und Identifikation von Kostentreibern (cost drivers) für die Kosten der Prozesse,
- durch die Zusammenfassung von (Teil-)Prozessen bzw. Aktivitäten zu teilweise unternehmensüberspannenden Hauptprozessen können Verknüpfungen innerhalb der Wertkette erkannt und berücksichtigt werden.

Schließlich lassen sich **zwei Ansätze** der Prozesskostenrechnung unterscheiden:

- Das Activity-Based Costing nach *Cooper* und *Kaplan* [Activity-Based Systems] sowie
- der Ansatz von *Horváth* ([Controlling] 482ff.), der im Folgenden im Mittelpunkt unseres Interesses steht.

4.4.3.2 Verfahren

Die Prozesskostenrechnung besteht aus folgenden **fünf Komponenten**:

[1] Ermittlung der Prozesse

Als Prozesse werden in der Prozesskostenrechnung zusammenhängende Aktivitäten zur Erstellung einer Leistung verstanden. Ausgehend von der bestehenden bzw. modifizierten Kostenstellengliederung werden sämtliche dort ablaufenden Prozesse (Aktivitäten) mengen- und/oder wertmäßig erfasst. Von Interesse für die Prozesskostenrechnung sind vor allem repetitive Prozesse mit geringem Entscheidungsspielraum. Dieser erste Schritt erfordert eine differenzierte Kenntnis der Aufgaben und Abläufe in einer Kostenstelle. Unter Einbezug von erfahrenen Kostenstellenleitern wird daher i.d.R. eine umfassende Tätigkeitsanalyse durchgeführt.

In einer Vertriebskostenstelle könnten z.B. die Prozesse „Kommissionierung", „Verpackung", „Erstellung von Versandpapieren" und „Leitung der Kostenstelle" ermittelt werden. Eine prozessorientierte Organisation erleichtert diese Aufgabe (vgl. S. 405ff.).

[2] Zuordnung von Kosten zu den Prozessen

Diese Zuordnung kann analytisch erfolgen, d.h. auf der Basis einer eingehenden Analyse sämtlicher anfallender Kostenarten, oder aber durch Verteilung nach einer festgelegten Mengen- oder Wertstruktur (z.B. Schlüsselung nach eingesetzten Mannjahren oder angefallenen Personalkosten). Für besonders wichtige bzw. kostenintensive Prozesse ist das analytische Vorgehen trotz seines hohen Aufwands auf jeden Fall vorzuziehen.

[3] Ermittlung der Prozesskostentreiber

Zunächst erfolgt eine Trennung der identifizierten Prozesse in nicht vom Leistungsvolumen der Kostenstelle abhängige Prozesse (**leistungsmengenneutrale Prozesse (LNP)**) und in solche, die sich in Bezug auf das Leistungsvolumen variabel verhalten **(leistungsmengeninduzierte Prozesse (LIP)**).

Für die LIP sind anschließend die Kostentreiber zu ermitteln; i.d.R. werden mengenorientierte Kostentreiber gewählt. Für die Aktivität „Bestellung des Materials" wäre z.B. die Zahl der Lieferaufträge ein geeigneter Kostentreiber, für die Aktivität „Bestückung der Roboter mit Material" die Anzahl der Bauteile. Für LNP (wie z.B. die Leitung der Kostenstelle im obigen Beispiel) kann es natürlich keine Kostentreiber geben. *Coenenberg/Fischer* ([Prozesskostenrechnung] 26) formulieren folgende Anforderungen an die Kostentreiber: Einfache Ableitbarkeit aus den verfügbaren Informationsquellen, Proportionalität zur Ressourcenbeanspruchung und Durchschaubarkeit bzw. Verständlichkeit.

[4] Ermittlung von Prozesskostensätzen

Ein Prozesskostensatz ist der Quotient aus den Prozesskosten und der Prozessmenge:

$$\text{Prozesskostensatz} = \frac{\text{Prozesskosten}}{\text{Prozessmenge}}$$

Er gibt die Kosten für die einmalige Durchführung eines Prozesses an. Den leistungsmengeninduzierten Prozesskostensatz erhält man durch Division der Prozesskosten eines Teilprozesses durch die entsprechende Teilprozessmenge. Die Kosten der LNP können proportional zum Verhältnis der Prozesskosten auf die Prozesskostensätze der LIP umgelegt werden, so dass für jeden LIP ein Prozesskostensatz, ein Umlagesatz und ein Gesamtprozesskostensatz ermittelt werden können. Mit Hilfe der Prozesskostensätze ist es möglich, die Prozesskosten verursachungsgerecht, d.h. in Abhängigkeit der Inanspruchnahme von Ressourcen, zu verrechnen.

[5] Zusammenfassung der Teilprozesse zu Hauptprozessen

Um die indirekten Leistungsbereiche planbar zu machen, erfolgt die Aggregation bestimmter Teilprozesse zu kostenstellenübergreifenden Hauptprozessen. Werden nur Prozesse mit identischen Kostentreibern zusammengefasst, so entsteht kein Informationsverlust. Ansonsten müssen Annahmen über das Verhältnis der Kostentreiber untereinander gebildet werden (vgl. *Ewert/Wagenhofer* [Unternehmensrechnung] 304f.). Hauptprozesse könnten z.B. die Qualitätssicherung, die Auftragsabwicklung oder die Steuerung der Fertigung sein.

4.4.3.3 Anwendungen im strategischen Kostenmanagement

Mit Hilfe der Prozesskostensätze kann eine **verursachungsgerechte Zuordnung der Gemeinkosten** (der indirekten Leistungsbereiche) auf die Produkte erfolgen. Dabei können überhöhte Einzelkostenzuschlagssätze bzw. eine nicht verursachungsgerechte Proportionalisierung von Gemeinkosten vermieden werden. Die Unterstützung des Gemeinkostenmanagements durch die Prozesskostenrechnung bzw. die Erhöhung der Kostentransparenz in den indirekten Leistungsbereichen bilden die Grundlage für die Unterstützung zahlreicher Entscheidungen mit strategischer Bedeutung. Dazu zählen die Preispolitik, die (langfristige) Programmplanung sowie Entscheidungen über die Produktionstiefe (Eigenfertigung vs. Fremdbezug).

Im Folgenden werden einige **Anwendungsfelder** der Prozesskostenrechnung aufgezeigt (vgl. auch *Coenenberg/Fischer* [Prozesskostenrechnung] 32f.):

- **Produktkomplexität**

Komplexe Produkte zeichnen sich vor allem dadurch aus, dass ihre Herstellung zahlreiche heterogene Aktivitäten in direkten und vor allem in indirekten Leistungsbereichen erfordert und dadurch hohe Gemeinkosten verursacht. In einem Unternehmen, das Produkte unterschiedlicher Komplexität herstellt, führt die Zuschlagskalkulation dazu, dass einfachen Produkten tendenziell zu hohe, komplexen Produkten jedoch tendenziell zu geringe Gemeinkosten zugeschlagen werden. Der Spielraum für preispolitische Entscheidungen wird dadurch in unzulässiger Weise eingeschränkt.

- **Variantenzahl**

Werden in einem Unternehmen zahlreiche Produkte und Produktvarianten hergestellt, so entsteht bei der Zuschlagskalkulation das Problem, dass die durch die unterschiedlichen Prozesse verursachten Gemeinkosten über die (identischen) Einzelkosten der Varianten diesen nicht verursachungsgerecht zugerechnet werden.

- **Mengenaspekte**
  - Gemeinkosten, die unabhängig von der Menge der gefertigten oder gelieferten Produkte anfallen, bspw. Kosten der Erstellung von Lieferpapieren, führen bei der traditionellen Zuschlagskalkulation dazu, dass Großaufträgen im Vergleich zu Aufträgen mit geringer Stückzahl tendenziell zu hohe Gemein-

kosten zugeschlagen werden, da die Höhe der jeweiligen (Auftrags-)Einzelkosten als Zuschlagsbasis gilt.

- Eine falsche Zurechnung von Gemeinkosten in der Zuschlagskalkulation erfolgt auch dann, wenn Gemeinkosten, wie z.B. Bestell-, Lager- oder Transportkosten, in erster Linie von der Menge der Produkte und nicht von ihrem Wert abhängen und sich damit nicht proportional zu ihren Einzelkosten verhalten.

In allen genannten Fällen führt die Zuschlagskalkulation, die mit der wertorientierten Zuschlagsbasis „Einzelkosten" arbeitet, zu einer sachlich nicht gerechtfertigten Zurechnung der Gemeinkosten. Dieser Effekt wird bei einem wachsenden Anteil der Gemeinkosten an den Gesamtkosten zunehmend problematisch. Mit Hilfe von Prozesskostensätzen können die Gemeinkosten transparent gemacht und aufgeschlüsselt werden. Es ist damit auch eine Zurechnung der Gemeinkosten auf die sie verursachenden Prozesse möglich.

Auf die Möglichkeiten der Kombination von Target Costing und Prozesskostenrechnung wurde bereits hingewiesen.

Zusammenfassung: Bei der Prozesskostenrechnung handelt es sich um ein Rechnungskonzept, welches auf einer (bestehenden) Kostenstellengliederung aufbaut und dessen Anwendungsfeld v.a. die indirekten Leistungsbereiche sind. Sie ist eine Antwort auf umweltinduzierte Entwicklungen im Bereich der Kostenstruktur von Unternehmen, insbesondere auf das Ansteigen des Gemeinkostenblocks. Ihre **Stärken** liegen vor allem in der Strukturierung der Gemeinkostenbereiche bzw. der dort entstandenen Kosten sowie der Ermittlung von Kostentreibern. Die Gemeinkosten werden nach ihrer Inanspruchnahme und nicht nach der Höhe der Stückkosten erfasst. Durch die Erhöhung der Transparenz in diesem Bereich ist die Prozesskostenrechnung in der Lage, einen Beitrag zur Unterstützung strategischer Entscheidungen zu leisten.

Schwachpunkte kann man in der u.U. nicht verursachungsgerechten Umlage der Kosten leistungsmengenneutraler Prozesse oder dem Vollkostencharakter der Prozesskostenrechnung sehen, wenn die Ausgangsthese, strategisch gesehen seien alle Kosten entscheidungsrelevant, nicht akzeptiert wird.

4.4.4 Lebenszyklusorientierte Kosten- und Erlösrechnung

[1] Vorgehensweise

Bei der lebenszyklusorientierten Kosten- und Erlösrechnung (LKER) handelt es sich eher um einen **Ansatz**, eine **Perspektive der Kosten- und Leistungsanalyse**, als um ein ausgebautes Rechnungskonzept. Der LKER (Life Cycle Costing) liegt eine den gesamten Produktlebenszyklus umfassende und damit die übliche Periodeneinteilung überwindende Sichtweise von Kosten und Kostenantriebskräften zu Grunde.

Ziel der LKER ist die vollständige Erfassung sämtlicher während des Produktlebenszyklus anfallender Kosten und Erlöse und ihre verursachungsgerechte Zuordnung auf das Produkt. Dies lässt einen Vergleich mit Investitionsrechnungsverfahren zu, bei denen sämtliche während der Lebens- bzw. Nutzungsdauer einer Investition anfallenden Ein- und Auszahlungen berücksichtigt werden. Um den Erfolg eines Produktes beurteilen zu können, um zu entscheiden, wann ein Produkt auf den Markt zu bringen oder vom Markt zu nehmen ist und wie die langfristige Preispolitik festzulegen ist, müssen **alle produktbezogenen Kosten und Erlöse periodenübergreifend** berücksichtigt werden (vgl. *Eisele/Knobloch* [Technik] 965ff.).

Die Entstehung der lebenszyklusorientierten Kosten- und Erlösperspektive geht auf Verschiebungen in der Struktur der Produktlebenszyklen bzw. der Proportionen der einzelnen Phasen zurück. Im Wesentlichen lassen sich folgende **Tendenzen** feststellen:

- Verkürzung des Produktlebenszyklus,
- relative Verkürzung des Marktzyklus im Vergleich zum Entstehungszyklus.

Kostenrechnerisch bedeutet dies einen Anstieg desjenigen Kostenanteils, der in traditionellen Kostenrechnungssystemen den Produkten (Kostenträgern) nicht oder als Gemeinkostenblock i.d.R. nicht verursachungsgerecht zugerechnet wird.

In der Entstehungsphase eines Produkts fallen sog. Vorlaufkosten an, denen u.U. Vorlaufserlöse gegenüberstehen. Ebenso können sich in der Marktphase zusätzlich zu den laufenden Kosten und Erlösen bestimmte begleitende Kosten und Erlöse ergeben. Auch nach dem Ende des Marktzyklus können Folgekosten sowie -erlöse auftreten. Abb. 4-21 gibt einen Überblick über Lebenszykluskosten- und -erlöskategorien.

Ewert/Wagenhofer ([Unternehmensrechnung] 326ff.) bemängeln nun zurecht, dass in der herkömmlichen Kosten- und Erlösrechnung diese Vorlauf- und Folgekosten entweder den Produkten gar nicht zugerechnet oder aber über Zuschlagssätze (auch Prozesskostensätze) den Produkten der laufenden Periode zugerechnet werden. Die Vorlaufkosten müssten den zukünftigen Produkten, die Folgekosten bereits abgesetzten Produkten angelastet werden. Dies ist besonders dann wichtig, wenn die Vorlaufkosten, wie bspw. im Hightech-Bereich, die eigentlichen Produktions- und Vertriebskosten bei weitem übersteigen.

In Abb. 4-22 ist ein Kosten- und Erlösverlauf dargestellt, der die Vorlaufkosten (im Entstehungszyklus) und die produktionsbegleitenden Kosten und Erlöse (im Marktzyklus) abbildet.

Bei der Verrechnung der Vorlaufkosten treten u.a. folgende Fragen auf: „Wie lassen sich aktuell anfallende Ideenfindungs-, FuE- oder Konstruktionskosten auf eventuell in der Zukunft produzierte Produkte der Unternehmung verteilen?“ oder „Wie können Vorlaufkosten, die nicht eindeutig produktspezifischer Art sind, verursachungsgerecht zugeordnet werden?“.

Kosten	Erlöse
Vorlaufkosten - Forschung und Entwicklung - Marktforschung - Produktionsplanung und -steuerung - Lieferantenauswahl - Vertriebsplanung und -organisation	**Vorlauferlöse** - Subventionen - Steuererleichterungen - Verkaufserlöse für FuE-Projekte
Produktionsbegleitende Kosten - Laufende Kosten (Produktion, Vertrieb etc.) - Einmalige Kosten (Einführung, „relaunch“)	**Produktionsbegleitende Erlöse** - Laufende Erlöse aus dem Verkauf der Produkte
Folgekosten - Kosten aus Wartung und Reparatur - Kosten aus Produkthaftung und Entsorgung	**Folgeerlöse** - Wartungs- und Reparaturerlöse - Lizenzerlöse - Erlöse aus dem Verkauf von Produktionsanlagen

Abb. 4-21: Kosten und Erlöse im Lebenszyklus

Ewert/Wagenhofer ([Unternehmensrechnung] 327f.) schlagen in diesem Zusammenhang eine „Aktivierung“ der Vorlaufkosten vor, um eine spätere Verrechnung zu ermöglichen, und eine „Passivierung“ der Folgekosten als Vorsorgemaßnahme für mögliche, erwartete Nachleistungskosten. Zu den Problemen einer solchen umfassenden periodenübergreifenden Verrechnung siehe ebenfalls a.a.0. und differenziert bei *Reichmann/Fröhling* ([Produktlebenszyklusorientierte Planungs- und Kontrollrechnungen] 290ff.).

[2] Strategische Entscheidungen

Die lebenszyklusorientierte Sichtweise der Kosten und Erlöse kann **Informationen für folgende strategische Entscheidungen** liefern (vgl. *Ewert/Wagenhofer* [Unternehmensrechnung] 331f.):

- Erkenntnisse, die aus einer **Beobachtung sämtlicher Kosten** während der Lebenszyklen verschiedener Produkte gewonnen werden, können ex post unter bestimmten Prämissen auf andere Produkte übertragen werden. Daraus lassen sich nützliche Informationen für die Preispolitik, den Einsatz von Werbung oder die Zusammenstellung des Produktprogramms gewinnen.

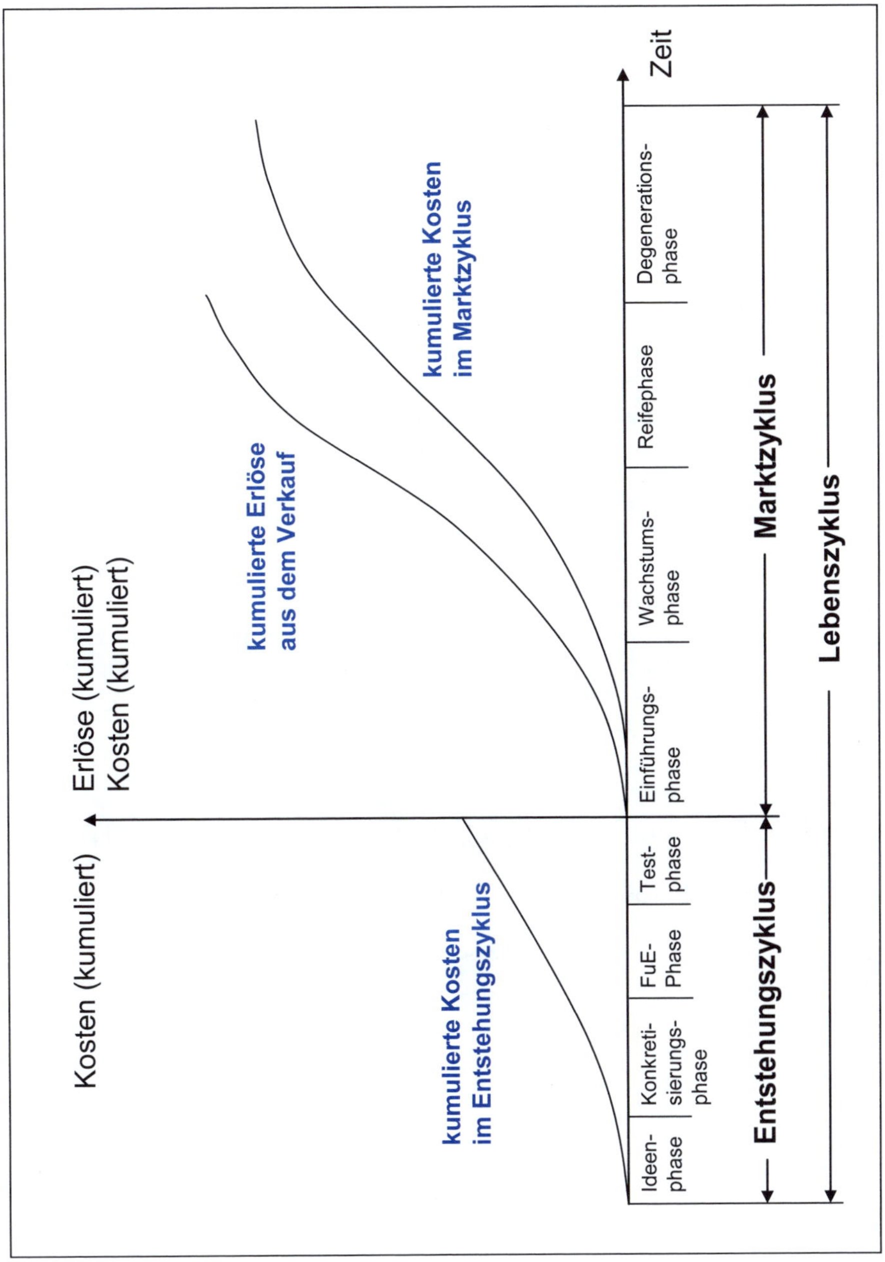

Abb. 4-22: Lebenszykluskosten und –erlöse (kumuliert)

- Auf der Grundlage der Faustregel, dass eine Geldeinheit Kostenerhöhung in der Produktentstehungsphase eine Kostenersparnis von acht bis zehn Geldeinheiten in der Produktions- und Vertriebsphase ermöglicht, kann die LKER eine **Verschiebung von Kosten innerhalb der Lebensphasen**, also z.B. von der Produktions- in die FuE-Phase informatorisch unterstützen. Ähnlich kann es sinnvoll sein, Kosten, welche in der Marktphase beim Abnehmer entstehen (Energieverbrauch, Wartung, Reparatur, Entsorgung), durch Produktmodifikationen in die Entstehungs- bzw. Produktionsphase vorzuverlagern und sich damit einen Wettbewerbsvorteil zu verschaffen (höherer Preis durch bessere Qualität).

Beispiel: In der Automobilindustrie führen Kostensenkungsmaßnahmen in der Produktion immer häufiger zu teuren Rückrufaktionen. Es ist unter diesem Aspekt zu prüfen, ob die damit verbundenen Kosten in der Marktphase nicht zu einer Überkompensation der Kostenersparnisse in der Produktionsphase führen.

- Eine lebenszyklusorientierte Betrachtung der Produktkosten kann die Ermittlung von Drifting Costs und Target Costs im Rahmen des **Target Costing** unterstützen helfen und damit letztlich auch auf diesem Wege eine bessere Preis- und Sortimentspolitik ermöglichen. Insbesondere trägt sie der Tatsache Rechnung, dass vor allem in den frühen Phasen eines Produktlebenszyklus die Weichen für spätere Kostenentwicklungen gestellt werden und daher eine Verbesserung der Transparenz und Berücksichtigung kostenwirksamer Maßnahmen eben in diesen Phasen erforderlich ist (auf die enge Verbindung von Target Costing und LKER weisen *Rückle/Klein* hin [Product-Life-Cycle-Cost-Management] 342ff.). Ähnlich wie das Target Costing fordert die LKER die Unternehmensführung auf, eine langfristige Perspektive einzunehmen.

Durch den expliziten Einbezug von Erlösen wird die lebenszyklusorientierte Rechnung einer wesentlichen Anforderung an die Konzepte einer strategieorientierten Unternehmensrechnung gerecht. Auch die langfristige Orientierung scheint bei diesem Konzept gewährleistet. Andererseits treten zu den angedeuteten kostentheoretischen und praktischen Problemen, die sich beim Versuch einer periodenübergreifenden, lebenszyklusweiten Zurechnung von Kosten ergeben, die grundsätzlichen theoretischen Defizite des Produktlebenszykluskonzepts hinzu (vgl. Teil 2, S. 137).

Eine wesentliche **Kritik** muss sich gegen die isolierte Sichtweise einzelner Produkte richten. Sie entspricht nicht dem Postulat der Portfolioorientierung (vgl. S. 326f.). Bei den Anstrengungen um die Weiterentwicklung prozessorientierter strategischer Informationssysteme ist deshalb der integrativen Perspektive ein größeres Gewicht beizumessen. Die Informationssysteme müssten neben produktspezifischen Informationen vor allem die **Verbundeffekte** zwischen den Produkten und Produktgruppen im Laufe der einzelnen Produktlebenszyklen berücksichtigen. Unter der Nebenbedingung einer „Balance von Kosten und Erlösen aller Produkte innerhalb einzelner Perioden“ könnte eine Orientierung an der Zielgröße „Barwert zukünftiger Erlöse und Kosten über die einzelnen Produktlebenszyklen“ erfolgen. Dabei wären auch die Vorlauf- und Folgekosten bzw. -erlöse einzubeziehen.

Von diesen Gedanken sowie den oben formulierten Anforderungen an das Management interner Informationen (vgl. S. 317ff.) und an prozessorientierte Informationssysteme (vgl. S. 325ff.) können Impulse für die dringend gebotene **Weiterentwicklung** eines strategisch orientierten Managements interner Informationen ausgehen. Neben konzeptionellen Problemen werden dabei jedoch vor allem methodische Hürden zu nehmen sein.

5 Wissensmanagement

„Wenn Siemens wüsste, was Siemens alles weiß."

5.1 Begriff

Der Begriff „Wissensmanagement" (knowledge management) findet immer mehr Beachtung und scheint den Begriff „Informationsmanagement" zunehmend zu verdrängen. Dabei ist die Bedeutung des Wissens in der Managementpraxis und in der Managementlehre keine Entdeckung der heutigen Zeit. Der Verdacht liegt nahe, dass es sich um eine Modeerscheinung handelt, die Altbekanntes in einem neuen Begriff effektvoll präsentiert. In der Tat: Wissensvorsprung war schon immer ein beachtlicher Wettbewerbsvorteil, die Vermittlung von Wissen schon immer eine wichtige Aufgabe im Unternehmen. Neu ist jedoch die systematische und konzentrierte Beschäftigung mit dem Produktionsfaktor und Wettbewerbsfaktor „Wissen", speziell mit dem Management von Wissen. Wissen wird zur ökonomischen Kategorie.

Während das Kostensenkungspotenzial im traditionellen Leistungsprozess weitgehend ausgereizt ist, enthält das Wissen beachtliche brachliegende Kapazitäten. Empirische Untersuchungen belegen, dass ein Großteil an Wissenskapazität der Mitarbeiter nach Feierabend (etwa in Form von politischen Aktivitäten und Vereinsarbeit) eingesetzt wird.

Wissensmanagement ist die zielorientierte Gestaltung des Wissensprozesses in Unternehmen. Der Wissensprozess umfasst die Wissensgenerierung, den Wissenstransfer, die Wissensspeicherung und die Wissensnutzung.

5.2 Vom Informationsmanagement zum Wissensmanagement

„Wir haben immer mehr Informationen, aber immer weniger Wissen von der Welt."

Guy Kirsch: Neue Politische Ökonomie

Der traditionellen Interpretation der Unternehmensführung liegt die Vorstellung zu Grunde, dass die Planung die zentrale Managementfunktion darstellt und sich der übrigen Funktionen „bedient", um den Plan zu realisieren. In diesem Sinne kann von einer **plandeterminierten Unternehmensführung** gesprochen werden. Die Planung als Prozess der Erkenntnis und Gestaltung der Zukunft gibt der Unternehmung Richtung und Struktur. Die Informationswirtschaft hat **Instrumentalcharakter**, d.h. sie stellt Informationen zur effizienten Planverwirklichung zur

Verfügung. Auf dieser Grundlage sind die Aktivitäten zur Entscheidungsorientierung der Unternehmensrechnung und der Entscheidungsunterstützung durch die Informationstechnologie zu verstehen. Aus dem Bereich der Unternehmensrechnung sind die strategisch orientierte Kosten- und Erlösrechnung (vgl. S. 324ff.) und aus dem Bereich der Informationstechnologie die Decision-Support-Systems (vgl. S. 352f.) zu nennen.

Wissen wird im Gegensatz zur Information als eigenständige Ressource verstanden. An die Stelle der Unterstützungsfunktion der Information tritt die Wettbewerbsfunktion des Wissens („knowledge race").

Mit dieser Akzentverlagerung verbunden ist die Tendenz, dass Wissen nicht als eine exklusive Ressource von wenigen verstanden wird, sondern dass vielmehr die Unternehmensleitung auf Wissen zurückgreift, über das sie selbst nicht verfügt. Wissen ist dezentralisiert. An die Stelle des Managementinformationssystems tritt die **organisationale Wissensbasis**, der informierte Unternehmer wird ersetzt durch die **intelligente Unternehmung** (vgl. *Willke* [Wissensmanagement]).

Was hat die große Resonanz für das Wissensmanagement begünstigt? **Vier Faktoren** sind zu nennen:

[1] Die Bedeutung des Wissens im Rahmen des Resource-based View of Strategy

Im Wettstreit zwischen dem Market-based View of Strategy und dem Resource-based View of Strategy gewinnt die Ressourcenorientierung zunehmend an Bedeutung (zur Darstellung beider Ansätze vgl. S. 28ff.). Ein wesentlicher Grund kann darin gesehen werden, dass die Wettbewerbsvorteile am Markt durch konsequenten Einsatz moderner Managementkonzepte wie Lean Production, kontinuierliche Verbesserungsprozesse und Wertkettenmanagement weitgehend ausgereizt und durch Benchmarking egalisiert worden sind. Wenn alle dasselbe immer besser machen, bleibt für eine Wettbewerbsdifferenzierung am Markt wenig übrig.

Der ressourcenorientierte Ansatz legt den Fokus der Wettbewerbsorientierung auf unternehmensinterne Potenziale. Er geht davon aus, dass sich ein nachhaltiger Erfolg durch Schaffung von einzigartigen, nicht imitierbaren und schwer substituierbaren Ressourcen und deren Kombination zu Kernkompetenzen erzielen lässt. Wissen ist eine derartige Ressource, die heute gerne neben Arbeit, Boden und Kapital als „vierter Produktionsfaktor" gewürdigt wird.

[2] Wettbewerb durch intelligente Produkte und Dienstleistungen

Wissen ist nicht nur ein Produktionsfaktor, sondern auch das Ergebnis von Produktionsprozessen. Produkte und Dienstleistungen enthalten heute ein beachtliches Maß an Intelligenz. Sie äußert sich darin, dass ohne direktes menschliches Zutun effiziente Problemlösungen zu Stande kommen.

> Als Beispiel mag ein PKW angeführt werden, der heute mit Regelsystemen ausgestattet ist, die den menschlichen Eingriff ersetzen (z.B. ABS, Radarsystem: „Intelligente Autos bremsen selbst"), menschliches Handeln korrigieren (z.B.

Fahrstabilisierungssysteme) und ergänzen (z.B. Navigationssysteme, Kurvenlicht).

Besonders deutlich wird die Wissensintensität der Produkte und Dienstleistungen bei den sog. intelligenten Lösungen, wie etwa im Finanzdienstleistungsbereich und in der Medizin. Abb. 4-23 verdeutlicht, wie sich die Produkte und Dienstleistungen durch die Zunahme der Wissensintensität zu intelligenten Lösungen entwickelt haben (vgl. *Willke* [Wissensmanagement]).

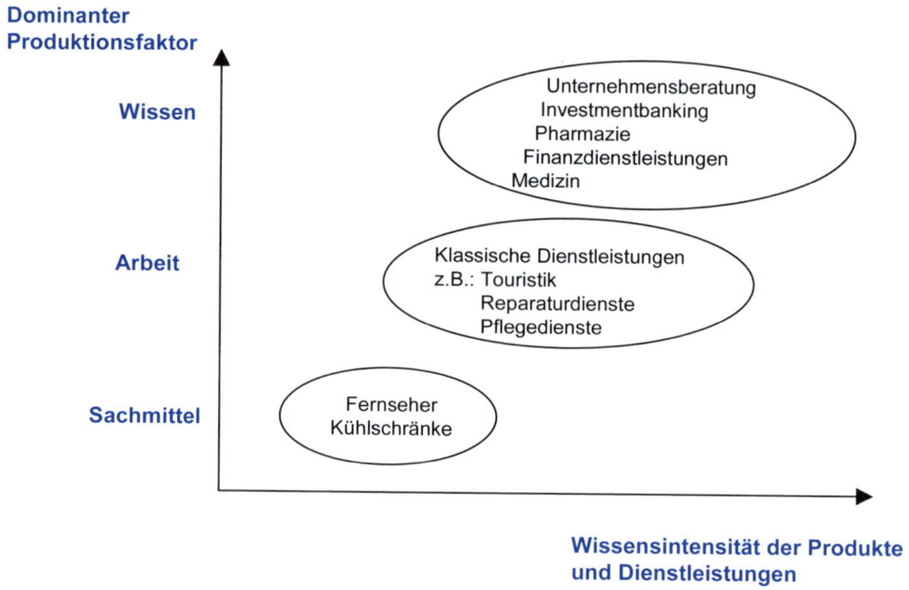

Abb. 4-23: Der Weg zu den intelligenten Produkten

Während bei der Erzeugung materieller Produkte die sachlichen Produktionsfaktoren wie Material, Rohstoffe und Maschinen dominieren, bei den klassischen Dienstleistungen (z.B. Wartung von Haushaltsgeräten, Service in Freizeit und Urlaub) der Faktor „Arbeit" von Wichtigkeit ist, dominiert bei den intelligenten Produkten und Dienstleistungen die Ressource „Wissen" (in diesem Zusammenhang auch als „intellektuelles Kapital" bezeichnet).

[3] Fortschritte in der IuK-Technologie

Das Wissensmanagement hat eine wesentliche Unterstützung durch die neueren Entwicklungen der Informations- und Kommunikationstechnologie erfahren. Wissen lässt sich leichter speichern (z.B. in Datenbanken, Modellbanken) und transferieren (z.B. über Internet und Intranet, Video-Conferencing). Auch sind die Transaktionskosten für den Wissenstransfer gesunken. Diese Entwicklungen begünstigen die Optimierung der Wissensallokation in den Unternehmen. Damit verbunden wiederum ist eine Förderung der Wissensproduktion, da Wissen weniger eine

Angelegenheit von Spezialisten, sondern generell verfügbar ist und zur Fortentwicklung genutzt werden kann.

Von den Vertretern der IuK-Technologie sind beachtliche Beiträge zum Wissensmanagement geliefert worden. Zu nennen sind u.a. die zur Problemlösungshilfe entwickelten Executive Information Systems (vgl. S. 354ff.).

[4] Trends in der Organisation

Die Abkehr von den traditionellen Gestaltungsparametern der Organisation, wie der hierarchischen Ausrichtung der Leitungsbeziehungen, der tayloristischen Spezialisierung und der funktionalen Aufgabengliederung hin zur Prozessorganisation, der Teamorientierung, der Selbstorganisation, der unternehmensübergreifenden Kooperation und der Lernenden Organisation, haben optimale Voraussetzungen für das Wissensmanagement geschaffen (vgl. *Bea/Göbel* [Organisation] 421ff.).

5.3 Gestaltung des Wissensprozesses

Wissensmanagement haben wir definiert als die zielorientierte Gestaltung des Wissensprozesses im Unternehmen. Wir können **vier Teilprozesse** des Wissensprozesses unterscheiden (vgl. *Nonaka/Takeuchi* [knowledge-creating]):

- Wissensgenerierung,
- Wissenstransfer,
- Wissensspeicherung,
- Wissensnutzung.

[1] Wissensgenerierung

Die traditionelle Form der Wissensgenerierung erfolgt im Rahmen der betrieblichen Fort- und Weiterbildung. Aktuell ist die Einrichtung sog. Corporate Universities (vgl. z.B. bei der *Daimler AG*). Zur Förderung der Wissensgenerierung bietet sich vor allem die Institutionalisierung einer Lernenden Organisation an. Diese wiederum verlangt die Verwirklichung einer Reihe neuer Organisationsmodelle, wie der Prozessorganisation, der Teamorganisation, der Selbstorganisation und von Kooperationsmodellen. Die Prozessorganisation begünstigt das organisationale Lernen, indem sie ein Denken in Zusammenhängen fördert sowie die Integration von Denken und Handeln bewirkt. Bei der Teamorganisation wird das Lernen durch Kooperation und Kommunikation gefördert, d.h. Wissen wird ausgetauscht und damit der Organisation zur Verfügung gestellt. Im Rahmen der Selbstorganisation wird der Erwerb von Fähigkeiten systematisch gefördert. Unternehmensübergreifende Kooperationen öffnen den Blick für neue Perspektiven und regen zur Reflexion des vorhandenen Wissens an.

Eine Neuentwicklung auf diesem Felde ist das sog. „Web 2.0". Es stellt eine interaktive und kooperative Form der Nutzung des Internets dar.

Beispiel: Kunden eines Software-Unternehmens berichten laufend über ihre Erfahrungen mit einem neu entwickelten Produkt. Die Mitarbeiter der Entwicklungsabteilung können die Bewertung und die Kritik der Nutzer berücksichtigen. Nach dem Motto „Jeder ist kreativ und es darf daher jeder mitmachen“ findet eine Einbindung der Mitarbeiter und der Kunden in den Prozess der Wissensgenerierung statt.

[2] Wissenstransfer

Die Aufgabe des Wissenstransfers besteht in der Übertragung von Wissen, über das Individuen und Gruppen verfügen, auf andere Individuen bzw. Gruppen. Dazu bedarf es v.a. einer Überwindung von Barrieren des Wissenstransfers. Personalorientierte Maßnahmen zielen auf die Überwindung von Hemmungen und Egoismen bei der Weitergabe von Wissen ab. Sie müssen aber auch eine Bereitschaft zur Wissensaufnahme beim Adressaten fördern, denn der Wissenstransfer kann nur auf der Basis eines interaktiven Kommunikationsprozesses zum Erfolg führen. In struktureller Hinsicht bieten sich die bereits für die Wissensgenerierung bevorzugten Team- und Kooperationsmodelle an. In Joint Ventures und strategischen Allianzen findet ein systematischer Wissensaustausch zwischen den Partnern statt. Teammodelle sind geeignet, die funktionalen und hierarchischen Barrieren für den Wissensaustausch zu überwinden. Job Rotation begünstigt die Verteilung des Wissens.

[3] Wissensspeicherung

Die Bewahrung von Wissen hat zum einen eine technologische und zum anderen eine verhaltensorientierte Dimension. Die heutige Medientechnik ist in besonderem Maße geeignet, Wissen zu speichern, sowohl in gedruckter als auch in elektronischer Form. Zu erwähnen sind in diesem Zusammenhang Datenbanken, Methodenbanken, Modellbanken, Expertensysteme. Ein besonders geeignetes Speichermedium ist jedoch der **Mitarbeiter**. Seine Speicherkapazität übersteigt jene künstlicher Systeme - weniger im Hinblick auf die Quantität, als auf die Art des zu speichernden Wissens. Die Bereitschaft zur Wissensspeicherung wird gefördert durch eine Grundeinstellung, die sich insbesondere in einer starken Unternehmenskultur ausdrückt.

Zur Wissensspeicherung gehört auch die **Wissensbewahrung**, also die Verhinderung von Wissensverlust. Er ist insbesondere dann zu verzeichnen, wenn das Wissen einer Gruppe oder eines Individuums durch Auflösung der Gruppe (etwa im Rahmen der Projektorganisation) oder Abwanderung des Mitarbeiters verloren geht.

[4] Wissensnutzung

In der konsequenten Verwendung des vorhandenen Wissens besteht nach einem empirischen Befund der Unternehmensberatungsgesellschaft *Roland Berger & Partner* ein großer Nachholbedarf. Dieses Defizit äußert sich nach *Roland Berger* in folgenden Sachverhalten:

1. Unternehmen bilden ihre Mitarbeiter gründlich aus, aber lassen sie ihr Wissen nicht anwenden.
2. Unternehmen haben für jede Frage einen Experten, aber die wenigstens wissen, wie man ihn findet.
3. Unternehmen engagieren nur die hellsten Köpfe, aber verlieren sie nach drei Jahren an die Konkurrenz.
4. Unternehmen wissen alles über ihre Konkurrenten, aber nur wenig über sich selbst.
5. Unternehmen fordern ihre Mitarbeiter zur Wissensteilung auf, aber die Unternehmensspitze behält ihre Geheimnisse für sich.

Die Beseitigung dieses Defizits ist nur mit einem konsequenten Wissensmanagement möglich (vgl. *Bea* [Wissensmanagement]). Ansatzpunkte für ein allgemeines **Aufgabenspektrum des Wissensmanagements** sind auf folgenden Feldern zu sehen:

- **Organisation:** Schaffung einer lernfördernden Struktur (durch Selbstorganisation, Lernende Organisation, Teamorganisation)
- **Personal:** Aus- und Weiterbildung, Führungsstil, Anreizsysteme
- **Technik:** Informations- und kommunikationstechnische Ausstattung (Datenbanken, Modellbanken, Hard- und Softwaresysteme).

6 Computergestützte Informationssysteme

Computergestützte Informationssysteme stehen in zweifacher Hinsicht in Beziehung zum Strategischen Management:

- Unterstützung des Strategischen Managements durch Informationssysteme
- Entwicklung neuer Geschäftsmodelle auf internet-basierter Informations- und Kommunikationstechnologie. Beispiele sind *Amazon*, *Ebay* und *Facebook*. Diese Praxisbeispiele sind in der Einleitung zu diesem Teil ausführlich besprochen (S. 266ff.).

Hier befassen wir uns schwerpunktmäßig mit der Bedeutung der computergestützten Informationssysteme als Mittel zur Unterstützung von Strategien.

Die Unterstützung operativer Aktivitäten durch Informationstechnologie (IT) wird in Unternehmen seit Jahrzehnten mit Erfolg praktiziert. Mit Beginn der 60er Jahre wurden erste Anstrengungen zur Unterstützung des Strategischen Managements unternommen. Die Erfolge blieben jedoch meistens hinter den Erwartungen zurück. Die Gründe hierfür sind vor allem in den spezifischen Merkmalen strategischer Informationen zu suchen (vgl. S. 277ff.). Welche Konzepte der IT-Unterstützung des Strategischen Managements bisher entwickelt wurden und wie ihre Eignung im Strategischen Management zu beurteilen ist, wollen wir im Folgenden besprechen. Zunächst sollen Begriff und Aufbau computergestützter Informationssysteme erörtert werden.

6.1 Begriff und Aufbau

Ein Informationssystem besteht aus Menschen und Maschinen, die Informationen erzeugen und/oder benutzen und die durch Kommunikationsbeziehungen miteinander verbunden sind. Man spricht deshalb auch von einem Mensch-Maschine-System:

> Ein **Informationssystem** ist die Gesamtheit von
>
> - Menschen (Benutzern),
>
> - Maschinen (Hard- und Software) sowie
>
> - deren Informations- und Kommunikationsbeziehungen.

Aufgabe eines Informationssystems ist die Unterstützung von Planungs- und Kontrollprozessen durch eine adäquate Bereitstellung relevanter Informationen. Es lassen sich operative und strategische Informationssysteme unterscheiden. **Operative Informationssysteme** unterstützen den Wertschöpfungsprozess, wie etwa die

Termin- und Kapazitätsplanung, die Fertigungsplanung und -steuerung, die Vertriebs- und Transportplanung.

Strategische Informationssysteme, sie werden auch als Executive Information Systems (EIS) oder als Führungsinformationssysteme (FIS) bezeichnet, haben die Unterstützung des Strategischen Managements mit relevanten Informationen zum Ziel. Dabei bauen solche Systeme auf Informationen der operativen Systeme auf. Abb. 4-24 verdeutlicht jedoch, dass strategische Informationssysteme auch in der Lage sein müssen, zunehmend **externe** und **qualitative Informationen** zu verarbeiten.

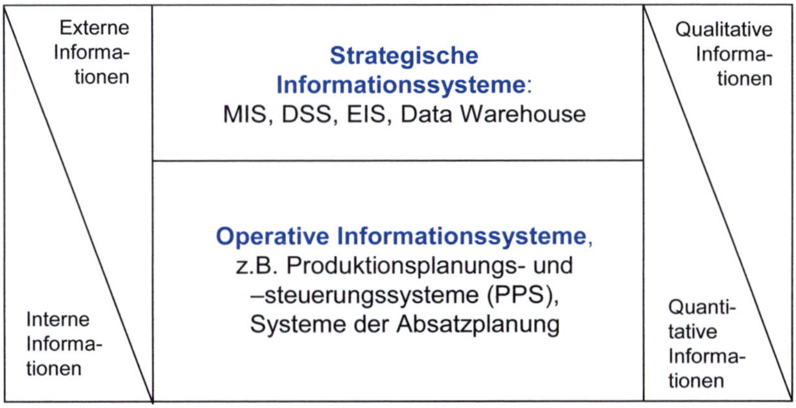

Abb. 4-24: Operative und strategische Informationssysteme

6.2 Entwicklungsstufen

Die Entwicklung strategisch orientierter Informationssysteme soll im Folgenden kurz skizziert werden. Wir unterscheiden dabei folgende **Entwicklungsstufen IT-unterstützter Informationssysteme** (vgl. *Hansen/Neumann* [Wirtschaftsinformatik 1] 826):

- Management-Informationssysteme (MIS),
- Decision Support Systems (DSS),
- Executive Information Systems (EIS),
- Data Warehouse.

6.2.1 Management-Informationssysteme (MIS)

Die MIS sind Mitte der 60er Jahre auf Grundlage der Erkenntnis, dass Information ein strategischer Erfolgsfaktor ist, in den USA entstanden. Ziel war eine Ausdehnung der Computerunterstützung auf den Bereich der strategischen Unternehmensplanung.

Ein **Management-Informationssystem** ist ein die gesamte Unternehmung umfassendes (unternehmensweites) und auf vollständige Abdeckung der Managementaufgaben ausgerichtetes computergestütztes Informationssystem.

Dem Management sollte der schnelle Zugriff auf Daten aller Bereiche und Hierarchiestufen ermöglicht werden. Als **hochintegriertes Totalsystem** sollte es sämtliche Informationen in aggregierter Form und real time - per Knopfdruck - bereitstellen und zumindest partiell den Menschen bei der Führung ersetzen.

Zentrale technische Komponente eines MIS war die Datenbasis. In Datenbanken gespeicherte Daten bildeten den Kern des Informationssystems. Modell- und Methodenbanken als weitere Teilmodule beschränkten sich weitgehend auf quantitativ definitorische Zusammenhänge.

Heute wird die **„MIS-Idee“** als **gescheitert** angesehen. Folgende **Gründe** seien genannt:

– Die Systeme waren daten- und nicht informationsorientiert, d.h., die Entscheidungsträger wurden nicht mit Wissen versorgt, sondern flächendeckend mit ungefilterten Daten überhäuft („information overload“).
– Die Versorgung des Managements mit strategisch relevanten Daten (z.B. soft facts) war hingegen mangelhaft.
– Die Datenbereitstellung war nicht anwenderfreundlich. Der Grund ist darin zu sehen, dass die MIS vorwiegend von EDV-Spezialisten konzipiert wurden und dadurch die Abstimmung mit dem Management fehlte (Technikorientierung statt Bedarfsorientierung).
– Zum Teil fehlten technische Voraussetzungen im Bereich der Hardware (Speicherkapazitäten, Verarbeitungsgeschwindigkeiten, Zentralrechnerkonfigurationen) und der Software (Datenbanken, Programmiersprachen).
– Die Abstimmung des jeweiligen MIS mit der Organisation der Unternehmung war mangelhaft.

Abschließend kann man sagen, dass die MIS der 60er Jahre zu wenig auf den spezifischen Informationsbedarf des Strategischen Managements zugeschnitten waren und deshalb nur unzureichende Akzeptanz fanden.

6.2.2 Decision Support Systems (DSS)

Decision Support Systems (DSS), auch als Entscheidungsunterstützungssysteme bezeichnet, ist der Oberbegriff für computergestützte Informationssysteme, die gezielt bestimmte Entscheidungstypen auf unterschiedlichen Ebenen der Unternehmungen unterstützen sollen. Dabei verfolgt man im Gegensatz zu den Management-Informationssystemen nicht mehr den Gedanken hochintegrierter Totalsysteme, die den Menschen ersetzen sollen (aber nicht können), sondern jenen der **teilintegrierten Partialsysteme**, die den Menschen bei seinen Entscheidungen unterstützen sollen: „The key point for a DSS is to support or enhance the managers decisionmaking ability“ (*Keen/Scott Morton* [Decision Support Systems] 58). Nach *Keen/Scott Morton* ([Decision Support Systems] 1) definieren wir DSS wie folgt:

Ein **Decision Support System** (Entscheidungsunterstützungssystem) ist ein interaktives IT-basiertes Instrument zur Unterstützung von Managern bei der Lösung wohlstrukturierter und teilstrukturierter Aufgaben.

Teilstrukturierte Entscheidungsprobleme enthalten Teilprobleme, die strukturiert und deshalb durch einen Algorithmus lösbar sind (z.B. Maximierung des Cash Flow zur Bestimmung der besten Investitionsalternative). Wohlstrukturierte Entscheidungsprobleme lassen sich insgesamt durch einen Algorithmus lösen.

Für die **Teilphasen** des Managementprozesses

- Problemerkennung und -analyse,
- Generierung von Lösungsalternativen,
- Wahl einer Lösungsalternative und
- Kontrolle

lassen sich unterschiedliche **partielle DSS** einsetzen. DSS können auf Optimierungsmodellen oder auf Simulationsmodellen basieren. Sie können Funktionen zur benutzer- oder systemgeführten Alternativengenerierung und zum Alternativenvergleich enthalten, ebenso wie Methoden für Wirtschaftlichkeitsberechnungen und Sensitivitätsanalysen.

Ein DSS besteht aus den **Bausteinen**

- Datenbanken (zentral oder dezentral, intern oder extern),
- Modellbanken (Abbildung der Entscheidungssituation),
- Methodenbanken (Verfahren zur Entscheidungsunterstützung) und
- Ablaufsteuerung (Verknüpfung der Bausteine und Kommunikation mit dem Anwender).

Als Mensch-Maschine-Systeme versuchen DSS, eine **optimale Arbeitsteilung** zwischen Benutzer und Computertechnik herzustellen, da man erkannt hat, dass der Mensch bestimmte Aufgaben im Managementprozess besser erfüllen kann als die technische Komponente eines Informationssystems (vgl. Abb. 4-25).

Eine Unterstützung **schlecht-strukturierter Managementprobleme** ist jedoch auch mit DSS nur begrenzt möglich, da die dabei interessierenden Informationen (z.B. soft facts) nur schwer durch computergestützte Systeme abbildbar sind, und die menschliche Intuition durch Computer nicht ersetzbar ist. So lassen sich beispielsweise die Auswirkungen einer Fusion zwischen zwei Banken auf das Verhalten der Mitarbeiter und der Kunden nur schwer abschätzen.

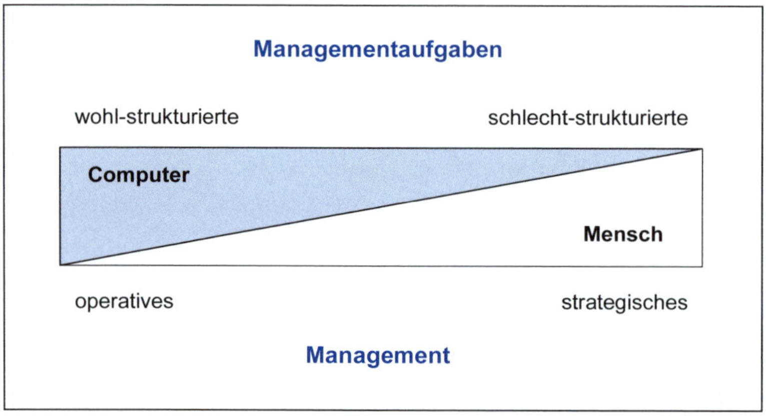

Abb. 4-25: Arbeitsteilung zwischen Mensch und Computer im Managementprozess

6.2.3 Executive Information Systems (EIS)

Executive Information Systems (EIS), für die in der Literatur auch die Bezeichnung Führungsinformationssysteme (FIS) verwendet wird, können wie folgt definiert werden:

> Ein **Executive Information System** ist ein interaktives, IT-basiertes Informationssystem zur integrativen informationellen Unterstützung von Managementaufgaben.

Ein EIS unterscheidet sich von einem DSS vor allem in folgenden Punkten:

[1] Integrative Unterstützung des Managements

Im Gegensatz zu den DSS - die wie oben beschrieben - als Teilkomponenten spezifische Entscheidungssituationen unterstützen, verfolgen EIS - ähnlich wie die MIS der 60er Jahre - die Idee des integrierten Gesamtsystems (keine Insellösung). Es wird aber nicht, wie bei den MIS, die Übernahme von Entscheidungen durch die technischen Systemkomponenten, sondern eine effiziente **Arbeitsteilung** zwischen diesen und dem Benutzer angestrebt (vgl. Abb. 4-25). Die Komponenten eines EIS können dabei u.a. durch Electronic Mail-, Electronic Conferencing-, Telefax- oder Sprachverarbeitungssysteme, aber auch durch partielle DSS unterstützt werden. Technische Fortschritte bei Hard und Software, Dialogbetrieb zwischen technischen Systemkomponenten und Benutzer sowie einheitliche, menügesteuerte Benutzeroberflächen ermöglichen heute die Realisierung solcher Systeme.

[2] Anwenderorientierung

Die EIS sind nicht auf bestimmte Entscheidungen angelegt, sondern auf bestimmte Entscheidungsträger, insbesondere jene der oberen Führungsebene. Die Fähigkeiten und der Informationsbedarf des Managers bestimmen die Nutzerschnittstelle, die Auswahl der Abfragefunktionen und die Bereitstellung von Methoden- und Modellbanken.

Entscheidend für den Erfolg eines EIS ist neben der Benutzerfreundlichkeit und der Modell- und Methodenunterstützung vor allem aber die Beschaffenheit der Datenbasis, auf die der Benutzer zugreifen kann. Neben relativ leicht verfügbaren internen Daten müssen solche über die relevante Umwelt bereitgestellt werden. Neben quantitativen sind auch qualitative Informationen zu verarbeiten bzw. bereitzustellen.

Beispiel: *SAP* bietet ein EIS namens „Strategic Enterprise Management"-System (*SAP SEM*) an. Dieses EIS basiert auf einem operativ ausgerichteten „Business Analytics"-System (*SAP BA*). In Abb. 4–26 ist die Verzahnung von strategischen und operativen Aufgabenstellungen dargestellt, die durch den Einsatz der beiden Systeme unterstützt werden können.

Das SEM beinhaltet **fünf verschiedene Komponenten**, die auch getrennt einsetzbar sind (vgl. *Meier/Sinzig/Mertens* [SAP SEM] 85ff.):

(a) Business Planning & Simulation

Im Rahmen dieser Komponente stehen der Entwurf und die spätere Steuerung von Planungsstrukturen und -prozessen sowie die Bereitstellung von praktischen Anwendungen zur strategischen Planung im Mittelpunkt. Die Anwendungen umfassen u.a. eine Möglichkeit zur Simulation der Bilanz, GuV und der Cash Flows sowie eine umfassende Investitionsplanung. Zur Unterstützung des wertorientierten Managements i. S. des Shareholder Value kann der „Capital Market Interpreter" eingesetzt werden, ein Werkzeug zur Integration der Erwartungen externer Finanzanalysten in die strategische Planung bzw. zum Vergleich des Marktwertes mit dem Unternehmenswert auf der Grundlage interner Planungsdaten.

(b) Business Consolidation

Diese Komponente enthält Funktionen zur Vorbereitung und Erstellung von konsolidierten Jahresabschlüssen und für die Generierung von internen Managementinformationen. Für die Erstellung der Jahresabschlüsse können die gesetzlichen Vorschriften des HGB, der US GAAP (US Generally Accepted Accounting Principles) oder der IFRS (International Financial Reporting Standards) zugrunde gelegt werden.

(c) Corporate Performance Monitor

Diese Komponente beinhaltet zwei wichtige Themengebiete: Die Umsetzung von Strategien und die Leistungsmessung („Performance Measurement", vgl. S. 126). Als Instrument zur Strategieimplementierung wird die Balanced Scorecard eingesetzt (vgl. S. 208ff.); zur Leistungsmessung dienen das „Management Cockpit" mit Werkzeugen zur Analyse wichtiger Leistungsindikatoren (Key Performance Indicators/KPIs) sowie Werttreiberbäume (= Kennzahlensysteme). Zudem bietet diese Komponente eine Anwendung für das Risikomanagement (vgl. S. 114ff.): „Risk management in SAP SEM enables you to identify, quantify, monitor, and control risks and their potential impact on your company`s goals".

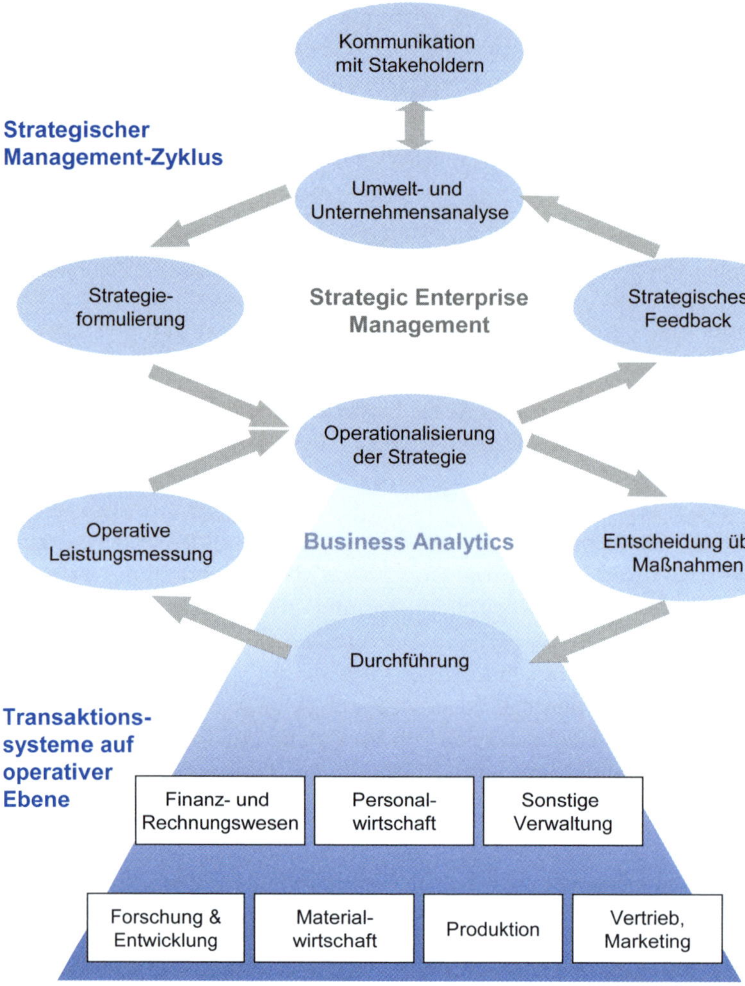

Abb. 4-26: Architektur von SAP SEM/BA
(Quelle: *Hansen/Neumann* [Wirtschaftsinformatik 1] 802)

(d) Stakeholder Relationship Management

Im Mittelpunkt dieser Komponente stehen Anwendungen für die Kommunikation und das Beziehungsmanagement mit verschiedenen relevanten Stakeholdern (z.B. Geschäftspartner).

(e) Business Information Collection

Aufgabe dieser Komponente ist die Sammlung, Auswertung und Ablage von internen und externen Informationen.

Bei den meisten Funktionen des SEM-Systems lässt sich der **Gedanke der effizienten Arbeitsteilung** zwischen Manager und Computer deutlich erkennen: Die Software soll Lösungen von Standardaufgaben der strategischen Führung im Rahmen möglichst benutzerfreundlicher Anwendungen bereitstellen.

Die meisten konzeptionellen Aufgaben i. S. eines individuellen Zuschnitts auf das einzelne Unternehmen, z.B. die Architektur von Planungsprozessen, die Auswahl von Risikofaktoren oder auch der konkrete Entwurf einer Balanced Scorecard, obliegen dem jeweiligen Manager.

6.2.4 Data Warehouse

Die meisten Unternehmen verfügen i.d.R. über eine Vielzahl heterogener Informationssysteme, die im Laufe der Jahre selbst entwickelt oder angeschafft wurden. „Neben dem Problem der unternehmensübergreifenden Anwendungsintegration stellt sich das Problem der einheitlichen und flexiblen Auswertung der Daten nach unterschiedlichen Kriterien - möglichst ohne Programmieraufwand - über eine Endbenutzerstelle. Das Data Warehouse ist ein Ansatz zur Lösung dieses Problems; es bietet eine Entscheidungsbasis für alle Mitarbeiter eines Betriebes.“ (*Hansen/Neumann* [Wirtschaftsinformatik 1] 817).

Ein **Data Warehouse** ist ein Bestand von Daten, aus dem sich die einzelnen Informationssysteme und auch Mitarbeiter eines Unternehmens wie in einem Warenhaus bedienen können.

Auf der Grundlage des Data Warehouse lassen sich mit dem sog. **Data Mining** Gesetzmäßigkeiten, also allgemein gültige Zusammenhänge zwischen einzelnen Elementen des Datenbestandes ermitteln.

Beispiel: Zusammenhang zwischen dem Alter einer Bankkundschaft und dem Anlegerverhalten. Aus diesen Erkenntnissen lassen sich Strategien der Marktbearbeitung ableiten.

Viele Daten sammeln sich heute praktisch von selbst, da sie von einer wachsenden Zahl von Personen freiwillig geliefert werden. Zu nennen sind u.a. soziale Netzwerke, E-Mails, Online-Einkäufe, Chats, Website-Auftritte, Blogs. Die mit dem Data Mining mögliche Hebung von Datenschätzen ist natürlich für Datenschützer ein Horror.

Es sei noch darauf hingewiesen, dass in neuester Zeit für die Software zur Unterstützung des Managements von den kommerziellen Anbietern die Modebegriffe „Business Intelligence“ (BI) und „Corporate Performance Management“ (CPM) verwendet werden (vgl. *Hansen/Neumann* [Wirtschaftsinformatik 1] 831).

Abb. 4-27 zeigt noch einmal zusammenfassend die Positionierung der einzelnen Entwicklungsstufen computergestützter Informationssysteme anhand der beiden Kriterien „Zusammenarbeit (Arbeitsteilung) zwischen Mensch und Computer“ und „Systemumfang“:

System-umfang / Zusammenarbeit Computer/Mensch	Totalsystem	Partialsystem
Ersatz (des Menschen)	MIS	
Unterstützung (des Menschen)	Data Ware-house, EIS	DSS

Abb. 4-27: Umfang und Intention computergestützter Informationssysteme

6.3 Bewertung

Die bei den einzelnen Entwicklungsstufen vorgebrachte Detailkritik soll abschließend um einige, IT-unterstützte Informationssysteme generell betreffende, **fundamentale Aspekte** ergänzt werden:

[1] Nachteile

- **Zahlengläubigkeit:** Die Computerunterstützung begünstigt die Verwendung von hard facts gegenüber soft facts, da diese für die computertechnische Verarbeitung weit besser geeignet sind. Dadurch kann die Gefahr der Überschätzung von hard facts erhöht bzw. die Sensibilität für soft facts gemindert werden.
- **Informationsverlust:** Computergestützte Informationssysteme versorgen die Unternehmensführung i.d.R. mit aggregierten Informationen. Diese Aggregation birgt stets die Gefahr in sich, dass Informationen verloren gehen bzw. die im strategischen Kontext besonders vielfältigen, komplexen und wichtigen Beziehungen zwischen Informationen verfälscht werden.
- **Standardisierung:** Computergestützte Informationssysteme standardisieren und determinieren die Form der Informationsbereitstellung und formalisieren den Informationsfluss. Informelle, situationsspezifische, für die spontane Entscheidung wichtige Kommunikationsbeziehungen werden dadurch verdrängt. Es findet also eine Verengung der Perspektive statt.

[2] Vorteile

- **Maschinelle Verarbeitung:** Durch den Computereinsatz im Strategischen Management ist es möglich, die Führungsspitze durch die maschinelle Verarbeitung vor allem quantitativer Informationen und ihre aggregierte und visuell hochwertige Bereitstellung zu unterstützen. Der Gefahr einer „Überflutung“ mit Daten kann so entgegengewirkt werden.

- **Entlastung des Managements:** IT-gestützte Informationssysteme können partielle, wohlstrukturierte, auf quantitativen Informationen beruhende Managementaufgaben übernehmen. Dadurch findet eine Entlastung des Managements von Routineaufgaben statt.
- **Verbesserung der Organisation:** Computergestützte Informationssysteme erhöhen die Transparenz der Informationsaktivitäten und erfüllen damit eine gewisse Strukturierungs-, Systematisierungs- und Checklistenfunktion. Damit wird zugleich die Basis für eine Überwachung der Informationsaktivitäten gelegt. Die Computerunterstützung ermöglicht auch die informationelle Integration funktionaler, objektbezogener oder regionaler Teilbereiche der Unternehmung. Damit einher geht die Möglichkeit der Verbreiterung von Leitungsspannen und damit zum Abbau von Hierarchien.

Entscheidend ist jedoch, dass durch den Einsatz computergestützter Informationssysteme das **spontane, intuitive Element des strategischen Informationsmanagements** und die Sensitivität und Wahrnehmungsfähigkeit der Organisationsmitglieder bezüglich Schwacher Signale nicht verloren gehen dürfen.

Durch den globalen Siegeszug des **Internets** dürften auch die unternehmensinternen Informationssysteme vor einem grundlegenden Wandel stehen. Die Transformation von Technologie, Software, Standards und Protokollen des Internets bzw. des World Wide Web auf die Verhältnisse von Unternehmen (bzw. allgemein von geschlossenen Benutzergruppen) lässt sog. **Intranets** entstehen. Intranets ermöglichen heute schon den schnellen Zugriff auf Daten jeder Art und das Realtime-Kommunizieren ohne regionale Grenzen. Sie stellen damit die wesentliche technische Voraussetzung zur Umsetzung virtueller Unternehmens- bzw. Organisationskonzepte dar. Bedingung für die Schaffung echter Wettbewerbsvorteile durch unternehmensinterne Netzwerke ist jedoch auch, dass der Mensch das Arbeiten in solchen Netzwerken erlernt.

7 Zusammenfassung

Information ist ein strategischer Erfolgsfaktor. Verschiedene Entwicklungen haben dazu beigetragen, dass die Bedeutung der Information stark zugenommen hat: Die erhöhte Relevanz der Umwelt, die wachsende Dynamik der Umwelt und die höheren Anforderungen an das Kompetenzprofil der Unternehmung.

Wir unterscheiden ein Management externer Informationen und ein Management interner Informationen. Das **Management externer Informationen** befasst sich mit der weiteren und der näheren Umwelt. Dabei kommen Prognoseverfahren und Projektionsverfahren zum Einsatz. Es stehen folgende Prognosetechniken zur Verfügung: Prognose auf der Basis von Befragungen, auf der Basis von Indikatoren, auf der Basis von Zeitreihen und auf der Basis von Funktionen. Unter den Projektionsverfahren sind von besonderer Bedeutung die Szenario-Analyse und die Früherkennungssysteme, insbesondere das Konzept der Schwachen Signale.

Das **Management interner Informationen** befasst sich mit Projekten, Potenzialen und Prozessen. Zum Einsatz kommen Projektrechnungen, Potenzialrechnungen und Prozessrechnungen. Zu den Prozessrechnungen zählen insbesondere die Wertkettenanalyse, das Target Costing, die Prozesskostenrechnung und die lebenszyklusorientierte Kosten- und Erlösrechnung.

Das Informationsmanagement wird zunehmend ersetzt durch das **Wissensmanagement**. Es werden vier Teilprozesse des Wissensprozesses unterschieden: Wissensgenerierung, Wissenstransfer, Wissensspeicherung und Wissensnutzung.

Computergestützte Informationssysteme unterstützen das strategische Informationsmanagement. Zu nennen sind Management-Informationssysteme (MIS), Decision Support Systems (DSS), Executive Information System (EIS) und Data Warehouse in Verbindung mit Data Mining.

Fragen zur Wiederholung

[1] Strategische Bedeutung der Information

1. Was versteht man unter „Information“? (1)
2. Weshalb hat die Bedeutung des Potenzials „Information“ für die Unternehmen zugenommen? (1)

[2] Konzeption eines strategischen Informationsmanagements

1. Was versteht man unter einem strategischen Informationsmanagement und welche Aufgabenfelder können unterschieden werden? (2.1)
2. Mit Hilfe welcher Kriterien können Informationen allgemein gekennzeichnet werden? (2.2)
3. Grenzen Sie die Begriffe „Informationsbedarf“, „Informationsangebot“ und „Informationsnachfrage“ voneinander ab. (2.2)
4. Kennzeichnen Sie den Informationsbedarf der strategischen Planung und Kontrolle anhand geeigneter Kriterien. (2.2)
5. Welche Probleme treten bei der Abgrenzung der relevanten Informationsbereiche auf? (2.2)
6. Welche Formen der Informationsbeschaffung stehen Unternehmen allgemein zur Verfügung? (2.3)
7. Worin bestehen die Stärken externer Unternehmensberater? (2.3)
8. Welches sind die verschiedenen Schritte der Informationsverarbeitung? (2.4)
9. Inwiefern können die Cross-Impact-Analyse und die Netzwerkanalyse bei der Informationsverarbeitung eingesetzt werden? (2.4)

[3] Management externer Informationen

1. Welche Merkmale können zur Kennzeichnung von Umweltveränderungen dienen? (3.1)
2. Was versteht man unter operativen bzw. strategischen Umweltveränderungen und was unter Diskontinuitäten? (3.1)
3. Worin liegen die fundamentalen Unterschiede von Prognose- und Projektionsverfahren? (3.2 und 3.3)

4. Weshalb sind Prognoseverfahren im Rahmen der strategischen Früherkennung nur eingeschränkt geeignet? Welche Verfahren sind bedingt einsetzbar? (3.2)

5. Kennzeichnen Sie die Szenario-Analyse und stellen Sie die Phasen ihres Ablaufs dar. (3.3.1)

6. Worin liegen die Vorteile der Szenario-Analyse gegenüber herkömmlichen Prognoseverfahren? Inwiefern ist es gerechtfertigt, von einer „robusten Rahmenmethodik" zu sprechen? (3.3.1)

7. Welches sind die Leitgedanken der verschiedenen Entwicklungsphasen von Früherkennungssystemen? (3.3.2)

8. Worin besteht das Grundproblem der indikatorgestützten FES? (3.3.2)

9. Inwieweit stellt das Konzept der Schwachen Signale von *Ansoff* eine Erweiterung der anderen Ansätze auf dem Gebiet der Früherkennung dar? (3.3.2 und 3.4)

10. Welche sind die grundlegenden Thesen in *Ansoffs* Konzept und wie können sie begründet werden? (3.4.1)

11. Wie hängen Verhalten und Informationsgrad in *Ansoffs* Konzept voneinander ab? (3.4.2 und 3.4.3)

12. Welche Ziele verfolgt das Diskontinuitätenmanagement? Welche Instrumente können im Rahmen des Diskontinuitätenmanagements zum Einsatz kommen? (3.5.1 und 3.5.2)

13. Welche Implementierungsprobleme treten beim Diskontinuitätenmanagement auf und wie kann ihnen begegnet werden? (3.5.3)

[4] Management interner Informationen

1. Welche Anforderungen sind an das Strategische Management interner Informationen zu stellen? (4.1)

2. Kennzeichnen Sie die Strategische Projektrechnung als Instrument des Managements interner Informationen (4.2)

3. Welche Verfahren einer Strategischen Potenzialrechnung gibt es? Wie ist ihre Leistungsfähigkeit zu beurteilen? (4.3.2)

4. Inwieweit hat sich das Umfeld der Kosten- und Erlösrechnung verändert? Welche Anforderungen sind daraus an eine moderne Kosten- und Erlösrechnung abzuleiten? (4.4)

5. Welche Anforderungen sind explizit an eine strategisch orientierte Kosten- und Erlösrechnung als Informationssystem zu stellen? (4.4)

6. Erläutern Sie die wertkettenbasierte Kostenanalyse als Grundgerüst einer strategisch orientierten Kosten- und Erlösrechnung. (4.4.1)

7. Welche Erkenntnisse können durch die wertkettenbasierte Kostenanalyse gewonnen werden? (4.4.1)

8. Welche Ziele verfolgt das Target Costing? (4.4.2.1)

9. Erläutern Sie die Phasen des Target Costing. Welche Instrumente sind dabei einsetzbar? (4.4.2.2)

10. Erläutern Sie die Verbindung von Target Costing und Prozesskostenrechnung bzw. Target Costing und Lebenszyklusorientierter Kosten- und Erlösrechnung. (4.4.2.2)

11. Was versteht man unter Benchmarking? (4.4.2.2)

12. Welche Ziele verfolgt die Prozesskostenrechnung? (4.4.3.1)

13. Inwieweit entspricht die Prozesskostenrechnung dem Grundgerüst des wertkettenbasierten Kostenmanagements? (4.4.3.1)

14. Erläutern Sie den Ablauf der Prozesskostenrechnung. (4.4.3.2)

15. Welchem Zweck dient die Ermittlung von Prozesskostensätzen? (4.4.3.2)

16. Legen Sie dar, welche Defizite der traditionellen Zuschlagskalkulation durch die Prozesskostenrechnung behoben werden können. (4.4.3.3)

17. Welche Umweltveränderungen haben speziell zur Entwicklung einer Lebenszyklusorientierten Kosten- und Erlösrechnung geführt? (4.4.4)

18. Welches Ziel verfolgt die Lebenszyklusorientierte Kosten- und Erlösrechnung allgemein und welche strategischen Entscheidungen können durch sie unterstützt werden? (4.4.4)

19. Inwieweit erfüllt die Lebenszyklusorientierte Kosten- und Erlösrechnung die Anforderungen an eine strategisch orientierte Kosten- und Erlösrechnung? (4.4.4)

[5] Wissensmanagement

1. Beschreiben Sie den Unterschied zwischen Wissensmanagement und Informationsmanagement (5.2)

2. Welche Entwicklungen haben die zunehmende Bedeutung des Wissensmanagements begünstigt? (5.2)

[6] Computergestützte Informationssysteme

1. Wie sind computergestützte Informationssysteme grundsätzlich aufgebaut, welche Subsysteme werden unterschieden und was versteht man unter dem hierarchischen Aufbau von Informationssystemen? (6.1)

2. Welche Entwicklungsstufen computergestützter Informationssysteme lassen sich unterscheiden? Nennen Sie die wesentlichen Merkmale der einzelnen Stufen. (6.2)

3. Kennzeichnen Sie die potenzielle „Arbeitsteilung" von Mensch und Computer im Strategischen Management. (6.2.2)

4. Wie ist das Leistungspotenzial der Computerunterstützung im Strategischen Management zu beurteilen? Welche Gefahren resultieren aus dem Einsatz computergestützter Informationssysteme, welche Vorteile lassen sich realisieren? (6.3)

Fragen zur Vertiefung

1. Wie kann die Entscheidung über die Ausgestaltung der Informationsbeschaffung auf der Grundlage eines ökonomischen Kalküls erfolgen? Wie kann ein solches Kalkül aussehen?

2. Welche internetbasierten Geschäftsmodelle sind in den letzten Jahren entstanden? Vergleichen Sie diese Modelle.

3. Welche Formen der Zusammenarbeit zwischen Top-Management, Planungsstäben und externen Beratern sind im Rahmen der strategischen Früherkennung bzw. der Durchführung von Szenario-Analysen denkbar? Welche Bedeutung könnten Teamkonzepte (vgl. Teil 5) in diesem Zusammenhang erlangen?

4. Wie kann ein umfassendes Diskontinuitätenmanagement in bestehende betriebliche Strukturen „eingebaut" werden? Welche Anforderungen stellt es an die Struktur und die Kultur der Unternehmung?

5. Untersuchen Sie die Beziehungen zwischen Diskontinuitätenmanagement, Wissensmanagement, Lernender Organisation und Prozessorganisation.

6. Welche Nutzungsmöglichkeiten könnten sich aus elektronischen Online-Diensten bzw. dem Internet für die betriebliche Früherkennung ergeben?

7. Entwickeln Sie weitere Konzepte für ein potenzialorientiertes Management interner Informationen. Nehmen Sie dabei insbesondere Bezug auf die Potenziale „Organisation“, „Unternehmenskultur“ und „Information“.

8. Welche Probleme bringt die Forderung nach strategieorientierten Kosten- und Erlösrechnungssystemen mit sich?

9. Vergleichen Sie das strategisch orientierte Anforderungsprofil an die Kosten- und Erlösrechnung mit jenem an die traditionelle Kosten- und Erlösrechnung.

10. Überprüfen Sie, inwieweit das System der Relativen Einzelkostenrechnung nach *Riebel* den Anforderungen an eine strategisch orientierte Kostenrechnung genügt.

11. Entwickeln Sie das Konzept der Lebenszyklusorientierten Kosten- und Erlösrechnung im Hinblick auf die Portfolioorientierung weiter.

12. Nehmen Sie Stellung zu der These: „Der Vorteil der Prozesskostenrechnung liegt nicht so sehr in der richtigen Erfassung der Kosten, sondern in der Bereitstellung von Informationen für die Reorganisation der betrieblichen Prozesse.“

13. Zeigen Sie, wie mit Hilfe der Nutzwertanalyse der „Nutzen“ strategischer computergestützter Informationssysteme bewertet werden könnte.

14. Was versteht man unter einer Wissensgesellschaft?

15. Welcher Zusammenhang besteht zwischen dem Wissensmanagement und dem Resource-based View?

16. § 91 Abs. 2 des deutschen Aktiengesetzes lautet: „Der Vorstand hat geeignete Maßnahmen zu treffen, insbesondere ein Überwachungssystem einzurichten, damit den Fortbestand der Gesellschaft gefährdende Entwicklungen früh erkannt werden.“ Wie könnte ein derartiges Überwachungssystem aussehen?

Literaturempfehlungen

Management externer Informationen

Fantapié Altobelli, C. u. S. Hoffmann: Grundlagen der [Marktforschung]. Konstanz und München 2011.

Ansoff, H.I.: Die Bewältigung von Überraschungen und Diskontinuitäten durch die Unternehmensführung. Strategische Reaktion auf Schwache Signale. In: Steinmann, H. (Hrsg.): Planung und Kontrolle. München 1981, S. 233-264.

Bea, F.X. u. J. Haas: Möglichkeiten und Grenzen der Früherkennung von Unternehmenskrisen. In: Wirtschaftswissenschaftliches Studium, 23. Jg. (1994), H. 10, S. 486-491.

Brockhoff, K.: Prognosen. In: Bea, F.X. u. M. Schweitzer (Hrsg.): Allgemeine Betriebswirtschaftslehre. Bd. II: Führung. 10. A., Stuttgart 2011, S. 785-825.

Geschka, H.: Die Szenariotechnik in der strategischen Unternehmensplanung. In: Hahn, D. u. B. Taylor (Hrsg.): Strategische Unternehmungsplanung - Strategische Unternehmungsführung. 8. A., Heidelberg 1999, S. 518-545.

Krystek, U. u. G. Müller Stewens: Strategische Frühaufklärung. In: Hahn, D. u. B. Taylor (Hrsg.): Strategische Unternehmungsplanung - Strategische Unternehmungsführung. 8. A., Heidelberg 1999, S. 497-517.

Management interner Informationen

Coenenberg, A., T.M. Fischer u. T. Günther: Kostenrechnung und Kostenanalyse. 7 A., Stuttgart 2009.

Eisele, W. u. A.P. Knobloch: Technik des betrieblichen Rechnungswesens. 8. A., München 2011.

Ewert, R. u. A. Wagenhofer: Interne Unternehmensrechnung. 5. A., Berlin u.a. 2003.

Friedl, B.: Kostenmanagement. Stuttgart 2009.

Horváth, P. (Hrsg.): Target Costing. Marktorientierte Zielkosten in der deutschen Praxis. Stuttgart 1993.

Scherrer, G.: Kostenrechnung. 3. A., Stuttgart 1999.

Schweitzer, M. u. H.-U. Küpper: Systeme der Kosten- und Erlösrechnung. 10. A., München 2011.

Wissensmanagement

Bea, F.X.: Wissensmanagement. In: Wirtschaftswissenschaftliches Studium, 29. Jg. (2000) H. 7. S. 362-367.

Nonaka, J. u. H. Takeuchi: The knowlege-creating company. New York, Oxford 1995.

Willke, H.: Systemisches Wissensmanagement. 2. A., Stuttgart 2001.

Computergestützte Informationssysteme

Hansen, H.R. u. G. Neumann: Wirtschaftsinformatik 1. 10. A., Stuttgart 2009.

Kemper, H.-G., H. Lasi u. E. Zahn: Informationstechnologie und Informationsmanagement. In: Bea, F.X. u. M. Schweitzer (Hrsg.): Allgemeine Betriebswirtschaftslehre. Bd. II: Führung. 10. A., Stuttgart 2011, S. 448-488.

Kraege, T.: Informationssysteme für die Konzernführung. Wiesbaden 1998.

Teil 5: Organisation

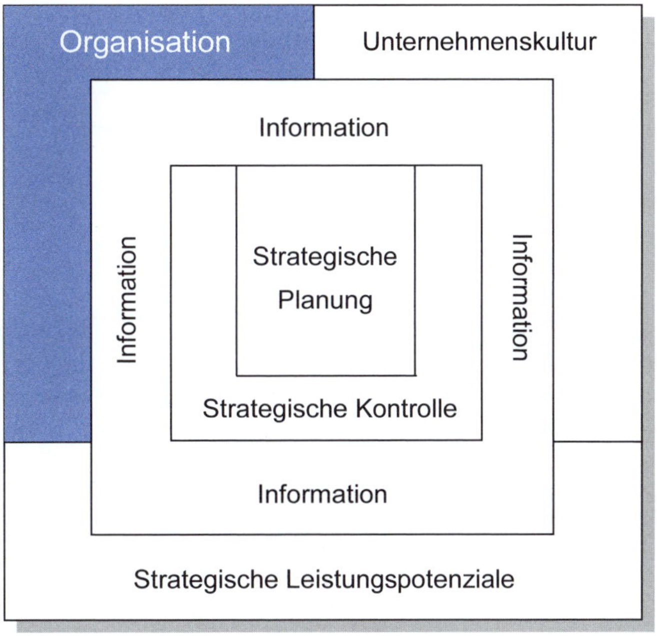

- Die Organisation ist Bestandteil des Strategischen Managements und dient der Erreichung und Sicherung strategischer Unternehmensziele.
- Aus Umfeldveränderungen erwachsen neue Anforderungen an die Organisation. Sie haben in den letzten Jahren die Entwicklung einer Reihe neuer Organisationsmodelle nach sich gezogen: Prozessorganisation, Teamorganisation, Lernende Organisation und Kooperationen. Mit Hilfe organisationstheoretischer Ansätze kann diese Entwicklung erklärt werden.
- Strategien können als Projekte definiert werden. Für die Umsetzung einer Strategie müssen daher spezifische Modelle der Projektorganisation entwickelt werden.

Teil 5: Organisation

Beispiele aus der Unternehmenspraxis:

[1] *Daimler:* Umwelt – Strategie – Struktur (Organisatorischer Wandel)

Die **strategische Neuorientierung** einer Unternehmung gelingt nicht allein durch die Wahl einer neuen Strategie. Sie verlangt auch eine Abstimmung der neuen Strategie mit den übrigen Bausteinen des Strategischen Managements, insbesondere mit der Struktur und der Kultur. Dem System-Umwelt-Fit muss der Intra-System-Fit folgen.

McKinsey hat ermittelt, dass sich die Struktur im Vergleich zu den übrigen Elementen des «7-S-Modells» (vgl. S. 17) schneller verändern lässt. Für die Umstrukturierung ist ein durchschnittlicher Zeitraum von drei bis fünf Jahren, für die Veränderung der Unternehmenskultur sind i.d.R. fünf bis 15 Jahre zu veranschlagen. Damit ist teilweise zu erklären, warum Unternehmungen, nachdem eine neue Strategie gewählt ist, zuerst die Neugestaltung der Struktur in Angriff nehmen.

Am Beispiel der *Daimler AG* kann gezeigt werden, wie **Strukturveränderungen mit Strategieveränderungen** einhergehen:

Traditionell stellte *Daimler Benz* PKW und Nutzfahrzeuge für den Inlandsmarkt her. Die **funktionale Struktur** sicherte lange Zeit die Wahrnehmung von Größenvorteilen, funktionalen Synergien und einer ausgeprägten Produkt- und damit verbunden Qualitätsorientierung (vgl. Abb. 5-7).

Die funktionale Struktur wich 1987 im Zuge der strategischen Neuorientierung hin zu einem «integrierten Technologiekonzern» und der damit einhergehenden Internationalisierung und konglomeraten Diversifizierung einer **divisionalen Struktur** mit ausgeprägten Zentralabteilungen. Mit der Einrichtung der funktionalen Zentralabteilungen (Finanzen und Betriebswirtschaft, Forschung und Technik, Materialwirtschaft, Personal und Vertrieb) für die Divisionen Nutzfahrzeuge, Personenkraftwagen, *AEG*, *Dornier* und *MTU*, entstand eine **Mischform** (Verbund von funktionaler Organisation und Spartenorganisation).

Die zunehmende Dynamik des Wettbewerbsumfeldes und der Erwerb weiterer Unternehmungen (*MBB*, *Fokker*) einerseits sowie ein hoher Koordinationsaufwand bzw. ein erhebliches Konfliktpotenzial aus der bestehenden Mischform andererseits führten zu der Entscheidung, die Struktur erneut zu verändern. So wurde die Dezentralisierung durch den Übergang zur **Holding-Struktur** verstärkt, mit dem Ziel, sowohl die Flexibilität wie auch die Markt- bzw. Kundennähe zu steigern. Im Zuge der strategischen Neuorientierung des Konzerns, beim Übergang von der Diversifikationsstrategie zur Konzentration auf das Kerngeschäft, erwies sich die Holding-Struktur als flexible Form der Strukturierung, die das Aufnehmen und Abgeben von Geschäften und Gesellschaften erleichtert (Herauslösung von *Chrysler*).

Der Automobil-Riese ist heute nach **fünf Geschäftsfeldern** strukturiert (im Folgenden dargestellt, in Klammern Umsätze 2011). Innerhalb der Geschäftsfelder sind regionale Geschäftsverantwortungen etabliert (z.B. Westeuropa, Lateinamerika, NAFTA, Asia bei *Daimler Trucks*). Den primär funktional gebildeten Vorstandsressorts sind die Geschäftsfelder zugeordnet, sodass man wiederum von einer Mischform sprechen kann (z.B. *Mercedes-Benz Cars* – Vorstandsvorsitzender, *Daimler Financial Services* – Vorstand Finanzen und Controlling):

Daimler AG 2011				
Mercedes-Benz Cars	Daimler Trucks	Mercedes-Benz Vans	Daimler Buses	Daimler Financial Services
(57,4 Mrd. €)	(28,8 Mrd. €)	(9,2 Mrd. €)	(4,4 Mrd. €)	(12,1 Mrd. €)

[2] *Bayer:* Umwelt – Strategie – Struktur: Organisatorischer Wandel

Im Zuge der weltweiten Globalisierung ab Beginn der 90er Jahre und verstärkt durch die konjunkturelle Krise zu Beginn des neuen Jahrtausends machen die Märkte der chemisch-pharmazeutischen Industrie einen tief greifenden Wandel durch. Die *Bayer AG* hat sich zum **Ziel** gesetzt, **das führende integrierte pharmazeutisch-chemische Unternehmen der Welt** zu sein. Die **Kernkompetenzen** sollen auf den Gebieten Gesundheit, Ernährung, Kunststoffe sowie chemische Spezialprodukte liegen.

Zur Umsetzung der Strategie wurde der Konzern Mitte 2002 radikal neu strukturiert. *Werner Wenning*, Vorstandsvorsitzender der *Bayer AG*, erläuterte die Neuorganisation in einem Brief an die Aktionäre wie folgt:

„Das Jahr 2002 stand bei uns ganz im Zeichen des Wandels. Um unsere Ertragskraft zu steigern und *Bayer* auf einen langfristigen Erfolgskurs zu bringen, haben wir uns neu aufgestellt. Im Rahmen der größten Umstrukturierung, die *Bayer* in seiner Unternehmensgeschichte je erlebt hat, wurde der gesamte Konzern neu ausgerichtet. Nicht ohne Grund lief der Prozess unter der Überschrift „The New Bayer"".

Heute wird der *Bayer*-Konzern von einer **Management-Holding** geführt, unter deren strategischer Leitung drei Teilkonzerne und mehrere Servicegesellschaften eigenverantwortlich arbeiten. Das operative Geschäft des *Bayer*-Konzerns obliegt den Teilkonzernen

- *Bayer HealthCare* (16,9 Mrd. € Umsatz in 2010),
- *Bayer CropScience* (6,8 Mrd. €) und
- *Bayer MaterialScience* (10,2 Mrd. €).

Zentrale Servicefunktionen - die ähnlich einer Matrixstruktur das operative Geschäft der Teilkonzerne unterstützen - sind in drei Gesellschaften zusammengefasst: *Bayer Business Services*, *Bayer Technology Services* und *Currenta* (Dienstleistungen im chemisch-technischen Bereich):

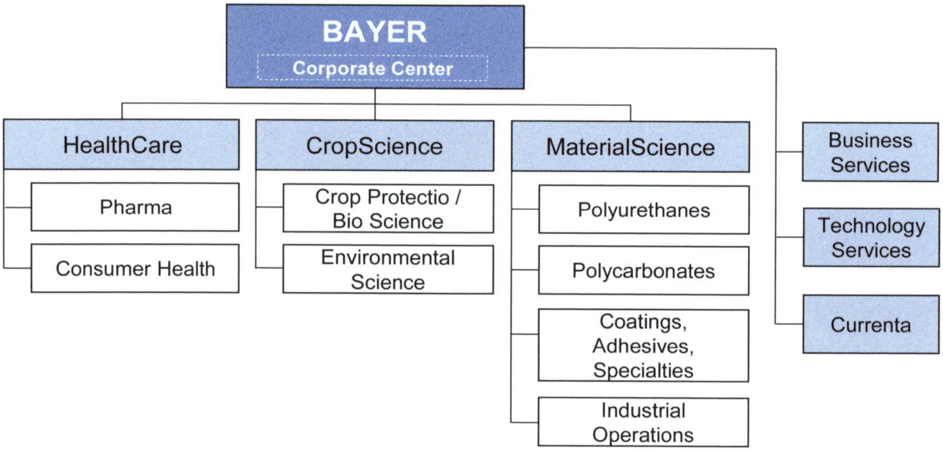

Auf dem Weg zu dieser Struktur erfolgte 2005 die rechtliche Verselbständigung des Chemie- und Polymergeschäfts, welches als „*Lanxess*" über einen Spin-Off an die Börse gebracht wurde. 2006 übernahm *Bayer* die *Schering AG* und gliederte diese in den Teilkonzern *HealthCare* ein.

Damit konzentriert sich der Konzern heute auf drei wachstums- und innovationsgetriebene Kernbereiche: Gesundheit, Ernährung und hochwertige Materialien.

1 Strategische Bedeutung der Organisation

„Die Strategie war hervorragend, aber die Umsetzung hat nicht funktioniert.“ Dieser Satz liefert nicht selten die Begründung für eine gescheiterte Strategie. Er macht auch deutlich, dass die Bedeutung der Organisation für das Strategische Management häufig unterschätzt wird.

Die **strategische Relevanz** der Organisation wird sichtbar, wenn die Beziehungen zu den übrigen Elementen des Strategischen Managements beleuchtet werden. Da es sich bei der Organisation um ein ausgesprochen vielschichtiges Phänomen handelt, ist zuvor jedoch eine Klärung dieses Phänomens bzw. des Begriffs „Organisation“ notwendig.

[1] Begriffe und Perspektiven der Organisation

Organisationsbegriffe sind das Ergebnis unterschiedlicher Perspektiven, die man bei der Beschäftigung mit einer Organisation wählen kann. Wir unterscheiden drei grundlegende **Perspektiven**:

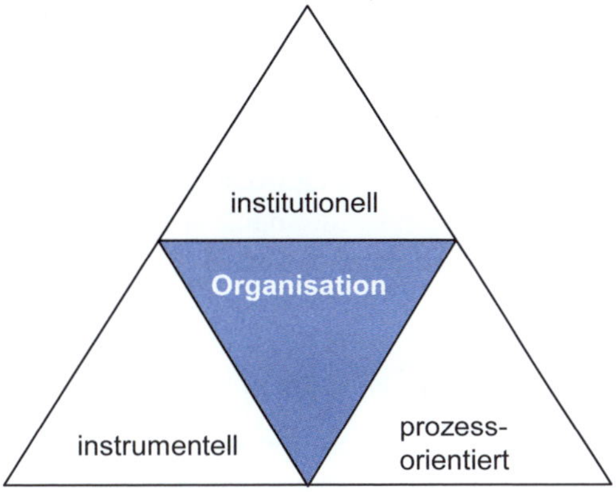

Abb. 5-1: Perspektiven der Organisation

Die **institutionelle Perspektive** und der zugehörige institutionelle Organisationsbegriff kennzeichnen die Organisation als eine Institution (bspw. eine Behörde oder wie in unserem Fall ein Unternehmen). Die Organisation besteht aus einem Regelsystem und Menschen, die nach diesen Regeln handeln. Die Unternehmung **ist** eine Organisation. Fragen der Führung und personale Aspekte stehen im Vordergrund.

Bei der **instrumentellen Perspektive** wird die Organisation als ein Instrument zur Steuerung und Koordination von Handlungen oder allgemein als Führungsinstrument interpretiert. Die Unternehmung **hat** eine Organisation. Im Mittelpunkt des Interesses stehen die Gestaltungsparameter der Organisation wie Spezialisierung,

Delegation, Koordination und Konfiguration unter der Zielsetzung organisatorischer Effizienz.

Die **prozessorientierte Perspektive** bezieht sich auf den Prozess des Organisierens, durch den eine Struktur entsteht. Organisation i.S. einer Strukturierung umfasst dann die Gesamtheit aller geplanten und zielorientierten Maßnahmen der Organisationsgestaltung.

Die drei genannten Perspektiven und damit die aus ihnen abgeleiteten Organisationsbegriffe haben jeweils ihre Berechtigung. Jeder der erörterten Begriffe enthält Definitionsmerkmale, die zutreffend sind. Es liegt daher nahe, diese Merkmale zu einem Begriff zu verbinden (vgl. *Bea/Göbel* [Organisation] 7):

Die **Organisation** ist

- ein von der Unternehmung geschaffenes System von Regeln,
- um gemeinsame Ziele zu verfolgen,
- in welcher Ordnung aber auch von selbst entstehen kann.

[2] Die Bedeutung der Organisation im Strategischen Management

Das in Teil 1 skizzierte Fit-Konzept betont die strategische Bedeutung der Organisation durch das Postulat der Stimmigkeit zwischen den Elementen des Strategischen Managements **(Intra-System-Fit)**.

Augenfällig ist die enge Beziehung von **Organisation** und **Strategie**. Als Erster hat *Alfred Chandler* (geb. 1918) den Zusammenhang von Strategie und Organisation entdeckt und thesenartig in dem Satz zum Ausdruck gebracht: **„Structure follows strategy"**. Die Beziehung zwischen Organisation und Strategie lässt sich im Rahmen des sog. **situativen Ansatzes** konsequent in das Strategische Management einordnen. Mit diesem Ansatz beschäftigen wir uns auf S. 376ff.

Strategien dienen dem Aufbau und der Sicherung langfristiger Erfolgspotenziale der Unternehmung. Somit ist die Entwicklung der **Organisation** selbst Gegenstand des Strategischen Managements. Andererseits bildet die Organisation den strukturellen Rahmen, in dem sich Strategieentwicklung und -implementierung vollziehen.

Auf ähnliche Weise wie die Strategie beeinflusst die Organisation auch die Möglichkeiten der Informationsbeschaffung und -verarbeitung innerhalb der Unternehmung und so die Entwicklung und die Nutzung der **Information**.

Die Erkenntnis, dass neben formalen Regelungen und sog. hard facts auch informale Regelungen bzw. soft facts den Erfolg einer Unternehmung maßgeblich mitbestimmen, lenkt die Aufmerksamkeit auf die **Unternehmenskultur**. Organisation im instrumentellen Sinne stellt auch hier eine Art Rahmen dar, der die Entwicklung von Werten und Normen innerhalb der Unternehmung beeinflusst.

Schließlich wird auch die Schaffung und Nutzung der strategischen **Leistungspotenziale** (Beschaffung, Produktion, Absatz, Kapital, Personal, Technologie) durch die organisatorische Realität in der Unternehmung geprägt. Die Personalentwicklung bspw. muss sich an den organisatorischen Gegebenheiten ausrichten (z.B. Führungskräftebedarf); umgekehrt erfordern bestimmte Verfahrenstechnologien spezifische organisatorische Lösungen (z.B. Fließfertigung oder Fertigungsinseln mit Gruppenarbeit).

Insgesamt ist festzustellen, dass die Bedeutung der Organisation und der Unternehmenskultur im Rahmen des Strategischen Managements in den letzten Jahren beträchtlich gewachsen ist. Der Grund für diese Schwerpunktverlagerung ist in der zunehmenden Dynamik der Umwelt zu sehen. Je schwieriger sich die Problemlösung ex ante, also durch die Planung darbietet, umso mehr bedarf es der Schaffung eines Potenzials für Reaktionen ex post. Dieses **Reaktionspotenzial** ist in einer adäquaten Gestaltung der Organisation zu sehen. Sie äußert sich im Entwurf moderner Organisationsmodelle wie der Prozessorganisation, der Teamorganisation sowie den Kooperationen. Diese werden ab S. 405ff. dargestellt.

Die These einer grundsätzlichen Bedeutung der Organisation für den strategischen Erfolg darf allerdings nicht darüber hinwegtäuschen, dass sich der Nachweis eines Zusammenhanges im Einzelfall quantitativ nur schwer belegen lässt. Diese Thematik ist eingebettet in die Gesamtproblematik der Messung des strategischen Erfolgs (vgl. dazu S. 126f.).

2 Organisationstheoretische Ansätze

Organisationstheorien liefern empirisch gehaltvolle und mit genereller Gültigkeit ausgestattete Aussagen über Organisationen in der Wenn-Dann-Form. Sie stellen damit Erklärungen zur Verfügung. Erklärungen wiederum bilden die Basis für die Bewertung und Gestaltung organisatorischer Alternativen.

Für die Grundausrichtung der organisationstheoretischen Forschung steht heute eine Reihe recht heterogener **organisationstheoretischer Ansätze** zur Verfügung. Zu nennen sind u.a. der Bürokratieansatz nach *Max Weber*, der tayloristische Ansatz, der Human-Relations-Ansatz sowie der strukturtechnische Ansatz (vgl. *Bea/Göbel* [Organisation] 55ff.).

Wir stellen im Folgenden jene Ansätze ausführlich dar, welche die Einbeziehung der Organisation in das Strategische Management konsequent ermöglichen:

- Situativer Ansatz,
- Institutionenökonomischer Ansatz,
- Selbstorganisationsansatz.

2.1 Situativer Ansatz

Der situative Ansatz, der Ende der 50er Jahre in die Organisationsforschung Eingang fand und diese maßgeblich geprägt hat, stellt eine **Antithese zur traditionellen Organisationslehre**, insbesondere zum tayloristischen Ansatz und zum strukturtechnischen Ansatz dar, die von einem „one best way of organizing" ausgehen. Als wichtige Vertreter sind *Woodward*, *Burns* und *Stalker*, die *Aston-Gruppe* um *Pugh*, *Lawrence* und *Lorsch* sowie im deutschsprachigen Raum *Kieser* und *Kubicek* zu nennen.

[1] Grundaussagen des situativen Ansatzes

- In bestimmten Situationen kommen bestimmte Organisationen vor. Unterschiede zwischen realen Organisationsformen sind also auf Unterschiede der Situation zurückzuführen, in der sich die jeweiligen Organisationen befinden. Ein derartiger Zusammenhang wird in der Statistik als Kontingenz bezeichnet, daher wird gelegentlich auch der Begriff **„Kontingenzansatz"** gewählt (kontingent = nicht allgemeingültig, sondern mit den Umweltbedingungen zusammenhängend).
- Es gibt nicht **die** optimale Organisation, sondern in Abhängigkeit von der Situation unterschiedlich effiziente Organisationsformen.

Abb. 5-2 zeigt das **Grundmodell** des situativen Ansatzes:

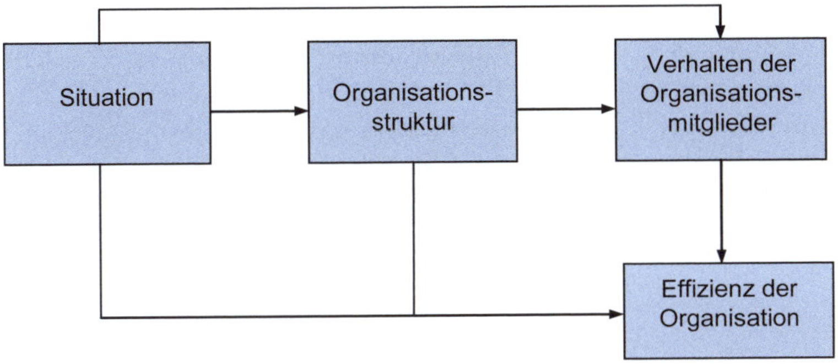

Abb. 5-2: Grundmodell des situativen Ansatzes
(Quelle: *Kieser/Walgenbach* [Organisation] 215)

Mit dem situativen Ansatz hat sich die Organisationsforschung zu einer **empirischen Disziplin** entwickelt. Auf dieser Grundlage lassen sich folgende **Ziele der Organisationstheorie** verfolgen (vgl. *Bea/Göbel* [Organisation] 32ff.):

- Die Beschreibung der Strukturen verschiedener Unternehmen (deskriptives Ziel),
- die Erklärung der Unterschiede von Strukturen in Abhängigkeit von der Situation (theoretisches Ziel) und
- die Empfehlung von Strukturen für bestimmte Situationen (präskriptives Ziel).

[2] Der strategische Fit

Die pragmatische Ausrichtung des situativen Ansatzes führt zur Vorstellung vom Fit zwischen Umwelt, Strategie und Struktur. Er ist die Voraussetzung für die Effizienz und die Effektivität der Organisation.

Beim Konzept des **Strategischen Fit** geht man davon aus, dass der Erfolg eines Unternehmens nicht maßgeblich von einem bestimmten Erfolgsfaktor getragen wird, sondern dass nur die permanente Abstimmung von Strategie, Struktur und Umfeldbedingungen zu nachhaltigem Erfolg führt.

Der Historiker *Alfred Chandler* ([Chapters]) beschäftigte sich als Erster mit dem Zusammenhang zwischen Strategie und Struktur. Im Rahmen einer Längsschnittsanalyse untersuchte er strukturelle Änderungen großer Unternehmungen in den USA im Zusammenhang mit Änderungen der Strategien. Seine **Ergebnisse** können thesenartig zusammengefasst werden:

- Die Struktur einer Unternehmung folgt ihrer Wachstumsstrategie.
- Es lässt sich eine stufenartige Folge von Wachstumsstrategien und Strukturanpassungen feststellen.
- Die Struktur ist reaktiv, sie ändert sich erst, wenn ihre Ineffizienz sie dazu zwingt.

Diese wissenschaftliche Analyse, die rein deskriptiv ausgerichtet war und einen strengen Determinismus **„structure follows strategy"** postulierte, löste verschiedene Folgeuntersuchungen in den USA und Europa aus. Dabei wurde z.T. auch eine umgekehrte Abhängigkeit **„strategy follows structure"** festgestellt (vgl. (2) in Abb. 5-3).

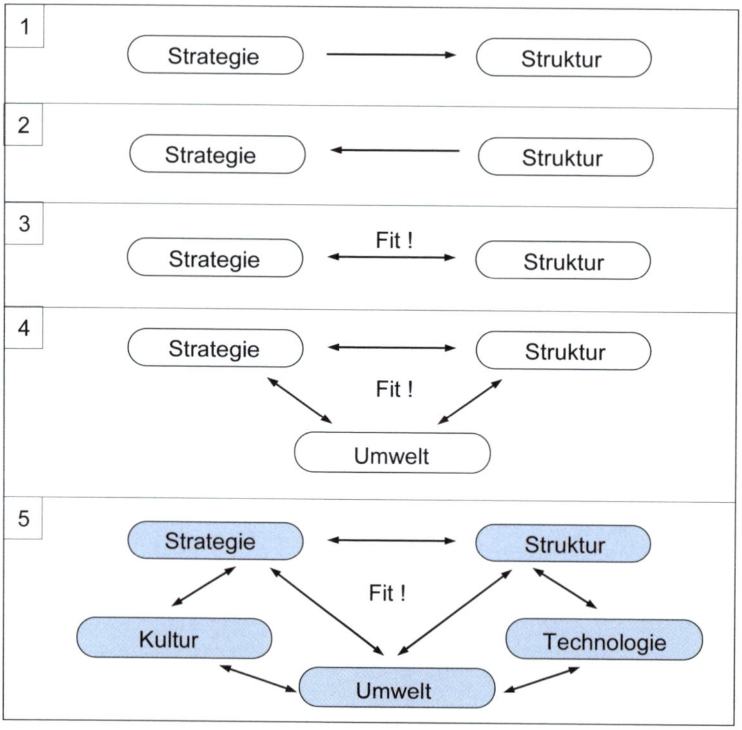

Abb. 5-3: Entwicklung von Fit-Ansätzen im Strategischen Management

Rumelt ([Strategy]) kommt 1974 für die USA zu einer Bestätigung von *Chandler*, gleichzeitig aber zu der Erkenntnis **„structure also follows fashion"**. Normativen Charakter erhält diese Studie dadurch, dass *Rumelt* fordert, einen **Fit** zwischen Strategie und Struktur anzustreben (vgl. (3) in Abb. 5-3).

Ein fundamentaler Mangel der oben genannten Untersuchungen war die lediglich auf Strategie und Struktur gerichtete enge Sichtweise. Nachfolgende Arbeiten in den 70er Jahren überwanden diese Schwäche. Dabei rückte zunächst die Umwelt der Unternehmung in den Mittelpunkt der Betrachtungen. *Ansoff* ([Management]) konzentrierte sich auf die Beziehung zwischen Strategie und Umwelt, während *Mintzberg* ([Structuring]) die Beziehungen zwischen der Struktur und der Umwelt betonte (vgl. (4) in Abb. 5-3). Die Erkenntnis, dass neben der **internen Abstimmung** zwischen Strategie und Struktur eine **externe Abstimmung** mit der Umwelt stattfinden muss, setzte sich durch.

In nachfolgenden Untersuchungen fand die Tendenz zur Erfassung der Realität durch immer mehr Variablen eine Fortsetzung. So wurde z.B. der Einfluss der

Technologie auf Strategie und Struktur untersucht (*Woodward* [Technology], *Khandwalla* [Competition], *Aiken* und *Hage* [Alientation] oder *Kieser* [Fertigungstechnologie]).

In jüngerer Zeit wird verstärkt die Bedeutung der **Unternehmenskultur** diskutiert (vgl. *Hofstede* [Kultur]). Dabei wird stets darauf hingewiesen, dass die einzelnen Elemente (Strategie, Struktur, Kultur, ...) zusammenpassen müssen (vgl. (5) in Abb. 5-3): “Strategy and structure follow culture - and culture follows strategy and structure.” *Porter* ([Wettbewerbsvorteile] 53) fordert, dass Unternehmenskultur und Unternehmensorganisation zur Normstrategie passen müssen.

Diese Tendenz in der Forschung findet auch im **„7-S-Modell“** von *McKinsey* ihren Ausdruck: Die Unternehmung wird als System aufgefasst. Im Mittelpunkt des Interesses stehen die Beziehungen zwischen den Subsystemen der Unternehmung. Dabei werden neben den hard facts (z.B. „Organisationsstruktur“) auch soft facts (z.B. „kultureller Stil“) berücksichtigt (vgl. Abb. 1-3, S. 17).

[3] Der Umwelt-Strategie-Struktur-Ansatz

Der Umwelt-Strategie-Struktur-Ansatz stellt eine **Spezifikation des situativen Ansatzes** dar. Er versucht, Veränderungen von Organisationen (Strukturen) über Veränderungen der (relevanten) Umwelt und der daraus resultierenden Strategieänderungen zu erklären. Damit stellt er kein Gegenprogramm zum Transaktionskostenansatz dar, denn auch dort wird die Organisation in Abhängigkeit bestimmter Bedingungen gesehen. Berücksichtigt der Transaktionskostenansatz jedoch ausschließlich organisationsabhängige Transaktionskosten als Bedingungen, so geht die Umwelt-Strategie-Struktur-Beziehung davon aus, dass eine Organisation in Abhängigkeit sämtlicher Situationsvariablen gesehen werden muss.

Der Umwelt-Strategie-Struktur-Ansatz wurde vor allem durch die Untersuchung *Chandlers* und diverse Folgeuntersuchungen bekannt. *Chandler* erkannte, wie Umweltveränderungen über die Strategie der Diversifikation zu einer starken Verbreitung der divisionalisierten Struktur führten. Den Erfolg der Divisionalen Organisation begründet *Chandler* damit, dass Führungskräfte von operativen Aufgaben befreit würden und deshalb mehr Zeit für strategische Aufgaben (strategische Planung und Kontrolle) hätten (vgl. Abb. 5-4).

Übrigens konnte auch *Williamson* mit Hilfe des Transaktionskostenansatzes die Divisionalisierung (bei *Williamson* „M-Form“) als Reaktion auf die Diversifizierungsstrategie erklären. Durch die Ableitung komparativer Kostendifferenzen alternativer organisatorischer Konzepte erkannte er Koordinationskostenvorteile der Divisionalen Organisation gegenüber der Funktionalen Organisation bei diversifiziertem Produktionsprogramm (*Williamson* [Markets]).

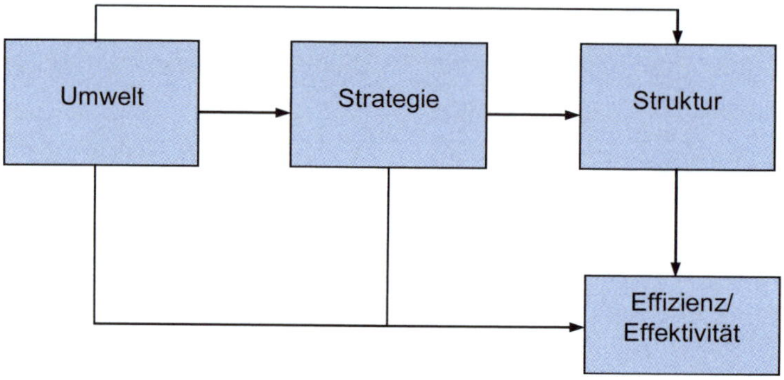

Abb. 5-4: Umwelt-Strategie-Struktur-Ansatz

Im Folgenden wollen wir aufzeigen, wie mit Hilfe der Umwelt-Strategie-Struktur-Beziehung grundsätzlich die Existenz bzw. die Entstehung **neuer Organisationsmodelle** erklärt werden kann:

Umwelt-Veränderungen

In Teil 4 wurden bereits Typen von Umwelt-Veränderungen entwickelt (vgl. S. 287f.). Hier sollen praxisrelevante Umwelt-Veränderungen im Mittelpunkt stehen. Eine vollständige Auflistung aller relevanten Umwelt-Veränderungen ist nicht möglich, zumal ihre Relevanz branchen- bzw. unternehmensspezifisch ist. Exemplarisch können genannt werden

- technologische Entwicklungen (Innovationen bei Informations-, Kommunikations-, Prozess- oder Produkttechnologien),
- kürzer werdende Marktzyklen bei zunehmender Entwicklungszeit,
- Marktsättigungstendenzen und Differenzierung der Nachfrage,
- Globalisierung der Märkte,
- Veränderung politischer Rahmenbedingungen (Deregulierung der Märkte, politische Integration),
- Wertewandel.

Strategien

Die Umwelt-Veränderungen haben dazu geführt, dass die Anforderungen an Unternehmungen (und damit an ihre Strategien) einem quantitativen und qualitativen Wandel unterliegen. Diese Anforderungen schlagen sich in einer **Schwerpunktverlagerung** zu Gunsten folgender **strategischer Erfolgsfaktoren** nieder:

- Flexibilität,
- Innovationskraft und Lernfähigkeit,
- Finanzkraft,
- Schaffung von Synergien (economies of scope),
- Marktnähe (Kundenorientierung),
- Kooperationsfähigkeit und -bereitschaft,
- Offenheit und Transparenz.

■ **Neue Organisationsmodelle**

Als Teilsystem des Strategischen Managements muss die Organisation der Veränderung von Erfolgsfaktoren Rechnung tragen. Neue Organisationsmodelle, die diesen Erfordernissen entsprechen, sind u.a. die Prozessorganisation, die Teamorganisation, die Lernende Organisation und die Kooperationen. Sie werden ausführlich auf S. 405ff. dargestellt.

2.2 Institutionenökonomischer Ansatz

Der institutionenökonomische Ansatz betrachtet die Unternehmung als eine Institution: Die Unternehmung **ist** eine Organisation. „Organisation" wird dabei als ein System von Regeln interpretiert, das Ordnung erzeugt.

Der institutionenökonomische Ansatz besteht aus **drei Teilansätzen**:

- Property-Rights-Ansatz (Theorie der Verfügungsrechte)
- Principal-Agent-Ansatz (Agency-Theorie)
- Transaktionskostenansatz

2.2.1 Property-Rights-Ansatz

Wichtigste Vertreter dieses Ansatzes sind *Alchian* ([Economics] 1961) und *Demsetz* ([Theory] 1967). Der Property-Rights-Ansatz rückt die Frage nach den Verfügungsrechten in den Mittelpunkt. Von besonderem Interesse sind dabei die mit der Verteilung der Verfügungsrechte verbundenen Anreizwirkungen. Sind sie bekannt, lassen sich die Verfügungsrechte effizient ausgestalten.

Verfügungsrechte sind:

- Recht der Nutzung eines Gutes (usus),
- Recht der Veränderung von Form und Substanz eines Gutes (abusus),
- Recht auf Nutzung der Erträge aus einem Gut (usus fructus) und
- Recht auf Übertragung des Gutes an Dritte.

Überträgt der Eigentümer eines Unternehmens Rechte auf die Unternehmensleitung, insbesondere die Disposition über das Unternehmen, entsteht ein **Anreizproblem**. Es konkretisiert sich in der Frage, wie sich ein Management verhält, das nicht sein eigenes Unternehmen leitet. Um ein eigentümerkonformes Verhalten sicherzustellen, müssen Regelungen in der **Unternehmensverfassung** (auch als **Corporate Governance** bezeichnet) getroffen werden. Gehen wir von einer AG aus, so sind die Kontrollrechte des Aufsichtsrats gegenüber dem Vorstand und der Aktionäre gegenüber dem Aufsichtsrat und dem Vorstand zu regeln. Auf diese Problematik sind wir im Zusammenhang mit der Erörterung der strategischen Kontrolle eingegangen (vgl. S. 233ff.). Der Property-Rights-Ansatz wird hinsichtlich der Lösung des Kontrollproblems in einer Organisation ergänzt durch den sog. Principal-Agent-Ansatz.

2.2.2 Principal-Agent-Ansatz

Wichtige Vertreter des Principal-Agent-Ansatzes (Agency Theory) sind *Jensen* und *Meckling* (Theory of the Firm, 1976) sowie *Stiglitz* (Nobelpreisträger 2001). Im Mittelpunkt der Betrachtung steht das Verhältnis zwischen Principal und Agent. Principal (P) ist der Auftraggeber, Agent (A) ist der Auftragnehmer. Principal-Agent-Beziehungen bestehen bspw. zwischen Arbeitgeber (P) und Arbeitnehmer (A), zwischen Aktionären (P) und der Unternehmensleitung (A). Zum Problem wird die Beziehung zwischen Unternehmensleitung und Aktionären dann, wenn davon auszugehen ist, dass das Management nicht i. S. der Aktionäre handelt. Diese Divergenz kann sich u.a. auf die Risikoneigung, die Gewinnverwendung und die Strategiewahl beziehen. Das Management ist insofern in einer relativ starken Position, als es einen Informationsvorsprung besitzt. Zur **Problemlösung** bieten sich folgende Gestaltungsfelder an:

- Einwirkungsrechte der Anteilseigner,
- Informationsrechte der Anteilseigner,
- Vergütungssysteme für Manager.

Die Einwirkungsrechte und die Informationsrechte der Anteilseigner sind in der **Unternehmensverfassung** zu bestimmen. So sind im deutschen Aktiengesetz die Berichtspflichten des Vorstandes geregelt, ebenso die Einwirkungsrechte in Form der Zustimmung zu Geschäften des Vorstands durch den Aufsichtsrat sowie bei der Bestellung und Abberufung von Vorstandsmitgliedern. Ein anreizkompatibles Vergütungssystem für die Unternehmensleitung könnte in der Gewährung von sog. Stock Options bestehen. Diese Thematik wird vor allem im Zusammenhang mit der Ausrichtung des Managements am Shareholder Value und der Corporate Governance diskutiert (vgl. S. 82ff.).

Voraussetzung für einen effizienten Einsatz der genannten Problemlösungen ist eine Aufbauorganisation, die zu einer klar ersichtlichen Abgrenzung der Verantwortungsbereiche und damit zu Transparenz als Voraussetzung für Kontrolle führt.

2.2.3 Transaktionskostenansatz

Hauptvertreter des Transaktionskostenansatzes sind *Coase* (The Nature of the Firm, 1937) und *Williamson* (Markets and Hierarchies, 1983). *Coase* (Nobelpreisträger 1991) vertrat die These, dass der Güteraustausch über den Markt Kosten verursache und diese Kosten die Entstehung von Unternehmen erklären. Diesen Gedanken baute *Williamson* in den 80er Jahren zum Transaktionskostenansatz aus. Sein Buch mit dem Titel „Markets and Hierarchies“ (1975) bringt zum Ausdruck, dass es um den Gegensatz von **Markt** und **Hierarchie** geht. *Williamson* erhielt 2009 den Nobelpreis für Wirtschaftswissenschaften.

Der Transaktionskostenansatz ist stark **interdisziplinär** ausgerichtet, werden in ihm doch Erkenntnisse der Organisationstheorie, der neoklassischen Mikroökonomik (Marginalanalyse) und des Vertragsrechts kombiniert. Seine **Grundidee** ist es, das Zustandekommen von institutionellen Organisationsformen mit Hilfe der bei der Koordination wirtschaftlicher Aktivitäten entstehenden Kosten zu erklären. Zunächst sollen die wichtigsten Begriffe des Ansatzes in der in Deutschland verbreiteten Interpretation kurz erläutert werden.

Unter einer **Transaktion** versteht man die Übertragung von Verfügungsrechten (Property Rights) mit Hilfe eines Vertrages, wobei insbesondere der Prozess der Klärung und Vereinbarung der Transaktion und weniger die physische Übertragung des Gutes im Vordergrund stehen.

Der Begriff **Transaktionskosten** hat sich erst Mitte der siebziger Jahre eingebürgert, nachdem *Coase* schon 1937 den Begriff „marketing costs" als Summe aller Kosten der Nutzung des Preismechanismus des Marktes geprägt hatte. Damit stellte er sich in Opposition zur neoklassischen Mikroökonomik, welche vollkommene Markttransparenz unterstellte und folglich die Existenz von „marketing costs" verneinte (*Coase* [Nature] 390ff.). Präzise Aussagen über Art und Herkunft der „marketing costs" machte *Coase* allerdings nicht.

Die Transaktionskosten sind Kosten für die Inanspruchnahme des Marktes. Sie umfassen im Wesentlichen (vgl. *Picot* [Transaktionskostenansatz] 270)

- Anbahnungs- bzw. Informationskosten: Kosten der Identifikation von Marktpartnern und deren Konditionen.
- Vereinbarungskosten: Kosten der Verhandlung, Einigung und Formulierung von Vertragsinhalten.
- Kontrollkosten: Kosten der Überwachung der Einhaltung von Vertragsinhalten (Termine, Mengen, Preise, Qualitäten).
- Anpassungskosten: Kosten der Anpassung der Vertragsinhalte an neue Bedingungen.

Transaktionskosten sind in dieser Interpretation **Kosten der „Benutzung des Marktmechanismus"**. Diese Transaktionskosten werden mit den Koordinationskosten verglichen. **Koordinationskosten** sind Kosten der Koordination durch Hierarchie, also durch die Organisation eines Unternehmens, die dann entstehen, wenn das Produkt im Unternehmen erzeugt wird.

In der Transaktionskostentheorie wird folglich ein **marginalanalytischer Vergleich** zwischen den (internen) Koordinationskosten und den (externen) Transaktionskosten gezogen, wobei davon ausgegangen wird, dass die jeweiligen Produktionskosten gleich sind. Sind die Transaktionskosten höher als die Koordinationskosten, findet die Produktion innerhalb des Unternehmens statt. Im umgekehrten Fall bietet sich eine Auslagerung von Funktionen an.

Seit neuem wird untersucht, welche Faktoren bei einer marktlichen Koordination zu hohen Transaktionskosten und damit zum Versagen des Marktmechanismus führen. Bei einem solchen **Marktversagen** bleiben dann nur die Alternativen, entweder Leistungen intern, d.h. über die Hierarchie, oder durch eine Mischform zwischen Markt und Hierarchie, d.h. die Kooperation, zu erstellen. Dabei wird von folgendem - in Abb. 5-5 dargestellten - **„erweiterten Markt-Hierarchie-Paradigma"** ausgegangen.

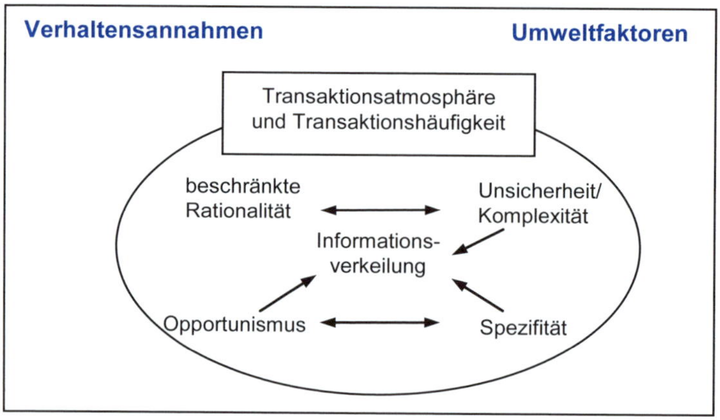

Abb. 5-5: Erweitertes Markt-Hierarchie-Paradigma (Quelle: *Williamson* ([Markets] 40)

Dieses Schema beschreibt die Wirkung des Zusammentreffens bestimmter menschlicher **Verhaltensannahmen** (beschränkte Rationalität, Opportunismus) und **Umweltfaktoren** (Spezifität, Unsicherheit, Komplexität). Die **Transaktionsatmosphäre** und die **Transaktionshäufigkeit** besitzen nur indirekten Einfluss auf die Informationsverkeilung, respektive das Marktversagen.

Während die **beschränkte Rationalität** (auf die Arbeiten des Nobelpreisträgers *Herbert A. Simon* zurückgehend) die neoklassische Annahme des allwissenden „homo oeconomicus" aufgibt und damit unvollständige Verträge zulässt (es können nicht alle Eventualitäten erfasst werden), bedeutet die Annahme des **opportunistischen Verhaltens**, dass sich Menschen egoistisch verhalten und gegen den Geist oder die Paragraphen eines Vertrages verstoßen können.

Wichtigster Umweltfaktor ist die **Spezifität**, d.h. die Ausrichtung von Produktionsfaktoren auf bestimmte Verwendungszwecke. Der Produktionsfaktor ist also nicht ohne weiteres austauschbar.

Beispiel: Ein Vertriebsleiter, der die Kunden und deren Gewohnheiten kennt, ist nicht homogen zu einem neuen und unerfahrenen Vertriebsleiter.

Vier Arten lassen sich unterscheiden: Spezifität von Standorten, Sachkapital, Humankapital und abnehmerspezifischen Sachwerten (vgl. *Williamson* [Institutionen] 62). Bei Spezifität entsteht die Möglichkeit zu opportunistischem Verhalten eines der beiden Partner, da beide aufeinander angewiesen sind („small-number-Verhandlungssituation") und eine Quasirente entsteht, nämlich die Differenz des Wertes der Faktorverwendung in der vereinbarten Transaktion zur zweitbesten Verwendung außerhalb dieser Transaktion. Eine hohe Spezifität, kombiniert mit menschlichem Opportunismus, führt - so eine Hauptaussage des Transaktionskostenansatzes - tendenziell zu einer Koordination über Hierarchie, da sie die billigere Abwicklungsform von Austauschbeziehungen darstellt.

Neben der Spezifität gibt es noch die Umweltfaktoren **„Komplexität"** und **„Unsicherheit"**, die beide in Verbindung mit der Verhaltensannahme „begrenzte Rationalität“ ebenfalls zu Marktversagen führen können. Beides vermindert die Beschreibbarkeit einer Transaktion und eröffnet damit Opportunismusgefahren.

Als Beispiel soll der Kauf eines Vorproduktes betrachtet werden: Es ist schwierig, dieses zu beschreiben, wenn es komplex ist und noch schwieriger ist es, Lieferbedingungen festzulegen, wenn nicht genau bekannt ist, wie viele Zulieferteile in der Zukunft gebraucht werden.

Andere Faktoren, die jedoch nicht diese ausschlaggebende Bedeutung haben, sind die Transaktionshäufigkeit, die Transaktionsatmosphäre und die Informationsverkeilung. Die **Transaktionsatmosphäre** umfasst die sozialen und technologischen Rahmenbedingungen wie gemeinsame Werte und das Vertragsrecht. Die **Transaktionshäufigkeit** drückt den Grad der Wiederholung von Transaktionen aus. Von **Informationsverkeilung** spricht *Williamson* dann, wenn ein Vertragspartner die asymmetrische Information zu seinem Vorteil nutzen kann.

Je nachdem, welche Bedingungen vorliegen, bieten sich entsprechende **Koordinationsformen** an, nämlich der Markt, die Hierarchie oder Zwischenformen von Markt und Hierarchie, wie Lieferverträge, Franchising und Kooperationen.

Insgesamt ist zu sagen, dass der Transaktionskostenansatz seine Forschungsrichtung insofern geändert hat, als heute weniger die Transaktionskosten und Fragen ihrer Quantifizierung, sondern mehr die praktische **Anwendbarkeit** im Vordergrund stehen. Gerade für die Entscheidung über Formen der vertikalen und horizontalen Kooperation, über Outsourcing, Reduktion oder Ausdehnung der Fertigungstiefe, also insgesamt zur Ermittlung der **Grenzen einer Unternehmung**, wird ihm große Bedeutung beigemessen. Wir gehen auf diesen Anwendungsbezug im Zusammenhang mit der Erörterung der unternehmensübergreifenden Kooperationen ein (vgl. S. 419ff.).

2.3 Selbstorganisationsansatz

Vertreter des Selbstorganisationsansatzes sind u.a. *Probst* (Selbst-Organisation, 1987) und *Göbel* (Theorie und Gestaltung der Selbstorganisation, 1998). Selbstorganisation, bzw. die darunter subsumierbaren Ansätze und Varianten, befassen sich vor allem mit den unbeabsichtigten **„Nebenwirkungen“ organisatorischen Gestaltens**. Damit thematisieren diese Ansätze einen Gegenstand, der in anderen Ansätzen entweder negiert oder aber nur am Rande behandelt wurde und vollziehen damit eine **radikale Umorientierung der Organisationsforschung**.

Die Erfahrung, dass die tatsächlich realisierte Organisation (Ordnung) sozialer Gebilde nicht der geplanten entspricht, wird der **Existenz selbstorganisierender Phänomene und Prozesse** zugeschrieben. Sie könnte auch erklären, weshalb die Identifikation allgemein gültiger bzw. typologischer Aussagen in der betriebswirtschaftlichen Organisationsforschung bislang weitestgehend erfolglos geblieben ist.

Wie bei jungen Forschungsgebieten üblich, weist auch die Selbstorganisationsforschung kein einheitliches Bild auf. Verschiedene **Richtungen** der Forschung bzw.

verschiedene **Erscheinungsformen von Selbstorganisation** können unterschieden werden (vgl. *Göbel* [Selbstorganisation]):

- **Individual- bzw. Mikroebene**
  - Selbstorganisation kann einmal als **Gestaltung der betrieblichen Mikroorganisation** interpretiert werden (vgl. *Jung* [Mikroorganisation]). Durch Fremdorganisation geschaffene Einheiten organisieren sich in ihrem Inneren bzw. untereinander selbst durch die Nutzung vorhandener bzw. gestalteter Handlungsspielräume. Diese Form von Selbstorganisation beschäftigt sich mit einem „weißen Fleck" der Organisationsforschung, steht aber nicht im Widerspruch zu traditionellen Ansätzen.
  - Selbstorganisation kann auch den Bereich der **informalen Organisation** bezeichnen. Ziel ist dann die Erklärung der Entstehung informaler Strukturen, Einheiten und Beziehungen (bewusst oder unbewusst/spontan), die Beurteilung ihrer Effizienz (gewünscht oder störend) und die Identifikation von Möglichkeiten ihrer Gestaltung durch den Organisator (direkt gestaltbar oder nur indirekt beeinflussbar). Auch diese Richtung stellt bestehende organisationstheoretische Ansätze nur bedingt in Frage.
  - Selbstorganisation kann auf der Individualebene schließlich auch als **Interpretation der Organisationswirklichkeit** aufgefasst werden. Selbstorganisation kann als „Wahrnehmungsfilter", der sich zwischen Individuum und organisatorische Wirklichkeit schiebt und die Realität „subjektiviert", interpretiert werden. Radikalere Perspektiven negieren die Existenz einer objektiven organisatorischen Wirklichkeit vollständig. Die Wirklichkeit wird „selbst organisiert", sie ist stets Ergebnis subjektiv individueller Projektion.

- **System- bzw. Makroebene**

In dieser Erscheinungsform von Selbstorganisation erhält das System als Ganzes eine eigene Identität und organisiert sich selbst: „Selbstorganisierende Systeme steuern und gestalten sich aus sich selbst heraus" (*Probst* [Selbstorganisation] 2259). Die Ordnung des Systems ist Ergebnis selbstorganisierender, evolutorischer Prozesse und damit im Ergebnis nicht vorhersagbar. Derartige **selbstorganisierende soziale Systeme** lassen sich durch **vier Merkmale** kennzeichnen (*Probst* [Selbstorganisation] 2259ff., [Entwicklung] 245ff., [Organisation] 482ff.):

  - **Autonomie:** Sie ist gegeben, wenn das System selbstbestimmt ist, also nicht von außen gelenkt und gesteuert wird.
  - **Komplexität:** Die Ordnung des Systems entsteht aus der Interaktion der Systemelemente, zwischen denen veränderliche Beziehungen existieren.
  - **Selbstreferenz**: Selbstorganisierende Systeme sind operationell geschlossen, d.h. dass jede Verhaltensweise auf sich selbst zurückwirkt und Ausgangspunkt zukünftigen Verhaltens wird. Gestaltung ist daher vom System nicht trennbar.
  - **Redundanz:** Ordnung entsteht durch die Mitwirkung aller Systemmitglieder, jedes Mitglied ist Gestalter. Die über das System heterarchisch bzw. gleichmäßig verteilten Fähigkeiten der Mitglieder werden bei der Ordnungsbildung genutzt.

Wenn sich Organisationen bzw. Unternehmungen selbst organisieren, lenken und steuern, wie dies der Selbstorganisationsansatz insbesondere auf der Makroebene postuliert, so stellt sich die Frage nach der **Rolle des Organisators bzw. des Managements** schlechthin.

Management und Organisationsgestaltung müssen dann der begrenzten Gestaltbarkeit sozialer Systeme Rechnung tragen. Rationale Planung, Steuerung und Kontrolle sowie die Gestaltung von Detailorganisation werden durch **evolutorisches Management**, das die **Gestaltung und Pflege selbstorganisationsförderlicher Rahmenbedingungen** zum Gegenstand hat, ersetzt. Vgl. dazu die Darstellung des evolutionstheoretischen Ansatzes S. 33ff.

Anwendungsbereiche des Selbstorganisationsansatzes sind grundsätzlich in jenen Feldern des Strategischen Managements zu sehen, in denen fremdbestimmte Organisation durch Elemente der Selbstorganisation ersetzt wird. Zu nennen sind u.a. die Prozessorganisation, das Wissensmanagement und die Lernende Organisation. Bei der Prozessorganisation werden zusammenhängende Aufgabenkomplexe auf Teams übertragen, die sich selbst organisieren. Die Gestaltung des Wissensprozesses mit den Teilprozessen Wissensgenerierung, Wissenstransfer, Wissensspeicherung und Wissensnutzung baut auf die Bereitschaft der Mitarbeiter zur selbstorganisierenden Eigeninitiative, Kooperation und Kommunikation. Das Organisationsmodell der Lernenden Organisation beruht auf den Grundsätzen der Selbstorganisation und der Selbstkontrolle. Das Wissensmanagement wird auf S. 344ff. beschrieben. Die beiden Organisationsmodelle der Prozessorganisation und der Lernenden Organisation sind auf S. 405ff. und S. 414ff. dargestellt.

3 Traditionelle Organisationsmodelle

Spezialisierung, Delegation und Koordination sind die Gestaltungsparameter der Aufbauorganisation. Das Handlungsprogramm der Unternehmung wird im Rahmen der **Spezialisierung** in Teilaufgaben zerlegt und dann zu Aufgabenkomplexen zusammengefasst. Da in einer Unternehmung i.d.R. mehrere Personen agieren, werden Kompetenzen verteilt, also Aufgaben **delegiert**. Die Notwendigkeit zur **Koordination** ergibt sich unmittelbar aus der Spezialisierung und der Delegation. Hierfür steht eine Reihe von Koordinationsinstrumenten zur Verfügung, so z.B. die persönliche Weisung oder die Selbstabstimmung (vgl. *Bea/Göbel* [Organisation] 297ff.).

Je nach Wahl der Gestaltungsalternativen im Rahmen von Spezialisierung, Delegation und Koordination entstehen unterschiedliche Organisationsmodelle.

Organisationsmodelle stellen das Ordnungsmuster der Spezialisierung, der Delegation und der Koordination dar.

Statt des Begriffs „Organisationsmodell" werden auch folgende Begriffe verwendet: Organisationskonzept, Organisationsform, Konfigurationstyp. Wir verwenden diese Begriffe synonym.

Ein **eindimensionales** Organisationsmodell liegt vor, wenn auf der obersten Hierarchiestufe die Spezialisierung nach einem einzigen wesentlichen Kriterium erfolgt. Bei **mehrdimensionalen** Organisationsmodellen werden zwei oder mehrere Gliederungsprinzipien gleichzeitig und gleichgewichtig angewandt. Organisationsmodelle können sich auf die gesamte Unternehmung beziehen oder lediglich Teilbereiche der Unternehmung umfassen.

Im folgenden Abschnitt sollen verschiedene, in der Praxis angewandte und etablierte, also klassische **Organisationsmodelle**, dargestellt werden:

- Funktionale Organisation,
- Divisionale Organisation,
- Matrix-Organisation.

Wir werden die strukturbildenden Eigenschaften der wesentlichen Grundformen dieser Organisationsmodelle herausarbeiten und ihre **strategische Bedeutung** erörtern. Im nächsten Abschnitt werden die modernen Organisationsmodelle vorgestellt und ihre strategische Relevanz diskutiert.

3.1 Funktionale Organisation

3.1.1 Grundmodell

Die Funktionale Organisation knüpft bei der Spezialisierung am Realgüterstrom in der Unternehmung an und führt als Einliniensystem zu einer Gliederung (auf der obersten Hierarchieebene) nach Funktionen (Beschaffung, Produktion, Absatz, Forschung und Entwicklung). Häufig wird auch von einer verrichtungsorientierten Organisation oder einfach von der Verrichtungsorganisation gesprochen.

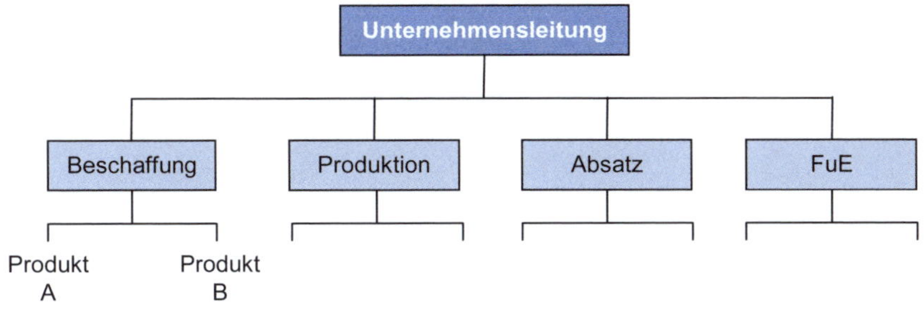

Abb. 5-6: Grundmodell der Funktionalen Organisation

Auf den nachfolgenden Hierarchieebenen können jeweils unterschiedliche Gliederungsprinzipien zur Anwendung kommen (Objekt, Verrichtung, Region).

3.1.2 Strategische Bedeutung

Eine Bewertung dieses Organisationsmodells kann nur im konkreten Einzelfall, also unter Berücksichtigung situativer Bedingungen erfolgen. Die strategische Bedeutung der Funktionalen Organisation soll jedoch im Folgenden kurz skizziert werden:

Durch die starke **Programmierung, Standardisierung und Formalisierung** als Folge des Verrichtungsprinzips eignet sich die Funktionale Organisation gut für einfache, der Programmierung, Standardisierung und Formalisierung zugängliche (Produktions-)Aufgaben. Sie ist geradezu ideal für eine Einproduktstrategie. Während die Anpassungsfähigkeit an quantitative Marktveränderungen relativ hoch ist, wird die Anpassungsfähigkeit an qualitative Umweltveränderungen als gering eingeschätzt. Insbesondere die **Innovationskraft** der Funktionalen Organisation wird durch die hohe Programmierungs-, Standardisierungs- und Formalisierungsneigung in Verbindung mit einer ausgeprägten Segmentierung der einzelnen Funktionen und dem damit einhergehenden hohen Spezialisierungsgrad **stark eingeschränkt**. Die mit dem Spezialistentum verbundene Verengung von Zuständigkeiten fördert den **Ressortegoismus**. Ein weiterer Nachteil des Verrichtungsprinzips sind die **begrenzten Möglichkeiten der unternehmerischen Personalentwicklung**, da bei den meisten Funktionen der Bezug zum Markt fehlt.

Das **Einliniensystem** der Funktionalen Organisation hat den Vorteil klarer Instanzenwege, Verantwortungs- und Kompetenzbereiche. Dem stehen lange Instanzen- und Informationswege gegenüber, was zu einer **Überlastung der Führungsspitze** vor allem mit operativen Fragestellungen führt. Dadurch wird die strategische Führung der Unternehmung vernachlässigt. Man spricht vom sog. **Kamineffekt**, welcher die Notwendigkeit der Bildung umfangreicher Stäbe mit sich bringt. Sie entlasten die Führungsspitze und sollen zur Koordination der Teilsysteme beitragen. Probleme ergeben sich durch die **Konzentration faktischer Macht in den Stäben**. Zwar fehlt diesen i.d.R. die Entscheidungs- und Weisungskompetenz, jedoch bereiten sie durch ihre Spezialkenntnisse nahezu alle wichtigen Entscheidungen im Unternehmen vor. Motivationsprobleme in den Stäben aufgrund fehlender formaler Kompetenz sowie eine **geringe Marktorientierung** gehen mit der Verlagerung der faktischen Macht in die Stäbe einher.

Die Funktionale Organisation eignet sich somit bei **überschaubarer Unternehmensgröße, relativ stabiler Umwelt** und **homogenem Produktionsprogramm**, insbesondere für die Einproduktfertigung. Bei wachsender Unternehmensgröße behindert sie zunehmend die strategische Führung. In dynamischer Umwelt fehlen ihr die notwendige Anpassungsfähigkeit an qualitative Umweltveränderungen und die nötige Innovationskraft. Lange Zeit war die Funktionale Organisation vor allem in Europa das in der Praxis dominante Organisationsmodell. Umweltveränderungen offenbarten aber zunehmend die Defizite der Funktionalen Organisation. Dennoch ist bei kleinen und mittleren Unternehmen die Funktionale Organisation auch heute noch sehr verbreitet.

Beispiel: Organisationsmodell der *Daimler Benz AG* bis 1987

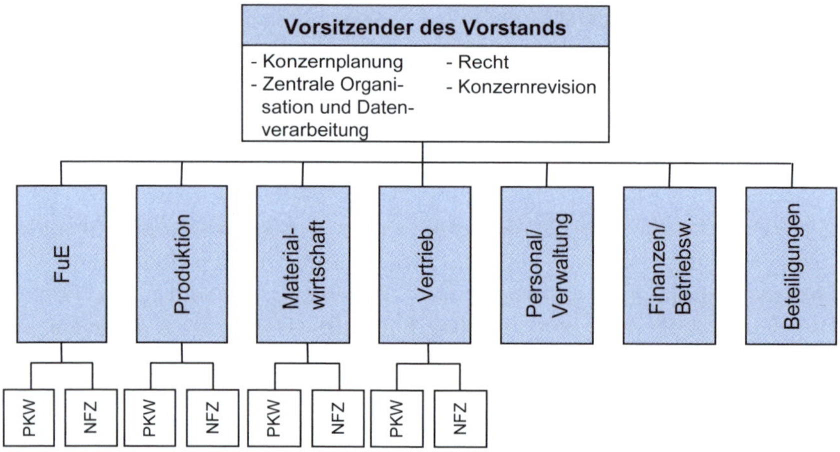

Abb. 5-7: Funktionale Organisation der *Daimler-Benz AG* bis 1987

3.2 Divisionale Organisation

3.2.1 Grundmodell

Die Divisionale Organisation knüpft am Produktionsprogramm der Unternehmung an und führt (auf der obersten Hierarchieebene) zu einer Gliederung nach Objekten (Sparten). Objekte sind i.d.R. Produkte oder Produktgruppen, können aber auch Kunden oder Kundengruppen sein. Die Divisionale Organisation wird daher auch als **Objektorganisation, Spartenorganisation oder Geschäftsbereichsorganisation** bezeichnet. Die Koordination der verschiedenen Sparten erfordert die Bildung sog. **Zentralabteilungen**. Sie orientieren sich meist an Funktionen, nehmen Aufgaben für alle Sparten wahr (Synergieeffekt) und haben Stabscharakter mit begrenzten Weisungsbefugnissen gegenüber den Sparten. Hierdurch entsteht eine **Mischgliederung**. Die Divisionale Organisation rückt damit je nach Umfang der Entscheidungs- und Weisungsbefugnisse der Zentralabteilungen in unterschiedliche Nähe zur Matrix-Organisation (vgl. S. 402ff).

Wie bei der Funktionalen Organisation können auch hier auf den folgenden Hierarchieebenen unterschiedliche Gliederungsprinzipien (Verrichtung, Objekt, Region) zum Einsatz kommen (vgl. Abb. 5-8).

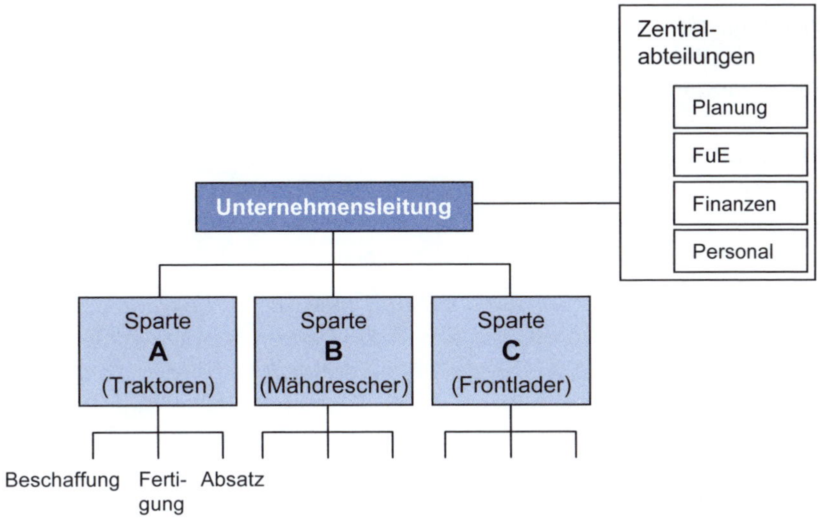

Abb. 5-8: Grundmodell der Divisionalen Organisation am Beispiel eines Landmaschinenherstellers

3.2.2 Strategische Bedeutung

Die Bildung von Sparten, die zunächst jeweils über eigene Funktionen wie Beschaffung, Produktion oder Absatz verfügen, eröffnet die Möglichkeit, innerhalb der Sparten und in Abhängigkeit von der Situation **unterschiedliche Strukturierungskonzepte** zu verfolgen. Damit gelingt bspw. eine bessere Anpassung an die jeweilige marktliche Situation bzw. an die Wertketten der Marktpartner. Entsprechendes gilt - wenn auch mit Einschränkungen - für die Gestaltung der Unternehmenskulturen in den Sparten. Bei geeigneter Abgrenzung der Sparten bieten sich gute Möglichkeiten des **Risikoausgleichs** zwischen den Sparten.

Die weit reichende **Autonomie** der Sparten fördert **Motivation und unternehmerisches Verhalten** in den Sparten (**entrepreneurship**) und bietet gute Möglichkeiten der **unternehmerischen Personalentwicklung**. Die Sparten können als **Profit- oder Investment Center** mit entsprechender Ergebnisverantwortung geführt werden. Eine Steuerung der Bereiche über Kennzahlen durch die Unternehmensleitung wird möglich. Die negative Komponente der Spartenautonomie ist in der Tendenz zum **Spartenegoismus** zu sehen. Die Entscheidungen in den Sparten können in Verbindung mit der Ergebnisverantwortung zu suboptimalen Resultaten für die Gesamtunternehmung führen.

Der hohe Autonomiegrad der Sparten ist ein wesentlicher Grund für die Notwendigkeit der Bildung zumeist **funktionsorientierter Zentralabteilungen**. Neben bestimmten Beratungs- und Servicefunktionen kommt den Zentralabteilungen vor allem eine **Harmonisierungsfunktion** zu. So sollen Doppelarbeiten in den Sparten vermieden (z.B. im Bereich Forschung und Entwicklung) und Synergien zwischen den Sparten sowie unternehmensweite Standards geschaffen werden. Durch die Bildung von Zentralabteilungen entsteht ein zweiter Schwerpunkt in der Organisationsstruktur und streng genommen ein zweidimensionales Organisationsmodell. Es bestehen **parallel zwei Machtzentren**: Der strategisch orientierte Bereich Unternehmensleitung/Zentralabteilungen und die eher operativ orientierten Sparten. Dem Vorteil der Entlastung der Unternehmensleitung von operativen Aufgaben und damit der Konzentration auf die strategische Führung steht der Nachteil der schwierigen Integration strategischer und operativer Aufgaben gegenüber. Man spricht von einer **„Bruchstelle“** zwischen Unternehmensleitung (Zentralabteilungen) auf der einen und Sparten auf der anderen Seite.

Die **Integration** beider Bereiche ist das **Grundproblem** der Divisionalen Organisation. Personelle Verflechtungen, die Schaffung übergreifender fachlicher Weisungsbeziehungen sowie die Anwendung des Gegenstromverfahrens in der strategischen Planung (vgl. S. 214f.) können dieses Problem reduzieren. Ein weiteres Merkmal ist eine **horizontale** und **vertikale Mischgliederung** in der Divisionalen Organisation durch den hohen Interaktionsgrad zwischen Zentralabteilungen und Sparten einerseits und zwischen den Sparten andererseits. Die Abgrenzbarkeit der Bereiche, insbesondere bezüglich der Ergebnisverantwortung und -kontrolle, wird dadurch erschwert.

Die Divisionale Organisation hat mit fortschreitender Diversifizierung der Unternehmen einerseits und qualitativen Veränderungen der Umwelt andererseits Einzug in die Organisationspraxis gehalten und insbesondere bei mittleren und großen Unternehmen weitgehend die Funktionale Organisation abgelöst.

Werden als Objekte die Regionen an Stelle der Produkte, Produktgruppen oder Kundengruppen gewählt, liegt eine **Regionale Organisation** vor. Analog zur Divisionalen Organisation sind hier der hohe Autonomiegrad der Regionalbereiche mit der Notwendigkeit der Bildung von Zentralabteilungen sowie die Möglichkeit der Implementierung unterschiedlicher Strukturierungskonzepte und Kulturen zu nennen. Hinzu kommen Probleme, aber auch Chancen bei der Entwicklung eines überregional qualifizierten und mobilen Stammes an Führungskräften.

Die hier besprochenen Sparten oder Regionen sind nicht zu verwechseln mit den **strategischen Geschäftseinheiten (SGE)**. Diese wurden bereits in Teil 2 als organisatorische Einheiten, an die der Prozess der Formulierung und Ausführung spezifischer Strategien von der Unternehmensleitung delegiert wird, gekennzeichnet und sind als Ganzes Gegenstand unternehmerischer Entscheidungen (vgl. S. 150ff.). Die SGE bilden die „strategische Sekundärorganisation", welche die bisher behandelte „operative Primärorganisation" überlagert. Eine SGE kann mit einer Sparte identisch sein, sie kann sich aber auch aus mehreren Sparten zusammensetzen. Ebenso ist es denkbar, dass eine Sparte mehrere SGEs umfasst. Durch diese Vorgehensweise - man spricht vom Konzept der **Dualen Organisation** (vgl. Abb. 5-9) - wird in der Praxis versucht, der Dualität der Aufgabenstellung (strategische und operative Aufgaben) besser gerecht zu werden.

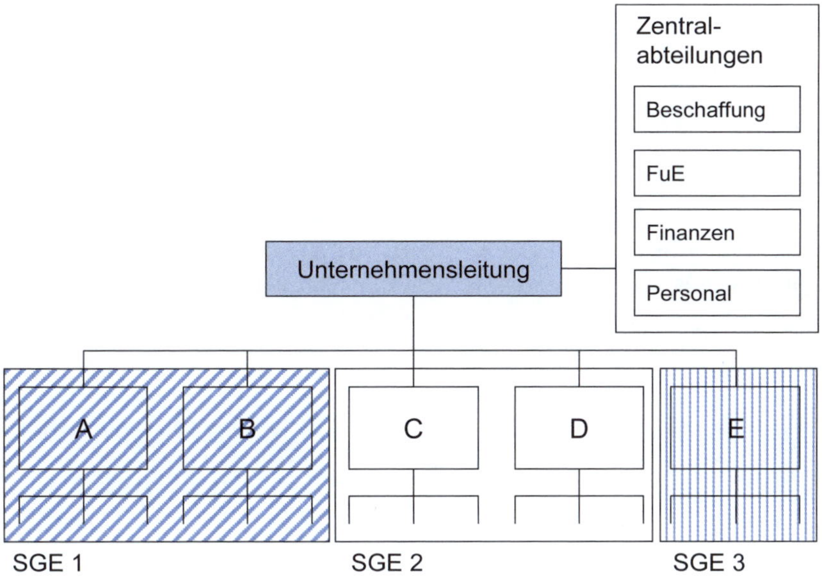

Abb. 5-9: Duale Organisation bei der Divisionalen Organisation

3.2.3 Die Holding

Holdingkonzepte haben in den letzten Jahren in der Praxis eine erhebliche Verbreitung gefunden. Insbesondere diversifizierte Unternehmungen, die eine gewachsene Spartenorganisation besitzen, vollziehen die Umstrukturierung der Divisionalen Organisation zur Holding: Aus Sparten werden rechtlich selbstständige Einheiten gebildet, die unter einer einheitlichen Leitung stehen.

Wir wollen zunächst Begriff und Arten von Holding-Strukturen kennzeichnen, bevor wir das Konzept der Management-Holding aufgrund seiner großen Bedeutung in der Praxis genauer untersuchen.

3.2.3.1 Begriff und Arten

Eine **Holding** ist ein Unternehmen, das Beteiligungen an mehreren rechtlich selbstständigen Unternehmen hält („to hold") und dabei selbst nicht am Markt auftritt, also keine operative Tätigkeit wahrnimmt.

An Stelle des Begriffs Holding wird auch von Holding-Obergesellschaft oder Holding-Dachgesellschaft gesprochen. Holding-Gesellschaften oder Beteiligungsgesellschaften sind dann diejenigen Gesellschaften, an denen die Holding beteiligt ist.

Die **Holding-Struktur** bezeichnet den gesamten Komplex aus Holding und Holding-Gesellschaften unter besonderer Berücksichtigung aller formalen und informalen aufbau- und ablauforganisatorischen Regelungen und Beziehungen innerhalb dieses Komplexes.

Die Holding-Struktur umfasst damit, ähnlich wie der Konzern, sowohl die Ober- oder Dachgesellschaft (Holding) als auch die Beteiligungsgesellschaften. Im Gegensatz zur Holding-Struktur ist der **Konzern** ein rechtlicher Begriff, der in § 18 AktG definiert ist. Danach sind zwei Merkmale konstituierend:

- Der Konzern umfasst mehrere rechtlich selbstständige Unternehmen und
- die Unternehmen sind unter einheitlicher Leitung zusammengefasst.

Da sowohl beim Konzern als auch bei der Holding-Struktur rechtlich selbstständige Unternehmen bestehen, ist die **Leitungsintensität** das geeignete Abgrenzungskriterium. Bei ausreichend hoher Leitungsintensität ist die Holding-Struktur (faktisch) ein Konzern.

Das zentrale Kriterium zur Klassifikation von Holding-Strukturen ist die **Leitungsintensität der Holdingaktivitäten**. Danach lassen sich unterscheiden:

- Finanz-Holding-Struktur und
- Management-Holding-Struktur.

[1] Finanz-Holding-Struktur

In der Finanz-Holding-Struktur nimmt die Holding-Obergesellschaft, die Finanz-Holding, keine strategischen Führungsaufgaben bezüglich der Holding-Gesellschaften wahr. Diese sind jeweils selbst für die strategische Orientierung und Steuerung zuständig. Die Aufgabe der Finanz-Holding besteht danach im reinen Halten von Anteilen der Holding-Gesellschaften. Dennoch besitzt die Finanz-Holding eine **gesamtunternehmerische Perspektive**, wodurch sie sich von reinen Kapitalbeteiligungsgesellschaften wie Kapitalanlagegesellschaften, Unternehmensbeteiligungsgesellschaften oder Übernahmegesellschaften unterscheidet. Diese gesamtunternehmerische Perspektive kann sich in der Zusammensetzung der Holding-Gesellschaften (Synergieperspektive) oder in der Wahrnehmung ergänzender Verwaltungs- oder Kontrolltätigkeiten durch die Finanz-Holding ausdrücken.

[2] Management-Holding-Struktur

In der Management-Holding-Struktur, für die auch die Termini „konzern-" oder „geschäftsführende" Holding-Struktur bzw. „Führungs-" oder „Strategie-" Holding-Struktur gebraucht werden, übernimmt die Holding-Obergesellschaft, die Management-Holding, die Leitung der gesamten Holding-Struktur, die strategisch-koordinierende Führung aller Holding-Gesellschaften.

Während in der Management-Holding-Struktur das Konzern-Kriterium „einheitliche Leitung" eindeutig erfüllt ist, ist dies bei der Finanz-Holding-Struktur nur im Einzelfall zu entscheiden. Die Grenzen zwischen Management-Holding und Finanz-Holding sind überdies fließend.

Nach dem Kriterium **„hierarchische Einordnung"** kann unterschieden werden zwischen

- einstufiger Holding-Struktur und
- mehrstufiger Holding-Struktur.

Besteht die zweite Ebene der Holding-Struktur nur aus Einzelgesellschaften, so liegt eine **einstufige Holding-Struktur** vor. Befinden sich aber auf der zweiten Ebene an Stelle von Einzelgesellschaften wieder eine oder mehrere Holding-Gesellschaften, so spricht man von einer **mehrstufigen Holding-Struktur**. Die Holding-Obergesellschaft einer mehrstufigen Holding-Struktur wird dann auch als Dach-Holding bezeichnet, die Holding-Obergesellschaften auf unteren Ebenen sind Zwischen-Holding-Gesellschaften.

Nach dem Kriterium **„regionale"** bzw. **„nationale" Zugehörigkeit** unterscheidet man

- nationale Holding-Struktur und
- internationale Holding-Struktur.

Bei der **nationalen Holding-Struktur** haben alle Gesellschaften ihren Sitz im Inland. Bei der **internationalen Holding-Struktur** hat zumindest die Holding-Leitung ihren Sitz im Ausland, meistens sind die Holding-Gesellschaften selbst zusätzlich noch auf mehrere Länder verteilt. Bevorzugte steuerliche Behandlung oder bessere Finanzierungsmöglichkeiten sind bei der internationalen Holding-Struktur häufig Anlässe für die Wahl eines bestimmten Staates als Standort für die Holding-Obergesellschaft.

3.2.3.2 Management-Holding

[1] Begriff und Merkmale

Die Management-Holding-Struktur hat in den letzten Jahren stark an Bedeutung gewonnen. Von der Einführung einer derartigen Struktur verspricht man sich in der Praxis eine Reihe von Vorteilen (vgl. S. 399ff.).

> Bei der **Management-Holding-Struktur** übernimmt die Holding die Aufgabe der strategischen Führung der einzelnen Holding-Gesellschaften.

Von der **Finanz-Holding-Struktur** grenzt sie sich durch die Wahrnehmung der strategischen Führungsaufgaben durch die Holding-Leitung ab, vom traditionellen **Stammhauskonzern** durch fehlende operative und marktliche Aktivitäten der Konzern- bzw. Holding-Leitung.

Entsprechend der Definition wird die Management-Holding-Struktur auch als eine **spezielle Form der Spartenorganisation** bezeichnet, gekennzeichnet dadurch, dass die Sparten rechtlich verselbstständigt sind, und damit eine **Identität von Rechts- und Organisationsstruktur** vorliegt (vgl. *Bühner* [Management-Holding (1992)] 133). Von dieser rechtlichen Selbstständigkeit werden positive Wirkungen auf die oben genannten strategischen Erfolgsfaktoren (insbes. Flexibilität und Innovationskraft) erwartet.

Als kennzeichnendes Merkmal der Management-Holding-Struktur wird auch die Trennung von Strategie und Operation genannt (vgl. *Bühner* a.a.O.). Diese Trennung ist jedoch sowohl formal als auch inhaltlich problematisch. Formal deshalb, weil die einzelnen Holding-Gesellschaften zumindest „divisionsstrategische“ Führungsaufgaben selbst wahrnehmen. Inhaltlich ist eine Trennung aufgrund der Koordinationserfordernisse ebenfalls bedenklich.

Der eigentliche Charakter der Management-Holding-Struktur liegt jedoch in der **Vereinigung von zentralen Elementen** durch die strategische Führung der Holding-Leitung **mit dezentralen Elementen** infolge der Autonomie der Holding-Gesellschaften. Je nach konkreter Ausgestaltung der Management-Holding-Struktur kann eine optimale Gewichtung zentraler bzw. dezentraler Elemente erfolgen (vgl. *Keller* [Unternehmungsführung] 258ff.). Welche Vorteile dadurch in Bezug auf strategische Erfolgsfaktoren entstehen können, wird ab S. 399ff. beschrieben.

Mit Hilfe des **Umwelt-Strategie-Struktur-Ansatzes** kann die Welle der Umstrukturierungen zur Holding-Struktur recht gut erklärt werden. Die Holding-Struktur stellt eine adäquate Antwort auf die bei der Darstellung des Umwelt-Strategie-Struktur-Ansatzes explizierten **Erfolgsfaktoren** dar. Durch die Vereinigung dezentraler und zentraler Elemente in der Holding-Struktur und die Möglichkeiten der situativen Gestaltung des Zentralisations- bzw. Dezentralisationsgrades kann die Holding-Struktur dem breiten Anforderungsprofil entsprechen.

Beispiel: Holding-Struktur des *Siemens*-Konzerns ab 2012

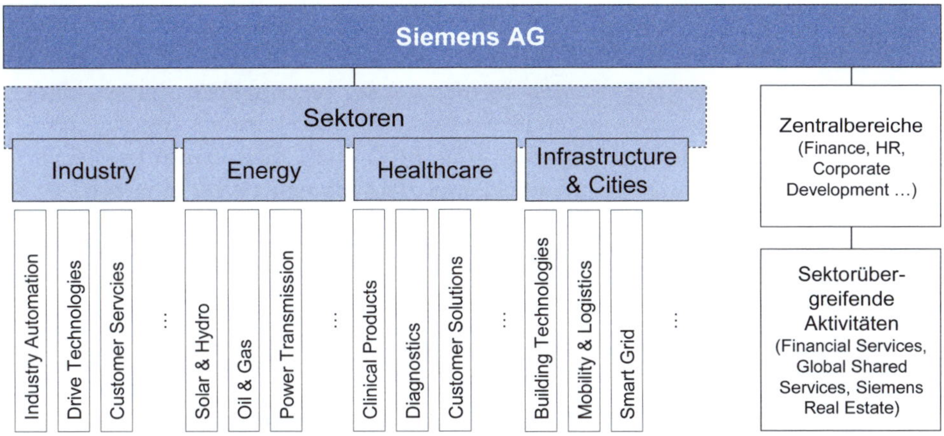

Abb. 5-10: Holding-Struktur des *Siemens*-Konzerns ab 2012 (vereinfacht)

Die Struktur umfasst insgesamt mehr als 1.000 Gesellschaften inkl. Minderheitsbeteiligungen. Sie ist an folgenden Prinzipien ausgerichtet (Geschäftsbericht 2011):

- CEO-Prinzip (Einzelpersonenverantwortung auf allen Ebenen unterhalb des Vorstandes)
- Durchgängige Geschäftsverantwortung der Sektoren, Divisionen und Geschäftseinheiten
- Uneingeschränkte fachliche Weisungsrechte ausgewählter Unternehmensfunktionen, soweit dies rechtlich möglich ist (Zentralbereiche)

Bei der Beurteilung der Holding-Struktur werden wir auf die einzelnen strategischen Erfolgsfaktoren eingehen (vgl. S. 399ff.).

Auf dem Weg zur Management-Holding-Struktur sind gesellschaftsrechtliche und organisatorische Aufgaben zu bewältigen. Ein universelles Vorgehensmuster ist dabei nicht anwendbar. Der Entstehungsvorgang einer Management-Holding-Struktur ist abhängig von der organisatorischen und rechtlichen Ausgangssituation der Unternehmung. Dabei kann es sich um eine Einheitsunternehmung bzw. einen Stammhauskonzern mit gewachsener Spartenorganisation handeln oder bereits um eine Finanz-Holding-Struktur.

Ausgehend von der gewachsenen Spartenorganisation im Einheitsunternehmen oder im Stammhauskonzern können folgende **Wege** zur Management-Holding-Struktur beschritten werden:

- **Rechtliche Verselbstständigung (Ausgliederung) operativer Unternehmensbereiche (Sparten):** Übertragung von Aktiva an bestehende oder neu zu gründende Tochtergesellschaften. Die ausgliedernde Unternehmensleitung wird zur Holding.

- **Ausgründung der Unternehmensleitung zur Holding:** Übertragung des Vermögens auf die neu zu gründende Holding. Übernahme der Geschäftsführung durch die Holding, ggf. durch Änderung von Beteiligungsverhältnissen.

Beide grundsätzlichen Vorgehensweisen werden in der betrieblichen Praxis auch kombiniert angewandt. Ergänzt werden sie i.d.R. durch eine vorausgehende interne Strukturänderung (Entflechtung, Umschichtung, Spaltung, Zusammenlegung) und durch Veräußerung bestehender Teilbereiche bzw. Erwerb neuer Unternehmen.

Besteht bereits eine Finanz-Holding-Struktur, so kann der Übergang zur Management-Holding-Struktur durch die Übernahme der strategischen Führung und Verantwortung durch die Finanz-Holding realisiert werden.

[2] Koordinationsinstrumente

Aufgabe der Management-Holding ist die **strategische Führung der gesamten Holding-Struktur**. Im Bereich der **strategischen Planung** ist sie für die Entwicklung einer Strategie für die gesamte Holding-Struktur zuständig. Zur Schaffung von Synergien und zur optimalen Ressourcennutzung ist eine intensive Abstimmung mit allen Holding-Gesellschaften notwendig.

Im Rahmen der **strategischen Kontrolle** stehen ebenfalls Koordinationsaspekte im Vordergrund. Darüber hinaus trägt die Holding selbst eine besondere Verantwortung für die strategische Überwachung und die **strategische Früherkennung**. Weitere Aufgaben der Holding sind die Gestaltung einer geeigneten **Unternehmenskultur**, die **konzernweite Führungskräfteentwicklung**, die **effiziente Ressourcenallokation**, insbesondere bei den Finanzmitteln, sowie branchenspezifisch **die Koordination von FuE-Aktivitäten**. Es wird deutlich, dass der Koordinationsaspekt bei allen Aufgaben der Management-Holding zentrale Bedeutung hat.

Drei konzern- bzw. holdingspezifische **Koordinationsinstrumente** haben sich herausgebildet:

■ Koordination durch Unternehmensverträge

Durch den Abschluss eines **Beherrschungsvertrages** erhält die Holding eine weit gehende Leitungs- und Weisungsbefugnis gegenüber den abhängigen Gesellschaften. Die Weisungen haben auch dann Gültigkeit, wenn sie eine einzelne Holding-Gesellschaft benachteiligen, insgesamt aber dem Vorteil der gesamten Holding-Struktur dienen (§ 308 Abs. 1 AktG). Oft wird in Verbindung mit dem Beherrschungsvertrag oder isoliert davon ein **Gewinnabführungsvertrag** abgeschlossen, durch den sich die abhängige Gesellschaft verpflichtet, ihren gesamten Gewinn an die Holding abzuführen (§ 291 Abs. 1 AktG). Dadurch kommt es zusätzlich zu einer steuerlichen Organschaft.

■ Koordination durch Finanzhoheit

Die Allokation der Finanzmittel und damit die Ausübung der Finanzhoheit ist eine der Aufgaben der Management-Holding. Dadurch erhält sie auch die materielle

Möglichkeit, eigene Ziele gegenüber den Einzelinteressen der Holding-Gesellschaften durchzusetzen.

- **Koordination durch Personalunion**

Die personenidentische Besetzung von Aufsichts- und Geschäftsführungsorganen von Holding und Holding-Gesellschaften unterstützt ebenfalls die Abstimmung von Zielen und Aktivitäten innerhalb der Holding-Struktur. So können bspw. Vorstandsmitglieder der Holding zentrale Funktionen in den abhängigen Gesellschaften übernehmen (z.B. als Mitglied des Aufsichtsrats). Die gesellschaftsrechtliche Unbedenklichkeit derartiger Verflechtungen ist jedoch teilweise umstritten und bedarf noch einer juristischen Klärung.

Die Einsetzbarkeit der Koordinationsinstrumente und damit die potenzielle Führungsintensität sowie der Grad der Abhängigkeit der Holding-Gesellschaften von der Holding hängen entscheidend von der rechtlichen Ausgestaltung der Regelungen zwischen diesen Gesellschaften ab.

3.2.3.3 Strategische Bedeutung

Die Management-Holding-Struktur ist als Antwort auf das veränderte Unternehmensumfeld zu verstehen. Ihre Zweckmäßigkeit bzw. ihre organisatorische Effizienz ist - wenn überhaupt - nur über Indikatoren bestimmbar. Darüber hinaus ist das jeweilige Organisationskonzept in Abhängigkeit von den situativen Bedingungen zu beurteilen. Aufgrund dieser Erkenntnisse ist eine generelle Bewertung der Management-Holding-Struktur nicht zulässig. Abstrahierend von den jeweils herrschenden realen Gegebenheiten wollen wir jedoch das **Verhalten** der Struktur bezüglich der festgestellten strategischen Erfolgsfaktoren untersuchen.

Den zentralen Erfolgsfaktoren kann aus organisatorischer Sicht durch eine **Vereinigung dezentraler und zentraler Elemente** in der Organisationsstruktur entsprochen werden. Das Charakteristikum der Management-Holding-Struktur besteht nun darin, dass das jeweils optimale Verhältnis von Zentralisation und Dezentralisation durch die situative Gestaltung der Struktur realisierbar ist. Wesentliche Gestaltungselemente sind dabei die oben beschriebenen Koordinationsinstrumente in Verbindung mit der Rechtsformkonstellation.

Abb. 5-11: Management-Holding zwischen Zentralisation und Dezentralisation

Neben dieser grundsätzlichen Anpassungsfähigkeit der Struktur an die jeweilige Situation ist das Verhalten bezüglich der strategischen Erfolgsfaktoren wie folgt zu beurteilen (vgl. dazu auch *Bühner* [Management Holding (1987)] 44ff.):

[1] Stärken der Management-Holding durch Dezentralisation

■ Marktnähe (Kundenorientierung)

Die rechtliche Verselbständigung von Geschäftsbereichen stärkt das unternehmerische Handeln in den Sparten bzw. Beteiligungsgesellschaften. Kleinere Einheiten können besser Veränderungen am Markt wahrnehmen und individueller auf Veränderungen wie z.B. Nachfragedifferenzierungen reagieren.

■ Flexibilität

Marktnähe und Ergebnisverantwortung fördern die Anpassungsfähigkeit an Veränderungen im Wettbewerbsumfeld. Darüber hinaus ist, ähnlich wie bei der herkömmlichen Spartenorganisation, eine bessere Anpassung der eigenen Wertschöpfungskette an jene der Marktpartner, insbesondere der Abnehmer möglich (vgl. dazu *Porter* [Wettbewerbsvorteile] 61ff.). Besondere Bedeutung hat die Flexibilität bezüglich der Aufnahme neuer bzw. dem Ausscheiden bestehender Teilbereiche. Käufe und Verkäufe von Teilbereichen sind bei rechtlich selbstständigen Sparten leichter und schneller durchführbar als bei einer herkömmlichen Spartenorganisation.

■ Kooperationsfähigkeit und -bereitschaft

Die Bedeutung von Kooperationen ist durch die Veränderungen in der Umwelt gestiegen (vgl. dazu ausführlich S. 419ff.). Die rechtliche Selbstständigkeit der Divisionen fördert das Zustandekommen von Kooperationen. Ähnlich wie beim Kauf oder Verkauf von Unternehmensteilen können Entscheidungen schneller getroffen werden. Potenzielle Kooperationspartner können besser identifiziert, Vorverhandlungen effizienter geführt werden. Für den Kooperationspartner ist der Ansprechpartner leichter erkennbar und in seiner Größe überschaubar. Gleichzeitig steht den Holding-Gesellschaften die Finanzkraft der Holding bzw. der gesamten Holding-Struktur zur Verfügung.

■ Offenheit und Transparenz

Die Management-Holding-Struktur ermöglicht die eindeutige Zuordnung des Erfolges zu den einzelnen Holding-Gesellschaften. Die Verpflichtung zur Aufstellung eines Jahresabschlusses gesondert für jede Holding-Gesellschaft verbessert darüber hinaus die Bewertungsmöglichkeiten der Gesellschaft (des Geschäfts) durch die Kapitalgeber. Handelt es sich bei der Holding-Gesellschaft um eine Kapitalgesellschaft, so treten Publizitätserfordernisse hinzu. Die erhöhte Transparenz kann die Finanzierungsmöglichkeiten der Gesellschaften sowohl über die Reduktion von Gläubigerrisiken wie durch eine verbesserte Information der Anteilseigner steigern.

■ Innovationskraft

Die Innovationskraft, ein Erfolgsfaktor, der in dynamischer Umwelt bei wachsender Bedeutung von Technologie im produzierenden Gewerbe wie im Dienstleistungsbereich an Bedeutung gewonnen hat, hängt entscheidend von den Faktoren Motivation, Kreativität und Know How ab.

Die Management-Holding fördert diese Faktoren durch

- Stärkung von Eigeninitiative und Verantwortung aufgrund der rechtlichen Selbstständigkeit der Holding-Gesellschaften und damit verbundener Rechnungslegungs- und Publizitätserfordernisse (vgl. „Intrapreneurship" S. 412),
- Reduktion der Hierarchieebenen,
- Reduktion der Spezialisierung im Bereich FuE,
- Austausch von Know How.

Finanzkraft

Durch die Schaffung eines Unternehmensverbundes entsteht ein interner Kapitalmarkt, der die Finanzierung umfangreicher Investitionsvorhaben erleichtert. Die Stärke „Finanzkraft" kann auch unter dem Aspekt „Stärken durch Zentralisation" behandelt werden.

[2] Stärken der Management-Holding durch Zentralisation

Koordination und Integration

Die Abstimmung aller Aktivitäten innerhalb der Holding-Struktur kann eine höhere Gesamteffizienz bei gleichzeitiger Risikoreduktion ermöglichen. Je nach rechtlicher Gestaltung der Management-Holding-Struktur und den dadurch einsetzbaren Koordinationsinstrumenten verfügt die Management-Holding über mehr oder weniger ausgeprägte Möglichkeiten, Koordination und Integration umzusetzen. Typische Integrationsbereiche sind das Finanzmanagement (Allokation der Finanzmittel), das Technologiemanagement (Koordination von Grundlagenforschung und Technologieplanung) sowie das Kulturmanagement. Bei der Gestaltung der Holding-Kultur ist jedoch zwischen den Vor- und Nachteilen der Schaffung einer einheitlichen Kultur und der Möglichkeit der Beibehaltung unterschiedlicher Subkulturen in den Holding-Gesellschaften abzuwägen. Gleichzeitig sind die grundsätzlichen Grenzen der Unternehmenskulturgestaltung zu beachten (vgl. Teil 6).

Synergien

Die rechtliche Verselbstständigung von Sparten, förderlich für Flexibilität, Kooperationsfähigkeit, Innovationskraft und Transparenz, wirkt sich zunächst kontraproduktiv auf die Schaffung von Synergien aus. Um vorhandene Synergiepotenziale dennoch nutzen zu können, empfiehlt es sich für die Management-Holding-Struktur, über die üblichen Koordinationsinstrumente hinaus spezielle **Synergieteams** einzurichten. Diese können insbesondere produkt- und verfahrenstechnische sowie beschaffungs- und vertriebsspezifische Synergien zwischen den Holding-Gesellschaften realisieren helfen.

[3] Schwächen der Management-Holding

- Die problematische Kompetenzabgrenzung zwischen der Management-Holding und den Holding-Gesellschaften kann zu Motivationsproblemen führen.
- Beherrschungsverträge fordern einen eventuellen Verlustausgleich zwischen den Gesellschaften. Eine Quersubventionierung defizitärer Holding-Gesellschaften durch andere kann der Gesamteffizienz schaden.
- Die rechtliche Verselbstständigung der Sparten erhöht die Distanz zur „strategischen Spitze" und kann damit das Verständnis der Holding-Leitung für die Probleme der Holding-Gesellschaften reduzieren.
- Die zunehmende Autonomie der Geschäftsbereiche macht z.T. einen Verzicht auf Größenvorteile und Synergien notwendig.
- Das Koordinationsinstrument „Personelle Verflechtung" kann gesellschaftsrechtliche Probleme hervorrufen.
- Im Vergleich mit Kooperationen sind Holding-Strukturen durch eine höhere, die strategische Flexibilität reduzierende Bindungsintensität gekennzeichnet.
- Die Probleme und Kosten der Reorganisation sind u.U. höher als der sich ggf. erst langfristig einstellende, i.d.R. schwer quantifizierbare Nutzen.

3.3 Matrixorganisation

3.3.1 Grundmodell

Die Matrixorganisation ist ein **mehrdimensionales Organisationsmodell**. Werden auf der obersten Hierarchieebene zwei Gliederungsprinzipien gleichzeitig und weitgehend gleichgewichtig verfolgt, so liegt eine **Matrixorganisation** vor. In den Schnittpunkten der Dimensionen können Aufgaben stehen oder organisatorische Einheiten. Im Falle von organisatorischen Einheiten sieht das Grundmodell der Matrixorganisation wie in Abb. 5-12 dargestellt aus.

Je nachdem, welche Dimensionen in der Matrix berücksichtigt werden, lassen sich folgende **Modelle der Matrixorganisation** unterscheiden:

- Verrichtungsmatrix in sich,
- Verrichtungs-Objektmatrix,
- Verrichtungs-Regionalmatrix,
- Objekt-Regionalmatrix.

Objekte können Produkte und Produktgruppen, aber auch Projekte sein.

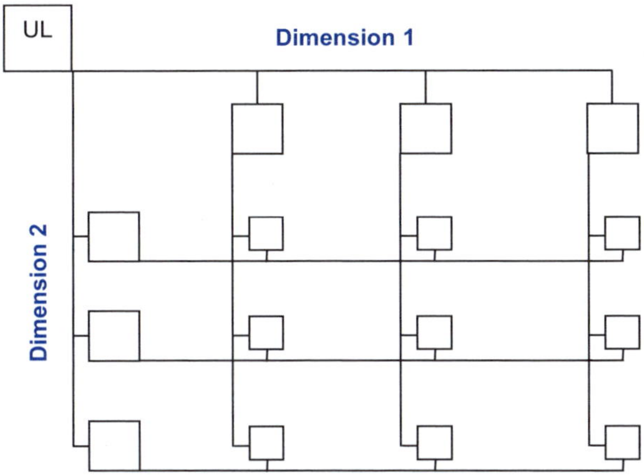

Abb. 5-12: Grundmodell der Matrixorganisation

3.3.2 Strategische Bedeutung

Die Matrixorganisation stellt den Versuch dar, die Vorteile der Dezentralisation mit jenen der Koordination zu verbinden. Die Vorteile der Dezentralisierung bestehen im Teamgeist, der Nähe zum Markt, der Schnelligkeit des Entscheidungsprozesses und der schnellen Umsetzung. Koordinationsvorteile äußern sich im Synergieeffekt über mehrere Geschäftsfelder, Produkte und Märkte hinweg (vgl. *Thompson* [Management] 602). Die Schnittstellenprobleme zwischen verschiedenen Funktionen sowie zwischen Planung und Ausführung werden auf diese Weise überwunden.

Diese Vorteile werden erkauft durch die **problematische Kompetenzabgrenzung** zwischen den Dimensionen aufgrund der **Mehrfachunterstellung** der organisatorischen Einheiten und der damit verbundenen **Institutionalisierung von Konflikten** in den Schnittpunkten der Matrix-Struktur. Die bewusste Schaffung von Konflikten stellt allerdings die **Grundidee** mehrdimensionaler Organisationsmodelle dar. Dadurch sollen kreative und qualitativ hochwertige Problemlösungen gefördert werden. Derartige Konflikte bringen aber neben der produktiv kreativen Komponente i.d.R. auch eine kontraproduktive Komponente (Machtkämpfe, Entscheidungsverzögerung, Abschiebung von Verantwortung) mit sich. Damit diese die positiven Effekte nicht überkompensieren, bedarf es einer sorgfältigen Strukturierung, einer entsprechenden **Unternehmenskultur** („Matrix-Kultur"), eines partizipativ kooperativen **Führungsstiles** und entsprechender persönlicher und fachlicher **Qualifikationen der Mitarbeiter**.

Die Matrixorganisation eignet sich besonders für solche Unternehmen, bei denen funktionsübergreifende Aufgaben in Form von **Projekten** wahrgenommen werden. Der Projektorganisation kommt in diesem Zusammenhang insofern eine zukunftsweisende Bedeutung zu, als der strategische Wandel in Unternehmen i.d.R. durch Projekte gefördert wird. Dieses Konzept wird daher als **„management by**

projects" bezeichnet. Zu den spezifischen Organisationsformen für strategische Projekte vgl. S. 431ff.

In Abb. 5-13 ist das Modell einer **Matrix-Projektorganisation** dargestellt (vgl. *Bea/Scheurer/Hesselmann* [Projektmanagement] 67).

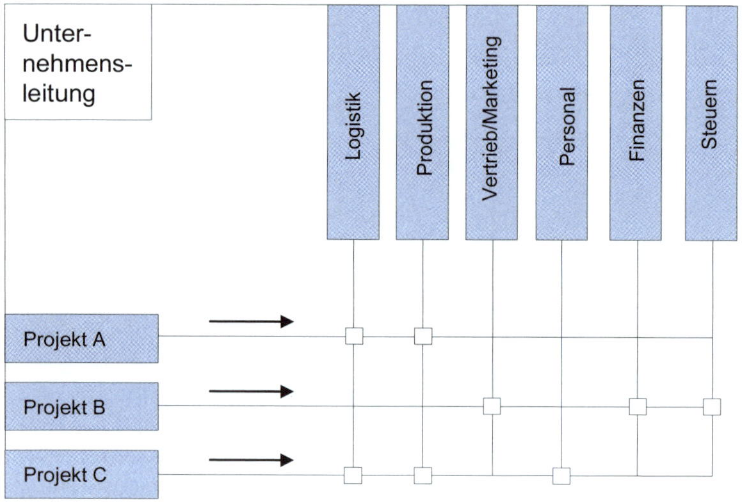

Abb. 5-13: Modell einer Matrix-Projektorganisation

4 Neue Organisationsmodelle

„In keiner außer in der allereinfachsten Art von Organisation ist es vorstellbar, dass alle Einzelheiten aller Tätigkeiten von einem einzigen Geist geleitet werden. Gewiss ist es noch niemandem gelungen, alle Tätigkeiten, die in einer komplexen Gesellschaft stattfinden, bewusst anzuordnen.“

F.A. von Hayek (1889-1992), österreichischer Nationalökonom

Seit *Chandler* wissen wir, dass die Struktur eines Unternehmens der Strategie folgt. Die Strategie wird im Wesentlichen beeinflusst von den Umweltbedingungen, in die ein Unternehmen eingebettet ist. Veränderte Rahmenbedingungen können zu einem Mis-Fit zwischen bestehender Struktur und Situation (System-Umwelt-Fit) und damit zu organisatorischen Ineffizienzen führen (vgl. dazu den Umwelt-Strategie-Struktur-Ansatz S. 379ff.). Umweltveränderungen sind vor allem auf den Feldern des Marktes, der Gesellschaft und der Technologie zu identifizieren.

Die betriebliche Praxis hat auf diese Veränderungen der strategischen Rahmenbedingungen mit der Entwicklung neuer bzw. der Modifikation bereits bestehender Organisationsmodelle reagiert (vgl. *Bea/Göbel* [Organisation] 406ff.). Die wichtigsten **neuen Organisationsmodelle** werden im Folgenden vorgestellt und im Hinblick auf ihre strategische Bedeutung analysiert:

- Prozessorganisation,
- Teamorganisation,
- Lernende Organisation,
- Kooperationen.

4.1 Prozessorganisation

4.1.1 Begriff

In den letzten Jahren wurden zahlreiche Konzepte zur Effizienzsteigerung entwickelt: Wertkettenansatz, KANBAN, Total Quality Management, Business Reengineering, Benchmarking, Lean Production und Prozesskostenrechnung sind die entsprechenden Schlagworte. Es fällt auf, dass den genannten Managementkonzepten ein gemeinsamer Ansatz zu Grunde liegt: die **prozessorientierte Betrachtungsweise**. Diese Perspektive zeichnet auch die Prozessorganisation aus.

Die **Grundidee der Prozessorganisation** besteht darin, dass Prozesse Gegenstand der Strukturierung von Unternehmen sind. Es werden somit organisatorische Einheiten mit Prozessverantwortung geschaffen.

Die Aufbauorganisation wird dadurch an der **Ablauforganisation** ausgerichtet und nicht umgekehrt (vgl. *Gaitanides* [Prozessorganisation] 64ff.). Mit dieser Neuausrichtung soll eine Abkehr vom klassischen Hierarchieprinzip und Funktionalprinzip und damit eine Reduktion der Schnittstellenproblematik als Folge der tayloristischen Arbeitsteilung eingeleitet werden (vgl. auch *Peters* [Hierarchien]). In Abb. 5-14 wird zum Ausdruck gebracht, dass an die Stelle der vertikalen Hierarchieorientierung die Betonung einer horizontalen Verkettung der Teilprozesse tritt.

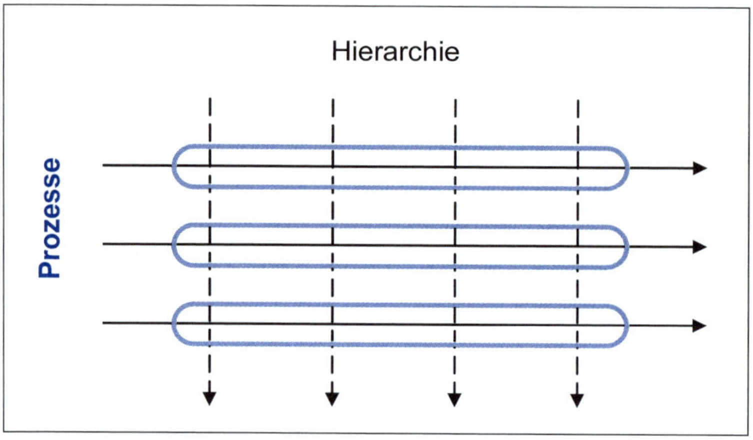

Abb. 5-14: Prozessorganisation

Mit der Klärung des Begriffs der Prozessorganisation automatisch gekoppelt ist eine Abgrenzung des Prozessbegriffes. Damit verbunden ist die Frage, was unter einem Gesamtprozess und was unter Teilprozessen zu verstehen ist (vgl. *Bea/Schnaitmann* [Prozesse]). Da Begriffe weder richtig noch falsch, sondern nur zweckmäßig oder unzweckmäßig sind, ist die Antwort auf diese Frage von den Absichten abhängig, die mit einer Prozessorganisation verfolgt werden. Das folgende Beispiel zeigt, wie man den unternehmerischen Gesamtprozess zerlegen kann.

Beispiel: Prozessorganisation der *Deutschen Telekom AG*

Die wachsenden Anforderungen des globalen Wettbewerbs haben bei der *Deutschen Telekom* in den **90er Jahren** unter dem Akronym *TEMPO* zur **Einführung einer Prozessorganisation** geführt, welche die originären funktionalen und später divisionalen Strukturen überlagerte. Dabei verfolgt man das Ziel der durchgängigen Optimierung der Wertschöpfung zur Sicherstellung erstklassiger Leistungs- und Unterstützungsprozesse für die Kundenbedienung.

Die Grundidee war, durchgängige Markt-Markt-Prozesse zu identifizieren und zu optimieren. Hierzu wurde die gesamte Wertschöpfungskette des Unternehmens in 14 Kernprozesse zerlegt:

Kernprozesstyp	Kernprozesse
Führungsprozesse	- Strategie und Planung - Operatives Führen
Leistungsprozesse	- Produkt- und Innovationsmanagement - Kundensegmentmanagement - Preis- und Regulierungsmanagement - Unternehmenskommunikation - Planung und Aufbau der Produktionsinfrastruktur - Betrieb der Produktionsinfrastruktur - Akquisition und Bereitstellung - Service - Markterschließung
Unterstützungsprozesse	- Personalmanagement - Berichtswesen - Ressourcenmanagement (Finanzen, Immobilien, Informationstechnik)

Zur systematischen Führung und Verbesserung dieser Kernprozesse wurden Prozessverantwortliche und Prozessmanager benannt. Über ein Monitoring der Kernprozesse wird ihre kontinuierliche Anpassung an sich verändernde Bedingungen und eine stetige Verbesserung der Leistungsparameter der einzelnen Prozesse sichergestellt.

Diese **formale Ausprägung** der Prozessorganisation ist heute nicht mehr vorzufinden. Vielmehr ist das Planen und Steuern von durchgängigen, an den Erfordernissen des Markterfolges und der Kundenzufriedenheit orientierten **„Ende-zu-Ende-Prozessketten"** zum **Standard** im Unternehmen geworden. So wird beispielsweise der Service für den Kunden aus einem solchen Ende-zu-Ende-Prozessverständnis heraus designed, geplant und mittels Prozesskennziffern aus Kundensicht gesteuert. Planungs- und Steuerungsboards stellen die Durchgängigkeit des Prozesses über die beteiligten Organisationseinheiten sicher.

4.1.2 Business Reengineering

Eine radikale Neuausrichtung der Organisation an den Unternehmensprozessen erfolgt im Rahmen des sog. Business Reengineering. Für die Organisationsgestaltung im Rahmen des Business Reengineering werden unterschiedliche Vorgehensmodelle empfohlen (vgl. u.a. *Hammer/Champy* [Business Reengineering], *Gaitanides* [Prozessorganisation]). Wir gehen von folgenden **Phasen** aus:

[1] Selektion

Auswahl und Abgrenzung wichtiger Prozesse. In die Auswahl müssen solche Prozesse fallen, die durch intensiven Ressourcenverbrauch oder hohen Anteil am Kundennutzen gekennzeichnet sind (siehe Beispiel der *Deutschen Telekom* S. 406).

[2] Analyse

Ermittlung der Ist-Situation durch Analyse der Prozessstruktur, Zerlegung der Haupt- in Teilprozesse sowie Ermittlung der Prozessverantwortlichen, des Ressourcenverbrauchs und der Prozessdauer je Teilprozess.

[3] Gestaltung

Entwicklung der Soll-Prozessstruktur auf der Basis der strategischen Zielsetzung der Unternehmung.

[4] Implementierung

Umsetzung der Soll-Prozessstruktur durch Abbau von Hierarchieebenen, Spaltung, Auflösung oder Neuordnung von Abteilungen sowie Übertragung von Prozessverantwortung an Singular- oder Pluralinstanzen.

[5] Transformation und Surveillance

Überwachung und ggf. Modifikationen der Reengineering-Maßnahmen und -Ergebnisse. Übertragung der Vorgehensweise und der Ergebnisse auf andere Bereiche.

Der Erfolg eines Reengineering-Projekts ist v.a. von folgenden **Voraussetzungen** abhängig:

- **Strategische Orientierung:** Die Prozessoptimierung muss unter Berücksichtigung der strategischen Zielsetzung und damit der Quellen potenzieller Wettbewerbsvorteile (z.B. Differenzierung, Kosten, Zeit) erfolgen.
- **Unterstützung durch das Top-Management:** Die Implementierung der z.T. fundamentalen Veränderungen innerhalb des Unternehmens bedarf der Unterstützung durch die Unternehmensleitung.
- **Unternehmensweite Akzeptanz:** Die ebenfalls für die Implementierung notwendige Akzeptanz der neuen Soll-Prozessstruktur kann durch die Beteiligung aller Betroffenen an sämtlichen Projektphasen erreicht werden. Auf diese Weise lässt sich zugleich das vorhandene Wissen aller Mitarbeiter nutzen.

4.1.3 Strategische Bedeutung

Die Vorteile der Prozessorganisation werden heute stark propagiert. Zu nennen sind in diesem Zusammenhang *Hammer/Champy*, die ihren Managementbestseller „Business Reengineering“ (1994) mit folgenden Sätzen einleiten: „200 Jahre lang folgten die Menschen bei der Gründung und beim Aufbau von Unternehmen der brillianten Entdeckung von *Adam Smith*, dass industrielle Arbeit in ihre einfachsten und grundlegendsten Aufgaben zerlegt werden sollte. Im postindustriellen Zeitalter, an dessen Schwelle wir uns heute befinden, wird hinter der Gründung und Gestaltung von Unternehmen der Gedanke stehen, diese Aufgaben wieder zu kohärenten Unternehmensprozessen zusammenzuführen. Im Buch werden wir zeigen, wie die heutigen Unternehmen eine wahrhafte Renaissance einleiten können."

Folgende strategische Vorteile werden damit angesprochen:

[1] Prozessbeschleunigung

Leistungs- und Informationsprozesse werden stellen- und abteilungsübergreifend nach den Anforderungen des Ablaufes strukturiert. Dadurch ist eine Prozessbeschleunigung möglich, d.h. eine durchgängige Strukturierung vom Auftragseingang bis zur Auslieferung. Da die Zeit ein wichtiger Kostenfaktor ist, kommt der Sicherstellung des Fließprinzips erhöhte Bedeutung zu.

[2] Übernahme von Gesamtverantwortung

Verantwortung und Kompetenz werden nach dem Subsidiaritätsprinzip möglichst auf die Prozessausführenden übertragen. Dadurch werden Freiräume für Selbstorganisation und Selbstkontrolle geschaffen. Die Koordination zwischen den Prozessen erfolgt nach Möglichkeit ebenfalls durch Selbstabstimmung. Dieses Grundprinzip folgt der Erkenntnis, dass Mitarbeiter heute im Unternehmen nur etwa 20% ihrer Fähigkeiten zur Verfügung stellen können und wollen („innere Kündigung"). Der Taylorismus hingegen verhindert die Übernahme von Prozessverantwortung, da er Denken und Handeln, Entscheiden und Ausführen arbeitsteilig trennt.

[3] Reduktion der Schnittstellenproblematik

Jede Schnittstelle stellt einen Bruch im Prozessverlauf dar. Damit wächst die Gefahr von Fehlern und auch der Mangel an Bereitschaft, die Verantwortung für Fehler zu übernehmen. Die Prozessorganisation führt zur Verringerung der Interdependenzen dadurch, dass Aufgabenkomplexe zusammengefasst werden. Auf diese Art und Weise lassen sich die Vorteile des „job enlargement" wahrnehmen.

[4] Kundenorientierung

Mit der Prozessorganisation werden die Grenzen der Unternehmung aufgeweicht und sowohl Lieferanten als auch externe Kunden stärker als Teil eines überbetrieblichen Gesamtprozesses integriert. Damit verbunden ist das gegenseitige Kennenlernen, was einen vermehrten und qualitativ besseren Informationsaustausch zur Folge haben dürfte.

> Dies gilt bspw. für die Zusammenarbeit der Automobilindustrie mit ihren Zulieferern. Im Vordergrund steht hier die Einbeziehung der Zulieferer in den Wertschöpfungsprozess. Kundenorientierung beginnt also bereits bei jenen Leistungen, die von anderen Unternehmen bezogen werden.

4.2 Teamorganisation

4.2.1 Begriff

Das gemeinsame Kennzeichen der in zahlreichen Varianten vorliegenden Teammodelle ist die Übertragung von **Kompetenzen** (Entscheidungsbefugnissen) auf **Gruppen** an Stelle von Einzelpersonen. Der Begriff „Team" soll wie folgt definiert werden:

Ein **Team** ist eine auf Dauer oder vorübergehend zusammengehörige, zahlenmäßig überschaubare Gruppe von Personen, die sich durch eine gemeinsame Zielsetzung, relative hohe, grundsätzlich aber begrenzte Autonomie und eine spezifische Arbeitsform (Teamwork) auszeichnet.

Die **Merkmale** des Teams im Einzelnen:

- Die **Lebensdauer** von Teams ist i.d.R. abhängig vom Fortbestand bzw. der Dauerhaftigkeit des Aufgabenspektrums, welches dem Team übertragen wurde. Teams können so für einen unbefristeten Zeitraum eingerichtet werden, wenn es sich um dauerhafte oder wiederkehrende Aufgabenstellungen handelt. Geht es um einmalige Aufgaben (z.B. Projekte), so wird sich das Team mit Erfüllung des (Sach-) Ziels auflösen.
- Die **Mitgliederzahl** von Teams darf eine bestimmte Obergrenze nicht überschreiten. In der Literatur werden dafür Zahlen von 10 bis 30 Personen genannt. Die Notwendigkeit der Begrenzung der Mitgliederzahl ergibt sich aus der Arbeitsform von Teams.
- Teams werden zur Erfüllung spezifischer **Zielsetzungen** gebildet. Die Teammitglieder verfolgen somit ein gemeinsames Ziel. Insofern wird der Grad der Arbeitsteilung, wie er die Funktionale Organisation charakterisiert, reduziert. Der Spezialisierung einzelner Mitglieder und ihrer Orientierung an spezifischen Unterzielen steht jedoch die Teamorganisation nicht entgegen.
- Die Schaffung von **Autonomie bzw. eines Autonomiebereichs** ist das zentrale, konstitutive Merkmal aller Teamkonzepte. Im Rahmen der Zielsetzung kann das Team eigenverantwortlich entscheiden und handeln. Der Autonomiegrad kann durch Ressourcenzuteilung oder Berichtspflichten eingeschränkt werden.
- **Teamwork** ist die dominierende Arbeitsform in Teams. Das diese Form kennzeichnende Koordinationsinstrument ist die Selbstabstimmung oder Selbstkoordination. Die hierarchische Binnenstruktur von Teams ist allenfalls schwach ausgeprägt, die Leistungsfähigkeit des Teamworks ist abhängig von Determinanten wie Kohäsion, Affektstruktur, Aufgabenintegration und Mitverantwortung. Zur Koordination nach außen werden in Teams häufig Vertreter gewählt, die jedoch meist keine besonderen Entscheidungs- oder Weisungsbefugnisse nach innen oder außen besitzen.

4.2.2 Formen

Formen von Teammodellen:

- Das System überlappender Gruppen nach *Likert*,
- Projektgruppen,
- Teilautonome Gruppen,
- Qualitätszirkel.

[1] Das System überlappender Gruppen nach *Likert*

Das *Likert*sche Organisationsmodell besteht aus einer Vielzahl sich überlappender Gruppen oder Teams. Die Überlappungen können vertikaler und horizontaler Art sein und werden durch Personen, die in beiden Gruppen Mitglied sind (linking pins), institutionalisiert. Diesen **„linking pins"** kommt die Aufgabe der Koordination der Teams zu. Entscheidungen werden zum einen als Entscheidungen in der Gruppe und zum anderen auf hierarchisch möglichst niedriger Stufe der Gesamtstruktur getroffen. Falls eine Gruppenentscheidung nicht zu Stande kommt, kann der Teamleiter (vertikaler linking pin) eine verbindliche Entscheidung treffen. Abb. 5-15 zeigt das **„linking pin model"** als Netzwerk horizontal und vertikal vermaschter Teams.

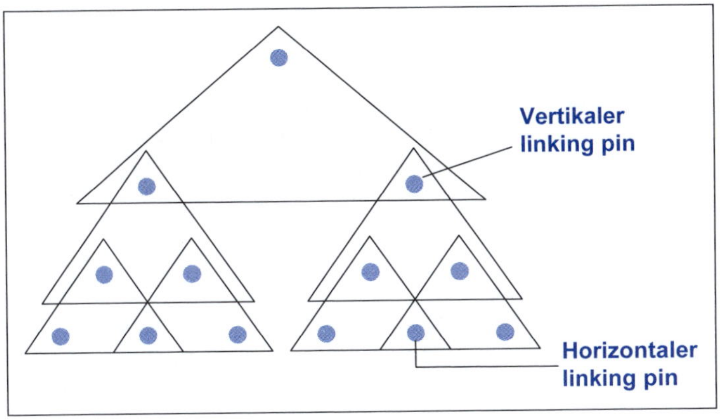

Abb. 5-15: Modell überlappender Gruppen nach *Likert*

Die **Funktionsfähigkeit** dieses Konzepts hängt entscheidend von den persönlichen Eigenschaften und Wertvorstellungen der Mitglieder sowie den zwischenmenschlichen Beziehungen in der Unternehmung ab. Das Vorhandensein einer bestimmten **Unternehmenskultur** (offen, kommunikations- und mitarbeiterorientiert) und - daraus abgeleitet - die Wahl eines geeigneten Führungsstils (kooperativ-partizipativ) sind Voraussetzungen für eine erfolgreiche Umsetzung des Konzepts. Das gesamte Unternehmen ist durch eine hierarchische Teamstruktur gekennzeichnet, innerhalb der Teams ist die Hierarchie jedoch eher schwach ausgeprägt. Wenngleich wir das Konzept von *Likert* als Alternative zu den traditionellen Organisationsmodellen auffassen, so hält es doch die hierarchische Struktur, bspw. der

Funktionalen Organisation, aufrecht. Darin und in der damit verbundenen Rolle der vertikalen linking pins als Teamleiter ist letztlich auch der Hauptkritikpunkt an *Likerts* Konzept zu sehen (vgl. *Staehle* [Management] 761f.).

[2] Projektgruppen

Temporäre Teams entstehen, um eine konkrete Aufgabe, ein spezifisches Problem zu lösen. Mit der Erfüllung der Aufgabe lösen sich solche Teams auf. Zu unterscheiden sind einmal Teams, die in zeitlichen Abständen regelmäßig oder unregelmäßig zusammentreten, deren Mitglieder somit grundsätzlich in ihrer bisherigen Stammorganisation verbleiben. Zu ihnen zählen die **Projektteams** in der **Stabs- bzw. in der Matrix-Projektorganisation** sowie themenspezifische **Workshops**. Daneben gibt es Projektgruppen, bei denen die Teammitglieder aus ihrer bisherigen organisatorischen Position herausgelöst werden und bis zur Auflösung des Teams diesem „vollzeit" zur Verfügung stehen. Zu diesen Varianten zählen wir die Projektgruppen bei der **Reinen Projektorganisation** und sog. **task forces** (zeitlich befristete Gremien mit themenspezifischem Bezug).

Ebenfalls dieser Gruppe zuzuordnen sind die sog. **venture teams**. Es handelt sich hier um weitgehend autonome Einheiten, welche vor allem im Zusammenhang mit der Förderung der Innovationskraft von Unternehmungen etabliert werden. Die interdisziplinär zusammengesetzten, auf freiwilliger Teilnahme basierenden Teams werden aus der bestehenden Struktur herausgelöst und mit weitestreichender Autonomie versehen. Durch den hohen Autonomiegrad und ggf. die Gestaltung entsprechender Anreize soll innovatives, selbstverantwortliches und „unternehmerisches" Verhalten insbesondere in Großunternehmen initiiert werden. Diese Zielsetzung verfolgt auch das Konzept des sog. **Intrapreneurship**. Durch die Schaffung kleiner flexibler Einheiten soll „Unternehmertum im Unternehmen" gefördert werden.

[3] Teilautonome Gruppen

Das Konzept teilautonomer Gruppen hat vor allem Eingang in die Fertigungs- und Montagebereiche von Unternehmungen gefunden. Neben „job enlargement", „job enrichment" und „job rotation" ist es ein Ergebnis der Bestrebungen um eine **Humanisierung der Arbeit** (Arbeitsbereicherung). Teilautonome Gruppen nehmen einen abgegrenzten Aufgabenbereich, meist also eine Fertigungsaufgabe, selbstständig bzw. selbststeuernd wahr. Ihre Mitglieder stehen dem Team „vollzeit" zur Verfügung. Die Autonomie bezieht sich i.d.R. auf die interne Aufgabenverteilung bzw. die interne Führungsstruktur sowie eingeschränkt auf Mengen- und Zeitaspekte der Fertigung. Neben den Humanisierungsbestrebungen stehen - ähnlich wie bei den vorherigen Teamkonzepten - Motivations- und Flexibilitätsziele im Vordergrund der Implementierung. In letzter Zeit hat dieses Konzept unter den Schlagworten **(teil-)autonome Fertigungsinseln, flexible Fertigungssysteme, flexible Fertigungszellen** ein verstärktes Interesse erfahren (vgl. *Bea/Göbel* [Organisation] 346f.).

[4] Qualitätszirkel

Qualitätszirkel stellen eine spezifische Form teilautonomer Gruppen dar und sind Bestandteile von Total Quality- bzw. Lean Management-Konzepten. Ihre Mitglieder treffen sich meist in regelmäßigen Zeitabständen, um Fragen und Probleme der Qualitätssteigerung in ihrem Arbeitsbereich zu untersuchen und Lösungsansätze zu erarbeiten. Eng verwandt mit dieser Variante ist das **Lernstatt-Konzept**, bei dem jedoch die Vermittlung fach- und unternehmensspezifischen Wissens sowie die Integration von Mitarbeitern in die Unternehmung durch gemeinsames Lernen im Vordergrund stehen.

4.2.3 Strategische Bedeutung

Die Idee der Delegation von Kompetenzen an Gruppen ist keineswegs neu und hat vor allem durch die *Hawthorne-Experimente* in den 30er Jahren sowie die Studien des *Tavistock Institute for Human Relations* in den 50er Jahren Verbreitung und wissenschaftliche Fundierung erfahren. Jedoch hat sie in den letzten Jahren sowohl in der Wissenschaft als auch in der Unternehmenspraxis wieder verstärkte Resonanz gefunden. Die große Zahl neuartiger Teamkonzepte und ihre hohe Implementierungsdichte in der Praxis sind Indikatoren dieser Entwicklung.

Organisationstheoretische Ansätze können zur Erklärung des großen Interesses an Teamkonzepten, insbesondere seitens der Unternehmenspraxis, wie folgt beitragen:

Der **Selbstorganisationsansatz** stellt die Notwendigkeit und die Vorteilhaftigkeit selbstorganisierender Prozesse heraus. Die Schaffung von Freiräumen, bspw. in Teams, ermöglicht derartige Prozesse der Selbstkoordination und -steuerung. Dadurch werden Kräfte freigesetzt (Motivation, „Unternehmertum"), die zu einer erhöhten Anpassungsfähigkeit des Teams selbst und damit indirekt auch der Gesamtunternehmung in dynamisch turbulenter Umwelt führen.

Der **Umwelt-Strategie-Struktur-Ansatz** knüpft bei der Erklärung an Veränderungen der Umwelt und, daraus resultierend, der Strategie an. Flexibilität und Innovationskraft haben als strategische Erfolgsfaktoren an Bedeutung gewonnen. Teamkonzepten wird nun gerade eine erhöhte Flexibilität und ein hohes innovatives Potenzial zugetraut. *Von Hayek* ([Recht] 72) drückt dies so aus: Je komplexer die Umwelt, desto mehr muss der Manager wissen, „dass die Individuen, die kooperieren sollen, von Wissen Gebrauch machen, das er selber nicht besitzt."

4.3 Lernende Organisation

„Wir sind fehlbar und neigen zu Fehlern, aber wir können aus unseren Fehlern lernen."

Karl R. Popper (1902-1994), österreichischer Philosoph

4.3.1 Begriff

Nur in einer stabilen und einfachen Umwelt lässt sich mit Hilfe fester Pläne die Zukunft eines Unternehmens rational gestalten. Das Beziehungsgeflecht der Unternehmung mit ihrer Umwelt ist heute jedoch vielfach gekennzeichnet durch

- zahlreiche heterogene und mehrdimensionale Relationen zwischen
- zahlreichen heterogenen Elementen,
- die jeweils häufigen und fundamentalen Veränderungen unterliegen.

Die Komplexität der Unternehmens-Umwelt-Beziehungen verlangt von der Unternehmung einerseits die Fähigkeit, sich kurzfristig an Veränderungen anpassen zu können und andererseits gestaltend auf dieses Beziehungsgeflecht einzuwirken. Verfügt eine Unternehmung grundsätzlich über beide Fähigkeiten, so sprechen wir von einer **entwicklungsfähigen Unternehmung**.

Voraussetzungen für diese Kompetenz sind ein stetiges und möglichst umfassendes Informiertsein über den Status und die Veränderungen in diesem Beziehungsgeflecht und damit ein Denken in Folgewirkungen (Ursache-Wirkungs-Zusammenhängen). Diesen Anforderungen vermag ein durch Arbeitsteilung deformiertes Denkschema nicht zu entsprechen. Die defensive Einstellung des „Geht mich nichts an!" ist zu ersetzen durch die offensive Einstellung des „Was können wir tun?". Die Entwicklungsfähigkeit fordert, dass aus einer Unternehmung eine lernende Organisation wird.

Organisationales Lernen ist der Prozess der Schaffung und stetigen Weiterentwicklung der organisationalen Wissensbasis, auf deren Grundlage Anpassungs- und Entwicklungsstrategien generiert werden können.

Senge hat in seinem im Jahre 1990 erschienenen Bestseller „The fifth Discipline. The Art and Practice of the Learning Organization" das Lernen in Organisationen, insbesondere den Prozess des organisationalen Lernens analysiert.

4.3.2 Prozess des organisationalen Lernens

Der Prozess des organisationalen Lernens soll im Folgenden anhand der Merkmale Ziel, Träger, Dauer, Auslöser, Struktur und Inhalt des organisationalen Lernens gekennzeichnet werden:

[1] Ziel

Sachziel des organisationalen Lernens ist die Weiterentwicklung der organisationalen Wissensbasis. Veraltetes Wissen ist kontinuierlich durch aktuelles zu ersetzen. Metaziel des organisationalen Lernens ist die Aufrechterhaltung bzw. Verbesserung der Lernfähigkeit der Organisation selbst.

[2] Träger

Organisationales Lernen ist einerseits individuelles Lernen im organisationalen Kontext. Träger des organisationalen Lernens sind dann die Organisationsmitglieder selbst. Zum anderen tritt organisationales Lernen als kollektives Phänomen der Speicherung von Wissen in organisationalen Subsystemen wie der Kultur (Werte, Normen, Artefakte), der Struktur (Programme, Handbücher) oder der Strategie (strategische Ziele und Verhaltensweisen) auf. Auch diese organisationalen Speichersysteme können als Träger des Lernens aufgefasst werden.

[3] Dauer

Organisationales Lernen ist ein kontinuierlicher, organisationsweiter, temporal integrierter Prozess.

[4] Auslöser

Organisationales Lernen wird stets ausgelöst durch wahrgenommene Diskrepanzen zwischen der aktuellen Wissensbasis und relevanten Umweltveränderungen.

[5] Struktur

Der Prozess des organisationalen Lernens lässt sich in verschiedene Phasen gliedern (vgl. u.a. *March/Olsen* [Ambiguity] und *Pawlowsky* [Lernen]). Auf die verschiedenen Phasenmodelle lassen sich jedoch all jene Kritikpunkte übertragen, die bereits zum Phasenschema der Planung referiert wurden (vgl. S. 57ff.). Im Grundsatz kann man aber davon ausgehen, dass Wahrnehmung, Reflexion und Reorientierung die zentralen Module organisationaler Lernprozesse darstellen.

[6] Inhalt

Stellt man die Frage nach dem Prozessinhalt („Was wird gelernt?"), so lassen sich nach *Argyris/Schön* ([Learning]) **drei Arten des Lernens** unterscheiden:

- **Single-Loop-Learning (Adaptives Lernen)**

Eine Organisation muss dafür sorgen, dass die Verhaltensweisen den Veränderungen der Unternehmensumwelt angepasst werden. Die Ziele und Grundannahmen werden dabei nicht in Frage gestellt, es wird lediglich eine Korrektur auf der Ebene der Handlungen und des Verhaltens vorgenommen. Dabei werden die Erfahrungen aus den Handlungsergebnissen verwertet.

> Beispiel: Wenn der Umsatz zurückgeht, bietet sich die Erhöhung der Werbeaktivitäten an.

■ Double-Loop-Learning (Strategisches Lernen)

Nicht nur die Verhaltensweisen, sondern auch die Denkweisen werden hierbei überprüft und verändert. Dies erfordert von allen Organisationsmitgliedern die Bereitschaft, individuelle wie organisationale Zielsetzungen und Werthaltungen offen zu legen, zu hinterfragen und ggf. zu modifizieren.

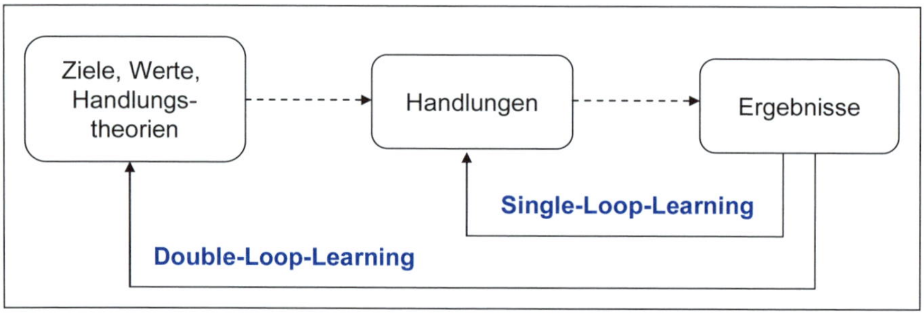

Abb. 5-16: Single- und Double-Loop-Learning nach *Argyris/Schön*

Hedberg ([Unlearn]) hat die mit der Ablösung vorhandener Handlungstheorien verbundenen Probleme mit der Metapher des „Verlernens“ (Unlearn) umschrieben.

> Beispiel: Es wird festgestellt, dass der Einsatz der Werbung wenig Sinn macht, da sich das Produkt am Ende des Produktlebenszyklus befindet.

■ Deutero-Learning (Metalernen)

Argyris/Schön haben den beiden genannten Lernarten eine weitere hinzugefügt. Eine Organisation muss ihre Fähigkeit zur Ausführung von Single- und Double-Loop-Prozessen verbessern: Das Lernen selbst wird zum Gegenstand des Lernens **(„lernen, wie man lernt“)**. Lerninhalte, Lernprozesse und Lernergebnisse werden einer kritischen Überprüfung unterzogen. Eine Hauptaufgabe besteht dabei in der Überwindung sog. **defensive routines**, Verhaltensmustern, die aus Aversion gegenüber Veränderungen aufgebaut werden und zur Ignorierung von Fehlern und zur Vermeidung von Diskussionen über Verhaltensweisen führen (vgl. *Argyris* [Defenses]). Deutero-Learning kann damit auch treffend als **Metalernen** bezeichnet werden.

> Beispiel: Es wird gefragt, wie es dazu kommen konnte, dass man einer Fehleinschätzung unterlegen ist.

Da es sich beim Single-Loop-Learning um eine Anpassung von Verhaltensweisen, beim Double-Loop-Learning um ein Modifizieren von Zielen und Werthaltung und beim Deutero-Learning um eine Reflexion des Lernprozesses selbst handelt, ist es nahe liegend, von **Ebenen des organisationalen Lernens** zu sprechen. *Probst/Büchel* haben diese Lernarten auch als Anpassungs-, Veränderungs- und Prozesslernen bezeichnet (*Probst/Büchel* [Lernen] 35ff.).

In dynamischer und komplexer Umwelt stellt das bloße Verändern von erfolglosen Aktionen und Verhaltensweisen (Single-Loop-Learning) keine adäquate Strategie der Entwicklung dar. Ziele und Werthaltungen müssen selbst kontinuierlich hinterfragt werden (Double-Loop-Learning) und dieser Prozess selbst wiederum stetig überwacht und verbessert werden (Deutero-Learning).

4.3.3 Strategische Bedeutung

Kaplan/Norton haben im Rahmen ihrer **Balanced Scorecard** neben der finanziellen Perspektive, der Kundenperspektive und der Perspektive der internen Geschäftsprozesse eine **Lern- und Entwicklungsperspektive** als Element der strategischen Unternehmensführung hervorgehoben (vgl. S. 208). Greift man diesen Gedanken auf, besteht die Aufgabe des Managements darin, das Lernen in Unternehmen zu fördern. Die Wahrnehmung dieser Gestaltungsaufgabe wiederum setzt voraus, dass Erkenntnisse über die Zusammenhänge von Ursachen und Lernwirkungen in Form einer Theorie des organisationalen Lernens vorliegen. Solche Zusammenhänge sind zu vermuten zwischen dem Lernen auf der einen Seite und der Struktur, der Kultur und der Strategie eines Unternehmens auf der anderen Seite.

[1] Gestaltung einer lernfördernden Struktur

Dezentralisierung bzw. **Polyzentrierung** im Rahmen einer Organisation schaffen die Voraussetzungen für das selbstständige Erkennen von Zusammenhängen. Damit gekoppelt ist eine Verwertung von Wissen im Unternehmen. Eine mit der Dezentralisierung i.d.R. verbundene **Marktorientierung** trägt dazu bei, dass Anschauungsmaterial für das Lernen bereitgestellt wird.

Teamarbeit stützt das gegenseitige Kennenlernen, was einen vermehrten und qualitativ besseren Informationsaustausch zur Folge haben dürfte. Die multifunktionale Zusammensetzung der Teams kombiniert verschiedene Erfahrungen. Der Horizont wird erweitert und die Angemessenheit des eigenen Denkens und Verhaltens unmittelbar im Lichte anderer Kontexte geprüft.

Kooperationen mit anderen Unternehmen fördern den Austausch und die gemeinsame Entwicklung von Wissen. Zu nennen sind strategische Allianzen, strategische Netzwerke und virtuelle Unternehmen (vgl. S. 424ff. und 430).

[2] Gestaltung einer lernfördernden Kultur

Eine Kultur, die **innovationsorientiert** ist, begünstigt die Bereitschaft, etwas Neues zu wagen. Fehler werden nicht als Anlass für Sanktionen, sondern als Quelle besserer Erkenntnis gewertet. Eine **offene, außenorientierte** Unternehmenskultur fördert die Wahrnehmung von Umweltveränderungen und erleichtert die Konfrontation interner Werthaltungen mit andersartigen externen Grundüberzeugungen. Die Erarbeitung einer derartigen Grundeinstellung lässt sich über **Weiterbildungsmaßnahmen** und die Einrichtung sog. **Assessment Center** begünstigen. Jedoch stehen der zielorientierten Gestaltung der Unternehmenskultur nicht unerhebliche Barrieren entgegen (vgl. S. 478ff.).

Beispiel zur „Fehlerkultur":

3M ist ein weltweit agierender Multi-Technologiekonzern mit Sitz in den USA. Der Konzern produziert mehr als 50.000 verschiedene Produkte auf der Basis von 45 Technologieplattformen und 26.000 Patenten und gilt als einer der innovativsten der Welt. Die bereits früh und tief in der Unternehmenskultur verankerte Einstellung gegenüber den Mitarbeitern und der Bedeutung von „Fehlern" wird als wesentlicher Erfolgsfaktor für *3M* anerkannt.

William L. McKnight, CEO von *3M* von 1949 bis 1966, prägte dieses Verständnis wie folgt: "As our business grows, it becomes increasingly necessary to delegate responsibility and to encourage men and women to exercise their initiative. This requires considerable tolerance. Those men and women, to whom we delegate authority and responsibility, if they are good people, are going to want to do their jobs in their own way. Mistakes will be made. But if a person is essentially right, the mistakes he or she makes are not as serious in the long run as the mistakes management will make if it undertakes to tell those in authority exactly how they must do their jobs. Management that is destructively critical when mistakes are made kills initiative."

[3] Gestaltung einer lernfördernden Strategie

Strategien, die **dezentral** erarbeitet werden und im Klima einer offensiven Grundeinstellung reifen, begünstigen die Bereitschaft zum Lernen. Lernfördernd ist ohne Zweifel auch die **Integration von Strategieformulierung, Strategieimplementierung und Strategiekontrolle**. Mit der damit verbundenen ganzheitlichen Betrachtung lassen sich größere Zusammenhänge durchdringen und somit Bedingungen für ein Lernen aus Erfahrung durch das Zuordnen von Folgen zu Handlungen schaffen.

Das noch junge Forschungsgebiet des organisationalen Lernens verspricht, wichtige Erkenntnisse hinsichtlich der Anpassungs- und Entwicklungsfähigkeit von Unternehmen in einer komplexen Welt zu liefern. Die Förderung der lernbereiten Organisation durch die Setzung allgemeiner Rahmenbedingungen und genereller Verhaltensregeln ersetzt mehr und mehr die Ausarbeitung langfristiger, jedoch in diskontinuierlicher Umwelt oft unzutreffender Pläne. Um zu vermeiden, dass mit dem organisationalen Lernen an die Stelle der Ungewissheit und des Dilemmas der Planung ein neuer, lediglich vager Begriff tritt, kommt der Entwicklung einer **Theorie des organisationalen Lernens** in und von Organisationen eine wichtige Bedeutung zu. Eine solche Theorie müsste empirisch fundierte Aussagen über die Zusammenhänge von Einflussfaktoren auf das Lernen einerseits und Wirkungen des Lernens andererseits liefern. Nur auf ihrer Grundlage können letztlich gezielte und fundierte Gestaltungsempfehlungen generiert werden (vgl. *Haas* [Entwicklungsfähigkeit]).

4.4 Kooperationen

Schlaglichter auf Kooperationsaktivitäten

***Infineon:* Forschung und Entwicklung (Geschäftsbericht 2010)**

„Unsere Forschungs- und Entwicklungsaktivitäten konzentrieren sich auf halbleiterbasierte Produkt- und Systementwicklungen sowie auf Verfahrensentwicklungen. ... Bei den nachstehend aufgeführten drei Forschungsschwerpunkten arbeiten und forschen wir zusammen mit den führenden Unternehmen auf dem jeweiligen Gebiet sowie mit den maßgeblichen Universitäten und Forschungseinrichtungen:

- Medical / Telemedizin / Ambient Assisted Living mit einem Projekt auf europäischer und einem Projekt auf nationaler Ebene (Kooperationspartner u.a. *Bayerisches Rotes Kreuz*, *Charité*, *Philips*, *Siemens*)
- Energieeffizienz / LED-Beleuchtungssysteme / Solar mit dem Großprojekt „Enlight" auf europäischer Ebene (Kooperationspartner u.a. *Emerson*, *Philips*, *Siemens*)
- Elektromobilität mit einer Vielzahl von Projekten (Kooperationspartner u.a. *Audi*, *BMW*, *Bosch*, *Volkswagen*, TU *Graz* und *Wien*)"

Deutsche Telekom* und *France Télécom-Orange*: Joint Venture *BUYIN (www.telekom.com, 10/2011)

„Nach Freigabe durch die zuständigen Kartellbehörden nimmt ... das Unternehmen *BUYIN* als Einkaufs-Kooperation von *Deutsche Telekom* und *France Télécom-Orange* in Brüssel seinen Geschäftsbetrieb auf. ... Die Partner haben ihre Beschaffungsaktivitäten in den Bereichen Endgeräte, Mobilfunknetze, großen Teilen der Festnetzausrüstung und Service-Plattformen in einem 50:50-Joint Venture zusammengeführt.

Beide Konzerne wollen mit dem Joint Venture *BUYIN* ihre Wettbewerbsfähigkeit beim Einkauf verbessern und für ihre Kunden durch Skaleneffekte nachhaltige Vorteile sowie Einsparungen erzielen. Auch Lieferanten sollen von der Harmonisierung der Technik der europäischen Netzbetreiber profitieren. Die globalen Einsparungen werden drei Jahre nach Betriebsbeginn für die *Deutsche Telekom* und *France Télécom-Orange* mit jährlich mehr als 400 Millionen Euro bzw. bis zu 900 Millionen Euro veranschlagt."

***Daimler:* Ausbau der Aktivitäten im Zukunftsmarkt Indien (Geschäftsbericht *Daimler* 2010)**

„Auf der Auto Expo in Neu-Delhi haben wir Anfang 2010 unseren neuen dreiachsigen Reisebus im Luxussegment präsentiert. Dieser Reisebus ist mit einem neuen Fahrgestell von *Mercedes-Benz* ausgestattet; der Aufbau erfolgt durch das indische Partnerunternehmen *Sutlej Motors Ltd.* Insgesamt wurden im Jahr 2010 rund 100 Omnibusse an indische Busunternehmen ausgeliefert."

4.4.1 Begriff

Die bislang vorgestellten Organisationskonzepte hatten eines gemein: Sie alle bezogen sich auf **ein** Unternehmen bzw. im Fall der Management-Holding-Struktur auf eine Gruppe von Unternehmen unter einheitlicher strategischer Leitung. Dabei wurde implizit vorausgesetzt, dass die **Abgrenzung des Unternehmens von seiner Umwelt** problemlos möglich sei. Dies bedeutet, dass an einer bestimmten Stelle im Beziehungsgeflecht zwischen Unternehmung und den sie umgebenden Akteuren eine Grenze zu ziehen ist. Alle Beziehungen und Strukturen innerhalb dieser Grenze werden dann dem Komplex „Unternehmen" zugerechnet, alle Beziehungen und Strukturen außerhalb dieser Grenze dagegen der Umwelt. Eine derartige Grenzziehung konnte als problemlos angesehen werden, solange zwischen der rechtlichen Einheit Unternehmung und ihrer Umwelt, insbesondere den anderen Unternehmungen, lediglich marktliche Beziehungen auf Basis des Preismechanismus bestanden.

In den letzten Jahren kommt es jedoch in zunehmendem Maße zu Formen der Zusammenarbeit zwischen Unternehmen, bei denen neben der rein marktlichen Abstimmung auch Koordinationsinstrumente zur Anwendung kommen, die bislang lediglich unternehmensintern eingesetzt wurden. Die Anwendung derartiger, ein Mindestmaß an gegenseitigem Vertrauen voraussetzender Koordinationsinstrumente ermöglicht eine **kooperative Beziehung zwischen Unternehmen**, die über den reinen Austausch von Gütern hinausgeht. Aufgrund derartiger Unternehmenskooperationen kann es zu einer Divergenz zwischen rechtlicher und faktischer Unternehmensgrenze kommen bzw. kann eine exakte und eindeutige Bestimmung der faktischen Unternehmensgrenze praktisch unmöglich werden. *Robertson* ([Control] 85) verdeutlicht den Unterschied zwischen den klassischen Unternehmensgrenzen und jenen im Zeitalter der Kooperationen bildhaft. Während er das klassische Unternehmen mit einer „mittelalterlichen Zitadelle mit Wassergraben und Wehrmauern" vergleicht, zeichnet er für ein System von miteinander durch Kooperationen verbundenen Unternehmen das Bild eines „Eimers voll Buttermilch, in dem geronnene Butterklumpen (die Unternehmen) schwimmen".

Unter einer **Kooperation** versteht man die Zusammenarbeit zwischen mehreren Unternehmen, bei der die wirtschaftliche Selbstständigkeit lediglich in den von der Kooperation betroffenen Bereichen für die Dauer der Kooperation eingeschränkt wird, die rechtliche Selbstständigkeit der Kooperationspartner jedoch vollständig erhalten bleibt.

Insofern unterscheidet sich die Kooperation fundamental von den beiden Gestaltungsformen der **Akquisition**: Bei der **Fusion** geben die Partner sowohl ihre rechtliche wie auch ihre wirtschaftliche Autonomie auf, bei der **Konzernbildung** bleibt die rechtliche Selbstständigkeit zwar gewahrt, die wirtschaftliche wird jedoch unternehmensweit aufgegeben.

Bei dem Versuch einer Bestimmung der Unternehmensgrenzen sind horizontale und vertikale Beziehungen zwischen den Unternehmen zu unterscheiden.

4.4.2 Horizontale Kooperationen

4.4.2.1 Strategische Bedeutung

Kooperationen zwischen Unternehmen der gleichen Marktstufe sind in den letzten Jahren immer mehr in den Mittelpunkt des Interesses getreten. Während die Zusammenarbeit eines kleinen und innovativen Unternehmens, das i.d.R. technologisches Know How in eine Kooperation einbringt, mit einem großen Unternehmen, welches im Rahmen der Zusammenarbeit meist Produktions- und Vertriebskapazitäten oder auch finanzielle Mittel zur Verfügung stellt, schon seit längerem zu beobachten ist, wächst nun auch in zunehmendem Maße die Bedeutung von Kooperationen zwischen Großunternehmen.

Diese Entwicklung lässt sich wiederum durch den Transaktionskostenansatz und den **Umwelt-Strategie-Struktur-Ansatz** erklären (vgl. S. 382 und 380). Im Zusammenhang mit ersterem ist bspw. auf Veränderungen im Bereich der Informations- und Kommunikationstechnologie und hier insbesondere auf die Entwicklung des Internets hinzuweisen. Sie erhöhen einerseits die Markttransparenz und senken andererseits die Kosten einer marktlichen Koordination. Dadurch werden Kooperationen als organisatorische Form der Zusammenarbeit gegenüber unternehmensinternen Alternativen begünstigt. Derartige Veränderungen können allerdings auch in den Umwelt-Strategie-Struktur-Ansatz integriert werden, der als dominantes Erklärungsmuster für die Existenz horizontaler Unternehmenskooperationen angesehen werden kann, wohingegen sich der Transaktionskostenansatz als klassisches theoretisches Konzept für die Erklärung vertikaler Kooperationen etabliert hat.

Wie bereits dargelegt, leitet der **Umwelt-Strategie-Struktur-Ansatz** Änderungen der Organisationsstruktur und damit auch Verschiebungen der Unternehmensgrenzen aus Veränderungen der (relevanten) Umwelt und der resultierenden Strategien ab. Um das verstärkte Aufkommen horizontaler Kooperationen zu erklären, muss daher bei Anwendung dieses Ansatzes zunächst auf diejenigen Umweltfaktoren eingegangen werden, denen ein Einfluss auf die Struktur des Unternehmens und seine Abgrenzung zur Umwelt zugesprochen wird.

[1] Eine erste Umweltveränderung ist in den sich stetig verkürzenden **Produktlebenszyklen** zu sehen. Durch ein sich veränderndes Nachfragerverhalten, insbesondere aber durch den immer schnelleren technologischen Fortschritt, verkürzen sich die Abstände zwischen zwei Produktgenerationen stetig, während der notwendige Entwicklungsaufwand gleichzeitig zunimmt.

[2] Auf der Nachfragerseite, zumindest in den Triademärkten, ist eine immer stärkere Angleichung der Kundenwünsche festzustellen, was vor allem durch die intensive informationstechnische Vernetzung dieser Länder zu erklären ist. Man

spricht auch von der **Globalisierung der Nachfrage**, die dazu führt, dass der Weltmarkt für immer mehr Produkte zum relevanten Markt wird.

[3] Es kommt aufgrund der rasanten technologischen Entwicklung in vielen Bereichen zu einer **Veränderung bzw. Auflösung von Branchengrenzen**.

> Beispielhaft seien hier das Verschmelzen von Computer- und Telekommunikationsindustrie, der Einfluss der Elektronik auf den Automobil- und Maschinenbau sowie die Bedeutung der Telekommunikation für das Bankgeschäft (Online-Banking) angeführt.

Alle drei genannten Entwicklungen haben gemein, dass ein Unternehmen über eine ständig wachsende Palette von Ressourcen (personelle, materielle, finanzielle) verfügen muss, um im weltweiten Wettbewerb bestehen zu können. Generell ist aber zu registrieren, dass immer weniger Unternehmen, auch Großunternehmen, in der Lage sind, die notwendigen Ressourcen aus eigener Kraft zu generieren. Die Notwendigkeit eines **Zugriffs auf externe Ressourcen** drängt sich auf.

4.4.2.2 Kooperation versus Akquisition

Im Zusammenhang mit diesen Entwicklungen ist auch die Welle von Akquisitionen zu sehen, die wir heute erleben. Ziele sind vor allem der rasche Zugriff auf Know How und Produktionskapazitäten, die Erzielung von „economies of scale“ und die Realisierung von Synergieeffekten (economies of scope). Aber auch die Kooperationen zwischen Unternehmen haben ihre Bedeutung nicht verloren.

Im Lichte der genannten Umweltveränderungen bzw. der resultierenden Erfolgsfaktoren sollen Akquisitionen (mergers and acquisitions) und Kooperationen daher im Folgenden einer kurzen vergleichenden Analyse unterzogen werden:

[1] Angesichts immer stärkerer Diskontinuitäten im Wettbewerbsumfeld ist die größere **Flexibilität** der Kooperation ein wesentlicher Vorteil. Dies gilt sowohl für die Beendigung einer Kooperation, die aufgrund der unangetasteten Selbstständigkeit aller Partner weit weniger problematisch ist als bei der Akquisition, als auch für die Schaffung, da die Akquisition sowohl aus formal rechtlicher Sicht als auch aufgrund des höheren Kapitaleinsatzes und des damit verbundenen Risikos eine längere Vorlaufzeit benötigt. Die Kooperation wird daher auch als Form der Zusammenarbeit mit **geringer Bindungsintensität** bezeichnet.

[2] Als weiterer Vorteil der Kooperation ist ihre **gezielte Einsetzbarkeit** zu sehen. So ist bei der Akquisition häufig nur ein relativ kleiner Anteil der übernommenen Ressourcen für das übernehmende Unternehmen von Interesse, während alle anderen übernommenen Bereiche lediglich zu einer Kapitalbindung ohne zusätzliche Nutzenstiftung führen.

> So musste *Vodafone Airtouch* bei der Übernahme von *Mannesmann* neben der interessanten „Telekommunikationssparte“ auch andere Bereiche übernehmen (z.B. „automotive“ und „engineering“), die in keiner Weise in das Portfolio des Konzerns passten.

Häufig ist bei Fusionen festzustellen, dass sich die Fusionspartner zunächst von einigen Geschäften trennen, die nicht mehr in das zukünftige Portfolio passen, bevor sie zu einem Unternehmen verschmelzen.

So trennte sich bspw. *Thyssen* vor der Fusion mit *Krupp* von ihrer Tochter *Thyssen Haniel Logistic*.

[3] Durch die Beibehaltung der rechtlichen Selbstständigkeit ist die Kooperation **weniger öffentlichkeitswirksam** als die Akquisition und auch unter **wettbewerbsrechtlichen Aspekten** mit geringeren Problemen behaftet.

[4] Ein weiteres Problem der Akquisition ist in der möglichen **demotivierenden Wirkung** der Übernahme bei den Mitarbeitern des übernommenen Unternehmens zu sehen. Dies dürfte insbesondere dann der Fall sein, wenn es sich um eine feindliche Übernahme, ein sog. „unfriendly/hostile takeover", handelt. Selbst bei freiwilliger Übernahme kann es zu derartigen Schwierigkeiten kommen, deren Ursache in einer **Inkompatibilität der Unternehmenskulturen** zu suchen ist (vgl. Teil 6). So sind bspw. beim Zusammenprall eines teamorientierten Unternehmens mit ausgeprägter Entscheidungsdelegation mit einem stark zentralistisch und hierarchisch ausgerichteten Unternehmen Schwierigkeiten beim nunmehr gemeinsamen Unternehmensprozess unumgänglich.

Die Übernahme der *Nixdorf Computer AG* durch die *Siemens AG* ist hierfür ein gutes Beispiel.

Aufgrund der nur punktuellen und i.d.R. auch zeitlich begrenzten Zusammenarbeit besteht dagegen bei Kooperationen die Notwendigkeit einer vollständigen Kompatibilität der Unternehmensstrukturen und -kulturen in weitaus geringerem Umfang, wenngleich diese Problematik auch hier nicht gänzlich zu vernachlässigen ist.

[5] Auf der anderen Seite ist allerdings zu betonen, dass eine Kooperation durch die geringere Bindungsintensität auch mit einer **größeren Unsicherheit** behaftet ist als die Akquisition. Beim Kooperationspartner besteht immer die latente Gefahr, dass der Partner die im Rahmen der Kooperation erworbenen Kenntnisse nach Beendigung derselben gegen diesen verwendet und dessen Wettbewerbsposition untergräbt. Eine Konsequenz hieraus kann sein, dass die Unternehmen aus Angst vor dem Partner für den Erfolg der Kooperation wichtiges, aber aus ihrer Sicht zu sensibles Know How zurückhalten und damit den Erfolg derselben schon ex ante gefährden. Die oben als Vorteil bezeichnete Flexibilität kann somit auch einen Grund für das Scheitern einer Kooperation darstellen.

Damit ist deutlich, dass Kooperationen gegenüber der Akquisition wichtige Vorteile, aber eben auch Nachteile aufweisen. Allerdings muss konstatiert werden, dass die Vorteile der Kooperation im Lichte der beschriebenen Umweltveränderungen an Gewicht gewonnen haben.

4.4.2.3 Formen von horizontalen Kooperationen

Wie bereits angedeutet, umfasst der Begriff der horizontalen Kooperation ein breites Spektrum von Erscheinungsformen. Eine Strukturierung kann dabei nach verschiedenen Kriterien erfolgen. Nach dem rechtlichen Status der Kooperation können zwei Grundformen horizontaler Kooperationen unterschieden werden,

- das Joint Venture und
- die strategische Allianz.

[1] Joint Venture

Eine horizontale Kooperation wird als Joint Venture bezeichnet, wenn die Partnerunternehmen zur Durchführung der Kooperationsziele gemeinsam eine **rechtlich selbstständige Gesellschaft** gründen. Wenngleich Joint Ventures auch als Form der vertikalen Kooperation vorkommen, so werden sie bevorzugt auf horizontaler Ebene eingesetzt. In der Regel hält jeder Partner einen gleich großen Anteil an diesem Gemeinschaftsunternehmen; bei zwei Partnern spricht man dann von einem „50:50-Joint Venture". Abweichungen hiervon können zweierlei Ursachen haben. Zum einen kann eine gleichmäßige Beteiligung zu langwierigen Abstimmungs- und Entscheidungsprozessen führen, so dass sich die Partner entschließen, eine asymmetrische Beteiligung vorzunehmen und folglich die Leitung des Joint Ventures dem Mehrheitsgesellschafter zu übertragen, wobei entsprechende Schutzklauseln für den Minderheitsgesellschafter festzulegen sind.

Zum anderen stellt die Gründung eines Joint Ventures oft die einzige Möglichkeit für den **Zugang zu neuen Märkten** dar. Viele Entwicklungsländer bestehen jedoch bei der Gründung eines Joint Ventures im eigenen Land mit einem Unternehmen aus einem Industrieland auf einer Mehrheitsbeteiligung des einheimischen Unternehmens.

> Beispiel: Zu Beginn des Jahres 2012 ist das Joint Venture *Daimler-Foton-Trucks* offiziell gestartet. „Die Stuttgarter produzieren künftig gemeinsam mit dem chinesischen LKW-Bauer *Foton* dessen Modell *Aumen. Daimler* liefert dafür technisches Wissen, u.a. mit *Mercedes*-Motoren. Die Chinesen stellen für das je zur Hälfte gehaltene Joint Venture die Chassis und bringen ihr Service- und Vertriebsnetz ein.
>
> China macht ausländischen Autobauern strenge Vorgaben. Ganz frei auf eigenen Rechnung darf dort nicht produziert werden. Wer Zugang zum Markt will, muss in aller Regel eine Partnerschaft mit einheimischen Firmen eingehen. Davon verspricht sich China einen Gewinn an Wissen - wenn gemeinsam etwas gebaut wird, kann vom Westen gelernt werden."
>
> (*Stuttgarter Zeitung* vom 20.02.2012)

Durch die Gründung einer rechtlich selbstständigen Einheit und die Kapitalbeteiligungen der Partnerunternehmen an dieser handelt es sich bei einem Joint Venture um die **intensivste Form einer Kooperation**, die v.a. bei längerfristigen oder zeitlich unbegrenzten Partnerschaften zur Anwendung kommt, bspw. bei der gemeinschaftlichen Entwicklung und Herstellung neuer Produkte oder dem gemeinsamen Vertrieb. Hier spielt vor allem der Aspekt der **Risikoreduktion durch Teilung** eine wichtige Rolle.

Die **Flexibilität** der Partner ist bei einem Joint Venture vergleichsweise gering, was - wie im Rahmen der Akquisition gezeigt - insofern von Vorteil sein kann, als die Partner weniger Bedenken haben, ihr Know How in die Kooperation einzubringen. In dynamischen Märkten und auch in Unternehmensfunktionen, bei denen es relativ häufig zu Modifikationen der Unternehmensziele kommt, wie bspw. bei der Forschung und Entwicklung, erscheint die recht schwerfällige Kooperationsform des Joint Ventures jedoch nur sehr bedingt geeignet. Angesichts einer zunehmenden Dynamisierung des weltweiten Wettbewerbs mag dies eine Erklärung dafür sein, dass Joint Ventures im Verhältnis zu anderen, flexibleren Kooperationsformen an Bedeutung verlieren.

[2] Strategische Allianz

Der zweite Grundtyp horizontaler Kooperationen umfasst alle Formen, bei denen es nicht zur Gründung einer rechtlich selbstständigen Einheit kommt. Innerhalb dieser Gruppe lässt sich im Hinblick auf das Kriterium der Intensität wiederum ein **breites Spektrum von Ausprägungen** unterscheiden.

Die Palette reicht dabei von stillschweigender Abstimmung über mündliche Absprachen (wie z.B. „Frühstückskartelle"), deren Zweck die Beeinflussung des Marktes durch Wettbewerbsbeschränkungen ist, bis hin zu vertraglichen, präzisen schriftlichen Vereinbarungen mit dem Ziel, die Wettbewerbsposition in spezifischen gemeinsamen Geschäftsfeldern zu verbessern. Letztere sind in den vergangenen Jahren immer stärker in den Blickpunkt des Interesses gerückt. Unglücklicherweise ist es bislang nicht zur Herausbildung eines einheitlichen Begriffsapparates gekommen. So finden für derartige vertragliche Vereinbarungen die Begriffe „Koalition", „Kooperation i.e.S." (im Gegensatz zum Oberbegriff der Kooperation, der alle Formen betrieblicher Zusammenarbeit umfasst), „Partnerschaft", „cooperative agreement", „Allianz" und insbesondere der Begriff der **strategischen Allianz** Anwendung. „Strategisch" impliziert dabei eine Langfristigkeit und die Absicht, Wettbewerbsvorteile zu erzielen. Als Modewort - nicht zuletzt in den Medien - wird die strategische Allianz häufig aber auch als Oberbegriff für sämtliche Formen unternehmerischer Zusammenarbeit horizontaler, vertikaler oder gar konglomerater Natur verwendet.

Wir definieren:

> **Strategische Allianzen** sind vertragliche Vereinbarungen zwischen zwei oder mehreren Unternehmen zur Erzielung von Wettbewerbsvorteilen.

Die Zusammenarbeit kann sich beziehen auf

- die gemeinschaftliche Aufgabenerfüllung und/oder
- eine Funktionsspezialisierung.

Bei der **gemeinschaftlichen Aufgabenerfüllung** fassen die Unternehmen ihre Ressourcen innerhalb eines bestimmten Bereiches zusammen, um durch die Bündelung mit Hilfe von Synergieeffekten bessere Ergebnisse zu erzielen als bei getrenntem Vorgehen.

> Beispiele finden sich in der Luftfahrt mit *„Star Alliance"* (u.a. *Lufthansa*, *United Airlines*, *Singapore Airlines*, *Thai Airways International*, *SAS*, *Turkish Airlines*) und *"One World"* (u.a. *British Airways*, *Iberia*, *American Airlines*, *Qantas*, *Cathay Pacific*).

Bei der **Funktionsspezialisierung** teilen die Unternehmen die zu leistenden Aufgaben eines Geschäftsfelds unter sich auf. Dies kann dergestalt geschehen, dass ganze Funktionsbereiche in den Verantwortungsbereich eines der beteiligten Unternehmen übergeben werden, oder aber, dass innerhalb eines Funktionsbereichs (z.B. FuE) eine Spezialisierung der Unternehmen erfolgt. Da sich ein Unternehmen bei der Funktionsaufteilung gänzlich aus einzelnen Bereichen seiner Wertkette zurückzieht, ist die Abhängigkeit von den Partnern hierbei stärker als bei der gemeinschaftlichen Aufgabenerfüllung. Wichtig ist bei derartigen Formen der Partnerschaft, dass ein Unternehmen den Zugriff auf externe Ressourcen nicht als bequemen Ausweg aus seiner Ressourcenknappheit auffasst, sondern vielmehr als Chance begreift, das vom Partner eingebrachte Know How zu adaptieren und so über den Umweg der Kooperation die eigene Ressourcenbasis zu erweitern und damit die zukünftige Wettbewerbsposition zu verbessern.

> Beispiel: Die beiden Konzerne *Daimler* und *Evonik Industries* haben im Dezember 2008 eine strategische Zusammenarbeit vereinbart und das Gemeinschaftsunternehmen *Li-Tec Battery GmbH* gegründet. Aufgabe der *Li-Tec* ist die Entwicklung, Produktion und der Vertrieb großformatiger Lithium-Ionen-Batteriezellen für automobile Anwendungen und Batteriesysteme für industrielle und stationäre Anwendungen. Hierbei kommt ein neuartiges, von *Evonik Degussa* entwickeltes Verfahren zum Einsatz. Ab 2012 soll die Technologie serienmäßig in *smart Electric Drive*-Modellen eingesetzt werden.

Ein wesentlicher Aspekt horizontaler vertraglicher Vereinbarungen ist der **dualistische Charakter der Zusammenarbeit**. Er ist darauf zurückzuführen, dass die Unternehmen einerseits Partner, andererseits aber zumindest Teilkonkurrenten sind. Da die Erfolgsaussichten einer Kooperation umso geringer sind, je weniger die Partner sich gegenseitig vertrauen (im Falle des Misstrauens werden zu wenig kritische, aber notwendige eigene Ressourcen eingebracht und Informationen ausgetauscht), befinden sich die Partner (Konkurrenten) in einem **Dilemma**.

Eine Strukturierung erfährt dieses Dilemma im Rahmen der **Spieltheorie** und insbesondere durch die Anwendung des sog. Gefangenendilemmas auf die Unternehmenskooperation (vgl. *Schrader* [Informationstransfer] und *Axelrod* [Evolution]). Über das richtige Verhalten in einer derartigen Situation besteht auch in der fachspezifischen Literatur keine Einigkeit. Es kann jedoch davon ausgegangen werden, dass sowohl ein gegenüber dem Partner zu vertrauensseliges als auch ein stark von Misstrauen und Egoismus geprägtes Verhalten für die Erreichung der gleichsam in die Kooperation ausgelagerten Unternehmensziele wenig förderlich ist. Die Fähigkeit, eine Kooperation durch geschicktes eigenes Verhalten bzw. Management zum Erfolg zu führen, wird inzwischen sogar als eigenständiger Wettbewerbsvorteil bezeichnet.

4.4.3 Vertikale Kooperationen

4.4.3.1 Strategische Bedeutung

Ein wichtiger Auslöser für das Interesse an vertikalen Kooperationskonzepten waren die Ergebnisse einer Studie des *Massachusetts Institute of Technologie (MIT)* über die globale Automobilindustrie. In dieser Untersuchung wird darauf hingewiesen, dass die **japanische Automobilindustrie** bei sehr viel geringerer Fertigungstiefe und einer gänzlich anderen Art der Zusammenarbeit zwischen den Herstellerunternehmen und ihren Lieferanten ungleich effizienter als amerikanische und europäische Konkurrenten produziert. Vertikale Kooperationskonzepte in Verbindung mit den Methoden der Lean Production stellten einen wesentlichen Erfolgsfaktor der Japaner dar (vgl. S. 510ff.).

Mit Hilfe des **Transaktionskostenansatzes** kann die Vorteilhaftigkeit vertikaler Kooperationen erklärt werden (vgl. auch *Backhaus/Meyer* [Netzwerke] 331f.). Aus diesem Ansatz heraus entwickelte sich die Sichtweise, dass es zwischen den Extremformen der marktlichen Koordination über den Preismechanismus und der hierarchischen Koordination auch noch Zwischenformen geben müsse. Bei diesen sollen - so die Transaktionskostentheoretiker - beide grundlegenden Koordinationsformen in unterschiedlicher Intensität kombiniert werden, so dass sich ein Kontinuum zwischen Markt und Hierarchie ergibt. Diese Formen zwischen Markt und Hierarchie wurden dann zusammenfassend als Kooperation bezeichnet.

Ein Verdienst des Transaktionskostenansatzes ist die Sensibilisierung für die Frage, in welchen Situationen spezifische Transaktionsformen kostengünstig bzw. effizient durchgeführt werden können (vgl. S. 382ff.). Dabei stellte sich heraus, dass auf bestimmte Aspekte wie Faktorspezifität, Unsicherheit oder Komplexität von Transaktionen besonders zu achten ist. Bei starker Ausprägung dieser Faktoren sind tendenziell kooperative und hierarchische Formen der Koordination gegenüber der Marktlösung vorzuziehen. Da von den Vertretern des Transaktionskostenansatzes auch Schwächen der hierarchischen Koordination identifiziert werden, spricht vieles für die Vorteilhaftigkeit kooperativer Koordination.

Die Frage liegt nahe, warum vertikale Kooperationsformen gerade in letzter Zeit große Beachtung gefunden haben. Umweltveränderungen wie informations- und kommunikationstechnologische Entwicklungen und Verbesserungen der Verkehrsinfrastruktur haben zu einer Verringerung von Transaktionskosten und damit zu einer Erleichterung kooperativer vertikaler Koordination geführt. An dieser Stelle wird die Verbindung von Transaktionskostenansatz und Umwelt-Strategie-Struktur-Ansatz offensichtlich.

Eine ausschließlich auf dem **Umwelt-Strategie-Struktur-Ansatz** basierende Argumentation würde die Verbreitung und Vorteilhaftigkeit vertikaler Kooperationen wiederum über ihre Adäquanz bezüglich aktueller Erfolgsfaktoren (bspw. hohe Flexibilität bei zunehmender Umweltturbulenz) erklären.

Vertikale Kooperationsformen betreffen immer die **Zusammenarbeit von Unternehmungen unterschiedlicher Wertschöpfungsstufen**. Ihr Hauptcharakteristikum ist, dass sie auf eine langfristige Zusammenarbeit angelegt sind. Diese kann explizit, also vertraglich geregelt sein, oder sich implizit - im Laufe der Zeit - entwickeln. So ist davon auszugehen, dass viele der in der deutschen Automobilindustrie lange Zeit üblichen Einjahresverträge faktisch langfristige Vereinbarungen waren, da sich diese Verträge jedes Jahr quasi automatisch verlängerten. Erst in neuerer Zeit werden im Kontext von Lean Production bzw. modular sourcing (vgl. S. 510ff. bzw. 502f.) und der damit verbundenen Änderung der Beziehungsgefüge verstärkt langfristige Verträge abgeschlossen. Daneben etablieren sich derzeit - unter Nutzung der durch das Internet geschaffenen Transparenz - aber auch auf kurze Dauer angelegte vertikale Kooperationen. Sie können gewissermaßen als virtuelle Kooperationen oder Netzwerke bezeichnet werden.

Ähnlich wie bei horizontalen spielt auch bei vertikalen Kooperationen das **Vertrauen** eine wichtige Rolle. Dieses ist notwendig, damit einer der beiden Partner spezifische Investitionen, wie z.B. den Kauf einer Spezialmaschine, die nur für ein bestimmtes Produkt einsetzbar ist, vornimmt. Er wird Letzteres nur dann riskieren, wenn er sich darauf verlassen kann, dass der Partner nicht im Anschluss hieran den Preis drückt oder gar zu einem anderen Lieferanten wechselt. Die besondere Bedeutung spezifischer Investitionen wird auch im Transaktionskostenansatz betont.

Vertikale Kooperationen sind zudem eine Voraussetzung für die Anwendung des **Just-In-Time-Prinzips** (vgl. S. 502), bei dem gegenseitiges Vertrauen, spezifische Investitionen (Beispiel: Das Werk eines Zulieferers wird in der Nähe des Herstellerwerkes angesiedelt) und intensive Kommunikation nötig sind.

Insgesamt gesehen entwickelt sich das Verhältnis zwischen Zulieferunternehmen und Hersteller immer stärker in eine kooperative Richtung, da dies als eine gute Methode erscheint, trotz einer geringen Fertigungstiefe viele Vorteile der Eigenproduktion weiterhin nutzen zu können. Dass es dann aber nicht mehr so einfach ist, die Grenzen der Unternehmung exakt zu ziehen, wurde schon angedeutet.

4.4.3.2 Formen von vertikalen Kooperationen

Zwei Formen der vertikalen Kooperation werden erörtert:

- Das strategisches Netzwerk und
- das virtuelle Unternehmen.

[1] Strategisches Netzwerk

Strategische Netzwerke sind langfristige, institutionelle Arrangements der Prozessoptimierung entlang der Wertschöpfungskette, bei denen ein führendes Unternehmen die Rolle des Koordinators einer relativ großen Zahl rechtlich selbstständiger, wirtschaftlich aber tendenziell abhängiger Zulieferer übernimmt.

Netzwerkarrangements können sowohl horizontaler als auch vertikaler und konglomerater Natur sein; der Begriff des strategischen Netzwerkes wird jedoch primär vertikal verstanden. Innerhalb eines solchen Netzwerkes werden dann sowohl **marktliche** (Preis) als auch **hierarchische Koordinationsinstrumente** (Pläne, Programme, direkte Weisungen) eingesetzt. Die beteiligten Unternehmen lassen sich treffend als **Wertschöpfungspartner** bezeichnen.

Klassische Beispiele sind die Zulieferer-Hersteller-Netzwerke in der Automobilindustrie (vgl. *Gierke* [Zulieferer-Hersteller-Netzwerke]).

Bei Netzwerken sind die **Grenzen der Unternehmen** im Allgemeinen nur noch schwer ersichtlich, da die faktische Autorität einzelner Unternehmen über die rechtlichen Grenzen deutlich hinausgeht. Diese „fließenden Unternehmensgrenzen" können zu großen Problemen für die Wettbewerbsaufsicht oder die Interessenvertretung der Arbeitnehmer führen, da z.B. der Betriebsrat in einem abhängigen Unternehmen eines Netzwerkes faktisch seine Mitwirkungsmöglichkeiten verliert.

Gängige Formen der vertikalen Zusammenarbeit sind **Franchise-Konzepte** und das japanische **Keiretsu**. Beim **Franchising** gewährt ein Franchisegeber unter seinem Zeichen Lizenzen zur Führung eines Betriebes, die Franchisenehmer sind eingebunden in ein einheitliches Marketing-Konzept sowie Produkt- und Dienstleistungsspektrum.

Beispiele für diese ursprünglich in den USA entstandene Kooperationsform finden sich u.a. in den Bereichen Lebensmittel, Touristik, Computerhandel oder Bau- und Heimwerkermarkt. Bekannte Unternehmen sind *McDonalds*, *OBI* oder die italienische Restaurantkette *Autogrill*.

Im Kooperationsverbund der Firma *Benetton* wird die Steuerungsfunktion besonders deutlich: *Benetton* ist ein Unternehmen mit relativ wenigen eigenen Mitarbeitern, vertreibt jedoch über mehrere Tausend Franchise-Unternehmen seine Kleidungskollektion weltweit. Darüber hinaus übernimmt *Benetton* selbst nur einen sehr geringen Anteil der Produktionsschritte, beschränkt sich vielmehr weitgehend auf die **Steuerung, Koordination und Kontrolle des Wertschöpfungsprozesses** (vgl. *Sydow* [Netzwerke] 32ff.).

Ein **Keiretsu** besteht aus einer Vielzahl vertikal miteinander verbundener Unternehmen, zwischen denen teilweise **Kapital- und Personalverflechtungen** bestehen. Es existiert ein **Mutterunternehmen**, das die **strategische Richtung** vorgibt, die an der Wertschöpfung beteiligten Unternehmen kontrolliert und den Wettbewerb im Inneren des Netzwerkes auf produktive Bereiche lenkt (z.B. auf die Suche nach Innovationen). Die personelle, finanzielle und technologische Redundanz innerhalb derartiger Netzwerke erhöht ihre Flexibilität bei diskontinuierlichen Umweltentwicklungen.

[2] Virtuelles Unternehmen

Ein virtuelles Unternehmen ist ein zeitlich begrenzt kooperierendes Netzwerk rechtlich selbstständiger Unternehmen, die ihre jeweiligen **Kernkompetenzen** in die gemeinsame Organisation einbringen. Die Institutionalisierung zentraler Funktionen unterbleibt, da die vertikale Unternehmung nur auf Zeit eingerichtet ist. Die kooperierenden Unternehmen bedienen sich zur Abstimmung jener Spielregeln, die auf dem Markt gelten und greifen auf modernste informations- bzw. kommunikationstechnologische Infrastrukturen zurück. Es gibt also keine Hierarchie.

In virtuellen Unternehmen werden **Projekte** bearbeitet. Für jedes neue Projekt werden neue organisatorische Strukturen gebildet. Insofern unterscheidet sich die virtuelle Unternehmung vom strategischen Netzwerk und dem Joint Venture, die auf einer stabileren Situation aufbauen.

> Beispiele für Produkte, die virtuell organisiert sind, stellen die Entwicklung des Betriebssystems *Linux* sowie des Nachschlagewerks *Wikipedia* dar.

Die strategische Bedeutung der virtuellen Unternehmung ist in der hohen Flexibilität sowie in der optimalen Nutzung von Ressourcen der beteiligten Unternehmen zu sehen. Jedes an der virtuellen Organisation beteiligte Unternehmen kann sich auf seine Kernkompetenz spezialisieren (vgl. *Reiß/Beck* [Kernkompetenzen]). Die Bindung an Ort und Zeit wird aufgehoben.

5 Organisation strategischer Projekte

Bislang sahen wir die Organisation des Unternehmens als Voraussetzung und Impulsgeber für die strategische Erneuerung des ganzen Unternehmens. Als Beispiel für eine derartige strategische Stoßrichtung kann die Verbesserung der Flexibilität und die Förderung des entrepreneurship durch Einführung der Teamorganisation angesehen werden.

Zum Abschluss ist noch der Frage nachzugehen, wie eine ins Auge gefasste Strategie zu organisieren ist. Lässt sich eine bestimmte Strategie als zeitlich befristetes und sachlich abgegrenztes Maßnahmenbündel, also als Projekt, interpretieren, sind spezifische Organisationsformen für eine derartige Strategie zu entwickeln.

5.1 Modelle der Projektorganisation

In Abhängigkeit vom Grad der organisatorischen Verselbständigung des Projektes, also dem Grad der Unabhängigkeit von der Primärorganisation, lassen sich drei Grundmodelle unterscheiden:

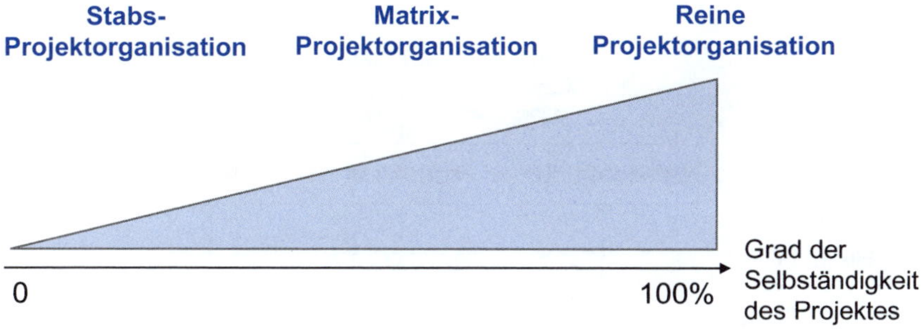

Abb. 5-17: Modelle der Projektorganisation nach dem Grad der organisatorischen Selbstständigkeit des Projektes
(Quelle: *Bea/Scheurer/Hesselmann* [Projektmanagement] 65)

[1] Stabs-Projektorganisation

Bei der Stabs-Projektorganisation koordiniert ein Projektstab die Aktivitäten der Projektmitarbeiter, unterstützt diese mit Informationen und Fachwissen. Der Projektstab hat keinerlei Weisungsbefugnis gegenüber den am Projekt beteiligten Mitarbeitern, die auf ihren Stellen verbleiben. Der Wahrung der Stabilität der Organisationsstruktur der Unternehmung und der hohen Flexibilität (Mitarbeiterkapazitäten können je nach Bedarf bereitgestellt werden) als Vorteile der Stabs-Projektorganisation stehen als Nachteile die Gefahr der Überlastung der Mitarbeiter und mögliche Kompetenzstreitigkeiten zwischen Projektstab und Vorgesetzten der

Projektmitarbeiter gegenüber. Die Stabs-Projektorganisation eignet sich damit v.a. für kleinere Projekte.

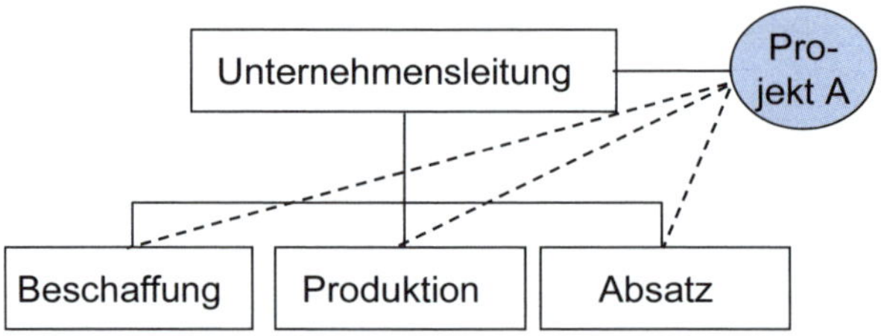

Abb. 5-18: Stabs-Projektorganisation

[2] Matrix-Projektorganisation

Bei der Matrix-Projektorganisation erhalten die Projektleiter projektbezogene Weisungsbefugnisse gegenüber den Projektmitarbeitern. Ansonsten haben die Projektleiter, ähnlich den Projektstäben bei der Stabs-Projektorganisation, koordinierende und unterstützende Funktionen. In der Mehrfachunterstellung kommt das Matrixelement zum Ausdruck. Das entstehende Konfliktpotenzial soll leistungssteigernd wirken, stellt aber hohe Anforderungen an Unternehmenskultur und Führungsstil der Unternehmung. Die Matrix-Projektorganisation stellt einen Kompromiss zwischen den Elementen „Wechsel“ und „Dauerhaftigkeit“ dar.

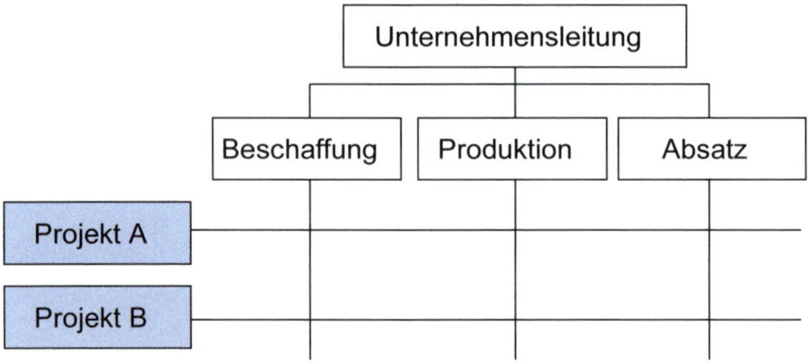

Abb. 5-19: Matrix-Projektorganisation

[3] Reine Projektorganisation

Das Wesen der Reinen Projektorganisation besteht in der weitgehenden Verselbständigung des Projekts. Die Mitarbeiter werden aus ihren Stellen herausgelöst und bilden fortan Projektteams. Der Projektleiter erhält weitreichende fachliche und disziplinarische Weisungs- und Entscheidungsbefugnisse. Die Reine Projektorganisation eignet sich damit für umfangreichere Projekte mit längerer Dauer.

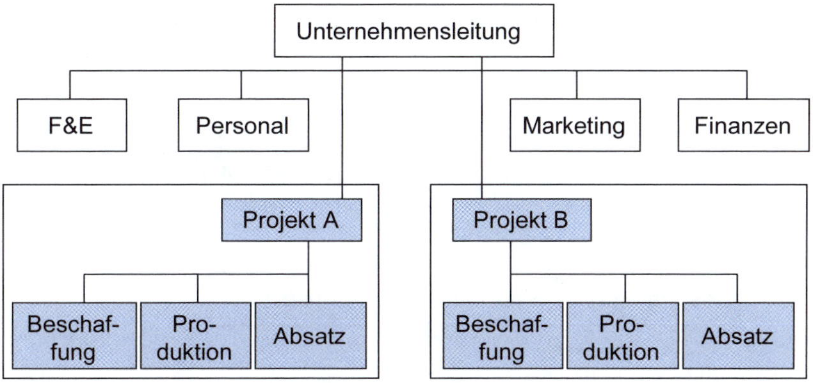

Abb. 5-20: Reine Projektorganisation

5.2 Organisationsformen des Multiprojektmanagements

Da die Implementierung einer Strategie i.d.R. aus mehreren Projekten, also einem Programm besteht, ist die Einführung eines systematischen Multiprojektmanagements notwendig. Im Rahmen dieses Multiprojektmanagements sind einzelne Organisationsformen zu entwickeln, die geeignet sind, den organisatorischen Anforderungen des Managements eines Projektprogramms zu genügen und eine Brücke zwischen der primären Unternehmensorganisation und den sekundären Organisationsformen zu schlagen. Folgende Organisationsformen sind geeignet, diesen Anforderungen zu entsprechen:

- Der Multiprojekt-Lenkungsausschuss und
- das Projekt-Management-Office

[1] Multiprojekt-Lenkungsausschuss (Steering Committee)

Der Multiprojekt-Lenkungsausschuss (MPL) nimmt eine strategische Funktion wahr. Er entscheidet über Projekte, mit deren Hilfe die angestrebte strategische Ausrichtung des gesamten Unternehmens verwirklicht werden soll. Zur Entscheidung gehört einmal die Priorisierung der einzelnen Projekte und die Zuordnung des Zeitbudgets und der erforderlichen Ressourcen auf die einzelnen Bestandteile des Projektprogramms.

Beim MPL handelt es sich um eine Arbeitsgruppe, die für eine zeitlich begrenzte Aufgabe ins Leben gerufen wird. Durch die Zusammensetzung des MPL aus Vertretern der für das Strategische Management zuständigen Mitglieder der Geschäftsführung, dem Leiter des Projekt-Management-Office und einem Vertreter des Unternehmens-Controlling ergibt sich eine Ansammlung von Informationen, die von der strategischen Ausrichtung der Unternehmens bis zur praktischen Umsetzung von Strategien reicht. Diese Informationen aus unterschiedlichen Perspektiven sind geeignet, die praktische Umsetzung des strategischen Programms immer wieder zu hinterfragen und eventuelle Koordinationsschwächen zu beheben.

Der Projekt-Lenkungsausschuss stellt somit ein flexibles Bindeglied zwischen der Linienorganisation und der Organisation des strategischen Programms dar (vgl. Abb. 5-21).

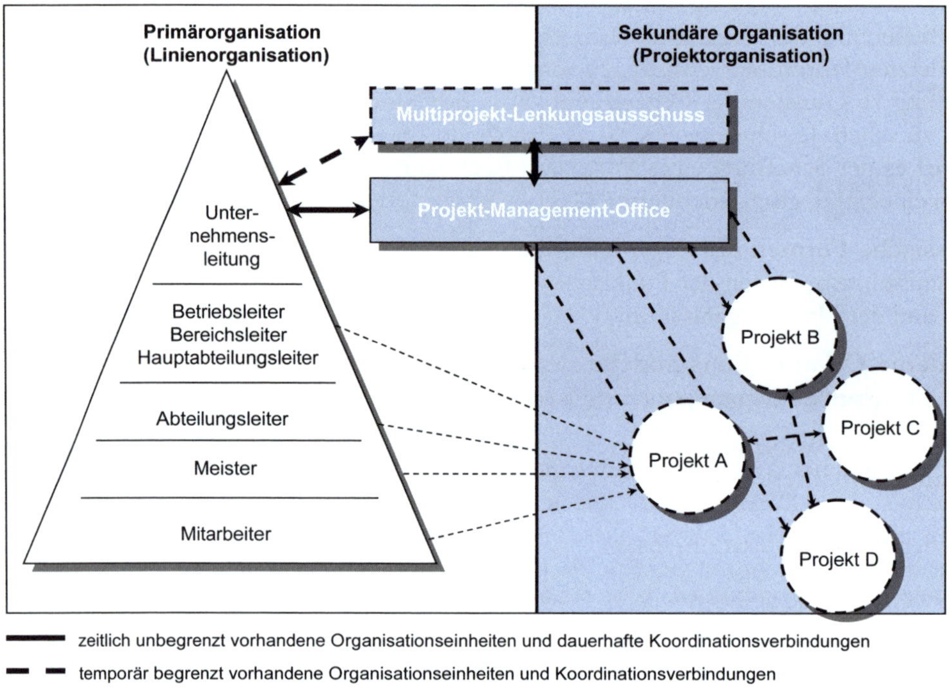

Abb. 5-21: Multiprojektorganisation
(Quelle: *Bea/Scheurer/Hesselmann* [Projektmanagement] 635 in Anlehnung an: *Schreyögg* [Organisationsgestaltung] 253)

[2] Projekt-Management-Office (Office of Strategy Management, OSM)

Das Projekt-Management-Office (PMO) hat grundsätzlich die Aufgabe, die Komplexität zu bewältigen, die sich aus der Vernetzung der strategischen Projekte ergibt. Eine besonders große Rolle spielt dabei die Koordination zwischen dem Linienmanagement und den strategischen Projekten. Sie ist insbesondere gefordert, wenn zwischen Projekten und Linienmanagement Ressourcenkonflikte auftreten. Das PMO hat außerdem für ein systematisches Synergiemanagement zu sorgen. Dazu ist eine Koordination zwischen den einzelnen Projekten erforderlich (vgl. *Scheef/Kunisch/Menz* [Das strategische Programm] 115ff.; *Bea/Scheurer/Hesselmann* [Projektmanagement] 637ff.)

Das PMO ist organisatorisch zwischen dem Multiprojekt-Lenkungsausschuss und den einzelnen strategischen Projekten angesiedelt (vgl. Abb. 5-21).

6 Zusammenfassung

Die Bedeutung der Organisation im Rahmen des Strategischen Managements ist in den letzten Jahren beträchtlich gewachsen. Der Grund für diese Schwerpunktverlagerung zu Gunsten der Organisation ist in der zunehmenden Dynamik der Umwelt zu sehen. Je schwieriger sich die Problemlösung ex ante darbietet, umso mehr bedarf es der Schaffung eines Potenzials für Reaktionen ex post. Dieses Potenzial ist in einer strategisch orientierten Gestaltung der Organisation zu sehen.

Klassische Formen der Organisationsgestaltung äußern sich in den traditionellen Organisationsmodellen der Funktionalen Organisation, der Divisionalen Organisation und der Matrixorganisation.

Moderne Organisationsmodelle stellen die Prozessorganisation, Teamorganisation, die lernende Organisation und Kooperationen dar.

Basis für die Bewertung und Gestaltung organisatorischer Alternativen sind die **organisationstheoretischen Ansätze**. Von Bedeutung sind in diesem Zusammenhang insbesondere der situative Ansatz, der institutionenökonomische Ansatz und der Selbstorganisationsansatz.

Ist eine Strategie gefunden, lässt sie sich im Idealfall als zeitlich befristetes und sachlich abgegrenztes Maßnahmenbündel interpretieren. Die einzelnen Maßnahmen können als **Projekte** verstanden werden. Für die Umsetzung der Strategie sind spezifische Organisationsmodelle zu entwerfen.

Fragen zur Wiederholung

[1] Strategische Bedeutung der Organisation

1. Welche grundlegenden Perspektiven der Organisation können unterschieden werden und welche Organisationsbegriffe lassen sich diesen Perspektiven zuordnen? (1)

2. Woraus resultiert die strategische Bedeutung von Organisation und welche Position nimmt die Organisation in der Konzeption des Strategischen Managements ein? (1)

[2] Organisationstheoretische Ansätze

1. Welche organisationstheoretischen Ansätze können unterschieden werden? Welches sind jeweils ihre zentralen Perspektiven bzw. Intentionen? (2)

2. Welche Grundaussagen macht der situative Ansatz? Inwieweit ist es gerechtfertigt, den situativen Ansatz als Antithese oder Gegenbewegung zum tayloristischen Ansatz zu begreifen? (2.1)

3. Wie hat der situative Ansatz die Organisationsforschung verändert? (2.1)

4. Worin bestehen Gemeinsamkeiten und Unterschiede von situativem Ansatz und Umwelt-Strategie-Struktur-Ansatz? (2.1)

5. Wie versuchen der Transaktionskostenansatz bzw. der Umwelt-Strategie-Struktur-Ansatz das Entstehen bzw. den Wandel von Organisationskonzepten zu erklären? (2.1 und 2.2.3)

6. Kennzeichnen Sie den Transaktionskostenansatz. (2.2.3)

7. Wie kann man mit Hilfe des Transaktionskostenansatzes Outsourcing erklären? (2.2.3)

8. Welche Richtungen oder Strömungen sind beim Selbstorganisationsansatz unterscheidbar? (2.3)

[3] Traditionelle Organisationsmodelle

1. Welches sind die Gestaltungsparameter der Aufbauorganisation? (3)

2. Was ist ein Organisationsmodell und welche Arten werden unterschieden? (3)

3. Warum führt die Funktionale Organisation zu einer Überlastung der Führungsspitze? (3.1.2)

4. Welche Rolle spielen Zentralabteilungen im Rahmen der Divisionalen Organisation? (3.2.1)

5. Welcher Zusammenhang besteht zwischen einem Profit-Center und einer Sparte? (3.2.2)

6. Was ist unter einer Holding zu verstehen? In welchem Verhältnis stehen die Begriffe „Holding“ und „Konzern“? (3.2.3.1)

7. Welche Koordinationsinstrumente können in einer Holding eingesetzt werden? (3.2.3.2)

8. Welche Stärken und Schwächen sprechen für und welche gegen die Management-Holding-Struktur? Argumentieren Sie auch unter Zuhilfenahme organisationstheoretischer Ansätze. (3.2.3.3)

9. Was versteht man unter „Management by Projects“? (3.3.2)

[4] Neue Organisationsmodelle

1. Was versteht man unter einer Prozessorganisation? (4.1.1)

2. Warum führt die Prozessorganisation zu einer Reduktion der Schnittstellenproblematik? (4.1.3)

3. Was ist unter einem Team zu verstehen und welche Formen von Teammodellen können unterschieden werden? (4.2.1 und 4.2.2)

4. Welche Vorteile werden Teammodellen zugeschrieben? Argumentieren Sie unter Zuhilfenahme organisationstheoretischer Ansätze. (4.2.3)

5. Was versteht man unter organisationalem Lernen? Wodurch unterscheidet es sich vom individuellen Lernen? (4.3.1)

6. Wie lässt sich der Prozess des organisationalen Lernens genauer kennzeichnen? (4.3.2)

7. Welche Arten des organisationalen Lernens können unterschieden werden und welche Arten besitzen in dynamisch-komplexer Umwelt besondere Relevanz? (4.3.2)

8. Wie kann man organisationales Lernen fördern? (4.3.3)

9. Welcher Zusammenhang besteht zwischen Kooperationen und der Grenzziehung zwischen Unternehmung und Unternehmensumwelt? (4.4.1)

10. Wie ist die starke Verbreitung horizontaler bzw. vertikaler Kooperationsmodelle in der Unternehmenspraxis zu erklären? Argumentieren Sie unter Zuhilfenahme organisationstheoretischer Ansätze. (4.4.2 und 4.4.3)

11. Was spricht für die Kooperation im Verhältnis zur Akquisition? (4.4.2.2)
12. Welche Formen horizontaler bzw. vertikaler Kooperation sind unterscheidbar? (4.4.2.3 und 4.4.3.2)

[5] Organisation strategischer Projekte

1. Als Vorteil der Stabs-Projektorganisation wird die hohe Akzeptanz der erarbeiteten Lösungen angesehen. Wie lässt sich diese These begründen? (5)
2. Als Nachteil der Matrix-Projektorganisation wird das mit ihr verbundene Konfliktpotenzial gewertet. Wie lässt sich diese These begründen? (5)
3. Das Projekt-Management-Office (PMO) übernimmt Koordinationsaufgaben. Wie werden diese Aufgaben vom PMO wahrgenommen? (5)

Fragen zur Vertiefung

1. Zeigen Sie, wie sich die einzelnen organisationstheoretischen Ansätze (historisch) aus den jeweiligen Vorläufern und ihren Defiziten entwickelt haben.
2. Worin bestehen die Chancen bzw. die Gefahren interdisziplinärer Forschung, wie sie im Rahmen des Selbstorganisationsansatzes der Organisationstheorie praktiziert wird?
3. Anhand von welchen Maßgrößen können Organisationsstrukturen operationalisiert werden?
4. Wie kann das Ziel „Organisatorische Effizienz" konkretisiert und operationalisiert werden? Welche Zwischen- und Unterziele (Kriterien) sind denkbar?
5. Welche Beziehung besteht zwischen dem situativen Ansatz, dem Transaktionskostenansatz und dem Umwelt-Strategie-Struktur-Ansatz? Wie beurteilen Sie den jeweiligen theoretischen Gehalt dieser Ansätze?
6. Welchen Zweck verfolgt das „7-S-Modell"?
7. Welche Beziehungen bestehen zwischen dem situativen Ansatz und der Konzeption von *Mintzberg*?
8. Wie kann das Diskontinuitätenmanagement (vgl. Teil 4) in einer (Management-)Holding-Struktur konzipiert und implementiert werden?

9. Welche Gemeinsamkeiten besitzen die neueren Organisationsmodelle (Teamkonzepte, Prozessorganisation, Lernende Organisation, Holding-Strukturen und Kooperationen) bezüglich ausgewählter Erfolgsfaktoren wie Flexibilität, Innovationskraft und Marktnähe?

10. Inwiefern kann durch Prozessorientierung organisationales Lernen gefördert werden?

11. Welche (methodischen) Gemeinsamkeiten haben Organisationsgestaltung und Unternehmenskulturgestaltung?

12. Was spricht für und was gegen eine Zentralabteilung „Organisation“? Kann die Überwachung der Organisationsentwicklung institutionalisiert werden?

13. Welche Grundannahmen liegen einem evolutionären Management zu Grunde und wie könnte Organisationsgestaltung im Rahmen eines evolutionären Managements aussehen?

14. Welcher Zusammenhang lässt sich zwischen der „Lernenden Organisation“ und der Forderung nach einer kontinuierlichen Wandlungs- bzw. Entwicklungsfähigkeit der Organisation herstellen?

Literaturempfehlungen

Lehrbücher zur Organisation

Bea, F.X. u. E. Göbel: Organisation. 4. A., Stuttgart 2010.

Frese, E.: Grundlagen der Organisation. Konzept, Prinzipien, Strukturen. 8. A., Wiesbaden 2000.

Krüger, W.: Organisation der Unternehmung. 3. A., Stuttgart 1994.

Mintzberg, H.: The Structuring of Organizations. Englewood Cliffs 1979.

Probst, G.J.B.: Organisation. Strukturen, Lenkungsinstrumente, Entwicklungsperspektiven. Landsberg/Lech 1992.

Schreyögg, G.: Organisation. 4. A., Wiesbaden 2003.

Organisationstheoretische Ansätze

Bea, F.X. u. E. Göbel: Organisation. 4. A., Stuttgart 2010.

Kieser, A. u. P. Walgenbach: Organisation. 5. A., Stuttgart 2007.

Kieser, A. (Hrsg.): Organisationstheorien. 5. A., Stuttgart u.a. 2002.

Zusammenhang von Strategie und Organisationsstruktur

Scholz, C.: Strategische Organisation. Multiperspektivität und Virtualität. 2.A., Landsberg/Lech 2000.

Wolf, J.: Organisation, Management, Unternehmensführung: Theorien und Kritik, Wiesbaden 2003.

Transaktionskostenansatz

Göbel, E.: Neue Institutionenökonomik. Konzeption und betriebswirtschaftliche Anwendungen, Stuttgart 2002.

Picot, A.: Transaktionskostenansatz in der Organisationstheorie: Stand der Diskussion und Aussagewert. In: Die Betriebswirtschaft, 42. Jg. (1982), S. 267-284.

Williamson, O.E.: Die ökonomischen Institutionen des Kapitalismus, Tübingen 1990.

Organisationsmodelle

Bea, F.X. u. E. Göbel: Organisation. 4. A., Stuttgart 2010.

Teamorganisation

Staehle, W.H.: Management. Eine verhaltenswissenschaftliche Perspektive. 8. A., München 1999.

Prozessorganisation und Lernende Organisation

Argyris, C. u. A.D. Schön: Organizational Learning: A Theory of Action Perspective. Reading (Mass.) 1978.

Gaitanides, M.: Prozessorganisation. München 1983.

Probst, G.J.B. u. B. Büchel: Organisationales Lernen. 2. A., Wiesbaden 1998.

Senge, P.M.: The fifth Discipline. The Art and Practice of the Learning Organization. New York 1990.

Kooperationen

Sydow, J.: Strategische Netzwerke. Evolution und Organisation. Wiesbaden 1993.

Organisation strategischer Projekte

Bea, F.X. u. E. Göbel: Organisation. 4. A., Stuttgart 2010.

Bea, F.X., S. Scheurer u. S. Hesselmann: Projektmanagement. 2. A., Stuttgart 2011.

Teil 6: Unternehmenskultur

- Unternehmenskultur ist ein im Kern unsichtbares und ungreifbares menschengeschaffenes Phänomen, das sich in Sozialisations- und Lernprozessen entwickelt.
- Die Unternehmenskultur ist Teil eines dynamischen und komplexen Beziehungsgefüges. Sie wird von zahlreichen Faktoren beeinflusst und hat ihrerseits maßgeblichen Einfluss auf die Strategie und die Struktur.
- Die Unternehmenskultur muss i.S. des Fit-Gedankens mit den übrigen Subsystemen des Strategischen Managements abgestimmt werden. Die Unternehmenskultur ist allerdings nur begrenzt gestaltbar.

Teil 6: Unternehmenskultur

Beispiele aus der Unternehmenspraxis:

[1] Vertrauen und Teamwork: *The HP Culture*

Die *HP*-Unternehmenskultur geht zurück auf die *HP*-Gründer *Bill Hewlett* und *Dave Packard*, zwei an der *Stanford Universität* ausgebildete Ingenieure. Sie nutzten ihre Erfahrungen aus den Anfängen ihrer Zusammenarbeit in der Garage in Palo Alto und machten Vertrauen, Teamwork und flache Hierarchien zu den Grundlagen ihres Unternehmens.

Basis der Unternehmenskultur sind seit Jahrzehnten die bereits als *„The HP-Way"* legendär gewordenen **Grundwerte** des Unternehmens:

- Wir haben Vertrauen in unsere Mitarbeiter sowie Achtung und Respekt vor ihrer Persönlichkeit.
- Wir legen besonderen Wert auf das hohe Niveau unserer Leistungen und Beiträge.
- Wir legen unserem Tun kompromisslose Integrität zu Grunde.
- Wir erreichen unsere Unternehmensziele im Team.
- Wir fordern und fördern Flexibilität und Innovation.

Darauf aufbauend formulierte 1999 die damalige Präsidentin und CEO *Carleton S. Fiorina* die **"Regeln der Garage"**.

- Geh davon aus, dass Du die Welt verändern kannst.
- Arbeite schnell, ganz egal, wann.
- Bleibe flexibel: arbeite allein oder im Team - je nach Situation.
- Teile alles mit Deinen Kollegen: Arbeitsmittel, Ideen, Probleme.
- Keine Machtspielchen. Keine Bürokratie.

- Radikal neue Ideen sind zumeist gute Ideen.
- Liefere jeden Tag Ergebnisse. Sind sie überzeugend, verlassen sie die Garage.
- Denke immer daran: Es ist der Kunde, der darüber entscheidet, ob ein Job gut gemacht ist.
- Und vergiss nie: Gemeinsam kann man alles schaffen.
- Sei erfinderisch.

Die **Umsetzung der *HP*-Kultur** erfolgt in Form von weiteren acht konkreten Verhaltens-Leitlinien:

Offene Kommunikation - Effiziente Teamarbeit - Hohes Niveau der Leistungen - Bleibe flexibel: arbeite allein oder im Team - je nach Situation. - Stabile Kundenbeziehungen - Meinungsvielfalt	**Führung durch Zielvereinbarung** - Innovation - Risikobereitschaft - Flexibilität - Engagement	**Persönliche Verantwortung und Eigeninitiative** - Schnelle Entscheidungen - Freude an der Arbeit - Permanente Weiterentwicklung - Hohe Wettbewerbsfähigkeit
Respekt und Vertrauen - Keine Stechuhren - Übertragung von Verantwortung - Möglichkeiten zur Selbstverwirklichung - Fehler machen dürfen	**Teamgeist** - Verzicht auf Statussymbole - Großraumbüro (open door policy) - Anrede mit Vornamen - Breites Netz an Informationsmedien - Informeller Umgang und offene Kommunikation - Gegenseitiges Helfen - Management by wandering around	**Flexibilität und Innovation** - Breites Angebot an Weiterbildungsmaßnahmen - Führen durch Zielvereinbarung - Übersichtliche Bereiche durch Dezentralisierung - Flexibles Arbeitszeitmodell

Hohes Niveau der Leistungen - Beteiligung der Mitarbeiter am Unternehmenserfolg - Qualitätsphilosophie TQC	**Kompromisslose Integrität** - Allgemein verbindliche Geschäftsgrundsätze - Wachstumsfinanzierung aus Eigenmitteln

[2] *KPMG*: Unsere Werte

Die Wirtschaftsprüfungsgesellschaft *KPMG* ist mit 138.000 Mitarbeitern in 150 Ländern erfolgreich. Für alle gelten dieselben **Grundwerte**. *KPMG* dazu (siehe auch www.kpmg.de):

„Wir beschäftigen Mitarbeiter aus unterschiedlichen Nationen und Kulturen. Durch unser Handeln wollen wir unserem Unternehmen bei aller Vielfalt einer globalen Organisation ein einheitliches Gesicht geben. Kunden von *KPMG* können deshalb überall auf der Welt die gleiche hohe Qualität, Vertrauenswürdigkeit und Verlässlichkeit erwarten. Wir haben uns auf eine Reihe gemeinsamer **Werte** verständigt. Sie bestimmen unsere **Unternehmenskultur** und sind uns Verpflichtung im persönlichen und professionellen Verhalten:

- We lead by example

At all levels we act in a way that exemplifies what we expect of each other and our member firms' clients.

- We work together

We bring out the best in each other and create strong and successful working relationships.

- We respect the individual

We respect people for who they are and for their knowledge, skills and experience as individuals and team members.

- We seek the facts and provide insight

By challenging assumptions and pursuing facts, we strengthen our reputation as trusted and objective business advisers.

- We are open and honest in our communication

We share information, insight and advice frequently and constructively and managing tough situations with courage and candor.

- We are committed to our communities

We act as responsible corporate citizens by broadening our skills, experience and perspectives through work in our communities and protecting the environment.

- Above all, we act with integrity

We are constantly striving to uphold the highest professional standards, provide sound advice and rigorously maintain our independence.

Our values are at the heart of our Global Code of Conduct, which defines the standards of ethical conduct we require of people in KPMG member firms worldwide.

1 Strategische Bedeutung der Unternehmenskultur

"I came to see, in my time at IBM, that culture isn't just one aspect of the game – it is the game."

Louis Gerstner, CEO IBM von 1993 bis 2002

Das Phänomen „Kultur“ hat in den letzten Jahren verstärkt Eingang in die Betriebswirtschaftslehre und speziell in die Lehre vom Strategischen Management gefunden. Nachdem kulturelle Aspekte Jahrzehnte nicht oder nur am Rande Beachtung fanden, ist die Zahl von Veröffentlichungen zu diesem Themenkomplex mit Beginn der 80er Jahre sprunghaft angestiegen.

Es stellen sich somit **zwei Fragen**:

- Worin liegen die Gründe für das zunehmende Interesse von Wissenschaft und Unternehmenspraxis an Fragen der Unternehmenskultur?
- Was rechtfertigt die Berücksichtigung kultureller Aspekte im Rahmen der Betriebswirtschaftslehre und insbesondere des Strategischen Managements?

[1] Gründe für das zunehmende Interesse an der Unternehmenskultur

(a) Ein Grund für das wachsende Interesse an der Kultur im Unternehmen ist in der kritischen Überprüfung der dem Wirtschaften in Unternehmungen zu Grunde liegenden **Werthaltungen** auf dem Boden einer allgemeinen Sinn- und Orientierungskrise der Betriebswirtschaftslehre zu sehen (vgl. *Heinen/Fank* [Unternehmenskultur] 1ff.). Zahlreiche Diskussionen über Wertprobleme in den Wirtschaftswissenschaften und entsprechende Veröffentlichungen zum Thema „Wirtschaft und Ethik“ sind Indikatoren dieser Entwicklung.

(b) Ein weiterer Grund ist im großen Erfolg japanischer Unternehmen in den USA und - etwas verzögert - in Europa in den 80er und 90er Jahren zu sehen. Es wird in diesem Zusammenhang von einem „Japan-Schock“ gesprochen. Vereinfacht kann man auch sagen: Was für die Entwicklung von Früherkennungssystemen der „Ölpreis-Schock“, war für die Unternehmenskultur der **„Japan-Schock“**. Niedrigere Lohn- und Lohnnebenkosten sowie eine Industriepolitik, deren Ziel die Integration der japanischen Wirtschaft und die Schaffung der dazu notwendigen Strukturen war, sind Ansätze, welche die Überlegenheit japanischer Unternehmen nur z.T. erklären konnten. Zunehmend rückten vielmehr kulturelle Aspekte ins Blickfeld. Wichtige Veröffentlichungen, wenngleich mit teilweise populärwissenschaftlichem Charakter, sind: „Culture`s Consequences“ (*Hofstede*, 1980), „Theory Z“ (*Ouchi*, 1981), „The Art of Japanese Management“ (*Pascale/Athos*, 1981), „In Search of Excellence“ (*Peters/Waterman*, 1982), „Corporate Cultures“ (*Deal/Kennedy*, 1982), „Organizational Culture and Leadership“ (*Schein*, 1985).

Alle diese Autoren kommen zu der Erkenntnis, dass neben den Organisationsstrukturen ein entscheidender Faktor für den Erfolg einer Unternehmung in der sie umgebenden Kultur bzw. in ihrer eigenen Unternehmenskultur zu sehen ist. Sie füllt die Struktur „mit Leben".

(c) Die zunehmenden **Internationalisierungsbestrebungen** von Unternehmen und die damit zusammenhängende **Globalisierung** der Märkte führen dazu, dass tagtäglich unterschiedliche kulturelle Prägungen aufeinander treffen. Lieferanten, Nachfrager, Wettbewerber sowie staatliche Stellen entstammen mitunter höchst ungleichen Kulturen. Die Gründung eigener Tochtergesellschaften oder eines Joint Venture im Ausland führt ebenso zur Begegnung verschiedenartiger Kulturen wie der Abschluss von Kooperationen oder die Bildung strategischer Allianzen. Kultur und Unternehmenskultur werden so zu wichtigen Faktoren im Unternehmensalltag. Erfolg im internationalen Wettbewerb hängt, wie diese Beispiele zeigen, auch von der Kenntnis und der Berücksichtigung der kulturellen Heterogenität des Umfeldes ab.

(d) Ein weiterer Grund für die Hinwendung zu Fragen der Kultur bzw. zu qualitativen Faktoren allgemein findet sich im **methodischen Bereich**. Es ist inzwischen eine gewisse Ernüchterung bezüglich der Problemlösungsfähigkeit quantitativer Methoden in der Betriebswirtschaftslehre und eine Rückbesinnung auch auf **qualitative, weiche Größen** und entsprechende Methoden eingetreten. Hinzu kommt der Übergang von einer isolierten und reduktionistischen zu einer integrierten und ganzheitlichen Sichtweise. Diese legt die Beachtung kultureller Aspekte nahe. Dabei darf allerdings nicht übersehen werden, dass mit dem Begriff „Kultur" ein theoretisch wenig fundiertes Terrain beschritten wird. Nach wie vor besteht ein beträchtlicher Erklärungsbedarf bezüglich des Zusammenhangs von Unternehmenserfolg und Stärke der Unternehmenskultur.

[2] Ansatzpunkte für die Berücksichtigung der Unternehmenskultur im Strategischen Management

Ob allein das gestiegene Interesse an Fragen der Kultur schon ihre Einbeziehung in die Betriebswirtschaftslehre rechtfertigt, ist zweifelhaft. Entscheidend hierfür ist vielmehr, ob die Berücksichtigung kultureller Phänomene zu einem Erkenntnisfortschritt in der betriebswirtschaftlichen Theorie einerseits und der unternehmerischen Praxis andererseits führt.

Es wird im Folgenden zu klären sein, inwieweit die Einbeziehung kultureller Aspekte den deskriptiven, theoretischen und pragmatischen Zielen der Wissenschaft vom Strategischen Management dienen kann oder ob man damit lediglich einer kurzweiligen Modeerscheinung folgt:

- Kann durch die Berücksichtigung kultureller Aspekte ein der Realität näher kommendes Bild von Unternehmen, ihren Umweltbeziehungen und ihren internen Prozessen gezeichnet werden (**deskriptives Wissenschaftsziel**)?
- Werden durch den Einbezug kultureller Phänomene die Reichweite und Erklärungskraft theoretischer Aussagen im Strategischen Management verbessert (**theoretisches Wissenschaftsziel**)?

- Kann die Effizienz betriebswirtschaftlicher und insbesondere strategischer Entscheidungen durch die Berücksichtigung kultureller Aspekte gefördert und dadurch die Wettbewerbsfähigkeit von Unternehmen verbessert werden (**pragmatisches Wissenschaftsziel**)?

Wir werden im folgenden Abschnitt zunächst eine systematische Annäherung an das Phänomen „Unternehmenskultur" vollziehen, um eine möglichst genaue Kenntnis von diesem Gegenstand zu erlangen. In den Abschnitten 3 und 4 ist zu zeigen, welche Bereiche und Faktoren auf den Charakter und die Entwicklung von Unternehmenskultur Einfluss nehmen und wie Unternehmenskultur selbst innerhalb der Unternehmung wirkt. Im abschließenden fünften Abschnitt werden wir uns der Frage zuwenden, ob und ggf. wie Unternehmenskultur zielorientiert gestaltet werden kann.

2 Das Phänomen Unternehmenskultur

Bevor wir uns mit den oben skizzierten Fragen und Problemfeldern der Unternehmenskultur beschäftigen, sind zunächst die Grundlagen des Phänomens **„Kultur"** zu erörtern. Anschließend wollen wir die gewonnenen Erkenntnisse auf den Kulturträger „Unternehmung" übertragen und dort vertiefen.

2.1 Begriff und Kennzeichen einer Kultur

Das Phänomen „Kultur" ist traditionell Gegenstand von Anthropologie, Soziologie und Psychologie. Diese Wissenschaften haben eine Reihe von Begriffsfassungen hervorgebracht, die sich teilweise in Abhängigkeit von der Forschungsrichtung in ihrer inhaltlichen Akzentuierung und ihrem Geltungsbereich unterscheiden:

- **Kultur** ist ein Muster von gemeinsamen Wert- und Normenvorstellungen, die über bestimmte Denk- und Verhaltensweisen die Entscheidungen und Handlungen der Organisationsmitglieder prägen (*Heinen/Fank* [Unternehmenskultur]).
- **Kultur** ist die im Laufe der Zeit erworbene kollektive Programmierung, die Mitglieder einer Gruppe von anderen unterscheidet. Kultur wirkt als normative Klammer integrierend (*Scholz* [Strategisches Management]).
- **Culture** is a pattern of shared basic assumptions - invented, discovered, or developed by a given group as it learns to cope with its problems of external adaptation and internal integration - that has worked well enough to be considered valid and, therefore, to be taught to new members of the group as the correct way to perceive, think, and feel in relation to those problems (*Schein* [Organizational Culture]).

Kultur kann zunächst als Unterscheidungs- und Abgrenzungskriterium für soziale Gruppen aufgefasst werden, wobei Werte und Normen sowie die daraus abgeleiteten Denk- und Handlungsweisen die eigentlichen Kriterien der Unterscheidung und Abgrenzung sind. Die in den Kulturbegriffen angesprochenen sozialen Gruppen können Volksgruppen, Völker oder Völkergemeinschaften sein. Darüber hinaus ist der Kulturbegriff auch übertragbar auf Institutionen aller Art wie politische Parteien, Regierungen, Verbände, Vereine, Schulen, Krankenhäuser oder Unternehmungen. Entsprechend können wir **Gruppenkulturen, Organisationskulturen (Unternehmenskulturen), Branchenkulturen und Gesellschaftskulturen** unterscheiden (vgl. Abb. 6-2). Der Kulturbegriff kann, in Abwandlung der gegebenen Definition, an Stelle von Gruppen auch für Individuen benutzt werden. Es ist dann von **Individual- oder Privatkultur** die Rede.

Kultur wird häufig durch Attribute wie „unsichtbar", „ungreifbar" oder „komplex" beschrieben. Deshalb spricht man gerne, so auch hier, von einem **Phänomen**.

Bleicher ([Organisation II] 175 f.) kennzeichnet die Kultur einer sozialen Gruppe durch folgende Eigenschaften:

- Kultur ist **menschengeschaffen**: Sie ist ein Produkt kollektiven gesellschaftlichen Denkens und Handelns von Menschen.
- Kultur ist **überindividuell**: Sie ist ein soziales Phänomen, das die einzelne Person überdauert.
- Kultur ist **verhaltenssteuernd**: Sie drückt sich in (nichtformalisierten) Regeln, Normen, Werten, Einstellungen und Verhaltenskodices aus (shared basic assumptions).
- Kultur strebt nach **innerer Konsistenz und Integration**: Sie stellt jedem einzelnen Individuum bewährte Methoden zur Lösung der Probleme des täglichen Überlebens und zur Befriedigung biologischer und sozialer Grundbedürfnisse zur Verfügung.
- Kulturen sind **anpassungsfähig** und unterliegen Veränderungsprozessen, die im Falle der Kultur-Evolution (im Gegensatz zur Kultur-Revolution) graduell und allmählich ablaufen.
- Kultur ist **erlernbar**.

Diese Eigenschaften kennzeichnen das Wesen der Kultur allgemein. Zur Unterscheidung verschiedenartiger Kulturen können die Kriterien „Art“ und „Stärke“ der Kultur herangezogen werden.

(a) **Stärke** bezeichnet das Maß, in dem das Normen- und Wertesystem von der Gesamtheit der Kulturmitglieder geteilt und akzeptiert wird. Eine starke Kultur ist gegenüber äußeren Einflüssen resistenter als eine schwache. In den Abschnitten 3 und 4 werden wir explizit auf diesen Aspekt zurückkommen.

(b) Bezüglich der **Art** von Kultur sind, je nachdem, welche Elemente oder Kombinationen von Elementen die Kultur kennzeichnen, verschiedene Ausprägungen zu finden. So können Kulturen bspw. eher **individualistisch** oder eher **kollektivistisch** ausgeprägt sein. In individualistisch orientierten Gesellschaften (dazu werden die USA und die meisten westeuropäischen Länder gezählt) stehen das Wohl des Einzelnen und damit auch die Anforderungen an ihn im Vordergrund, wohingegen in kollektivistischen Gesellschaften oder Kulturen (z.B. in Japan) die Bindung des Einzelnen an die Gemeinschaft (Familie, Unternehmung etc.) wesentlich stärker ausgeprägt ist. Kollektive Entscheidungen und Verantwortung dominieren dort gegenüber einer individuellen Grundeinstellung.

2.2 Begriff der Unternehmenskultur

Wir wollen uns nun, nachdem im vorangegangenen Abschnitt eine erste Annäherung an das Phänomen „Kultur“ erfolgt ist, den kulturellen Aspekten der Institution „Unternehmung“ zuwenden. In Anlehnung an die oben dargestellten Kulturbegriffe wollen wir Unternehmenskultur wie folgt definieren:

Unternehmenskultur ist die Gesamtheit von im Laufe der Zeit in einer Unternehmung entstandenen und akzeptierten Werten und Normen, die über bestimmte Wahrnehmungs-, Denk- und Verhaltensmuster das Entscheiden und Handeln der Mitglieder einer Unternehmung prägen.

Unternehmenskultur kann auch als ein Bündel von emotional gewonnenen, verhaltensbeeinflussenden Wertvorstellungen verstanden werden. *Scholz* ([Strategisches Management] 88) spricht vom impliziten Bewusstsein eines Unternehmens, das sich aus dem Verhalten der Organisationsmitglieder ergibt und das umgekehrt die formalen sowie die informalen Verhaltensweisen der Individuen steuert. *Scott-Morgan* ([Spielregeln]) spricht in diesem Zusammenhang von „den heimlichen Spielregeln, der Macht der ungeschriebenen Gesetze in Unternehmen“.

Ähnlich wie beim Organisationsbegriff werden auch hier bezüglich des Verhältnisses von Unternehmung und Kultur zwei grundsätzlich unterschiedliche Ansichten vertreten:

Instrumenteller Unternehmenskulturbegriff

Nach ihm ist die Unternehmenskultur als Instrument der Unternehmensführung zu verstehen. In diesem Fall **hat** die Unternehmung eine Kultur, ähnlich wie sie über ein Planungs- und Kontrollsystem oder über bestimmte Technologien verfügt. Der Unternehmenskultur wird v.a. die Aufgabe der Koordination und der Motivation zugesprochen.

Institutioneller Unternehmenskulturbegriff

Er fasst die Unternehmung als soziales Gebilde mit akzeptierten und gelebten Werten und Normen auf. Die Mitarbeiter sind Kulturträger und Kulturgestalter zugleich. In diesem Fall **ist** die Unternehmung eine Kultur (vgl. *Schreyögg* [Organisationskultur] 1525).

Verwandt aber nicht zu verwechseln mit dem Begriff „Unternehmenskultur“ sind die Begriffe „Betriebsklima“ und „Corporate Identity“. Im Gegensatz zur Unternehmenskultur beschreibt das **Betriebsklima** den Grad der Übereinstimmung zwischen den Erwartungen und Bedürfnissen der Organisationsmitglieder und der Arbeitsatmosphäre in der Unternehmung (vgl. *Bleicher* [Unternehmungskultur] 224f.). Dabei resultieren die Erwartungen und Bedürfnisse aus der kulturellen Prägung der Individuen bzw. der Unternehmung.

Corporate Identity bezeichnet das einheitliche Erscheinungsbild der Unternehmung nach außen, die Repräsentanz der Unternehmung.

Auch hier besteht eine Beziehung zum Begriff der Unternehmenskultur. Corporate Identity ist als Teil des nach außen sichtbaren Symbolsystems einer Unternehmenskultur aufzufassen. Unternehmenskultur selbst ist jedoch weit mehr als nur symbolische Repräsentation. Auf die Bedeutung von Symbolen innerhalb des Phänomens „Unternehmenskultur" werden wir im folgenden Abschnitt genauer eingehen.

2.3 Ebenen der Unternehmenskultur

Bei genauerem Hinsehen wird durch den verwendeten Unternehmenskulturbegriff vor allem das Normen- und Wertesystem der Unternehmung beschrieben und in seiner Wirkung gekennzeichnet. Dieses **Normen- und Wertesystem** begreifen wir als den Kern der Unternehmenskultur. Wie aber verhält es sich mit ihren sichtbaren Elementen?

Wenngleich wir wissen, dass Unternehmenskultur ein unsichtbares und ungreifbares Phänomen ist, so kennen wir doch eine Reihe von Indikatoren, anhand derer ihre Beschreibung und Beurteilung möglich erscheint. Diese Indikatoren oder Artefakte bezeichnen wir als **Symbolsystem** einer Unternehmenskultur.

Elemente eines derartigen Symbolsystems der Unternehmenskultur können sein:

- **Riten und Rituale** (Feiern, Jubiläen, Beförderungen, Verabschiedungen, Entlassungen, Ernennung zum „Verkäufer des Jahres"),
- **Mythen und Geschichten** (Pioniere, Gründer, Erfolge und Krisen der Vergangenheit),
- **Corporate Identity** (Architektur des Gebäudes, Fuhrpark, Druckerzeugnisse, Messestand, Kleidung, Logo),
- **Wahrgenommene Atmosphäre und Leistungen** (Sprache, Pünktlichkeit, Zuverlässigkeit, Besucherempfang, Prämien, Namensschilder).

Das **Symbolsystem** bildet die oberste Ebene in einem Schichtenmodell der Unternehmenskultur. Symbole sind Sinnbilder, die stellvertretend für etwas anderes, nicht direkt Wahrnehmbares stehen. Als sichtbare Oberfläche der Unternehmenskultur stellt das Symbolsystem den einzigen praktischen Anknüpfungspunkt für ihre Beschreibung und Bewertung und damit ihre Gestaltung dar.

Das **Normen- und Wertesystem** ist zwar der Kern einer Unternehmenskultur, ihre Wurzeln liegen jedoch tiefer. Die Basis einer Unternehmenskultur ist in einem **System von Grundannahmen** zu sehen, das von den Mitgliedern der Unternehmung vorbehaltlos und ohne weitere Hinterfragung und Überprüfung geteilt wird. Die Grundannahmen sind unsichtbar, werden nur selten bewusst wahrgenommen und stellen die Grundlage für das Denken und Handeln dar. Sie bilden die unterste Ebene der Unternehmenskultur.

Abb. 6-1 zeigt das bekannte **Schichtenmodell der Unternehmenskultur** nach *Edgar Schein*. Es stellt eine wesentliche Hilfe zur gedanklichen Durchdringung des Phänomens „Unternehmenskultur" dar.

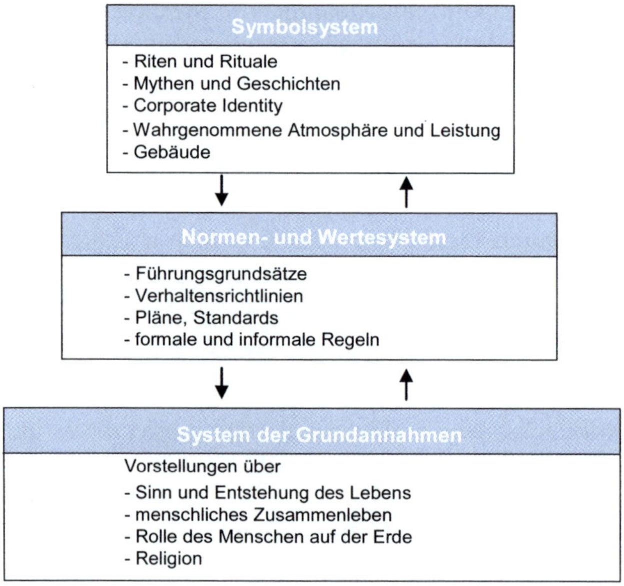

Abb. 6-1: Unternehmenskulturebenen (Quelle: *Schein* [Organizational Culture] 14)

Dieses Schichtenmodell lässt sich auf alle Kulturbereiche anwenden. Man findet diese drei Ebenen bei der Gesellschaftskultur ebenso wie bspw. bei der Individualkultur. Abb. 6-2 zeigt die verschiedenen dargestellten Aspekte (Merkmale, Bereiche und Ebenen) von Kultur bzw. Unternehmenskultur im Zusammenhang:

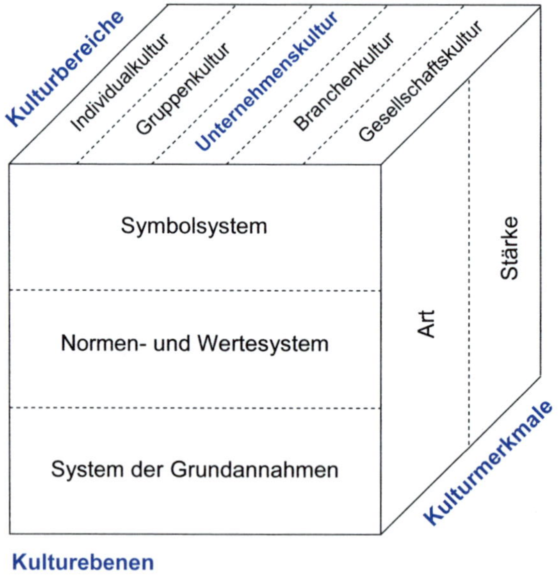

Abb. 6-2: Merkmale, Bereiche und Ebenen von Kultur bzw. Unternehmenskultur

Bisher haben wir vereinfachend eine homogene Unternehmenskultur i.S. einer **Einheitskultur** unterstellt. Eine derartige Vorstellung entspricht nur selten den realen Gegebenheiten. Unternehmenskulturen setzen sich i.d.R. aus verschiedenartigen **Teil- oder Subkulturen** zusammen. Die Geltungsbereiche derartiger Subkulturen sind häufig identisch mit den Grenzen spezifischer Teilsysteme oder -bereiche der Unternehmung (z.B. FuE). Dabei können regionale, funktionale, hierarchische oder interessenspezifische Aspekte einzelne Teilsysteme entwickeln, die dann eigene Subkulturen herausbilden. Es muss sich also nicht um formal organisatorische und damit leicht zu identifizierende Teilsysteme handeln. Die Gesamtheit aller Subkulturen sowie die zwischen diesen bestehenden Beziehungen bilden dann die Unternehmenskultur.

Das Verhältnis von Subkulturen untereinander wird deutlich, wenn man auf die von *Burns/Stalker* geprägte Unterscheidung zwischen organischen und mechanistischen Organisationsstrukturen zurückgreift (vgl. *Bleicher* [Unternehmenskultur] 232):

Mechanistische Subkulturen entstehen in Teilsystemen mit vorwiegend standardisierten, formalisierten und weitgehend programmierbaren Arbeitsabläufen. Die Identifikation mit der Aufgabe tritt in den Hintergrund. Mechanistische Subkulturen findet man demzufolge häufig in Produktionsbereichen oder im Rechnungswesen/Controlling.

Organische Subkulturen entwickeln sich, wenn die Aufgaben komplexer werden und einen relativ hohen Neuigkeitsgrad besitzen. Möglichkeiten der Standardisierung und Formalisierung sind stark begrenzt, Motivation und Kreativität, die Arbeit in Teams sowie offene Kommunikationsstrukturen und hohe Umfeldsensibilität sind kennzeichnend. Organische Subkulturen entwickeln sich häufig in den Bereichen FuE oder Marketing.

Die **Beziehungen zwischen den Subkulturen** können **komplementär, indifferent oder konfliktär** sein. Ergänzen und fördern sich die Werte und Normen der Subkulturen, so liegt ein komplementäres Verhältnis vor, widersprechen und bekämpfen sie sich, so ist das Verhältnis konfliktär. Indifferenz herrscht, wenn sich Werte und Normen weder fördern noch behindern. Das Aufeinandertreffen mechanistischer und organischer Subkulturen kann bspw. erhebliche Spannungen und Probleme und damit Ineffizienz verursachen. Dominiert die mechanistische Subkultur in der Unternehmung, so wird die Innovationsfähigkeit in den FuE-Bereichen leiden, dominiert die organische Subkultur, wird die Effizienz der Produktion zurückgehen.

Die Existenz unterschiedlicher Subkulturen in der Unternehmung hat, wie gezeigt, durchaus ihre Berechtigung. Unterschiedliche Funktionen, Hierarchieebenen oder Regionen können unterschiedliche subkulturelle Prägungen erfordern bzw. entwickeln. Die Abstimmung bzw. **Harmonisierung** der Subkulturen untereinander - was nicht Vereinheitlichung, sondern Herstellung eines **Intra-Kultur-Fit** bedeutet - ist damit eine wichtige Aufgabe im Strategischen Management (vgl. Teil 1, S. 16ff.).

2.4 Typen der Unternehmenskultur

Will man eine Unternehmenskultur beschreiben und erfassen, so wird man sich an den sichtbaren Symbolen der Unternehmenskultur orientieren. Die Ausprägungen derartiger Symbole bedürfen jedoch in aller Regel der **Interpretation**. Hieraus ergeben sich Probleme, nicht zuletzt dadurch, dass der Beobachtende und Interpretierende selbst eine bestimmte kulturelle Prägung besitzt (Ethnozentrismus).

Eine grundsätzliche Eigenschaft jeder Unternehmenskultur ist ihre **Intensität oder Stärke**. Eine starke Unternehmenskultur kann unterstellt werden, wenn das Normen- und Wertesystem unternehmensweit einen nachhaltigen Einfluss auf das tägliche Denken und Handeln in der Unternehmung hat, also bspw. durch die Erzeugung eines Basiskonsenses gemeinsame Wahrnehmungs-, Denk- und Handlungsprozesse ermöglicht. Eine derartige Konstellation ist häufig in mittelständischen Unternehmen anzutreffen, die von einer starken Persönlichkeit dominiert sind. Da wir davon ausgehen, dass sich die Unternehmenskultur aus einer Reihe von Subkulturen zusammensetzt, bedeutet dies zugleich, dass bestimmte Anforderungen an die Subkulturkonstellation zu stellen sind. Nicht die Identität von Subkulturen i.S. von Gleichheit, sondern die Form des **Intra-Kultur-Fit** sind für die Stärke der (Gesamt-)Unternehmenskultur entscheidend.

Neben der Stärke gibt die **Art** der Unternehmenskultur Hinweise auf ihre Beschaffenheit. Die Ausprägung einer Unternehmenskultur kann u.a. anhand der in Abb. 6-3 genannten acht Merkmale beschrieben werden. Die Verbindungslinie innerhalb des Kreises soll eine konkrete Unternehmenskultur charakterisieren. Bei aller Überzeugungskraft derartiger Beschreibungen muss man sich der starken Vereinfachung und damit Distanz zur Realität bewusst sein.

Ebenfalls zur Vereinfachung der Realität wurden **Typen der Unternehmenskultur** entwickelt. Dabei wurden stets mehrere Kulturmerkmale gleichzeitig herangezogen. Auch solche Typologien dienen primär einem deskriptiven Wissenschaftsziel und reduzieren die Komplexität durch die Konzentration auf einige wenige Merkmale. Darin liegen gleichzeitig Wert und Gefahr von Typologien begründet.

Die wohl populärste Typologie von Unternehmenskulturen haben *Terrence E. Deal* und *Allan A. Kennedy* (1982) vorgelegt. Sie gehen von zwei Kriterien aus:

- **Risikobereitschaft** (bei Entscheidungen) und
- **Geschwindigkeit des Feedback** aus dem Markt, mit der eine Aktivität sich als nachteilig oder vorteilhaft erweist.

Aus der Kombination dieser beiden Dimensionen mit den Ausprägungen hoch/niedrig (Risikobereitschaft) und schnell/langsam (Feedback) resultieren **vier Kulturtypen** (vgl. Abb. 6-4).

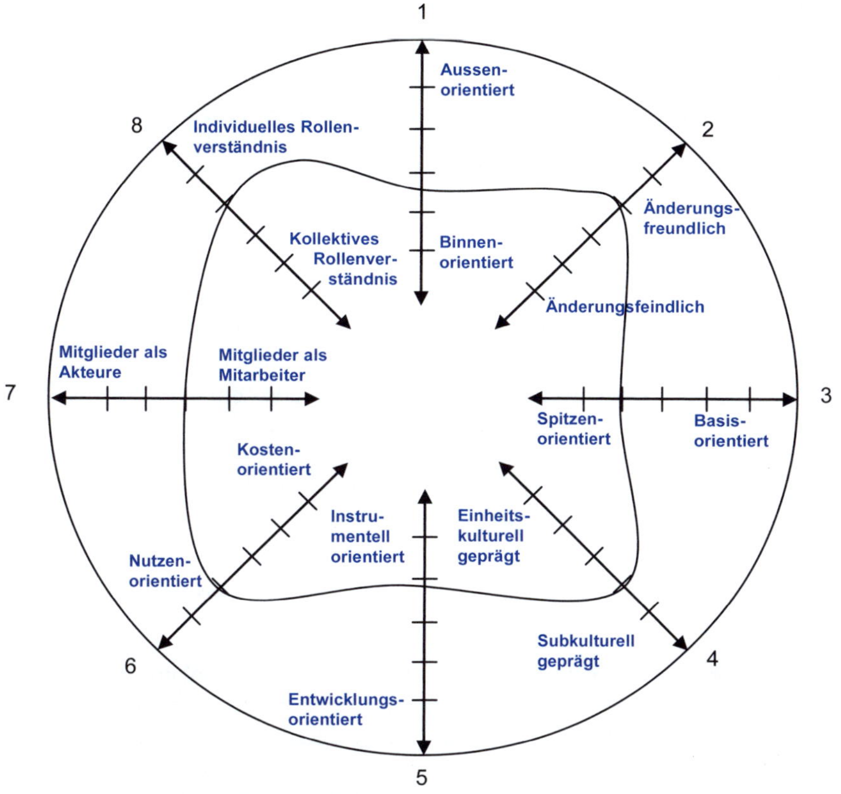

Abb. 6-3: Merkmale der Unternehmenskultur
(nach *Bleicher* [Unternehmungskultur] 235ff.)

Deal/Kennedy kennzeichnen diese vier Typen wie folgt:

[1] The tough-guy, macho culture (Macho-Kultur)

Die Mitarbeiter sind Individualisten mit hoher Risikobereitschaft. Sie erwarten ein schnelles Feedback zum Erfolg ihrer Aktionen.

> Beispiele: Unternehmensberatungen, Finanzdienstleister, Broker, Marketing- und Werbeagenturen.

[2] The work-hard/play-hard culture (Harte Arbeit-Viel Spaß-Kultur)

Die Mitarbeiter leisten harte, aber attraktive Arbeit. Das Risiko ist relativ gering und es wird ein rasches Feedback erwartet.

> Beispiele: Telekommunikationsunternehmen, Computer- und Softwarehersteller, (Automobil-)Handel.

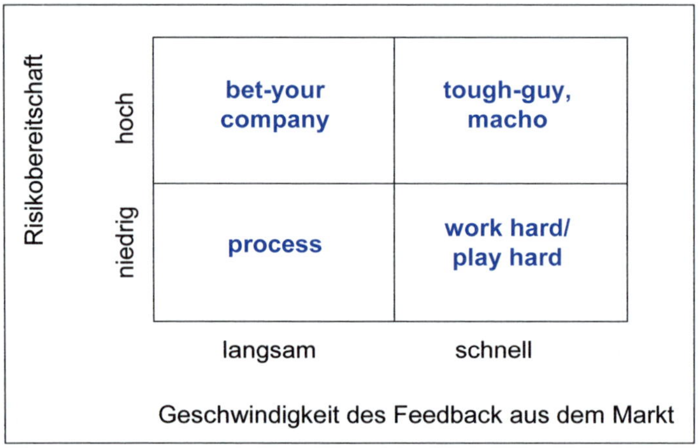

Abb. 6-4: Kulturtypen nach *Deal/Kennedy* ([Corporate Cultures] 107ff.)

[3] The bet-your-company culture (Risiko-Kultur)

Die Unternehmungen und ihre Mitarbeiter gehen mit sehr großen Investitionen sehr hohe Risiken ein. Ein Feedback erfolgt erst nach Jahren.

Beispiele: Anlagenbau, Forschungs- und Entwicklungsabteilungen und -institute.

[4] The process culture (Prozess-Kultur oder Bürokratie)

Die Mitarbeiter erfüllen ihre Aufgaben mit geringem Risiko. Ein schnelles Feedback wird nicht erwartet.

Beispiele: Versicherungen, Banken, Bilanzabteilungen.

Eine **weitere Typologie** hat *Bleicher* entwickelt. Sie ist mehrdimensional angelegt und beruht auf den in Abb. 6-3 genannten Merkmalen. Welche Kulturtypen *Bleicher* im Einzelnen aus diesen Dimensionen gewinnt, zeigt die folgende Übersicht in Abb. 6-5:

Offenheit der Unternehmenskultur

außenorientiert/offen änderungsfreundlich	⟷ ⟷	binnenorientiert/geschlossen änderungsfeindlich
vernetzte, zukunftsorientierte Kultur	⟷	insulare, traditionsorientierte Kultur

Differenziertheit der Unternehmenskultur

basisorientiert subkulturell geprägt	⟷ ⟷	spitzenorientiert einheitskulturell geprägt
Subkulturen	⟷	Einheitskultur

Kulturprägende Rolle der Führung

entwicklungsorientiert nutzenorientiert	⟷ ⟷	instrumentell orientiert kostenorientiert
unternehmerische Führungskultur	⟷	Technokratie

Kulturprägende Rolle der Mitarbeiter

Akteursrolle individ. Rollenverständnis	⟷ ⟷	Mitgliedschaftsrolle kollekt. Rollenverständnis
Individualkultur	⟷	Teamkultur

Abb. 6-5: Kulturtypen in Anlehnung an *Bleicher* ([Unternehmungskultur] 235ff.)

3 Einflüsse auf die Unternehmenskultur

Beispiel: Die Drogeriemarktkette *Schlecker* ist im Jahre 2012 in die Insolvenz geraten. Der Insolvenzverwalter *Arndt Geiwitz* sieht im Einfluss des Firmengründers auf die Unternehmenskultur die Hauptursache für den Niedergang des *Schlecker*-Imperiums und gleichzeitig auch den Ansatz für die Lösung des Problems: „Wiederholt sprach der Insolvenzverwalter vom „kompromisslosen Kulturwandel", der *Schlecker* wieder das Vertrauen zurückbringen soll, das man unter der „patriarchalischen Führung" des Firmengründers verloren habe. *Geiwitz* zollte *Anton Schlecker* seine Anerkennung für dessen unternehmerische Leistung. Aber sein größter Fehler sei womöglich dieser Führungsstil und die Undurchsichtigkeit der Entscheidungsprozesse gewesen."

(*Stuttgarter Zeitung* vom 01.03.2012)

Stefanie Nutzenberger vom *Verdi*-Vorstand argumentiert so: „Jetzt komme es darauf an, ein glaubwürdiges Konzept zu erarbeiten. Außerdem sei es unerlässlich, einen Kulturwandel einzuleiten. Dazu ist es wichtig und notwendig, einen Bruch mit der alten Führung und den alten Führungsmethoden und eine Neuausrichtung vorzunehmen." (*Stuttgarter Zeitung* vom 01.03.2012)

3.1 Einflussbereiche

Was macht eine Unternehmenskultur zu dem, was sie ist? Welche Elemente haben prägenden Einfluss auf die Unternehmenskultur (determinieren sie) und wie sehen die Mechanismen dieser Prägung aus?

Die Beantwortung dieser Fragen führt zur Entwicklung einer **Theorie der Unternehmenskultur**. Erst auf der Grundlage solchen Wissens ist eine zielorientierte Gestaltung der Unternehmenskultur möglich. Eine derartige Theorie liegt jedoch nur in **Fragmenten** vor. Dies liegt vor allem an der **Komplexität** des Beziehungsgeflechts von Unternehmenskultur und ihren Einflussfaktoren einerseits sowie ihren Wirkungen auf dritte Größen andererseits. Entsprechend komplex ist auch der Prozess, in dem die Unternehmenskultur selbst entsteht, und entsprechend vielschichtig sind die Wirkungen der Unternehmenskultur. Hinzu kommt, dass die Unternehmenskultur beeinflussende und von der Unternehmenskultur beeinflusste Größen teilweise identisch sind, das Beziehungsgeflecht also durch **interdependente Beziehungen** gekennzeichnet ist. Diese Erkenntnisse sind nicht weiter verwunderlich, sind doch bereits bei der Beschreibung des Unternehmenskulturphänomens erhebliche Schwierigkeiten aufgetreten.

Um dennoch einen Einblick in die Entstehung und Entwicklung einer Unternehmenskultur zu gewinnen, wollen wir einzelne, besonders augenfällige Einflussgrößen und -wirkungen schlaglichtartig erhellen. Wir müssen uns dabei aber bewusst sein, dass ohne empirische Prüfung solche Aussagen durchaus spekulativen Charakter besitzen können.

Zunächst geht es um die Frage der **Determinanten** der Unternehmenskultur. Abb. 6-6 können wir entnehmen, dass die Unternehmenskultur in eine **Branchenkultur** bzw. in eine **Gesellschaftskultur** eingebettet ist. Es ist plausibel anzunehmen, dass diese Kulturbereiche, die unter dem Begriff **„Umkultur"** zusammengefasst werden können, über die zahlreichen Beziehungen, welche zwischen einer Unternehmung und ihrer Umwelt existieren, einen signifikanten Einfluss auf die Entwicklung der Unternehmenskultur haben.

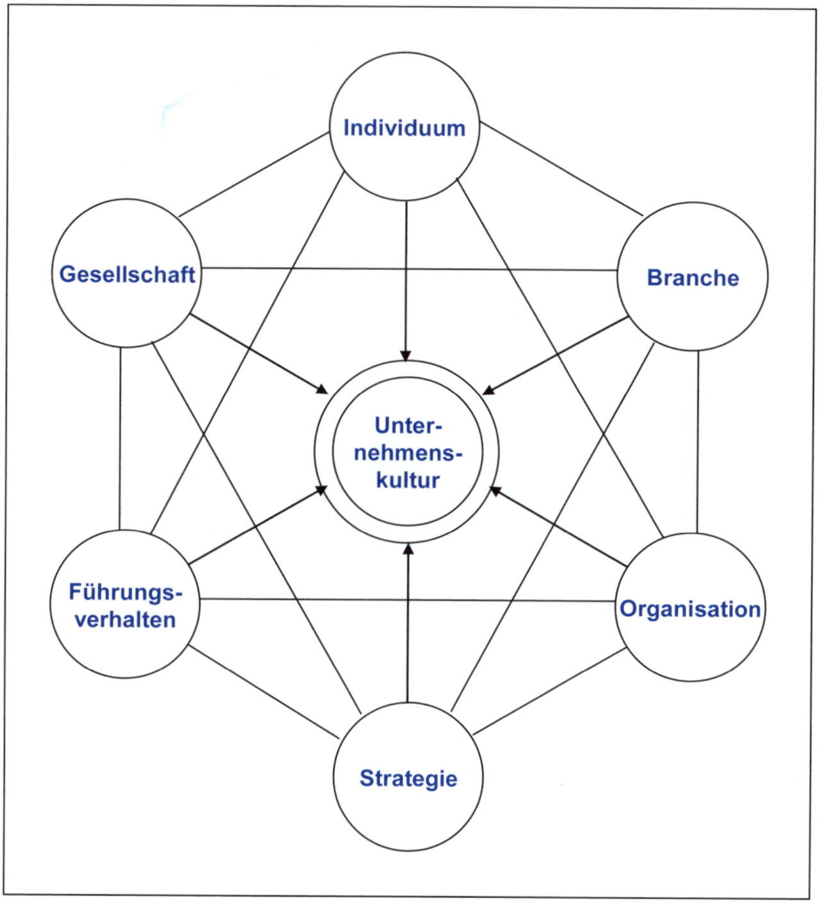

Abb. 6-6: Einflussfaktoren auf die Unternehmenskultur

Aus der Beschreibung der Eigenschaften von Kulturen (vgl. S. 450) wissen wir, dass „Kultur" zwar ein überindividuelles, dennoch aber ein menschengeschaffenes und soziales Phänomen ist. Wenngleich damit gesagt ist, dass eine Unternehmenskultur weit mehr als die bloße Summe der Individualkulturen ihrer Mitarbeiter darstellt, so impliziert dies zugleich, dass das einzelne **Individuum** und seine kulturelle Prägung die Unternehmenskultur wesentlich mitbestimmen. Dem Individuum kommt auch insofern eine **Sonderstellung** zu, als angenommen werden kann, dass viele der anderen Determinanten indirekt über die Individualkulturen der Mitarbeiter auf die Unternehmenskultur wirken.

Als letzte Determinantengruppe wollen wir unternehmensinterne Faktoren behandeln. Dabei scheinen die **Strategie**, die **Organisation** (im strukturellen Sinn) und das **Führungsverhalten** als Einflussgrößen plausibel. Die Forderung nach einem Intra-System-Fit aller Subsysteme legt die Annahme eines Einflusses dieser Faktoren auf die Unternehmenskultur nahe.

3.1.1 Individuum

Wir haben gesehen, dass es sinnvoll ist, in Abwandlung des auf soziale Gruppen bezogenen Kulturbegriffs, auch von der kulturellen Prägung von Personen zu sprechen. Wie bei einer Personenmehrheit manifestiert sich die Individualkultur in den drei Ebenen „System der Grundannahmen", „Normen- und Wertesystem" sowie „Symbolsystem".

Das **Sozialisationskonzept** vermittelt einen Eindruck davon, wie die individualkulturelle Prägung entsteht. Kultur wird nicht bewusst gelernt, sondern in einem Sozialisationsprozess vermittelt. **Sozialisation** wird dabei als unbewusster **Lernprozess** des Hineinwachsens in ein soziales Beziehungsgefüge verstanden, wobei verschiedene Phasen dieses Prozesses unterschieden werden. Wir wollen hier - etwas vereinfachend - von **zwei Phasen** der Sozialisation ausgehen:

Die **primäre Sozialisation** findet im Kindesalter eines Menschen statt und ist durch folgende Merkmale gekennzeichnet (vgl. *Giddens* [Sociology] 60):

- Das Lernen erfolgt zunächst fast ausschließlich über die affektive Beziehung zu einem bestimmten Sozialisationspartner (häufig ein Elternteil).
- Die Stabilität und teilweise Zwanghaftigkeit dieser Beziehung führt zu einer Identifikation mit den vorgelebten Werten und Normen und so zu ihrer Internalisierung.
- Im fortschreitenden Kindesalter nimmt die Zahl der Sozialisationspartner allmählich zu (z.B. Freunde), was zu einer Modifikation und Festigung der internalisierten Werte führt.
- Die Phase der primären Sozialisation endet, wenn eine eigene Identität gewonnen wurde, die Gesellschaft und die eigene Position darin erkannt sind, und ein sich selbst bewusster, wissensfähiger Mensch entstanden ist.

Die **sekundäre Sozialisation** schließt sich an die primäre an und dauert das ganze Leben über fort. Eine exakte Grenzziehung zwischen primärer und sekundärer Sozialisation ist nicht möglich. Die zentralen Unterschiede zwischen beiden Phasen bestehen darin, dass jetzt die affektive Komponente gegenüber der (rational-) kognitiven an Bedeutung verliert, die Zahl der Sozialisationspartner erheblich zunimmt (z.B. Schule und Lehrer, Kirche, Politik, Kollegen und Vorgesetzte am Arbeitsplatz) und eine relativ große Freiheit bezüglich der Wahl der Sozialisationspartner besteht. Der Mensch kann hier also über die Annahme und Internalisierung von

Werten in gewissem Umfang selbst entscheiden, er kann bestimmte Rollen übernehmen oder ablehnen. Da die primär sozialisierten Werte tief im Individuum verankert sind, sozusagen seine Identität bilden, stellen sie eine inhaltliche Restriktion für sekundär zu erlernende Normen und Werte dar.

Die Mitarbeiter einer Unternehmung treten mit ihrer durch primäre und sekundäre Sozialisation entstandenen Individualkultur in die Unternehmung ein. Dabei treffen Individualkultur und bestehende Unternehmenskultur bzw. kulturelle Erwartungen an die jeweilige Rolle des anderen aufeinander. Der Ausgang dieses sekundären Sozialisationsprozesses ist sowohl für die Individualkultur als auch für die Unternehmenskultur offen. **Bestehende Werte werden ersetzt, ausgetauscht oder bestätigt**, wobei neben der inhaltlichen Komponente auch die Art der Präsentation auf der Symbolebene und die Stärke der Verankerung der Werte eine Rolle für die entstehende Unternehmenskultur spielen. Durch den Zu- und Abgang von Mitarbeitern (Individualkulturen) ist die Unternehmenskultur selbst ständig in Bewegung. Sie kann relativ homogen oder auch heterogen, d.h. in viele unterschiedliche Subkulturen zersplittert sein.

Die Möglichkeiten der **Gestaltung** des Entstehungs- und Entwicklungsprozesses der Unternehmenskultur über die Individuen beziehen sich also vor allem auf die Beeinflussung der sekundär sozialisierten Werte der Organisationsmitglieder, da die primär sozialisierten Werte kaum bzw. nur in Extremsituationen veränderbar sind. Daneben kann durch die Zusammensetzung von Teams oder Abteilungen begrenzt Einfluss auf die Entstehung der Subkulturkonstellation genommen werden.

3.1.2 Gesellschaft und Branche

Der Einfluss der **Gesellschaftskultur** auf die Unternehmenskultur über die Individualkulturen der Mitarbeiter ist offensichtlich. So nehmen Mitarbeiter außerhalb der Unternehmung (in der Gesellschaft) zahlreiche verschiedenartige Funktionen oder Rollen wahr, die kulturelle Austauschprozesse ermöglichen.

Daneben stellt die Gesellschaft auf der Grundlage ihrer Kultur bestimmte **Erwartungen** an Unternehmen, bspw. bezüglich ihres Wettbewerbsverhaltens gegenüber Marktpartnern, ihrer ökologischen Verantwortung oder ihres Verhaltens gegenüber ihren Mitarbeitern. Diesen Erwartungen muss eine strategisch denkende und erfolgsorientiert handelnde Unternehmung gerecht werden. Findet ein gesellschaftlicher Wertewandel statt, so entsteht ein Zwang zur Anpassung für die Unternehmung.

Augenfällig wird die Bedeutung der Gesellschaftskultur, wenn im Rahmen einer **Internationalisierungsstrategie** bspw. eine Niederlassung in einem anderen Kulturkreis gegründet wird. Im Heimatland erfolgreiche **Führungsstile** treffen dort häufig auf Widerstände und lassen sich nicht anwenden. So wurde bspw. festgestellt, dass das in den USA und West-Europa weit verbreitete Konzept des „Management by Objectives" in ost-asiatischen Kulturen weit weniger praktiziert wird. Die kollektivistische Orientierung der japanischen Kultur kann vermutlich als Grund dafür angesehen werden, dass der Kooperationsgedanke in Japan eine weit wichtigere wirtschaftliche Bedeutung erlangt hat (in Form der netzartigen Unternehmensverbindung „Keiretsu"), als dies bspw. in Europa oder den USA der Fall ist. Die Verbreitung von Allianzen und strategischen Netzwerken setzte in westlichen Kulturen später, eher als Reaktion auf den Erfolg dieser japanischen Strategie ein.

Der Einfluss der **Religion** auf die Gesellschaftskultur und dadurch auf die Unternehmenskultur spielt hierbei eine gewichtige Rolle. Der Unterschied von kollektivistischer (in Japan) und individualistischer Kulturprägung (in Europa und USA) kann in erheblichem Umfang auf Unterschiede zwischen buddhistischer und hinduistischer Religion einerseits und dem christlichen Glauben andererseits zurückgeführt werden.

Max Weber hat die These aufgestellt, die **asketische Arbeitsethik des Calvinismus** habe den Kapitalismus hervorgebracht. Der calvinistisch geprägte Gläubige empfinde sich durch ein arbeitsames Leben als Auserwählter Gottes. In der Schweiz, den Niederlanden, Großbritannien und den USA habe diese Einstellung die Unternehmenskultur geprägt (vgl. *Weber, Max*: Die protestantische Ethik und der Geist des Kapitalismus. Tübingen 1934).

Häufig existiert neben der Gesellschaftskultur auch eine **spezifische Branchenkultur**. Diese wird bspw. durch bestimmte strategische Verhaltensweisen der Wettbewerber oder ein fachlich bedingtes, brancheneinheitliches Berufs- und Bildungssystem geprägt (z.B. Ärzte und Apotheker). Über die marktlichen Beziehungen zu Absatz- und Angebotsmärkten besteht die Möglichkeit, branchenübliche Werte und Normen zu übernehmen oder zu verändern und damit die eigene Unternehmenskultur zu beeinflussen.

3.1.3 Führungsverhalten, Strategie und Organisation

Über das Symbolsystem der Unternehmenskultur hat das Führungsverhalten Einfluss auf die Unternehmenskultur. Die Wahl eines spezifischen **Führungsstils** (z.B. autoritär oder partizipativ) beeinflusst die sekundären Sozialisationsprozesse und damit die Gestalt der resultierenden Unternehmenskultur. Ebenso kann die Präferierung bestimmter **Koordinationsmechanismen** (z.B. Selbstabstimmung an Stelle persönlicher Weisung) oder die Gestaltung des betrieblichen **Anreizsystems** (z.B. Orientierung am Shareholder Value) Werthaltungen in der Unternehmung beeinflussen. Umgekehrt wird natürlich auch das Führungsverhalten selbst durch die Existenz einer bestimmten Unternehmenskultur ganz erheblich tangiert. Die Interdependenz von Unternehmenskultur und Führungsverhalten drückt *Schein* ([Organizational Culture] 2) wie folgt aus: „Culture and leadership ... are two sides of the same coin, and neither can really be understood by itself."

Die **Strategien**, welche die Unternehmung verfolgt bzw. in der Vergangenheit verfolgt hat, und der mit ihnen verknüpfte Erfolg bzw. Misserfolg prägen sich ebenfalls in das kulturelle Bewusstsein der Unternehmung ein. Führt die Unternehmung einen Verdrängungswettbewerb erfolgreich durch, so wird diese Vorgehensweise auch die Unternehmenskultur und die Individualkulturen beeinflussen. Verdrängung und Egoismus können zu Merkmalen des zwischenmenschlichen, sozialen Umgangs innerhalb der Unternehmung werden. Auf den umgekehrten Einfluss der Unternehmenskultur auf die Strategie werden wir auf S. 468ff. ausführlich eingehen.

Die Interdependenz von Strategie und Organisation einerseits und Strategie und Kultur andererseits impliziert eine solche Beziehung auch für das Verhältnis von **Organisation** und Kultur. Eine spezifische Aufbauorganisation und die damit verbundene Existenz bzw. Dominanz spezifischer Informations-, Kommunikations- und Koordinationsbeziehungen determinieren in gewissem Umfang die Entwicklung der Unternehmenskultur:

Eine Matrixorganisation wird mit dem ihr innewohnenden Konfliktpotenzial eine andere Unternehmenskultur hervorbringen als eine hierarchisch ausgerichtete und zentralisierte Funktionale Organisation. Die Matrixorganisation stellt höhere Anforderungen an die Bereitschaft der Mitarbeiter, Konflikte zu akzeptieren und durch ihre Lösung kreative Entwicklungen hervorzubringen, als dies die Funktionale Organisation vermag. Dort werden Konflikte eher als negativ und - aufgrund der hierarchischen Strukturierung - häufiger als bedrohlich empfunden. Die Interdependenz der Beziehung wird wiederum dadurch deutlich, dass die Wahl einer Struktur entscheidend von den innerhalb der Unternehmung vorherrschenden Werten, also der Unternehmenskultur, abhängt (vgl. S. 476f.).

3.2 Empirische Forschung

Die vorangegangenen Aussagen sind nur z.T. empirisch fundiert und haben deshalb oft den Charakter von Plausibilitätsüberlegungen. Umfangreiche empirische Forschung kann zur Entwicklung einer **Theorie der Unternehmenskultur** beitragen. Die Defizite auf diesem Gebiet sind jedoch nicht zufälliger Art, sondern lassen sich mit den spezifischen Eigenschaften des Phänomens „Kultur“ erklären.

Die unzureichenden Möglichkeiten der **Operationalisierung** von Kultur, die mit der Unschärfe des Kulturbegriffs und der prinzipiellen Ungreifbarkeit von Kultur in Form von informellen Regeln zusammenhängen, bereiten die größten Probleme. Es fehlt daher bis heute weitgehend an empirisch bestätigten Hypothesen, die bspw. den (quantitativen) Anteil der Unternehmenskultur am Erfolg einer Unternehmung erklären können. Vielmehr hat Kultur eine Art Lückenbüßerfunktion. Als „Variable X“ soll sie diejenige Varianz erklären, die durch andere Faktoren ungeklärt geblieben ist (vgl. *Hofstede* [Kultur]).

Eine Operationalisierung von Kultur kann nur über beobachtbare Tatsachen, also die Indikatoren und Symbole, erfolgen. Diese können sich in Worten (verbal) und/oder Taten (nicht verbal) niederschlagen. Das Verhalten kann vom Erhebenden stimuliert sein oder natürlich zu Stande kommen. *Hofstede* unterscheidet danach vier **Operationalisierungsstrategien**:

Beobachtung / Einflussgrad	Worte	Taten
Stimuliert	- Interviews - Fragebogen - Projektive Tests	- Laborexperimente - Feldexperimente
Natürlich	Inhaltsanalyse von: - Reden - Gesprächen - Dokumenten	- Direkte Beobachtung - Verwendung von verfügbarem beschreibendem und statistischem Material

Abb. 6-7: Vorgehensweisen zur Erfassung und Operationalisierung von Kultur (Quelle: *Hofstede* [Kultur] 1174)

In der folgenden Abb. 6-8 sind 6 Indikatoren aufgeführt, die messbar sind und die Stärke der Unternehmenskultur zum Ausdruck bringen können.

1. Umfang der Teilnahme der Mitarbeiter an freiwilligen Firmenveranstaltungen
2. Anzahl der von den Mitarbeitern selbst organisierten Aktivitäten
3. Umgesetzte Verbesserungen aus dem Vorschlagswesen
4. Zahl der Weiterbildungstage
5. Anzahl von Prozessmodifikationen aus dem Team
6. Häufigkeit von Absenzen, Krankheitstagen

Abb. 6-8: Messgrößen für die Stärke der Unternehmenskultur

Ein weiteres Problem der empirischen Forschung zur Unternehmenskultur ist in der Tatsache zu sehen, dass der Forscher selbst eine kulturelle Prägung besitzt, die ihm selbst nur begrenzt bewusst ist, und die deshalb wie ein Filter seine Wahrnehmung beeinflusst. Diese Prägung ist zwar bei jeder empirischen Arbeit im Spiel, wirkt sich jedoch bei der Erfassung und Interpretation kultureller Phänomene zwangsläufig besonders stark aus.

Im Zusammenhang mit der Gestaltung von Unternehmenskultur werden wir noch einmal auf die Erfassung unternehmenskultureller Phänomene zurückkommen (vgl. S. 478ff.).

4 Wirkungen der Unternehmenskultur

Zunächst wollen wir auf grundlegende, allgemeine Wirkungen der Unternehmenskultur eingehen. Anschließend soll der spezifische Einfluss der Unternehmenskultur auf die übrigen Subsysteme des Strategischen Managements untersucht werden. Die Defizite in der Theorie der Unternehmenskultur betreffen auch unser Wissen über die genauen Wirkungen der Unternehmenskultur. Deshalb sind wir - ähnlich wie oben - z.T. auf Plausibilitätsüberlegungen angewiesen.

4.1 Grundlegende Wirkungen

Positive Wirkungen	Negative Wirkungen
Koordination (gemeinsames Orientierungsmuster) Integration (Wir-Gefühl) Motivation (Engagement für das Unternehmen) Repräsentation (positives Erscheinungsbild eines Unternehmens)	Selbstüberschätzung Reduktion von Umweltsensibilität Wahrnehmungsfilterung Konformitätsdruck Behinderung von - strategischer Neuorientierung - struktureller Anpassung - Innovation - organisationalem Lernen

Abb. 6-9: Grundlegende Wirkungen der Unternehmenskultur

Es ist mit positiven und negativen Effekten zu rechnen.

[1] Koordinationswirkung

Unternehmenskultur erzeugt ein einheitliches, unternehmensweit akzeptiertes Orientierungsmuster. Dadurch wird die Abstimmung zwischen den Organisationsmitgliedern vereinfacht, sie stellt sich gleichermaßen von selbst ein. Unsicherheit des Einzelnen bezüglich des Verhaltens anderer wird reduziert, seine Erwartungen werden stabilisiert.

[2] Integrationswirkung

Unternehmenskultur vermittelt dem einzelnen Mitarbeiter Solidarität und damit eine Rollensicherheit. Der Zusammenhalt des Gesamtsystems wird gefördert: „Das Unternehmen sind wir."

Die Bereitschaft zur Solidarität mit dem Unternehmen umfasst auch die Verpflichtung, die Regeln des Unternehmens zu beachten. Man bezeichnet heute die Einhaltung von Gesetzen, Regeln und Unternehmensrichtlinien als **Compliance** (to comply = Folge leisten, sich fügen).

[3] Motivationswirkung

Eng verknüpft mit der Integrationswirkung ist die Motivationswirkung. Die kulturelle Integration gibt dem Einzelnen ein Zugehörigkeitsgefühl zu einer sozialen Gruppe (Abteilung, Gruppe, Unternehmung) und kann die Erkennung von Sinnzusammenhängen fördern. Von beidem geht eine positive motivationale Wirkung aus, die sich bspw. in geringeren Fehlzeiten, abnehmender Fluktuation oder zunehmender Innovationskraft niederschlagen kann.

[4] Repräsentationswirkung

Schließlich kann eine Unternehmenskultur die Außenwirkung einer Unternehmung (Corporate Identity) verstärken. Dies wird unterstützt durch Symbole wie das Firmenlogo und die Architektur des Gebäudes. Durch die Verbesserung des Erscheinungsbildes eines Unternehmens werden positive Erwartungen der Umwelt geweckt. Günstige Auswirkungen auf den Absatzerfolg und die Rekrutierung von Personal können die Folge sein.

Den genannten vier positiven Wirkungen stehen mitunter auch negative **Wirkungen** gegenüber. Eine starke Unternehmenskultur und das damit verbundene „Wir-Gefühl" können zu **Selbstüberschätzung** und **mangelnder Sensibilität** für Anforderungen und Veränderungen der Umwelt führen: „Success breeds failure". Das eigene Normen- und Wertesystem schiebt sich unbemerkt zwischen Unternehmung und Umwelt und behindert als **Wahrnehmungsfilter** das rechtzeitige Erkennen relevanter Umweltveränderungen, bspw. durch die Aufnahme Schwacher Signale (vgl. S. 305ff.). Zu starkes Vertrauen in die eigenen Fähigkeiten kann zur Unterschätzung der Dynamik im Bereich technologischer Entwicklungen führen und damit **innovationshemmend** wirken. Neuerungen werden im Lichte traditioneller Erfolgsmuster gesehen. Somit kann eine starke Unternehmenskultur in Abhängigkeit ihrer inhaltlichen Ausprägung **strategische Neuorientierung** und **Strukturanpassungen hemmen**. Schließlich kann eine starke, unternehmensweit homogene Kultur die **Lernfähigkeit** der Unternehmung, insbesondere das Double-Loop- und das Deutero-Loop-Learning, behindern (vgl. S. 416).

4.2 Spezielle Wirkungen

Die Herbeiführung eines **strategischen Fit** ist zentrales Anliegen des Strategischen Managements (vgl. Teil 1). Im Folgenden soll die Bedeutung der Unternehmenskultur im Rahmen dieses Fit-Konzepts beleuchtet werden. Da im Zusammenhang mit Subkulturen bereits über den Intra-Kultur-Fit gesprochen wurde, werden wir uns deshalb vor allem mit der Ebene des **Intra-System-Fit** beschäftigen und die Wirkungen der Unternehmenskultur auf die Subsysteme

- strategische Planung,
- strategische Kontrolle,
- Information und
- Organisation

untersuchen.

4.2.1 Strategische Planung

Im Folgenden wollen wir die Wirkung der Unternehmenskultur auf folgende ausgewählte Komponenten des strategischen Planungsprozesses analysieren:

- Strategische Zielbildung,
- Strategiewahl und
- Strategieimplementierung.

Dabei sollen die Wirkungen der Unternehmenskultur auf die **Prozesse** der Zielbildung, der Strategiewahl und der Strategieimplementierung sowie auf das **Ergebnis** dieser Prozesse getrennt untersucht werden.

[1] Strategische Zielbildung

Das auf dem System der Grundannahmen basierende Normen- und Wertesystem einer Unternehmung bringt Präferenzen zum Ausdruck und hat somit maßgeblichen Einfluss auf Entstehung und Gestalt des Zielsystems der Unternehmung.

Prozess der Zielbildung

Der Zielbildungsprozess, also die Art des Entstehens des Zielsystems der Unternehmung, ist eng mit der Unternehmenskultur verbunden. Strategische Ziele können innerhalb eines kleinen elitären Kreises entwickelt und anschließend **„von oben" vorgegeben** werden. Sie können jedoch auch innerhalb eines multipersonalen, multioperationalen und multitemporalen Prozesses unter **Einbeziehung sämtlicher hierarchischer Ebenen** gewonnen werden.

In der unternehmerischen Realität dürften Art und Ausmaß der Einbeziehung unterer Hierarchieebenen situationsspezifisch auf einem Kontinuum zwischen den beiden beschriebenen Extremen zu finden sein. Wo genau sich ein Unternehmen auf diesem **Kontinuum** positioniert, ist auch eine Frage seiner Kultur. Eine offene, basisorientierte, den Mitarbeiter als Mitglied und nicht als Ausführungsorgan berücksichtigende Unternehmenskultur wird tendenziell eine weit gehende Beteiligung aller Hierarchieebenen an der Entwicklung strategischer Ziele bewirken. In einer spitzenorientierten, den Mitarbeitern misstrauisch gegenübertretenden Unternehmenskultur hingegen dürften strategische Ziele unter Ausschluss der Basis entstehen. Geheimhaltung und Misstrauen verhindern die Nutzung von Know How und Kreativität im Unternehmen.

Da unterstellt werden kann, dass **Organisationsmitglieder eigene Ziele** sowie Ziele für die Gruppe bzw. die Unternehmung in den Zielbildungsprozess einbringen, spielen die kulturellen (Vor-)Prägungen aller an diesem Prozess beteiligten Individuen, ihre Individualkultur, eine gewichtige Rolle. Im Falle der Zielvorgabe durch das Top-Management wird das Zielsystem von der Kultur der Führungsgruppe geprägt sein. Akzeptanz und damit Implementierbarkeit des Zielsystems hängen dann entscheidend davon ab, inwieweit es der Führung gelingt, ihr Wertesystem unternehmensweit zu verankern. Werden die strategischen Ziele nicht „von oben" vorgegeben, ist eine höhere Akzeptanz des Zielsystems zu erwarten, wenngleich der Aufwand eines derartigen Zielbildungsprozesses sehr hoch sein dürfte und Konflikte ggf. in die Zielbildungsphase vorverlagert werden.

Zielsystem

Zwischen der **Gestalt des Zielsystems** (Arten-, Höhen-, Sicherheits- und Zeitpräferenz) und der Unternehmenskultur besteht nicht nur auf operativer Ebene, sondern auch und gerade auf strategischer Ebene ein Zusammenhang. Aufgrund ihrer spezifischen Eigenschaften (vgl. S. 72ff.) sind strategische Ziele in besonderer Weise von der Unternehmenskultur abhängig. Sie können als Spiegel des Werte- und Normensystems der Unternehmenskultur aufgefasst werden.

> Beispiel: Bei der *Deutschen Telekom* bilden die sog. **Leitlinien** (Guiding Principles) und der darauf aufbauende **Verhaltenskodex** (Code of Conduct) das Grundgerüst für das unternehmerische Handeln – in der Zusammenarbeit mit Kunden, Lieferanten, Partnern und der Öffentlichkeit ebenso wie innerhalb des Unternehmens.
>
> Die Leitlinien sind:
>
> - Kunden begeistern.
> - Integrität und Wertschätzung leben.
> - Offen zur Entscheidung - geschlossen umsetzen.
> - An die Spitze! Leistung anerkennen - Chancen bieten.
> - Ich bin die *Telekom* – auf mich ist Verlass.
>
> Diese Leitlinien wurden unter Einbindung von Sozialpartnern entwickelt und im Januar 2009 veröffentlicht. Seither gelten sie konzernweit - in 19 Sprachen, 34 Ländern und 50 Geschäftseinheiten. Die Leitlinien repräsentieren die zentralen Wertvorstellungen und Überzeugungen und prägen strategische Entscheidungen zu den Zielen und ihrer Umsetzung. Sie haben in den zurückliegenden Jahren bereits einen starken Beitrag dazu geleistet, die durch Jahrzehnte des Monopols geprägte tendenziell bürokratische, binnen- und spitzenorientierte Unternehmenskultur zu einer kundenorientierten Kultur weiterzuentwickeln.

[2] Strategiewahl

Der Prozess der Entscheidung für eine Strategie und das Ergebnis dieses Wahlaktes sind ebenfalls von der Unternehmenskultur beeinflusst.

Prozess der Strategiewahl

Die Unternehmenskultur nimmt Einfluss auf die Wahl bestimmter **Analyse- und Bewertungsverfahren** im Rahmen des strategischen Planungsprozesses. Ob strategische Entscheidungen unter Einbezug quantitativer Bewertungsverfahren getroffen werden oder ob sie sich als subjektiv intuitive Entscheidungen vollziehen, ist im Wesentlichen eine Frage der Unternehmenskultur.

Die Unternehmenskultur beeinflusst im Prozess der Entscheidung auch die Wahl der **Koordinationsmechanismen**. Die durch eine starke Unternehmenskultur bereitgestellten Orientierungsmuster ermöglichen bspw. einen hohen Grad an Selbstabstimmung und reduzieren somit den Bedarf an formal struktureller Koordination. Der kulturelle Einfluss der kollektivistisch geprägten Gesellschaftskulturen fernöstlicher Länder auf die Koordination ist offensichtlich: Der von *Ouchi* beschriebene **Clanmechanismus**, die Koordination durch eine starke, homogene Unternehmenskultur, ist in Japan weit häufiger anzutreffen als in der abendländischen Welt. Bestimmte Entscheidungen können dann ohne konkrete vorherige Absprache getroffen werden. Es wird auch vermieden, dass Entscheidungsprozesse zu reinen Macht- und Verteilungskämpfen entarten. Auf die Gefahren einer starken Unternehmenskultur wurde jedoch bereits hingewiesen (vgl. Abb. 6-9, S. 467). In diesem Zusammenhang wird auch immer wieder angeführt, dass die auf Konsens ausgerichtete japanische Unternehmenskultur weniger zur heutigen Wettbewerbswirtschaft passe, die von schnellen Entscheidungen lebt.

Eine Gefahr für den **Fit von Strategie und Unternehmenskultur** besteht, wenn eine „unternehmenskulturfremde“ Führung strategische Entscheidungen trifft, wie dies vor allem nach der Akquisition einer Unternehmung häufig der Fall ist. Eine Strategie wird „von oben“, eigentlich „von außen“, vorgegeben bzw. aufgezwungen. Dabei werden unternehmenskulturelle Faktoren oft nicht berücksichtigt bzw. die Möglichkeiten der Gestaltung und Veränderungen der Unternehmenskultur überschätzt. Ähnliche Wirkungen resultieren, wenn bei einer strategischen Neuorientierung kulturelle Aspekte zu wenig berücksichtigt werden.

Beispiel: Eine Unternehmung produziert jahrelang einfache, qualitativ niederwertige Güter in hoher Stückzahl und war mit einer Strategie der Kostenführerschaft erfolgreich. Veränderungen im Nachfrageverhalten der Kunden, veränderte Rohstoffpreise sowie neue Umweltschutzauflagen verlangen eine strategische Neuorientierung. An Stelle der **Massengüter** soll in Zukunft hochwertige **Spitzentechnologie** für Nachfrager mit speziellen Anforderungen produziert werden (Differenzierungs- bzw. Nischenstrategie).

Die entsprechenden Investitionen in Sachanlagen und Know How werden vorgenommen. Auch nach einiger Zeit bleibt der Erfolg jedoch aus. Die für die Produktion von Spitzentechnologie und Qualität notwendige Unternehmenskultur ist nicht vorhanden. Mitarbeiter, die jahrelang Billigprodukte hergestellt haben, sind nur schwer in der Lage, auf einmal Qualität vor Quantität zu sehen. Dies trifft nicht nur auf die ausführenden Mitarbeiter in der Produktion zu, sondern auf sämtliche Funktionsbereiche und insbesondere auf alle Ebenen der Führung in der Unternehmung.

Im umgekehrten Fall, dem **Übergang von der Differenzierungs- bzw. Nischenstrategie zur Kostenführerschaftsstrategie**, sind ebenfalls kulturell bedingte Probleme zu erwarten. Diese werden sich darin äußern, dass es erheblicher Anstrengungen bedarf, das angestrebte Kostenniveau zu realisieren. Unzufriedenheit bei den Mitarbeitern und infolgedessen eine steigende Fluktuationsrate können die Folge sein.

In beiden Fällen wäre eine schnelle Anpassung der Unternehmenskultur an die Anforderungen der neuen Strategie wünschenswert. Da die Unternehmenskultur jedoch stark in der Vergangenheit verwurzelt ist und in einem langjährigen, evolutionären Prozess entsteht, stößt ein Kulturmanagement, das schnelle Kulturänderungen anstrebt, schnell an seine Grenzen. Bei der Wahl einer Strategie ist deshalb die Unternehmenskultur als Restriktion zu beachten, die nur mittel- bis langfristig gestaltbar ist.

Beispiel: Vor tief greifenden kulturellen Veränderungsprozessen dürften all jene Unternehmen weltweit stehen, deren **geschützte Wettbewerbsposition oder Monopolstellungen** im Zuge handelsrechtlicher oder regulatorischer Veränderungen ganz oder teilweise wegfallen (z.B. Post und Telekommunikation, Energieversorgung, Versicherungen).

Dies bedeutet i.d.R. die Auseinandersetzung mit Chancen und Risiken wie

- Kampf um Wettbewerbsvorteile und Kunden mit neuen (nationalen und internationalen) Wettbewerbern (Kostendruck/Preis, Kundenorientierung, Qualität, Zeit)
- Markteintrittschancen in neue regionale/internationale Märkte
- Diversifikation in neue Geschäftsfelder

Ergebnis der Strategiewahl

Wie der Prozess, so ist auch das **Ergebnis der Strategiewahl** kulturdeterminiert. Welche Alternativen im Rahmen einer Vorauswahl überhaupt erkannt werden und einer ersten Plausibilitäts- und Realisierbarkeitsprüfung standhalten, hängt wiederum von dem durch die Unternehmenskultur vorgegebenen Orientierungsmuster ab. Die Entscheidung für eine strategische Alternative orientiert sich nur selten ausschließlich an quantitativen, eindeutig messbaren Größen. **Globales und vernetztes Denken, Risikobereitschaft oder soziale Kompetenz** sind Faktoren, welche den subjektiv wahrgenommenen Alternativenraum determinieren. Im Folgenden wollen wir anhand ausgewählter Strategien einige Zusammenhänge zwischen Unternehmenskultur und Strategie aufzeigen:

Die Entscheidung für eine **Wachstumsstrategie** und die damit verbundene Bereitschaft zur Übernahme von Risiken sind weitgehend kulturgeprägt. Selbst wenn, wie das PIMS-Programm ermittelt, Größe und Marktanteil positiv auf den Erfolg der Unternehmung wirken, so ist die Frage, wie ein Unternehmen letztlich Erfolg definiert, stets abhängig von seinem Normen- und Wertesystem, also seiner Kultur. An Stelle der Maximierung von diskontiertem Cash Flow und RoI könnte das

Unternehmen auch eine Satisfizierung bei diesen Zielgrößen anstreben und primär soziale oder ökologische Ziele verfolgen. Ähnlich wertbeladen ist die Entscheidung für eine **Internationalisierungsstrategie** und bspw. gegen eine nationale Nischenstrategie. Das im System der Grundannahmen verankerte Weltbild und die damit verknüpfte Offenheit gegenüber der Umwelt und speziell anderen Kulturen determinieren u.a. diese Entscheidung.

> Beispiel: **International agierende Unternehmungen** treffen an den einzelnen Standorten auf unterschiedliche kulturelle Umfeldbedingungen, denen gegenüber sie sich zielgerecht verhalten müssen. Die Annäherung an die kulturellen Bedingungen des Gastlandes führt i.d.R. eher zum Erfolg als die Durchsetzung der kulturellen Normen und Werte der Muttergesellschaft. Unterhält die Unternehmung Niederlassungen in anderen Ländern (Gesellschaftskulturen), so entstehen regional geprägte Subkulturen, die wiederum in Konflikt mit anderen Subkulturen der Unternehmung geraten können.

Die auf Grundannahmen beruhende Risikobereitschaft wirkt sich auf die Wahl zwischen **offensiver und defensiver Grundhaltung** aus. Das risikofreudige Unternehmen wird bei dem Versuch, neue Märkte zu erschließen, hohe Investitionen für Forschung und Entwicklung oder die Überwindung von Markteintrittsbarrieren nicht scheuen und auch bereit sein, Anfangsverluste hinzunehmen. Im umgekehrten Fall werden die Verteidigung vorhandener Marktsegmente und evtl. der Rückzug in Nischen das strategische Handeln dominieren. Ähnliche kulturelle Aspekte können in der von *Miles/Snow* [Strategy] entwickelten **Typologie strategischer Grundhaltungen** (Defender, Reactor, Analyzer, Prospector) identifiziert werden.

Aufgrund des evolutionären Charakters der Unternehmenskultur kann bezüglich des Verhältnisses von Unternehmenskultur und Strategie tendenziell die Beziehung **„strategy follows culture"** unterstellt werden.

[3] Strategieimplementierung

Die Strategieimplementierung umfasst einen sachlichen Aspekt der Umsetzung sowie organisatorische und personale Aspekte der Durchsetzung (vgl. S. 206ff.).

Die **Durchsetzung** einer Strategie ist im Wesentlichen eine **ablauforganisatorische Aufgabe**, die sich im Rahmen einer gegebenen Aufbauorganisation vollzieht. Die Unternehmenskultur determiniert die Wahl zwischen synoptischem oder inkrementalem Vorgehen bei der Planung und damit die Gestalt der Implementierung. Dominieren Werte wie langfristige Orientierung sowie Streben nach Sicherheit die Unternehmenskultur, wird die Implementierung im Rahmen eines synoptischen Planungsansatzes als letzte Phase des Planungsprozesses ausschließlich instrumentellen, vollziehenden Charakter besitzen. Werden hingegen Kurzfristigkeit, Satisfizierung und Intuition präferiert, so wird der Planungsansatz eher inkremental und die Implementierung parallel mit der Planung verlaufen.

Der **personale Aspekt** der Durchsetzung ist vor allem durch das Auftreten und Bewältigen von Konflikten der durch die Strategieimplementierung betroffenen Organisationsmitglieder gekennzeichnet:

Ziel- und Verteilungskonflikte resultieren einerseits aus den in den Individualkulturen festgelegten Wertemustern bezüglich Sicherheit, Status und Hierarchie. Ein ausgeprägtes Sicherheitsbedürfnis oder das Festhalten an Besitzständen können zu Verhaltenswiderständen gegenüber neuen Verfahren oder Strukturen führen. Die anderen Quellen solcher implementierungshemmender Konflikte sind die Prozesse der Zielbildung und Strategiewahl selbst. Der Grad und die Form der Mitarbeiterbeteiligung können die Identifikation mit und die Unterstützung von Veränderungen sowohl hemmen als auch fördern.

Kulturelle Konflikte können in direkter Weise - bspw. durch eine heterogene Subkulturkonstellation - die Implementierung behindern. Die für die Implementierung notwendige Koordination wird erschwert, der für die Implementierung erforderliche Zeitrahmen vergrößert. Eine starke und homogene Einheitskultur ist der Durchsetzung von Strategien und Veränderungen hingegen zuträglich, da sie einen einheitlichen Orientierungsrahmen und unternehmensweit identische Koordinationsinstrumente liefert.

Die Wirkung der Unternehmenskultur auf den **sachlichen Aspekt der Umsetzung** soll anhand einer Internationalisierungsstrategie deutlich gemacht werden. **Internationalisierung** kann einerseits durch Akquisition, andererseits durch Kooperation umgesetzt werden. Es ist auch eine Frage der Werthaltung der Unternehmen bzw. ihrer Führungsspitzen, ob mit der **Akquisition** eine Lösung mit hoher Bindungsintensität, umfangreichen Steuerungsmöglichkeiten und geringem Wissenstransfer nach außen gewählt wird oder ob die **Kooperation** mit den Vorteilen der geringen Bindungsintensität und der Risikostreuung, aber dem Nachteil des hohen Wissenstransfers nach außen, präferiert wird. Auf operativer Ebene wird sich die Umsetzung beider Varianten in Abhängigkeit von den Unternehmenskulturen der Partner in der Verhandlungsstrategie, im sozialen Umgang miteinander und schließlich in Form und Inhalt des Vertragswerks niederschlagen. Zum Zusammenhang von Strategiewahl und Unternehmenskultur vgl. auch Abb. 1-5, S. 20.

4.2.2 Strategische Kontrolle

Die Unternehmenskultur beeinflusst zunächst die **Gestalt des strategischen Kontrollprozesses**, insbesondere die Gewichtung der Bausteine der strategischen Kontrolle.

Eine stark von Erfolgen der Vergangenheit geprägte, durch ein intensives „Wir-Gefühl" gekennzeichnete „Vertrauenskultur" wird zunächst dazu führen, dass die **strategische Kontrolle generell vernachlässigt** wird.

Eine Unternehmenskultur, in der quantitativen Größen weit mehr Bedeutung beigemessen wird als qualitativen, wird im Bereich der strategischen Kontrolle tendenziell den **Schwerpunkt auf die strategische Prämissen- und Durchführungskontrolle** legen und die **strategische Überwachung**, welche durch die Wahrnehmung und Verarbeitung schwacher bzw. qualitativer Informationen gekennzeichnet ist, **vernachlässigen**.

Daneben hat die Unternehmenskultur auch Einfluss auf die **Effizienz** der eingesetzten Kontrollarten. Der Erfolg einer Prämissenkontrolle hängt bspw. vom Grad der Außenorientierung der Unternehmung und dem Denken über die eigene Stärke ab. Wird die Bedeutung des Umfeldes unterschätzt und die eigene Stärke überschätzt, so wird man der Prämissenkontrolle weniger Beachtung und einer eventuellen Kritik weniger Glauben schenken. Bei der strategischen Überwachung ist wiederum die **Filterwirkung** der Unternehmenskultur relevant. Da die strategische Überwachung als ungerichtete Kontrollart die Defizite der übrigen strategischen Kontrollarten kompensieren soll, wird ihr Erfolg bei einer starken, innenorientierten und von überhöhter Selbsteinschätzung geprägten Unternehmenskultur ausbleiben.

Ebenso lassen sich Wirkungen der Unternehmenskultur auf die **Gestalt des strategischen Kontrollsystems** erkennen: Die Beantwortung bspw. der Frage, ob strategische Kontrolle ausschließlich Aufgabe des Top-Managements oder aber aller Organisationsmitglieder auf allen Hierarchieebenen ist, hängt von der Werthaltung der Unternehmung (des Top-Managements) gegenüber den Mitarbeitern ab. Die **dezentrale, organische Organisationslösung** der strategischen Kontrolle, wie sie von *Schreyögg/Steinmann* ([Organisatorische Umsetzung]) vorgeschlagen wird, basiert auf der Delegation von Kompetenzen und der Gewährung individueller Freiräume. Sie setzt so ein erhebliches Maß an Vertrauen in die fachlichen und persönlichen Qualifikationen der Mitarbeiter und ihre Bereitschaft zu unternehmerischem Handeln voraus.

Die Wahl der **Kontrolltechniken** (eher quantitative oder eher qualitative) ist ebenfalls von der Unternehmenskultur abhängig. Wird ausschließlich den hard facts Vertrauen geschenkt, so wird dem Konzept der Schwachen Signale wenig Bedeutung beigemessen. Damit hängt auch zusammen, ob und inwieweit eine strategische **Kontrollrechnung** installiert wird.

4.2.3 Information

Die Vielzahl der Beziehungen innerhalb des Systems „Unternehmung“ und vor allem zwischen der Unternehmung und ihrem relevanten Umfeld führt zu einem explosionsartigen Anwachsen der Zahl strategisch relevanter und damit zu beschaffender Informationen. Zur Komplexität dieses Beziehungsgefüges kommt eine hohe und steigende Dynamik des Umfeldes mit zunehmend diskontinuierlichen Tendenzen hinzu. Die rechtzeitige **Wahrnehmung** und korrekte Interpretation strategisch relevanter Entwicklungen, insbesondere im Umfeld der Unternehmung, also das Management externer Informationen, wird somit zu einer Kernaufgabe des Strategischen Managements (vgl. Teil 4).

Welchen Einfluss aber hat die Unternehmenskultur auf die Fähigkeit einer Unternehmung, strategisch relevante Umfeldinformationen, und dazu gehören auch zunehmend qualitative und schwache Signale, wahrzunehmen und adäquat zu verarbeiten?

In diesem Zusammenhang ist die bereits angesprochene **Filterfunktion** der Unternehmenskultur von besonderer Bedeutung. Die Unternehmenskultur wirkt wie ein Filter, der die Menge und die Qualität der wahrgenommenen und als relevant erachteten Signale verarbeitet. Das **Perzeptionsvermögen (Umfeldsensibilität)** innerhalb der Unternehmung wird entscheidend vom Normen- und Wertesystem der Unternehmung beeinflusst. Eine stark nach innen orientierte Unternehmenskultur wird tendenziell weniger Umfeldveränderungen wahrnehmen als eine Unternehmenskultur, die durch das Wissen um die Bedeutung des Umfeldes und die Beziehungen mit diesem geprägt ist. Dem einerseits positiven Aspekt der Filterfunktion, nämlich der Reduktion von Umfeldkomplexität, steht die Gefahr gegenüber, wichtige Entwicklungen im Umfeld der Unternehmung nicht oder zu spät zu erkennen.

Die Unternehmenskultur hat auch maßgeblichen Einfluss auf die **Interpretation** der wahrgenommenen Signale aus dem Umfeld. Sie liefert ein **Orientierungsmuster**, das nicht nur als Filter die Wahrnehmung, sondern auch als Wertesystem die Verarbeitung der Informationen steuert. Ein Signal, welches in der Unternehmenskultur A als wichtig, ggf. bedrohlich und deshalb als höchst beachtenswert eingestuft wird, kann ceteris paribus in Unternehmenskultur B als nicht relevant eingeschätzt und deshalb vernachlässigt werden.

Die Qualität einer bestimmten Unternehmenskultur ist somit für die Institutionalisierung und den Erfolg eines betrieblichen **Diskontinuitätenmanagements**, seine organisatorische Gestaltung und für die Wahl der dabei eingesetzten Techniken von elementarer Bedeutung.

Im Grundsatz gilt das Gesagte auch für Signale über Entwicklungen und Veränderungen innerhalb des Systems „Unternehmung" selbst, also das **Management interner Informationen**. So wird in einer binnenorientierten Unternehmenskultur diesen Aufgaben mehr Bedeutung beigemessen als in einer außenorientierten.

4.2.4 Organisation

Das Verhältnis von Unternehmenskultur und Organisation ist sehr eng und interdependent. Die Organisation legt die Struktur einer Unternehmung fest, die Kultur füllt die Struktur mit Leben. Aber auch die Organisation nimmt Einfluss auf die Unternehmenskultur. Am Beispiel der Matrixorganisation haben wir gezeigt, wie eine solche Struktur die Entwicklung bestimmter kultureller Standards fördern kann (vgl. S. 402ff.).

Umgekehrt bringen verschiedenartige Unternehmenskulturen langfristig unterschiedliche Organisationsstrukturen hervor bzw. stehen der Etablierung bestimmter Organisationsformen im Wege. So wird sich die Entwicklung einer **Teamorganisation** im Rahmen einer spitzenorientierten, zentralistischen, die Mitarbeiter als Vollzugspersonen betrachtenden Unternehmenskultur kaum durchsetzen. Hier wird es bereits am Willen zur nötigen Dezentralisierung, Delegation und Segmentierung und damit zur Bereitschaft, die Unternehmenskultur als Koordinationsinstrument zu akzeptieren, fehlen.

Die Unternehmenskultur beeinflusst auch die Intensität der **Kooperationsbereitschaft** einer Unternehmung. Wir haben oben bereits am Beispiel von Japan die

Wirkungen unterschiedlicher Gesellschaftskulturen auf den Kooperationsgedanken angesprochen. Ähnlich verhält es sich mit unterschiedlichen Unternehmenskulturen. Die Entscheidung zwischen Akquisition und Kooperation, die Wahl von Kooperationsform und Kooperationspartner sowie die vertragliche Festlegung der Kooperationsinhalte sind Entscheidungen, welche durch die Wertemuster einer Unternehmung mitgeprägt werden.

Das Verhältnis von Organisation und Unternehmenskultur ist weniger problematisch, als zunächst anzunehmen ist. So schafft eine Unternehmenskultur im Laufe der Zeit Strukturen, welche das Verhalten der Organisationsmitglieder beeinflussen und dadurch wiederum auf die Unternehmenskultur wirken. Es erfolgt eine weitestgehende **Selbstabstimmung zwischen Unternehmenskultur und Struktur**. Aufgrund einer gewissen, im Vergangenheitsbezug begründeten Trägheit von Kultur spricht manches für eine Beziehung **„structure follows culture“**. Eine empirische Bestätigung steht hierfür jedoch noch aus (vgl. *Bea/Göbel* [Organisation] 479ff.).

5 Gestaltung der Unternehmenskultur

5.1 Grundfragen der Gestaltung

Bezüglich der Gestaltung bzw. Gestaltbarkeit von Unternehmenskultur stellen sich **zwei Grundfragen**:

- Inwieweit ist die Gestaltung der Unternehmenskultur überhaupt **notwendig**?
- In welchem Umfang und mit welchen Methoden ist die Gestaltung der Unternehmenskultur **möglich**?

(a) Die **Notwendigkeit** des Kulturmanagements ergibt sich zwingend aus dem Fit-Ansatz des Strategischen Managements. Die Forderung nach einer Abstimmung der Subsysteme des Strategischen Managements bedeutet, dass auf die Entwicklung und den Zustand der Unternehmenskultur Einfluss genommen werden muss.

Besondere Situationen, wie Unternehmensübernahmen, die Gründung von Auslandstochtergesellschaften oder die Vereinbarung strategischer Allianzen erfordern zudem eine Koordination der aufeinander treffenden Unternehmenskulturen, wiederum im Rahmen der vorhandenen Möglichkeiten.

(b) Wie **umfangreich** sind diese **Möglichkeiten**?

In Abschnitt 2 haben wir uns eingehend mit den Merkmalen von Kultur und Unternehmenskultur befasst. Unternehmenskultur haben wir dabei gekennzeichnet als

- menschengeschaffenes, überindividuelles, soziales, weitgehend unsichtbares und unbewusstes Phänomen, das
- Teil eines komplexen und dynamischen Beziehungsgeflechts ist und sich in
- evolutionsähnlichen Sozialisations- und Lernprozessen selbst entwickelt.

Die Gestaltung der Unternehmenskultur muss sich an diesen Eigenschaften orientieren. Dabei müssen auch die **theoretischen Defizite** bzgl. der Einflüsse auf die Unternehmenskultur und der Wirkung der Unternehmenskultur berücksichtigt werden.

> Die **Gestaltung der Unternehmenskultur** umfasst die Gesamtheit aller Aktivitäten, welche der zielgerichteten Entwicklung der Unternehmenskultur dienen.

Wir unterscheiden zwei Ansätze des Kulturmanagements:

- Den evolutionären Ansatz und
- den revolutionären Ansatz.

[1] Evolutionärer Ansatz

Die Unternehmenskulturgestaltung ist nicht mechanistisch-positivistisch ausgerichtet, sondern muss dem evolutionären Charakter der Unternehmenskultur Rechnung tragen. Die Rolle des Kulturmanagements entspricht in diesem Fall mehr jener des Gärtners als der des Handwerkers. Der evolutionäre Charakter der Unternehmenskultur schließt auch den Versuch aus, die Gestaltung der Unternehmenskultur in klar abgrenzbare Handlungsbereiche zu zerlegen und diese einem festen Phasenschema zuzuordnen. Solche Schemata werden den Anforderungen der Unternehmenskultur nur ungenügend gerecht. So liegen bspw. weder operationale Ziele noch entsprechende Kontroll- oder Steuerungsgrößen vor. Dennoch lassen sich auch bei der Gestaltung der Unternehmenskultur bestimmte, bei jeder gestalterischen Tätigkeit relevante Aufgabenfelder oder Bausteine abgrenzen.

[2] Revolutionärer Ansatz

Im Gegensatz dazu versteht man unter Kultur-Revolution die kurz- bis mittelfristige bzw. schlagartige Veränderung der Unternehmenskultur durch gezielte Maßnahmen (Kehrtwende). Insbesondere aus dem Bereich der Unternehmensberatung wurden hierzu zahlreiche Vorschläge, meist in Form von Maßnahmenkatalogen, gemacht und publiziert. Die Möglichkeiten der Kulturrevolution durch kurz- bis mittelfristig angelegte Maßnahmen wurden häufig überschätzt. Übersehen wurde dabei oft der Widerspruch zwischen dem langfristigen, evolutorischen Charakter der Entwicklung von Unternehmenskulturen und dem Wesen kurz- bis mittelfristig orientierter Maßnahmen.

> Beispiel: Die Herausforderungen und teilweise Grenzen der Gestaltbarkeit von Unternehmenskulturen werden häufig sichtbar, wenn besondere Ereignisse einen schnellen und tief greifenden kulturellen Wandel erforderlich machen. Der Wegfall von Monopolen und der (internationale) Wettbewerb stellen neuartige Anforderungen an die Unternehmenskultur. Ein solcher Wandel ist beispielsweise bei den Nachfolgeunternehmen der *Deutschen Bundespost*, *Deutsche Post World Net* und *Deutsche Telekom* erforderlich.
>
> Besonders sichtbar wird der Bedarf an kultureller Veränderung, wenn Unternehmen unterschiedlicher Kulturen zusammenarbeiten wollen. Je intensiver und breiter die Zusammenarbeit und je höher die Bindungsintensität sein sollen, desto kritischer wird die „Kulturharmonisierung“ für den Erfolg der gemeinsamen Aktivitäten. Zahlreiche Fusionen und Kooperationen sind an kulturellen Unterschieden der Beteiligten bereits gescheitert. Erfolge stellten sich häufig erst nach vielen Jahren ein, wie das Beispiel *Siemens-Nixdorf* zeigt. Die zwischen *Daimler-Benz* und *Mitsubishi* zu Beginn der 80er Jahre geplante breit angelegte Kooperation wurde nach anfänglicher Euphorie auf ein bescheidenes Maß zurückgeführt, als die Unterschiedlichkeit der beiden Unternehmenskulturen sichtbar wurde.
>
> Beim „Mega-Merger“ zwischen *Daimler-Benz* und *Chrysler* versuchte man, solche Fehleinschätzungen von Beginn an zu vermeiden. So wurde bereits im Vorfeld des Mergers eine sehr detaillierte Analyse der Kulturprofile vorgenommen.

Zahlreiche «Integrationsteams» arbeiteten am Zusammenwachsen beider Konzerne - dabei auch Teams für den Bereich Unternehmenskultur.

Dem Bereich der Kulturrevolution zuzuordnen sind bspw. Versuche, das bestehende Werte- und Normensystem einer Einzelperson oder einer sozialen Gruppe durch die Erzeugung einer **Extremsituation** zu verändern. Der schlagartige Austausch von Führungskräften wäre ein Beispiel hierfür. Mit Blick auf die Phasen der Sozialisierung erhofft man sich von der Herbeiführung solcher Situationen die Infragestellung und ggf. den Austausch primär sozialisierter Werte im Zuge der sekundären Sozialisation. Zu bedenken ist dabei jedoch, dass das **Ergebnis** solcher Maßnahmen aufgrund der Komplexität und des evolutionären Charakters der Unternehmenskulturentwicklung letztlich **nicht vorhersehbar** ist.

5.2 Aufgabenfelder der Gestaltung

5.2.1 Sollkultur

Die Herstellung des **strategischen Fit** ist oberste Leitlinie für die Ableitung von Zielen des Kulturmanagements. Ausgangspunkt der Unternehmenskulturgestaltung ist damit die Bewusstmachung von Bedeutung und Wirkung der Unternehmenskultur in Verbindung mit dem Zielsystem der Unternehmung und der Gestaltung weiterer Subsysteme. Die **Zielbildung** als Teilaufgabe der Gestaltung der Unternehmenskultur ist damit zu **integrieren** in eine **Gesamtplanung der strategischen Unternehmensentwicklung**.

Das **Zielsystem** für das Kulturmanagement wird ausschließlich **qualitative Ziele** enthalten, die nur wenig operational und detailliert sind. Die exakte Festlegung eines Soll-Kulturprofils und bspw. die Beantwortung der Frage, ob eher die Strategie der Kultur oder umgekehrt die Kultur der Strategie anzupassen ist, können nur situativ erfolgen.

Beispiele für Ziele der Unternehmenskulturgestaltung können sein:

- Steigerung der Identifikation der Mitarbeiter mit der Unternehmung und ihrem Zielsystem („Der Kunde ist dann zufrieden, wenn auch die Mitarbeiter zufrieden sind"),
- Abbau von Misstrauen innerhalb der Unternehmung, z.B. durch Verzicht auf betriebsbedingte Kündigungen,
- Lösung von Konflikten in einzelnen Subkulturen der Unternehmung,
- Überwindung kultureller Widersprüche zweier, im Rahmen von Akquisition oder Kooperation aufeinander treffender Partner.

Die Festlegung einer Sollkultur kann i.d.R. nur auf der Grundlage der Kenntnis der Istkultur erfolgen. Diese Kenntnis wird durch den Baustein **Diagnose** gewonnen. Es wird deutlich, weshalb es nicht zweckmäßig ist, von einem Phasenschema der Unternehmenskulturgestaltung zu sprechen. Zwischen den einzelnen Aufgabenfeldern bestehen vielfältige, teilweise interdependente Beziehungen.

5.2.2 Istkultur

Neben der Existenz eines Zielsystems benötigt jede Gestaltung i.S. einer bewussten Einflussnahme eine vorherige Diagnose.

Die Diagnose dient primär der Feststellung des Istzustandes der Unternehmenskultur. Ansatzpunkt für diese Aufgabe ist, wie oben bereits mehrfach angedeutet, das **Symbolsystem** der Unternehmenskultur als sichtbare, wenngleich interpretationsbedürftige Kulturoberfläche (vgl. Abb. 6-1, S. 454). Ergänzt werden sollte die reine **Querschnittsanalyse** der Istkultur um eine Analyse der Entwicklung der Unternehmenskultur in der Vergangenheit. Eine derartige **Längsschnittsanalyse** könnte sich einerseits wiederum an den Symbolen oder Artefakten der Unternehmenskultur selbst orientieren, zum anderen aber auch auf den Bereich der Unternehmenskulturdeterminanten (z.B. Gesellschaft, Branche, Strategie und Struktur) ausgedehnt werden.

Die Vielfalt existierender Unternehmenskulturtypen und Subkulturkonstellationen stellt den Diagnostizierenden jedoch vor ein **Dilemma**. Einerseits benötigt er zur Komplexitätsreduktion ein standardisiertes Erhebungsschema, andererseits birgt dieses die Gefahr in sich, systemspezifische Unternehmenskulturprägungen zu übersehen. Ein weiteres Problem bei der Diagnose ist in der oben bereits beschriebenen kulturellen Prägung des Diagnostizierenden zu sehen.

Scholz ([Strategisches Management] 91) schlägt vor, im Rahmen der Diagnose die Unternehmenskultur als „doppelt skalierte Variable" aufzufassen, „und zwar als

- eine zumindest ordinal skalierte Variable für die **Stärke** der Unternehmenskultur und
- eine nominal skalierte Variable für die **Art** der Unternehmenskultur."

Als **Instrumente** zur Erfassung der Symbole der Unternehmenskultur als Indikatoren ihrer Eigenschaften bzw. der Unternehmenskulturdeterminanten im Rahmen einer historischen Längsschnittsanalyse können die in Abb. 6-7 (S. 466) dargestellten Vorgehensweisen eingesetzt werden.

Die **Dokumentenanalyse** kann sich bspw. auf offizielle Unternehmensbroschüren, Geschäftsberichte, Websites bzw. Internetseiten und Pressemitteilungen, auf Organigramme und Stellenbeschreibungen, Pläne und Programme stützen. Im Rahmen der Beobachtungen können Architektur und aktueller Zustand der Gebäude, Maschinen und Anlagen, das wahrgenommene Betriebsklima oder das Erscheinungsbild des „schwarzen Brettes" Aufschlüsse über die Unternehmenskultur geben. Befragungen können mittels Fragebogen schriftlich oder im direkten Gespräch mündlich bzw. schriftlich mündlich kombiniert erfolgen.

> Beispiel:
> Im Rahmen eines durch unser Institut begleiteten Beratungsprojekts wird zur Diagnose der Istkultur ein **mehrstufiges Verfahren** angewendet:
>
> In einer ersten Stufe wird eine **Befragung aller Organisationsmitglieder** (Vollerhebung) durchgeführt. Die Beteiligung der Basis an der Unternehmenskulturgestaltung soll einerseits eine Sensibilisierung für die bestehende Kultur-

problematik erzeugen, um etwaigen Widerständen gegen Veränderungsmaßnahmen vorzubeugen. Andererseits ist sie bereits Ausdruck einer Vorstellung der künftigen Sollkultur. Durch die Befragung werden die Einstellungen der Mitarbeiter zu kulturrelevanten Bereichen wie Identifikation mit dem Unternehmen, Zusammenarbeit, Kommunikation, Entwicklungsmöglichkeiten, Lohn- und Gehaltssystem oder Management erfasst. Die Antworten werden auf Gesamtunternehmensebene und bereichsspezifisch statistisch ausgewertet (Ermittlung von Mittelwerten, Standardabweichungen und Verteilungsfunktionen relativer Häufigkeiten).

In einer zweiten Stufe wird ein **Diagnose- und Interpretationsworkshop** mit Organisationsmitgliedern veranstaltet, die aufgrund ihrer Herkunft, ihrer Position im Unternehmen und ihrer Motivation ein weiteres Vordringen zum Kern der Unternehmenskultur erwarten lassen. In Diskussionsrunden wird versucht, die dem Denken und Handeln in der Unternehmung tatsächlich zugrundeliegenden Regeln, das Normen- und Wertesystem der Unternehmenskultur, zu ergründen.

Schließlich wird eine **Befragung des Top-Managements** durchgeführt. Ziel ist es festzustellen, inwieweit das bereits vorhandene Potenzial des Managements, insbesondere die Bandbreite der Führungsstile, Spielräume für Kulturveränderungsmaßnahmen bietet.

Die Befragungsergebnisse werden durch Eindrücke ergänzt, die im Rahmen eines **Firmenrundgangs** gewonnen werden (Atmosphäre, Architektur etc.).

Sämtliche Diagnoseschritte werden durch **externe Unternehmensberater** initiiert und begleitet. Ähnlich wie bei der Institutionalisierung eines Diskontinuitätenmanagements (vgl. Teil 4) oder der Organisationsgestaltung (vgl. Teil 5) sind ihr Know How, mehr aber noch ihre Neutralität und Unvoreingenommenheit entscheidende Voraussetzungen für den Erfolg des Kulturmanagements. Wichtig ist jedoch, dass die Unternehmenskulturgestaltung nicht von außen oktroyiert, sondern durch die Organisationsmitglieder selbst erarbeitet wird.

5.2.3 Realisation

Realisation kann sich manifestieren in der

- Entwicklung einer neuen Unternehmenskultur,
- Erhaltung einer bestehenden Unternehmenskultur oder
- Veränderung einer bestehenden Unternehmenskultur.

Realisation als **Entwicklung** einer neuen Unternehmenskultur kommt bei der Gründung einer Unternehmung in Betracht. Hier besteht nicht das Problem, eine bestehende, gefestigte Unternehmenskultur abbauen zu müssen, wenngleich auch hier die kulturelle Vorprägung der Mitarbeiter, insbesondere aber der Unternehmensgründer, zu berücksichtigen ist.

Abgesehen von diesem Spezialfall werden jedoch in Abhängigkeit der Kulturziele sowie der Ergebnisse der Unternehmenskulturdiagnose entweder die **Erhaltung** der bestehenden Unternehmenskultur oder ihre **Veränderung** Gegenstand der Realisation sein.

In den beiden Bereichen „Erhaltung" und „Veränderung" spielt das Symbolsystem der Unternehmenskultur als Vermittlungsinstrument eine große Rolle. Wichtig ist jedoch, sich dabei des Kerns der Unternehmenskultur, des Normen- und Wertesystems, sowie des evolutionären Charakters der Unternehmenskulturentwicklung bewusst zu sein. Zu beachten sind ebenso Interdependenzen zwischen Elementen und Ebenen der Unternehmenskultur. Veränderungen an einem Ort können unvorhergesehene Konsequenzen an einem anderen nach sich ziehen. Neben dem Intra-System-Fit ist somit auch der Intra-Kultur-Fit zu beachten.

Bleicher ([Umbruch] 105) schlägt folgenden Katalog rahmengebender kulturverändernder **Maßnahmen** vor:

- Sinnvermittelnde Maßnahmen
  (Unterrichtung der Mitarbeiter zur Verdeutlichung der „Mission" der Unternehmung),
- Unterstützende Maßnahmen
  (z.B. Entwicklung eines Unternehmensleitbildes),
- Durchführung gemeinsamer Projekte
  (Überlagerung der formalen Organisationsstruktur durch zeitlich befristete interdisziplinäre Organisationsformen),
- Rotation von Subkulturträgern
  (zur Förderung der internen Kenntnis und Akzeptanz der subkulturellen Struktur),
- Maßnahmen der Personalentwicklung
  (z.B. Personalauswahl oder interdisziplinäre Lerngruppenzusammensetzung),
- Ausrichtung von Anreizsystemen
  (z.B. Belohnung von Kollegialität, Engagement im sozialen Bereich).

Neben diesen eher als direkt zu bezeichnenden Maßnahmen könnte auch eine Einflussnahme über die Führungssubsysteme „Strategie" und „Organisation" als Determinanten der Unternehmenskultur in Erwägung gezogen werden. Zu bedenken ist jedoch einerseits, dass Organisation und Strategie nicht isoliert in den Dienst der Kulturgestaltung gestellt werden können. Zum anderen lässt sich das Ergebnis einer solchen indirekten Gestaltung aufgrund der nur begrenzten Kenntnis der Interdependenzen von Unternehmenskultur, Strategie und Organisation nicht besser vorhersehen als das einer direkten Maßnahme.

Zusammenfassend ist zur Gestaltung der Unternehmenskultur Folgendes festzuhalten:

Die Gestaltung der Unternehmenskultur hat stets im Rahmen eines Gesamtplans der strategischen Unternehmensentwicklung zu erfolgen. Ansonsten wirken Maßnahmen des Kulturmanagements künstlich „aufgesetzt“.

Die spezifischen Eigenschaften des Phänomens „Unternehmenskultur“ und das damit verbundene Defizit im Bereich der Theorie der Unternehmenskultur führen dazu, dass die Ergebnisse der Kulturgestaltung grundsätzlich nur begrenzt prognostizierbar sind.

Die kurzfristige, mechanistische Kultur-Revolution steht somit in antithetischem Verhältnis zum Wesen der Unternehmenskultur und ist deshalb skeptisch zu beurteilen bzw. dürfte nur in Ausnahmefällen (z.B. Existenzgefährdung) durchführbar sein.

Eine langfristig orientierte Gestaltung der Unternehmenskultur i.S. einer Kultur-Evolution wird dem dynamischen Charakter der Unternehmenskultur besser gerecht.

Abschließend soll am Beispiel von ***Siemens***, ähnlich wie bei den vorangegangenen Beispielen zur *Deutschen Telekom*, zu *Hewlett Packard* oder zu *KPMG* die Bedeutung von „Unternehmenskultur“ noch einmal veranschaulicht werden:

Peter Löscher, CEO von *Siemens*: „Unsere Werte sind der Ankerpunkt unseres Denkens und Handelns. Auf ihnen basiert unser Anspruch, uns auf den Pioniergeist des Unternehmens rück zu besinnen und die Welt nachhaltig mitzugestalten. Nur wenn wir unseren Werten und unserer Vision treu bleiben, können wir langfristig erfolgreich sein.“ (www.siemens.com)

Die drei zentralen unternehmerischen Werte bei *Siemens* sind: (Geschäftsbericht 2010 und www.siemens.com)

- **Verantwortungsvoll: Wir verpflichten uns zu ethischem und verantwortungsvollem Handeln.**

  Wir bei *Siemens* sind entschlossen, alle gesetzlichen und ethischen Anforderungen zu erfüllen - und, wo wir können, sogar zu übertreffen. Unsere Verantwortung liegt darin, das Unternehmen entsprechend den höchsten professionellen und ethischen Standards und Praktiken zu führen: ohne Spielraum für nichtkonforme Verhaltensweisen.

  Die Prinzipien, die für den Wert „verantwortungsvoll“ stehen, dienen als Kompass, den wir nutzen, um unsere Geschäftsentscheidungen zu treffen. Darüber hinaus müssen wir Geschäftspartner, Lieferanten und andere Interessenvertreter dazu ermutigen, einen ähnlichen Standard für ihre Geschäftsethik anzuwenden.

- **Exzellent: Wir erzielen Höchstleistungen und exzellente Ergebnisse.**

  Wir bei *Siemens* setzen uns ehrgeizige Ziele – die wir von unserer Vision ableiten und anhand von Benchmarks verifizieren – und tun alles, um diese Ziele zu erreichen. Wir unterstützen unsere Kunden bei der Suche nach perfekter Qualität und bieten ihnen Lösungen, die ihre Erwartungen übertreffen.

Exzellent können wir nur sein, wenn wir einen Weg der kontinuierlichen Verbesserung definieren und die bestehenden Prozesse permanent hinterfragen. Darüber hinaus müssen wir Veränderungen annehmen, damit unser Unternehmen entsprechend aufgestellt ist, wenn sich neue Geschäftsmöglichkeiten eröffnen.

Exzellent sein bedeutet zudem, dass wir als Unternehmen für die besten Köpfe, die der Markt bietet, attraktiv sind. Es bedeutet, ihnen die Qualifikationen zu vermitteln und Chancen zu geben, die erforderlich sind, um Höchstleistungen zu erbringen. Denn wir wollen eine leistungsfähige Unternehmenskultur fördern.

- **Innovativ: Wir sind innovativ, um dauerhaft Wert zu schaffen.**

  Innovationen sind der Grundstein des Erfolges von *Siemens*. Daher richten wir unsere Forschungs- und Entwicklungsaktivitäten eng an unserer Geschäftsstrategie aus, halten wichtige Patente und nehmen eine starke Position bei den etablierten sowie neuen Technologien ein. Unser Ziel ist, in allen unseren Geschäftsfeldern Trends zu setzen.

  Wir sorgen dafür, dass die Energie und Kreativität unserer Mitarbeiter freigesetzt werden, wir beschreiten auch neue und ungewohnte Wege. Darüber hinaus sind wir erfinderisch und nehmen diese Eigenschaft in den unterschiedlichsten Bedeutungen an - geistreich, einfallsreich und kreativ. Wir handeln unternehmerisch und unsere Innovationen sind weltweit erfolgreich. Wir messen den Erfolg unserer Innovationen am Erfolg unserer Kunden. Wir erneuern unser Portfolio kontinuierlich, um Antworten auf die wesentlichen Herausforderungen der Gesellschaft zu bieten und schaffen dadurch nachhaltige Werte.

6 Zusammenfassung

Das Phänomen „Unternehmenskultur" hat in den letzten Jahren verstärkt Eingang in die Betriebswirtschaftslehre und speziell in die Lehre vom Strategischen Management gefunden. Ein Hauptgrund für das zunehmende Interesse an der Unternehmenskultur ist im sog. Japan-Schock zu sehen. Vereinfacht kann man auch sagen: Was für die Entwicklung von Früherkennungssystemen der Ölpreisschock, war für die Unternehmenskultur der Japan-Schock.

Unternehmenskultur ist die Gesamtheit von im Laufe der Zeit in einer Unternehmung entstandenen und akzeptierten Werten und Normen, die über bestimmte **Wahrnehmungs-, Denk- und Verhaltensmuster** das Entscheiden und Handeln der Mitglieder der Unternehmung prägen. Nach *Schein* unterscheiden wir drei Ebenen der Unternehmenskultur: Das Symbolsystem, das Normen- und Wertesystem sowie das System der Grundannahmen.

Die Unternehmenskultur wird von einer Vielzahl von **Einflüssen** geprägt. Zu nennen sind die Individualkultur der Mitarbeiter, Gesellschaft und Branche, Führungsverhalten, Strategie und Organisation. Die Unternehmenskultur erzeugt eine **Koordinationswirkung, Integrationswirkung, Motivationswirkung und eine Repräsentationswirkung**.

Die **Gestaltung der Unternehmenskultur** umfasst die Gesamtheit aller Aktivitäten, welche der zielgerichteten Entwicklung der Unternehmenskultur dienen. Wir unterscheiden zwei Ansätze des Kulturmanagements: Den evolutionären Ansatz und den revolutionären Ansatz. Die grundsätzliche Aufgabe der Kulturgestaltung besteht darin, die Ist-Kultur mit einer Soll-Kultur in Übereinstimmung zu bringen.

Beim **evolutionären Ansatz** entspricht die Rolle des Kulturmanagers eher jener des Gärtners als der des Handwerkers.

Im Gegensatz dazu versteht man unter **„Kultur-Revolution"** die schlagartige Veränderung der Unternehmenskultur durch gezielte Maßnahmen (Kehrtwende). Eine langfristig orientierte Gestaltung der Unternehmenskultur i.S. einer Kultur-Evolution wird dem dynamischen Charakter der Unternehmenskultur besser gerecht.

Fragen zur Wiederholung

[1] Strategische Bedeutung und Begriff der Unternehmenskultur

1. Welche Entwicklungen sind für das gestiegene Interesse an kulturellen Aspekten und Fragen in der Betriebswirtschaftslehre bzw. im Strategischen Management verantwortlich? (1)
2. Unter welchen Bedingungen ist die Berücksichtigung kultureller Aspekte in der Betriebswirtschaftslehre zu rechtfertigen? (1)
3. Mit Hilfe welcher Eigenschaften lässt sich Kultur kennzeichnen? (2.1)
4. Wie lassen sich die Begriffe „Unternehmenskultur“, „Betriebsklima“ und „Corporate Identity“ voneinander abgrenzen? (2.2)
5. Welche Ebenen der Unternehmenskultur kann man unterscheiden? (2.3)
6. Was versteht man unter einer Subkultur und welche Arten von Subkulturen lassen sich unterscheiden? (2.3)
7. Mit Hilfe welcher Merkmale lassen sich Unternehmenskulturen kennzeichnen? (2.4)
8. Worin bestehen Bedeutung und Probleme von Typologien? (2.4)
9. Kennzeichnen und vergleichen Sie die Unternehmenskulturtypologie von *Deal/Kennedy* und von *Bleicher*. (2.4)

[2] Einflüsse auf die Unternehmenskultur

1. Worin liegt die Bedeutung einer Theorie der Unternehmenskultur? Welche Gründe können für das weit gehende Fehlen einer solchen Theorie geltend gemacht werden? (3.1)
2. Welche Faktoren beeinflussen die Entstehung und Entwicklung von Unternehmenskulturen? Inwieweit kommt dem Einflussbereich „Individuum“ bzw. „Individualkultur“ dabei eine Sonderstellung zu? (3.1)
3. Welche Phasen der Sozialisation werden unterschieden und wodurch sind sie gekennzeichnet? (3.1.1)
4. Wie wirken Gesellschafts- und Branchenkultur auf Unternehmenskulturen? (3.1.2)
5. Wie wirken Führungsverhalten, Strategie und Organisation auf Unternehmenskulturen? (3.1.3)
6. Worin besteht die Aufgabe der empirischen Forschung im Bereich der Unternehmenskulturen? (3.2)

7. Welchen spezifischen Problemen steht die empirische (Unternehmens-) Kulturforschung gegenüber? (3.2)

[3] Wirkungen und Gestaltung der Unternehmenskultur

1. Welche generellen Wirkungen werden der Unternehmenskultur zugeschrieben und welche Gefahren bestehen insbesondere im Zusammenhang mit starken Unternehmenskulturen? (4.1)
2. Beschreiben Sie die Wirkungen der Unternehmenskultur auf die Subsysteme

   - strategische Planung,
   - strategische Kontrolle,
   - Information und
   - Organisation (4.2).
3. Worin besteht das Grundproblem der Unternehmenskulturgestaltung? Weshalb gibt es kein einheitliches Vorgehensschema? (5.1)
4. Grenzen Sie Kultur-Evolution und -Revolution voneinander ab. Welcher Zusammenhang besteht zwischen Gestaltungsmöglichkeiten und theoretischer Basis? (5.1)
5. Welche Aufgabenfelder der Unternehmenskulturgestaltung lassen sich unterscheiden und worin bestehen ihre Aufgaben im Einzelnen? (5.2)
6. Welche Instrumente können zur Erfassung einer Unternehmenskultur im Rahmen der Diagnose eingesetzt werden? (5.2.2 und 3.2)

Fragen zur Vertiefung

1. Welche Schwierigkeiten ergeben sich bei der Messung des Einflusses kultureller Elemente auf den Unternehmenserfolg?
2. Wie kann empirische Forschung zur Entwicklung einer Theorie der Unternehmenskultur beitragen? Welche Probleme ergeben sich bei der Forschung?
3. Welche Bedeutung hat das situative Denken im Rahmen der Kulturforschung?
4. Welche Unternehmenskulturmerkmale setzt ein erfolgreiches Diskontinuitätenmanagement voraus?

5. Welche Möglichkeiten der Unternehmenskulturgestaltung bestehen im Rahmen alternativer Organisationskonzepte?

6. Nehmen Sie Stellung zu der These: „Neue Mitarbeiter sind ideale Kulturbeobachter, da sie noch in der Lage sind, sich zu wundern."

7. Arbeiten Sie Gemeinsamkeiten und Unterschiede zwischen der Gestaltung einer Unternehmenskultur und der Implementierung eines Informationssystems heraus.

8. Analysieren Sie Vor- und Nachteile des Einsatzes externer Berater im Rahmen der Unternehmenskulturgestaltung.

9. Nehmen Sie Stellung zu der These: „Die Unternehmenskultur wird häufig als ein Projekt angesehen anstatt als ein übergeordneter, systematischer und fortlaufender Prozess."

10. „Trotz Androhung einer Frauenquote – der Anteil weiblicher Führungskräfte bleibt bei 3%" (*Stuttgarter Zeitung* vom 19.01.2012). Welcher Einfluss auf die Unternehmenskultur ist von einer Verstärkung der sog. Female Leadership zu erwarten?

Literaturempfehlungen

Lerngrundlagen zur Unternehmenskultur

Mayrhofer, W. u. M. Meyer: Organisationskultur. In: Schreyögg, G. u. A. v. Werder (Hrsg.): Handwörterbuch der Unternehmensführung und Organisation. 4. A., Stuttgart 2004, Sp. 1025-1033.

Schein, E.H.: Organizational Culture and Leadership. San Francisco u.a. 1985; deutsch: Unternehmenskultur: Ein Handbuch für Führungskräfte. Frankfurt/Main, New York 1986.

Scholz, C.: Strategisches Management – Ein integrativer Ansatz. Berlin, New York 1987.

Schreyögg, G.: Organisation. 4. A., Wiesbaden 2003.

Klassiker zur Unternehmenskultur

Deal, T.E. u. A.A. Kennedy: Corporate Cultures. The Rites and Rituals of Corporate Life. Reading (Mass.) 1982; deutsch: Unternehmenserfolg durch Unternehmenskultur. Bern 1987.

Hofstede, G.: Cultures and Organizations. Software of the Mind, New York u.a. 1997.

Ouchi, W.G.: Theory Z: How American Business Can Meet the Japanese Challenge. Reading (Mass.) 1981.

Pascale, R.T. u. A.G. Athos: The Art of Japanese Management. New York 1981.

Peters, T. u. R.H. Waterman: In Search of Excellence. New York u.a. 1982.

Kritik am Konzept der Unternehmenskultur

Wicher, H.: Unternehmenskultur. In: Wirtschaftswissenschaftliches Studium (WISU), Heft 4, 1994, S. 329-341.

Teil 7: Strategische Leistungspotenziale

- Potenziale als Speicher spezifischer Stärken sind die Basis des Unternehmenserfolgs. Beschaffung, Produktion und Absatz sowie Kapital, Personal und Technologie sind als strategische Leistungspotenziale die Grundlage für die Wertschöpfung der Unternehmung.
- Entwicklung, Koordination und Integration dieser strategischen Leistungspotenziale bedürfen geeigneter Führungspotenziale, nämlich der Planung, Kontrolle, Information, Organisation und Unternehmenskultur.
- Strategische Leistungspotenziale stellen somit Gestaltungsobjekte des Strategischen Managements und Rahmenbedingungen strategischer Handlungsfähigkeit zugleich dar.

Teil 7: Strategische Leistungspotenziale

Beispiele aus der Unternehmenspraxis:

Am Beispiel der ***Siemens AG*** lassen sich exemplarisch wichtige strategische Fragestellungen zum Management der Leistungspotenziale aufzeigen (Quelle: Geschäftsbericht 2010):

[1] Supply Chain Management

„Im Geschäftsjahr 2009 hatten wir eine Supply-Chain-Management-Initiative mit dem Ziel gestartet, gemeinsam mit unseren Lieferanten ein führendes globales Beschaffungsnetzwerk aufzubauen, technologische Entwicklungen voranzutreiben und Innovationszyklen zu verkürzen. ... Diese Initiative wurde 2010 in eine dauerhafte Supply-Chain-Management-Organisation ... verlagert. Ein Eckpfeiler unserer neuen Organisationsprinzipien für das Supply Chain Management ist die globale und zentralisierte Verantwortung für alle indirekten Materialien sowie für alle unternehmensweit gesteuerten direkten Materialien. ...

Der zweite wesentliche Baustein ... war das Global Value Sourcing ... Hier geht es um die Entwicklung eines wettbewerbsfähigen, weltweiten Lieferantennetzwerks sowie um gemeinsame Produktentwicklungen und Innovationen mit unseren Schlüssellieferanten ...

Im Geschäftsjahr 2009 hatten wir uns ... klare und ehrgeizige Ziele gesetzt. Unser erstes Ziel - den Anteil des unternehmensweit gesteuerten Einkaufsvolumens gegenüber ... 2008 um 60% zu erhöhen - haben wir ... Ende 2010 erreicht. Unser zweites Ziel war es, die Zahl unserer Lieferanten mittelfristig um 20% zu reduzieren. Dieses Ziel haben wir ... Ende 2010 ebenfalls erreicht. Und schließlich hatten wir uns noch das Ziel gesetzt, mittelfristig unseren Einkaufsanteil aus Global-Value-Sourcing-Ländern auf 25% des gesamten Einkaufsvolumens … zu erhöhen. Im Geschäftsjahr 2010 konnten wir unsere internen Ziele in Bezug auf das Global Value Sourcing übertreffen und sind auf dem Weg, unser entsprechendes mittelfristiges Ziel zu erreichen."

[2] Produktion und Qualitätsmanagement

„*Siemens* hat weltweit mehr als 300 Produktions- und Fertigungsstätten (Werke) in mehr als 40 Ländern. … Im Mittelpunkt der Fertigungsstandort-Strategie … stehen die nachhaltige Verbesserung der Kostenposition für unsere Produkte und Lösungen sowie die Erschließung neuer Märkte. … Es ist unser Anspruch, unsere Fertigungsprozesse auf Grundlage der „Lean-Prinzipien" kontinuierlich zu verbessern und schlanker zu gestalten. … Mit der Implementierung von Lean-Prinzipien im Rahmen von *Siemens Production Systems* (SPS) erreichen wir kürzere Durchlaufzeiten und dadurch eine höhere Qualität unserer Prozesse, Produkte und Lösungen. Dies ermöglicht uns eine Erhöhung der Flexibilität und Liefertreue gegenüber unseren Kunden. … Langfristiges Ziel ist es, dass alle unsere Produktions- und Fertigungsstätten von der Lean-Production-Philosophie profitieren."

[3] Management von Finanzmitteln

„Unsere wichtigste Quelle der Finanzierung sind die Mittelzuflüsse aus laufender Geschäftstätigkeit … *Siemens* folgt einer bedachten Finanzierungspolitik, die auf ein ausgewogenes Finanzierungsportfolio, ein diversifiziertes Finanzierungsprofil und ein komfortables Liquiditätspolster ausgerichtet ist. … Um ein effizientes Management der Finanzmittel von *Siemens* zu gewährleisten, verfolgt die Konzern-Treasury einen zentralen Zahlungsmittelmanagementansatz: im Rahmen der gesetzlichen und wirtschaftlichen Möglichkeiten werden Finanzmittel zusammengeführt und zentral von der Konzern-Treasury gesteuert. Umgekehrt wird der Finanzmittelbedarf innerhalb des Konzerns zentral durch die Konzern-Treasury über konzerninterne Verrechnungskonten und/oder Darlehen bedient."

[4] Mitarbeitervielfalt (Diversity)

„Als weltweit agierender Technologiekonzern ist *Siemens* darauf angewiesen, überall auf der Welt talentierte Mitarbeiter zu gewinnen und für sie ein Umfeld zu schaffen, in dem sie ihre Fähigkeiten entwickeln und in das Unternehmen einbringen können. Unsere Diversity-Initiativen … orientieren sich an drei grundsätzlichen Prinzipien: Wir möchten

- jede Position mit dem am besten geeigneten Mitarbeiter besetzen
- Möglichkeiten für vielfältige Erfahrungen und Interaktionen schaffen
- die Vielfalt von Denkweisen unseres Unternehmens fördern

Wir sind dabei, Praktiken zu implementieren, die die Vielfalt im gesamten Unternehmen fördern. Dafür … haben wir eine Scorecard entwickelt, anhand derer wir unsere Fortschritte in fünf strategischen Bereichen messen können: Fachwissen, Mitarbeitervielfalt auf allen Ebenen, Zusammensetzung unseres Nachwuchsführungskräftekreises (Top Talent Pool), Unternehmenskultur und Branding sowie Erfahrungsmix."

[5] Forschung und Entwicklung / Technologie

„Im Geschäftsjahr 2010 haben wir folgende FuE-Schwerpunkte beibehalten:

(1) Das Bewahren der langfristigen Zukunftssicherheit,
(2) die Steigerung der technologischen Wettbewerbsfähigkeit und
(3) die Optimierung der FuE-Ressourcenallokation. ...

Unser Ziel ist es, die Innovationsfähigkeit weiter zu stärken. Im Geschäftsjahr 2010 investierte *Siemens* 3,846 Mrd. € für FuE. ... Wir beschäftigen in Deutschland 12.800 FuE-Mitarbeiter und weitere 17.300 FuE-Mitarbeiter in rund 30 Ländern ... Weltweit besitzt *Siemens* 58.000 Patente ..., mit der Anzahl veröffentlichter Patentanmeldungen lag *Siemens* ... auf Platz 3 in Deutschland und auf Platz 2 in Europa. ...

Der Fokus von FuE für das Unternehmensportfolio liegt auf der Effizienzsteigerung der regenerativen und konventionellen Stromerzeugung, auf der Verbesserung des verlustarmen Stromtransports sowie auf neuen Lösungen für intelligente Stromnetze (Smart Grids), der Solarenergie, der Kohlendioxid-Abtrennung in Kraftwerken sowie den Systemen zur Energiespeicherung von fluktuierenden erneuerbaren Energien. ... Die Zusammenarbeit mit Universitäten und nicht universitären Forschungseinrichtungen liefert einen wichtigen Beitrag für die Innovationsfähigkeit von *Siemens*."

1 Strategische Bedeutung der Potenziale

Ziel des Strategischen Managements ist es, den langfristigen Erfolg eines Unternehmens sicherzustellen. Für das Strategische Management bedeutet dies die Herbeiführung und Sicherung des **strategischen Fit**, und zwar

- innerhalb der Bausteine des Strategischen Managements (Intra-Strategie-Fit, Intra-Struktur-Fit etc.),
- zwischen den Bausteinen des Strategischen Managements (Intra-System-Fit) sowie
- zwischen der Unternehmung und ihrer Umwelt (System-Umwelt-Fit).

Der Erfolg einer Unternehmung hängt entscheidend davon ab, inwieweit es gelingt, den strategischen Fit in langfristige Stärken der Unternehmung und diese schließlich in finanziell messbaren Erfolg umzusetzen.

Die Quelle für die Stärken eines Unternehmens sind deren Potenziale. Dies ist die Kernaussage des **ressourcenorientierten Ansatzes** (Resource-based View) (vgl. S. 30ff.). Nach *Prahalad/Hamel* [Core Competence] wissen wir, dass sich der Wettbewerb nur noch vordergründig über Endprodukte abspielt. Der eigentliche Wettbewerb zwischen den Unternehmen findet auf der Ebene der Potenziale, Ressourcen und Kernkompetenzen statt.

In der Produktionstheorie bezeichnet der Begriff des Potenzialfaktors ein Gut, das bei der Herstellung und Verwertung von Produkten oder Dienstleistungen mehrfach genutzt werden kann. Es findet bei ihm kein sofortiger, sondern nur ein über einen langen Zeitraum verteilter Werteverzehr statt. Man spricht deshalb auch von Gebrauchsgütern im Gegensatz zu Verbrauchsgütern. Potenzialfaktoren speichern also Nutzleistungen. Diesen engen, weitgehend auf die Produktionswirtschaft beschränkten Potenzialbegriff wollen wir hier nicht zugrunde legen. Jedoch soll auf die **Speicherfunktion** produktionswirtschaftlicher Potenzialfaktoren zurückgegriffen werden.

Strategische Potenziale stellen Speicher spezifischer Stärken dar, die es ermöglichen, die Unternehmung in einer veränderlichen Umwelt erfolgreich zu positionieren und somit den langfristigen Unternehmenserfolg zu sichern.

Gälweiler sprach 1974 als Erster von „Erfolgspotenzialen". Der Begriff „Ressource" hat im Englischen eine breite Bedeutung. Er bezeichnet vor allem die Mittel, Fertigkeiten, Fähigkeiten eines Unternehmens. Der Bezug zu den Kernkompetenzen ist damit hergestellt.

Eine **Kernkompetenz** ist ein Bündel von spezifischen Fähigkeiten. Sie stellen (zusammen mit anderen Kernkompetenzen) die Grundlage für die Kernprodukte und die darauf aufbauenden Endprodukte eines Unternehmens dar. Kernkompetenzen zeichnen sich durch schwierige Erzeugbarkeit, Imitierbarkeit und Substituierbarkeit aus.

Plakativ kann der Unterschied zwischen Ressourcen und Kernkompetenzen folgendermaßen zum Ausdruck gebracht werden: Eine Ressource ist das, was eine Unternehmung hat, eine Kernkompetenz ist das, was eine Unternehmung kann.

Beispiel: Die Firma *Bosch* hat eine Kernkompetenz für Qualität, die auf dem Credo des schwäbischen Firmengründers beruht: „Es war mir immer ein unerträglicher Gedanke, es könne jemand bei der Prüfung eines meiner Erzeugnisse nachweisen, dass ich irgendwie Minderwertiges leiste. Deshalb habe ich stets versucht, nur Arbeit hinauszugeben, die jeder sachlichen Prüfung standhielt, also sozusagen vom Besten das Beste war" (*Robert Bosch*, 1918).

Die Potenziale eines Unternehmens lassen sich in zwei Gruppen unterteilen:

- Leistungspotenziale und
- Führungspotenziale.

[1] Leistungspotenziale

Zu den Leistungspotenzialen zählen

- Beschaffung,
- Produktion,
- Absatz,
- Kapital,
- Personal und
- Technologie.

Die Leistungspotenziale tragen unmittelbar zur Wertschöpfung und mittelbar zum Unternehmenserfolg bei. Im Zentrum der Leistungspotenziale steht der **Leistungsprozess** mit seinen Komponenten Beschaffung, Produktion und Absatz (vgl. Abb. 7-1). **Technologie** ist das Potenzial zur Veränderung von Elementen und Verfahren im Leistungsprozess sowie der Endprodukte des Leistungsprozesses. Grundlage der Initiierung und Aufrechterhaltung des Leistungsprozesses sind die Potenziale **Kapital** und **Personal**.

Kernkompetenzen, welche auf Fähigkeiten im Leistungsprozess oder auf besonderen technologischen Kenntnissen basieren, können als **operative Kernkompetenzen oder auch als Basiskernkompetenzen** bezeichnet werden. Das Potenzial **„Kapital"** scheint nur bedingt als Kernkompetenz interpretierbar, es ist eher eine Voraussetzung für die genannten Basiskernkompetenzen. Auch das Potenzial **„Personal"** kann nicht unbedingt als Basiskernkompetenz angesehen werden, es ist letztlich vielmehr Träger sämtlicher Kernkompetenzen und nimmt somit eine **Sonderrolle** ein.

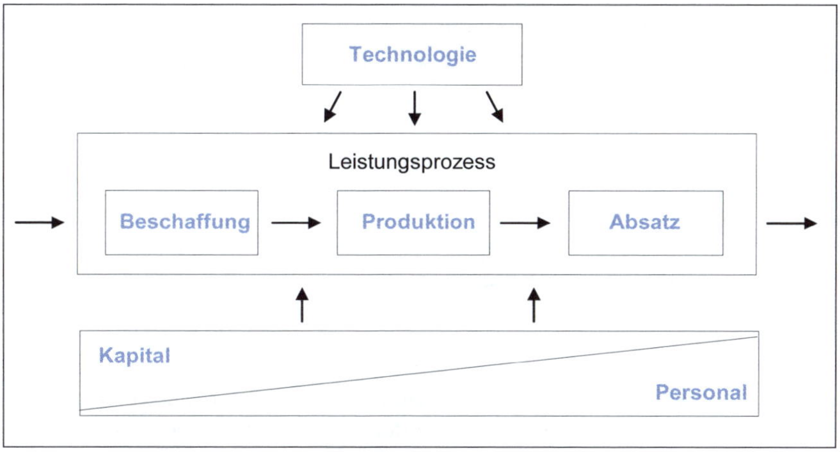

Abb. 7-1: Strategische Leistungspotenziale

[2] Führungspotenziale

Zu den Führungspotenzialen zählen:

- Planung,
- Kontrolle,
- Information,
- Organisation und
- Unternehmenskultur.

Das Verhältnis zwischen den Leistungspotenzialen und den Führungspotenzialen ist durch **zahlreiche Interdependenzen** gekennzeichnet: Im Begriffsapparat der Kernkompetenzen kann die **Führungskompetenz** gleichsam als Kompetenz zur Erlangung der operativen Kompetenzen verstanden werden. Sie stellt die Voraussetzung für die Entwicklung, Pflege und Nutzung operativer Kernkompetenzen dar, ist somit auf einer übergeordneten Ebene angesiedelt und kann daher auch als **Metakernkompetenz** bezeichnet werden. Dass auch diese Metakernkompetenz auf Personen als Träger angewiesen ist, unterstreicht die Sonderrolle des Potenzials „Personal".

Soll der Wert dieser unterschiedlichen Formen von Kernkompetenzen abgeschätzt werden, so ist noch einmal auf die Merkmale einer Kompetenz - schwierige Erzeugbarkeit, Imitierbarkeit und Substituierbarkeit - einzugehen. Diese Anforderungen sind bei der Metakernkompetenz **„Führung"** in außerordentlich hohem Maße erfüllt, so dass diese als besonders dauerhaft und angesichts der Umweltdynamik langfristig auch als besonders wertvolle Kernkompetenz angesehen werden kann. Allerdings ist zu beachten, dass diese Kernkompetenz ihren Wert nicht für sich alleine entfalten kann, sondern gewissermaßen als **„Übertragungsriemen"** immer einer (oder mehrerer) operativer Kernkompetenzen bedarf. Die Metakernkompetenz „Führung" ist ja nichts anderes als die Fähigkeit, die operativen Kernkompetenzen und damit die Leistungspotenziale optimal zu entwickeln und zu nutzen.

Dieser Zusammenhang verdeutlicht damit auch die Bedeutung der strategischen Leistungspotenziale. Im Folgenden wollen wir daher aufzeigen, welche Bedeutung den einzelnen Leistungspotenzialen für den Unternehmenserfolg zukommt, und wie das Strategische Management diese Leistungspotenziale gestalten kann. Im Einzelnen verfolgen wir mit dieser Analyse **zwei Ziele**:

- Die Bedeutung der Leistungspotenziale für den Unternehmenserfolg und die Interdependenzen zwischen den Potenzialen sollen verdeutlicht werden.
- Einzelne Aspekte der Leistungspotenziale sollen unter strategischer Perspektive erhellt und aktuelle Weiterentwicklungen in diesen Bereichen aufgezeigt werden.

Die Führungspotenziale brauchen an dieser Stelle nicht erörtert zu werden, da ihre strategische Bedeutung bereits ausführlich in den vorausgehenden Teilen beschrieben und gewürdigt wurde:

- Strategische Planung (S. 45-231)
- Strategische Kontrolle (S. 233-264)
- Information (S. 265-367)
- Organisation (S. 369-441)
- Unternehmenskultur (S. 443-490)

2 Strategisches Beschaffungsmanagement

Beispiel *Daimler*:

Zur strategischen Weiterentwicklung und Optimierung der **Lieferantenbeziehungen** definiert man das sog. *Daimler Supplier Network (DSN)* unter dem Motto „Commitment to Excellence" als Geschäftsphilosophie des *Daimler*-Einkaufs: „Ziel des Einkaufs ist es, das weltweit effektivste Lieferantennetzwerk zu schaffen und damit zum Unternehmenserfolg von *Daimler* beizutragen. …

Seine Prinzipien sind Leistung und Partnerschaft: **Lieferantenleistungen** werden mit Hilfe der *External Balanced Scorecard* in den Kategorien Qualität, Technologie, Kosten und Liefertreue gemessen. **Partnerschaft** bedeutet für uns Fairness, Verlässlichkeit und Glaubwürdigkeit. Die besten Lieferanten werden jährlich mit dem *Daimler Supplier Award* für herausragende Leistungen ausgezeichnet." (Geschäftsbericht 2010, ähnlich Geschäftsbericht 2011)

Beispiel *VW*:

Das Beschaffungsvolumen im Konzern lag 2010 bei rund 90 Mrd. €. Aus der Konzernstrategie wurden für das **strategische Beschaffungsmanagement** vier Ziele abgeleitet:

„erstens eine marktkonforme Top-Qualität und Innovation zu wettbewerbsfähigen Preisen sicherzustellen;

zweitens die Kostenziele einzuhalten und die Wirtschaftlichkeit unserer Produkte über die gesamte Laufzeit zu gewährleisten;

drittens das globale Volumenwachstum durch eine ständige Verfügbarkeit und gleichbleibend hohe Qualität der Kaufteile abzusichern sowie

viertens die Zufriedenheit der Mitarbeiter und die Attraktivität der Beschaffung auf einem konstant hohen Niveau zu halten.

Für jedes dieser Ziele haben wir Handlungsfelder bestimmt und insgesamt **24 Programme** mit genau definierten Maßnahmen und Verantwortlichkeiten für alle Marken und Regionen festgelegt. Mithilfe eines jährlichen Soll-Ist-Vergleichs können wir nun die Programme und damit auch unsere Strategie an die jeweiligen Rahmenbedingungen der Beschaffung anpassen."

(Geschäftsbericht 2010)

2.1 Aufgaben

Im Zentrum des Leistungsprozesses steht die **Produktion** als die Kombination materieller und immaterieller Einsatzgüter (Inputfaktoren) und deren Transformation in Ausbringungsgüter (Outputfaktoren). Der Produktion vorgelagert ist die **Beschaffung** der Einsatzgüter, ihr nachgelagert ist der **Absatz** der Ausbringungsgüter. Diese drei Kernbereiche des Leistungsprozesses werden durch vor- und rückkoppelnde Informationsströme koordiniert und durch raum- und zeitüberbrückende **Logistikaktivitäten** integriert (vgl. Abb. 7-2).

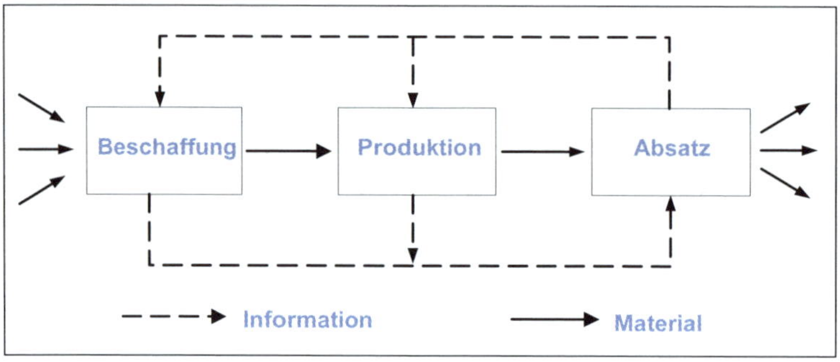

Abb. 7-2: Leistungsprozess

Die Elemente des Leistungsprozesses „Beschaffung", „Produktion" und „Absatz" werden im Folgenden erörtert.

Beschaffung ist die Versorgung der Unternehmung mit Einsatzgütern.

Wir wollen unsere Ausführungen auf die Beschaffung von **Material**, also auf Roh-, Hilfs- und Betriebsstoffe sowie Halb- und Fertigfabrikate beschränken, da die Beschaffung von Informationen oder von Personal an anderer Stelle behandelt wird (vgl. S. 280ff. bzw. S. 526f.). Ergänzend sollen die Logistik (Materialtransport, -umschlag und -lagerung), abfallwirtschaftliche Fragen und Aspekte der Qualitätssicherung berücksichtigt werden.

Im Rahmen einer so abgegrenzten Beschaffung sind folgende **Aufgaben** zu bewältigen (in Anlehnung an *Grün* [Materialwirtschaft] 453ff.):

- **Sicherung der Verfügbarkeit** des für die Leistungserstellung notwendigen Materials in der erforderlichen Menge und Qualität zur rechten Zeit am rechten Ort. Eine Verfehlung dieses Ziels, für das i.d.R. der Servicegrad als Mess- und Steuerungsgröße dient, kann schwer wiegende Störungen des Produktionsprozesses zur Folge haben und letztlich die Nichteinhaltung von Absatzzielen verursachen. Besonders auf entstehenden und wachsenden Märkten kann dies zu einem nicht mehr aufzuholenden Marktanteilsverlust führen.

Die Sicherung der Verfügbarkeit von Beschaffungsgütern verlangt auch eine Streuung des Beschaffungsrisikos.

Beispiel: „Keine Zukunft ohne Seltene Erden. Seltene Erden kommen in Windanlagen, Elektroautos, Energiesparlampen und vielen weiteren Gütern zum Einsatz. In jedem *Mercedes S 400 Hybrid* steckt zum Beispiel rund ein halbes Kilo Neodym. Auch für die Herstellung moderner Windkrafträder ist Neodym ein begehrtes Metall.

Die ständig zunehmenden Verwendungsmöglichkeiten für Seltene Erden sorgen dafür, dass der Bedarf an diesen Rohstoffen in den vergangenen Jahren deutlich gestiegen ist. Belief sich die Nachfrage im Jahr 2000 noch auf 80.000 Tonnen, ist die weltweite Frage nach den Seltenen Erden im Jahr 2010 auf gut 126.000 Tonnen gestiegen."

(Quelle: *Landesbank Baden-Württemberg, BörsenMonitor* Mai 2012, S. 23)

- **Erhöhung der Flexibilität:** Die rasche Veränderung der Märkte verlangt nicht nur auf dem Absatzmarkt, sondern auch auf dem Beschaffungsmarkt die Fähigkeit eines Unternehmens, sich auf veränderte Bedingungen rasch einzustellen.
- **Senkung beschaffungsrelevanter Kosten:** Als beschaffungsrelevante Kosten gelten Bestellkosten, Transportkosten, Zins -und Lagerkosten, Personalkosten, Kosten der Abfallwirtschaft und der Qualitätssicherung. Bedenkt man, dass in der Industrie im Durchschnitt 50% der Herstellkosten Materialkosten sind (vgl. *Grün* [Materialwirtschaft] 453f.), so wird die Bedeutung dieses Kostenziels deutlich. Zu beachten ist der zumindest partielle Zielkonflikt zwischen Kostensenkung und Sicherung der Verfügbarkeit (Servicegrad).
- **Schutz der Umwelt:** Beschaffungsentscheidungen haben erheblichen Einfluss auf die Be- bzw. Entlastung der ökologischen Umwelt. Dabei ist einerseits an abfallwirtschaftliche Aspekte (Entsorgung, Recycling), andererseits aber auch an Beschaffungsaspekte im engeren Sinne (Wahl der Einsatzgüter unter Berücksichtigung ökologischer Aspekte) zu denken.

Im Folgenden sollen Beschaffungsstrategien beschrieben werden, die in besonderem Maße geeignet sind, den genannten vier Aufgaben zu entsprechen.

2.2 Beschaffungsstrategien

[1] Lieferantenauswahl

Die Auswahl der Lieferanten wird stark beeinflusst von der Wettbewerbsstrategie, die auf dem Absatzmarkt dominiert. Wir betrachten die Konsequenzen aus der Strategie der Kostenführerschaft und der Differenzierungsstrategie für die Beschaffung.

(a) Kostenführerschaftsstrategie

Die Kostenführerschaftsstrategie erfordert ein konsequentes Kostenmanagement. So sind bei der Lieferantenauswahl Lieferpreis und Lieferkonditionen wichtigere Kriterien als die Lieferqualität oder das Image des Lieferanten. Bezüglich des Bereitstellungsprinzips favorisiert die Kostenführerschaft tendenziell die fertigungssynchrone Bereitstellung, besser als **Just-In-Time-Prinzip** bekannt. Die relativ gute Vorhersagbarkeit des Materialbedarfs bei der Massenfertigung ermöglicht erst seine Anwendung. Die mit der Reduktion von Lagerbeständen, der Minimierung von Durchlaufzeiten sowie der Termintreue einhergehende Kostensenkung unterstützt letztlich die Zielsetzung, der billigste Anbieter auf dem Markt zu sein.

Von besonderer Bedeutung ist heute die Strategie der **Reduktion der Fertigungstiefe durch Outsourcing** (Kunstwort aus „Outside Resource Using").

Die Reduktion der Fertigungstiefe verlangt die Beteiligung einer Vielzahl von Unternehmen entlang einer Wertschöpfungskette. Aus ihr wiederum erwächst eine Vielzahl von Schnittstellen, die komplizierte Abnehmer-Lieferanten-Beziehungen darstellen.

Abb. 7-3 vermittelt einen Eindruck von den Marktbeziehungen entlang der Wertschöpfungskette der Solarenergiebranche.

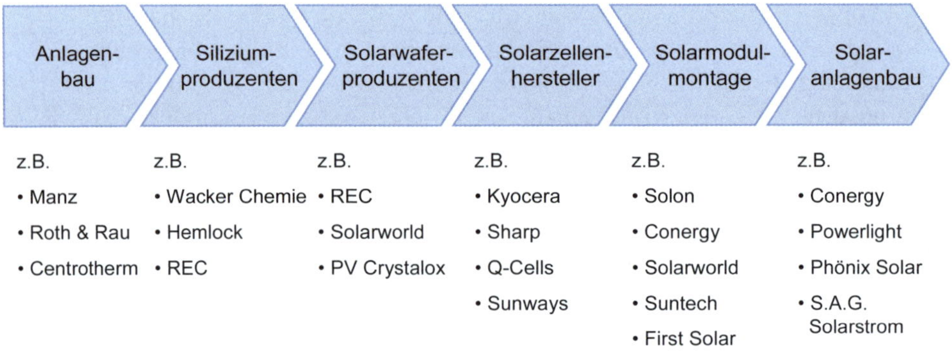

Die Darstellung ist grob vereinfachend und stellt die Schwerpunkte der jeweiligen Unternehmensaktivitäten nur schematisch dar.

Abb. 7-3: Wertschöpfungskette der Solarenergiebranche (Quelle: *Landesbank Baden-Württemberg*, *BörsenMonitor* Februar 2010)

Ein Problem für den letzten Wertschöpfungspartner besteht darin, dass er Fehler, die in der Wertschöpfungskette entstanden sind, zu tragen hat.

In Abb. 7-4 sind die Sourcing-Strategien nach Bezugsgrößen dargestellt.

Eine aktuelle Strategie der Kostensenkung stellt die Entscheidung zu Gunsten sog. **Systemlieferanten (Modular Sourcing)** dar. So wollen die Autohersteller heute nur noch mit wenigen Lieferanten im Geschäft sein, deren komplette Systeme mit wenigen Handgriffen in den Montagehallen der Autohersteller eingebaut werden können.

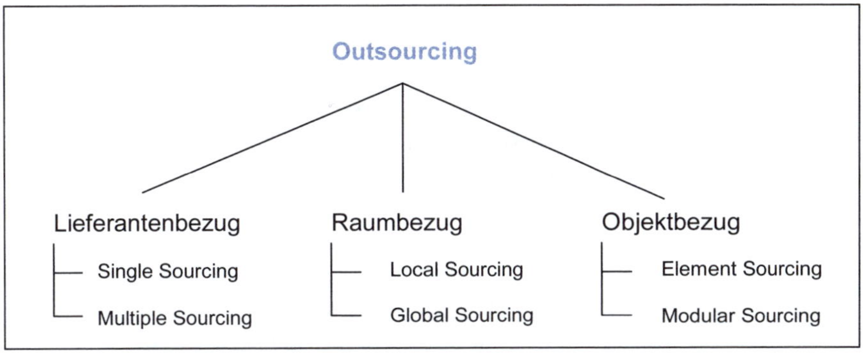

Abb. 7-4: Sourcing-Strategien nach Bezugsgrößen

Ebenfalls unter Kostengesichtspunkten kann **Global Sourcing** gesehen werden. Es ermöglicht die Senkung der Materialkosten durch die Inanspruchnahme der Vorteile des weltweiten Wettbewerbs.

Global Sourcing ist die strategische Ausrichtung des Beschaffungsmanagements auf die Nutzung weltweiter Beschaffungsquellen.

Die Strategie des Global Sourcing erfährt heute eine wesentliche Unterstützung durch die internetbasierte Beschaffung (E-Procurement) und in diesem Zusammenhang durch die Einrichtung sog. virtueller Marktplätze (Einkäufer treten über die Website mit den Lieferanten in Kontakt).

Für Global Sourcing sprechen folgende **Gründe**:

- Konsequente Nutzung der Vorteile aus der weltweiten Arbeitsteilung,
- Teilnahme am weltweiten Know How-Transfer durch Präsenz auf internationalen Märkten,
- Nutzung weltweit verstreuter Informationen und Unterstützung der Früherkennungsaktivitäten („Horchposten"),
- Überwindung von Markteintrittsbarrieren bei der Erschließung neuer Absatzmärkte (z.B. bei einer Local Content-Politik im Abnehmerland),
- Vorbereitung auf die Globalisierung der Produktion durch Gründung von Auslandsniederlassungen (z.B. kulturelle und politische Aspekte),
- Reduktion der Abhängigkeit von einzelnen Lieferanten (z.B. bei Speicherchips bzw. Halbleitern).

(b) Differenzierungsstrategie

Andere Anforderungen an strategische Beschaffungsentscheidungen stellt die Differenzierungsstrategie (Produktion und Absatz qualitativ hochwertiger Produkte in begrenzter Stückzahl). Neben der Zuverlässigkeit des Lieferanten zählen nun vor allem **qualitätsbezogene Kriterien** bei dessen Auswahl, während preislichen Aspekten eine weit untergeordnete Bedeutung zukommt. Die Differenzierungsstrategie erfordert, vor allem dann, wenn sie mit einer geringen bzw. reduzierten Fertigungstiefe (Outsourcing) einhergeht, eine enge Zusammenarbeit zwischen Zulieferer und Abnehmer. Die Zahl der Lieferanten pro Zulieferteil oder -baugruppe wird tendenziell gering sein, häufig gar bei einem einzigen Zulieferer liegen (Single Sourcing im Gegensatz zu Multiple Sourcing). Die Kooperation betrifft dann die Bereiche „Forschung und Entwicklung" sowie „Produktionsplanung". Ein derartiges Lieferkettenmanagement **(Supply Chain Management)** ermöglicht eine gleich bleibend hohe Zulieferqualität und spezialisierungsbedingte Kostenvorteile.

Unterstützt wird diese Strategie durch „Reengineering" und „Kaizen". **Reengineering** bezeichnet in diesem Zusammenhang das Überdenken und Neugestalten der Zulieferer-Abnehmer-Beziehungen (zum „Business Reengineering" vgl. S. 407ff.).

Kaizen steht für das kontinuierliche Bemühen um Verbesserungen. Bei Kaizen steht häufig die Ausdehnung der Zusammenarbeit auf sämtliche Funktionsbereiche und (Führungs-)Ebenen des Zulieferunternehmens im Vordergrund, wodurch man eine insgesamt bessere Leistungsfähigkeit und -bereitschaft seitens des Zulieferers erwartet. Die Konsequenz ist eine enge Verzahnung der Leistungsprozesse bzw. der Wertketten der beteiligten Unternehmen.

Beispiele für die **Verzahnung** sind:

- Beteiligung der Lieferanten an der Produktentwicklung
- Parallelität von Produkt- und Produktionsmittelentstehung, um Entwicklungszeiten zu reduzieren. Es handelt sich hier um das sog. Simultaneous Engineering.
- Gemeinsame Beteiligung von Abnehmern und Lieferanten an der Durchführung von Kostensenkungsprogrammen

[2] Beschaffungsstrategien mit Portfolio-Analyse

Die Portfolio-Analyse stellt ein Instrument dar, um für unterschiedliche Situationen des Beschaffungsmarktes geeignete Beschaffungsstrategien zu generieren. Am Beispiel eines **Unternehmens der Leder verarbeitenden Industrie** soll das Vorgehen beschrieben werden (vgl. dazu auch *Reichwald/Dietel* [Produktionswirtschaft] 476ff.).

Folgende Phasen der Portfolio-Analyse sind zu unterscheiden (vgl. auch S. 143ff.):

(a) Istportfolio

Abgrenzung strategischer Beschaffungsgütergruppen

Aus der Gesamtmenge der Beschaffungsgüter werden nach bestimmten Kriterien (i.d.R. Eigenschaften der Beschaffungsgüter bzw. der Beschaffungsmärkte) möglichst homogene Gruppen (strategische Ressourceneinheiten) gebildet. Ein Leder verarbeitendes Unternehmen (etwa Herstellung von Handtaschen) könnte folgende Beschaffungsgütergruppen bilden (vgl. Abb. 7-5):

- Inländische Ledersorten (A),
- Ausländische Spezialledersorten (B),
- Metallteile wie Beschläge, Schlösser oder Scharniere (C),
- Futterstoffe (D),
- Hilfsstoffe wie Garne, Klebstoffe oder Lösungsmittel (E).

Identifikation strategischer Erfolgsfaktoren

Strategische Erfolgsfaktoren haben wesentlichen Einfluss auf das Potenzial der Beschaffungsgütergruppen. Ähnlich wie bei den absatzorientierten Portfolio-Varianten wird eine Achse (die Abszisse) mit unternehmensbezogenen Faktoren, die andere (Ordinate) mit umweltbezogenen Faktoren belegt.

Umweltbezogene Faktoren könnten für ein Unternehmen der Lederwarenbranche Preisentwicklungen auf den Beschaffungsmärkten, die Verhandlungsstärke einzelner Lieferanten, deren Ausfallrisiko oder Qualitätsschwankungen sein (= Beschaffungsmarktrisiko). Als unternehmensinterne Faktoren könnten die eigene Verhandlungsstärke, die Flexibilität gegenüber Schwankungen bei Liefermenge und -qualität oder eigene Lagerkapazitäten in Betracht kommen. Die Achsen des Portfolios können durch einen einzigen Faktor bezeichnet sein, aber auch durch eine gewichtete Aggregation mehrerer Faktoren zu Stande kommen (= Beschaffungsflexibilität).

Positionierung der Beschaffungsgütergruppen im Istportfolio

Bei der Positionierung lässt sich eine Punkt- oder eine Bereichspositionierung vornehmen. Die Bedeutung einer Gruppe für die Beschaffungskosten kann durch die Größe der Kreisfläche wiedergegeben werden (vgl. Abb. 7-5).

(b) Sollportfolio und Lückenanalyse

Das Istportfolio wird mit einem Sollportfolio „konfrontiert", das die Zielvorstellung bezüglich der Beschaffungsgütergruppen und der Erfolgsfaktoren enthält. Aus der Position der Gruppen im Istportfolio und den sich ergebenden Lücken zwischen Ist- und Sollpositionen sowie deren Analyse können für die einzelnen Gruppen i.d.R. Normstrategien abgeleitet werden.

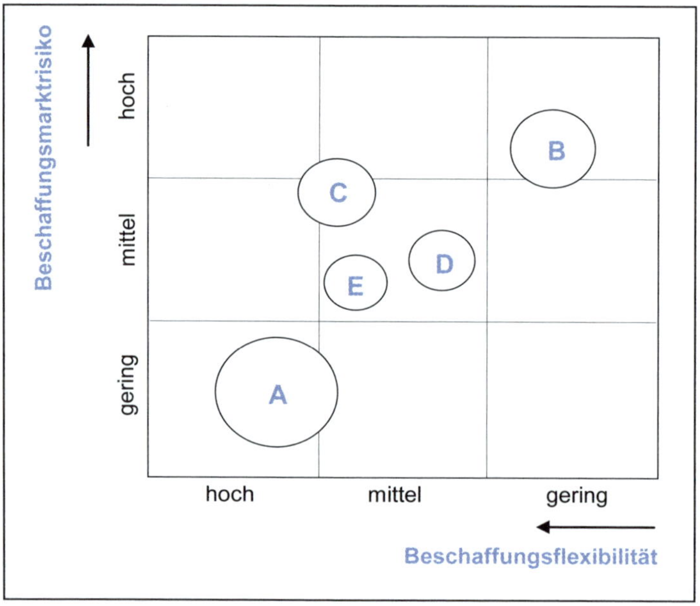

Abb. 7-5: Beschaffungsportfolio

(c) Normstrategien

Bei der Auswahl von Normstrategien beziehen wir uns auf Abb. 7-5.

Eine geringe Beschaffungsflexibilität (z.B. aufgrund fehlender Substitutionsmöglichkeiten der Materialien, starrer Absatzgütereigenschaften oder eines zwingenden Fremdbezugs der fehlenden Beschaffungsgüter) bedeutet, dass (quantitative und qualitative) Versorgungsschwankungen zu Störungen im Leistungsprozess führen und damit u.U. erhebliche Kosten- und Erlöswirkungen auslösen. Das Beschaffungsmarktrisiko zeigt die Wahrscheinlichkeit mengen-, qualitäts- oder preismäßiger Lieferstörungen an und wird u.a. von der relativen Marktmacht des eigenen Unternehmens, der Angebots- und Nachfragesituation sowie von politischen Entwicklungen beeinflusst.

Für die Beschaffungsgütergruppen „Inländische Ledersorten" (A) wäre eine **Abschöpfungsstrategie** zu empfehlen. Das beschaffungspolitische Instrumentarium wird dann auf die Realisierung von Kostenvorteilen ausgerichtet (Bestellpreise und -konditionen). Da die Beschaffungsflexibilität hoch, das Beschaffungsmarktrisiko jedoch gering ist, kann sich auch die Lieferantenauswahl auf Kostenkriterien (ggf. durch größere Bestellmengen bei einer geringen Lieferantenzahl) konzentrieren. Formen enger und langfristiger Zusammenarbeit sind von untergeordneter Bedeutung.

Die Positionierung der Gruppe „Ausländische Spezialleder" (B) legt eine **Investitionsstrategie** nahe. Durch den Aufbau von Lagerkapazitäten oder eine Flexibilisierung der Fertigung kann die eigene Beschaffungsflexibilität erhöht werden. Das Beschaffungsmarktrisiko lässt sich durch eine enge Kooperation mit ausgewählten

Zulieferern vor allem in mengen- und qualitätsmäßiger Hinsicht reduzieren. Preis bzw. Kostenaspekte sind von untergeordnetem Rang.

Selektive Strategien kommen für die Gruppen „Metallteile" (C), „Futterstoffe" (D) und „Hilfsstoffe" (E) in Frage. Hier entscheidet die Risikopräferenz des Entscheidungsträgers bzw. die Gewichtung der Ziele „Sicherung der materiellen Liquidität" bzw. „Minimierung relevanter Kosten" darüber, ob letztendlich eine Abschöpfungsstrategie oder eine Investitionsstrategie gewählt wird.

Abschließend sei darauf hingewiesen, dass diese Strategien im Einzelfall einer entsprechenden Konkretisierung durch die Überführung in Einzelmaßnahmen (sachlicher Aspekt der Strategieimplementierung) bedürfen.

3 Strategisches Produktionsmanagement

3.1 Aufgaben

Im Zentrum des Leistungsprozesses steht die Produktion:

> **Produktion** ist die Kombination materieller und immaterieller Einsatzgüter und deren Transformation in Ausbringungsgüter.

Die Spitze des **produktionswirtschaftlichen Zielsystems** wird vom **Erfolgsziel** gebildet, dem u.a. durch die Steigerung der Produktivität, die Senkung der Kosten (z.B. Herstellkosten, Rüstkosten) und die Reduzierung der Fertigungszeit entsprochen wird. Neben dem Erfolgsziel können auch soziale und ökologische Ziele zur Geltung kommen.

Soziale Ziele sind auf die Erfüllung von Anforderungen im Humanbereich und im Sozialbereich ausgerichtet. Beispiele können sein: Erhöhung der Sicherheit des Arbeitsplatzes, Verbesserung der Arbeitsbedingungen oder Steigerung der Zufriedenheit der Mitarbeiter (Humanisierung der Arbeit).

Ökologische Ziele der Produktion haben die Sicherung der Umwelt zum Gegenstand. Beispiele sind die Ressourcenschonung und die Rückstandsvermeidung, -umwandlung und -nutzung (Recycling).

3.2 Produktionsstrategien

Die Herausforderung an die Produktionsstrategien ist in der Verschärfung der Wettbewerbsbedingungen, dem technologischen Fortschritt, den gestiegenen ökologischen Anforderungen und im Umbruch der Arbeitswelt begründet. Aktuelle Trends in der Produktionswirtschaft sind insbesondere auf folgenden Feldern auszumachen (vgl. *Zahn/Schmid* [Produktionswirtschaft] 455f.):

- **Erweiterung des Produktionsprogramms um Dienstleistungen:** Ein klassisches Beispiel stellt die Automobilindustrie dar. Neben dem Verkauf von Pkw werden u.a. Dienstleistungen wie Leasing, Versicherungen, Finanzierung, Flottenmanagement, Customer Knowledge-Management (z.B. Navigationssysteme, Assistenzsysteme) angeboten.
- **Funktionale Erweiterung:** Funktionsübergreifende Aktivitäten, die in einem direkten Bezug zu den Kernprozessen stehen, werden berücksichtigt. Dabei ist ein besonderes Augenmerk zu richten auf die Gestaltung der Schnittstellen mit den neu hinzukommenden Querschnittsfunktionen, wie dem Innovationsmanagement, dem Qualitätsmanagement und der Logistik.

– **Interdisziplinäre Erweiterung:** Ergänzung der klassischen ingenieurwissenschaftlichen Betrachtung der Produktion um Erkenntnisse der Informationstechnologie, der Ökologie, der Soziologie und der Psychologie.

Im Folgenden sollen **Produktionsstrategien** beschrieben werden, die eine Antwort auf die genannten Herausforderungen darstellen:

- Flexibilisierung der Fertigungsorganisation,
- Lean Production.

[1] Flexibilisierung der Fertigungsorganisation

Eine hohe Flexibilität der Produktion ist auf dynamischen Märkten eine Voraussetzung, um schnelle Änderungen des Angebots zu realisieren. Flexible Produktions- und Montagesysteme, die in der Lage sind, ein relativ umfangreiches Spektrum an Produktionsaufträgen bei variablen Losgrößen zu produzieren, stellen eine Möglichkeit zur Erhöhung der Flexibilität bei gleichzeitig hoher Produktivität dar (vgl. *Schweitzer* [Fertigungswirtschaft] 723ff.). Eine Konkretisierung dieser Möglichkeit ist die sog. **Plattformstrategie** im Automobilbau. Sie erlaubt den Bau unterschiedlicher Modelle auf einer gemeinsamen Plattform (Bodengruppe, Fahrwerk, Antriebsstrang).

Dem Ziel der Flexibilisierung dienen auch die Konzepte der flexiblen Fertigungssysteme und der Inselfertigung. Die **flexiblen Fertigungssysteme** bestehen aus miteinander verbundenen Bearbeitungszentren (Maschinen, die mehrere Arbeitsgänge ohne besonderen Umrüstaufwand durchführen können). Die **Inselfertigung** ergänzt die technische Flexibilität um eine arbeitsorganisatorische Flexibilisierung. Eine Gruppe von Mitarbeitern ist mit weit reichender Entscheidungskompetenz für die Produktion der ihnen zugeordneten Teile und Baugruppen ausgestattet (z.B. bzgl. Arbeits-, Zeit- und Terminplanung, Materialbeschaffung und Qualitätssicherung). Durch die Ausweitung des Aufgaben- und Entscheidungsfeldes der Mitarbeiter und die notwendige Förderung ihrer fachlichen Qualifikation in Verbindung mit einer Flexibilitäts- und Leistungsorientierung des Lohn- und Anreizsystems erhofft man sich eine Steigerung ihrer Motivation und dadurch eine höhere Produktivität und Qualität der produzierten Güter bei gleichzeitig hoher Flexibilität (zu den Vorteilen von Teammodellen vgl. S. 410ff.).

> Beispiel: Die *BMW AG* pilotierte früh das Konzept der **Fertigungsinseln** (Gruppenfertigung) und baute es zum dominierenden Organisationsprinzip in der Produktion aus: Mehr als 90% aller Mitarbeiter sind hier in Kleingruppen von 7 bis 15 Beschäftigten organisiert. Die Gruppen erhalten klare Mengen- und Qualitätsziele, steuern ihre interne Aufgabenverteilung aber weitgehend selbst. Ein Sprecher vertritt die Gruppe nach außen. Werden durch Verbesserungsvorschläge der Gruppe Einsparungen erzielt, erhält die Gruppe 30% des eingesparten Betrages. Über die Verwendung der «Prämie» entscheidet ebenfalls die Gruppe.
>
> Die Einführung dieser neuen Organisationsform wurde von einer Neugestaltung des **Bewertungs- und Entlohnungssystems** begleitet: Funktionsbilder

innerhalb der Gruppe ersetzen die Einzelbewertung eines Arbeitsplatzes, bestehende Lohngruppen werden durch neue Entgeltklassen ersetzt. Auf der Basis des Tarif-Entgelts zuzüglich einer Unternehmenszulage können die Beschäftigten in den Genuss persönlicher Leistungszulagen kommen. Maßstab sind dabei aber weniger Stückzahlen als vielmehr kombinierte Mengen-/Qualitätskenngrößen, die den Beitrag des Einzelnen zum Gruppenerfolg bemessen sollen. Bewertungskriterien sind neben «kostenbewusstem Verhalten» und „Flexibilität und Eigeninitiative» auch «Beratung und Einarbeitung neuer Mitarbeiter» und «Unterstützung anderer Kollegen bei der Problemlösung».

[2] Lean Production

Lean Production (schlanke Produktion) ist ein Führungskonzept, das sich aus mehreren Elementen zusammensetzt, die den Bereichen der Strategie und der Organisation entnommen sind. Es wurde bei *Toyota* entwickelt und durch die *MIT*-Studie von *Womack, Jones* und *Roos* („Die zweite [Revolution] in der Autoindustrie“) im Jahre 1992 weltweit bekannt gemacht. Als Ziel von Lean Production wird i.d.R. die Maximierung des Abnehmernutzens durch die Erhöhung der Produktqualität bei hoher Produktivität und Reduktion der Kosten genannt. Noch gibt es keinen breiten Konsens über die genauen Merkmale und Systemeigenschaften von Lean Production, jedoch lassen sich folgende wesentliche **Bausteine** nennen:

- **Kundenorientierung** (Ausbau der Kunden-Lieferanten-Beziehung).
- **Teamorientierte Produktionsorganisation** zur Erhöhung der Mitarbeitermotivation und -integration.
- **Reduktion der Spezialisierung** (Reintegration der Arbeit) zur Steigerung der Produktqualität sowie der Produktionsflexibilität als Kern des Konzepts.
- **Reduktion der Fertigungstiefe** durch Outsourcing und enge Kooperation mit Zulieferern in den Bereichen FuE (Einbezug der Lieferanten in den FuE-Prozess) und Produktion (Just-In-Time-Production).
- **Simultaneous Engineering** (Parallelität von Produkt- und Produktionsmittelentwicklung) zur Reduktion von Entwicklungszeiten (Vermeidung des Arguments: „Das ist technisch nicht machbar!“). Einbindung der Zulieferer als Entwicklungspartner in Neuentwicklungsprozesse.
- **Steigerung der Effizienz**, z.B. Energieeffizienz
- **Total Quality Management (TQM)** als ein den Produktionsprozess begleitendes, die gesamte Wertkette der Unternehmung unter Berücksichtigung der Lieferanten- und Kundenwertketten umfassendes, sowohl mitarbeiter- als auch methodenorientiertes Qualitätssicherungskonzept („Null Fehler“, vgl. auch Kaizen S. 504). Qualitätsmanagement wird zur umfassenden Querschnittsaufgabe, zur umfassenden Managementaufgabe, die jeden Einzelnen betrifft.

Die Zusammenstellung der Bausteine macht deutlich, dass es sich bei Lean Production weniger um ein Instrument oder eine Methode, sondern eher um eine **Philosophie des Produktionsmanagements** handelt.

Mit Lean Production wird versucht, die Vorteile der Fließfertigung (hohe Produktivität und geringe Stückkosten) mit denen der Werkstattfertigung (hohe Qualität und Flexibilität) zu verbinden.

Bei der Übertragung des Lean Production-Konzepts auf nicht-japanische Unternehmen tritt eine Reihe von Problemen auf, die im Wesentlichen kulturbedingter Art sind. Die ersten Erfolge des Konzepts außerhalb Japans lassen jedoch auf seine prinzipielle Transformierbarkeit schließen. Simultaneous Engineering und flexible Fertigungsorganisation mit Gruppenarbeit gelten heute fast schon als Standardeinrichtung von Industriebetrieben.

4 Strategisches Marketing

4.1 Aufgaben

Der wirtschaftliche Erfolg einer Unternehmung hängt letztlich vom Absatzmarkt und den dort erzielten Ergebnissen, dem Markterfolg, ab. Hier entscheidet sich, ob sämtliche von der Unternehmung erbrachten Leistungen einen Preis erzielen, der zur Überdeckung der entstandenen Kosten ausreicht.

> Das **strategische Marketing** ist durch eine konsequente Ausrichtung sämtlicher Unternehmensfunktionen an den Anforderungen der Unternehmensumwelt gekennzeichnet.

Der erzielbare bzw. der sich am Markt bildende Preis hat eine Vielzahl von Determinanten. Er wird jedoch umso höher sein, je mehr es gelingt, den Nutzen des Abnehmers zu steigern. Hier wird nochmals deutlich, wie wichtig es ist, die eigene Unternehmung als Teil eines horizontalen und vertikalen **Wertkettensystems** zu begreifen (vgl. *Porter* [Wettbewerbsvorteile] 63ff.).

Zur Erhöhung des Abnehmernutzens müssen die **Kaufkriterien** ermittelt werden. Neben den **Nutzungskriterien** als Messwerte für das, was den Abnehmernutzen schafft (z.B. Produktqualität, Beratung, Reparaturleistungen, Preis, Lieferkonditionen), kommt den Signalkriterien eine wichtige Rolle zu (vgl. *Porter* [Wettbewerbsvorteile] 191ff.). **Signalkriterien** stellen Merkmale dar, welche die Entstehung von Abnehmernutzen signalisieren.

> Beispiel: In Abb. 7-6 sind Nutzungs- und Signalkriterien für Hochfrequenz- und Druckluftwerkzeuge für den industriellen Einsatz der Firma *Bosch* dargestellt.

Je nach Beschaffenheit von Nutzungs- und Signalkriterien bieten sich unterschiedliche Marketingstrategien an (vgl. S. 514ff.). Die Ermittlung der jeweiligen Kaufkriterien ist eine Aufgabe der Marktforschung.

[1] Absatzmarktforschung

Die Absatzmarktforschung umfasst die Beschaffung absatzmarktbezogener Daten und ihre Verarbeitung (Reduktion, Analyse, Abstimmung, Zusammenführung und Präsentation) zu entscheidungsrelevanten Informationen für den Absatz (vgl. *Hammann/Erichson* [Marktforschung]).

Diese **Informationen** können sich auf die Marktsituation und -entwicklung beziehen (z.B. Marktvolumina und deren Entwicklung für (Gruppen von) Leistungen, Nachfragerbedürfnisse und -verhalten, Angebot und Verhalten der Wettbewerber), auf die Abgrenzung des Marktes (vgl. S. 98) oder auf die eigenen Marketingstrategien und deren Erfolg. Neben der Ermittlung von Gegenwartsdaten sind Prognosen über zukünftige Marktentwicklungen zu entwerfen. Marktbezogene und damit die nähere Umwelt betreffende Daten sind auch hier um solche aus der weiteren Umwelt zu ergänzen (vgl. S. 109ff.).

Kaufkriterien			
Nutzungskriterien = Merkmale, die den Abnehmerwert schaffen		**Signalkriterien** = Merkmale, welche die Entstehung von Abnehmerwert signalisieren	
Rang	**Nutzungskriterium**	**Rang**	**Signalkriterium**
1	Produktqualität - Genauigkeit - Zuverlässigkeit - Dokumentation	1	Image der Unternehmung
2	Ergonomie, Gewicht, Geräusch, Design	2	Know How der Unternehmung
3	Preis	3	Qualität der Verkaufsunterlagen
4	Beratung		
5	Lieferzeit		
6	Reparaturleistungen		
7	Wirtschaftlichkeit		

Abb. 7-6: Kaufkriterien für Hochfrequenz- und Druckluftwerkzeuge der Fa. *Bosch*

Die Absatzmarktforschung kann systematisch, kontinuierlich oder fallweise erfolgen. Ähnlich wie die Früherkennung sollte sie auf jeden Fall um eine ungerichtete Komponente ergänzt werden bzw. Teil eines integrierten, unternehmensweiten Informations- und Früherkennungssystems sein. Über die Methoden der Marktforschung informiert die entsprechende Fachliteratur (u.a. *Fantapié Altobelli/Hoffmann* [Marktforschung], *Hammann/Erichson* [Marktforschung]).

[2] Segmentierung von Abnehmergruppen

Eine weitere Aufgabe des strategischen Marketing ist die Segmentierung der Abnehmer. Die **Marktsegmentierung** baut auf den im Rahmen der Absatzmarktforschung gewonnenen Informationen auf und hat eine weitere **Differenzierung** der im Rahmen der strategischen Planung gebildeten **Produkt-/Markt-Kombinationen** zum Ziel, i.d.R. nach geographischen, demographischen, psychographischen oder verhaltensbezogenen Merkmalen. Diese Bildung von Clustern ermöglicht den gezielten Einsatz von Marketingstrategien.

Beispiele:

- Kulturbedingte Unterschiede zwischen Deutschland und Japan verlangen völlig verschiedene Anforderungen an Werbekampagnen.
- Der Verkauf im Internet wendet sich an eine ganz spezifische Abnehmergruppe, die sich im Hinblick auf Preisvorstellung, Informationsbedürfnis usw. von den traditionellen Käufergruppen unterscheidet.

Die Marktsegmentierung erlaubt auch eine Spezifizierung der Nutzungs- und Signalkriterien, wobei insbesondere bzgl. der Nutzungskriterien weit reichende Interdependenzen mit den Bereichen FuE, Beschaffung und Produktion bestehen.

4.2 Marketingstrategien

Eine wesentliche Aufgabe im Rahmen des strategischen Planungsprozesses stellt die Strategiewahl dar. Mit diesem Thema haben wir uns gründlich auseinander gesetzt (vgl. S. 168ff.). Mit der gewählten Strategie wird die allgemeine Richtung festgelegt, mit der Wettbewerbsvorteile angestrebt werden. Entscheidet sich ein Geschäftsbereich bspw. für die Differenzierungsstrategie oder die Kostenführerschaftsstrategie, so bietet sich eine Fülle recht unterschiedlicher Marketingaktivitäten an, um die jeweilige Strategie zu realisieren. Grundsätzlich stehen die in Abb. 7-7 dargestellten Marketinginstrumente zur Verfügung.

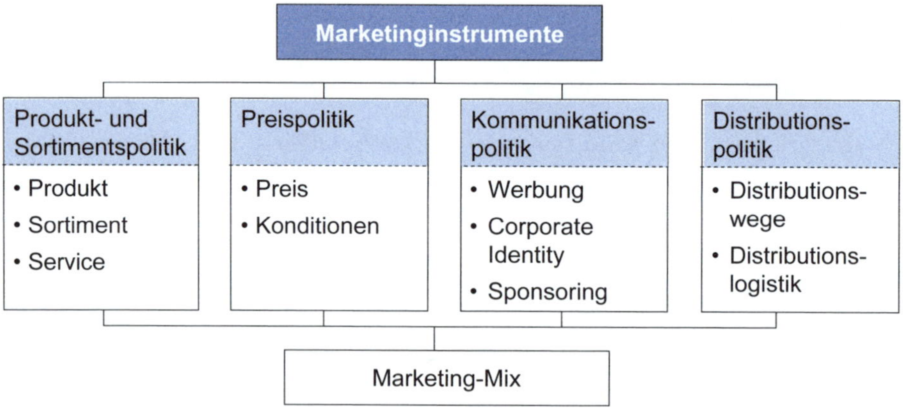

Abb. 7-7: Marketinginstrumente

Die **Produkt- und Sortimentspolitik** weist erhebliche Interdependenzen mit den Bereichen FuE, Beschaffung und Produktion auf. Der Neueinführung eines Produkts am Markt geht häufig eine lange Phase der Entwicklung bis zur Serienreife voraus. Sie führt zu Änderungen im Beschaffungsprogramm und u.U. zu Veränderungen der Lieferantenbeziehungen und -zusammensetzung, und sie hat i.d.R. auch Auswirkungen auf den Produktionsprozess und die Produktionsstruktur. Änderungen im Service haben i.d.R. organisatorische und personelle Konsequenzen.

Unterstützt wird die Produkt- und Sortimentspolitik u.a. durch absatzmarktorientierte Portfolio-Konzepte (vgl. S. 153ff.) sowie die lebenszyklusorientierte Kosten- und Erlösrechnung (vgl. S. 338ff.).

Bei der **Preispolitik** geht es um die Festlegung des marktgerechten Preises, Möglichkeiten seiner Variation und abnehmergruppenspezifischen Differenzierung sowie um die Gewährung von Rabatten, Zahlungszielen und weiteren, die Leistungsübergabe begleitenden Konditionen. Dieser Entscheidung vorausgehend ist die Frage zu klären, welchen Stellenwert die Preispolitik im Rahmen der Marketingstrategien einnehmen soll. Man spricht in diesem Zusammenhang von der Wahl der **Preisstrategie**. Dabei geht es um folgende Fragen:

- Soll der Preis aktiv oder eher defensiv als strategischer Wettbewerbsfaktor eingesetzt werden? Die Antwort auf diese Frage wird wesentlich bestimmt von der eigenen Finanzkraft und jener der Konkurrenten, der Marktstruktur (ist die Wettbewerbsstärke unterschiedlich verteilt?) und der Beschaffenheit des Gutes (steht eher die Qualität oder der Preis im Vordergrund?).
- Welche Rolle soll der Preis im Verlauf des Produktlebenszyklus spielen? Bietet sich etwa bei der Produkteinführung ein niedriger Preis an, um eine Marktdurchdringungsstrategie zu unterstützen oder eine Abschöpfungsstrategie (auch als **Skimmingstrategie** bezeichnet, to skim = abschöpfen), bei der - unter der Voraussetzung, dass ein Zeitvorsprung vorliegt - zunächst Gewinne solange abgeschöpft werden, bis die Wettbewerber nachziehen.

Die **Kommunikationspolitik** umfasst Inhalt und Gestalt der absatzmarktorientierten Informationspolitik der Unternehmung und ist im Kontext der Kaufkriterien primär den Signalkriterien zuzuordnen. Durch eine geeignete Kommunikationspolitik sollen Meinungen, Einstellungen, Erwartungen und letztlich Verhaltensweisen der Abnehmer, im weiteren Sinne auch der Wettbewerber, zielorientiert gesteuert werden. Moderne Instrumente der Kommunikationspolitik stellen das Sponsoring (z.B. Sportsponsoring), die Pflege der Corporate Identity und das Customer Relationship Management (Aufbau langfristiger Beziehungen mit dem Kunden) dar.

Die **Distributionspolitik** umfasst die Wahl der Absatzwege (direkt an Letztverwender oder indirekt über Groß- und Einzelhändler) sowie distributionslogistische Entscheidungen (Wahl der Transportmittel und -wege).

Der Einsatz der Kommunikationspolitik und der Distributionspolitik wird heute intensiv unterstützt durch die neuen Medien, speziell das **Internet**. Im Bereich **Business-to-Consumer** bieten heute große wie kleine Unternehmen ihre Produkte an. Den Möglichkeiten einer attraktiven, zielgruppengerechten und interaktiven Präsentation sind durch den Einsatz multimedialer Technik kaum mehr Grenzen gesetzt. Die Verknüpfung mit lokalen Warenwirtschaftssystemen birgt darüber hinaus enorme Einsparpotenziale in sich. Spezialisierte Provider und Agenturen übernehmen häufig den Aufbau von Homepages, Shops und kompletten Verkaufs- und Logistikplattformen.

Im Trend liegen sog. Malls, in denen zumeist themenspezifisch mehrere Shops zu einem virtuellen Kaufhaus zusammengefasst sind. Per Mausklick kann der Konsument bei verschiedenen Anbietern sein Produkt auswählen, kann sich bei Bedarf mit einem Call Center verbinden und dort beraten lassen und erhält die Lieferung kurzfristig. Für den Anbieter eröffnet sich der Vorteil, dass Kunden, die ein Webprogramm auswählen, Spuren hinterlassen, die sich auswerten lassen. Das Internet hat zudem den Vorteil, dass es im Vergleich zum klassischen Handel keine zeitlichen Restriktionen gibt, das Netz also zu jeder Zeit und an jedem Ort in Anspruch genommen werden kann. Damit verbunden ist eine beträchtliche Vergrößerung der Reichweite.

Die Erreichung hoher Sicherheitsstandards für den elektronischen Zahlungsverkehr stellte neben der Durchdringung der Haushalte mit schnellen Internet-Zugängen und -Endgeräten die letzte große Hürde für die breite Anwendung von E-Commerce mit dem Endkunden dar.

> Beispiel: Nachdem zunächst Internet-Spezialisten/-Pioniere wie *Amazon*, *Ebay*, *Dell* oder *Cisco* und anschließend klassische Handelshäuser wie *Otto*, *Quelle* oder *Neckermann* das Internet für Marketing und Vertrieb erschlossen haben, nutzen heute auch kleine und kleinste Unternehmen das Internet.
>
> Kaum ein Unternehmen kann das **Internet als Vertriebskanal** ignorieren. Vor allem jene Unternehmen hatten schnellen kommerziellen Erfolg im Internet, die entweder für den Internet-Handel speziell gegründet und organisiert wurden oder klassische Handelsorganisationen, die schon immer auf Direktvertrieb gesetzt haben. Die notwendige **Anpassung der Prozesse** innerhalb der Unternehmen an den Internet-Vertrieb ist hier weniger aufwändig.

Von wesentlicher Bedeutung für den Absatzerfolg ist die Kombination der absatzpolitischen Instrumente zum sog. **Marketing-Mix**. In Abb. 7-8 ist dargestellt, welche Anforderungen an die Produkt- und Sortimentspolitik, die Preispolitik, die Kommunikationspolitik und die Distributionspolitik bei den beiden Geschäftsbereichsstrategien „Kostenführerschaftsstrategie“ und „Differenzierungsstrategie“ zu stellen sind.

Die Kostenführerschaftsstrategie zeichnet sich durch niedrige Preise aus. Darauf sind die übrigen Marketingstrategien auszurichten (Beispiel: *Aldi*). Im Gegensatz dazu zeichnet sich die Differenzierungsstrategie durch Qualitätsführerschaft aus. Die Preise sind entsprechend hoch; es findet ein ausgeprägter Service durch Fachgeschäfte statt (Beispiel: Bioläden).

	Produkt- und Sortimentspolitik	Preispolitik	Kommunikationspolitik	Distributionspolitik
Kostenführerschaftsstrategie	Einfache und homogene Produkte, geringer Service	Niedrige Preise, langfristig stabile Preise	Werbung in Massenmedien, Preis steht bei der Werbung im Vordergrund	Einfache Verkaufseinrichtung, Verlagerung von Vertriebsfunktionen auf den Käufer (Informationsbeschaffung, Selbstbedienung)
Differenzierungsstrategie	Produkte mit hoher Qualität, breiter Service, Variantenvielfalt, Berücksichtigung von Kundenwünschen	Hohe Preise, Preisdifferenzierung	Werbung in kundengruppenspezifischen Medien, qualitative Merkmale stehen bei der Werbung im Vordergrund, Präsentation des Unternehmens durch Sponsoring, Aufbau und Pflege langfristiger individueller Geschäftsbeziehungen (Customer Relationship, Nachkaufmarketing, z.B. Kundenclubs, *Miles& More* bei *Lufthansa*)	Vertrieb über Fachgeschäfte, Beratung des Kunden, After Sales Services

Abb. 7-8: Marketing-Mix bei unterschiedlichen Marketingstrategien

5 Strategisches Finanzmanagement

5.1 Aufgaben

Beschaffungs-, Produktions- und Absatzprozesse sind begleitet von Zahlungsströmen. Sie führen zu Einnahmen und Ausgaben. Die Gestaltung der Zahlungsströme ist die Aufgabe der Finanzierung

Das **strategische Finanzmanagement** umfasst alle Aufgaben der Entwicklung und Sicherung eines Finanzierungspotenzials, das die Basis für die Wahl und Implementierung von Strategien darstellt.

Insofern kommt der Finanzierung im Rahmen des Strategischen Managements zunächst eine **unterstützende Funktion** zu. Diese passive, funktionale Aufgabe besteht in der Absicherung einer Strategie durch Bereitstellung von Kapital. So kann bspw. eine Akquisitionsstrategie nur dann durchgeführt werden, wenn die entsprechenden Finanzmittel zur Verfügung stehen. Ist dies nicht der Fall, kommt evtl. nur die weniger kapitalintensive Kooperationsstrategie in Frage. Neben dieser unterstützenden Funktion kommt der Finanzierung auch eine **aktive, potenzialorientierte Aufgabe** zu.

Beispiel: Gerade Unternehmen, die sich als **Global Player** begreifen, müssen das strategische Finanzmanagement in ihre Gesamtstrategie einbinden. Der Gang deutscher Unternehmen an ausländische Börsen (z.B. *Siemens*, *BASF*, *Bayer*, *RWE*, *E.ON*, *Volkswagen*, *Daimler*) - vorzugsweise an die NYSE, aber auch an andere bedeutende Finanzplätze wie London oder Tokyo - ist im Kontext der Globalisierung unverzichtbares Element strategischer Gesamtkonzeptionen geworden.

Mit der Notierung an ausländischen Börsen verfolgen diese Unternehmen verschiedene Ziele: Zugang zu internationalen Kapitalmärkten, Steigerung des Bekanntheitsgrades bei Kunden und Lieferanten, Pflege der Investor Relations, insbesondere gegenüber den großen institutionellen Anlegern. Kundenorientierung geht dann mit **Aktionärsorientierung** einher («to produce where the clients are» und **«shares follow products»**).

Aktuell prüfen Unternehmen verstärkt eine Platzierung ihrer Aktie an der Börse in Shanghai. So fasst die *Allianz AG*, Europas größter Versicherungskonzern, als erstes Unternehmen eine Notierung in Shanghai konkret ins Auge. Der Zugang zu chinesischem Kapital ist hier neben der Steigerung der Bekanntheit und der Marktposition im chinesischen Markt die wesentliche Motivation. Noch ist Chinesen der Kauf ausländischer Aktien nicht erlaubt, es scheint aber nur eine Frage der Zeit, bis sich chinesische Börsen für ausländische Unternehmen öffnen (vgl. dazu Tagesordnungspunkt 7 „Ermächtigung zu einem weiteren Bezugsrechtsausschluss für die Ausgabe von Aktien aus dem Genehmigten Kapital 2010/I im Rahmen der Zulassung von *Allianz*-Aktien an einer Börse in der Volksrepublik China und entsprechende Satzungsänderung" zur Hauptversammlung der *Allianz AG* am 09. Mai 2012 sowie Bericht in der *Süddeutschen Zeitung* am 30.03.2012).

Als **übergeordnetes Ziel** des strategischen Finanzmanagements wird heute überwiegend die **Maximierung des Unternehmensgesamtwertes** (Shareholder Value) angesehen (vgl. S. 82ff.). Daneben stellt die Sicherung der **Liquidität** durch Optimierung der Kapitalstruktur eine unabdingbare Nebenbedingung dar. Aus diesen Oberzielen lassen sich folgende **Unterziele** ableiten:

- Koordination von Unternehmensstrategie und Finanzierungspolitik,
- Minimierung von Kapital- und Transaktionskosten,
- Minimierung von Währungs-, Zins- und Länderrisiken bzw. Nutzung entsprechender Chancen,
- Maximierung von Kapitalanlageerlösen.

5.2 Finanzierungsstrategien

Zur Verwirklichung der o.g. Ziele stehen insbesondere folgende Finanzierungsstrategien zur Verfügung:

- Strategisches Portfolio-Management,
- Going Public,
- Investor Relations,
- Cash Management.

[1] Strategisches Portfolio-Management

Die Grundidee der Portfolio-Analyse besteht darin, ein strategisches Geschäftsfeld nicht isoliert zu sehen, sondern in Verbindung mit anderen strategischen Geschäftsfeldern. Das auf der Portfolio-Analyse aufbauende Portfolio-Management hat die Aufgabe, die Gesamtheit der strategischen Geschäftsfelder so zu gestalten, dass die Vorteile des Synergieeffektes unter Risiko- und Ertragsaspekten wahrgenommen werden können. Dies wiederum bedeutet, dass eine **Allokation der finanziellen Ressourcen** von den Cashprodukten zu den Nachwuchsprodukten und Starprodukten stattfindet. Eine wichtige Aufgabe dabei ist, den künftigen Finanzbedarf der Nachwuchs- und Starprodukte zu ermitteln und den Kapitalfreisetzungseffekt aus den Cash Cows zu bestimmen. Ein Portfolio ist dann im Gleichgewicht, wenn Produkte, die Cash Flow verwenden (Nachwuchs- und Starprodukte), in ausreichendem Maße von jenen Produkten alimentiert werden können, die Cash Flow erwirtschaften (Cashprodukte).

Stehen Ressourcen jedoch nicht in ausreichendem Maße zur Verfügung, ist über alternative Kapitalbeschaffungsmöglichkeiten zu entscheiden. Neben der Kreditfinanzierung werden heute vor allem Möglichkeiten der Freisetzung von Kapital durch Desinvestition und die Beschaffung von Eigenkapital an der Börse diskutiert. Mit der Desinvestitionsstrategie haben wir uns ausführlich beschäftigt (vgl. S. 184ff.). Im Folgenden soll die Eigenkapitalbeschaffung durch das Going Public erörtert werden.

[2] Going Public

Die herausragenden Finanzierungsmöglichkeiten börsennotierter Unternehmen haben in den letzten Jahren verstärkt einen Trend zum **Going Public** (Gang an die Börse, auch als „IPO" (= Initial Public Offering) bezeichnet) ausgelöst. **Finanzierungseffekte** können dabei entstehen durch

- eine mit dem Börsengang verbundene Kapitalerhöhung,
- verbesserte Fremdfinanzierungsmöglichkeiten durch Ausgabe von Schuldverschreibungen (Industrieobligationen) und Wandelschuldverschreibungen sowie
- eine allgemeine Verbesserung der Kreditwürdigkeit aufgrund erhöhter Prüfungs- und Publizitätserfordernisse.

Neben der Kapitalbeschaffung gibt es **weitere Gründe** für den Börsengang: Änderung der Beteiligungsverhältnisse (z.B. bei Nachfolgeproblemen), Öffnung des Unternehmens für internationale Investoren, Steigerung des Bekanntheitsgrades von Unternehmung und Produkten („Unser Unternehmen ist im DAX"), Beteiligung von Mitarbeitern am Unternehmen sowie Privatisierung von Staatsunternehmen (z.B. *Deutsche Telekom AG*, *Deutsche Post AG*).

Die **Gestaltungsmöglichkeiten** des Going Public liegen in den Bereichen des Emissionsvolumens, des Emissionspreises, der Aktienstückelung, der Platzierung, der Wahl einer Emissionsbank bzw. eines Bankenkonsortiums, der Börsenplätze, der Börsensegmente (DAX, M-DAX), der Kommunikation gegenüber Anlegern und des Timing des Börsengangs.

> Beispiel: 1996 hat die ***Deutsche Telekom*** die erste Tranche einer Kapitalerhöhung von umgerechnet über 2,5 Mrd. € Grundkapital an verschiedenen internationalen Finanzmärkten platziert. Dieses «Going Public» war der größte Börsengang in der deutschen Wirtschaftsgeschichte, die erste Tranche war darüber hinaus die größte Einzelplatzierung, die es weltweit je gegeben hat. Der Emissionskurs der Stammaktien wurde im sog. Bookbuilding-Verfahren ermittelt, bei dem die Kaufinteressenten innerhalb einer festgelegten Preisspanne und Zeitspanne Gebote abgeben konnten.
>
> Der Börsengang wurde von einem internationalen Bankenkonsortium, an dessen Spitze *Deutsche Bank*, *Dresdner Bank* und *Goldman Sachs* standen, begleitet. Die Streuung der Aktie im Inland als Publikumswert sollte die Bindung der Kunden an das Unternehmen stärken. Beteiligungsprogramme für Mitarbeiter und Management steigerten die Identifikation mit dem eigenen Unternehmen.
>
> Die Strategie der Positionierung der *Deutschen Telekom* als Global Player wurde seinerzeit durch die internationale Platzierung der «T-Aktie» und damit die stär-

kere Öffnung für internationale Investorenkreise unterstützt (zur Motivation der Platzierung von Aktien an ausländischen Börsen vgl. das Beispiel S. 518). Inzwischen hat die *Deutsche Telekom* ihre Aktien in New York und Tokio wieder „delisted". Gründe waren geringes Handelsvolumen und hohe Aufwendungen im Zusammenhang mit den jeweiligen Berichtspflichten. Die *Deutsche Telekom* ist dabei kein Einzelfall: 2011 zog sich die *Bayer AG* aus denselben Gründen von den Handelsplätzen in London und Zürich zurück.

[3] Investor Relations

Einen wesentlichen Einfluss auf die Beschaffung von Eigenkapital an der Börse übt das **Standing** eines Unternehmens, d.h. sein Image bei den gegenwärtigen und künftigen Investoren aus. Die Förderung des Standing ist eine weitere Aufgabe des Strategischen Managements. Sie wird über die sog. Investor Relations wahrgenommen, also eine Beziehungspflege eines Unternehmens zu seinen Aktionären.

Ein wichtiges Instrument der Investor Relations ist der **Geschäftsbericht**. Er muss einen fairen Einblick in die gegenwärtige und künftige Lage der Gesellschaft vermitteln. Der Jahresabschluss sollte den „International Financial Reporting Standards" (IFRS) bzw. dem US-Standard (US-GAAP) entsprechen. Wichtig für die strategische Beurteilung eines Unternehmens ist eine **Segmentberichterstattung**, die Anhaltspunkte für die Positionierung der einzelnen strategischen Geschäftsfelder liefert (vgl. *Heyd* [Rechnungslegung] 529ff.). Weitere Maßnahmen der Investor Relations sind Zwischenberichte, Pressekonferenzen, Road Shows, Analystentreffen, Präsentationen des Unternehmens im Internet (mit Kennzahlen, Urteilen von Finanzanalysten, Möglichkeiten der Befragung des Vorstands per E-Mail). Um den persönlichen Kontakt mit den Aktionären grundsätzlich zu intensivieren, haben viele große deutsche Aktiengesellschaften ihre Inhaberaktien in **Namensaktien** umgewandelt.

Siemens schreibt dazu im Juni 1999: „Der Eintrag ins Aktienbuch hat den Vorteil, dass wir künftig einen direkten Kontakt mit allen eingetragenen Aktionären pflegen können. So beabsichtigen wir, Ihnen in Zukunft beispielsweise Zwischenberichte, den Geschäftsbericht und die Einladung zur Hauptversammlung direkt zuzuschicken. Der direkte Versand gibt uns zugleich die Möglichkeit, Kosteneinsparungen gegenüber einer Versendung durch Dritte zu realisieren.

Namensaktien sind auch in den USA Standard. Deshalb kann uns die Umstellung auf Namensaktien die geplante Börseneinführung in den USA erleichtern. Von einer solchen US-Notierung erwarten wir uns eine erhöhte Nachfrage nach *Siemens*-Aktien und größere Einsatzmöglichkeiten und damit eine längerfristige Steigerung des Aktienkurses. Denn mit einer US-Notierung können die Teilnehmer des weltweit größten Kapitalmarktes die Siemens-Aktie künftig erheblich leichter und einfacher erwerben.

Außerdem kann das Unternehmen bei transatlantischen Kooperationen und Akquisitionen neue Finanzierungswege einschlagen. Große Finanztransaktionen werden oft im Wege des Aktientausches abgewickelt. Diese Möglichkeit der Finanzierung stünde dem Unternehmen dann auch zur Verfügung."

Um die Aktionärspflege nicht dem Zufall zu überlassen, unterhalten alle großen AGs spezielle Investor Relations-Abteilungen. Regelmäßige Analysten-Treffen sind Standard.

Beispiel *Bayer*: „Dialog mit dem Kapitalmarkt: Im vergangenen Jahr haben wir die traditionell intensive Kommunikation mit dem Kapitalmarkt weiter ausgebaut. Um unseren Investoren die wachsende Bedeutung des chinesischen Marktes für unsere Geschäfte näherzubringen, wurde erstmals eine Investor-Relations-Konferenz in Shanghai (China) organisiert. ...

Das sehr positive Feedback zu dieser Veranstaltung hat uns ermutigt, weitere Investor-Relations-Konferenzen in Asien und den USA fest in unser Investor-Relations-Programm aufzunehmen. Im Jahr 2011 waren wir mit unserem Investor Relations Team - oft mit Vorstandsbegleitung - in 22 Finanzzentren unterwegs und führten mehr als 400 Einzelgespräche." (Geschäftsbericht 2011)

[4] Cash Management

Zumindest partiell dem strategischen Finanzmanagement zuzurechnen ist das Aufgabenfeld des Cash Management. Ursprünglich stand das Ziel der Liquiditätssicherung im Vordergrund des Cash Management, womit dieses eher dem operativen Finanzmanagement zuzuordnen wäre. Zunehmend soll das Cash Management aber auch längerfristige Ziele, wie den Ausbau finanzieller Stärken oder die Minimierung von Währungsrisiken erfüllen.

Zu den **Instrumenten** des Cash Management zählen u.a. die Devisentermingeschäfte, Finanzhedging sowie Leading (Beschleunigung von Zahlungsvorgängen) und Lagging (Verzögerung von Zahlungsvorgängen) zur Sicherung von Währungskursrisiken (bzw. zur Nutzung von Chancen). Ein kontinuierliches „balance reporting" und „cash pooling" (zentrales Liquiditätsmanagement) dient der Liquiditätssicherung, das „Devisen netting" (Ausgleich von Devisensalden) reduziert Transaktions- und Kurssicherungskosten.

Stets dann, wenn eine Gesamtaufgabe in Teilaufgaben zerlegt wird, stellt sich die Aufgabe der **Organisation** dieser Teilaufgaben. Für eine **Zentralisierung** des strategischen Finanzmanagements sprechen die notwendige Gesamtsicht der Unternehmung gerade unter finanziellen Aspekten sowie einzelne Instrumente wie das „pooling" oder das „netting", welche die Koordination von Transaktionen fokussieren. Für eine **Dezentralisierung** sprechen einerseits allgemeine Vorteile dezentraler Organisationen (Nutzung verstreuten Wissens, Motivation, unternehmerisches Handeln, Marktnähe) sowie praktische Erwägungen bzgl. der Flexibilität und Schnelligkeit von Finanzierungsstrategien.

6 Strategisches Personalmanagement

6.1 Aufgaben

Unternehmungen werden von Menschen gegründet. Diese vollbringen Arbeitsleistungen und sind für den Erfolg oder den Misserfolg der Unternehmung verantwortlich. Die Gesamtheit aller Mitarbeiter in der Unternehmung soll hier unter dem Begriff **„Personal"** zusammengefasst werden.

Die strategische Bedeutung des Personals wird sichtbar, wenn wir nach den Interdependenzen mit den übrigen Potenzialen des Strategischen Managements fragen. Die Menschen in der Unternehmung sind die **Gestalter der Potenziale**. Sie entwickeln Informationssysteme, verändern Organisationsstrukturen, nehmen Einfluss auf die Entwicklung der Unternehmenskultur und sind Träger des strategischen Planungs- und Kontrollprozesses. Menschen entwickeln Strategien und sind für ihre Implementierung und Kontrolle verantwortlich. Auf der Leistungsebene nehmen Menschen Beschaffungs-, Produktions- und Absatzaufgaben wahr, entwickeln neue Technologien und versorgen die Unternehmung mit Kapital. Erst ihre Entscheidungen und Handlungen machen die Schaffung und Nutzung der übrigen Potenziale möglich.

Auf der anderen Seite ist der Mensch mit seinen individuellen Eigenschaften und Fähigkeiten auch **Gegenstand der Gestaltung** im Rahmen des sog. **Human Resource Management**. Stärken im Bereich „Personal" können als eigenständige Quellen anhaltender, schwer imitierbarer Wettbewerbsvorteile einen wichtigen Beitrag zum Aufbau eines langfristigen Erfolgspotenzials leisten. Entsprechende Schwächen in diesem Bereich führen zu Wettbewerbsnachteilen.

Diese Zusammenhänge machen deutlich, dass die Fähigkeiten des Personals den Rahmen festlegen, innerhalb dessen Unternehmensstrategien entwickelt und eingesetzt werden. Dies wiederum bedeutet:

> Eine wesentliche Aufgabe des **Strategischen Personalmanagements** besteht darin, die personalen Rahmenbedingungen für eine Strategie zu erkennen und auf sie einzuwirken.

Wettbewerb findet heute in besonderem Maße auf dem Felde der Innovation statt, die wiederum auf Wissen gründet, das vom Personal bereitgestellt wird. Personal ist auch und gerade vor diesem Hintergrund eine entscheidende Quelle des strategischen Erfolgs und bedarf daher einer besonderen Beachtung durch die Formulierung strategischer Perspektiven in Form von betrieblichen Personalstrategien. Diese stehen in zweierlei Richtungen mit der Unternehmensstrategie in Verbindung:

- **Abgeleitete Personalstrategien** haben die Aufgabe, die Unternehmensstrategie zu unterstützen. Beispiel: Eine Strategie der Marktdurchdringung eines Versicherungsunternehmens verlangt die Etablierung zusätzlicher Agenturen mit entsprechendem Personal.

- **Originäre Personalstrategien** sind darauf ausgerichtet, das Personal im Sinne des Ressourcenorientierten Ansatzes (vgl. S. 30ff.) als Quelle des dauerhaften Erfolges eines Unternehmens zu fördern. Beispiel: Erhöhung des Anteils von Hochschulabsolventen.

Die Aufgaben der Personalstrategien bestehen also zum einen darin, auf die Eigenschaften der Organisationsmitglieder so einzuwirken, dass die aus der Unternehmensstrategie abgeleiteten Anforderungen an das Personal erfüllt werden, zum anderen eigenständige personale Erfolgspotenziale zu erschließen. Wir unterscheiden

- Grundanforderungen und
- spezifische Anforderungen.

[1] Die **Grundanforderungen** an die in einem Unternehmen beschäftigten Mitarbeiter umfassen

- die Leistungsfähigkeit und
- die Leistungsbereitschaft.

(a) Die **Leistungsfähigkeit** versetzt das Individuum in die Lage, eine entsprechende Aufgabe grundsätzlich durchführen zu können. Sie bezieht sich also auf das **„Können“**, auf die (fachliche) **Qualifikation** des Mitarbeiters. Die individuelle Leistungsfähigkeit wird durch die spezifischen physischen, sensorischen, kognitiven und affektiven Fähigkeiten determiniert.

(b) Die **Leistungsbereitschaft** bezieht sich auf den Aspekt des **„Wollens“** und ist eng mit Fragen der **Motivation** verknüpft. Ist die prinzipielle Leistungsfähigkeit eines Mitarbeiters gegeben, so hängt der Grad der Zielerreichung im Wesentlichen von der Leistungsbereitschaft bzw. der Motivation des Mitarbeiters ab.

Mitarbeiter bringen eigene Ziele in die Unternehmung mit ein. Die Effizienz des Gesamtsystems „Unternehmung“ hängt maßgeblich von der Beschaffenheit dieser Individualzielsysteme und der Fähigkeit der Unternehmensführung ab, diese Ziele mit den Unternehmenszielen abzustimmen. Damit wird die Erforschung der Motivation der Mitarbeiter, also der Beweggründe ihres Handelns, zu einer entscheidenden Führungsvoraussetzung. Erst wenn diese offen gelegt werden, kann auf die Motivation und Leistungsbereitschaft der Mitarbeiter eingewirkt werden.

Zur Erklärung der Motivation sind verschiedene **Motivationstheorien** entwickelt worden. *Staehle* ([Management] 218ff.) unterscheidet zwei Arten von Motivationstheorien: **Inhaltstheorien** versuchen zu erklären, was im Individuum oder in seiner Umwelt Verhalten erzeugt und aufrechterhält (Ansätze von *Maslow*, *Herzberg*, *McClelland*), **Prozesstheorien** hingegen erklären, wie ein bestimmtes Verhalten erzeugt, gelenkt, erhalten oder abgebrochen wird (Ansätze von *Vroom*, *Porter/Lawler*).

[2] Leistungsfähigkeit und Leistungsbereitschaft werden als Grundanforderungen begriffen, da sie in Abhängigkeit von der jeweiligen Situation (Ziele, Strategien, Bedingungen) eine inhaltliche Differenzierung und Präzisierung erfahren müssen.

In Abhängigkeit von den betrieblichen Funktionen sind in zunehmendem Maße folgende **spezifische Anforderungen** verlangt:

(1) Produktion - Produktivität - Schnelligkeit - Genauigkeit - Spezialkenntnisse	**(2) Forschung und Entwicklung** - Innovationsfreudigkeit - Kreativität - Verantwortungsbewusstsein - Risikofreudigkeit - Spezialkenntnisse
(3) Marketing - Kreativität - Kommunikationsfähigkeit - Kundenorientierung	**(4) Finanzen/Rechnungswesen** - Genauigkeit - Spezialkenntnisse

Bezogen auf die Hierarchie gilt folgender spezifischer Anforderungskatalog:

(1) Führungskräfte - Generalisierung vor Spezialisierung - Sozialkompetenz - Umweltsensibilität - Entscheidungsfreudigkeit - Flexibilität - Kreativität - Vorurteilsfreiheit und Toleranz * - Kulturelle Anpassungsfähigkeit * - Sprachkenntnisse *	**(2) Ausführungskräfte** - Spezialisierung vor Generalisierung - Kreativität - Zuverlässigkeit - Schnelligkeit - Lernfähigkeit

* speziell beim internationalen Personalmanagement

Bei der Formulierung von Unternehmensstrategien und Personalstrategien lassen sich des Weiteren generalisierbare, für alle Mitarbeiter gültige strategische Anforderungsmerkmale ableiten: Strategisches Denken und Handeln, Umweltsensibilität, Kundenorientierung, Qualitätsbewusstsein und Identifikation mit dem Unternehmen. In Abhängigkeit von der jeweiligen **Strategie** wiederum sind besondere Anforderungen gefragt. Im Folgenden wird dies am Beispiel der Kostenführerschaftsstrategie und der Differenzierungsstrategie verdeutlicht:

(1) Kostenführerschaftsstrategie	(2) Differenzierungsstrategie
- Kostenbewusstsein	- Qualitätsbewusstsein
- Technisches Verständnis	- Servicebereitschaft
- Verantwortungsbewusstsein	- Lernbereitschaft

6.2 Personalstrategien

Wie kann sichergestellt werden, dass das Personal die in Zukunft gestellten Anforderungen erfüllen kann und damit zur Basis strategischer Wettbewerbsvorteile wird? Folgende Gestaltungsbereiche einer Personalstrategie können eine Antwort auf diese Frage liefern:

- Strategische Personalbeschaffung
- Strategische Personalentwicklung
- Strategische Anreizsysteme
- Strategische Personalführung

[1] Strategische Personalbeschaffung

Ist in einem Unternehmen das für eine Strategie erforderliche Personal in quantitativer und/oder qualitativer Hinsicht nicht vorhanden, muss es **rekrutiert** werden. Dies gilt insbesondere dann, wenn neue Strategien gewählt werden, die das bisherige Personal überfordern.

> Beispiele stellen die ehemaligen Monopolunternehmen *Post* und *Bahn AG* dar, die im Zuge der Deregulierung eine Wettbewerbsstrategie implementieren mussten.

Auch bei der Wahl von Internationalisierungsstrategien kommen neue Anforderungen auf das Personal zu. Zuweilen werden gezielt Personen „eingekauft", um eine bestimmte Strategie zu realisieren.

> Das spektakulärste Beispiel ist das Engagement von *Ignacio Lopez* zur Realisierung der Sourcing-Strategie des *Volkswagen*-Werks. Dasselbe Unternehmen lieferte Anfang 2005 folgende Schlagzeilen: „Acht Prozent plus in wenigen Minuten. Noch nie hatte eine Personalie der *VW*-Aktie solch einen Kursauftrieb gegeben wie die Ernennung von *Wolfgang Bernhard* zum neuen Konzernvorstand. Eine Milliarde Euro Marktkapitalisierung mehr."
>
> (*Frankfurter Allgemeine Sonntagszeitung*, 30.01.2005)

Die Suche nach erfolgreichen Strategen wurde in den letzten Jahren verstärkt auch auf das **Ausland** ausgedehnt:

> Der Schweizer *Josef Ackermann* ist Chef der *Deutschen Bank* (im Jahr 2012 wird er abgelöst von dem indischen Manager *Anshu Jain*), der Landsmann von *Ackermann Reto Francioni* leitet die *Deutsche Börse*, *Peter Löscher* aus Österreich ist Vorstandsvorsitzender der *Siemens AG*, sein Landsmann *Wolfgang Mayrhuber* steht an

der Spitze der *Lufthansa*. *MAN* wird ebenfalls von einem Österreicher geleitet, von *Georg Pachta-Reyhofen*.

Im **Diversity Management** (Vielfaltsmanagement) wird die individuelle Verschiedenheit des Personals positiv bewertet. Die Unterschiede hinsichtlich Alter, Geschlecht, ethnischer Herkunft, Bildung, kultureller Werte und Erfahrungen sollen mit Hilfe des Diversity Managements optimal zur Erreichung gesetzter Ziele genutzt werden. In diesem Zusammenhang ist auf die wachsende Bedeutung von Frauen in Führungspositionen hinzuweisen.

Dazu folgende Pressenotiz: „Der US-Technologieriese *IBM* setzt auf Frauenpower an der Spitze: Vertriebschefin *Virginia Rometty* soll zum Jahreswechsel den erfolgsverwöhnten Konzernlenker *Sam Palmisano* ablösen, der sich nach neun Jahren auf den einflussreichen Posten des Verwaltungsratsvorsitzenden zurückzieht. Die Personalie steht für einen Kulturwandel beim Konzern. Erstmals gibt eine Frau die Richtung des Unternehmens vor, das bislang als eher schwerfällige Männerdomäne galt." (*Stuttgarter Zeitung* vom 27.10.2011)

[2] Strategische Personalentwicklung

Die strategische Personalentwicklung (Human Resource Management) soll den Mitarbeitern auf allen Hierarchieebenen zur Erhaltung, Entwicklung und Verbesserung ihres Wissens, Könnens und Verhaltens verhelfen. In Abb. 7-9 sind einzelne wichtige Konzepte der Personalentwicklung erfasst und nach dem Lernort klassifiziert.

	Individualentwicklung	**Individual- und Teamentwicklung**
into-the-job	Berufsausbildung Einarbeitung Trainee-Programm	Junior-Firma
on-the-job	Stellvertretung Lehrgespräch Lernpartnerschaft (Mentoring, Coaching, Mitarbeitergespräch)	Qualifikationsfördernde Arbeitsgestaltung (job enrichment, job enlargement, job rotation) Projektarbeit
near-the-job	Lernstatt Entwicklungsarbeitsplatz	Qualitätszirkel
off-the-job	Konferenz Fachseminar Hochschulstudium	Teamworkshop Management- oder Führungsplanspiel

Abb. 7-9: Konzepte der Personalentwicklung
(In Anlehnung an: *Klimecki/Gmür* [Personalmanagement] 207 und *Hungenberg/Wolf* [Unternehmensführung] 401ff.)

(a) Die Personalentwicklung **into-the-job** soll den Einstieg in den Beruf bzw. ein neues Unternehmen ermöglichen.

(b) Die Personalentwicklung **on-the-job** organisiert die Qualifikation am Arbeitsplatz. Verschiedene Formen der Lernpartnerschaft (z.B. Coaching) beruhen auf der Erfahrung von Führungskräften, die in einer länger angelegten Beziehung zur Nachwuchskraft dessen Entwicklungspotenzial fördern. Im Rahmen der Projektarbeit lassen sich unternehmerische und soziale Kompetenzen erwerben.

(c) Die Personalentwicklung **near-to-the-job** strebt eine Qualifizierung außerhalb der Routinearbeit, aber in der Nähe zum Arbeitsplatz an. Ein klassisches Beispiel ist der Qualitätszirkel. Er besteht aus einer (6 bis 9 Personen umfassenden) Gesprächsgruppe aus Mitarbeitern verschiedener Hierarchiestufen eines bestimmten Arbeitsbereiches. Die Arbeit im Qualitätszirkel soll nicht nur ökonomische Vorteile mit sich bringen, sondern auch in sozialer Hinsicht positiv wirken. Die Bereitschaft, offen miteinander zu reden und Verantwortung zu übernehmen, soll gestärkt werden. Die Idee des Qualitätszirkels stammt aus dem von einem starken Gruppenbewusstsein geprägten Japan.

(d) Die Personalentwicklung **off-the-job** soll in einer Distanz zum normalen Arbeitsumfeld zur Qualifizierung beitragen. Klassische Beispiele sind Seminare, in denen u.a. Fallstudien erarbeitet und Planspiele organisiert werden. Führungskräfteseminare werden mit der Absicht eines Ideen- und Erfahrungsaustausches häufig auch extern und unternehmensübergreifend abgehalten. Ganz besonders wichtig sind - insbesondere in einer diskontinuierlichen Umwelt - die Förderung sensorischer und kognitiver Eigenschaften von Führungspersonen (Umfeldsensibilität), Fähigkeit zu vernetztem und utopischem Denken, physische und psychische Belastbarkeit.

Instrumente der Personalentwicklung sind die Aus- und Weiterbildung. **Ausbildung** umfasst die berufliche Erstausbildung sowie Umschulungsmaßnahmen. **Weiterbildung** dient dem Erwerb zusätzlicher Qualifikationen bzw. der Anpassung der Qualifikation des Mitarbeiters an neue Aufgaben oder Bedingungen (z.B. Einsatz neuer Technologien im Büro wie PC, Workstations, Internet bzw. in FuE und Produktion wie CIM, CAD, CAM, CAEI). Es gibt Branchen, in denen der strategischen Personalentwicklung aufgrund der Engpässe in strategisch bedeutsamen Arbeitsmarktsegmenten eine besondere Bedeutung zukommt (z.B. High Tech/Informationstechnologie).

Generell gilt aber, dass in einer sich schnell wandelnden Umwelt - und der sehen sich heute nahezu alle Unternehmen gegenüber - die Anpassung der fachlichen Qualifikation des Personals durch lebenslanges Lernen zu einer überlebenswichtigen Frage wird. Eine besondere Bedeutung erhalten in diesem Zusammenhang Weiterbildungsmaßnahmen für **Führungskräfte**.

Traditionell stand dabei die Vermittlung von Fachwissen einerseits und spezifischem Führungswissen andererseits (z.B. Planungstechniken) im Vordergrund.

Zunehmende Bedeutung erlangen Bildungsmaßnahmen bezüglich Führungsverhalten und Führungsstil.

[3] Strategische Anreizsysteme

Unter einem Anreizsystem verstehen wir die Gesamtheit aller bewusst gestalteten Arbeitsbedingungen, die zu bestimmten Verhaltensweisen führen und unerwünschte Verhaltensweisen möglichst ausschließen sollen.

Die Anreize, welche das Verhalten innerhalb der Unternehmung zielorientiert beeinflussen können, werden nach *von Rosenstiel* ([Grundlagen] 231) wie folgt unterteilt:

- **Finanzielle Anreize** (Anreizkompatibles Entgelt in Form von Beteiligung am Gewinn oder in Form von Boni, Beteiligung am Unternehmen durch Stock Options, Bereitstellung eines Firmenfahrzeugs),
- **soziale Anreize** (Kontakte mit Vorgesetzten, Gleichgestellten, Untergebenen, Gruppenzugehörigkeit),
- **Anreize der Arbeit selbst** (Arbeitsbedingungen und -inhalte, Entwicklungsmöglichkeiten, Aufstiegschancen, Chance auf Auslandsaufenthalt),
- **Anreize des organisatorischen Umfeldes** (Image, Standort, Größe, Alter und Führungsstil der Unternehmung).

Beispiel: Im Zuge der Shareholder Value-Orientierung gingen in den 90er-Jahren zahlreiche v.a. börsenorientierte Unternehmen dazu über, das Management - neben dem fixen und dem an die Erreichung von Unternehmens- oder Individualzielen gekoppelten Gehalt - in Form einer **Beteiligung an der Wertentwicklung der Aktie** des Unternehmens zu entlohnen. Mit diesem finanziellen Anreiz wurde die Erwartung verbunden, dass das Management seine Strategien stärker am Shareholder Value ausrichtet.

Ein Beispiel ist das *Star-Programm* der ***SAP***. Die Grundidee dieses Programms besteht darin, durch Ausgabe von Optionen auf Vorzugsaktien des eigenen Unternehmens einer **breiten Schicht von Mitarbeitern** Teile ihrer Vergütung in Abhängigkeit von der Kursentwicklung der *SAP*-Vorzugsaktien innerhalb einer bestimmten Periode zukommen zu lassen und damit Anreize zum Verbleib bzw. Eintritt zu geben.

Generell ist heute eine gewisse Ernüchterung bzgl. der Verhaltenssteuerung über derartige Ansätze eingetreten, so dass Stock Options-Programme in der Regel ergänzenden Charakter haben und auf die Top-Management-Ebene beschränkt sind.

Auf **Top-Management-Ebene** findet man zunehmend mittel- und langfristig orientierte Vergütungssysteme, meist als **Mid- oder Long-Term Incentive Programm** bezeichnet. Für Vorstände ist die Mehrjährigkeit der Bemessungsgrundlage für die variable Vergütung seit der Verabschiedung des Gesetzes zur Angemessenheit der Vorstandsvergütung (VorstAG) durch den Bundestag am 18. Juni 2009 sogar obligatorisch. Als Orientierungshilfe für die Dauer dient die auf vier Jahre verlängerte Ausübungsfrist für Aktienoptionen. Ziel der Politik ist dabei die Sicherstellung einer **nachhaltigen** Unternehmensentwicklung, da man erkannt hatte, dass zu kurzfristig orientierte Anreizsysteme mitursächlich für die Wirtschafts- und Finanzkrise waren.

[4] Strategische Personalführung

Im vorangegangenen Teil 6 haben wir festgestellt, dass der Unternehmenskultur eine wichtige Rolle im Strategischen Management zukommt. Wichtig ist vor allem ihre **Koordinations- und Integrationsfunktion**. Im Rahmen der begrenzten gestalterischen Möglichkeiten haben die Führungskräfte die Aufgabe, auf die Unternehmenskultur Einfluss zu nehmen. Ihnen kommt eine Vorbildfunktion zu, durch welche die Unternehmenskultur an andere Mitarbeiter weitergegeben werden soll. Die **Integration** der Mitarbeiter in die Unternehmung und ihre Kultur („Vom Mitarbeiter zum Mitunternehmer") ist damit ebenfalls als Gestaltungsbereich des strategischen Personalmanagements zu begreifen.

Einen wesentlichen Einfluss auf die **Motivation** und damit auch auf die Effizienz des Personals nehmen die **Strukturen und Beziehungen** zwischen den Personen (Produktions-, Informations- und Koordinationsbeziehungen). Im Rahmen der Gestaltung derartiger Strukturen ist deshalb der Einflussfaktor „Mensch" unbedingt zu berücksichtigen. Unter dem Terminus „Humanisierung der Arbeit" sind vor diesem Hintergrund neue Arbeits- und Strukturformen entstanden: Teilautonome Gruppen (z.B. Qualitätszirkel, Lernstatt, Kollegien), job enrichment, job enlargement, job rotation (vgl. dazu auch S. 410ff.).

Wesentlichen Einfluss auf die Leistungsbereitschaft des (ausführenden) Personals hat der von den Führungskräften praktizierte **Führungsstil**, wobei, wie in Teil 6 gezeigt, die Umkultur und damit die kulturelle Vorprägung der Mitarbeiter eine wichtige Rolle bezüglich der Erwartungen an den Führungsstil und der Effizienz des Führungsstils spielen. Die umfangreiche Beteiligung verschiedener hierarchischer Ebenen am Planungsprozess oder ein hoher Grad der Entscheidungsdelegation wirken sich in westlichen Kulturen i.d.R. positiv auf die Leistungsbereitschaft des Personals aus.

Zusammenfassend ist festzustellen, dass im Rahmen der sog. **New Economy** das Potenzial „Kapital" an Bedeutung zugunsten des Potenzials „Personal" verloren hat. Ein Internetunternehmen lebt fast ausschließlich von der Kreativität und der Umsetzung von Ideen der Mitarbeiter. Personalstrategien, insbesondere die strategische Personalbeschaffung und die strategische Personalentwicklung, sind für solche Unternehmen wichtiger geworden als die traditionellen Investitions- und Finanzierungsstrategien. Dieser „Paradigmenwechsel" hat auch gravierende Auswirkungen auf die Modalitäten der Analyse von Bilanzkennzahlen (zunehmende Bedeutung der sog. Intangible Assets) sowie der Bewertung von Unternehmen (wachsende Bedeutung der Fähigkeiten des Managements).

7 Strategisches Technologiemanagement

7.1 Aufgaben

Technischer Fortschritt, vor allem im Bereich der Informations- und Kommunikationstechnologie, hat in den vergangenen Jahren die Rahmenbedingungen für Unternehmen und Märkte dramatisch verändert. Mit der Senkung der Transaktionskosten, insbesondere der Informationskosten (Beispiel: Internet), sind Märkte transparent und global vernetzt worden. Dadurch hat sich der Wettbewerb für die Unternehmen verschärft.

Technischer Fortschritt ist für die Unternehmen aber nicht nur eine Bedrohung, er bietet auch eine Vielzahl von Chancen. Die jungen Unternehmen des Neuen Marktes sind ein beredtes Beispiel für diese These. Bevor wir uns den Aufgaben des Technologiemanagements zuwenden, soll zunächst Klarheit in der verwirrenden Begriffswelt geschaffen werden (vgl. *Maas* ([Determinanten] 21):

Technologie ist die Gesamtheit des Wissens über Verfahren, Methoden und Techniken, welche innerhalb der Unternehmung zum Einsatz kommen oder als Produkte von der Unternehmung angeboten werden.

Technik bezeichnet die konkrete Umsetzung bzw. ökonomische Nutzung technologischen Wissens.

Der Begriff **„Forschung"** bezeichnet das nachprüfbare Suchen, Formulieren und Lösen von Grundproblemen nach wissenschaftlichen Methoden und weist daher einen starken Bezug zum Begriff „Technologie" auf. **„Entwicklung"** hingegen bedeutet das Überführen von Forschungsergebnissen zur Fabrikationsreife unter Beachtung wissenschaftlicher Erkenntnisse und vorhandener Techniken (vgl. *Schweitzer* [Fertigungswirtschaft] 629f.).

Innovation ist der erstmalige wirtschaftliche Einsatz von Entdeckungen. Sie können sich auf Verfahren (Verfahrensinnovation), auf Produkte (Produktinnovation), auf die Organisation (Strukturinnovation) und auf den Humanbereich (Sozialinnovation) beziehen.

> Von der Vielfalt an Innovationen vermittelt folgende Mitteilung eines Autokonzerns einen Eindruck: „*Daimlers* relativ junger Bereich Business Innovation entwickelt neue Geschäftsideen. Seit Oktober 2007 hat der neue Bereich 58 Geschäftsideen identifiziert, 11 davon mündeten in Pilotprojekte. Dazu zählen u.a. die Vermietung von Vorführwagen in Frankreich oder die behindertengerechte Ausstattung direkt im Werk statt bei einem Spezialanbieter. Das bekannteste Projekt ist das Mietwagenangebot „Car2Go" mit 200 *Smart* in Ulm und in Austin (US-Bundesstaat Texas)." (*Stuttgarter Zeitung* vom 14.10.2010)

Nach dem Umfang der Innovation unterscheidet man Basisinnovationen (grundlegende Neuerung) und Verbesserungsinnovationen (kontinuierliche Verbesserung bereits vorhandener Produkte und Verfahren). Der Effekt einer Innovation ist meist auffällig, aber auch kurzfristig, da die Konkurrenz i.d.R. den Vorsprung einholt.

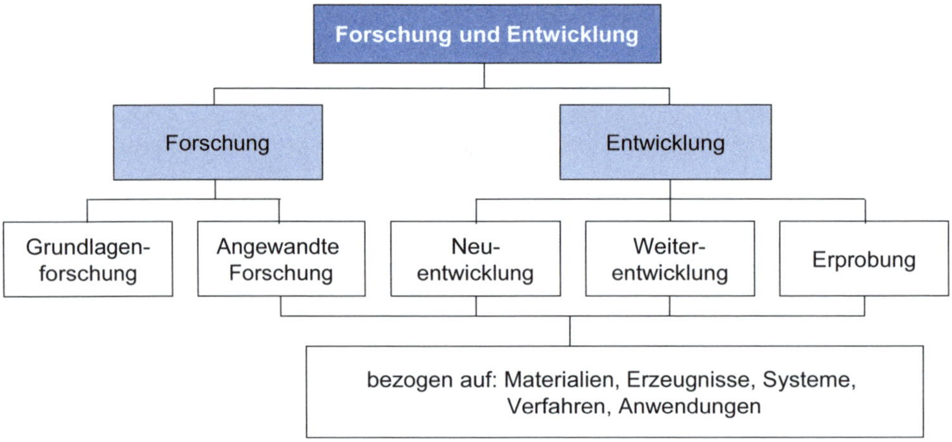

Abb. 7-10: Forschung und Entwicklung (Quelle: *Kern* [Produktionswirtschaft] 104)

Die Aufgaben des strategischen Technologiemanagements bestehen nun darin, entweder das Unternehmen in technischer Hinsicht an geänderte Anforderungen der Umwelt anzupassen oder durch eigene Aktivitäten die „technologische Umwelt" und damit die Umwelt allgemein zu gestalten. Die FuE-Aktivitäten selbst können einmal **bedarfsinduziert** sein, d.h. sie orientieren sich direkt am Bedarf des Marktes. Zum anderen können sie **autonom induziert** sein, d.h. es werden aufbauend auf einem Problemlösungspotenzial technische Lösungen entworfen, für die eine entsprechende Nachfrage vermutet wird.

Technologiemanagement ist die Gesamtheit aller Führungsaufgaben zur Erhaltung und Verbesserung der Wettbewerbsfähigkeit einer Unternehmung im Technologiebereich.

Die **strategische Bedeutung** der „Technologie" soll im Folgenden schlaglichtartig erhellt werden:

[1] Die Wahl einer Produkt- oder Verfahrenstechnologie hat einerseits Einfluss auf die Zusammensetzung der **Lieferanten und Abnehmer** des Unternehmens. Daneben wird die konkrete Ausgestaltung der Beziehungen mit diesen durch bestimmte Technologien, vor allem durch die Informations- und Kommunikationstechnologien sowie die Logistiktechnologien beeinflusst. Die fertigungssynchrone Anlieferung von Teilen oder Baugruppen (Just-In-Time-

Prinzip, vgl. S. 502) wird bspw. erst durch die Nutzung moderner Technologie möglich bzw. effizient.

[2] Die Beherrschung bestimmter Technologien hat indirekten und direkten Einfluss auf die **Wettbewerbsposition** der Unternehmung. Die Erforschung und Entwicklung neuer Technologien und Techniken, also die Hervorbringung von Innovationen im Technologiebereich, sind wichtige Instrumente zur Erlangung und Sicherung spezifischer Wettbewerbsvorteile. Letztlich spielt sich der Wettbewerb nicht auf der Ebene der Endprodukte ab, sondern auf jener der Kompetenzen von Unternehmen. Und die Technologie stellt für viele Unternehmen *die* **Kernkompetenz** dar (vgl. S. 496f.).

Der Wettbewerbsvorteil entsteht dadurch, dass die Innovation für die Wettbewerber eine **Diskontinuität** darstellt, die eine rechtzeitige und adäquate Reaktion verlangt. Erfolgt die Reaktion aufgrund verspäteter Erkennung der Diskontinuität oder unzureichender Flexibilität zu spät, so werden erhebliche, insbesondere bei Verfahrensinnovationen langfristige Wettbewerbsnachteile die Folge sein.

Neben dem bereits angeführten, klassischen Beispiel der deutschen Uhrenindustrie (vgl. S. 277) ist die stürmische Entwicklung bei den Speicherkapazitäten von Mikro-Chips ein weiterer Beleg für die wachsende Bedeutung der Technologie als Erfolgsfaktor. Ein sehr aktuelles Beispiel ist der amerikanische Fotopionier *Kodak*, der von der Digitaltechnik überrollt wurde (vgl. S. 237).

Wettbewerber, denen es nicht gelingt, an der Spitze der Entwicklung mitzuhalten, werden den Technologierückstand nur dann noch einmal aufholen können, wenn ihnen der Übergang zu einer neuen, effizienten Grundlagentechnologie gelingt und sie damit ihrerseits die Konkurrenz mit einer Diskontinuität konfrontieren. Bis dahin werden sie die Technologie kaufen müssen und sich in einem Abhängigkeitsverhältnis gegenüber den Technologieführern befinden.

[3] Technologie ist auch für die **Gestaltung interner Beziehungen** oder Strukturen relevant. *Woodward* ([Organization]) untersuchte 1965 als Erste empirisch die Zusammenhänge zwischen Fertigungstechnologie und Organisationsstruktur. In zahlreichen Folgeuntersuchungen im Rahmen des situativen Ansatzes der Organisationstheorie wurde die Technologie als wichtige Situationsvariable bestätigt. Die heute den technologischen Fortschritt dominierende Informationstechnologie begünstigt die Dezentralisierung der Arbeitsplätze bis hin zur Telearbeit sowie die Aufgabenintegration aufgrund der generellen Verfügbarkeit von Informationen und schließlich die Auflösung starrer Arbeitsabläufe (räumliche und zeitliche Flexibilität) (vgl. *Bea/Göbel* [Organisation] 432f.).

[4] Neue Technologien können über die Strategie der **horizontalen oder lateralen Diversifikation** den Übergang von der funktionalen zur divisionalen

Struktur oder innerhalb einer bestehenden Spartenorganisation die Bildung neuer oder die Veränderung vorhandener Geschäftsbereiche bewirken.

So waren z.B. bei der Diversifizierung der *Daimler-Benz AG* zu Beginn der 80er Jahre zum Technologie- und Mobilitätskonzern technologische Aspekte mit von entscheidender Bedeutung, da Weiterentwicklungen im Technologiesektor das Zusammenwachsen von Mobilitäts- und Transportkonzepten und damit erhebliche Synergiepotenziale vermuten ließen.

[5] Der Übergang von der **Werkstattfertigung zur Fließfertigung** verändert die Realisationsbeziehungen im Fertigungsbereich mit entsprechenden Konsequenzen für im Realgüterprozess vor- und nachgelagerte Abteilungen (Fertigungsvorbereitung, Lagerung, Transport). Ähnliche Veränderungen treten auf, wenn an die Stelle der Fließfertigung spezifische Formen der **Gruppenfertigung** treten.

[6] Einen über alle Branchen hinweg wichtigen Einflussfaktor auf organisatorische Regelungen und Beziehungen stellen die Entwicklungen im Bereich der **Informations- und Kommunikationstechnologie** dar. Beispielhaft sei hier auf die Verbreitung von PCs und die Entwicklung des Internet verwiesen (vgl. Teil 4, S. 350ff.).

Umgekehrt können wir auf der Grundlage unserer Erkenntnisse aus den vorangegangenen Teilen dieses Buches annehmen, dass die Strategie, die Organisation und die Unternehmenskultur ihrerseits wesentliche Determinanten der Innovationstätigkeit sind.

7.2 Technologiestrategien

Der Einsatz von Technologiestrategien lenkt die Aufmerksamkeit auf folgende Fragen:

1. Auf welchen Technologiefeldern soll ein strategisches Engagement erfolgen?
2. Zu welchem Zeitpunkt soll ein technologischer Wechsel stattfinden?
3. Welcher Grad der Eigenständigkeit soll bei der Entwicklung und der Nutzung einer Technologie gewählt werden?

Diese Fragen sollen im Folgenden beantwortet werden.

[1] Wahl des Technologiefeldes

Die Wahl des Technologiefeldes setzt die Auseinandersetzung mit folgenden Problemen voraus:

- Welches **Marktpotenzial** ist für alternative Technologien zu erwarten und mit welcher Wettbewerbsintensität ist auf diesen Märkten zu rechnen? („Technologieattraktivität" im Technologie-Portfolio von *Pfeiffer* u.a.)

- Über welches **technologische Potenzial** verfügt die eigene Unternehmung in Relation zur potenziellen Konkurrenz? („Ressourcenstärke“ im Technologie-Portfolio von *Pfeiffer* u.a.; vgl. S. 162ff.)

Die erste Frage versucht, das Zukunftspotenzial vorhandener Technologien und in Verbindung damit den Bedarf an neuen Technologien zu prognostizieren. Der zweite Fragenbereich führt zu einer technologieorientierten Potenzialanalyse der eigenen Unternehmung sowie der aktuellen und möglichst auch der zukünftigen Konkurrenten, deren Ergebnisse in spezifischen Fähigkeitsprofilen erfasst werden können.

Die regelmäßige Beantwortung dieser Fragen muss eine Informationsbasis für Entscheidungen im Technologiemanagement schaffen. Problematisch ist, dass diese Fragen nur mit hoher **Unsicherheit** beantwortet werden können und die Entscheidungen deshalb ebenfalls durch ein hohes Maß an Unsicherheit gekennzeichnet sind. So wird bspw. der Bedarf des Marktes an technischen Lösungen häufig erst mit der Erzielung bestimmter, neue Anwendungen eröffnender Forschungs- und Entwicklungsergebnisse erkennbar.

> **Beispiel „Walkman“:**
>
> Der Markt für tragbare Musikabspielgeräte wie den «Walkman» von *Sony* entstand Anfang der 80er Jahre nicht durch eine konkrete Nachfrage nach solchen Geräten, sondern wurde durch die Entdeckung, dass ein Kassettenrecorder keine Lautsprecherboxen benötigt, erst möglich. Die technologische Innovation (Kombination von (kompaktem) Kassettenrecorder und Kopfhörerbetrieb) schaffte sich ihren Markt, wobei sich nach und nach diffusionskurvenartig weitere Nachfragergruppen erschließen ließen, während neue Datenformate und -trägermedien (CD/Festplatte, MP3) die klassische Kassette ablösten.

Genauso wie Technologien Märkte schaffen, können sie auch Märkte und Marktstrukturen verändern und dadurch erhebliche Chancen, aber auch Risiken verursachen. Die Unsicherheit resultiert u.a. daraus, dass Innovationen oft selbst in ihrem Ergebnis und ihrer marktlichen Bedeutung nicht vorhersehbar sind. Hinzu kommt ein vergleichsweise langer Prognose- und Planungshorizont aufgrund steigender Entwicklungszeiten in diskontinuierlicher Umwelt bei gleichzeitig zurückgehenden Produktlebensdauern. Die in Teil 4 dargestellten **Projektionsverfahren** (Szenario-Analyse und Früherkennungssysteme) erweisen sich auch im Bereich „Technologie“ als geeignete Instrumente, um die vorhandene Unsicherheit zumindest teilweise zu reduzieren. **Technologie-Früherkennungssysteme** haben insbesondere die Funktion, eine Sensibilität für Technologieevolutionen zu entwickeln.

[2] Wahl des Zeitpunkts für den Technologiewechsel

Technologien unterliegen erfahrungsgemäß einem zeitabhängigen Wandel, der jenem des Produktlebenszyklus vergleichbar ist. In diesem Zusammenhang ist zu klären, wann ein Technologiewechsel sinnvoll ist. Das Konzept der S-Kurve nach *McKinsey* trägt zur Klärung bei (vgl. Abb. 7-11).

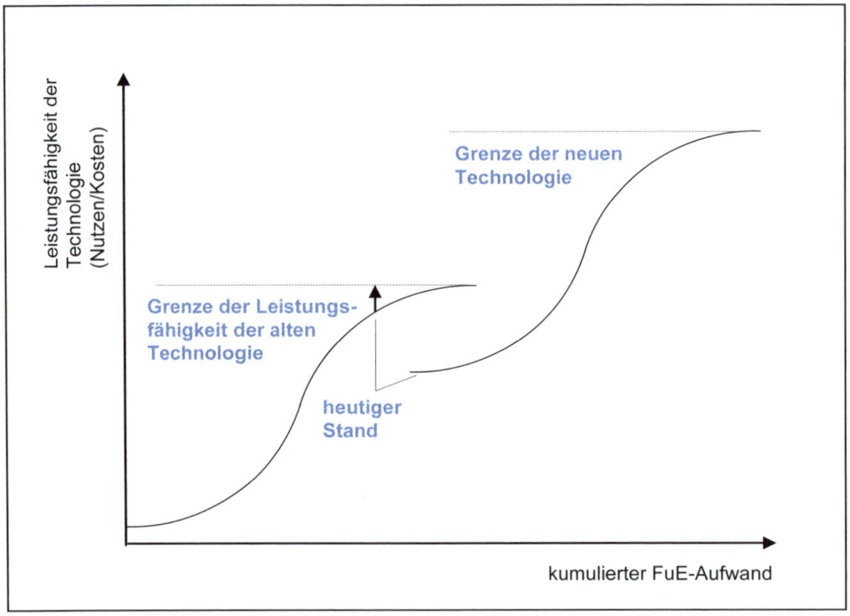

Abb. 7-11: Konzept der S-Kurve (In Anlehnung an: *Krubasik* [Strategische Waffe] 29f.)

Die **S-Kurve** zeigt die Leistungsfähigkeit einer Technologie in Abhängigkeit vom kumulierten FuE-Aufwand. Bei zunehmendem FuE-Aufwand steigt die Leistungsfähigkeit der Technologie zunächst flach, dann steil an, bevor die Zunahme der Leistungsfähigkeit (interpretierbar als Grenzleistungsfähigkeit) wieder abnimmt und im Bereich der Grenze der Leistungsfähigkeit gegen Null geht. In diesem Bereich finden keine eigentlichen Innovationen mehr statt, sondern allenfalls marginale Produktverbesserungen. Zum gleichen Zeitpunkt ist die Leistungsfähigkeit einer neuen Technologie zwar noch geringer, verspricht aber in Zukunft eine höhere Grenzleistungsfähigkeit und ein absolut höheres Leistungsniveau. Wichtig ist nun, das zukünftige Potenzial einer neuen Technologie zu erkennen und den richtigen Zeitpunkt für den Ausstieg aus der alten und den Einstieg in die neue Technologie zu finden. Die Verabschiedung von einer Technologie, mit der man in der Vergangenheit Erfolg hatte, fällt allerdings schwer.

Inwieweit die S-Kurve die erhoffte Entscheidungsunterstützung bringt, muss abgewartet werden, da ihr Erklärungsgehalt ähnlich gering ist wie der des Produktlebenszykluskonzepts (vgl. S. 134ff.).

Jedoch, und da scheint ihre Stärke zu liegen, ist die S-Kurve ein verständliches, leicht zu handhabendes (Visualisierungs-)Instrument, welches den Entscheidungsträger für zu treffende Entscheidungen sensibilisiert und dafür sorgt, dass Technologieentscheidungen als Aufgabe der strategischen Unternehmensführung erkannt werden.

Beispiel: Mit den Fortschritten im Bereich der **Halbleitertechnologie** eröffneten sich völlig neue Möglichkeiten bei der Herstellung von PCs. Inzwischen nehmen die Produktlebenszyklen einzelner Prozessor-Generationen bei steigender Leistungsfähigkeit der Prozessoren kontinuierlich ab. Der gleichzeitig steigende Kapitalbedarf bei der Entwicklung neuer Chip-Generationen führt andererseits zu einer Konzentration dieser Aktivitäten bei einigen wenigen Unternehmen oder zu Kooperationen zwischen den Herstellern. Hieraus könnte ein Rückkopplungseffekt in Form neuer, unvorhersehbarer technologischer Entwicklungen erwachsen, der zuverlässige Aussagen über den Lebenszyklus gegenwärtiger wie auch zukünftiger Technologien kaum möglich erscheinen lässt.

Entscheidet man sich für einen Technologiewechsel, so kann zwischen der Technologieführerstrategie und Technologiefolgerstrategie gewählt werden. Mit der **Technologieführerstrategie** (Pionierstrategie) wird versucht, stets als Erster technologische Innovationen am Markt durchzusetzen. Der Technologiepionier hat den Vorteil, dass eine Monopolstellung geschaffen und Teile des Marktpotenzials abgeschöpft werden können, bevor andere Anbieter auftreten. Von besonderer Bedeutung ist dabei der Vorsprung auf der Erfahrungskurve, der sich in niedrigeren Produktionskosten niederschlägt (vgl. S. 138ff.).

Andererseits bietet die **Technologiefolgerstrategie** (Imitationsstrategie) die Chance, Entwicklungs- und Markterschließungskosten zu umgehen, aus Fehlern der Pioniere zu lernen und mit ausgereiften Fertigungsprozessen den Pionier einzuholen. Imitatoren können auch oft den Umstand nutzen, dass Technologieführer Wachstumsmärkte nicht allein befriedigen können und Nischen für kleinere kreative Nachahmer offen lassen.

So haben sich im Umfeld von *SAP* viele kleine Softwareunternehmen etabliert, die Ergänzungslösungen anbieten.

Die Wahl zwischen Technologieführerstrategie und Technologiefolgerstrategie dürfte auch davon abhängen, über welches Fähigkeitsprofil ein Unternehmen verfügt. Bei der Implementierung einer Technologie werden andere Fähigkeiten verlangt als bei deren Entwicklung. Das mussten insbesondere die Unternehmen der New Economy feststellen, die häufig sehr innovativ waren, aber im Vergleich zur Old Economy Schwächen bei der Umsetzung und Durchführung einer Technologie zeigten.

[3] Wahl des Grades der Eigenständigkeit

Zunehmende Entwicklungszeiten, steigende Entwicklungskosten und sinkende Produktlebensdauern machen es heute vielfach notwendig, dass Unternehmen die Entwicklung bestimmter Produkte oder Verfahren gemeinsam betreiben, also eine **Kooperationsstrategie** wählen.

Die Entwicklung eines **Großraumflugzeuges** für 500-800 Personen und einer Reichweite von 16.000 km bspw. übersteigt die Möglichkeiten eines einzelnen Herstellers. Das *Airbus*-Konsortium hat für den im Januar 2005 vorgestellten Großraumjet *A380* Entwicklungskosten von über 10 Mrd. € eingesetzt. Die Umwandlung des Konsortiums in eine AG, die Verschmelzung der Partner zu einem europäischen „Luft- und Raumfahrt-Unternehmen" sind Optionen, um dieses und weitere Entwicklungsvorhaben realisieren zu können.

Weitere derartige Kooperationen finden sich bei der kostenintensiven Entwicklung von **Speicher-Chips** und anderen mikroelektronischen Systemen; hier haben sich die Halbleiter-Giganten *IBM*, *Motorola*, *Hewlett-Packard*, *AMD* und *Intel* zum Forschungskonsortium *Sematech* (Semiconductor Manufacturing Technology) zusammengeschlossen.

Eigene Forschung in sog. **Venture Teams** erfordert den Einsatz eigener finanzieller und personeller Ressourcen. Jedoch bietet sie die Vorteile der Kontrolle des gesamten technologischen Entwicklungsprozesses, Exklusivität des technologischen Know Hows sowie technologische Unabhängigkeit und ausgeprägte Entscheidungsfreiheit. Diese Vorteile werden erkauft mit höheren Kosten und einem größeren Risiko. Eine Strategie der Risikoreduzierung besteht im Technologiekauf durch Lizenznahme und Akquisition von Unternehmen mit entsprechendem technischen Know How. Auch kommt die Anwerbung von Personal mit technologischem Wissen in Betracht.

8 Zusammenfassung

Strategische Potenziale stellen Speicher spezifischer Stärken dar, die es ermöglichen, die Unternehmung in einer veränderlichen Umwelt erfolgreich zu positionieren und somit den langfristigen Unternehmenserfolg zu sichern. Die Potenziale eines Unternehmens lassen sich in zwei Gruppen unterteilen: Die Leistungspotenziale und die Führungspotenziale.

Die **Führungspotenziale** Planung, Kontrolle, Information, Organisation und Unternehmenskultur sind als Bausteine eines Strategischen Managements ausführlich in den vorausgehenden Teilen dieses Lehrbuches behandelt worden. In diesem Teil wird die strategische Bedeutung der **Leistungspotenziale** gewürdigt. Erörtert werden

- das Strategische Beschaffungsmanagement,
- das Strategische Produktionsmanagement,
- das Strategische Marketing,
- das Strategische Finanzmanagement,
- das Strategische Personalmanagement und
- das Strategische Technologiemanagement.

Beschaffungsstrategien befassen sich u.a. mit der Lieferantenauswahl und dem sog. Outsourcing. Ein Beschaffungsportfolio kann die Strategie unterstützen.

Produktionsstrategien sind u.a. auf die Flexibilisierung der Fertigungsorganisation und das sog. Lean Production ausgerichtet.

Marketingstrategien bestehen aus der Produkt- und Sortimentspolitik, der Preispolitik, der Kommunikationspolitik und der Distributionspolitik (hier spielt insbesondere das Internet eine zunehmend wichtigere Rolle).

Finanzierungsstrategien befassen sich mit dem strategischen Portfoliomanagement, dem Going Public, den Investor Relations und dem Cash Management.

Personalstrategien umfassen die strategische Personalbeschaffung, die strategische Personalentwicklung, die strategischen Anreizsysteme und die strategische Personalführung.

Technologiestrategien befassen sich mit der Wahl des Technologiefeldes, der Bestimmung des Zeitpunkts für den Technologiewechsel und der Wahl des Grades der Eigenständigkeit bei der Technologieentwicklung.

Fragen zur Wiederholung

1. Was ist unter einem strategischen Potenzial zu verstehen? (1)
2. Welche Potenzialarten können unterschieden werden und welche Beziehungen lassen sich zwischen ihnen erkennen? (1)
3. Welche Konsequenzen hat eine Kostenführerschaftsstrategie für die Ausrichtung der Beschaffungsstrategien? (2.2)
4. Was versteht man unter folgenden Begriffen: Just-In-Time, Global Sourcing, Multiple, Single und Modular Sourcing, Outsourcing, Reengineering und Kaizen? (2.2)
5. Wie kann die Portfolio-Analyse zur Gewinnung von Beschaffungsstrategien eingesetzt werden? (2.2)
6. Aus welchen Elementen besteht das produktionswirtschaftliche Zielsystem? (3.1)
7. Welches sind die Elemente der schlanken Produktion (Lean Production)? (3.2)
8. Welche Formen der Flexibilisierung der Fertigungsorganisation kann man unterscheiden? (3.2)
9. Welchem Zweck dient die Segmentierung von Abnehmergruppen im Rahmen des Strategischen Managements (4.1)
10. Welche Marketinginstrumente werden unterschieden und was beinhalten sie? (4.2)
11. Welche Ziele lassen sich im strategischen Finanzmanagement unterscheiden? (5.1)
12. Welcher Zusammenhang besteht zwischen dem Going Public und der Pflege von Investor Relations? (5.2)
13. Warum verbessern Namensaktien im Vergleich zu Inhaberaktien die Möglichkeiten der Investor Relations? (5.2)
14. Was versteht man unter Cash Management? (5.2)
15. Welche Vorteile bringt ein Going Public für ein junges Unternehmen? (5.2)
16. Beschreiben Sie den Unterschied zwischen Leistungsfähigkeit und Leistungsbereitschaft des Personals. (6.1)

17. Welche Eigenschaften des Personals werden bei der Kostenführerschaftsstrategie und bei der Differenzierungsstrategie verlangt? (6.1)

18. Was versteht man unter Stock Options im Rahmen der strategischen Anreiz- und Vergütungssysteme? (6.2)

19. Grenzen Sie die Begriffe „Technologie", „Technik" und „Innovation" voneinander ab. (7.1)

20. Was versteht man unter einem Technologie-Früherkennungssystem? (7.2)

21. Welche Argumente sprechen für eine Kooperation mit anderen Unternehmen im Bereich der Forschung und Entwicklung? (7.2)

22. Kennzeichnen Sie das Konzept der „S-Kurve". Worin besteht der eigentliche Nutzen dieses Instruments? (7.2)

Fragen zur Vertiefung

1. In welchem Verhältnis stehen strategischer Fit, Erfolgsfaktoren und der finanziell messbare Erfolg zueinander? Welchen grundsätzlichen Einfluss auf den Unternehmenserfolg haben Strategisches und Operatives Management?

2. Welche organisatorischen und kulturellen Aufgaben und Probleme sind bei der Einführung von Lean Production zu erwarten und wie können Lösungsansätze zu diesen Problemen aussehen?

3. Welche Auswirkungen können die verschiedenen Normstrategien von *Porter* auf die Gestaltung des Leistungsprozesses und seine Komponenten haben?

4. Was spricht für und was gegen eine Zentralisierung des Technologiemanagements?

5. Worin besteht der Zusammenhang von Intrapreneurship, Venture Management und strategischem Technologiemanagement?

6. Worin unterscheiden sich grundsätzlich die Gestaltungsmöglichkeiten des Strategischen Managements bezüglich

   - Beschaffung, Produktion, Marketing, Technologie und Finanzierung einerseits sowie

   - Personal, Organisation und Unternehmenskultur andererseits?

7. Der Begriff „Humankapital" ist in Deutschland zum Unwort des Jahres 2004 gewählt worden. Die Bezeichnung degradiere nicht nur Arbeitskräfte in Betrieben, sondern mache den Menschen allgemein zu einer nur noch ökonomisch interessanten Größe, erklärte die Jury. Sind diese Wahl und ihre Begründung gerechtfertigt?

8. Die persönlichen Bezüge des *VW*-Chefs *Martin Winterkorn* erreichten im Jahre 2011 den Rekordwert von 16,6 Millionen Euro. Befürworter dieser Vergütung verweisen auf den Fußballspieler *Lionel Messi*. Er erzielte im selben Jahr ein Salär von 35 Millionen Euro. Zieht dieses Argument?

9. Welche Entwicklungen haben in Deutschland, Österreich und der Schweiz die Bedeutung des Going Public verstärkt? Warum ist zur Zeit ein Rückgang festzustellen?

10. Welche Bedeutung hat das Internet für das strategische Beschaffungsmanagement?

Literaturempfehlungen

Strategisches Beschaffungsmanagement

Arnold, U.: Beschaffungsmanagement. 3. A., Stuttgart 1999.

Troßmann, E.: Beschaffung und Logistik. In: Bea, F.X., B. Friedl u. M. Schweitzer (Hrsg.): Allgemeine Betriebswirtschaftslehre. Bd. III: Leistungsprozess. 9. A., Stuttgart 2006, S. 113-181.

Strategisches Produktionsmanagement

Schweitzer, M.: Industrielle Fertigungswirtschaft. In: Schweitzer, M. (Hrsg.): Industriebetriebslehre. 2. A., München 1994, S. 569-746.

Zahn, E. u. U. Schmid: Produktionswirtschaft: Grundlagen und operatives Produktionsmanagement. Stuttgart 1996.

Zäpfel, G.: Strategisches Produktionsmanagement. 2. A., München 2000.

Strategisches Marketing

Fantapié Altobelli, C. u. S. Hoffmann: Grundlagen der [Marktforschung]. Konstanz und München 2011.

Helm, R.: Marketing. 8. A., Stuttgart 2009.

Meffert, H.: Marketing. Grundlagen der Absatzpolitik. 9. A., Wiesbaden 2000.

Nieschlag, R., E. Dichtl u. H. Hörschgen: Marketing. 19. A., Berlin 2002.

Strategisches Finanzmanagement

Copeland, T.E. u. J.F. Weston: Financial Theory and Corporate Policy. 3.A., Reading/MA 1993.

Drukarczyk, J.: Finanzierung. In: Bea, F.X, B. Friedl u. M. Schweitzer (Hrsg.): Allgemeine Betriebswirtschaftslehre. Bd. III: Leistungsprozess. 9. A., Stuttgart 2006, S. 401-516.

Perridon, L. u. M. Steiner: Finanzwirtschaft der Unternehmung. 13. A., München 2004.

Strategisches Personalmanagement

Anthony, P.W. u.a.: Human Resource Management. A Strategic Approach. 3. A., Fort Worth u.a. 1999.

Becker, M.: Systematische Personalentwicklung, Stuttgart 2005.

Hungenberg, H. u. T. Wulf: Grundlagen der [Unternehmensführung]. 4. A., Heidelberg 2011.

Klimecki, R.G. u. M. Gmür: Personalmanagement. 3. A., Stuttgart 2005.

Müller-Stewens, G. u. C. Lechner: Strategisches [Management]. 4. A., Stuttgart 2011.

Ridder, H.-E.: Personalwirtschaftslehre. Stuttgart, Berlin, Köln 1999.

Schellinger, J.: Konzeption eines wertorientierten strategischen Personalmanagements, Frankfurt/Main 2004.

Scholz, C.: Personalmanagement. 5. A., München 2000.

Staehle, W.H.: Management. Eine verhaltenswissenschaftliche Perspektive. 8. A., München 1999.

Wunderer, R.: Führung und Zusammenarbeit: Eine unternehmerische Führungslehre. 9. A., Neuwied 2011.

Strategisches Technologiemanagement

Gerpott, T.J.: Strategisches Technologie- und Innovationsmanagement. Stuttgart 1999.

Zahn, E.: Handbuch Technologiemanagement. Stuttgart 1995.

Rückblick und Ausblick

Ein **Lehrbuch** hat nach vorherrschender Auffassung den **„gesicherten Bestand des Wissens"** zu vermitteln. Diesem Grundsatz sind wir gefolgt.

Das gesicherte Wissen ist das Ergebnis wissenschaftlicher Arbeit. Aus diesem Grunde sind am Beginn dieses Buches die drei Ziele einer Wissenschaft erörtert worden: Die Beschreibung, die Erklärung und die Gestaltung ökonomischer Sachverhalte, also die Verfolgung des deskriptiven, des theoretischen und des pragmatischen Wissenschaftsziels. Die Gemeinschaft der Wissenschaftler, die sich in den letzten 40 Jahren diesen Zielen verpflichtet fühlte, hat einen Entwicklungsprozess gefördert, den man vereinfacht folgendermaßen charakterisieren kann: „Von der Strategischen Planung zum Strategischen Management". Damit steht die Koordination aller Führungssubsysteme, der sog. **Fit-Gedanke**, im Mittelpunkt der Betrachtung.

Wir gehen von folgenden **Teilsystemen** aus:

- Strategische Planung,
- Strategische Kontrolle,
- Information,
- Organisation,
- Unternehmenskultur,
- Strategische Leistungspotenziale.

Diese Teilsysteme sind in sich zu harmonisieren (z. B. Intra-Strategie-Fit), untereinander zu koordinieren (Intra-System-Fit) und insgesamt mit der Umwelt abzustimmen (System-Umwelt-Fit). Diese Abstimmungsprobleme werden beschrieben (deskriptives Ziel), es werden empirisch belegte Erkenntnisse über Zusammenhänge vermittelt (theoretisches Wissenschaftsziel) und aus den empirisch gehaltvollen Hypothesen Empfehlungen für die praktische Gestaltung abgeleitet (pragmatisches Wissenschaftsziel).

Beim Versuch, den gesicherten Bestand des Wissens zu vermitteln, macht sich immer wieder und mit wachsender Intensität ein Gefühl der **Unsicherheit und Ungewissheit** breit. Diese Einstellung muss insbesondere dann reifen, wenn man die Geschichte des Strategischen Managements Revue passieren lässt. Die Vertreter der einzelnen Entwicklungsphasen waren selbstverständlich von ihrer Konzeption überzeugt und wurden doch von ihren Nachfolgern widerlegt. Damit stellt sich die Frage, wie die Vorstellung von den Aufgaben des Strategischen Managements aussehen könnte, die jene Vorstellungen mit Sicherheit ablösen werden, die wir in diesem Buch als „gesichert" vorgestellt haben. **Entwicklungen** auf folgenden Feldern zeichnen sich heute bereits ab:

1. **Theoretische Aussagen im System des Strategischen Managements werden ausgebaut und fundiert.** Damit wird der teilweise doch recht spekulative

Charakter durch Erkenntnisse, die den Namen „Strategietheorie" verdienen, ersetzt. Mit welchen Forschungsproblemen dabei allerdings zu rechnen ist, wurde bereits beschrieben (vgl. S. 36ff.).

2. Der Entwicklungsprozess von der Strategischen Planung zum Strategischen Management wird dergestalt weitergeführt, dass **neue Subsysteme integriert** werden. So ist zu erkennen, dass der Bereich, den wir als „Management der sozialen Verantwortung" bezeichnen, vermehrt in das Strategische Management einbezogen wird. Dasselbe gilt für das Projektmanagement.

3. Das **Erfahrungsobjekt „Non-Profit-Organisation"** rückt immer mehr in das Blickfeld. Es wächst die Erkenntnis, dass einerseits auf diesem Felde teilweise andere Bedingungen gelten als auf den traditionell dem Strategischen Management zu Grunde liegenden Wirtschaftssektoren und andererseits aber langfristiges und ökonomisches Handeln im öffentlichen Bereich an Bedeutung gewinnt.

4. Es findet eine **Verlagerung zwischen den Subsystemen** statt. Dieser Entwicklungsprozess könnte mit dem Schlagwort belegt werden: „Von der Planungsrationalität zur Rationalität der Selbstorganisation". Hier ist freilich in Zukunft noch zu klären, was unter diesen Begriffen im Detail zu verstehen ist.

5. Immer mehr Autoren beklagen - auf der Grundlage von Erfahrungen aus der Managementpraxis - das andauernde Bemühen um den Ausbau vorhandenen Wissens **verstelle den Blick auf eine neue theoretische Sichtweise**. Die Vorstellung von der mechanistischen, rational planbaren und damit letztlich beherrschbaren Unternehmung müsse dem Bild des indeterministischen, organischen und eher spontanen denn rationalen Systems weichen. Mittels Transformation von Erkenntnissen aus den Naturwissenschaften, der Pädagogik oder der ordnungstheoretischen Konzeptionen von *F.A. von Hayek* versuchen die neuen Konzepte der prinzipiellen Begrenztheit unseres Wissens über das komplexe und dynamische Interaktionssystem von Unternehmung und Umwelt gerecht zu werden (vgl. u.a. *Göbel* [Selbstorganisation], *Haas* [Entwicklungsfähigkeit], *Scheurer* [Bausteine]).

Blickt man abschließend noch einmal aus dieser Perspektive auf die Entwicklungsgeschichte des Strategischen Managements, so erkennt man, dass das Strategische Management möglicherweise an der Schwelle zu einem **neuen Paradigma** steht. Während in den 50er bis 70er Jahren, sie kann als Phase der Planung bezeichnet werden, und in den 70er und 80er Jahren, sie soll als Implementierungsphase bezeichnet werden, die Eigenschaften und v.a. die Defizite der Planungs- und Implementierungssubjekte (Management und Mitarbeiter) im Vordergrund standen, so findet jetzt eine Hinwendung zu den Eigenschaften der Gestaltungsobjekte, speziell des Unternehmens, statt. Dieser neue Abschnitt kann als **Phase der strategischen Ausrichtung des Unternehmens** bezeichnet werden.

Die abschließenden Arbeiten an der vorliegenden 6. Auflage dieses Lehrbuches fallen in eine Zeit, die durch die größte Finanz- und Wirtschaftskrise seit Ende des zweiten Weltkrieges erschüttert wird. Mit dem Untergang der New Economy und den Ereignissen des 11. Septembers 2001 ist damit bereits die dritte Krise in diesem jungen Jahrtausend auf die Unternehmen eingestürmt.

Am Anfang der Entstehungsgeschichte des Strategischen Managements stand folgende Feststellung: "Dynamik und Komplexität von Umweltveränderungen haben zugenommen. Die Unternehmen geraten in immer stärkerem Maße in die Abhängigkeit von der Umwelt. Daraus erwachsen neue Anforderungen an die Unternehmen." (S. 9).

Ohne Zweifel hat diese Feststellung in den letzten Jahren an Bedeutung gewonnen. Die daraus resultierenden Anforderungen an die Unternehmen sind gestiegen: Die Unternehmen müssen mehr Anpassungsfähigkeit und Dynamik entwickeln. Sie sind als Ganzes auf die strategischen Herausforderungen auszurichten. Dies wiederum gelingt nur dann, wenn der Strategische Fit aller Subsysteme intensiviert wird. Insbesondere sind Organisation, Unternehmenskultur und Informationsmanagement so auszurichten, dass sie Umweltveränderungen nicht nur rasch wahrnehmen, sondern auch in der Lage sind, sie rasch zu beantworten. Strategisches Management ist immer weniger eine Aufgabe einer speziellen organisatorischen Einheit, sondern Aufgabe des ganzen Unternehmens. *Günter Faltin*, Professor und Unternehmensgründer drückt dies so aus: „Ich arbeite nicht *im* Unternehmen, sondern *am* Unternehmen“.

In der nächsten Auflage dieses Lehrbuches werden wir über weitere Meilensteine der Geschichte des Strategischen Managements und über Trends, die sich abzeichnen, berichten können.

Fokus	Eigenschaften und Defizite der Planungs- bzw. Implementierungs**subjekte**	Eigenschaften und Defizite der Gestaltungs**objekte**

Phase	**Strategische Planung** (ca. 1950–1970)	**Strategische Implementierung** (ca. 1975–2000)	**Strategische Ausrichtung des Unternehmens** (ab 2000)
Idee	Rationalitätssicherung des Planungsträgers durch - Planungstechniken - Phasenmodelle der Planung - Informationsversorgung	Umsetzung und Durchsetzung von Zielen, Strategien und Plänen durch die Bewältigung - personaler - organisationaler - sachlicher Probleme	Ausrichtung aller Teile des Unternehmens an den strategischen Herausforderungen - aus der Unternehmensumwelt - aus dem Unternehmen
Inhalte	- Phasenschemata der Planung und Kontrolle - Planungs- und Kontrolltechniken - Management- Informationssysteme («MIS-Euphorie»)	- Implementierungsgerechte Organisationsgestaltung - Culture Management - Überwindung persönlicher Widerstände gegen Veränderungen - Inkrementale Planung	- Dezentrale Planung anstelle hierarchischer Vorgaben - Offene Unternehmenskultur mit einer ausgeprägten Sensibilität für Markt und Kunden - Einbindung der Mitarbeiter in den Entscheidungsprozess zur Stärkung der Eigenverantwortung - Integration des Projektmanagements in das Strategische Management

Abb. A-1: Entwicklungsphasen des Strategischen Managements

Literaturverzeichnis

Abell, D.F.: [Defining] the Business: The Starting Point of Strategic Planning. Englewood Cliffs 1980.

Abell, D.F. u. J.S. Hammond: [Strategic] Market Planning. Englewood Cliffs 1979.

Adam, D.: [Produktions Management]. 9. A., Wiesbaden 1998.

Aiken, M. u. J. Hage: Organizational [Alientation]: A Comparative Analysis. In: American Sociological Review, Vol. 33 (1968), S. 497-507.

Alchian, A.A.: Some [Economics] of Property. Santa Monica, CA., 1961.

Al-Laham, A.: Strategieprozesse in deutschen Unternehmen. Wiesbaden 1997.

Albach, H.: Strategische [Unternehmensplanung] bei erhöhter Unsicherheit. In: Zeitschrift für Betriebswirtschaft, 48. Jg. (1979), S. 703-715.

Andler, N.: Tools für Projektmanagement, Workshops und Consulting: Kompendium der wichtigsten Techniken und Methoden. 4. A., Erlangen 2012.

Andrews, K.R.: The [Concept] of Corporate Strategy. 3. A., Homewood Ill. 1987, erstmals 1971.

Ansoff, H.I.: Corporate [Strategy]. New York 1965.

Ansoff, H.I.: [Management Strategie]. München 1966.

Ansoff, H.I.: Managing Surprise and Discontinuity - Strategic Response to [Weak Signals]. In: Zeitschrift für betriebswirtschaftliche Forschung, 28. Jg. (1976), H. 28, S. 129-152.

Ansoff, H.I.: Strategic [Management]. London 1979.

Ansoff, H.I.: Die Bewältigung von Überraschungen und Diskontinuitäten durch die Unternehmensführung. Strategische Reaktionen auf [Schwache Signale]. In: Steinmann, H. (Hrsg.): Planung und Kontrolle. München 1981, S. 233-264.

Ansoff, H.I., R.P. Declerck u. R.L. Hayes: From Strategic Planning to [Strategic Management]. London u.a. 1976.

Ansoff, H.I. u. E.J. McDonnell: [Implanting] Strategic Management. 2. A., New York u.a. 1990.

Anthony, P.W. u.a.: Human Resource Management. A Strategic Approach. 3. A., Fort Worth u.a. 1999.

Anwander, A.: Strategien erfolgreich verwirklichen. Berlin u.a. 2000.

Argyris, C.: Overcoming Organizational [Defenses] - Facilitating Organizational Learning. Boston 1990.

Argyris, C. u. A.D. Schön: Organizational [Learning]: A Theory of Action Perspective. Reading (Mass.) 1978.

Arnold, U.: Beschaffungsmanagement. 3. A., Stuttgart 1999.

Axelrod, R.: Die [Evolution] der Kooperation. München 1987.

Backhaus, K. u. M. Meyer: Strategische Allianzen und Strategische [Netzwerke]. In: Wirtschaftswissenschaftliches Studium, 22. Jg. (1993), H. 7, S. 330-334.

Bain, J.: Barriers to new competition. New York 1965.

Barney, J.B.: Gaining and sustaining [competitive advantage]. 3. A., Prentice Hall 2007.

Bassen, A.: Dezentralisation und Koordination von Entscheidungen in der Holding. Wiesbaden 1998.

Batelle-Institut (Hrsg.): Frühwarnsysteme für die strategische Unternehmensführung. Ein [Radar] zur Erkennung von technologischen, wirtschaftlichen, politischen und sozialen Veränderungen im Umfeld der Unternehmung. Frankfurt/Main 1980.

Bauer, H.H.: Das [Erfahrungskurvenkonzept]. In: Wirtschaftswissenschaftliches Studium, 15. Jg. (1986), H. 1, S. 1-10.

Baum, H.-G., A.G. Coenenberg u. T. Günther: Strategisches Controlling. 4. A., Stuttgart 2007.

Bea, F.X.: Diversifikation durch [Kooperation]. In: Der Betrieb, 41, Jg. (1988), H. 50, S. 2521-2526.

Bea, F.X.: Grundkonzeption einer strategieorientierten [Unternehmensrechnung]. In: Küpper, H.-U. u. E. Troßmann (Hrsg.): Das Rechnungswesen im Spannungsfeld zwischen strategischem und operativem Management, Festschrift für Marcell Schweitzer zum 65. Geburtstag. Berlin 1997, S. 395-412.

Bea, F.X.: Shareholder Value. In: Wirtschaftswissenschaftliches Studium, 26. Jg. (1997), H. 10, S. 541-543.

Bea, F.X.: [Wissensmanagement]. In: Wirtschaftswissenschaftliches Studium, 29. Jg. (2000), H. 7, S. 362-367.

Bea, F.X.: [Entscheidungen] des Unternehmens. In: Bea, F.X. u. M. Schweitzer (Hrsg.): Allgemeine Betriebswirtschaftslehre. Bd. I: Grundfragen. 10. A., Stuttgart 2011, S. 332-437.

Bea, F.X. u. E. Göbel: [Organisation]. 4. A., Stuttgart 2010.

Bea, F.X u. J. Haas: Möglichkeiten und Grenzen der [Früherkennung] von Unternehmenskrisen. In: Wirtschaftswissenschaftliches Studium, 23. Jg. (1994), H. 10, S. 486-491.

Bea, F.X u. A. Kötzle: Ursachen von Unternehmenskrisen und Maßnahmen zur Krisenvermeidung. In: Der Betrieb, 36. Jg. (1983), S. 565-571.

Bea, F.X u. S. Scheurer: Die [Kontrollfunktion] des Aufsichtsrats. In: Der Betrieb, 47. Jg. (1994), H. 43, S. 2145-2152.

Bea, F.X. u. H. Schnaitmann: Begriff und Struktur betriebswirtschaftlicher [Prozesse]. In: Wirtschaftswissenschaftliches Studium, 24. Jg. (1995), S. 278-282.

Bea, F.X. u. S. Scheurer: [Trends] im Projektmanagement. In: ZfO, 80. Jg., 6/2011, S. 425-431.

Bea, F.X., S. Scheurer u. S. Hesselmann: [Projektmanagement]. 2. A., Stuttgart 2011.

Becker, F.G.: [Anreizsysteme] für Führungskräfte. Stuttgart 1990.

Becker, F.G.: Grundlagen betrieblicher Leistungsbeurteilungen. 3. A., Stuttgart 1998.

Becker, F.G. u. M.J. Fallgatter: Unternehmungsführung. Einführung in das strategische Management. Berlin 2002.

Becker, M.: Systematische Personalentwicklung. Stuttgart 2005.

Berndt, R. (Hrsg.).: Innovations-Management. Berlin u.a. 2000.

Berndt, R., C. Fantapié Altobelli u. M. Sander (Hrsg.): Internationale Marketing-Politik. Berlin u.a. 1997.

Berthel, J.: [Informationsbedarf]. In: Handwörterbuch der Organisation. 3. A., Stuttgart 1992, Sp. 872-886.

Bleicher, K.: Strukturen und Kulturen im [Umbruch]: Herausforderung für den Organisator. In: Zeitschrift Führung und Organisation, 55. Jg. (1986), S. 97-108.

Bleicher, K.: [Organisation]. Strategien – Strukturen - Kulturen. 2. A., Wiesbaden 1991.

Bleicher, K.: [Organisation II]. In: Bea, F.X., E. Dichtl u. M. Schweitzer (Hrsg.): Allgemeine Betriebswirtschaftslehre. Bd. II: Führung. 6. A., Stuttgart, Jena 1993, S. 103-186.

Bleicher, K.: Das Konzept Integriertes Management. 5. A., Frankfurt, New York 1999.

Bleicher, K.: [Unternehmungskultur] und strategische Unternehmungsführung. In: Hahn, D. u. B. Taylor (Hrsg.): Strategische Unternehmungsführung. 8. A., Heidelberg 1999, S. 223-265.

Bogumil, J. u. W. Jann: [Verwaltung] und Verwaltungswissenschaft in Deutschland. 2. A., Wiesbaden 2009.

Bohnet, A.: Strategische Allianzen deutscher Unternehmen mit Partnern anderer Länder im China-Geschäft. In: A. Kötzle (Hrsg.): Strategisches Management. Stuttgart 1997, S. 263-282.

Boston Consulting Group (Hrsg.): Perspectives on Experience. Boston 1972.

Brändle, M.: Strategisches Controlling auf Märkten im Wandel. Frankfurt/Main 2007.

Brockhoff, K.: [Produktpolitik]. 4. A., Stuttgart 1999.

Brockhoff, K.: [Prognosen]. In: Bea, F.X. u. M. Schweitzer (Hrsg.): Allgemeine Betriebswirtschaftslehre. Bd. II. Führung. 10. A., Stuttgart 2011, S. 785-825.

Bruck, J.: Entwicklung einer Gesamtkonzeption für das Management strategischer Allianzen im FuE-Bereich. Frankfurt/Main 1996.

Bühner, R.: [Management Holding (1987)]. In: Die Betriebswirtschaft, 47. Jg. (1987), S. 40-49.

Bühner, R.: [Management Holding (1992)]: Unternehmensstruktur der Zukunft. 2.A., Landsberg/Lech 1992.

Bühner, R.: Strategie und Organisation. 2. A., Wiesbaden 1993.

Bühner, R.: Betriebswirtschaftliche Organisationslehre. 9. A., München, Wien 1999.

Bürgel, H.D. u.a.: FuE-Management. München 1996.

Buzzel, R.D. u. B.T. Gale: [PIMS] Principles. New York, London 1987.

Buzzel, R.D. u. B.T. Gale: Das [PIMS-Programm]. Strategien und Unternehmenserfolg. Wiesbaden 1989.

Chandler, A.D.: Strategy and Structure: [Chapters] in the History of the American Industrial Enterprise. Cambridge (Mass.), London 1962.

Coase, R.H.: The [Nature] of the Firm. In: Economica, 1937, H. 4, S. 386-405.

Coenenberg, A.G. u. Th. M. Fischer: [Prozesskostenrechnung] - Strategische Neuorientierung in der Kostenrechnung. In: Die Betriebswirtschaft, 51. Jg. (1991), H. 1, S. 21-38.

Coenenberg, A.G. u. R. Salfeld: Wertorientierte Unternehmensführung, vom Strategieentwurf zur Implementierung. Stuttgart 2003.

Coenenberg, A.G., T.M. Fischer u. T. Günther: Kostenrechnung und Kostenanalyse. 7. A., Stuttgart 2009.

Cooper, R. u. R.S. Kaplan: [Activity-Based Systems]: Measuring the Costs of Resource Usage. In: Accounting Horizons, Sept. 1992, S. 1-13.

Copeland, T.E. u. J.F. Weston: Financial Theory and Corporate Policy. 3. A., Reading (Mass.) 1993.

Copeland, T. u.a.: [Valuation]: Measuring and Managing the Value Companies. 2. A., New York 1994.

Corsten, H.: Grundlagen der [Wettbewerbsstrategie]. Leipzig 1998.

Cyert, R.M. u. J.S. March: A Behavioral [Theory] of the Firm. Englewood Cliffs 1963; deutsch: Eine verhaltenswissenschaftliche Theorie der Unternehmung. 2. A., Stuttgart 1995.

Darwin, Ch.: The Origin of [Species]. 6. A., London 1900.

Day, G.S.: [Diagnosing] the Product Portfolio. In: Journal of Marketing, 41. Jg. (1977), H. 2, S. 29-38.

Deal, T.E. u. A.A. Kennedy: [Corporate Cultures]. The Rites and Rituals of Corporate Life. Reading (Mass.) 1982. deutsch: Unternehmenserfolg durch Unternehmenskultur. Bern 1987.

Dellmann, K. u. K.P. Franz (Hrsg.): Neuere Entwicklungen im Kostenmanagement. Bern u.a. 1994.

Demsetz, H.: Towards a [Theory] of Property Rights. In: American Economic Review, Papers and Proceedings, 57. Jg. (1967), S. 347-359.

Drukarczyk, J.: [Finanzierung]. In: Bea, F.X., B. Friedl u. M. Schweitzer (Hrsg.): Allgemeine Betriebswirtschaftslehre. Bd. III: Leistungsprozess. 9. A., Stuttgart 2006, S. 401-516.

Dunst, K.W.: [Portfolio Management]. Konzeption für die strategische Unternehmensplanung. 2. A., Berlin, New York 1983.

Ebers, M. u. W. Gotsch: Institutionenökonomische [Theorien] der Organisation. In: Kieser, A. (Hrsg.): Organisationstheorien. 3. A., Stuttgart u.a. 1999, S. 199-251.

Eisele, W.: Innovatives Risikomanagement zwischen finanzwirtschaftlicher Finalität und bilanzieller Kausalität. In: A. Kötzle (Hrsg.): Strategisches Management. Stuttgart 1997, S. 59-82.

Eisele, W. u. A. Knobloch: [Technik] des betrieblichen Rechnungswesens. 8. A., München 2011.

Erichson, B. u. P. Hammann: Beschaffung und Aufbereitung von [Informationen]. In: Bea, F.X. u. M. Schweitzer (Hrsg.): Allgemeine Betriebswirtschaftslehre. Bd. II: Führung. 10. A., Stuttgart 2011, S. 391-447.

Ewert, R. u. A. Wagenhofer: Interne [Unternehmensrechnung]. 5. A., Berlin u.a. 2003.

Fallgatter, M.J.: [Kontrolle]. In: Schreyögg, G. u. A. v. Werder (Hrsg.): Handwörterbuch der Unternehmensführung und Organisation. Stuttgart 2004, Sp. 668-679.

Falkinger, A.: [Risikomanagement] im strategischen Fit. Frankfurt/Main u.a. 2006.

Fantapié Altobelli, C. u. S. Hoffmann: Grundlagen der [Marktforschung]. Konstanz und München 2011.

Feucht, H.: [Implementierung] von Technologiestrategien. Frankfurt/Main 1996.

Freeman, E.R.: Strategic [Management]. A Stakeholder Approach. Boston 1984.

Frese, E.: Grundlagen der [Organisation]. Konzept, Prinzipien, Strukturen. 8. A., Wiesbaden 2000.

Friedl, B.: [Kostenmanagement]. Stuttgart 2009.

Friedl, B.: [Controlling]. Stuttgart 2003.

Früh, B.: Strategische Positionierung des Finanzplatzes Luxemburg. In: A. Kötzle (Hrsg.): Strategisches Management. Stuttgart 1997, S. 157-192.

Fünfgeld, H. u. M. Gläser: Impulse für ein erfolgreiches Management öffentlich-rechtlicher Rundfunkunternehmen. In: A. Kötzle (Hrsg.): Strategisches Management. Stuttgart 1997, S. 193-207.

Gaitanides, M.: [Prozessorganisation]. München 1983.

Gaitanides, M. u.a.: [Prozessmanagement]. München, Wien 1994.

Gälweiler, A.: [Unternehmensplanung] - Grundlagen und Praxis. Frankfurt/Main 1986.

Gälweiler, A.: Strategische [Unternehmensführung.) 2., v. Markus Schwaniger zus. gest. u. erg. A., Frankfurt, New York 1990.

Gaugler, E.: Information als [Führungsaufgabe]. In: Handwörterbuch der Führung. Stuttgart 1987, Sp. 1127-1137.

Gerpott, T.J.: Strategisches Technologie- und Innovationsmanagement. Stuttgart 1999.

Gerstner, L.: Who Says Elephants Can't Dance?: How I Turned Around IBM, Harper Business 2002.

Gerybadze, A.: Technologie, Strategie und Organisation. Wiesbaden 1997.

Geschka, H.: Die [Szenariotechnik] in der strategischen Unternehmensplanung. In: Hahn, D. u. B. Taylor (Hrsg.): Strategische Unternehmungsplanung - Strategische Unternehmungsführung. 8. A., Heidelberg 1999, S. 518-545.

Giddens, A.: [Sociology]. Oxford 1989.

Giddens, A.: Interpretative Soziologie. Eine kritische Einführung, Frankfurt a. M./New York 1984.

Gierke, L.: Instrumentarium zur Planung und Umsetzung von [Zulieferer-Hersteller-Netzwerken]. Frankfurt/Main 1999.

Gigerenzer, G.: [Bauchentscheidungen]. Die Intelligenz des Unbewussten und die Macht der Intuition. München 2007.

Gilbert, X. u. P. Strebel: Strategies to [Outpace] the competition. In: Journal of Business Strategy, Band 8, Nr. 1, 1987, S. 28-36.

Gilmore, F.F. u. R.G. Brandenburg: [Anatomy] of Corporate Planning. In: Harvard Business Review, Vol. 40 (1962), H. 6, S. 61-69.

Göbel, E.: Das Management der sozialen [Verantwortung]. Berlin 1992.

Göbel, E.: [Organisationstheorie]. In: Das Wirtschaftsstudium, 21. Jg. (1992), H. 2, S. 117-122.

Göbel, E.: [Selbstorganisation]. Ende oder Grundlage rationaler Organisationsgestaltung? In: Zeitschrift Führung und Organisation, 62. Jg. (1993), H. 6, S. 391-395.

Göbel, E.: Der [Stakeholderansatz] im Dienste der strategischen Früherkennung. In: Zeitschrift für Planung 1995, S. 55-67.

Göbel, E.: [Forschung] im strategischen Management. Darstellung, Kritik, Empfehlungen. In: A. Kötzle (Hrsg.): Strategisches Management. Stuttgart 1997, S. 3-25.

Göbel, E.: Theorie und Gestaltung der Selbstorganisation. Berlin 1998.

Göbel, E.: Neue [Institutionenökonomik]. Konzeption und betriebswirtschaftliche Anwendungen. Stuttgart 2002.

Göbel, E.: Unternehmensethik. 2. A., Stuttgart 2010.

Göltenboth, M.: Global-Sourcing und Kooperationen als Alternativen zur vertikalen Integration. Frankfurt/Main 1998.

Götze, K.: [Szenario Technik] in der strategischen Unternehmensplanung. Wiesbaden 1991.

Gomez, P. u. T. Zimmermann: [Unternehmensorganisation]. Profile, Dynamik, Methodik. 2. A., Frankfurt/Main, New York 1993.

Grant, R.M.: Toward a [knowledge-based theory] of the firm. In: Strategic Management Journal 17, 1996, S. 109-123.

Grant, R.M.: Contemporary [Strategy] Analysis. 4. A., Cambridge 2002.

Grant, R.M. u. M. Nippa: Strategisches [Management]. 5. A., München u.a. 2006.

Grochla, E.: [Grundlagen] der organisatorischen Gestaltung. Stuttgart 1982.

Groffmann, H.-D.: Kooperatives [Führungsinformationssystem]. Grundlagen - Konzept - Prototyp. Wiesbaden 1992.

Grün, O.: [Materialwirtschaft]. In: Schweitzer, M. (Hrsg.): Industriebetriebslehre. 2. A., München 1994, S. 447-568.

Gutenberg, E.: [Grundlagen] der Betriebswirtschaftslehre. 24. A., Berlin u.a. 1983.

Haas, J.: Die [Entwicklungsfähigkeit] von Unternehmungen. Frankfurt/Main 1997.

Hahn, D.: Strategische [Unternehmungsführung] - Grundkonzept. In: Hahn, D. B. Taylor (Hrsg.): Strategische [Unternehmungsplanung], Strategische Unternehmungsführung. 8. A., Heidelberg 1999, S. 28-50.

Hahn, D. u. M. Hintze: [Konzepte] wertorientierter Unternehmungsführung. In: Hahn, D. u. B. Taylor (Hrsg.): Strategische [Unternehmungsplanung], Strategische Unternehmungsführung. 8. A., Heidelberg 1999, S. 324-353.

Hahn, D. u. H. Hungenberg: PuK-Wertorientierte Controllingkonzepte. 6.A. Wiesbaden 2001.

Hahn, D. u. U. Krystek: Betriebliche und überbetriebliche [Frühwarnsysteme]. In: Zeitschrift für betriebswirtschaftliche Forschung, 31. Jg. (1979), S. 76-88.

Hahn, D. u. B. Taylor (Hrsg.): Strategische [Unternehmungsplanung], Strategische Unternehmungsführung. 8. A., Heidelberg 1999.

Hammann, P. u. B. Erichson: [Marktforschung]. 4.A., Stuttgart 2000.

Hammer, M. u. J. Champy: [Business Reengineering]. Die Radikalkur für das Unternehmen. Frankfurt/Main, New York 1994.

Hansen, H.R. u. G. Neumann: [Wirtschaftsinformatik 1]. 9. A., Stuttgart 2005.

Harrigan, K.R.: [Strategies] for Declining Businesses. Lexington u.a. 1980.

Hasselberg, F.: [Strategische Kontrolle] im Rahmen strategischer Unternehmensführung. Frankfurt/Main u.a. 1989.

Hauschildt, J.: Innovationsmanagement. 3. A., München 2004.

Hax, A.C. u. N.S. Majluf: Strategic [Management]: An Integrative Perspective. Englewood Cliffs (N.J.) 1991.

Hax, A.C. u. N.S. Majluf: The Strategic Concept and Process. 2. A., London u.a. 1996. Deutsche Ausgabe: Strategisches [Management]. Frankfurt 1991.

Hayek, F.A. v.: [Recht], Gesetzgebung und Freiheit. Band 1: Regeln und Ordnung. München 1980.

Hedberg, B.: How Organizations Learn and [Unlearn]. In: Nystrom, P.C. u. W.H. Starbuck (Hrsg.): Handbook of Organizational Design (Vol. 1). London 1981, S. 3-27.

Heinen, E. u. M. Fank: [Unternehmenskultur]. 2. A., München 1997.

Helm. R.: [Marketing]. 8. A., Stuttgart 2009.

Henderson, B.D.: Die [Erfahrungskurve] in der Unternehmensstrategie. 2. A., Frankfurt/Main, New York 1984.

Herdzina, K.: Wettbewerbspolitik. 5. A., Stuttgart 1999.

Hertz, D.B.: [Risk Analysis] in Capital Investment. In: Harvard Business Review, Vol. 42 (1964), H. 1, S. 95-106.

Heyd, R.: Führungsorientierte Entscheidungskriterien beim Outsourcing. In: Das Wirtschaftsstudium (WISU), H. 8 9, 1998, S. 904-910.

Heyd, R.: Internationale [Rechnungslegung]. Stuttgart 2003.

Hilberath, B.J.: Zwischen Vision und Wirklichkeit. Würzburg 1999.

Hinterhuber, H.H. u.a.: Die Unternehmung als kognitives System von Kernkompetenzen und strategischen Geschäftseinheiten. In: Wildemann, H. (Hrsg.): Produktions- und Zuliefernetzwerke. München 1996, S. 67-103.

Hinterhuber, H.H. u.a. (Hrsg.): Das Neue Strategische Management. 2. A., Wiesbaden 2000.

Hinterhuber, H.H.: Strategische [Unternehmungsführung]. Bd. I: Strategisches Denken. 7. A. Bd II: Strategisches Handeln. 7. A., Berlin, New York 2004.

Hofer, Ch.W. u. D. Schendel: [Strategy] Formulation: Analytical Concepts. St. Paul u.a. 1978.

Hofstede, G.: [Kultur] und Organisation. In: Grochla, E. (Hrsg.): Handwörterbuch der Organisation. 2. A., Stuttgart 1980, Sp. 1168-1182.

Hofstede, G.: Culture`s Consequences. International Differences in Work-Related Values. Beverly Hills, London 1980.

Hofstede, G.: Cultures and Organizations. Software of the Mind. New York u.a. 1997.

Homburg, C. u. H. Krohmer: Marketingmanagement. 2. A., Wiesbaden 2006.

Hopfenbeck, W.: Allgemeine Betriebswirtschafts- und [Managementlehre]. 12. A., Landsberg/ Lech 1998.

Hörschgen, H. u.a.: Marketing Strategien, 2. A., Landsberg/Lech, Berlin 1993.

Horváth, P. (Hrsg.): Target Costing. Marktorientierte Zielkosten in der deutschen Praxis. Stuttgart 1993.

Horváth, P.: [Controlling]. 12. A., München 2011.

Horváth, P. u. R.N. Herter: [Benchmarking]. Vergleich mit den Besten der Besten. In: Controlling, 4. Jg. (1992), H. 1, S. 4-11.

Horváth, P. u. U. Michel: Wie die Balanced [Scorecard] ein wirkungsvolles Wertmanagement unterstützt. In: Zahn, E. u. S. Fosciani (Hrsg.): Maßgeschneiderte Strategien. Stuttgart 1999, S. 23-43.

Horváth, P. u. W. Seidenschwarz: Zielkostenmanagement. In: Controlling, 4. Jg. (1992), H. 3, S. 142-150.

Horváth, P., S. Niemand u. M. Wolbold: [Target Costing] - State of the Art. In: Horváth, P. (Hrsg.): Target Costing. Stuttgart 1993, S. 1-27.

Hoskisson, R.E. u.a: Theory and Research in Strategic Management: Swings of a Pendulum. In: Journal of Management 1999, Vol. 25, H. 3, S. 417-456.

Hungenberg, H.: Strategisches [Management] in Unternehmen: Ziele - Prozesse - Verfahren. 6. A., Wiesbaden 2011.

Hungenberg, H. u. T. Wulf: Grundlagen der [Unternehmensführung]. 4. A., Heidelberg 2011.

Jansen, S.A.: Mergers and Acquisitions. 4. A., Wiesbaden 2001.

Jensen, M.C. u. W.H. Meckling: [Theory] of the Firm: Managerial Behavior, Agency Costs and Ownership Structure. In: Journal of Financial Economics, 3, 1976, S. 305-360.

Jung, R.H.: [Mikroorganisation]. Eine Untersuchung der Selbstorganisationsleistungen in betrieblichen Führungssegmenten. Bern, Stuttgart 1985.

Jung, R.H., J. Bruck u. S. Quarg: Allgemeine Managementlehre. 2. A., Berlin 2007.

Kaplan, R.S. u. D.P. Norton: The Balanced Scorecard. Boston 1996.

Kaplan, R.S. u. D.P. Norton: Balanced [Scorecard]: Strategien erfolgreich umsetzen. Deutsche Ausgabe Stuttgart 1997.

Kay, J.: Foundations of Corporate Success. Oxford 1993.

Keen, P.G. u. M.S. Scott Morton: [Decision Support Systems]. An Organizational Perspective. Reading (Mass.) 1978.

Keller, Th.: [Untenehmungsführung] mit Holding-Konzepten. Köln 1990.

Kemper, H.-G., Lasi, H. u. E. Zahn: Informationstechnologie und Informationsmanagement. In: Bea, F.X. u. M. Schweitzer (Hrsg): Allgemeine Betriebswirtschaftslehre, Band 2: Führung. 10. A., Konstanz und München 2011, S. 448-488.

Kern, W.: Industrielle [Produktionswirtschaft]. 5. A., Stuttgart 1992.

Khandwalla, P.N.: Effect of [Competition] on the Structure of Top Management Control. In: Academy of Management Journal, Vol. 16 (1973), S. 255-295.

Kieser, A.: Der Einfluß von [Fertigungstechnologie] auf die Organisationsstruktur industrieller Unternehmungen. In: Zeitschrift für betriebswirtschaftliche Forschung, 26. Jg. (1974), S. 569-590.

Kieser, A. (Hrsg.): [Organisationstheorien]. 6. A., Stuttgart u.a. 2006.

Kieser, A. u. P. Walgenbach: [Organisation]. 5. A., Stuttgart 2007.

Kim, W.C. u. R. Mauborgne: [Blue Ocean] Strategy. Harvard Business School Press 2005. dt.: Der Blaue Ozean als Strategie. Wie man neue Märkte schafft, wo es keine Konkurrenz gibt. München und Wien 2005.

Kirsch, W.: Unternehmenspolitik und strategische Unternehmensführung. Herrsching 1990.

Kirsch, W.: Kommunikatives Handeln, Autopoiese, Rationalität. Sondierungen zu einer evolutionären [Führungslehre]. Herrsching 1992.

Kirsch, W.: Strategisches [Management]: Die geplante Evolution von Unternehmen. München 1997.

Kirsch, W.: [Wegweiser] zur Konstruktion einer evolutionären Theorie der strategischen Unternehmensführung. 2. A., München 1997.

Kirsch, W., W.M. Esser u. E. Gabele: Das [Management] des geplanten Wandels von Organisationen. Stuttgart 1979.

Klimecki, R.G. u. M. Gmür: Personalmanagement. 3. A., Stuttgart 2005.

Knyphausen Aufseß, D. zu: [Theorie] der strategischen Unternehmensführung. State of the Art und neue Perspektiven. Wiesbaden 1995.

Knyphausen Aufseß, D. zu: Strategisches Management auf dem Weg ins 21. Jahrhundert. In: Die Betriebswirtschaft (DBW) 57 (1997), S. 73-90.

Kolks, U.: [Strategieimplementierung]. Wiesbaden 1990.

Kosiol, E.: Die Unternehmung als wirtschaftliches [Aktionszentrum]. 2. A., Wiesbaden 1976.

Kosiol, E.: [Organisation] der Unternehmung. 2. A., Wiesbaden 1976.

Kötzle, A.: Die Identifikation strategisch gefährdeter [Geschäftseinheiten], Berlin 1993.

Kötzle, A. (Hrsg.): Strategisches Management. Stuttgart 1997.

Kötzle, A.: Ansätze zur Theorie strategischer Unternehmensentwicklung. In: Kötzle, A. (Hrsg.): Strategisches Management. Stuttgart 1997, S. 27-43.

Kraege, T.: Informationssysteme für die Konzernführung. Wiesbaden 1998.

Krampe, G. u. G. Müller: [Diffusionsfunktionen] als theoretisches und praktisches Konzept zur strategischen Frühaufklärung. In: Zeitschrift für betriebswirtschaftliche Forschung, 33. Jg. (1981), S. 384-401.

Krauer, V.: Verhaltenswissenschaftliche Analyse strategischer Entscheidungsprozesse. Frankfurt a.M. 2011.

Krcmar, H.: Informationsmanagement. 5. A., Heidelberg 2010.

Kreikebaum, H.: Strategische [Unternehmensplanung]. 6. A., Stuttgart u.a. 1997.

Kreilkamp, E.: Strategisches Management und Marketing. Berlin, New York 1987.

Krubasik, E.G.: Technologie - [Strategische Waffe]. In: Wirtschaftswoche 1982, H. 6, S. 28-33.

Krüger, W.: Organisation der Unternehmung. 3. A., Stuttgart 1994.

Krüger, W. u. C. Homp: Kernkompetenz-Management. Wiesbaden 1997.

Krystek, U. u. G. Müller Stewens: [Frühaufklärung] für Unternehmen. Stuttgart 1993.

Krystek, U. u. G. Müller Stewens: Strategische [Frühaufklärung]. In: Hahn, D. u. B. Taylor (Hrsg.): Strategische Unternehmungsplanung - Strategische Unternehmungsführung. 8. A., Heidelberg 1999, S. 497-517.

Küpper, H. U.: [Controlling]. 3. A., Stuttgart 2001.

Kupsch, P.: [Unternehmungsziele]. Stuttgart, New York 1979.

Kutschker, M. u. S. Schmid: Internationales Management. 3. A., München, Wien 2004.

Lange, B.: [Portfoliomethoden] in der strategischen Unternehmensplanung. Hannover 1981.

Laux, H.: Wertorientierte Unternehmensführung und Kapitalmarkt. Berlin, Heidelberg, New York 2003.

Levitt, Th.: [Marketing] Myopia. In: Harvard Business Review, Vol 38 (1960), H. 4, S. 45-56.

Lewis, T.G.: Steigerung des Unternehmenswertes: [Total Value] Management. Landsberg/Lech 1994.

Lindblom, Ch.E.: The [Science] of "Muddling Through". In: Public Administration Review, Vol. 19 (1959), S. 79-88.

Lorange, P.: [Strategic Control]. In: Lamb, R.B. (Hrsg.): Competitive Strategic Management. Englewood Cliffs 1984, S. 247-271.

Lorange, P., M.F. Scott Morton u. S. Ghoshal: Strategic Control Systems. St. Paul u.a. 1986.

Lorson, P.: [Controlling]. In: Bea, F.X. u. M. Schweitzer: Allgemeine Betriebswirtschaftslehre, Band 2: Führung, 10. A., Konstanz u. München 2011, S. 270-390.

Maas, Ch.: [Determinanten] betrieblichen Innovationsverhaltens. Theorie und Empirie. Berlin 1990.

Macharzina, K.: [Unternehmensführung]. 5. A., Wiesbaden 2005.

Malik, F.: Strategie des Managements komplexer Systeme. 3. A., Bern, Stuttgart 1989.

March, J.G. u. J.P. Olsen: [Ambiguity] and Choice in Organizations. Bergen u.a. 1976.

Markowitz, H.M.: [Portfolio] Selection. In: Journal of Finance, 1952, H. 7, S. 77-92.

Mayrhofer, W. u. M. Meyer: Organisationskultur. In: Schreyögg, G. u. A. v. Werder (Hrsg.): Handwörterbuch der Unternehmensführung und Organisation. 4. A., Stuttgart 2004, So. 1025-1033.

Meffert, H.: [Marketing]. Grundlagen der Absatzpolitik. 9. A., Wiesbaden 2000.

Meier, M., W. Sinzig u. P. Mertens: Enterprise Management with SAP SEM/ Business Analytics. 2. A., Berlin u.a. 2005.

Menz, M., Schmid, F., Müller-Stewens, G. u. C. Lechner (Hrsg.): [Strategische Initiativen] und Programme. Wiesbaden 2011.

Miles, R.E. u. Ch.C. Snow: Organizational [Strategy], Structure and Process. New York 1978.

Milgrom, B. u. J. Roberts: Economics, Organization and Management. Englewood Cliffs, N.J., 1992.

Miller, D. u. P.H. Friesen: Momentum and Revolution in Organizational [Adaption]. In: Academy of Management Journal, Vol. 23 (1980), H. 4, S. 591-614.

Miller, D. u. P.H. Friesen: Innovation in Conservative and Entrepreneurial Firms: Two Models of Strategic Momentum. In: Strategic Management Journal, Vol. 3 (1982), S. 1-25.

Miller, D. u. P.H. Friesen: Organizations: A [Quantum] View. Englewood Cliffs 1984.

Mintzberg, H.: [Patterns] in Strategy Formation. In: Man. Sc. 24, 1978, S. 934-948.

Mintzberg, H.: The [Structuring] of Organizations. Englewood Cliffs 1979.

Mintzberg, H.: Mintzberg on [Management]. New York 1989.

Mintzberg, H.: Strategy Formation: [Schools] of Thought. In: Friederichson, J.E. (Hrsg.): Perspectives on Strategic Management, London 1990, S. 105-235.

Mintzberg, H.: The Rise and Fall of Strategic Planning. New York, London 1994.

Mintzberg, H. u. A. McHugh: [Strategy] Formation in an Adhocracy. In: Administrative Science Quaterly, Vol. 30, No. 2, June 1985, S. 160-197.

Mössner, G.U.: [Planung] flexibler Unternehmensstrategien. München 1982.

Moore, J.F.: The Death of Competition: [Leadership] & Strategy in the Age of Business Ecosystems. New York 1996.

Moore, J.F.: Predators and Prey: A New Ecology of Competition. In: Harvard Business Review, May/June 1993, S. 75-86.

Müller-Stewens, G. u. M. Brauer: Corporate Strategy and Governance. Stuttgart 2009.

Müller-Stewens, G. u. C. Lechner: Strategisches [Management]. 4. A., Stuttgart 2011.

Neumann, J.v. u. O. Morgenstern: Theory of Games and Economic Behavior. Princeton 1944.

Neus, W.: Einführung in die Betriebswirtschaftlehre. 7. A., Stuttgart 2011.

Nieschlag, R., E. Dichtl u. H. Hörschgen: [Marketing]. 19. A., Berlin 2002.

Nonaka, J. u. H. Takeuchi: The [knowledge-creating] company. New York, Oxford 1995.

Nuber, W.: [Strategische Kontrolle]. Wiesbaden 1995.

Nuber, W.: Strategische Kontrolle in mittelständischen Unternehmungen. In: A. Kötzle (Hrsg.): Strategisches Management. Stuttgart 1997, S. 125-153.

Oberkampf, V.: [Szenario-Technik] - Darstellung der Methodik. Frankfurt/Main 1976.

Ocker, D.: Unscharfe [Risikoanalyse] strategischer Ereignisrisiken. Frankfurt/Main 2010.

Ortmann, G. u. J. Sydow (Hrsg.): Strategie und Strukturation. Wiesbaden 2001.

Oster, S.M.: Modern Competitive Analysis. 2. A., New York, Oxford 1999.

Ouchi, W.G.: Markets, Bureaucracies, and [Clans]. In: Administrative Science Quarterly, Vol. 25 (1980), S. 129-141.

Ouchi, W.G.: Theory Z: How American Business Can Meet the Japanese Challenge. Reading (Mass.) 1981.

Pascale, R.T. u. A.G. Athos: The Art of Japanese Management. New York 1981.

Pawlowsky, P.: Betriebliche Qualifikationsstrategie und organisationales [Lernen]. In: Staehle, W.H. u. P. Conrad (Hrsg.): Managementforschung 2. Berlin, New York 1992, S. 177-237.

Penrose, E.T.: The Theory of the Growth of the Firm. Oxford 1959.

Perlitz, M.: Internationales [Management]. 5. A., Stuttgart 2004.

Perridon, L. u. M. Steiner: Finanzwirtschaft der Unternehmung. 13. A., München 2004.

Peters, T.: Jenseits der [Hierarchien]. Liberation Management. Düsseldorf u.a. 1993.

Peters, T. u. R.H. Waterman: In Search of [Excellence]. New York u.a. 1982.

Pfeiffer, W. u.a.: [Technologie Portfolio] zum Management strategischer Zukunftsgeschäftsfelder. 6. A., Göttingen 1991.

Pfetzing, K. u. A. Rohde: Ganzheitliches [Projektmanagement]. 2. A., Giessen 2006.

Pfohl, H. Ch. U. W. Stölzle: [Planung und Kontrolle]. 2. A., München 1997.

Picot, A.: [Transaktionskostenansatz] in der Organisationstheorie: Stand der Diskussion und Aussagewert. In: Die Betriebswirtschaft, 42. Jg. (1982), S. 267-284.

Picot, A. u. H. Dietl: [Transaktionskostentheorie]. In: Wirtschaftswissenschaftliches Studium, 19. Jg. (1990), H. 4, S. 178-184.

Picot, A. u. B. Lange: Synoptische vs. Inkrementale [Gestaltung] des strategischen Planungsprozesses. In: Zeitschrift für betriebswirtschaftliche Forschung, 31. Jg. (1979), S. 569-596.

Picot, A., R. Reichwald u. R.T. Wiegand: Die grenzenlose [Unternehmung]. 4. A., Wiesbaden 2001.

Polanyi, M.: Personal [Knowledge]. Chicago 1958.

Popper, K. R.: [Objektive Erkenntnis], ein evolutionärer Entwurf. 4. A., Hamburg 1984.

Porter, M.E.: Competitive Strategy: Techniques for Analyzing Industries and Competitors. New York, London 1980.

Porter, M.E.: Competitive Advantage: Creating and Sustaining Superior Performance. New York, London 1985.

Porter, M.E.: The Competitve Advantage of Nations. London 1990.

Porter, M.E.: [Wettbewerbsstrategie]. 10. A., Frankfurt/Main 1999.

Porter, M. E.: [Wettbewerbsvorteile]. Spitzenleistungen erreichen und behaupten. 5. A., Frankfurt/Main 1999.

Porter, M.E. u. M.B. Fuller: [Koalitionen] und globale Strategien. In: Porter, M.E. (Hrsg.): Globaler Wettbewerb. Wiesbaden 1989, S. 363-399.

Prahalad, C.K. u. G. Hamel: The [Core Competence] of the Corporation. In: Harvard Business Review, 68. Jg. (1990), S. 79-91.

Probst, G.J.B.: Selbstorganisation und [Entwicklung]. In: Die Unternehmung, 41. Jg. (1987), Nr. 4, S. 242-255.

Probst, G.J.B.: [Selbst-Organisation]. Berlin, Hamburg 1987.

Probst, G.J.B.: [Organisation]. Strukturen, Lenkungsinstrumente, Entwicklungsperspektiven. Landsberg/Lech 1992.

Probst, G.J.B.: [Selbstorganisation]. In: Handwörterbuch der Organisation. 3. A., Stuttgart 1992, Sp. 2255-2269.

Probst, G.J.B. u. B. Büchel: Organisationales [Lernen]. 2. A., Wiesbaden 1998.

Probst, G.J.B. u. P. Gomez: Vernetztes Denken - Die [Methodik] des vernetzten Denkens zur Lösung komplexer Probleme. In: Hahn, D. u. B. Taylor (Hrsg.): Strategische Unternehmungsplanung, Strategische Unternehmungsführung. 8. A., Heidelberg 1999, S. 909-927.

Quarg, S.: Strategische Unternehmensplanung in der Transformation vom Plan zum Markt. Aachen 1995.

Quinn, J.B.: [Strategies] for Change. Logical Incrementalism. Homewood (Ill.) 1980.

Rappaport, A.: [Creating] Shareholder Value. The New Standard for Business Performance. New York, London 1986.

Rauscher, L.-H.: Strategische [Frühaufklärung]. Lohmar-Köln 2004.

Rechkemmer, K.: [Information Systems] for the Strategic Management of Complex Corporate Groups. In: A. Kötzle (Hrsg.): Strategisches Management. Stuttgart 1997, S. 111-124.

Rechkemmer, K.: [Topmanagement] - Informationssysteme. Stuttgart 1999.

Rechkemmer, K.: Corporate [Governance]. München 2003.

Reichmann, T. u. O. Fröhling: [Produktlebenszyklusorientierte Planungs- und Kontrollrechnungen] als Bausteine eines Dynamischen Kosten- und Erfolgs-Controlling. In: Dellmann, K. u. K.P. Franz (Hrsg.): Neuere Entwicklungen im Kostenmanagement. Bern u.a. 1994, S. 281-333.

Reichmann, T. u. L. Lachnitt: Planung, Steuerung und Kontrolle mit Hilfe von [Kennzahlen]. In: Zeitschrift für betriebswirtschaftliche Forschung, 28. Jg. (1976), S. 705-723.

Reichwald, R. u. B. Dietel: [Produktionswirtschaft]. In: Heinen, E. (Hrsg.): Industriebetriebslehre. 9. A., Wiesbaden 1991, S. 395-622.

Reiß, M. u. T. Beck: [Kernkompetenzen] in virtuellen Netzwerken. In: Corsten H. u. T. Witt: Unternehmensführung im Wandel. Stuttgart u.a. 1995, S. 33-60.

Ridder, H.-E.: Personalwirtschaftslehre. Stuttgart, Berlin, Köln 1999.

Riebel, P.: Einzelkosten- und [Deckungsbeitragsrechnung]: Grundlagen einer markt- und entscheidungsorientierten Unternehmensrechnung. 7. A., Wiesbaden 1994.

Rietiker, S.: Der neunte Schlüssel - Vom Projektmanagement zum projektbewussten Management. Bern 2006.

Rietiker, S.: [Strategien] wirksam und nachhaltig umsetzen. In: Wagner, R. (Hrsg.): Projekt als Strategie - Strategie als Projekt. Nürnberg 2009, S. 38-44.

Robertson, D.H.: [Control] of Industry. London 1930.

Rosenstiel, L. von: Die motivationalen [Grundlagen] des Verhaltens in Organisationen – Leistung und Zufriedenheit. Berlin 1975.

Rückle, D. u. A. Klein: [Product-Life-Cycle-Cost-Management]. In: Dellmann, K. u. K.P. Franz (Hrsg.): Neuere Entwicklungen im Kostenmanagement. Bern u.a. 1994, S. 335-367.

Rumelt, R.R: [Strategy], Structure and Economic Performance. Cambridge (Mass.) 1974.

Sakurai, M.: Target Costing and How to [Use] it. In: Journal of Cost Management, Summer 1989, S. 39-50.

Sakurai, M. u. P.J. Keating: Target Costing und Activity Based Costing. In: Controlling, 6. Jg. (1994), H. 2, S. 84-91.

Saynisch, M.: [Grundlagen] des phasenweisen Projektablaufs. In: Saynisch, M., H. Schelle u. A. Schub (Hrsg.): Projektmanagement. Konzepte, Verfahren, Anwendungen. München, Wien 1979, S. 33-58.

Schanz, G.: [Organisationsgestaltung]. Management von Arbeitsteilung und Organisation. 2. A., München 1994.

Schanz, G.: Personalwirtschaftslehre. 3 A., München 2000.

Schanz, G.: [Wissenschaftsprogramme] der Betriebswirtschaftslehre. In: Bea, F.X. u. M. Schweitzer (Hrsg.): Allgemeine Betriebswirtschaftslehre. Bd. 1: Grundfragen. 10. A., Stuttgart 2009, S. 81-159.

Scheef, C., Kunisch, S. u. M. Menz: [Das strategische Programm]. In: Menz, M., Schmid, F., Müller-Stewens, G. u. C. Lechner (Hrsg.): [Strategische Initiativen] und Programme. Wiesbaden 2011, S. 115-142.

Schelle, H.: Projekte zum Erfolg führen. 6. A., München 2010.

Schein, E.H.: [Organizational Psychology]. 2. A., Englewood Cliffs 1970; deutsch: Organisationspsychologie. Wiesbaden 1980.

Schein, E.H.: Coming to a New Awareness of Organizational Culture. In: Sloan Management Review, Vol. 25 (1984), Nr. 2, S. 3-16.

Schein, E.H.: [Organizational Culture] and Leadership. San Francisco u.a. 1985; deutsch: Unternehmenskultur. Ein Handbuch für Führungskräfte. Frankfurt/Main, New York 1986.

Schellinger, J.: Konzeption eines wertorientierten strategischen Personalmanagements. Frankfurt/Main 2004.

Scherer, A.G.: [Pluralismus] im Strategischen Management. Wiesbaden 1995.

Scherrer, G.: [Kostenrechnung]. 3. A., Stuttgart 1999.

Scheurer, S.: Bausteine einer Theorie der strategischen Steuerung von Unternehmen. Berlin 1997.

Scheurer, S. u. M. Zahn: Organisationales Lernen. In: Zeitschrift für Organisation, H. 3, 1998, S. 174-180.

Schiller, U. u. S. Lengsfeld: Strategische und operative Planung mit der Prozeßkostenrechnung. In: Zeitschrift für Betriebswirtschaft, 68. Jg. (1998), S. 525-547.

Schneck, O.: Strategische Planung in kirchlichen Organisationen. In: A. Kötzle (Hrsg.): Strategisches Management. Stuttgart 1997, S. 209-221.

Schoemaker, P.J.H.: Scenario [Planning]: A Tool for Strategic Thinking. In: Sloan Management Review, Vol. 36 (1995), S. 25-40.

Schön, M.: Wandel strategischer Planungssysteme. Frankfurt/Main 2009.

Scholz, C.: [Strategisches Management]. Ein integrativer Ansatz. Berlin, New York 1987.

Scholz, C.: [Personalmanagement]. 5. A., München 2000.

Scholz, C.: Strategische [Organisation]. Multiperspektivität und Virtualität. 2. A., Landsberg/ Lech 2000.

Schrader, S.: Zwischenbetrieblicher [Informationstransfer]. Eine empirische Analyse kooperativen Verhaltens. Berlin 1990.

Schreyögg, G.: [Unternehmensstrategie]. Grundlagen einer Theorie strategischer Unternehmensführung. Berlin, New York 1984.

Schreyögg, G.: [Organisationskultur]. In: Handwörterbuch der Organisation. 3. A., Stuttgart 1992, Sp. 1525-1537.

Schreyögg, G.: Organisation. 4. A., Wiesbaden 2003.

Schreyögg, G. u. H. Steinmann: [Strategische Kontrolle]. In: Zeitschrift für betriebswirtschaftliche Forschung, 37. Jg. (1985), S. 391-410.

Schreyögg, G. u. H. Steinmann: Zur [organisatorischen Umsetzung] der strategischen Kontrolle. In: Zeitschrift für betriebswirtschaftliche Forschung, 38. Jg. (1986), S. 747-764.

Schweitzer, M.: Industrielle [Fertigungswirtschaft]. In: Schweitzer, M. (Hrsg.): Industriebetriebslehre. 2. A., München 1994, S. 569-746.

Schweitzer, M.: Prozessorientierung der Kostenrechnung. In: A. Kötzle (Hrsg.): Strategisches Management. Stuttgart 1997, S. 85-110.

Schweitzer, M.: [Planung] und Steuerung. In: Bea, F.X. u. M. Schweitzer (Hrsg.): Allgemeine Betriebswirtschaftslehre. Bd. II: Führung. 10. A., Stuttgart 2011, S. 38-177.

Schweitzer, M. u. B. Friedl: Kosteninformationen für die strategische Unternehmensführung. In: Altenburger, O.A. u.a. (Hrsg.): Fortschritte im Rechnungswesen. Wiesbaden 2000, S. 279-310.

Schweitzer, M. u. H. U. Küpper: [Systeme] der Kosten und Erlösrechnung. 10. A., München 2011.

Scott Morgan, P.: Die heimlichen [Spielregeln]. Die Macht der ungeschriebenen Gesetze in Unternehmen. Frankfurt/Main, New York 1994.

Senge, P.M.: The fifth [Discipline]. The Art and Practice of the Learning Organization. New York 1990.

Siegwart, H.: Der Cash-flow als finanz- und ertragswirtschaftliche Lenkungsgröße. 3. A., Stuttgart 1994.

Sjurts, I.: [Kontrolle], Controlling und Unternehmensführung. Wiesbaden 1995.

Staehle, W.H.: [Management]. Eine verhaltenswissenschaftliche Perspektive. 8. A., München 1999.

Steinmann, H. u. G. Schreyögg: [Management]. 5. A., Wiesbaden 2000.

Stern, Stewart u. Co.: [EVA] – The Real Key to Creating Wealth. New York 1996.

Sydow, J.: Strategische [Netzwerke]. Evolution und Organisation. Wiesbaden 1993.

Teece, D.J.: [Dynamic Capabilities] and Strategic Management. Oxford 2009.

Thissen, S.: Strategisches [Desinvestitionsmanagement]. Frankfurt/Main 2000.

Thompson, J.L.: Strategic [Management]. 3. A., London u.a. 1997.

Troßmann, E.: Beschaffung und Logistik. In: Bea, F.X., B. Friedl u. M. Schweitzer (Hrsg.): Allgemeine Betriebswirtschaftslehre. Bd. III: Leistungsprozess. 9. A., Stuttgart 2006, S. 113-181.

Troßmann, E., A. Baumeister u. C. Werkmeister: Management-Fallstudien im Controlling. München 2003.

Ulrich, P.: Integrative Wirtschaftsethik. 4. A. Bern 2008.

Vancil, R.F. u. P. Lorange: Strategic [Planning] in Diversified Companies. In: Vancil, R.F. u. P. Lorange (Hrsg.): Strategic Planning Systems. Englewood Cliffs 1977, S. 22-36.

Wagner, R. (Hrsg.): [Projekt] als Strategie – Strategie als Projekt. Nürnberg 2009.

Welge, M.K. u. A. Al Laham: Strategisches [Management]. 5. A., Wiesbaden 2008.

Welge, M.K., A. Al-Laham u. P. Kajüter (Hrsg.): Praxis des Strategischen Managements. Wiesbaden 2000.

Wicher, H.: Unternehmenskultur. In: Wirtschaftswissenschaftliches Studium (WISU) H.4, 1994 S. 329-341.

Wild, J.: Grundlagen der [Unternehmungsplanung], Reinbek bei Hamburg 1974.

Willke, H.: Systemisches [Wissensmanagement]. 2. A., Stuttgart 2000.

Williamson, O.E.: [Markets] and Hierarchies. Analysis and Antitrust Implications. A Study in the Economics of International Organizations. London 1975.

Williamson, O.E.: Die ökonomischen [Institutionen] des Kapitalismus. Unternehmen, Märkte, Kooperationen. Tübingen 1990.

Witte, E.: [Phasentheorem] und Organisation komplexer Entscheidungsverläufe. In: Zeitschrift für betriebswirtschaftliche Forschung, 20. Jg. (1968), S. 625-647.

Wöhe, G. u. U. Döring: Einführung in die Allgemeine [Betriebswirtschaftslehre]. 24. A., München 2010.

Wolf, J.: Organisation, Management, Unternehmensführung: Theorien und Kritik. Wiesbaden 2003.

Wolf, K. u. B. Runzheimer: Risikomanagement und KonTraG - Konzeption und Implementierung. Wiesbaden 2000.

Womack, J.P., D.T. Jones u. D. Roos: Die zweite [Revolution] in der Autoindustrie. 8. A., Frankfurt/Main, New York 1994.

Woodward, J.: Management and [Technology]. London 1958.

Woodward, J.: Industrial [Organization]: Theory and Practice. London 1965.

Wunderer, R.: Führung und Zusammenarbeit: Eine unternehmerische Führungslehre. 9. A., Neuwied 2011.

Yukl, G.: [Leadership] in Organizations. 7. A., Prentice Hall, London 2009.

Zahn, E.: Strategische Planung zur Steuerung der langfristigen Unternehmensentwicklung. Berlin 1979.

Zahn, E. (Hrsg.): Handbuch [Technologiemanagement]. Stuttgart 1995.

Zahn, E. u. U. Schmid: Produktionswirtschaft: Grundlagen und operatives Produktionsmanagement. Stuttgart 1996.

Zahn, E. u. U. Schmid: [Produktionswirtschaft] im Wandel. In: Wirtschaftswissenschaftliches Studium (WiSt), H. 9, 1997, S. 455-460.

Zäpfel, G.: Strategisches [Produktionsmanagement]. 2. A., München 2000.

Zettelmeyer, B.: Strategisches Management und [strategische Kontrolle]. Darmstadt 1984.

Stichwortverzeichnis

D

E

F

M

N

Q

R

S

T

U

Notizen

Notizen

Notizen